2016 年 11 月 9 日，研究团队在巴中市南江县杨坝镇田垭子开展野外露头观测合影
（自左向右分别为谷志东、张宝民、单秀琴、付玲）

2016 年 11 月 16 日，研究团队在汉中市南郑区福成镇挂宝岩开展野外露头观测合影
（自左向右分别为姜华、张宝民、付玲、单秀琴、谷志东）

2017 年 2 月 15 日，研究团队在汉中市南郑区分水岩开展野外露头观测合影

（自左向右分别为付玲、张宝民、谷志东、姜华）

2017 年 4 月 23 日，研究团队在重庆市巫溪县鸡心岭开展野外露头观测合影

（自左向右分别为谷志东、池英柳、张宝民、付玲、刘静江、姜华）

四川盆地东部埃迪卡拉纪—寒武纪构造演化与岩相古地理

谷志东 等 著

科学出版社

北 京

内 容 简 介

本书主要依托中国石油勘探与生产分公司和西南油气田分公司科技项目（2012～2018 年），基于米仓山、大巴山地区野外露头扎实工作与地震资料精细解释，重点阐述四川盆地东部（川东）埃迪卡拉纪—寒武纪构造演化与岩相古地理。本书共分 8 章，主要内容涵盖从全球构造、区域构造到局部构造变形。本书注重地层基础研究，通过系统调研与大量野外工作，厘定川东埃迪卡拉系—寒武系划分与对比。本书的核心是川东“宣汉-开江隆起”的发现及对其发育特征、演化过程的论述。本书的亮点之一是寒武系膏盐岩的识别、刻画与发育特征的总结。埃迪卡拉纪、寒武纪岩相古地理是本书重点内容，揭示了该时期川东沉积演化过程及其控制因素。本书的落脚点在天然气成藏条件与勘探方向，以区域性展布的寒武系膏盐岩为界，将川东划分为“盐下”和“盐上”两套含气系统并分别介绍成藏条件与勘探方向。

本书可供油田现场、科研院所从事构造演化与岩相古地理研究的科研人员使用，也可作为石油高等院校研究生的参考用书。

图书在版编目（CIP）数据

四川盆地东部埃迪卡拉纪—寒武纪构造演化与岩相古地理/谷志东等著.
—北京：科学出版社，2021.11
ISBN 978-7-03-067727-3

Ⅰ.①四…　Ⅱ.①谷…　Ⅲ.①四川盆地-构造演化-研究②四川盆地-岩相-古地理学-研究　Ⅳ.①P548.271

中国版本图书馆 CIP 数据核字（2020）第 262427 号

责任编辑：孟美岑　陈姣姣/责任校对：崔向琳
责任印制：肖　兴/封面设计：北京图阅盛世

科学出版社 出版
北京东黄城根北街 16 号
邮政编码：100717
http://www.sciencep.com
北京九天鸿程印刷有限责任公司 印刷
科学出版社发行　各地新华书店经销
*
2021 年 11 月第　一　版　开本：787×1092　1/16
2021 年 11 月第一次印刷　印张：25 3/4
字数：607 000

定价：349.00 元
（如有印装质量问题，我社负责调换）

作者名单

谷志东　姜　华　翟秀芬
付　玲　张宝民　刘桂侠

序

埃迪卡拉纪—寒武纪是地球演化历史中最重要的时期之一。该时期始于成冰纪全球性冰期结束，经历了罗迪尼亚超级大陆裂解向冈瓦纳超级大陆会聚、埃迪卡拉纪微体真核生物向寒武纪生物大爆发演变等重要地质事件。该时期，我国南方扬子地块发育了由浅水碳酸盐岩台地到深水斜坡-盆地沉积演化序列，目前在构造演化、岩相古地理恢复与生物演变等方面取得了一系列重要成果，是全球埃迪卡拉纪—寒武纪地质认识的重要组成部分。

四川盆地位于扬子地块西北部，是我国大型含油气盆地之一。历经几代勘探工作者和科研人员的不懈努力，最近十年在四川盆地发现了以埃迪卡拉系灯影组、寒武系龙王庙组为主要储层的安岳大气田，为我国天然气工业发展做出了重要贡献。2011 年，乐山-龙女寺古隆起高石梯构造的高石 1 井在灯影组获得重大突破后，如何在全盆地进一步拓展勘探领域成为勘探工作者的首要任务。考虑到川东埃迪卡拉系—寒武系勘探程度低，有可能成为潜在的接替领域，中国石油勘探开发研究院石油地质研究所成立了川东研究团队，重点开展川东埃迪卡拉系—寒武系构造演化、岩相古地理等基础研究，进一步明确天然气成藏条件，寻找有利的风险勘探领域与区带目标。

2012 年，研究团队成立之初，面临着钻井资料少、深层地震资料品质差等诸多难题，谷志东博士带领研究团队开展了几十条野外露头观察、测量、取样与室内分析测试，完成了数轮地震资料精细解释。在大量扎实工作基础上，研究团队取得了多项创新性成果认识：（1）首次提出川东埃迪卡拉系—寒武系发育“宣汉-开江隆起”，改变了川东位于斜坡区的传统认识，加深了对四川盆地构造演化的认识；（2）恢复了埃迪卡拉纪—寒武纪关键时期的岩相古地理分布，揭示了该时期沉积演化过程与控制因素；（3）创新提出川东以寒武系区域性展布膏盐岩为界存在“盐下”与“盐上”两套含气系统，推动了勘探领域与区带目标部署实施。

该书是研究团队在四川盆地 8 年系统研究工作的凝练、总结。作者具有宏观的构造视野，以冈瓦纳超级大陆拼合为切入点，站在全球古地理、古构造重构角度分析华南、川东古地理与古构造演化。作者具有严谨的科研精神，注重地层基础研究，通过系统调研并结合野外工作，明确了川东埃迪卡拉系-寒武系划分与对比。该书的落脚点在天然气成藏条件与勘探领域、勘探方向，将为未来川东深层天然气勘探提供理论指导。

希望该书的出版，对于从事扬子地块研究的科研人员有所借鉴，对于从事四川盆地油气勘探的科技工作者有所帮助！

中国科学院院士 郝芳

2020 年 11 月 16 日

前　言

四川盆地东部（简称川东）位于华蓥山断裂与齐岳山断裂之间，北至城口断裂与大巴山褶皱-逆冲带相邻，南至重庆南川、武隆等地区，面积约 $4.5\times10^4 km^2$。川东地表以出露典型的薄皮褶皱-逆冲带而闻名，地下以石炭系黄龙组白云岩勘探为特色支撑了四川盆地天然气工业的发展。

2011 年，四川盆地中部高石 1 井在埃迪卡拉系（震旦系）灯影组天然气勘探获得重要发现，揭开了四川盆地继威远气田发现之后埃迪卡拉系第二轮勘探热潮。2012 年，为进一步拓展四川盆地埃迪卡拉系—寒武系勘探领域，中国石油勘探开发研究院石油地质研究所成立川东埃迪卡拉系—寒武系研究团队，对川东埃迪卡拉系—寒武系天然气成藏条件开展系统研究，评价有利的勘探领域，优选有利的勘探区带与风险目标。

埃迪卡拉纪—寒武纪是地球演化历史上最重要的变革期之一，是隐生宙向显生宙、软体动物向后生动物转变的主要时期，该时期也是罗迪尼亚超级大陆裂解块体向冈瓦纳超级大陆会聚的主要时期。全球板块构造、古气候变化与环境变迁、生命演化等一系列地质事件都发生在这一时期。四川盆地所属华南克拉通在冈瓦纳大陆拼合过程中的古地理位置、古构造环境等均发生了重要变化，导致四川盆地经历了复杂的构造演化过程，岩相古地理格局也发生了显著变化。

2012～2018 年，研究团队先后承担中国石油勘探与生产分公司、中国石油西南油气田分公司等各类科技项目 9 项，重点对川东埃迪卡拉系—寒武系构造演化与岩相古地理开展系统研究。7 年来，研究团队每年有 1～2 个月时间在米仓山、大巴山地区开展野外露头详细勘测，采集了大量样品并开展了室内分析化验研究。针对川东深层地震资料品质偏差的限制，研究团队对研究区二维、三维地震资料开展了数轮精细解释。在大量扎实工作的基础上，研究团队取得了一系列创新成果认识，有效指导了川东埃迪卡拉系—寒武系勘探领域与区带目标部署实施。

本书自 2019 年开始写作，历时近两年时间，力争充分反映研究团队此前 7 年间在该领域的科研成果。本书是研究团队开展大量野外露头研究的工作缩影，也是开展大量地震解释工作的综合体现。本书具有三个方面的特色：①注重全球构造与区域构造、局部构造相结合，注重地层划分与对比基础地质研究；②注重野外露头观测、地震资料解释等第一手资料的扎实、系统研究；③注重基础理论研究与勘探实践的紧密结合。本书有三个方面的亮点：①埃迪卡拉纪—寒武纪“宣汉-开江隆起”的首次发现，改变了前人对四川盆地古构造的传统认识，对四川盆地形成演化研究具有重要意义；②寒武系膏盐岩的识别与精细刻画，为该区构造变形与古地理研究奠定了坚实基础；③埃迪卡拉纪—寒武纪岩相古地理系统研究，恢复了由被动大陆边缘到挤压造山完整的演化序列。

全书共包括 8 章。第一章为区域地质与勘探概况，从全球板块构造开始，即从全球板块古地理位置与古构造环境入手，站在宏观视角分析川东埃迪卡拉纪—寒武纪所发育的区域构造环境，并概述川东区域地质与勘探概况。第二章为埃迪卡拉系—寒武系划分与对比，地层是一切研究工作的基础与前提，本书按照国际、华南与川东由大到小三个层次对埃迪卡拉系—寒武系划分系统调研，结合野外露头开展细致地层对比。第三章为埃迪卡拉纪—寒武纪构造演化，为本书的核心部分，重点论述川东“宣汉-开江隆起”的提出依据、发育特征、演化过程与发现意义。第四章为寒武系蒸发岩特征，在调研全球寒武系蒸发岩分布的基础上，主要论述川东寒武系蒸发岩的发育特征。第五章为埃迪卡拉纪岩相古地理，基于米仓山、大巴山大量野外露头观测，并结合地震资料解释，重点论述川东埃迪卡拉纪岩相古地理特征、演化过程及其控制因素。第六章为寒武纪岩相古地理，同样基于米仓山、大巴山野外露头观测与地震资料解释，重点介绍寒武纪岩相古地理特征及演化过程。第七章为多套滑脱层构造变形，基于构建的区域地震大剖面，主要介绍川东薄皮褶皱-逆冲带构造变形样式、演化过程与控制因素。第八章为天然气成藏条件与勘探方向，基于寒武系区域性分布的膏盐岩将川东划分为盐下、盐上两套含气系统，并分别论述成藏条件与勘探方向。

本书是作者多年工作的系统总结，是基于野外露头、地震解释等大量工作的凝练、提升。本书的总体框架与主要内容由谷志东提出，姜华、翟秀芬、付玲、张宝民、刘桂侠 5 人参加书稿部分章节写作、图件绘制与最后统稿工作。具体写作分工如下：第六章由姜华、张宝民、谷志东撰写，其余 7 章主要由谷志东撰写，姜华参与第一章部分章节编写。翟秀芬完成了第四章部分图件清绘、第五章野外露头综合柱状图绘制等工作。付玲完成第一章、第二章部分图件清绘及第二章、第三章埃迪卡拉系、寒武系对比图的绘制。张宝民负责第五章、第六章岩相古地理图编制、地层综合柱状图沉积相的划分。刘桂侠帮助绘制部分图件，并完成了参考文献的校对工作。书中野外露头照片、地震剖面均由谷志东进行整理。

除本书 6 位署名作者外，中国石油勘探开发研究院多位科研人员参与了项目研究工作。殷积峰老师为人谦逊、工作踏实，完成了川东地震工区的建立及多轮地震解释工作，为本书的写作提供了重要素材，谨以此书纪念殷积峰老师；袁苗最早参加项目研究，建立了研究区埃迪卡拉系—寒武系数据库，为后期研究奠定了坚实基础；李秋芬参加了部分野外露头观测、膏盐岩分析、岩相古地理图的绘制与灯影组微生物丘的刻画；首皓、王春明、张才、崔栋完成了川东新采集地震大剖面的处理；薄冬梅参加了川东烃源岩的研究工作；池英柳、刘静江、李玲参加了部分野外露头的观测；鲁卫华、戴晓峰参与了部分地震资料的解释；崔瑛、杨帆、张黎、赵兰英帮助绘制了部分图件。除此之外，北京大学张进江教授、张波教授，长江大学陈轩教授，中国石油西南油气田分公司杨西南老师，中国石化西南油气田公司何鲤教授等也参加了部分野外露头工作。黎香平、李建成参加了大部分野外露头工作，不怕劳累，为科研人员提供了安全的野外工作保障。作者衷心感谢上述各位专家、同事在项目研究过程中给予的热心帮助与大力指导！

项目立项之初，得到中国石油勘探开发研究院邹才能院士、胡素云总地质师、汪泽成教授的大力指导，中国石油西南油气田分公司徐明清、钟克修、曹刚、张航、彭平、洪海涛等专家提供了资料支撑与技术指导，项目研究过程中得到中国石油勘探开发研究院赵文智院士、胡见义院士、李建忠、陈志勇、张义杰、张研、姚根顺、魏国齐、李伟、侯连华、杨威、易士威、王居峰、王铜山、许大丰、江青春、卞从胜、徐兆辉、周慧、黄士鹏、徐安娜、李军、程炎、谢芬、郑红菊、石书缘、袁庆东等专家的大力指导；得到中国石油勘探与生产分公司和中国石油西南油气田分公司的支撑；得到中国石油勘探与生产分公司杜金虎、何海清、李国欣、刘德来、范土芝、郭绪杰等专家的大力指导；得到中国石油西南油气田分公司徐春春、沈平、杨雨、黄先平、杨跃明、张健、李宗银、江兴福、赵路子、蒋伟雄、杨光、宋家荣、应丹琳、党录瑞、黄平辉、文龙、赵容容、范毅等专家的大力支持。特别要感谢的是中国石油勘探开发研究院顾家裕教授对本书的初稿进行了认真审读，并提出了宝贵的修改意见。在此，作者向上述各位专家的指导表示衷心的感谢！

希望本书对从事四川盆地构造演化与岩相古地理研究的科研人员有所帮助，希望书中的基础资料对后人研究能够提供一定的借鉴作用。书中的观点与认识还有待今后钻井的证实。作者对书稿进行了多次修改、完善，但限于作者水平，一些疏漏之处在所难免，敬请广大读者给予批评指正！

作　者

2020年11月

目　录

第一章　区域地质与勘探概况

埃迪卡拉纪—寒武纪是地球演化历史上最重大的变革时期之一，是隐生宙向显生宙、软体动物向后生动物转变的主要时期，全球板块构造、古气候变化与环境变迁、生命演化等一系列地质事件都发生在这一时期（Dalziel，1997；Collins and Pisarevsky，2005；朱日祥等，2009；Yao et al.，2014；Merdith et al.，2017；Cawood et al.，2018）。该时期是罗迪尼亚（Rodinia）超级大陆裂解块体向冈瓦纳（Gondwana）超级大陆会聚的主要时期，而四川盆地所属的华南克拉通（South China Craton）在冈瓦纳大陆拼合过程中古地理位置、古构造环境等均发生了重要变化，随之产生的诸多地质现象引起了全球科学家的广泛关注（Hoffman，1991；Yao et al.，2014）。本章以冈瓦纳大陆拼合这一全球地质事件为切入点，从全球板块重构的视野介绍华南克拉通的古地理位置与古构造环境演变，并概述四川盆地东部区域地质与勘探概况。

第一节　古地理位置与古构造环境

从 Wegener（1912）提出大陆漂移的地球活动论概念，到 20 世纪 60 年代板块构造理论的建立，科学家逐渐认识到板块随着地质时间而发生运动，因此重构板块在地质历史时期古地理位置、古构造环境对于理解板块构造、地质与地球物理现象非常重要（Domeier and Torsvik，2014）。随着现代科学技术进步，在过去 20～30 年间，古地磁、锆石 U-Pb 同位素测年、盆地分析（沉积相带与古水流）、构造热事件、地层对比、古生物等现代和传统分析方法与技术应用到古地理重构研究中，极大地推动了冈瓦纳大陆重构研究的进展。

一、华南克拉通古地理位置

古地磁恢复是约束板块古地理位置的有效方法与技术。埃迪卡拉纪华南克拉通的古地理位置及其在冈瓦纳超级大陆中的位置所获得的古地磁数据约束并不是很多（Vernhet et al.，2006）。但近年来所获得的古地磁数据结合沉积序列与物源分析表明，拉伸纪—成冰纪华南克拉通由北极地区向南经高纬度、中纬度漂移，至埃迪卡拉纪漂移至赤道位置（Macouin et al.，2004；Zhang et al.，2013，2015；Merdith et al.，2017；Torsvik and Cocks，2017）。

Zhang 等（2015）基于在扬子地块三峡九龙湾地区陡山沱组三段顶部所获得的古地磁数据（23.5°±1.8°N），为华南克拉通在埃迪卡拉纪时期的古地理位置提供了重要的约束。Zhang 等（2015）结合华南获得的其他古地磁数据认为，在大约 800Ma 华南克拉通位于高纬度地区（≥60°N），至 750Ma 或 700Ma 华南克拉通向中纬度（≥30°N）地区漂移，在成冰纪冰期（Sturtian 和 Marinoan）华南克拉通位于中纬度地区，在埃迪卡拉纪和寒武纪早期（635～510Ma），华南克拉通缓慢向南移动至古赤道附近（图 1.1）（Zhang et al.，2015）。

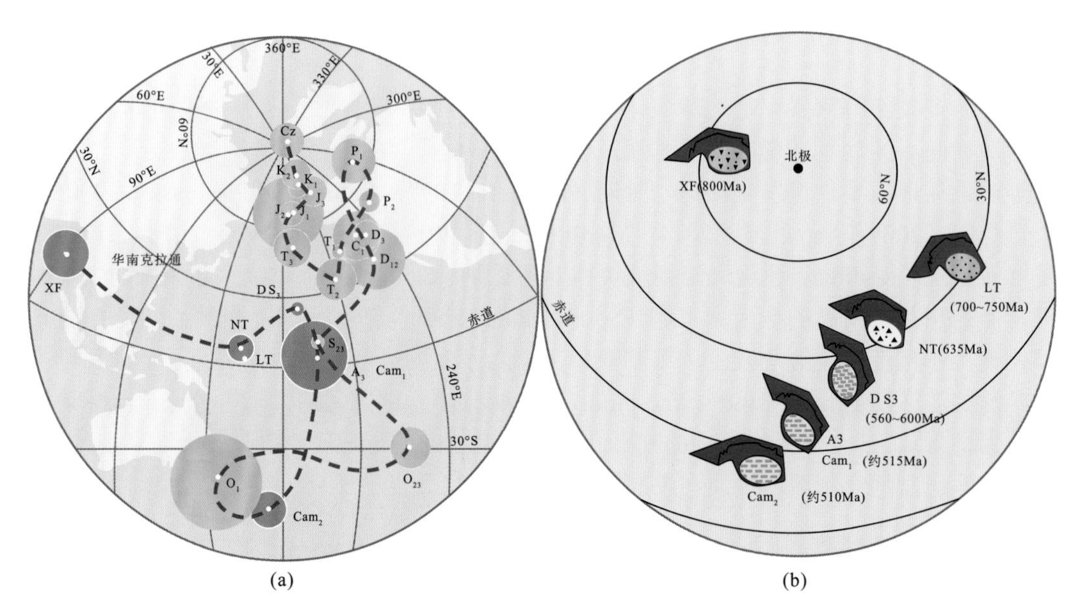

图 1.1 华南克拉通视极移曲线（a）和古地理位置变化图（b）（据 Zhang et al.，2015）

（a）华南克拉通自约 800Ma 以来视极移路径（APWP），前寒武纪与寒武纪磁极用深灰色表示，而年轻的磁极用浅灰色表示；（b）基于古地磁分析的华南克拉通 800～510Ma 古纬度与方位变化

Merdith 等（2017）对华南克拉通已发表的古地磁数据进行了综合分析，指出大约 850Ma 华南克拉通位于北极地区，之后华南克拉通开始向南部漂移；成冰纪早期（830～790Ma），华南克拉通处于高纬度位置；成冰纪晚期、埃迪卡拉纪，华南克拉通向低纬度漂移至赤道位置（图 1.2）（Merdith et al.，2017）。

二、超级大陆古地理位置

综合分析碎屑锆石 U-Pb 年龄和 Lu-Hf 同位素是研究大陆地壳演化、大陆块体重构、源区物质传输过程的重要方法与技术。来源于碎屑岩的锆石可以提供源区很好的地质信息记录，碎屑锆石 U-Pb 年龄数据可以提供源区沉积物源的特征，包括源区经历的岩浆事件和与其他块体的属性关系。源于碎屑锆石的原位 Lu-Hf 同位素可以提供沉积物源区岩浆岩的性质和来源，包括地幔注入已经存在的大陆地壳和已经存在大陆物质的再循环。硅质碎屑沉积岩的组成提供了很好的源区记录，逐渐应用于约束古地理重构与盆地构造环境研究中（Xu et al.，2013；Yao et al.，2014；Chen et al.，2018）。

亚洲大陆由新元古代至今大陆块体增生到西伯利亚克拉通拼合而成，而华南克拉通作为亚洲大陆的拼合块体之一，其形成经历了岛弧、大陆块体的汇聚与拼合（图 1.3）（Cawood et al.，2018）。一般认为，华南克拉通由位于西北部的扬子地块与东南部的华夏地块在新元古代早期（980～810Ma）沿江南造山带拼合而成（图 1.4），但拼合的准确时间、古地理位置与拼合过程等还有待详细研究（Yang et al.，2004；Zhao and Cawood，2012；Charvet，2013；Cawood et al.，2018；Chen et al.，2018；Zhao et al.，2018）。

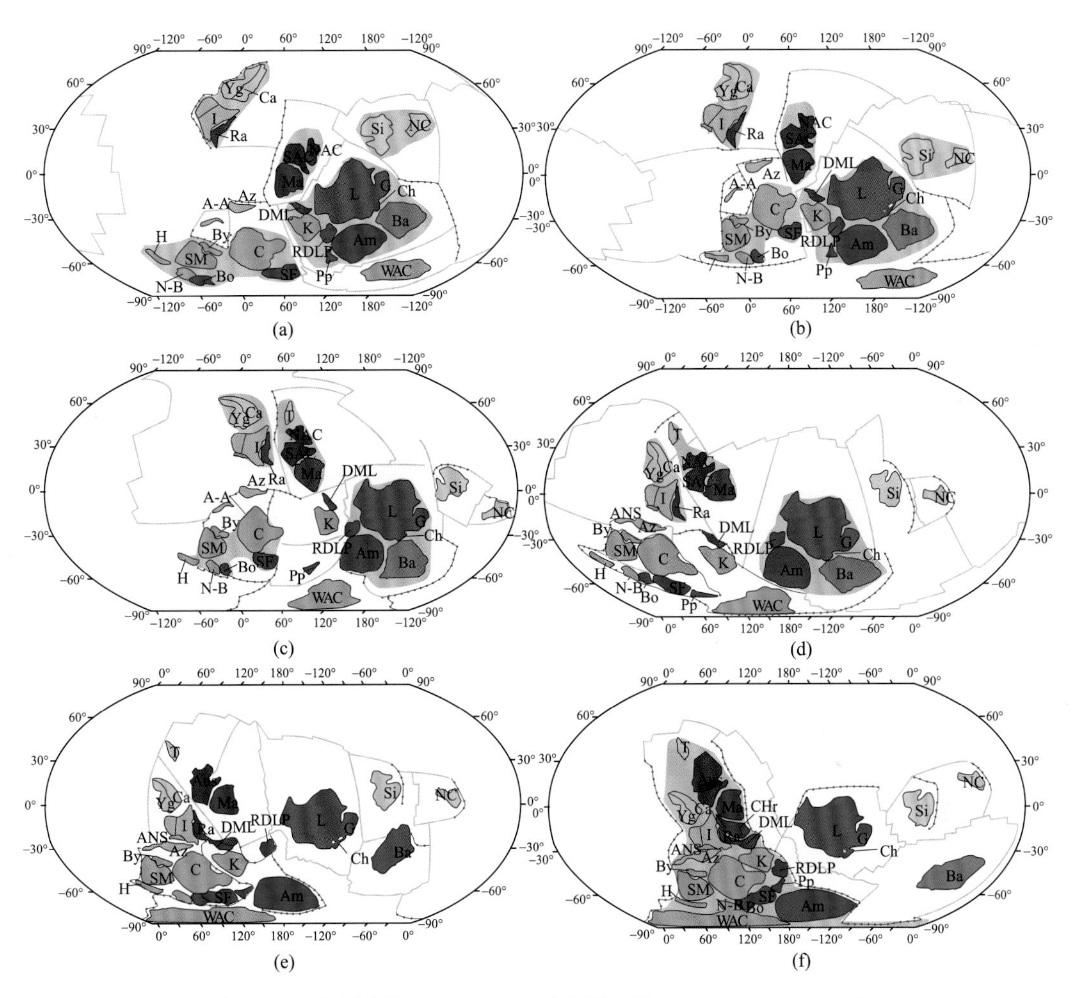

图 1.2　全球古板块 780～520Ma 重建图（据 Merdith et al.，2017）

（a）780Ma；（b）750Ma；（c）680Ma；（d）600Ma；（e）560Ma；（f）520Ma。A-A. Afif-Abas 地块；Am. 亚马孙古陆；Az. Azania 古陆；Ba. 波罗的大陆；Bo. Borborema；By. Bayuda；Ca. 华夏古陆（华南）；C. 刚果；Ch. Chortis；G. 格陵兰；H. Hoggar；I. 印度；K. Kalahari；L. 劳伦大陆；Ma. Mawson；NAC. 北澳大利亚克拉通；N-B. 尼日利亚-贝宁；NC. 华北；Pp. Paranapanema；Ra. Rayner （南极洲）；RDLP. Rio de la Plata；SAC. 南澳大利亚克拉通；SF. 旧金山；Si. 西伯利亚；SM. 撒哈拉变质克拉通；WAC. 西非克拉通。灰色阴影区域为推测的罗迪尼亚大陆参考范围，经度此处为相对参考，克拉通地壳颜色参考现今地理，北美洲为红色，南美洲为深蓝色，波罗的为绿色，西伯利亚为灰色，印度和中东为浅蓝色，中国为黄色，非洲为橙色，澳大利亚为深红色，南极洲为紫色

罗迪尼亚与冈瓦纳超级大陆的拼合和裂解在现代地球科学研究中还存在一些争议，其中华南克拉通在这些超级大陆重构中的位置最具有争议。新元古代至早古生代，华南克拉通的古地理位置对于理解由罗迪尼亚超级大陆的裂解至冈瓦纳大陆形成的转变非常重要（Yao et al.，2014）。

关于华南克拉通在罗迪尼亚超级大陆裂解块体到冈瓦纳大陆拼合中的古地理位置，目前主要有五种观点：①华南克拉通位于劳伦大陆（Laurentia）与澳大利亚克拉通之间（Li et al.，1995，2002，2008；Li and Powell，2001）；②华南克拉通位于东冈瓦纳（East Gondwana）北缘邻近澳大利亚西北部（Zhang and Piper，1997；Yang et al.，2004；Macouin et al.，2004；Yu et al.，2008）；③华南克拉通位于东冈瓦纳北缘邻近印度西北部（Jiang et al.，2003a）；④华南克拉通位于东冈瓦纳北缘邻近印度东北部（Yu et al.，2008）；⑤华南克拉通为劳伦大陆的一部分（Wu et al.，2010）。

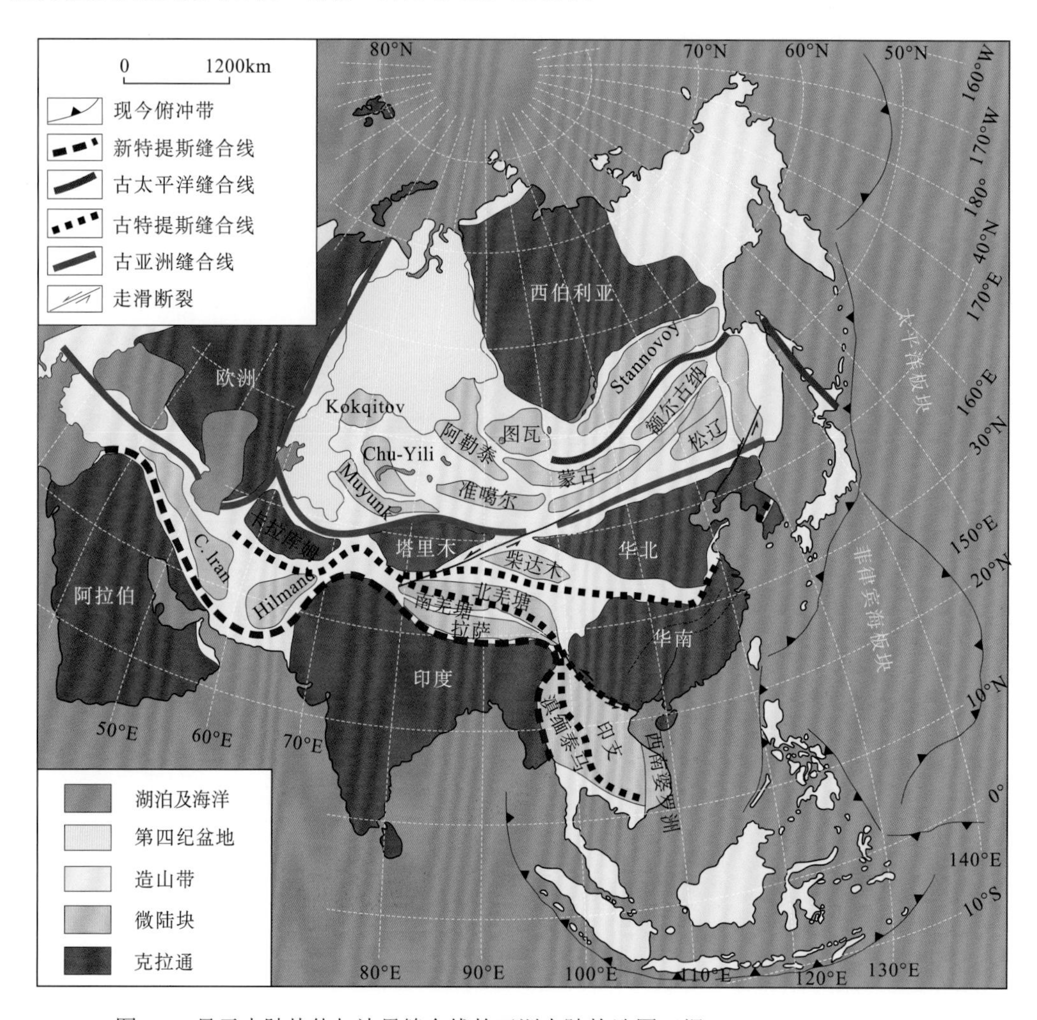

图 1.3　显示大陆块体与边界缝合线的亚洲大陆构造图（据 Cawood et al.，2018）

（一）华南克拉通位于劳伦大陆与澳大利亚克拉通之间

李正祥等在罗迪尼亚超级大陆会聚与裂解研究中，基于地层对比、地质年代学、古地磁数据和构造分析等综合研究，提出在罗迪尼亚超级大陆会聚后，华南克拉通位于劳伦与澳大利亚克拉通之间。在随后罗迪尼亚超级大陆裂解过程中，华南克拉通在罗迪尼亚超级大陆地幔柱的中心位置从罗迪尼亚大陆裂解出来。在冈瓦纳超级大陆拼合过程中，华南克拉通作为古太平洋内的独立块体，与其他块体并不接触，但位置邻近澳大利亚东部（图 1.5）（Li et al.，1995，2002，2008；Li and Powell，2001）。

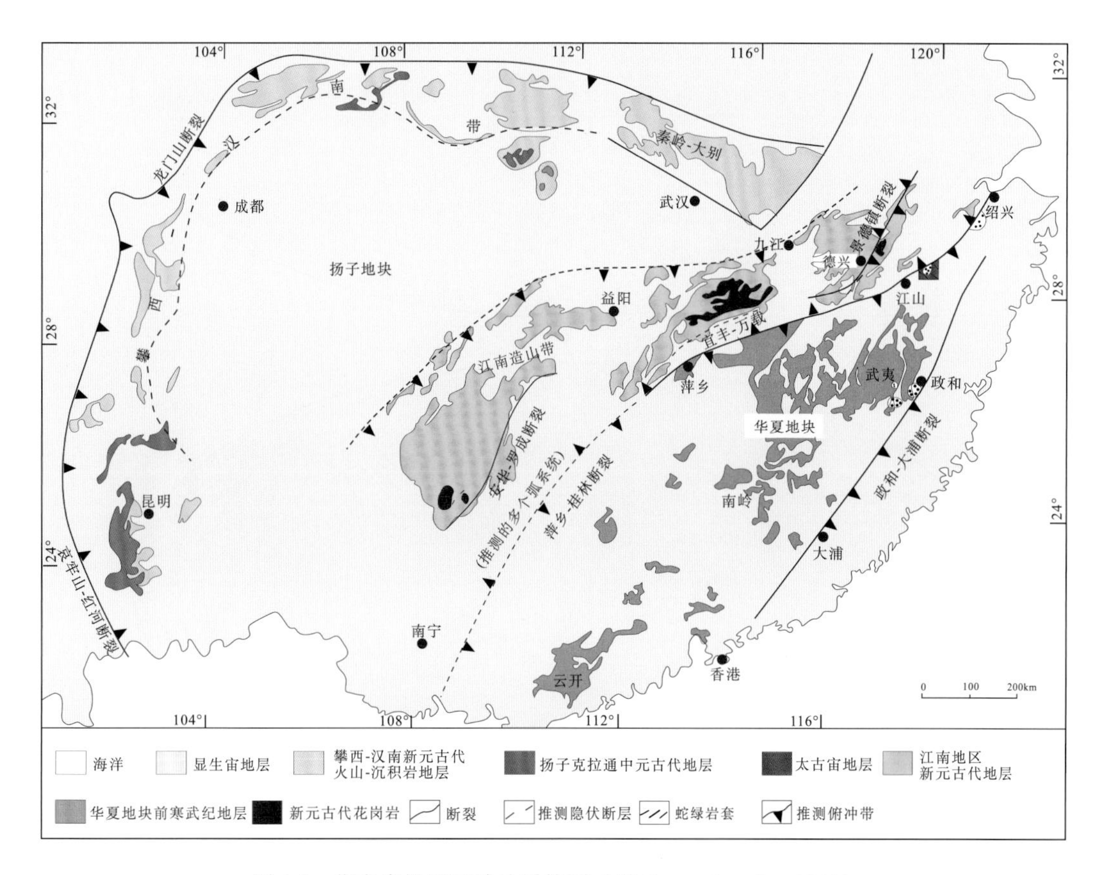

图 1.4 华南克拉通区域地质简图（据 Cawood et al.，2018）

（二）华南克拉通位于东冈瓦纳北缘邻近澳大利亚西北部

Yang 等（2004）基于四川盆地北部广元寒武系中部碎屑岩所获得的古地磁数据，发现华南克拉通磁极位置路径与澳大利亚具有很好的相似性，认为华南克拉通在新元古代晚期和早古生代与澳大利亚西北部相邻，这一古构造位置一直保持至中泥盆世（图 1.6）（Yang et al.，2004）。

Jing 等（2015）基于对湖北宜昌和长阳地区莲沱组古地磁研究，指出华南克拉通在埃迪卡拉纪位于北澳大利亚（Northern Australia）的西北部，随后华南克拉通在大约 550Ma 或寒武纪中期通过顺时针旋转漂移至西澳大利亚（Western Australia）的西北部（图 1.7）（Jing et al.，2015）。

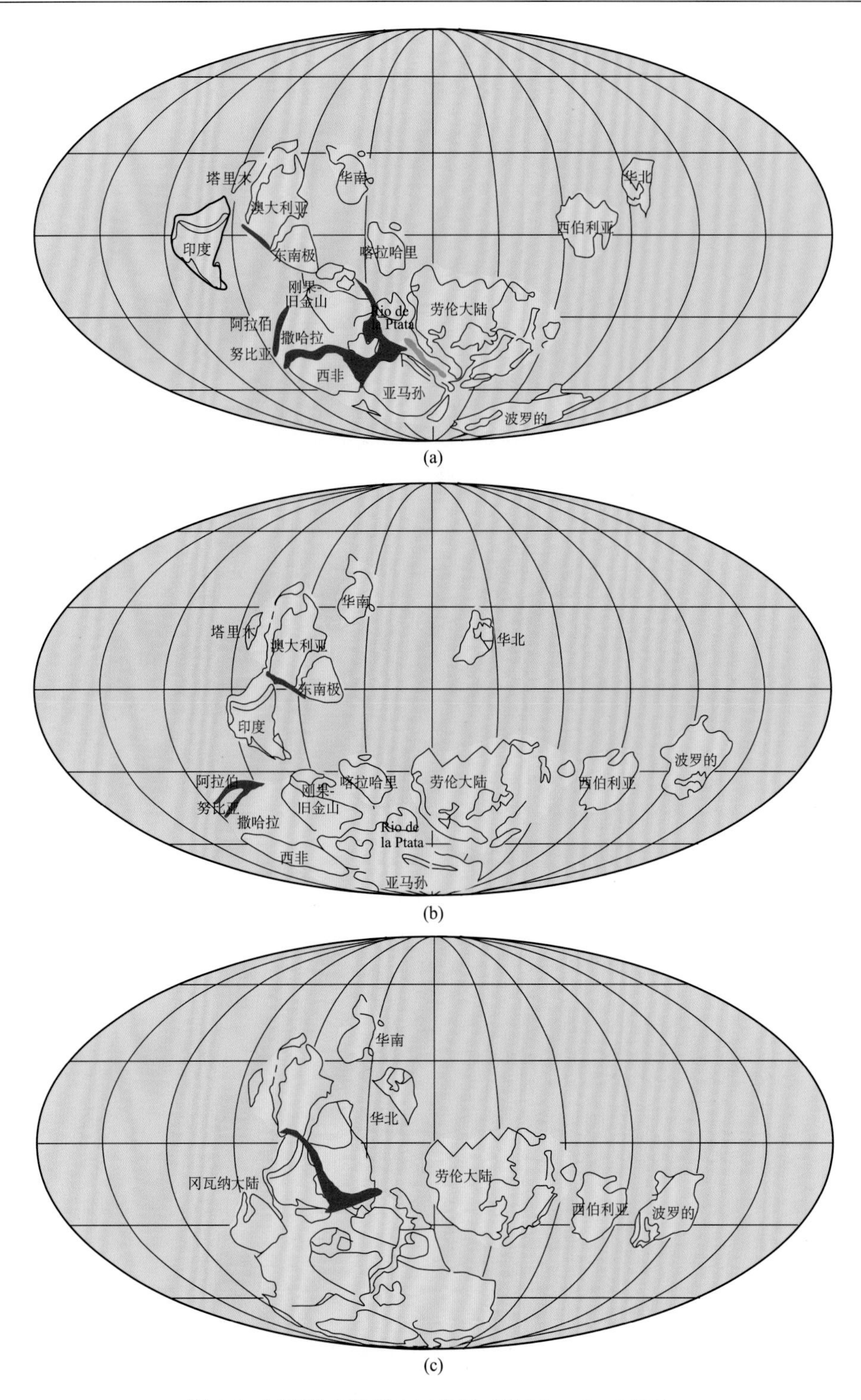

图 1.5　冈瓦纳大陆拼合示意图（据 Li et al.，2008）

（a）600Ma；（b）550Ma；（c）530Ma

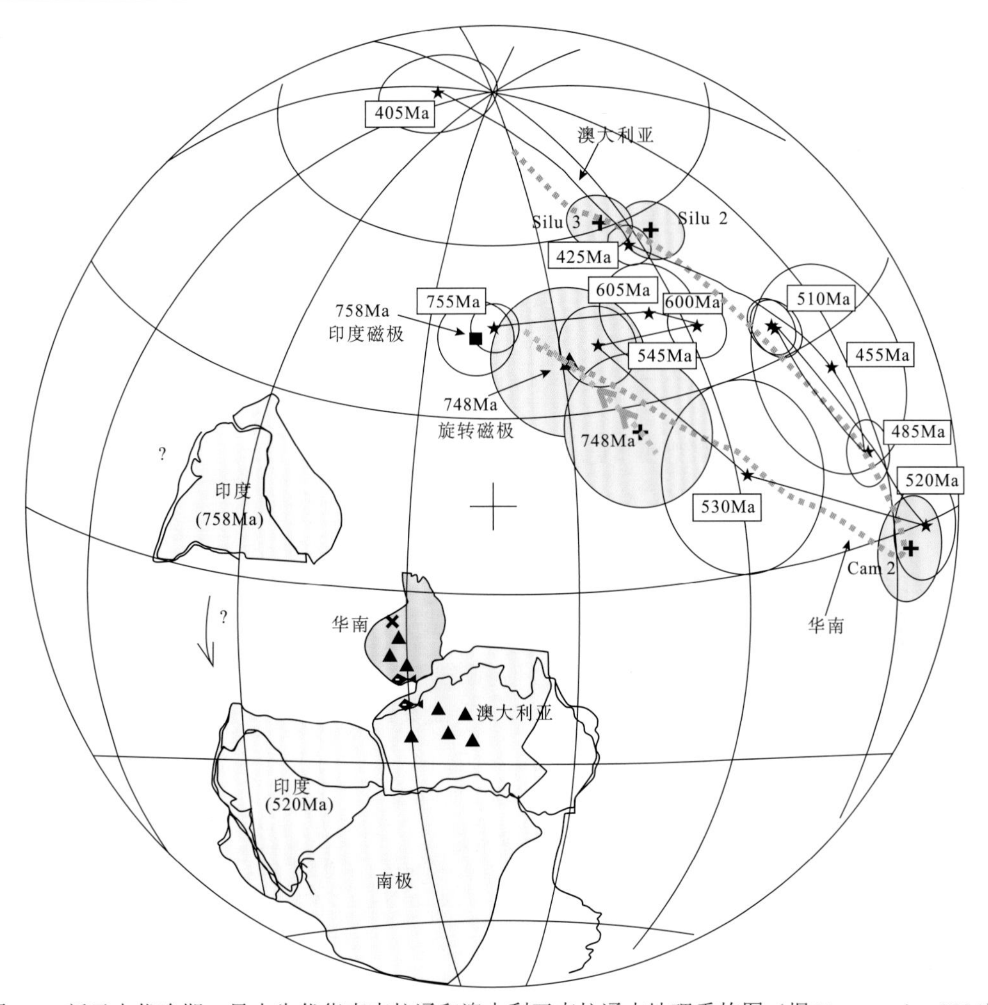

图 1.6　新元古代晚期—早古生代华南克拉通和澳大利亚克拉通古地理重构图（据 Yang et al.，2004）

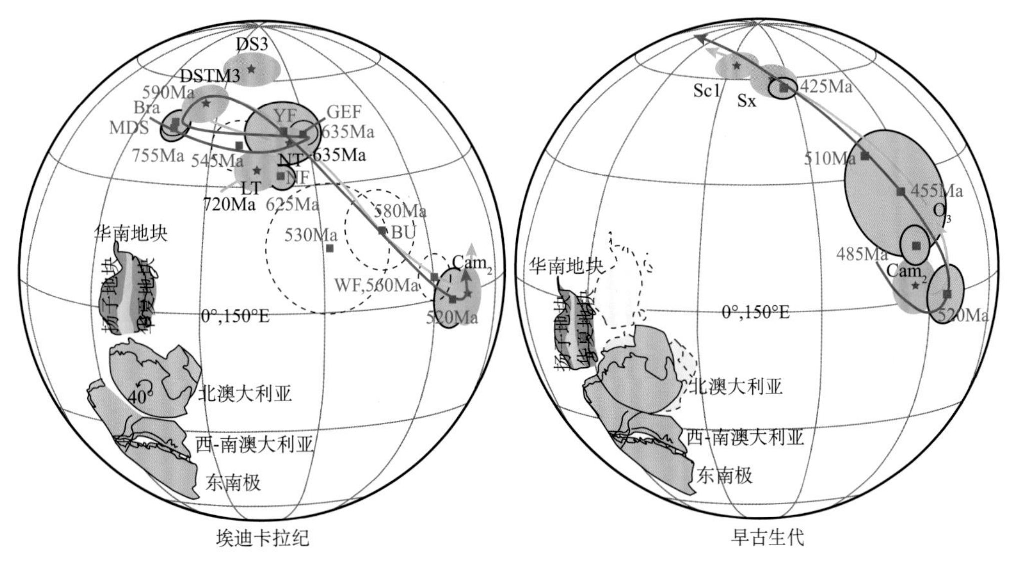

图 1.7　新元古代—早古生代华南克拉通古地理重构图（据 Jing et al.，2015）

（三）华南克拉通位于东冈瓦纳北缘邻近印度西北部

Jiang 等（2003a）基于印度西北部 Lesser Himalaya 地区与华南克拉通扬子地块新元古代晚期在岩相组合、碳酸盐岩台地结构和喀斯特不整合发育等相似性，认为华南克拉通在新元古代晚期（590～543Ma）可能与印度西北部相邻，而在寒武纪早期华南克拉通与印度分离向澳大利亚西北部漂移（图 1.8）。

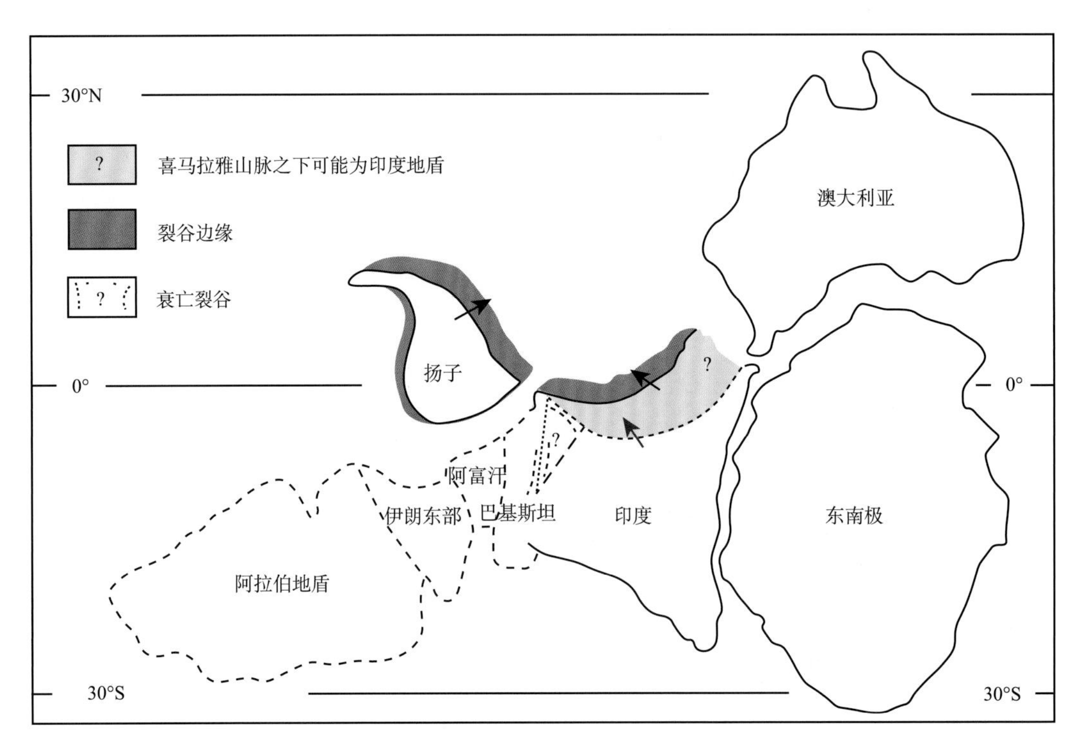

图 1.8　新元古代晚期—寒武纪早期（590～543Ma）华南克拉通位置重构图（据 Jiang et al.，2003a）
箭头表示大陆架-盆地转换方向

Yao 等（2014）通过对华南克拉通西南部寒武系沉积岩碎屑锆石原位 U-Pb 年龄和 Hf-O 同位素综合分析，指出华南克拉通的源区与印度西北部 Himalaya 地区埃迪卡拉纪—寒武纪碎屑岩、花岗岩侵入体具有很好的匹配关系，两者源区联系可能始于埃迪卡拉纪。华南克拉通从罗迪尼亚超级大陆裂解之后，在埃迪卡拉纪—奥陶纪与印度西北部碰撞，产生印度北部边缘的“泛非”Kurgiakh/Bhimphedian 造山运动和华南板内的武夷-云开造山运动（图 1.9）。南华盆地的埃迪卡拉系—下古生界碎屑沉积岩为华南克拉通与冈瓦纳碰撞所形成的前陆盆地沉积。

Xu 等（2013，2014b）通过对华南克拉通南部的寒武系沉积岩碎屑锆石 U-Pb 年龄和 Hf 同位素等研究，认为聚集于华南克拉通早古生代的沉积岩来源于南部或东南部，源区超过了现今克拉通的范围，可能来自澳大利亚的西南部和印度的东北部。在新元古代和古生代期间，华南克拉通位于冈瓦纳大陆的北部边缘，联结印度、南极与澳大利亚块体（图 1.10）（Cawood et al.，2013；Xu et al.，2013，2014a，2014b）。

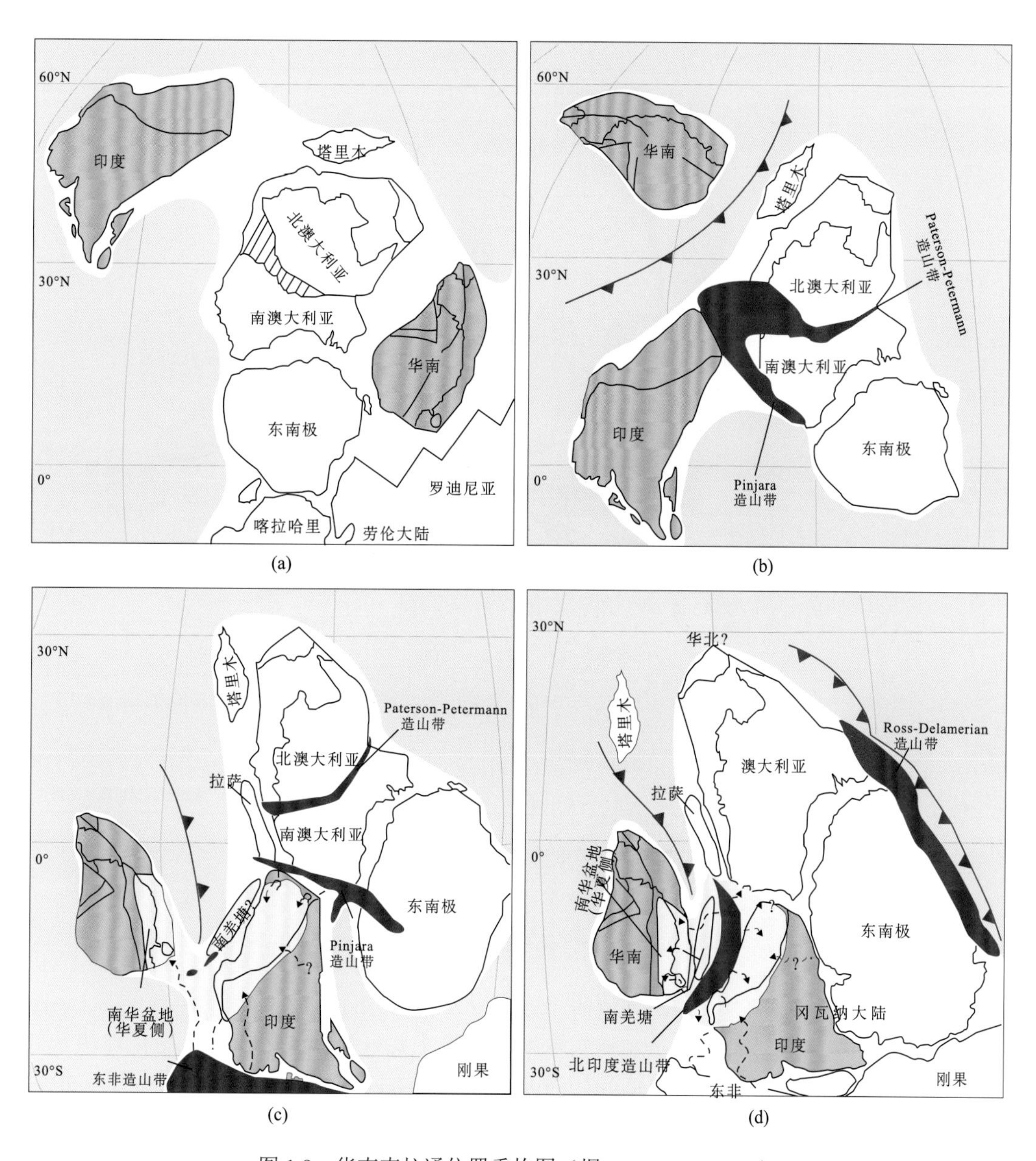

图 1.9　华南克拉通位置重构图（据 Yao et al.，2014）

（a）新元古代中期罗迪尼亚裂解之前（750Ma）；（b）罗迪尼亚裂解之后，在冈瓦纳拼合过程中与印度碰撞之前（635Ma）；（c）冈瓦纳拼合过程中开始与印度西北部发生碰撞（580Ma）；（d）与印度完全碰撞形成冈瓦纳的一部分（515Ma）

Chen 等（2018）通过对扬子地块西缘早古生代和泥盆纪沉积岩碎屑锆石 U-Pb 年龄与地层对比研究，认为这些碎屑锆石来源于新元古代晚期—寒武纪早期增生造山带（如 Bhimphedian 造山作用），其与冈瓦纳大陆边缘的原特提斯洋（Proto-Tethys Ocean）的初始俯冲有关。华南克拉通、印度北部、羌塘大陆边缘体系沿东冈瓦纳大陆的北部边缘分布。寒武纪早期，华南克拉通西部可能与隆升的 Himalaya 地区相联结，并接受来自印度和周缘造山带的持续碎屑注入（图 1.11）（Chen et al.，2018）。

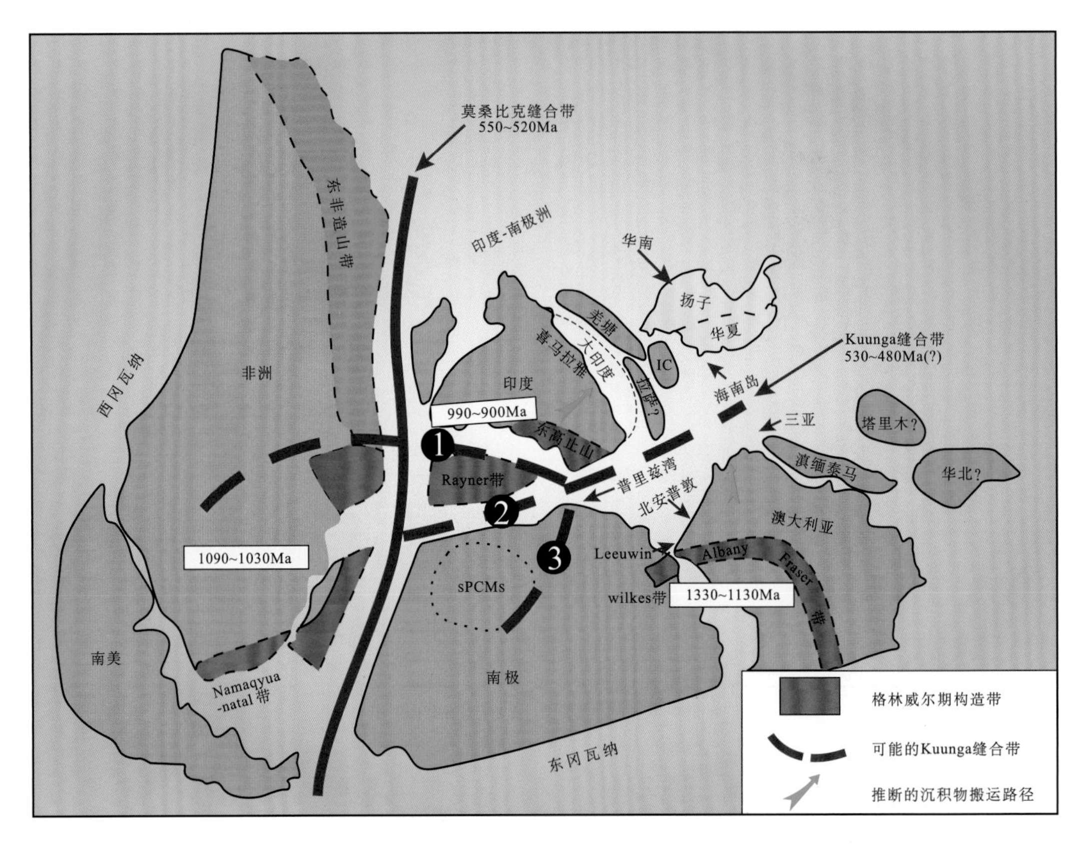

图 1.10　冈瓦纳大陆重构简图（据 Xu et al.，2014b）

（四）华南克拉通位于东冈瓦纳北缘邻近印度东北部

Yu 等(2008)通过对华南克拉通华夏地块新元古代晚期碎屑锆石地质年代学和 Lu-Hf 同位素的研究，认为华夏地块新元古代晚期沉积物主要来源于印度东部、南极地块东部(East Antarctica)，指出华南克拉通与印度东部、南极大陆东部相邻，而不是位于劳伦大陆西部和澳大利亚大陆东部之间（图 1.12）。

Duan 等（2011）基于扬子地块西北缘下泥盆统碎屑锆石的年龄谱分布，认为碎屑岩来自华南克拉通之外的源区，并指出在冈瓦纳拼合过程中，华南克拉通作为东冈瓦纳的一部分位于印度北部和澳大利亚西部，而不是作为独立的块体位于古太平洋内（图 1.13）。

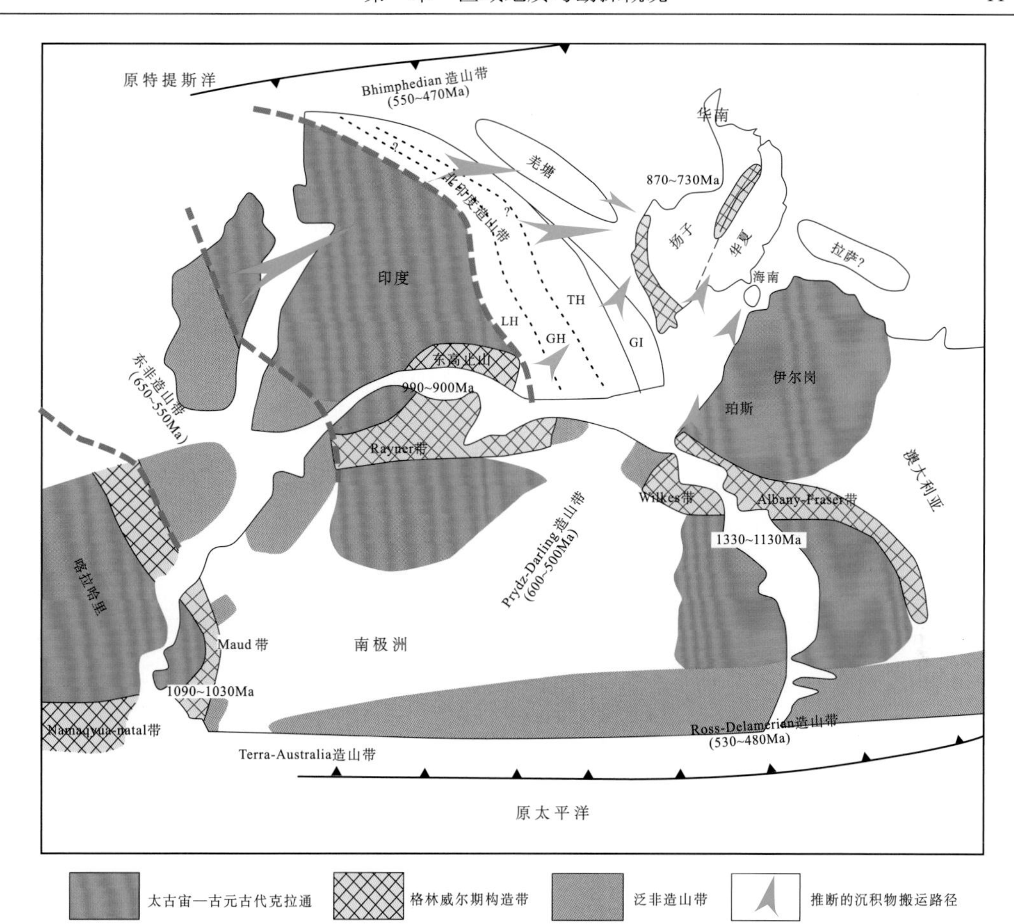

图 1.11 早古生代东冈瓦纳大陆重构图（据 Chen et al.，2018）

箭头指示沉积岩陆源碎屑传输方向

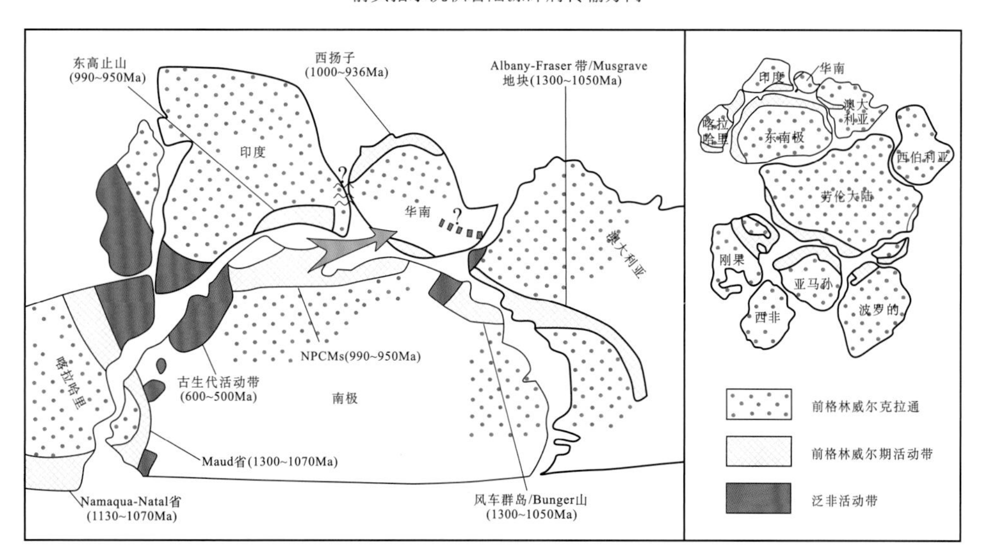

图 1.12 新元古代华南克拉通在冈瓦纳大陆位置重构图（据 Yu et al.，2008）

箭头指示沉积岩碎屑的传输方向；华南克拉通内带？的虚线指示可能的 Grenville 造山带，介于印度和华南克拉通之间；带？的波浪线指示印度东部与扬子地块西部之间可能的联结

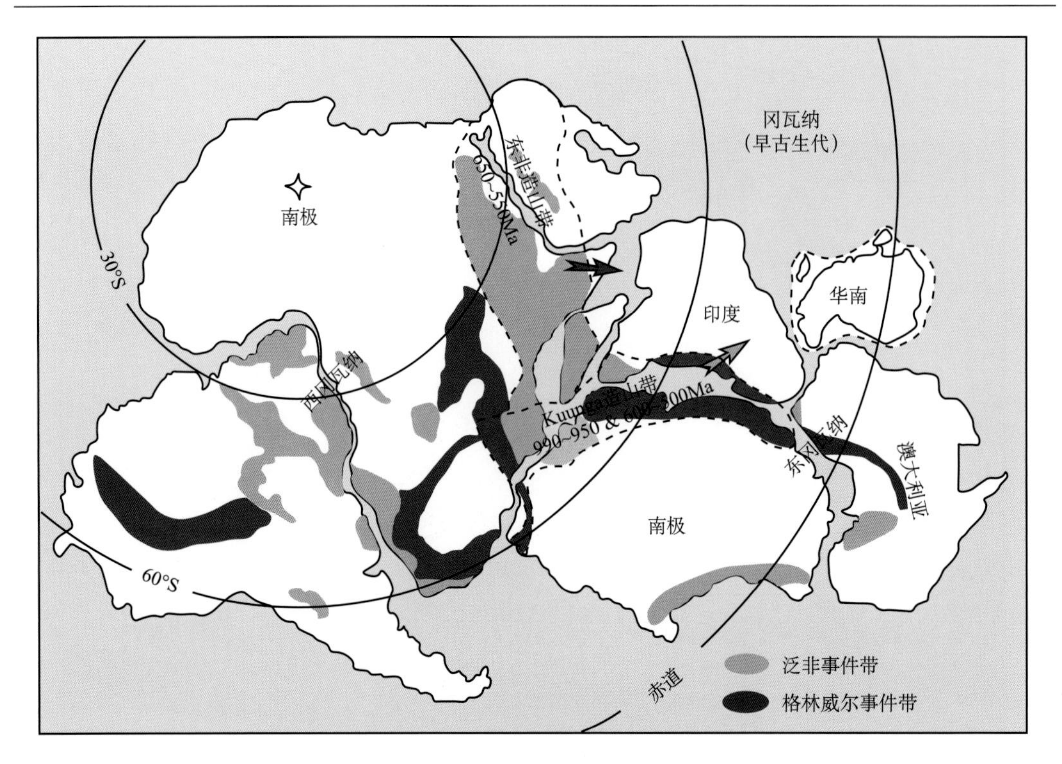

图 1.13　恢复的华南克拉通在冈瓦纳大陆位置图（据 Duan et al.，2008）

箭头指示来源于东非造山带的碎屑物质的传输方向

（五）其他观点

Cocks 和 Torsvik（2013）通过古地理重构研究，认为华南克拉通与印支克拉通（Indosinian Craton）在整个早古生代及早泥盆世期间为统一的大陆块体，而扬子地块西部通过印支克拉通与印度北部连通，它们在早泥盆世随着古特提斯洋的打开沿冈瓦纳边缘区域裂解与冈瓦纳分离（图 1.14）。

Zhang 等（2015）基于古地磁数据分析，认为华南克拉通在埃迪卡拉纪早期（635～560Ma）可能作为孤立的块体位于印度西北部，在埃迪卡拉纪—寒武纪转换时期华南克拉通与澳大利亚相连接，其通过大规模的左旋运动完成，而华夏地块的加里东期造山运动可能是东冈瓦纳最终拼合的结果（图 1.15）。

三、古构造环境

目前大多数学者认为新元古代晚期华南克拉通位于罗迪尼亚超级大陆拼合后的边缘位置，而非位于超级大陆的中心。在罗迪尼亚超级大陆裂解至冈瓦纳超级大陆拼合过程中，华南克拉通最初作为独立块体分布于大洋中，其后逐渐与其他块体碰撞而拼合于冈瓦纳超级大陆。华南克拉通西侧的扬子地块通过洋壳俯冲作用产生的岛弧逐渐增生而不断生长（Cawood et al.，2018）。埃迪卡拉纪—寒武纪期间，尽管华南克拉通古地理位置及与其他块体的关系在目前有不同的认识，但华南克拉通位于东冈瓦纳大陆北部边缘得到大多数古地磁数据和地质数据的支持，其可能与澳大利亚或印度相连，或介于两个块体之间（Chen et al.，2018）。

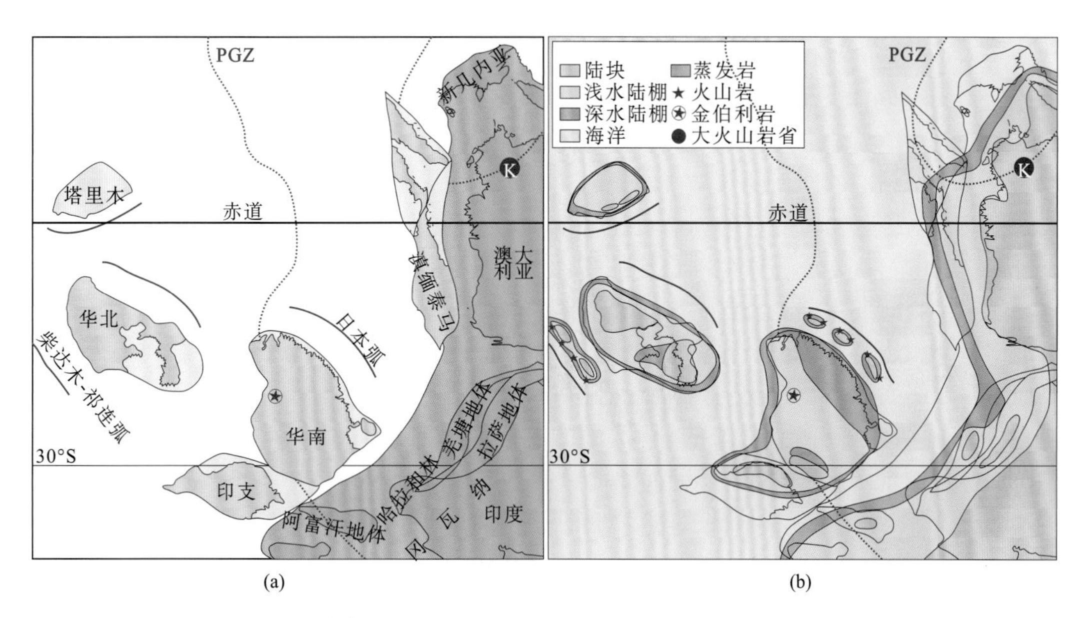

图 1.14　华南克拉通古地理与分布图（据 Cocks and Torsvik，2013）

（a）寒武纪（510Ma）时期华南克拉通在冈瓦纳古地理图；（b）相同时期古地理分布图。PGZ 为地幔柱产生位置

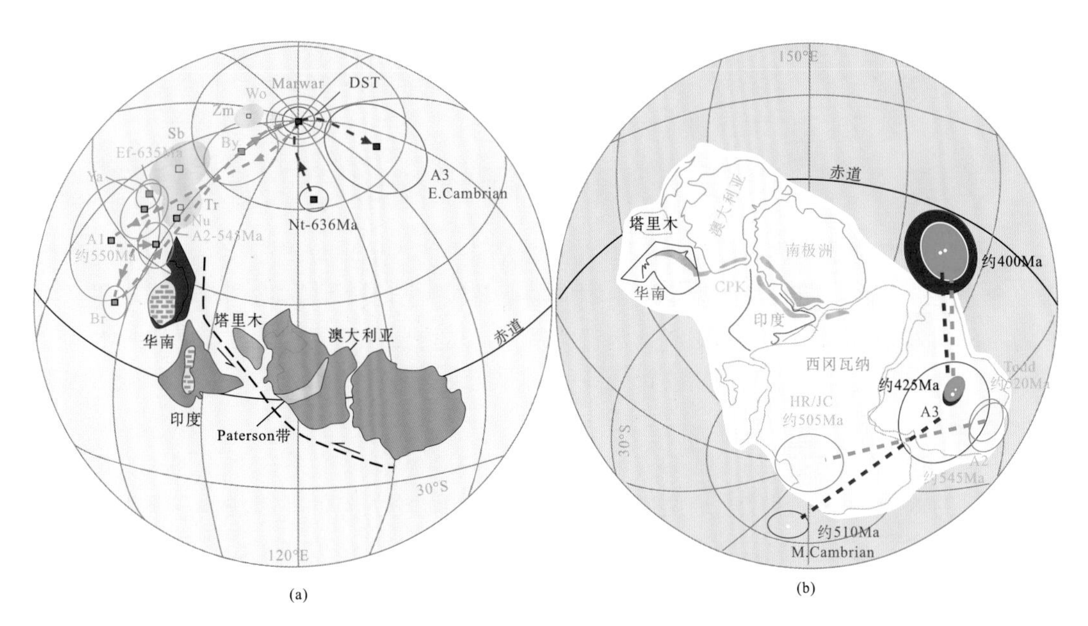

图 1.15　华南克拉通、印度与澳大利亚之间位置图（据 Zhang et al.，2015）

（a）约 560Ma；（b）约 505Ma

（一）冈瓦纳大陆拼合时间

冈瓦纳大陆的拼合是一个复杂地质过程，始于新元古代，一直持续到寒武纪；冈瓦纳大陆裂解始于泥盆纪并延续至中生代，一系列的地壳块体沿冈瓦纳大陆的北缘裂解、漂移，经过特提斯洋逐渐增生至亚洲大陆之上（Cocks and Torsvik，2013；Xu et al.，2014b；Cawood et al.，2018；Chen et al.，2018）。

关于冈瓦纳大陆最终拼合时间目前有不同的观点。一些学者认为罗迪尼亚超级大陆裂解发生于700Ma，冈瓦纳大陆最终拼合约在520Ma，华南克拉通经历了由被动大陆边缘向主动大陆边缘的转变（Powell et al.，1993；Cocks and Torsvik，2013）。Cawood和Buchan（2007）认为冈瓦纳大陆最终的拼合包括沿一系列造山带许多块体的复杂增生过程，最终拼合时期主要为570～510Ma，这一时期与沿超级大陆太平洋边缘由从被动边缘沉积到会聚边缘活动相一致。Meert和Lieberman（2008）认为埃迪卡拉纪到寒武纪是罗迪尼亚超级大陆裂解产物向冈瓦纳大陆拼合时期。

与冈瓦纳大陆拼合相关的两个主要碰撞造山带为东非-南极洲造山带（East African-Antarctic Orogen）和Kuungan造山带（也称作Pinjarra Orogen），前者标志着西冈瓦纳块体（非洲、南美）和印度、南极洲克拉通之间Mozambique缝合带（550～520Ma），后者标志着West Gondwana-Indo-Antarctic和澳大利亚-南极洲克拉通的缝合（530～490Ma），也标志着冈瓦纳大陆的最终拼合（Xu et al.，2014b）。冈瓦纳大陆最终拼合的时间与寒武系、奥陶系之间不整合的发育是同期的，这一不整合沿东冈瓦纳大陆北缘分布，并从印度北部延伸至西澳大利亚，也出现在东南亚离散的一些块体中（Xu et al.，2014b；Chen et al.，2018）。

由上述分析可知，尽管关于冈瓦纳大陆拼合最终时间有不同认识，但埃迪卡拉纪—寒武纪时期是冈瓦纳大陆拼合的主要时期。

（二）华南克拉通构造属性

尽管华南克拉通在罗迪尼亚与冈瓦纳超级大陆中的古地理位置还有待深入研究，但埃迪卡拉纪—寒武纪期间华南克拉通由罗迪尼亚超级大陆裂解块体向冈瓦纳大陆拼合而成为冈瓦纳大陆的一部分已为大多数学者所接受，这说明华南克拉通经历了由伸展向会聚演化的动力学过程，会聚开始的时间晚于西冈瓦纳大陆开始拼合的时间，可能由埃迪卡拉纪延伸至寒武纪。

华南克拉通在东冈瓦纳大陆的古地理位置及与其他块体的位置关系不同，决定了古构造环境的差异。如华南克拉通西部扬子地块与东冈瓦纳大陆的北缘块体（澳大利亚或印度等）相连并发生碰撞形成造山带，那么扬子地块西缘必形成与造山带相关的前渊坳陷及相关的前陆盆地、前缘隆起，可解释扬子地块寒武系碎屑岩的沉积物源问题；如华南克拉通东南部华夏地块与东冈瓦纳大陆的北缘块体（澳大利亚或印度等）相连，那么华夏地块东南缘会形成造山带及相关的前陆盆地等构造，可合理解释华夏地块早古生代碎屑岩的沉积物源问题；如华南克拉通同时与东冈瓦纳大陆北缘的两个大的块体相连，扬子地块与华夏地块均发生碰撞形成造山带，均处于会聚挤压的动力学环境，可合理解释整个华南克拉通早古生代碎屑岩的沉积物源问题。

总之，华南克拉通在埃迪卡拉纪—寒武纪期间更倾向位于东冈瓦纳的北部边缘，其与印度、澳大利亚等块体在不同时期存在一定的亲缘关系，其动力学演化经历了由伸展向单边或双边会聚的转变，最终拼合于冈瓦纳大陆统一的动力学体制之中。四川盆地位于扬子地块的西北部，扬子地块在埃迪卡拉纪—寒武纪期间的动力学环境直接控制了四川盆地的构造演化、古地理格局与岩相的发育，也控制了油气成藏条件的形成与分布。

第二节　区域地质概况

四川盆地孕育于华南克拉通形成演化的地球动力学体系，经历了由伸展向挤压、由海相向陆相演变的多旋回发展过程。三叠纪至新近纪，四川盆地周缘遭受不同方向、不同期次的挤压碰撞而形成复杂的造山带或褶皱逆冲带，盆地早期阶段形成的被动边缘均遭受不同程度的破坏。现今的四川盆地周缘为造山带所环绕，四川盆地东部形成了独具特色的构造面貌。

一、区域构造背景

四川盆地为一构造上的菱形盆地，其周缘为造山带所环绕。盆地西缘以龙门山褶皱-逆冲带与松潘-甘孜地块相邻，北缘以城口断裂带与大巴山褶皱-逆冲带、秦岭-大别造山带相邻，东缘以齐岳山断裂带与湘鄂西褶皱-逆冲带相邻（图 1.16）。

四川盆地东部（简称川东），西缘以北北东向的华蓥山断裂与川中地块相邻，东南以北东向的齐岳山断裂和湘鄂西厚皮褶皱-逆冲带毗邻，北至大巴山造山带、米仓山造山带，并与秦岭造山带、汉南地块相邻，南至重庆南川、武隆，东西宽约 170km，总面积约 $4.5\times10^4km^2$（赵从俊等，1989；胡光灿和谢姚祥，1997；乐光禹，1998；谷志东等，2015，2016）。川东地面构造为中国最典型的薄皮褶皱-逆冲带发育区（图 1.17）（蒋炳铨，1984；王平等，2012），背斜窄长而高陡，延伸长达 150～200km（黄继钧，1991），向斜宽阔而平坦（蒋勇等，1982）；以北东向、北北东向构造为主（赵从俊等，1989），是多期构造活动复合、联合与叠加的结果（徐政语等，2004），又称为“川东褶皱带”（李四光，1973）、“川东高陡构造”（胡光灿和谢姚祥，1997）、“川东侏罗山式褶皱”（徐政语等，2004）与“川东隔挡式褶皱”（Wang Z X et al.，2010）。

华蓥山断裂呈北北东向延伸，为川东与川中的天然屏障，核部出露的最老地层为寒武系龙王庙组，其上依次发育陡坡寺组、洗象池组、奥陶系、志留系、石炭系与二叠系等，由华蓥山断裂向东到川东地区背斜核部主要出露三叠系、侏罗系（图 1.17）。

大巴山造山带位于四川盆地的东北缘，为四川盆地与秦岭造山带的过渡部位，表现为一系列 NNW—NW—EW 走向紧密排列的向南西显著突出的弧形褶皱冲断带。大巴山造山带是在印支期秦岭碰撞造山带南缘前陆的基础上，经历了多期构造叠加所形成的褶皱冲断带（董有浦等，2011）。

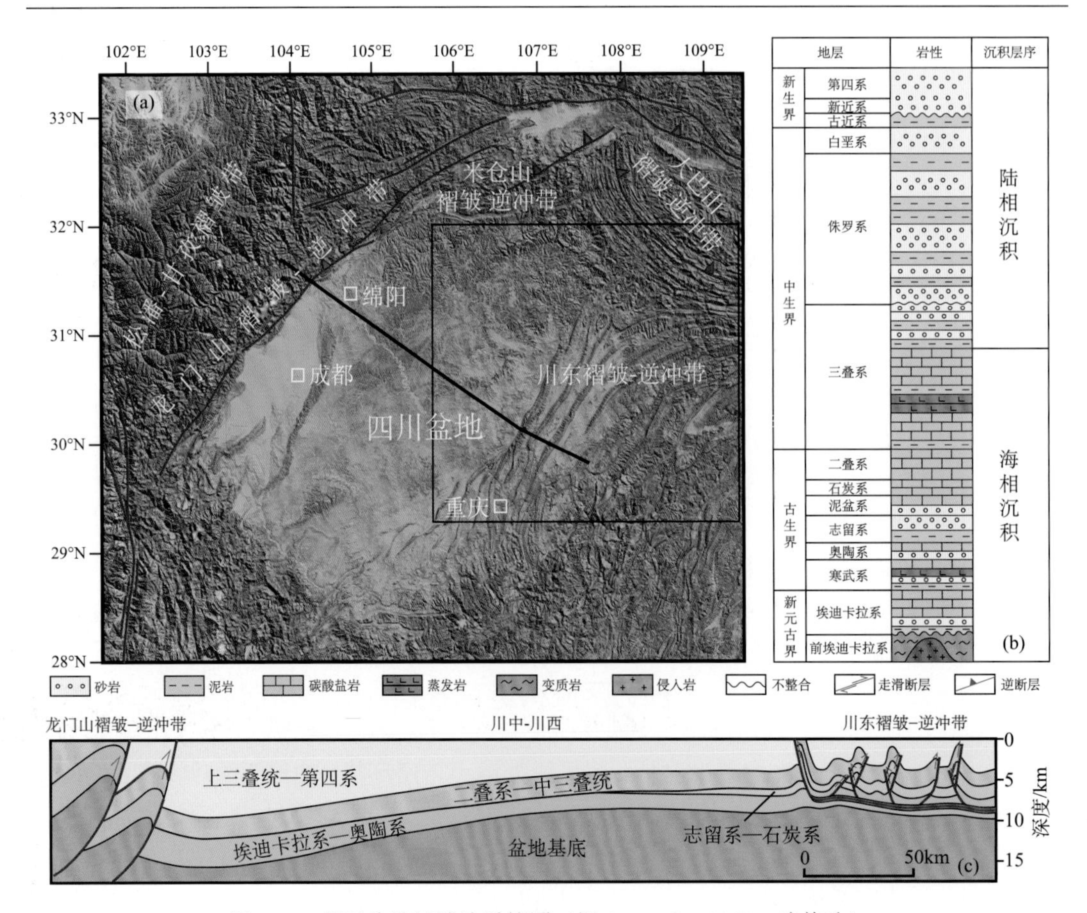

图 1.16　四川盆地区域地质简图（据 Gu et al.，2020，略修改）

（a）四川盆地区域构造简图；（b）四川盆地地层简图；（c）过四川盆地简化剖面图

大巴山造山带以安康断裂带、城口-房县断裂带和铁溪-巫溪断裂带为界划分为北大巴山逆冲推覆带、南大巴山前陆褶皱冲断带和大巴山前陆拗陷带，其构造特征及地层发育均有显著差异。北大巴山逆冲推覆带南部边界为弧形展布的城口-房县断裂，北部以安康断裂为界，主要由一套元古宇和下古生界火山碎屑岩及深水沉积岩构成，缺失泥盆系、石炭系。南大巴山冲断褶皱带位于城口-房县断裂带和铁溪-巫溪断裂带之间，其平面几何特征表现为向南西显著突出的弧形形态，因此也称为大巴山弧形前陆或大巴山前陆弧形构造带。在垂向上受滑脱造山机制所控制，显示了多层次的滑脱变形，呈现为薄皮构造特征。大巴山前陆拗陷带位于铁溪-巫溪断裂南侧，实际上受大巴山造山影响显著减弱，已经进入四川盆地（图 1.17）（沈传波等，2007；董树文等，2010；张岳桥等，2010；李秋生等，2011；黄始琪等，2014）。

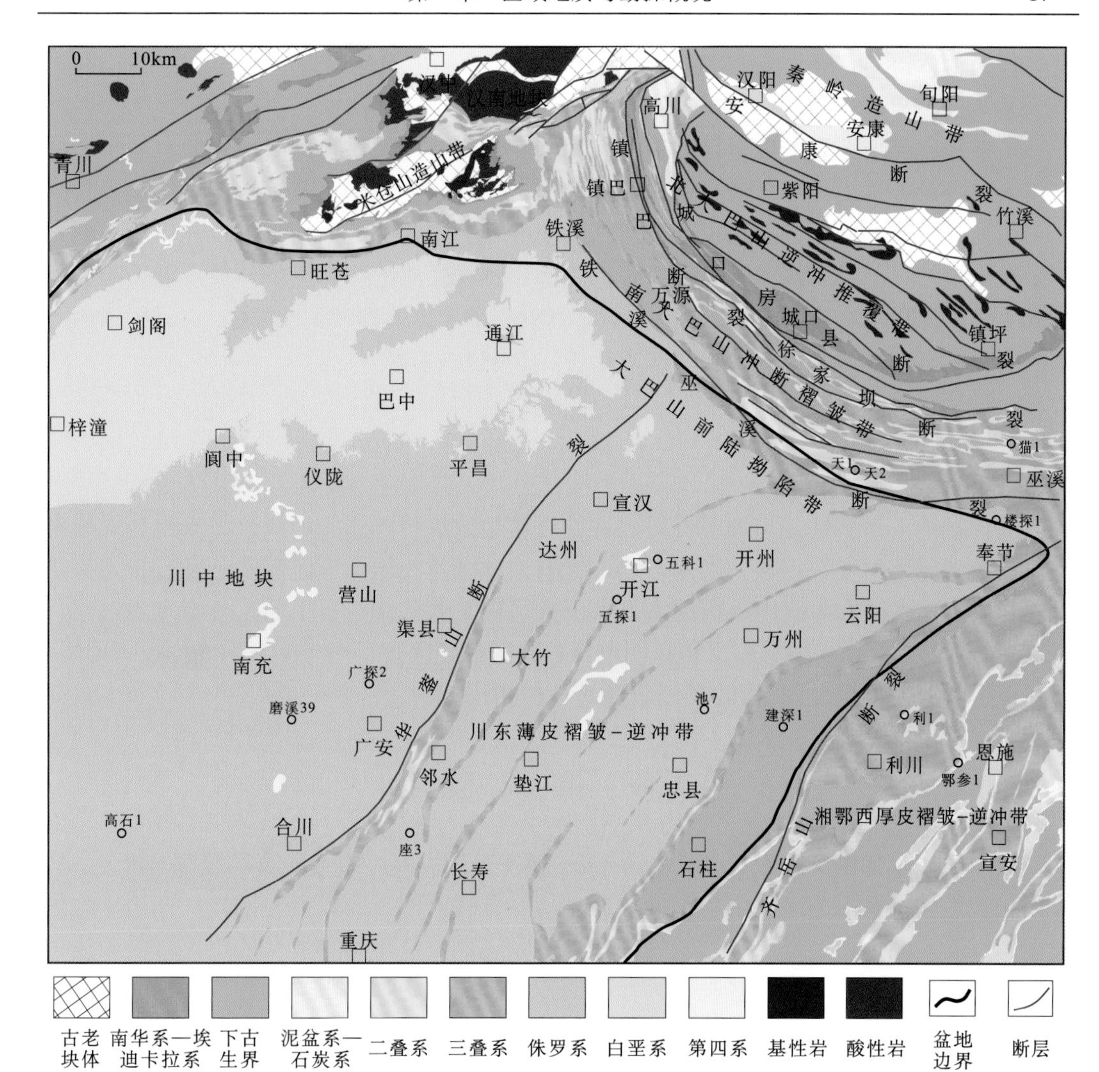

图 1.17　四川盆地东部（川东）区域地质简图（据谷志东等，2016，略修改）

二、基底结构

扬子地块前寒武纪的基底以北部太古宙崆岭杂岩为代表，主要由形成于 2.9～3.4Ga 的 TTG 片麻岩组成；新元古代的岩浆作用广泛分布于扬子地块周缘，源于罗迪尼亚超级大陆拼合过程中扬子地块与周缘块体的俯冲与碰撞（Chen et al.，2018），扬子地块西部的岩浆岩被称为樊西-汉南岩浆带。基底不整合覆盖微弱变质的新元古代地层和未变质的埃迪卡拉纪盖层（Zhao and Cawood，2012；Cawood et al.，2013；Chen et al.，2018）。

扬子地块北缘米仓山基底主要由结晶基底和褶皱基底两部分组成，前者由后河岩群的变粒岩、片麻岩、斜长角闪岩等组成，后者由火地垭群中浅变质岩组成，主要岩性有斑岩、片岩、千枚岩、大理岩。属于火地垭群上部的铁船山组总厚度大于 3000m，以火山熔岩为主体，夹多层火山碎屑岩及陆缘碎屑岩，铁船山组流纹岩的锆石 TIMS U-Pb 年龄为 817±5Ma（Ling et al.，2003）。

川东基底深埋地腹，截至目前还没有井揭穿沉积盖层而进入基底，因此目前主要依据川东周缘野外露头并结合地震资料加以推测。地震数据显示川东沉积盖层埃迪卡拉系之下均为平行反射特征，因此根据贵州、湖南等地区出露的野外露头，推测川东基底具双层结构特征，下部为深变质结晶基底，上部由中浅变质的冷家溪群与板溪群褶皱基底组成（郭正吾和韩永辉，1989；郭正吾等，1996；罗志立，1998）。基底之上沉积厚达万米的碳酸盐岩、砂泥岩夹膏盐岩（徐政语等，2004）。

三、地 层 序 列

综合盆地内最新钻井与地震资料，并结合盆地边缘野外露头资料，川东地区埃迪卡拉纪—寒武纪地层发育完整。汉南古陆、米仓山地区和大巴山地区寒武系发育特点有明显差异，汉南古陆和米仓山地区的寒武系下部（原下寒武统）自下而上发育宽川铺组、郭家坝组、仙女洞组、阎王碥组和孔明洞组，大巴山地区自下而上为水井沱组、石牌组、天河板组和石龙洞组（图 1.18）（汪明洲等，1989）。

第三节　勘 探 概 况

四川盆地东部由于地表、地下复杂褶皱-逆冲带的发育，加大了油气勘探的难度。从事四川盆地油气勘探的地质学者与勘探者，历经几代人的艰苦探索与勘探，在川东地区发现了以石炭系黄龙组、二叠系长兴组和三叠系飞仙关组等为主要目的层，以大天池、罗家寨、铁山坡、渡口河和普光等为代表的一大批大、中型气田，为四川盆地天然气勘探与开发奠定了坚实基础。

埃迪卡拉系—寒武系勘探在川东地区一直处于持续探索之中，由于勘探目的层埋深大且构造复杂，因此勘探难度更大。总体来看，川东地区埃迪卡拉系—寒武系勘探可以划分为三个阶段：①1965～1994 年，威远气田发现后区域勘探阶段；②1995～2010 年，科学探索井探索勘探阶段；③2011 年至今，安岳气田发现后风险勘探阶段。

一、威远气田发现后区域勘探阶段

自 1964 年威远气田发现至 20 世纪 90 年代，四川石油管理局和相关单位对四川盆地及周缘主要构造进行详细研究，以埃迪卡拉系灯影组和寒武系为主要目的层，依据地表构造圈闭发育情况和采集地震资料对埃迪卡拉系—寒武系开展区域勘探，在川东及川鄂湘边区部署了以鄂参 1 井、池 7 井和座 3 井等为代表的参数井、区域探井（表 1.1），重点是了解川东地区埃迪卡拉系—寒武系发育序列、储层发育与含油气情况，为重点区带与目标评价奠定基础。

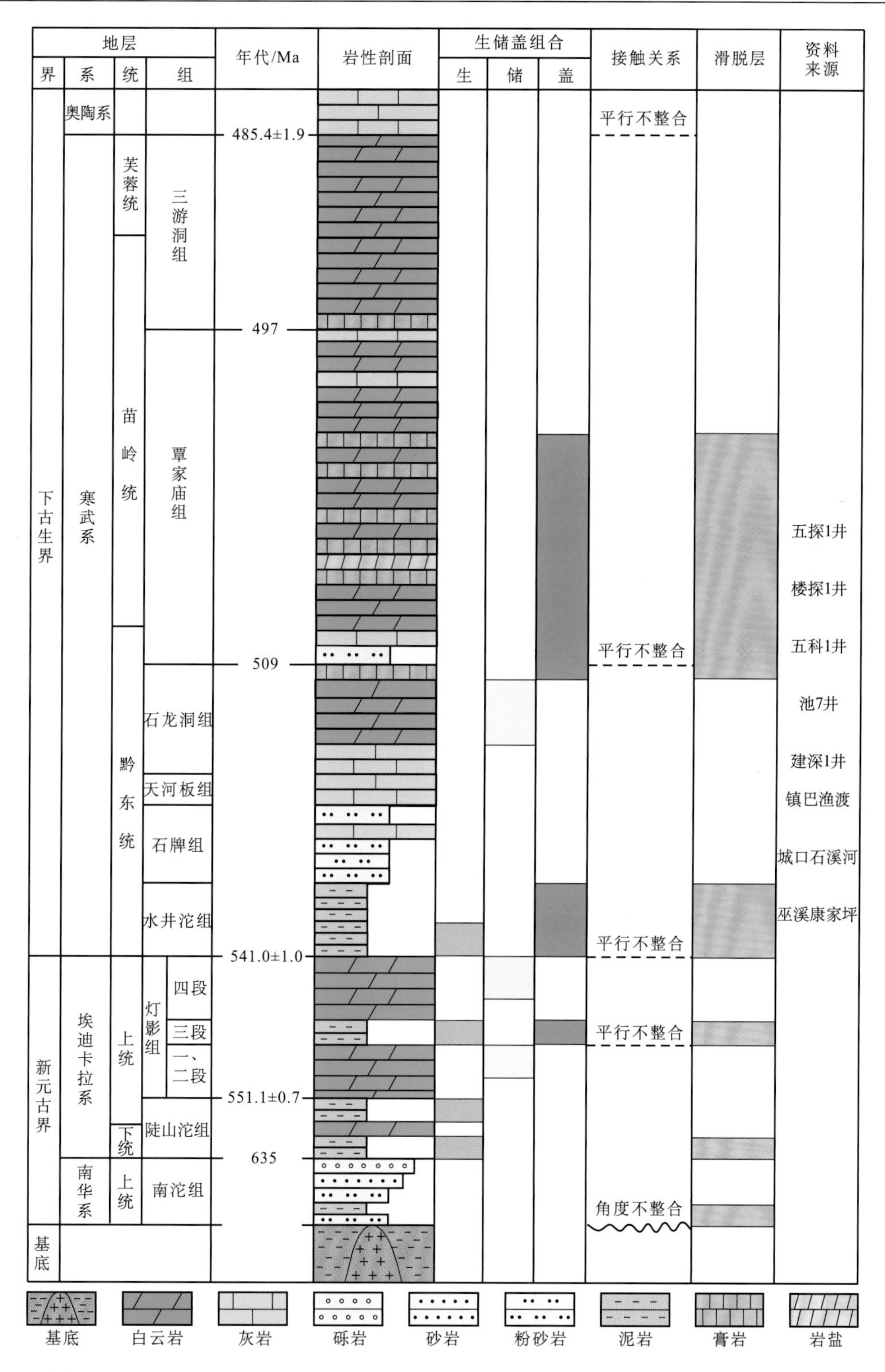

图 1.18 四川盆地东部埃迪卡拉系—寒武系柱状剖面图（据谷志东等，2015，略修改）

表 1.1 川东及周缘埃迪卡拉系-寒武系钻井基本情况表

序号	井号	构造	地面海拔/m	开钻时间	完钻时间	完钻井深/m	钻探目的层	完钻层位	完井方法
1	天 1	天星桥	496.33	1966.3.10	1967.2.28	3094	Є$_1$	Є$_2$	裸眼
2	鄂参 1	白果坝	1324.36	1968.10.21	1970.4.28	2990	Z_2dn、Є$_1$	Z_1n	裸眼
3	池 7	大池干井	667.98	1981.9.9	1985.3.9	5234.54	Є、O	Є$_3$	先期裸眼
4	座 3	座洞崖	546.9	1983.3.3	1985.11.9	6016	Z_1	Є$_1$	后期射孔
5	天 2	天星桥	320.03	1987.6.26	1988.3.10	2538.82	Є$_2$	Є$_3$	裸琅
6	猫 1	猫儿滩	260.65	1992.11.21	1995.1.22	4955.09	Z_1ds	Є$_3$	裸眼
7	五科 1	大天池	516.68	1997.11.15	1999.3.2	6063	Є$_2$	Є$_2$	尾管
8	利 1	鱼皮泽	1099	1998.3.12	1999.4.25	5356	Z_2dn、Є$_1$	Z_1ds	裸眼
9	建深 1	建南	670.34	2006.1.19	2008.11.3	6820.35	Z_2dn、Є$_1$	Є$_1$	裸眼
10	太和 1	太和场	866.693	2012.11.28	2014.9.6	4897	Z_2dn	Є$_2$	尾管
11	五探 1	檀木场	381.85	2016.10.25	2018.1.26	8060	Z_2dn、Є$_1$	前震旦系	裸眼
12	楼探 1	黑楼门	856.46	2018.2.2	2019.6.21	7713	Z_2dn、Є$_1$	Z_2dn	裸眼

（一）勘探基本情况

该阶段钻探了以鄂参 1 井、池 7 井和座 3 井等为代表的一些探井，下面以钻探时间为序对重点探井进行简单介绍。

1. 天 1 井

该井位于重庆市巫溪县田坝镇天星桥构造顶部南侧，于 1966 年 3 月 10 日开钻，1967 年 2 月 28 日完钻，完钻井深 3094m，层位为寒武系，裸眼完井。该井在钻进过程中见多层井漏与气测异常显示。1966 年 7 月 31 日～8 月 2 日，寒武系上部 1210.28～1278.1m 中测产水 4.32～11.95m^3/d，为含 H_2S 盐水层，$MgCl_2$ 水型。巫溪县用该井产地层水条件，建盐厂 1 个，利用地层水熬盐投产水产量不减。

2. 鄂参 1 井

该井位于湖北省恩施土家族苗族自治州恩施市白果区茅坝乡辛家埡口，于 1968 年 10 月 21 日开钻，开钻层位为寒武系覃家庙组，于 1970 年 4 月 28 日完钻，完钻井深 2990m，层位为南沱组。钻进过程中未见油气显示。钻探证实灯影组发育上、下白云岩段，但厚度不大，共计 92.2m，缝洞并不发育。

3. 池 7 井

该井位于重庆市忠县咸隆乡大池干井构造咸隆高点偏西翼，于 1981 年 9 月 9 日开钻，1985 年 3 月 9 日完钻，1985 年 5 月 20 日裸眼完井，完钻井深 5234.54m，层位为寒武系上部。该井在寒武系钻进过程中见盐水浸，测井未解释储层，在寒武系上部（5153.36～5234.54m，共计 81.18m）裸眼测试获水 39.7m^3/d（$CaCl_2$ 水型，矿化度为 346.39mg/L），在奥陶系宝塔组 4684～4698m 射孔测试为干层。

4. 座 3 井

该井位于四川省广安市邻水县高滩乡座洞崖构造，于 1983 年 3 月 3 日开钻，1985 年 11 月 9 日完钻，完钻井深 6016m，完钻层位为寒武系龙王庙组。钻至寒武系龙王庙组上部 6016m 后，钻水泥塞至井深 5957.38m 发生钻头及打捞杯落井事故，处理事故中亦出现套管变形、阻卡严重而被迫完钻。

5. 天 2 井

该井位于重庆市巫溪县田坝镇天星桥构造顶部，距天 1 井约 500m，于 1987 年 6 月 26 日开钻，1988 年 3 月 10 日完钻，完钻井深 2538.82m，层位为寒武系上部。该井在钻进过程中，寒武系多次见盐水浸，奥陶系见井漏；在寒武系 2375～2395m 测试产水 400m^3/d，水型为 $CaCl_2$，矿化度为 131.95g/L。

6. 猫 1 井

该井位于重庆市巫溪县大河乡大巴山前缘断褶带猫儿滩构造中段近轴部，1992 年 11 月 21 日开钻，1995 年 1 月 22 日完钻，完钻井深 4955.09m，裸眼完井。该井由于钻遇三条逆断层，地层倒转，难于钻达设计目的层而提前完钻。在三游洞组见 2 次水浸、8 次井漏。3782.11～4955.09m 钻杆测试，产盐水 2034m^3/d，氯离子 5816mg/L，总矿化度 12.51g/L，氯离子含量低，说明有地表水渗入，该构造封闭条件不好。

（二）钻探收获与启示

该阶段钻探的探井受构造不落实及工程事故影响，多数探井未能按最初的设计完钻。如天 2 井由于地层变陡、猫 1 井由于出现逆断层而提前完钻；天 1 井由于钻具折断、池 7 井由于钻遇高压盐水层导致井漏提前下套管完钻，座 3 井由于钻具落井、套管变形而提前完钻。

该阶段的探井在埃迪卡拉系灯影组与寒武系洗象池组发现储层，以岩溶储层为主。同时发现盆地边缘受多期构造活动影响保存条件差，测试以产水为主，因此盆地边缘勘探应选择保存条件好的区域。

二、科学探索井探索勘探阶段

在科学探索井实施阶段，中国石油天然气股份有限公司在川东部署以寒武系洗象池组为目的层的五科 1 井，在湖北利川部署以灯影组和下古生界为目的层的利 1 井。

（一）勘探基本情况

1. 五科1井

该井位于四川省开江县宝石乡大天池构造带五百梯构造高点南翼，于1997年11月15日开钻，1999年3月2日完钻，1999年5月22日完井（套管），完钻井深6063m，完钻层位为寒武系覃家庙组。该井在寒武系三游洞组钻进过程中见1个井漏、1个气测异常显示；测井解释三游洞组1个含气层、1个含水层和1个产气层，奥陶系解释1个可能气层与1个含气层；该井于1998年12月24日在三游洞组（5621.96～5697.8m，共计75.84m）中测获水36.83m^3/d（水型为$CaCl_2$，矿化度为10581.13mg/L）。

2. 利1井

该井位于湖北省利川市柏杨坝镇利川复向斜鱼皮泽构造带鱼皮泽背斜高点。于1998年3月12日开钻，1999年2月6日完钻，完钻井深5356m，层位为陡山沱组，1999年4月25日裸眼完井。该井在钻进过程中在灯影组见井漏和水层显示，解释中等气层1层（6m），含气水层1层（4m），水层1层（2m）；在寒武系石龙洞组见井漏显示10.7m/3层，测井解释水层17m/4层，岩性主要为溶孔及针孔白云岩，显示集中于中上部，孔隙度最大达22.9%，渗透率最大达208mD①。对石龙洞组3849.34～3902.16m裸眼段HST中途测试产水13.05m^3/d。灯影组裸眼HST完井测试，4489.04～5356m，产水688m^3/d；4440.0～4602.28m，产水111.6m^3/d。

（二）钻探收获与启示

该阶段钻探的利1井在埃迪卡拉系灯影组发现优质储层，但由于保存条件不好，没有发现气藏。五科1井在寒武系三游洞组发育储层，并以岩溶储层为主。

三、安岳气田发现后风险勘探阶段

2011年川中安岳气田发现后，中国石油西南油气田公司积极在四川盆地范围内开展风险勘探，进一步拓展埃迪卡拉系—寒武系勘探领域。针对川东不同勘探领域与区带，该阶段主要钻探了三口风险探井，分别为太和1井、五探1井和楼探1井。

（一）勘探基本情况

1. 太和1井

该井位于重庆市太和场构造，是以灯影组、龙王庙组为目的层段的风险探井。于2012年开钻，最大井深5521m（寒武系中部），钻进中多次井漏，进入寒武系巨厚膏盐岩，钻井情况复杂，经历侧钻2次，最后在寒武系内部完钻。该钻井洗象池组解释两段水层

---

① $1D=0.986923\times10^{-12}m^2$。

37.1m，未测试。太和1井与座3井钻探情况类似，表明川东高陡构造受膏盐岩变形影响强烈，构造认识仍需深化。

2. 五探1井

该井位于川东檀木场构造，为川东高陡构造带向斜区风险探井，钻探目的层系为灯影组、龙王庙组，兼探二叠系等中浅层段。五探1井于2016年10月25日开钻，完钻井深8060m，钻至前埃迪卡拉系碎屑岩，是目前四川盆地中钻遇石油最深的钻井，证实川东“宣汉-开江隆起”发育的地质认识。五探1井灯影组总厚度为293m，厚度远小于川中地区，顶部取心段岩性为硅质云岩，是灯四段典型岩性特征。钻进过程中多次井漏、气侵；灯影组顶部取心见0.4m岩溶孔洞，测井解释为差气层，未测试。在兼探层系二叠系获气80万m^3/d以上。

3. 楼探1井

该井位于川东黑楼门构造，于2018年2月2日开钻，最大井深7713m，钻至埃迪卡拉系灯二段。钻进过程中多层段具有油气显示，洗象池组（5032～5033m）发生井漏，高台组（6484～6484.5m）气测异常，龙王庙组（6902～6904m）硫化氢异常，沧浪铺组（6995～6995m；7012～7029m）气测异常，灯影组（7250～7251m）气测异常并在顶部取心见岩溶孔洞。测井解释灯四段储层累计31.6m，平均孔隙度为3.2%，灯二段测井解释储层3.0m，平均孔隙度为2.2%，储层以Ⅲ类储层为主，总体较差，未测试。

（二）钻探收获与启示

该阶段钻探揭示川东地区“宣汉-开江隆起”的发育，这一地质认识深化了灯影组隆拗相间的古构造格局，这种沉积差异的形成对埃迪卡拉系成藏具有重要的控制作用。五探1井揭示“宣汉-开江隆起”及其斜坡区灯四段发育岩溶丘滩体储层，进一步揭示古隆起周缘广阔领域是川东腹地未来勘探的重点方向。楼探1井揭示灯影组发育丘滩体岩溶优质储层，进一步指出了复杂构造带圈闭评价的重要性。钻井揭示沧浪铺组的气测异常与川西川深1井等多口钻井中解释的沧浪铺组发现碳酸盐岩储层值得重视，应作为潜在勘探领域加强基础地质研究。

第二章　埃迪卡拉系—寒武系划分与对比

沉积盆地内保存的地层记录着地质历史时期沉积盆地发育的构造背景、沉积环境与气候变化信息，明确沉积盆地发育的地层序列是进行沉积盆地构造演化、岩相古地理研究的重要前提与基础。埃迪卡拉纪—寒武纪时期是地球演化历史中非常重要的转折时期，华南扬子地块浅水台地发育着独特的地层沉积序列，埃迪卡拉系内部、埃迪卡拉系—寒武系转换界面、寒武系内部发育着一系列有规律的平行不整合，记录着全球冈瓦纳超级大陆拼合背景下的重要地质事件。在过去的几十年间，华南地区埃迪卡拉纪—寒武纪的生物地层、同位素化学地层、同位素年代地层和岩石地层等方面的研究都取得了重要进展，为四川盆地东部构造演化与岩相古地理研究提供了重要依据。

第一节　埃迪卡拉系划分与对比

《中国地层表》（2014 年）中震旦系与埃迪卡拉系相对应，其研究已有百余年历史，湖北宜昌峡东震旦系作为全球层型候选剖面与点位的研究取得了重要进展。随着研究的深入及与国际接轨，震旦系所代表的地层间隔与含义发生了重大的变化，现在与国际地层委员会所确定的埃迪卡拉系（Ediacaran System）的含义相一致，其时限为 635～541Ma。四川盆地东部周缘米仓山、大巴山和峡东地区埃迪卡拉系内部、埃迪卡拉系—寒武系转换界面及寒武系内部均发育着有规律的平行不整合，为该区构造演化研究提供了重要的窗口。

一、国际埃迪卡拉系划分

1991 年，国际地质科学联合会（International Union of Geological Sciences，IUGS）批准了前寒武纪时期划分为宙、代和纪的建议，这些划分由地质年龄所确定，并没有参考沉积岩内所记录的事件。2004 年 3 月，IUGS 批准了元古宙埃迪卡拉纪（Ediacaran Period）的建立。这个新建立的纪直接位于寒武纪之前，是根据显生宙时代标准所确定的第一个前寒武纪的地质时期。埃迪卡拉纪时期的典型特征已经被确定了几十年，许多地质学家对这一时期提出了正式的定义。与国际标准相一致，埃迪卡拉系由记录在被称作全球层型剖面及点位（global stratatype section and point，GSSP）的单一剖面所确定（Knoll et al.，2004；Narbonne et al.，2012）。

（一）底界与年龄

埃迪卡拉系最初的全球层型剖面及点位（GSSP）位于澳大利亚南部的弗林德斯山脉（Flinders Ranges）的依诺拉马沟剖面（Enorama Creek section），层型点位为覆盖于

Marinoan 冰海相混积岩之上的那卡林纳组（Nuccaleena Formation）厚约 6m 的白云岩底部（图 2.1）。该白云岩由粉红色乳脂状的微晶白云岩组成，风化后呈浅黄色，发育米级的帐篷构造和水平的席状裂隙，普遍充填同沉积期的方解石胶结物（Knoll et al.，2004，2006；Narbonne et al.，2012；周传明等，2019）。

图 2.1　埃迪卡拉纪时期主要地质事件（左）与正式确定的埃迪卡拉系的底岩石特征（右）（据 Knoll et al.，2004）

具有与 Marinoan 冰川沉积物之上（或响应于此次冰期作用的不整合面）特征相似的“盖帽碳酸盐岩”（cap carbonates）或“盖帽白云岩”（cap dolomites）在世界范围内广泛发育，可以作为埃迪卡拉系底部全球性的岩石地层和化学地层的标志。Marinoan 盖帽白云岩一般上覆灰岩或深水细粒的碎屑岩。对于新元古代盖帽白云岩的解释差异较大，但大多数解释包括伴随着大陆冰席的快速融化，大洋氧饱和度状态发生了变化（Narbonne et al.，2012）。

埃迪卡拉系底部的年龄得到了很好的约束。阿曼（Oman）成冰系的 Ghaub 冰碛岩顶部获得了 635.5±0.6Ma 年龄，中国华南南沱组冰碛岩之上盖帽白云岩内获得 635.5±0.6Ma 年龄。在纳米比亚（Namibia）埃迪卡拉系顶部获得的年龄为 540.61±0.67Ma（位于上覆寒武系不整合面之下）和 538.18±1.11Ma（位于上覆寒武系不整合面之上）（Condon et al.，2005；Narbonne et al.，2012）。

（二）生 物 地 层

埃迪卡拉类型的化石提供了埃迪卡拉纪时期最明显容易识别的特征，为埃迪卡拉系在全球范围内可靠的标志。埃迪卡拉类型的化石为厘米级至米级的软体生物体，一般被保存在砂岩或火山灰事件沉积的底部。埃迪卡拉生物区的属性是连续的，一些生物组合为显生宙的祖先（Narbonne et al.，2012）。

埃迪卡拉纪时期在生命演化历史中标志着重要时间节点，介于控制前寒武纪典型的微观原核生物组合与寒武纪和更年轻显生宙时期复杂小壳动物之间（Narbonne et al.，2012）。从全球范围来看，埃迪卡拉纪早期海洋生物群面貌仍然以刺饰疑源类为代表的微体真核生物占主导地位，而晚期则以埃迪卡拉宏体生物群统治海洋生物圈为显著特征（图 2.2）（周传明等，2019）。

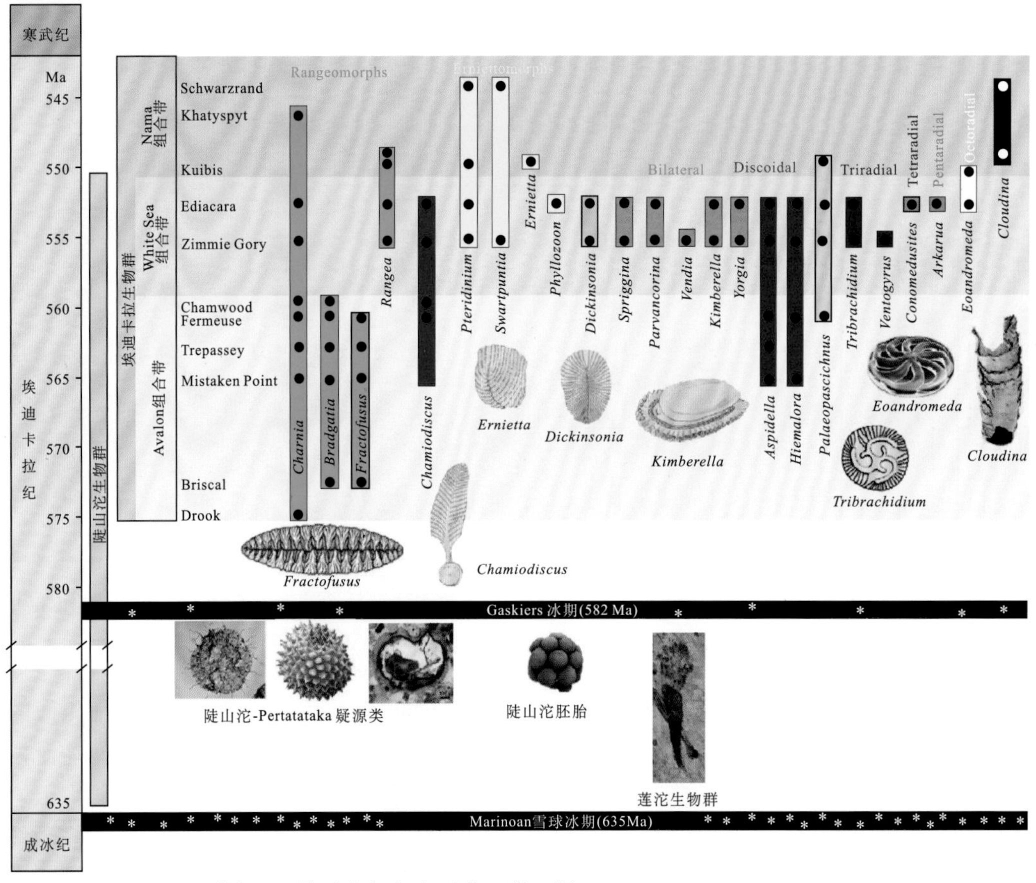

图 2.2　埃迪卡拉纪宏观化石带（据 Narbonne et al.，2012）

（三）同位素化学地层

碳、硫和锶同位素特征不仅在探讨埃迪卡拉纪古气候和古海洋环境变化中具有重要作用，同位素化学地层学在埃迪卡拉系划分对比中也得到了广泛应用。埃迪卡拉系底部、中部和顶部的三次碳同位素负漂移特征在埃迪卡拉系的区域和全球对比中起到了重要作用。越来越多的来自世界各地的碳同位素曲线都显示在埃迪卡拉系中部出现了一次显著的碳同位素负漂移事件（Shuram Excursion），其作为重要的埃迪卡拉系划分对比标志在学界已得到基本共识（周传明等，2019）。

埃迪卡拉系的划分可以通过碳同位素的波动和“盖帽碳酸盐岩”的沉积加以识别。埃迪卡拉系底部“盖帽白云岩”的特征为$\delta^{13}C_{carb}$负值，这一负值在盖帽碳酸盐岩沉积期间变得更负，可以达到大约–5‰，之后这一数值在大约3Ma重新回到接近0‰。埃迪卡拉系$\delta^{13}C$记录的一个主要特征是明显的$\delta^{13}C_{carb}$负漂移（可低于–10‰），通常称作Shuram异常。一个重要但短期的$\delta^{13}C$负异常与世界范围的埃迪卡拉系-寒武系的边界相对应，作为这一边界的全球地球化学标志。

除了碳同位素之外，锶同位素在埃迪卡拉纪期间也有明显的变化，至少三个明显的$^{87}Sr/^{86}Sr$同位素负漂移和一个明显的上升发生于埃迪卡拉纪，表明深海环境氧含量的增加（图2.3）（Narbonne et al.，2012）。

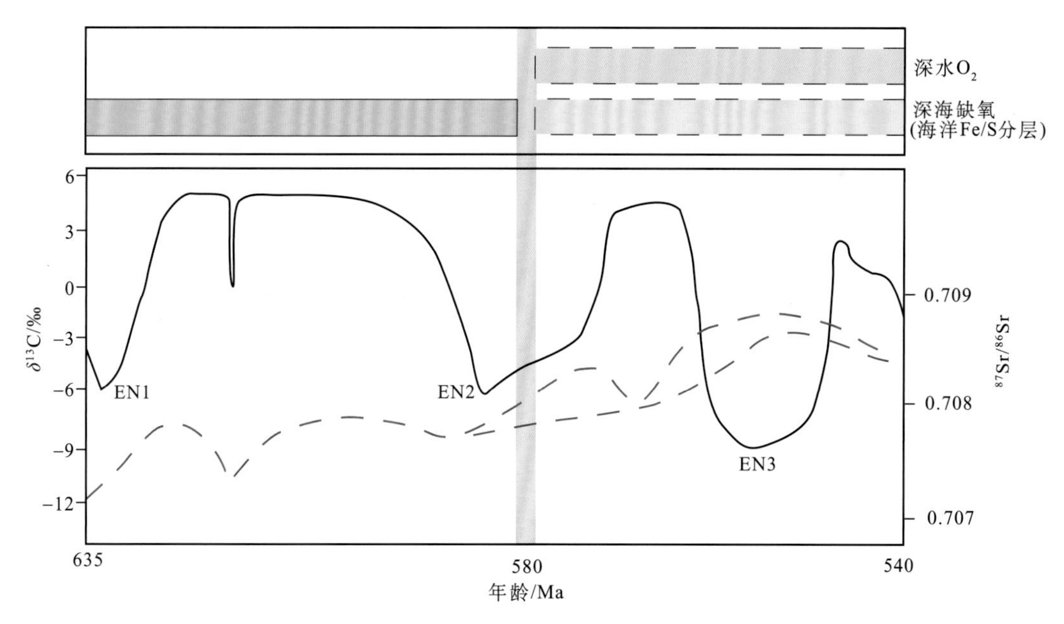

图2.3　埃迪卡拉纪海洋组成演化综合图（Narbonne et al.，2012）

黑色实线为$\delta^{13}C$曲线，蓝色、红色虚线为$^{87}Sr/^{86}Sr$曲线变化的两种情况

（四）冰期事件地层

埃迪卡拉纪发生了多次区域性冰期事件，其中约580Ma的Gaskiers冰期前后海洋生

物群面貌发生了显著变化，因此成为埃迪卡拉系划分对比的重要标准之一（Narbonne et al.，2012；周传明等，2019）。

尽管大多数大陆基本位于赤道附近，但成冰纪的沉积记录仍然以大量大陆冰川作用为主。与此相反，尽管埃迪卡拉纪时期大陆位于更靠近极地位置，但埃迪卡拉系冰川沉积物是罕见的。Hoffman 和 Li（2009）汇编列出了位于 8 个古大陆上的 13 个可能的埃迪卡拉纪冰川沉积物。最著名的埃迪卡拉纪冰川沉积是来自阿瓦隆纽芬兰的 Gaskiers 地层，其年代为 584～582Ma，由冰川沉积下伏、内部和上覆的火山灰层确定。Gaskiers 组是一个 250m 厚的深水冰川海相矿床，向上表现出明显的铁富集，在局部表现出完全无碳酸盐序列中的盖层碳酸盐岩（0.5m 厚，由白色风化的稀疏方解石组成），这与成冰纪冰川矿床相似（Narbonne et al.，2012）。

一些数据初步表明，在埃迪卡拉纪可能有不止一次冰川作用。Gaskiers 冰川的年龄被严格限制在 584～582Ma，在 Shuram 负 $\delta^{13}C$ 漂移结束之前，它被牢牢地限制在这段区间。然而，库鲁克塔格地区的汉卡霍冰川和华北地区的红铁沟冰川可能会推迟舒拉姆负 $\delta^{13}C$ 漂移的年龄。此外，一些学者认为在哈萨克斯坦、吉尔吉斯斯坦和西伯利亚的埃迪卡拉系/寒武系边界附近存在冰川杂岩。

（五）埃迪卡拉系内部划分

Narbonne 等（2012）提出埃迪卡拉系划分的两套初步方案。他们的首选方案是以约 580Ma 的 Gaskiers 冰期为界，将埃迪卡拉系划分为上、下两个统。其中下统包括一个阶，以主要出现 *Tianzhushania* 的刺饰疑源类化石为特征；上统划分为三个阶，分别对应于埃迪卡拉生物群三个不同时期的化石组合（图 2.4）。考虑到碳同位素化学地层学标志与 Gaskiers 冰期对比的不确定性，Narbonne 等（2012）提出另外一个埃迪卡拉系划分的备选方案。该方案仍以约 580Ma 的 Gaskiers 冰期为界，将埃迪卡拉系分为上、中、下三个统。其中下统包括一个阶，以主要出现 *Tianzhushania* 刺饰疑源类化石为特征；中统包括一个阶，以产出华南陡山沱组刺饰疑源类上组合，以及澳大利亚和西伯利亚等地埃迪卡拉纪刺饰疑源类组合为特征；上统划分为三个阶，仍然分别以产出埃迪卡拉生物群三个不同时期的化石组合为特征。

Xiao 等（2016）总体继承了上述三统划分方案，他们进一步建议在三统划分方案中，下统可划分为两个阶，其中第一阶以盖帽白云岩沉积地层为主，而第二阶则标志着 Marinoan 冰期结束之后，以陡山沱型刺饰疑源类为代表的微体真核生物开始繁盛的阶段（Narbonne et al.，2012；Xiao et al.，2016；周传明等，2019）。

二、华南埃迪卡拉系划分

（一）划分沿革

在埃迪卡拉系建立之前，中国的震旦系是较早提出的地层名称，其含义几经变更（周传明等，2019）。“震旦”一词源于佛经，是古代印度人对中国的称谓（吴凤鸣，2009）。

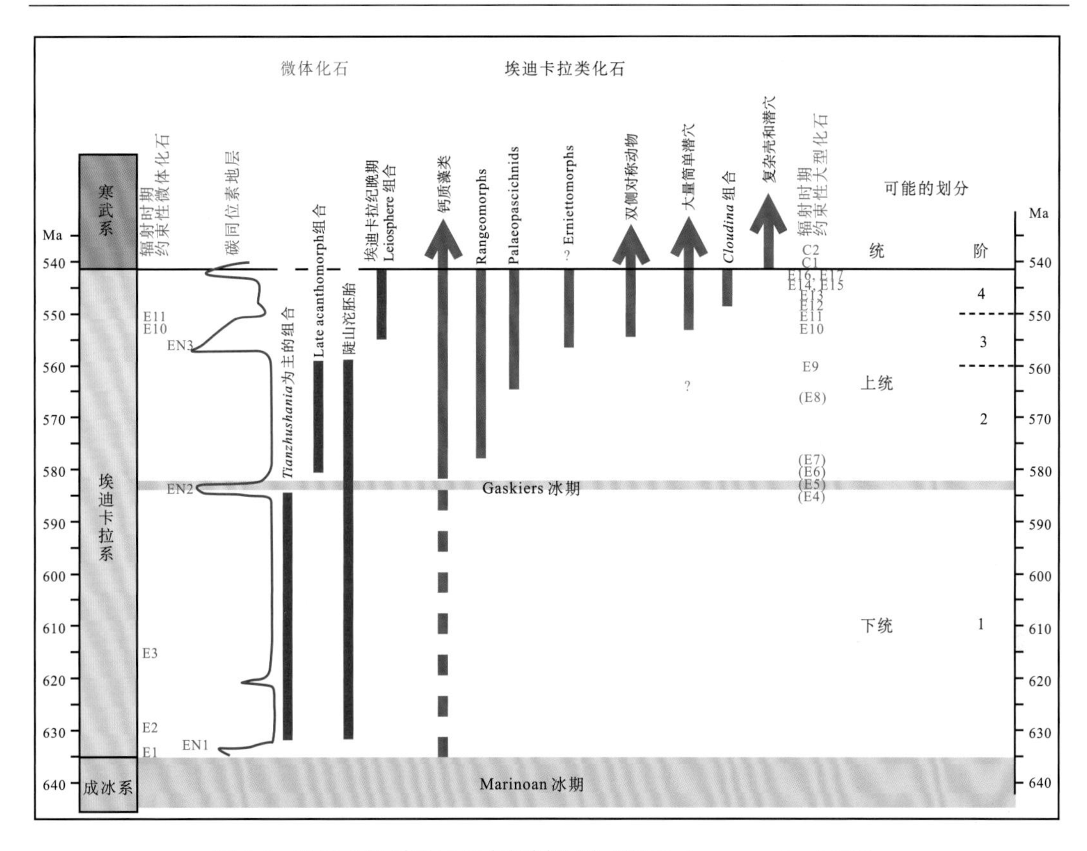

图 2.4　埃迪卡拉系对比和内部划分图（据 Narbonne et al.，2012）

1882 年，德国李希霍芬（Richthofen）把它用于中国北方的地层名称，指辽东等地位于结晶片麻岩之上的前寒武纪和寒武纪地层①。1922 年，葛利普（Grabau）根据我国早期地质工作者的资料和要求，在其论“震旦系”的文章里，把“震旦系”作为一个时间地层单位古生界的第一个系提出来，大致确定的含义是“在寒武系之下，变质的更老岩系（五台或泰山岩系）之上的未变质或浅变质的沉积层”，而其含义过于笼统而广泛，可以装进大量的、时间范围很长的地层。1924 年，李四光在长江峡东区确定了一个厚度不超过 800m，时间范围较小的“震旦系”，指不整合覆盖于变质的三斗坪群之上，整合下伏于寒武纪含三叶虫化石的石牌页岩之下的一套未变质地层，并援引葛利普定义而命名为震旦系，并划分为下统南沱砂岩（即后来的莲沱组砂岩）和南沱冰碛岩、中统陡山沱组和上统灯影灰岩，由此湖北峡东剖面成为“南方震旦系”的代表。1934 年，高振西等在研究天津蓟县前寒武系剖面后，把古老变质岩之上 9000 余米的海相沉积地层命名为“震旦系”，划分为 10 个岩组，成为“北方震旦系”的代表（刘鸿允等，1980，1991；彭善池等，2012；周传明等，2019）。

1959 年，第一届全国地层会议，程裕祺等对中国的前寒武系进行了初步总结，王曰伦提出南北方震旦系不能对比的意见，会上将北方震旦系划分为三个统，将南方震旦系

① 杨暹和，陈远德. 1981. 西南地区地层总结——震旦系. 地质部成都地质矿产研究所内部报告.

划分为两个统，其时代隶属关系没有达成一致意见。1975 年 9 月，在北京召开的全国震旦系讨论会上，认识到南北方震旦系是上下关系，将南方震旦系（三峡剖面）仍称为震旦系，而将北方震旦系的三个统新建为三个系，即长城系、蓟县系、青白口系，置于南方震旦系之下。1929 年，赵亚曾最早报道西南地区的震旦系，他在峨眉山命名了震旦系洪椿坪石灰岩和九老洞系。1930 年谭锡畴、李春昱及瑞士汉谟（A. Heim），认为九老洞层与洪椿坪层为假整合接触或不连续，因而将九老洞层改划为寒武系（杨暹和和陈远德，1981）。

关于华南震旦系的底界，中国地质学家长期有不同的认识。2000 年第三届全国地层会议决定将中国新元古界由原来的二分变为三分，自下而上 3 个系级年代地层单位分别为青白口系、南华系和震旦系，新修订的震旦系只包括陡山沱组和灯影组，即原来的上震旦统，而在震旦系陡山沱组之下和青白口系之间创建了南华系。震旦系定义为“南沱冰碛岩”之上，下寒武统梅树村阶（含小壳化石的灯影组天柱山段）之下的一段新元古代地层，包括下统陡山沱组和上统灯影组（王自强等，2002；周传明等，2019），在 2002 年出版的《中国区域年代地层（地质年代）表说明书》中正式采用（全国地层委员会，2002）。由于陡山沱组之下南沱组冰碛岩被认为可与 Marinoan 冰碛岩对比，故重新定义的“震旦系”与国际地层委员会 2004 年正式建立的“埃迪卡拉系”相当（刘鹏举等，2012；周传明等，2019）。

2014 年，全国地层委员会在《中国区域年代地层（地质年代）表》的基础上，为充分反映我国地层学研究的最新成果，同时参考了国际地层学研究的最新进展，编制《中国地层表》（2014 年）。新编《中国地层表》（2014 年）中，震旦系顶底界线含义不变，仍划分为上、下两个统，但上、下统的界线发生了变化，将 580Ma 作为上、下统的时间界线，下统包括九龙湾阶和陈家园子阶，上统包括吊崖坡阶和灯影峡阶，即缩短了下统的时间间隔，而相应下延了上统的时间间隔（全国地层委员会，2014，2018）。

（二）划 分 方 案

根据华南埃迪卡拉纪生物地层学和碳同位素化学地层学的研究，中国地质工作者先后提出多个中国埃迪卡拉纪的内部划分建议和方案。

扬子地块震旦系（埃迪卡拉系）之前被划分为上、下两个统，下统被称作“陡山沱阶”（“Doushantuo”或“Doushantuocun” Stage），上统被称作“灯影峡阶”（Dengyingxia Stage），两个阶的界线位于陡山沱组与灯影组之间（表 2.1）（Zhao et al.，1988；邢裕盛等，1999；Zhu et al.，2007）。位于三峡三斗坪陡山沱村附近的田家园子剖面被指定为陡山沱阶的层型剖面，沿长江北岸由南沱村到石牌村沿路剖面被指定为灯影峡阶的层型剖面（Zhu et al.，2007）。

汪啸风等建议将震旦系的底界置于三峡地区陡山沱组二段，下部黑色页岩中刺饰疑源类的首现层位，将震旦系划分为二统四阶，其中下统划分为田家园子阶和庙河阶，田家园子阶对应于陡山沱组二段、三段，庙河阶对应于陡山沱组四段和灯影组蛤蟆井段，庙河阶的底界以庙河生物群的首现作为标志；上统划分为四溪阶和灯影峡阶，分别对应于灯影组石板滩段和白马沱段，石板滩段底的层序边界作为四溪阶的底，以 Cloudinids 类的首现作为灯影峡阶的底界（汪啸风等，1999，2001；Zhu et al.，2007；周传明等，2019）。

表 2.1　中国震旦系划分及与洲际对比简表（据邢裕盛等，1999）

<table>
<tr><th colspan="3">国际地层表</th><th colspan="3">中国</th><th colspan="2" rowspan="2">俄罗斯</th><th colspan="3" rowspan="2">澳大利亚</th><th colspan="2" rowspan="2">北欧
（挪威）</th><th colspan="2" rowspan="2">北美
（加拿大）</th><th rowspan="2">西南非
（纳米比亚）</th></tr>
<tr><th>宇</th><th>界</th><th>系</th><th>系</th><th>阶</th><th>组</th></tr>
<tr><td></td><td></td><td>€</td><td></td><td colspan="2">梅树村阶</td><td colspan="2">托莫特阶</td><td colspan="3">尤拉塔那组</td><td colspan="2">寒武系</td><td colspan="2">下寒武统</td><td>下寒武统</td></tr>
<tr><td rowspan="6">元古宇</td><td rowspan="6">新元古界</td><td rowspan="2">埃迪卡拉系
650Ma</td><td rowspan="2">震旦系
680Ma</td><td>597Ma
灯影峡阶
640+10Ma</td><td>灯影组
642Ma</td><td rowspan="2">文德系</td><td>560+10(544)Ma
劳文阶
考特林阶
列德肯阶
620Ma</td><td rowspan="2">伊迪卡拉系
670Ma</td><td rowspan="2">维尔盆那群</td><td rowspan="2">庞德亚群　620Ma
瓦诺克组　640Ma
不也鲁组
布拉其那亚群</td><td rowspan="2">瓦兰格尔系</td><td rowspan="2">塔那费奥得群
威斯特塔那群
650+7Ma ▲▲</td><td rowspan="6">温德米尔超群</td><td rowspan="6">三姐妹组
芒克组
伊伦火山岩
托比砾岩
770Ma
800Ma</td><td rowspan="2">施瓦茨兰组
库比斯组</td></tr>
<tr><td>陡山沱阶</td><td>陡山沱组
632Ma
645Ma
660Ma
690Ma</td><td>拉普兰阶
▲▲
650+10Ma</td></tr>
<tr><td rowspan="4">成冰系
850Ma</td><td rowspan="4">成冰系（扬子系）
800Ma</td><td rowspan="4"></td><td>南沱组
664Ma
672Ma
▲▲</td><td colspan="2" rowspan="4">里菲</td><td colspan="2" rowspan="4">翁贝拉塔那群</td><td rowspan="4">上冰碛层　680Ma
（马临诺）　▲▲
下冰碛层　750Ma
（斯图尔特）▲▲</td><td colspan="2" rowspan="4">瓦德叟群
807Ma</td><td rowspan="4">嘎利普群
719±28Ma</td></tr>
<tr><td>大塘坡组
688Ma
728Ma</td></tr>
<tr><td>古城组
▲▲</td></tr>
<tr><td>莲沱组
748Ma</td></tr>
</table>

Zhu 等（2007）将埃迪卡拉系划分为二统五阶，下统峡东统（Xiadongian）与上统扬子统（Yangtzean），其界线位于陡山沱组中部层序界面（SB2），与小幅度的碳同位素负漂移（BAINCE/EN2）相对应。峡东统划分为两个阶，第一阶（Stage 1）的底界位于陡山沱组一段盖帽白云岩的底部；第二阶（Stage 2）的底界位于陡山沱组底部碳同位素负漂移（CANCE/EN1）结束的层位。扬子统划分为三个阶，第三阶（Stage 3）的底界即是扬子统的底界，第四阶的底界置于陡山沱组上部碳同位素显著负漂移（DOUNCE/EN3）的底部，第五阶的底界放在管状化石 Cloudinids 类的首现层位，与石板滩/高家山段的底相对应（图 2.5）（Zhu et al.，2007）。朱茂炎等（2016）在保留上述华南埃迪卡拉系二统五阶年代地层划分方案的基础上，对统和阶底界的定义进行了修订，下部峡东统和上部扬子统的界线被上移到 DOUNCE/EN3 碳同位素负漂移事件开始出现的层位，第二阶的底界以 WANCE 事件的出现为标志，第三阶的底界以 BAINCE 事件的出现为标志。第四阶的底界即扬子统的底界，而第五阶的底界仍以化石 Cloudinids 类的首现为标志（Zhu et al.，2007；朱茂炎等，2016；周传明等，2019）。

刘鹏举等（2012）以生物地层序列为基础，以碳同位素组成的重要变化层位为辅助，提出湖北峡东地区埃迪卡拉纪二统五阶的年代地层划分方案，其中下统峡东统划分为第一阶（九龙湾阶）和第二阶（陈家园子阶），上统扬子统划分为第三阶（吊崖坡阶）、第四阶和第五阶。九龙湾阶和陈家园子阶分别以陡山沱组二段和三段的刺饰疑源类组合为特征，陈家园子阶的底界置于 BAINCE/EN2 碳同位素负漂移的首现层位。扬子统的吊崖

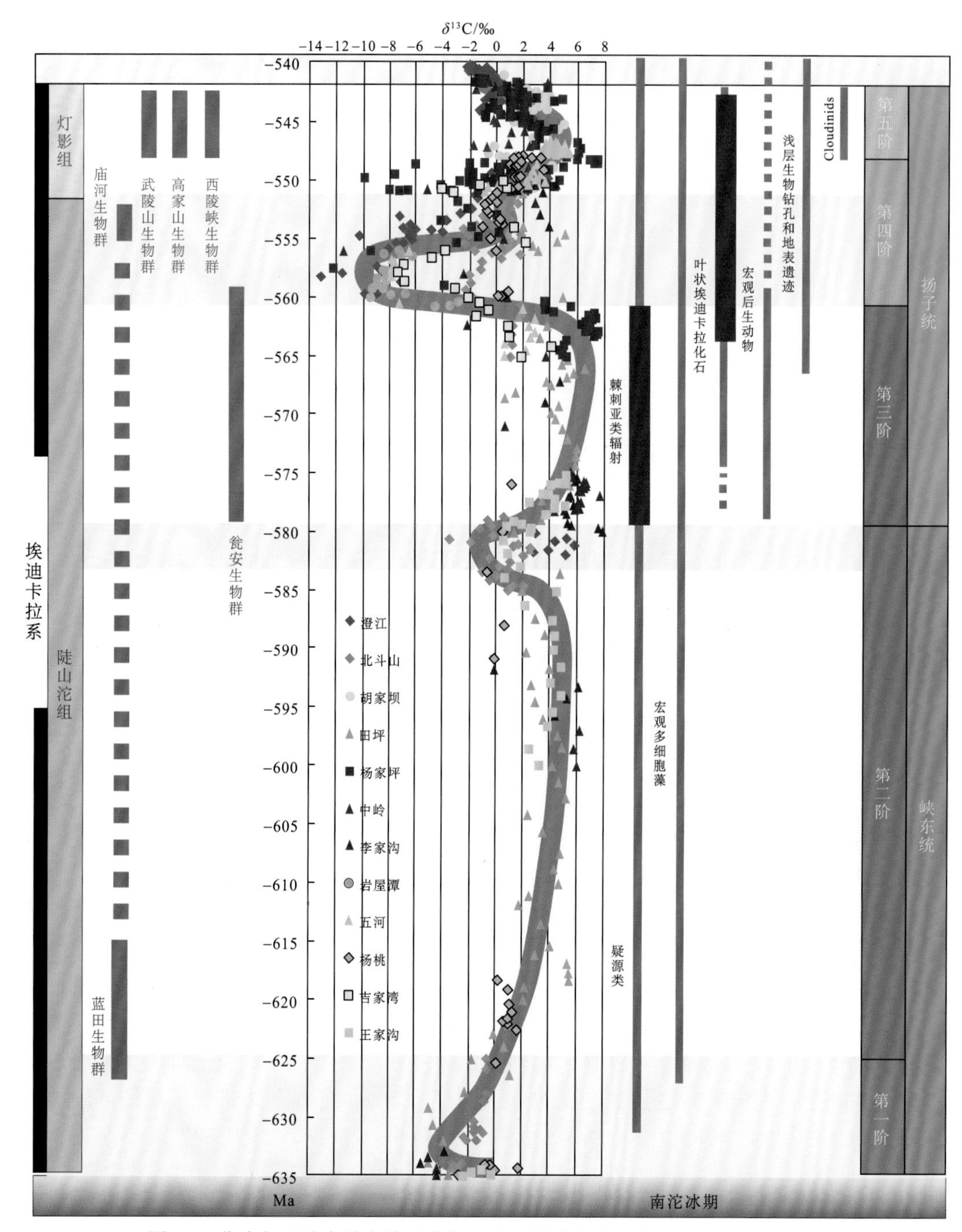

图 2.5　华南扬子地台综合埃迪卡拉纪地层划分方案（据 Zhu et al.，2007）

坡阶、第四阶和第五阶分别以埃迪卡拉纪中晚期宏体后生生物的三个组合为标志，吊崖坡阶的底界（即扬子统底界）置于 DOUNCE/EN3 同位素负漂移事件的首现层位，以产出庙河生物群为特征。第四阶以 *Vendotaenides* 为主的宏体生物群组合为基础，其底界以 EN3 碳同位素负漂移的结束为标志，对应于 EP3 碳同位素正漂移及随后的稳定区（EI）

的下部。第五阶以具弱矿化骨骼的管状后生动物 Cloudinids 类的首现为标志（图 2.6）。在上述二统五阶划分方案的基础上，刘鹏举等（2016）进一步将峡东统的九龙湾阶和陈家园子阶分别细分为两个阶，而扬子统的三阶方案保持不变。在二统七阶的新方案中，第二阶的底界被置于陡山沱组刺饰疑源类下组合特征分子的首现层位，而第四阶的底界被置于刺饰疑源类上组合特征分子的首现层位（刘鹏举等，2012，2016；周传明等，2019）。

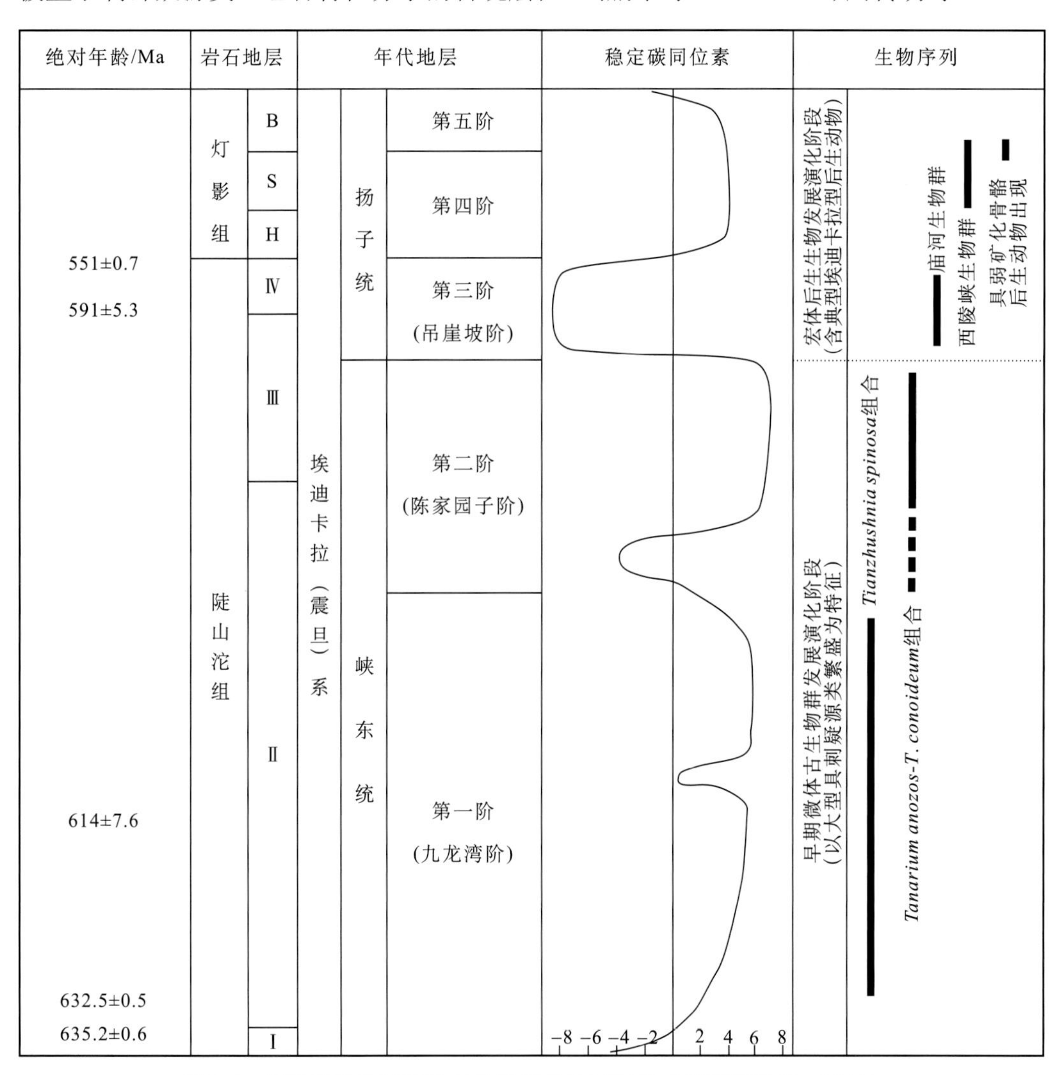

图 2.6　华南峡东地区埃迪卡拉纪年代地层划分（据刘鹏举等，2012）

2014 年，全国地层委员会发布了最新的《中国地层表》，其中震旦系（埃迪卡拉系）被划分为两统四阶，下震旦统包括九龙湾阶（635～610Ma）和陈家园子阶（610～580Ma），上震旦统包括吊崖坡阶（580～550Ma）和灯影峡阶（550～540Ma）（全国地层委员会，2014）。

周传明等（2019）认为埃迪卡拉系内部的统、阶的划分要首先充分考虑生物地层标志，同时结合化学地层学和事件地层学的标志，提出将中国埃迪卡拉系划分为二统（上统和下统）六阶（以序号代替）的划分方案。埃迪卡拉系的底界，即下统与第一阶的底

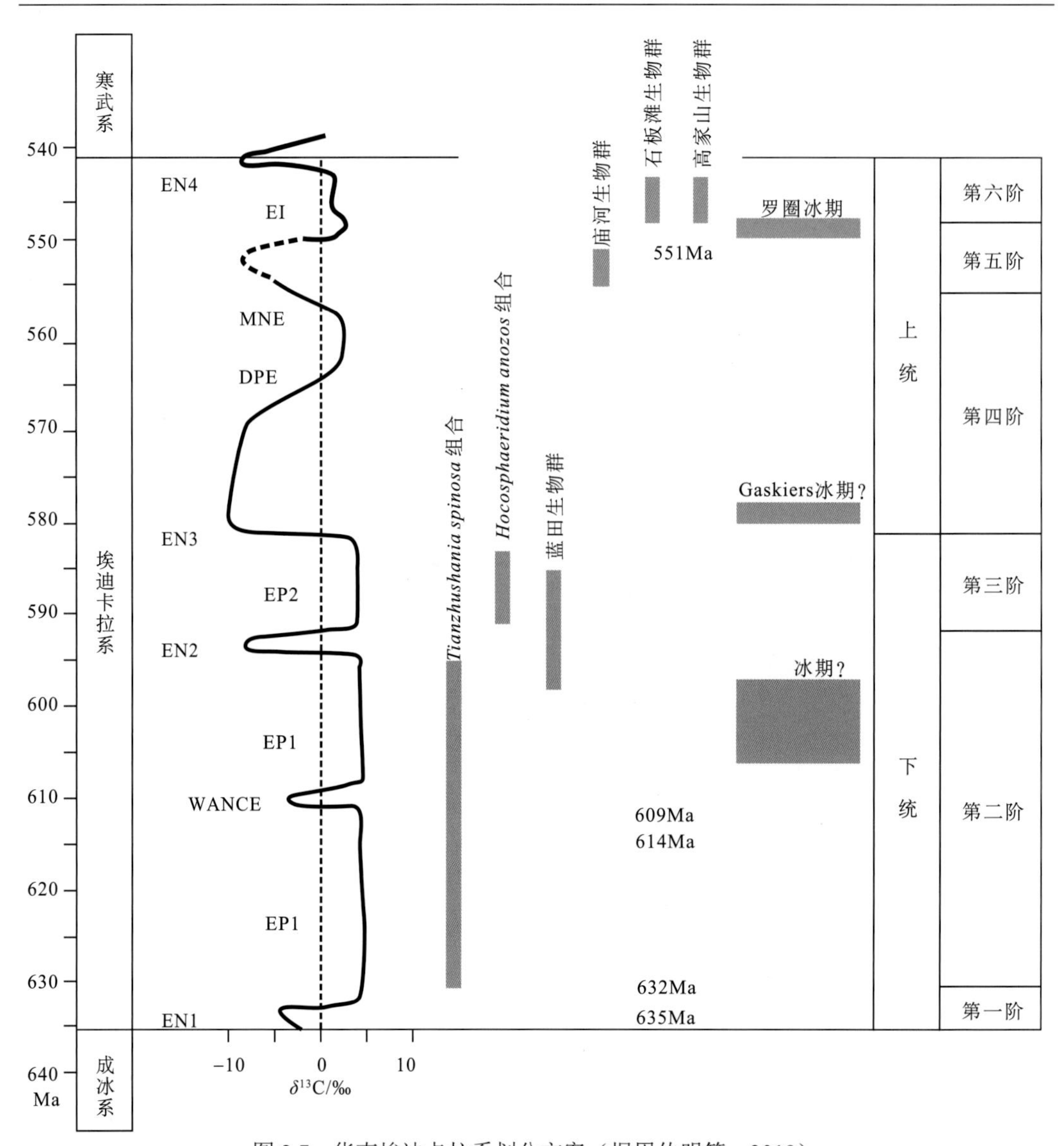

图 2.7　华南埃迪卡拉系划分方案（据周传明等，2019）

界，定义在 Marinoan 冰期沉积（华南为南沱组）之上盖帽白云岩的底部，上统的底界放在陡山沱组上部碳同位素负漂移 EN3 由正值向负值转换的层位。下统第二阶的底界位于陡山沱组下部刺饰疑源类化石的首现层位，相当于湖北三峡地区九龙湾剖面陡山沱组二段下部距盖帽白云岩顶部约 2.8m 的位置，处于碳同位素值从 EN1 的负值向 EP1 的正值过渡阶段的动荡区。下统第三阶以疑源类化石上组合-*Hocosphaeridium anozos* 组合为特征，该化石带的另一个重要特征是 *Tianzhushania* 属化石的减少或完全消失，处于 EN2 和 EN3 两次碳同位素负漂移事件发生层位之间，即 EP2 分布的地层区间。第三阶的底界定义有两种选择，其一是碳同位素负漂移 EN2 由正值向负值转换的层位，其二是 *Hocosphaeridium anozos* 组合中的代表性分子的首现层位。第四阶的底界，即上统的底界，在湖北三峡地区包括陡山沱组三段上部至庙河段（庙河生物群化石产出层段）之间的地层，该阶包括了 EN3 的主体部分，以及 DPE 和 MNE。第五阶在华南以产出庙河生物群为特征，底界应优先选择在碳同位素负漂移 MNE 由正值向负值转换的层位，或者庙河生物群化石分子的首现层位。第六阶在华南以产出石板滩生物群和高家山生物群为特征，碳同位素值以相对稳定的高正值为特征。第六阶的底界有两种选择，第一种选择是 *Shaanxilithes ningqiangensis* 的首现层位，它位于陕西宁强埃迪卡拉系灯影组高家山段的下部，以及云南东部灯影组旧城段的近底部。第二种选择是锥管状化石 *Conotubus hemiannulatus* 的首现层位（图 2.7、图 2.8，表 2.2）（王新强和史晓颖，2010；周传明等，2019）。

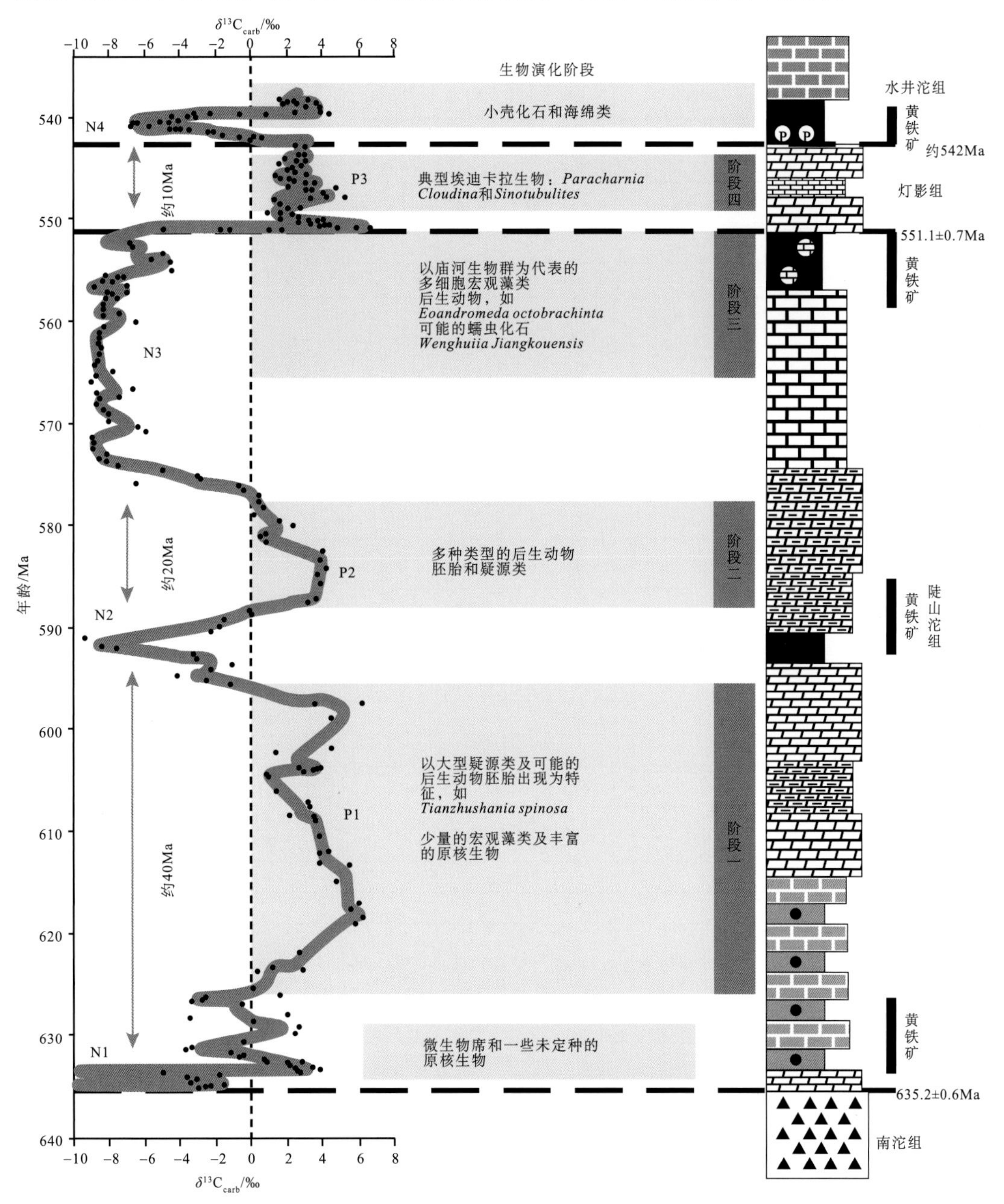

图 2.8　华南埃迪卡拉纪碳同位素变化与生物演化阶段对应关系图（据王新强和史晓颖，2010）

表 2.2　中国埃迪卡拉系（震旦系）建立和划分沿革表（据周传明等，2019）

方案	上覆	系	统/群	阶/组/岩层（自上而下）	下伏
Grabau (1922)	寒武系	震旦系			五台岩系
Kao等(1934)	寒武系	震旦系	青白口群	景儿峪灰岩；下马岭页岩	五台岩系
			蓟县群	铁岭灰岩；洪水庄页岩；雾迷山灰岩；杨庄页岩	
			南口群	高于庄灰岩；大红峪石英岩；串岭沟页岩；长城石英岩	
Lee和Chao (1924)	寒武系	震旦系	上震旦统	灯影灰岩	黄陵花岗岩
			中震旦统	陡山沱岩系	
			下震旦统	南沱组（冰碛岩段；砂岩段）	
全国地层委员会（1983）	寒武系	震旦系	上震旦统	灯影组；陡山沱组	青白口系
			下震旦统	南沱组；莲沱组	
全国地层委员会（2001）	寒武系	震旦系	上震旦统	灯影峡阶	青白口系
			下震旦统	陡山沱阶	
		南华系	上南华统；下南华统		
全国地层委员会（2014）	寒武系（541Ma）	震旦系	上震旦统	灯影峡阶；（550Ma）吊崖坡阶	青白口系
			下震旦统	陈家园子阶；九龙湾阶（635Ma）	
		南华系	上南华统；（660Ma）中南华统；下南华统（780Ma）		
汪啸风等（2001）	寒武系	震旦系	上统	龙灯峡阶；四溪阶	南华系
			下统	庙河阶；田家园子阶	
Zhu等(2007)	寒武系	埃迪卡拉系	扬子统	第五阶；第四阶；第三阶	成冰系
			峡东统	第二阶；第一阶	
朱茂炎等（2016）	寒武系	埃迪卡拉系	扬子统	第五阶；第四阶	成冰系
			峡东统	第三阶；第二阶；第一阶	
刘鹏举等（2012）	寒武系	埃迪卡拉系	扬子统	第五阶；第四阶；吊崖坡阶	成冰系
			峡东统	陈家园子阶；九龙湾阶	
刘鹏举等（2016）	寒武系	埃迪卡拉系	扬子统	第七阶；第六阶；第五阶	成冰系
			峡东统	第四阶；第三阶；第二阶；第一阶	
周传明等（2019）	寒武系	埃迪卡拉系	上统	第六阶；第五阶；第四阶	成冰系
			下统	第三阶；第二阶；第一阶	

（三）岩石地层划分

扬子三峡地区埃迪卡拉系岩石地层包括下部的陡山沱组与上部的灯影组。陡山沱组以碳酸盐岩和碎屑岩混积沉积为主，而灯影组以碳酸盐岩为主，两者呈整合接触关系。

1. 陡山沱组

陡山沱组系李四光等于 1924 年创名的陡山沱岩系（Toushantou Series）演变而来，命名地点在湖北省宜昌市陡山沱，其定义为以灰色、黑色薄层状粉砂质页岩、碳质页岩为主，夹不等量的白云岩及灰岩，与下伏南沱组砂、砾岩和上覆灯影组浅灰色白云岩均为整合接触的地层体，主要分布于秀山、城口、巫溪等地区，岩性较稳定（Lee and Chao，1924；辜学达和刘啸虎，1997）。

陡山沱组完整序列被确定于扬子地块三峡地区，以九龙湾剖面为标志（Jiang et al.，2011）。在扬子三峡地区，陡山沱组整合上覆于南沱组冰碛岩之上，可以划分为四段。陡一段为陡山沱组底部厚约 5m 的盖帽白云岩；陡二段由约 100m 厚的富有机质页岩与碳酸盐岩交互沉积组成，富含燧石结核；陡三段由 60～80m 厚的灰岩与白云岩、夹薄层页岩组成；陡四段位于陡山沱组顶部厚约 20m 的黑色富有机质页岩。陡一段盖帽碳酸盐岩与陡四段富有机质黑色页岩是陡山沱组区域对比的标志层。扬子地区陡三段、陡四段 δ^{13}C 具有明显的负漂移，可以进行区域对比研究（图 2.9）（Jiang et al.，2011；Zhang et al.，2015）。

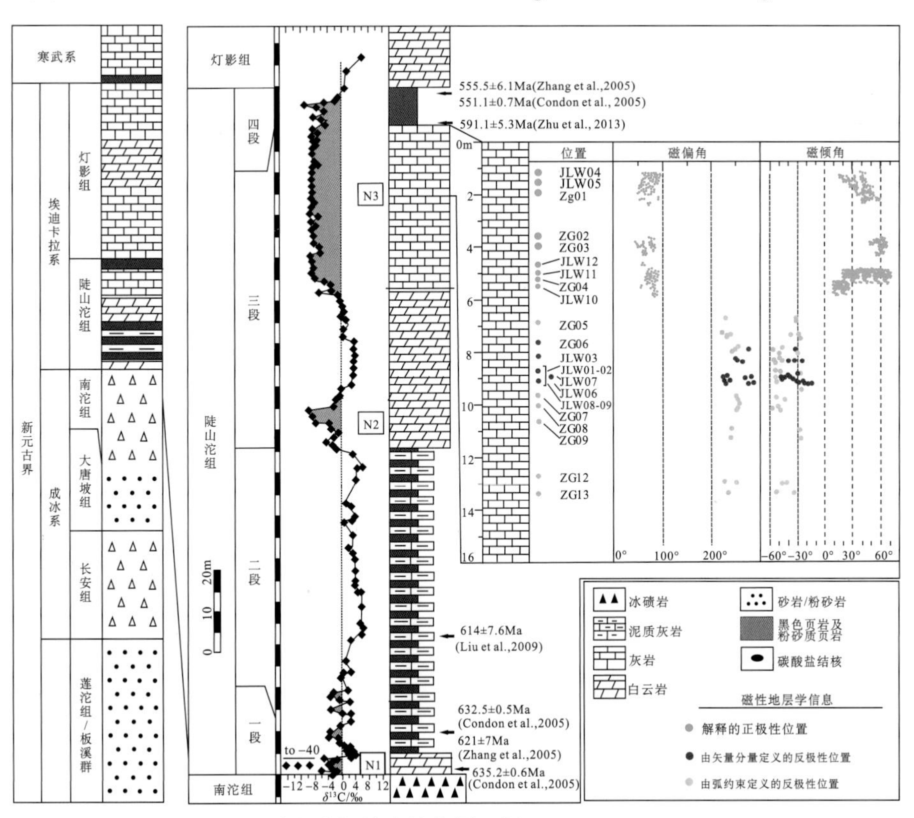

图 2.9　陡山沱组综合柱状图（据 Zhang et al.，2015）

华南扬子地块三峡地区陡山沱组的沉积年龄得到陡山沱组内火山灰岩层锆石 U-Pb 年龄很好的约束，时限为 635～551Ma，顶、底界年龄与全球对比的碳同位素负异常相对应（Condon et al.，2005；Zhang et al.，2005）。陡一段盖帽碳酸盐岩内、陡二段底部与陡四段顶部的火山凝灰岩层测得的年龄分别为 635±0.6Ma、632±0.5Ma 与 551±0.7Ma（图 2.10）（Condon et al.，2005）。陡山沱组的底界记录全球范围 Marinoan 冰川作

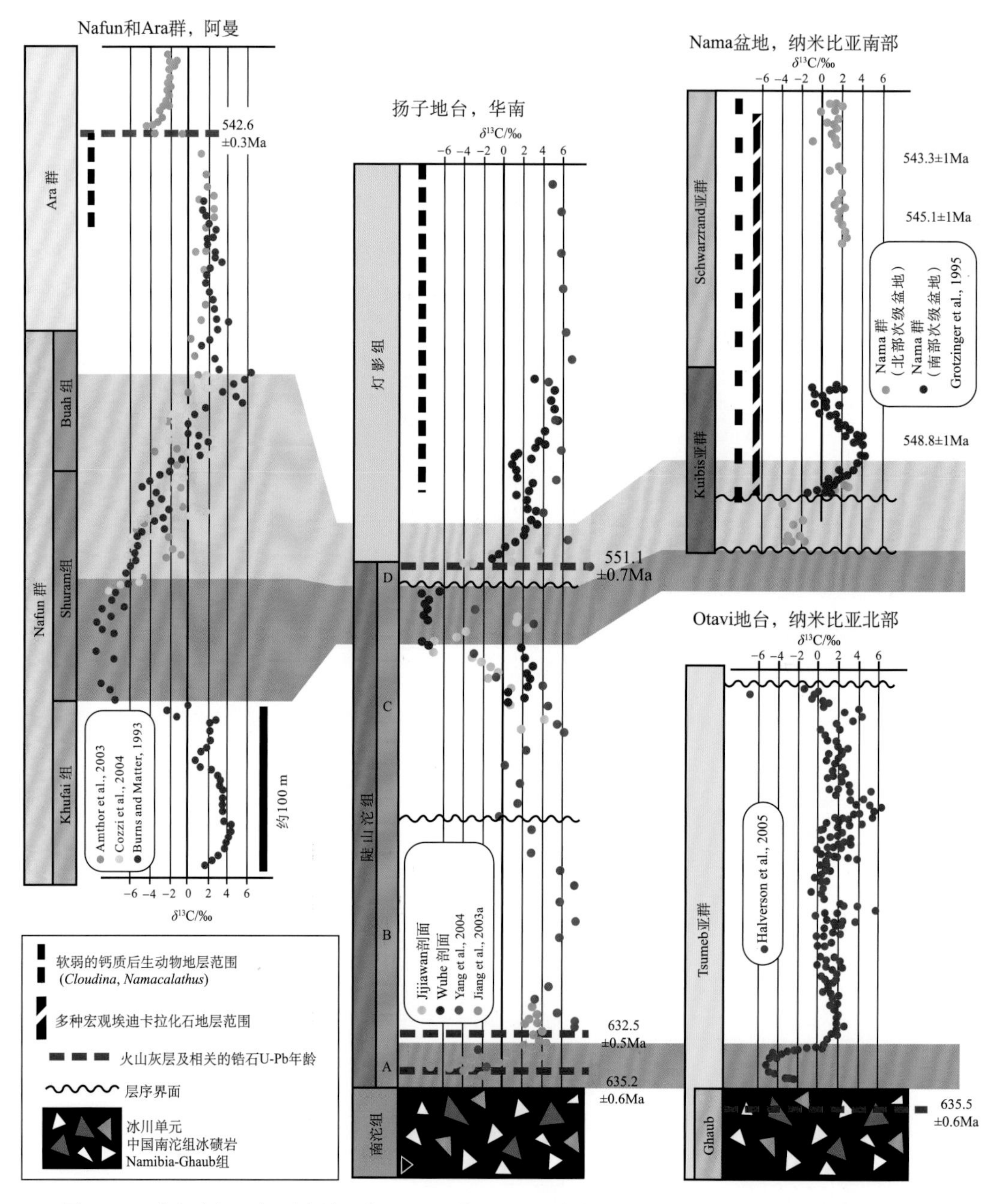

图 2.10 陡山沱组（扬子台地）与 Nama 群（Nama 盆地）、Nafun 和 Ara 群（阿曼）对比图
（据 Condon et al.，2005）

用的结束，与来自纳米比亚（Namibia）相似年代的岩石相一致，表明同时代冰川的消退。陡山沱组最顶部含有一个明显的碳同位素负漂移，作为551Ma全球性事件（Condon et al.，2005）。

2. 灯影组

灯影组由李四光等于1924年创建的“灯影石灰岩”演变而来，命名地点在湖北省宜昌市西北20km长江南岸石牌村至南沱村的灯影峡。1963年，刘鸿允和沙庆安首次采用灯影组一名（刘鸿允和沙庆安，1963）。其定义指以浅灰-深灰色中厚层-块状白云岩为主，夹白云质灰岩、灰岩与硅质岩薄层及条带，时夹少量泥质页岩，富含微古植物及藻类化石，近顶部含小壳动物化石磷矿层，与下伏陡山沱组粉砂质页岩整合接触，与上覆寒武系平行不整合接触（辜学达和刘啸虎，1997）。峡东地区灯影组自下而上可以划分为蛤蟆井段、石板滩段和白马庙段。蛤蟆井段的特征是浅灰色中至厚层白云岩，发育帐篷构造和溶蚀构造，指示潮缘环境；石板滩段的特征是浅灰色薄层潮下带灰岩；白马沱段由浅灰色厚层潮缘白云岩组成（Wang et al.，2012）。

上扬子地区关于灯影组的划分与对比有多种方案。1968年，贵州石油勘探指挥部将震旦系划分为震一、震二、震三、震四（震四^1、震四^2），其中震一相当于陡山沱组，震二、震三、震四^1、震四^{2}分别相当于后来的灯一段、灯二段、灯三段、灯四段，震四^{2}底界以蓝灰色泥岩与震四^{1}相区分。1974年，曹瑞骥等根据古藻化石和微古植物化石的研究，将我国西南地区灯影组划分为上、下两段，下段自下而上进一步划分为下贫藻白云岩层、富藻白云岩层、上贫藻白云岩层，上段为碎屑岩层和硅质条带白云岩层，其中碎屑岩段是灯影组下段、上段划分的标志层（中国科学院南京地质古生物研究所，1974）。1977年，四川省地质局第七普查勘探大队将灯影组划分为四段，其中灯一段相当于曹瑞骥所划分灯影组下段的下贫藻层、灯二段相当于富藻白云岩、灯三段相当于上贫藻白云岩、灯四段包括碎屑岩层与硅质条带白云岩，灯三段与灯四段一般以蓝灰色泥岩为界。1980年，赵自强将湖北宜昌峡东灯影组划分为四段，自下而上为蛤蟆井段、石板滩段、白马沱段和天柱山段。1981年，西南地区地层总结（成矿所）将灯影组划分为三段，第一段为杨坝段，第二段为高家山段，第三段为戈仲伍段，其中第一段（杨坝段）包括下贫藻层、葡萄状白云岩层与上贫藻层，第二段（高家山段）的底部为碎屑岩层（汪啸风等，1999）；藻白云岩现在常称作微生物白云岩（罗平等，2013）。四川盆地川中地区安岳气田获得重大发现后，中国石油勘探开发研究院与中国石油西南油气田公司通过研究提出将灯影组上段碎屑岩层作为灯三段，灯一段含义不变（杨雨等，2014）。因此，灯影组内部的碎屑岩层成为划分灯影组下段、上段地层界线的重要标志（表2.3）。

灯影组在上扬子地块主要为浅水台地相沉积，分布稳定，隆起区较薄（约250m），台地边缘区较厚（约1500m），总体介于250～1500m。基于上述灯影组划分方案（杨雨等，2014），灯影组共划分为四段。灯一段以泥晶白云岩为主，微生物化石贫乏，相当于中国科学院南京地质古生物研究所（1974）下段的下贫藻白云岩层。灯二段以块状富含微生物的白云岩为主，典型特征是葡萄状、花边状构造十分发育；上部微生物显著减少，单层厚度变小，薄层状，相当于中国科学院南京地质古生物研究所（1974）划分的下段富藻白云岩层和上贫藻白云岩层。灯三段为混积岩沉积，以碎屑岩为主，普遍发育含凝灰质蓝灰色泥岩，相当于中国科学院南京地质古生物研究所（1974）划分的灯影组上段碎屑岩层。灯四段以块状含硅质条带或团块的白云岩为特点，微生物较多，但不如灯二段发育，顶与寒武系麦地坪组/朱家箐组/宽川铺组/岩家河组等多为平行不整合接触。灯三段的“碎屑岩层”是灯影组沉积早期扬子区全面上升后新一轮海侵沉积旋回开始的表现，其岩性组合及厚度变化较大，总体表现为蓝灰色泥岩、黑色页岩、砂岩、泥质白云岩与硅质岩，厚数厘米至数十米不等。

表 2.3　四川盆地及其周缘灯影组划分沿革表

<table>
<tr><th colspan="2">地层</th><th>杨暹和和陈远德（1981）</th><th colspan="2">中国科学院南京地质古生物研究所（1974）</th><th>杨暹和和陈远德（1981）</th><th colspan="2">杨暹和和陈远德（1981）</th><th>汪啸风等（1999）
王自强等（2002）</th><th>谷志东等（2014）
杨雨等（2014）</th><th>地层接触关系</th></tr>
<tr><td colspan="2" rowspan="2">寒武系</td><td>牛蹄塘组</td><td colspan="2">筇竹寺组</td><td>九老洞组</td><td colspan="2">筇竹寺组</td><td>水井沱组</td><td>筇竹寺组</td><td>平行不整合</td></tr>
<tr><td>麦地坪段</td><td colspan="2">麦地坪段</td><td>麦地坪段</td><td colspan="2">麦地坪段</td><td>天柱山段</td><td>麦地坪段</td><td>平行不整合</td></tr>
<tr><td rowspan="6">埃迪卡拉系</td><td rowspan="5">灯影组</td><td rowspan="2">震四^2</td><td rowspan="2">上段</td><td>硅质条带白云岩层</td><td rowspan="2">灯四段</td><td colspan="2" rowspan="2">第二段（高家山段）</td><td>白马沱段</td><td>灯四段</td><td></td></tr>
<tr><td>碎屑岩层</td><td>石板滩段</td><td>灯三段</td><td>平行不整合</td></tr>
<tr><td>震四^1</td><td rowspan="3">下段</td><td>上贫藻白云岩层</td><td>灯三段</td><td rowspan="3">第一段（杨坝段）</td><td>上贫藻层</td><td rowspan="3">蛤蟆井段</td><td rowspan="2">灯二段</td><td></td></tr>
<tr><td>震三</td><td>富藻白云岩层</td><td>灯二段</td><td>葡萄状白云岩层</td><td></td></tr>
<tr><td>震二</td><td>下贫藻白云岩层</td><td>灯一段</td><td>下贫藻层</td><td>灯一段</td><td></td></tr>
<tr><td>陡山沱组</td><td>震一</td><td colspan="2">陡山沱组</td><td>陡山沱组</td><td colspan="2">陡山沱组</td><td>陡山沱组</td><td>陡山沱组</td><td></td></tr>
</table>

三、川东埃迪卡拉系划分与对比

四川盆地东部及周缘米仓山、大巴山、齐岳山等地区的埃迪卡拉系划分采用湖北宜昌三峡地区典型剖面的划分方案，岩石地层划分为下部的陡山沱组与上部的灯影组，陡山沱组进一步划分为四个岩性段，而灯影组基于四川盆地研究进展也划分为四个岩性段，以灯三段的“碎屑岩层”为主要划分标志。川东地区的台地浅水区埃迪卡拉系普遍发育不全，有些地区仅发育灯影组上部地层，缺失部分陡山沱组和灯影组下部；埃迪卡拉系—寒武系界线在许多地区为平行不整合，特别是在浅水台地相区（薛耀松和周传明，2006）。

（一）陡山沱组划分与对比

陡山沱组在四川盆地东部及周缘普遍发育不完整，底部未见白云岩或典型的盖帽白云岩，地层发育的总体规律是以镇巴-万源-宣汉-开江南北向为界，米仓山自西向东、大巴山自东向西陡山沱组逐渐减薄至尖灭，反映了陡山沱组沉积期的古构造面貌。

1. 米仓山地区

陡山沱组在米仓山地区的分布具有自西向东逐层超覆、厚度逐渐减薄直至尖灭的特征（表 2.4，图 2.11、图 2.12）。宁强胡家坝-南郑钢厂-南郑西河、旺苍干河-南江杨坝-南郑福成剖面清晰显示陡山沱组变化特征（图 2.11、图 2.12）。宁强胡家坝鹞子岩-左家湾剖面陡山沱组底部不发育盖帽白云岩，以灰绿色、黑色页岩与下伏南沱组含花岗岩冰碛岩层相接触，顶部以泥灰岩、页岩互层与灯影组砂质、白云质灰岩整合接触（图 2.13）。南郑钢厂剖面陡山沱组厚约 90m，底部白云岩与南沱组冰碛岩平行不整合接触，之上发育碎屑岩、白云岩，顶部发育碎屑岩与灯影组整合接触。南江杨坝陡山沱组厚约 27m，底与火地垭群浅变质岩平行不整合接触，主要为一套石英砂岩沉积，顶与灯影组整合接触（图 2.14）。至米仓山南郑、西乡地区陡山沱组不发育，灯影组直接覆盖于基底地层之上，缺失整个陡山沱组，说明陡山沱组沉积期米仓山东部地区地势较高。旺苍彭城乡（原干河乡）剖面陡山沱组厚约 105.6m，可划分为三段，底部以粗粒长石砂岩、细砾岩为主，底界为 5～8cm 紫红色黏土岩与下伏花岗岩、闪长岩平行不整合接触（厚 47.6m），中部为灰色、灰白色薄至中厚层白云质灰岩（厚 39.1m），顶部为紫红色薄层细砂岩夹砂质页岩（厚 18.9m）（四川省区域地层表编写组，1978）。

表 2.4　川东及周缘埃迪卡拉系划分与对比表

地层系统			同位素年龄/Ma	构造运动	宁强（胡家坝）	旺苍（干河）	南江（杨坝）	南郑（福成）	西乡（三朗铺）	镇巴（渔渡）	城口（高燕）	巫溪（土城）	镇坪（县城）	三峡（三斗坪）
系	统	组												
寒武系			541	镇巴上升	宽川铺组	宽川铺组	宽川铺组	郭家坝组	郭家坝组	水井沱组	水井沱组	水井沱组	水井沱组	天柱山段
震旦系	扬子统	灯影组		南郑上升	碑湾段	碑湾段	碑湾段	四段	四段	四段	四段	四段	四段	白马沱段
					高家山段	高家山段	高家山段	三段		三段	三段	三段	三段	石板滩段
					杨坝段	杨坝段	杨坝段			二段	二段	二段	二段	哈蟆井段
										一段	一段	一段	一段	
		陡山沱组	551		四段	四段	四段			四段	四段	四段	四段	四段
	峡东统				三段	三段				三段	三段	三段	三段	三段
					二段	二段				二段	二段	二段	二段	二段
										一段	一段	一段	一段	一段
下伏层			635		火地垭群	火地垭群	火地垭群	火地垭群	西乡群	南沱组	南沱组	南沱组	南沱组	南沱组

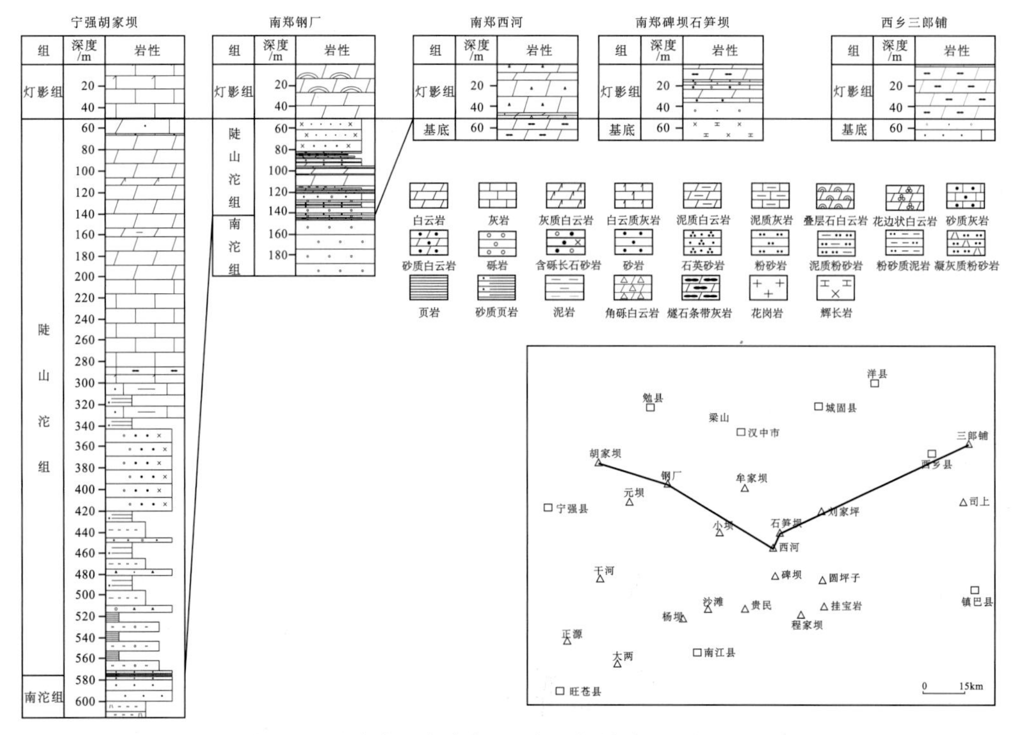

图 2.11 陕南宁强胡家坝-西乡三郎铺陡山沱组对比图

资料来源：宁强胡家坝据四川石油管理局地调处 103 队测量资料

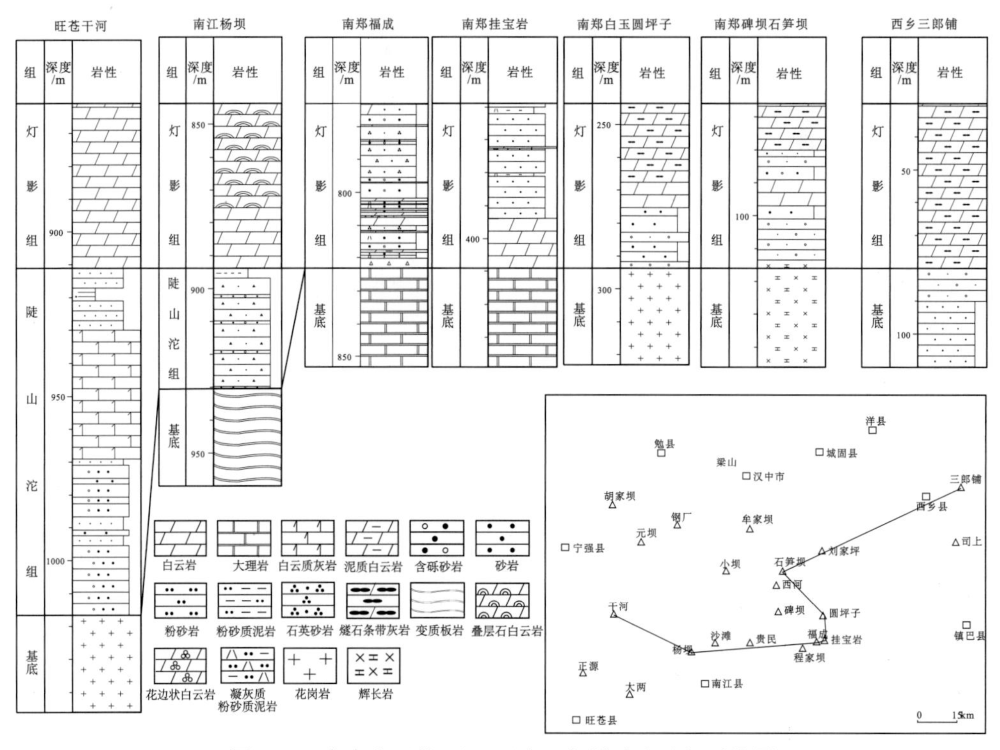

图 2.12 米仓山旺苍干河-西乡三郎铺陡山沱组对比图

资料来源：旺苍干河据西南地区区域地层表（四川省分册），1978

图 2.13　宁强胡家坝鹞子岩-左家湾陡山沱组岩性特征

（a）南沱组含花岗岩冰碛岩；（b）陡山沱组与南沱组界线；（c）陡山沱组下部灰色薄层粉砂质泥岩；（d）陡山沱组下部黑色页岩

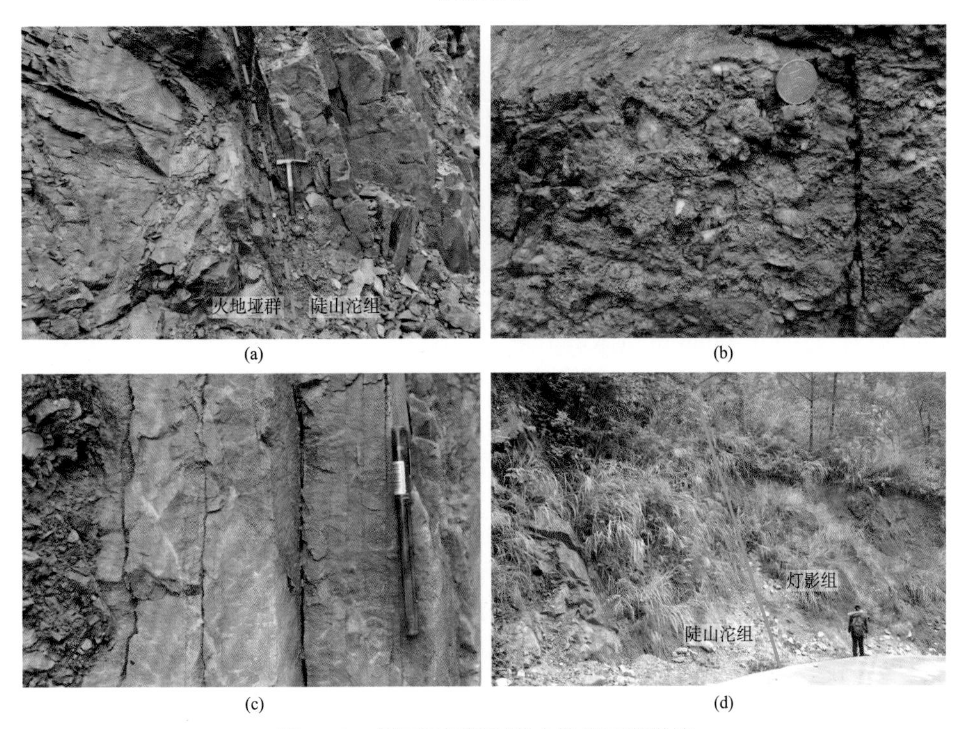

图 2.14　南江杨坝剖面陡山沱组石英砂岩

（a）陡山沱组底砾岩与基底火地垭群不整合接触；（b）陡山沱组底部砾岩；（c）陡山沱组中部石英砂岩；（d）陡山沱组石英砂岩与灯影组白云岩相接触

2. 大巴山地区

陡山沱组在大巴山地区比米仓山地区发育，但仍缺失陡山沱组一段盖帽白云岩段，其厚度在浅水台地相带与斜坡、盆地相带变化较大。如在浅水台地相区的巫溪康家坪剖面陡山沱组厚约 37m，而在盆地相带的城口广贤垭剖面陡山沱组主要为一套黑色页岩，厚度较大，为 100～300m（图 2.15）。

图 2.15　城口广贤垭剖面陡山沱组黑色页岩

镇巴盐场剖面陡山沱组出露较为完整，南沱组为一套冰碛岩、灰绿色泥岩与紫红色泥岩，陡山沱组底部为深灰色薄层泥岩，之上发育滑塌角砾云岩，顶部为深灰色泥岩、灰绿色泥岩与灯影组底部砂质云岩、砂岩相接触（图 2.16）。

3. 四川盆地东部

四川盆地内部钻穿陡山沱组钻井极少，且钻井厚度普遍较薄，在川东地区更少。2018 年完钻的五探 1 井钻穿灯影组后在下部钻达 500m 厚碎屑岩（未钻穿），岩性以粉砂岩、泥岩为主，在 7594m、8060m 处取样开展锆石 U/Pb 定年。7594m 处碎屑锆石获取四个峰值年龄分别为 660.4Ma、717.6Ma、791.7Ma 与 920.4Ma，最大峰值年龄为 791.7Ma [图 2.17(a)]。8060m 处碎屑锆石获取三个峰值年龄，分别为 647.5Ma、766.3Ma、842.4Ma，最大峰值年龄为 766.3Ma[图 2.17（b）]。碎屑锆石反映的是碎屑母岩的年龄，因此定年结果地质含义为该碎屑岩以 791.7Ma、796.3Ma 为主要物源。因埃迪卡拉系底界年龄为 635Ma，由此推测该段碎屑沉积为南华系沉积，即该区域缺失陡山沱组沉积。

（二）灯影组划分与对比

灯影组总体上继承了陡山沱组的发育特征，地层发育的总体规律是以镇巴-万源-宣汉-开江南北向为界，灯影组在米仓山地区自西向东逐层超覆、逐渐减薄至尖灭，反映了灯影组沉积期的古构造面貌。

图 2.16　镇巴盐场剖面南沱组—陡山沱组岩性特征

（a）南沱组冰碛岩与灰绿色泥岩接触；（b）南沱组冰碛岩；（c）图（a）局部放大；（d）灰绿色粉砂岩与紫红色泥岩相接触；（e）紫红色泥岩夹灰绿色泥岩；（f）陡山沱组灰色泥岩、泥质粉砂岩；（g）白云岩内角砾；（h）陡山沱组灰绿色泥岩与灯影组砂质云岩、砂岩整合接触

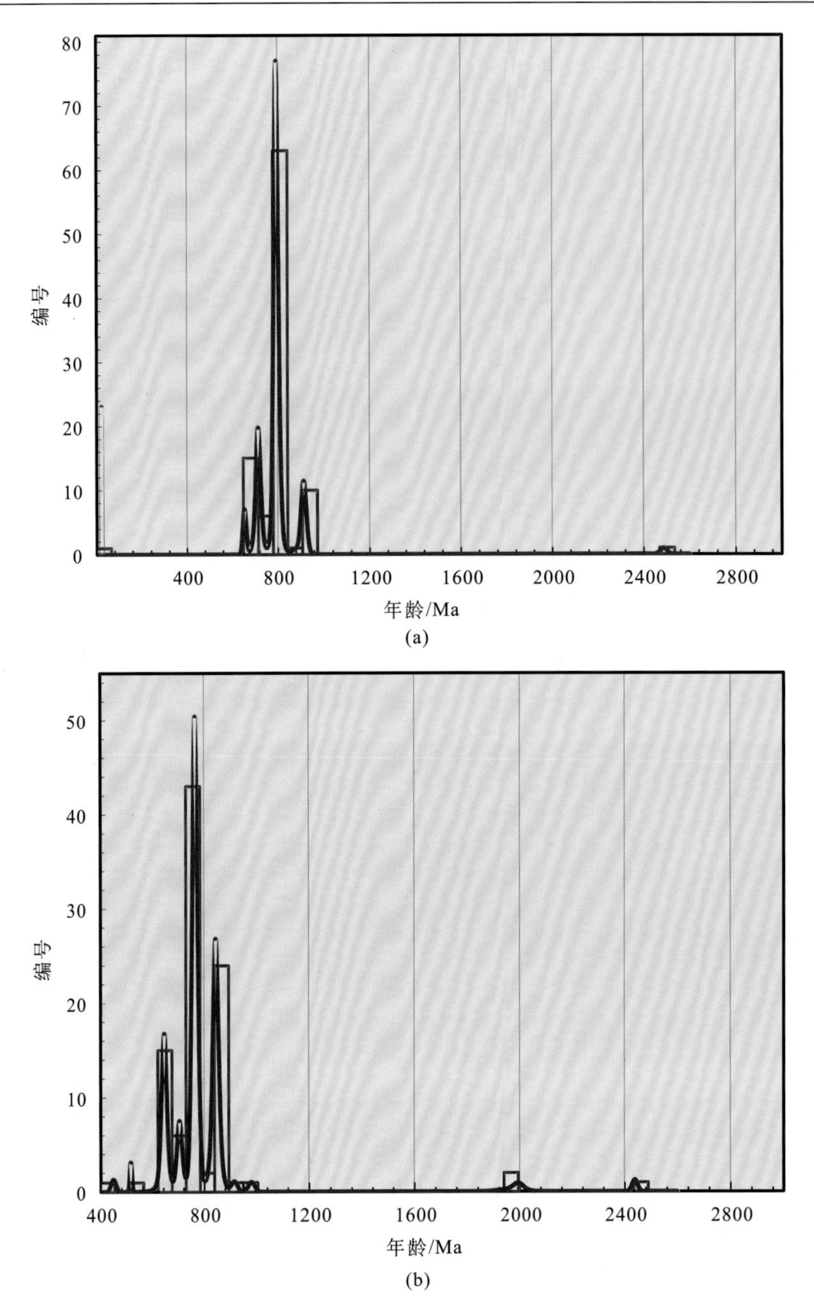

图 2.17　五探 1 井前埃迪卡拉系碎屑锆石测年结果

（a）7594m；（b）8060m

1. 米仓山地区

灯影组在米仓山地区的发育具有自西向东逐层超覆、厚度逐渐减薄的特征（表 2.4，图 2.18、图 2.19）。在米仓山西缘的旺苍鼓城（干河乡）剖面灯四段发育齐全，灯影组厚约 886m，灯一段厚约 70m；由旺苍彭城向东至南江杨坝灯四段仍然发育齐全，但灯一

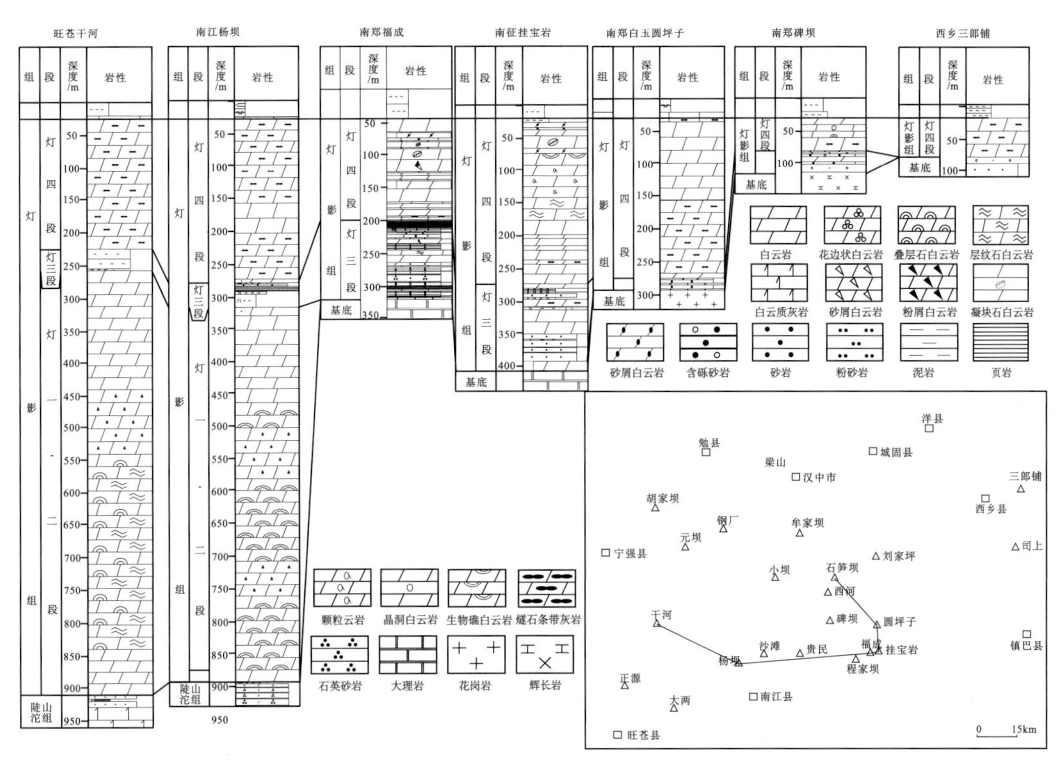

图 2.18 米仓山地区旺苍干河-西乡三郎铺灯影组对比图

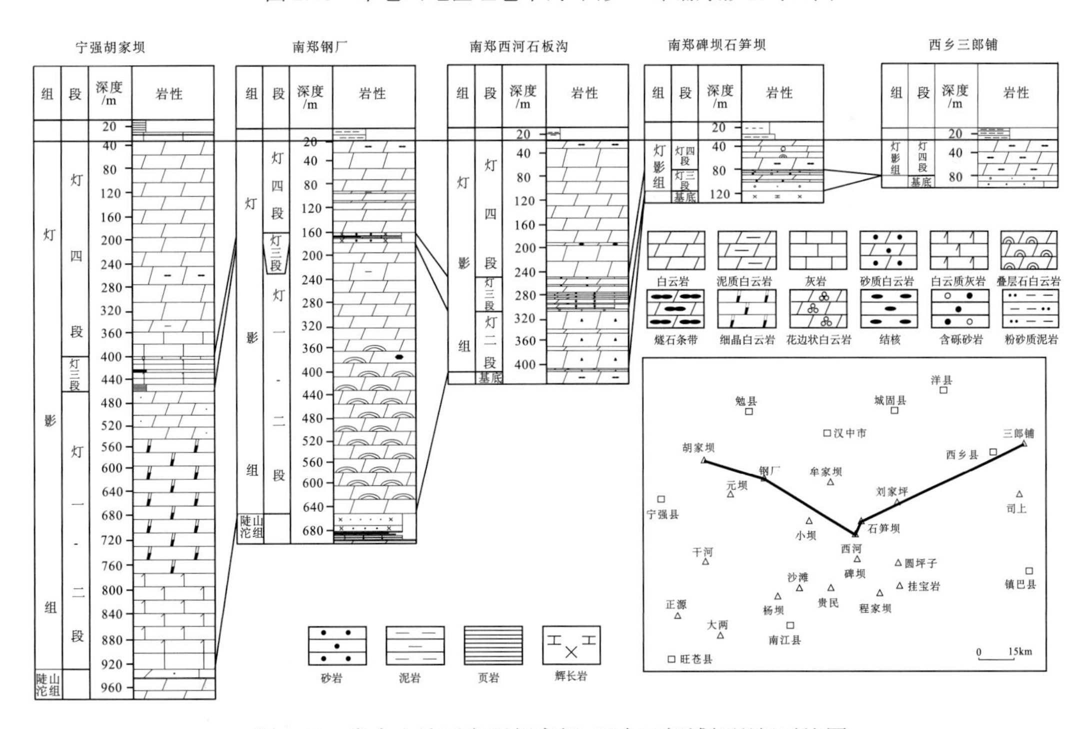

图 2.19 米仓山地区宁强胡家坝-西乡三郎铺灯影组对比图

段厚度明显减薄，仅有 18.4m；再往东至南郑挂宝岩剖面灯二段葡萄花边云岩与基底麻窝子组大理岩角度不整合接触（图 2.20）；南郑福成与白玉坪子剖面灯三段碎屑岩段分别与基底角度不整合接触（图 2.21）；南郑碑坝石笋坝剖面灯影组厚度明显减薄，灯三段与基底平行不整合接触；再向东至西乡三郎铺剖面灯影组仅厚约 60m，仅发育灯四段，与基底西乡群平行不整合接触（图 2.22）。因此，灯影组在米仓山地区的发育显示了自西向东由低至高的古地貌特征。

图 2.20 南郑挂宝岩灯二段与基底麻窝子组角度不整合接触

（a）灯二段葡萄花边云岩与麻窝子组大理岩角度不整合接触；（b）基底麻窝子组大理岩，产状近直立；（c）灯二段葡萄花边云岩与麻窝子组大理岩角度不整合接触

2. 大巴山地区

灯影组在大巴山地区比米仓山地区发育完整，四段发育齐全，其底与陡山沱组呈整合接触关系，其顶与上覆寒武系多呈平行不整合接触。灯影组底部多为含陆源碎屑的混积岩沉积，多为含砾砂岩、含碎屑白云岩沉积，揭示灯影组沉积前的古地貌特征。

镇巴县泾洋镇捞旗河村剖面，陡山沱组主要为一套碎屑岩沉积，顶部为灰绿色薄层泥岩。灯影组主要为一套白云岩沉积，但灯影组下部白云岩内夹多层陆源碎屑岩，以薄层粉砂岩为主，揭示附近古陆的发育。该剖面灯影组底部为含砾粗砂岩与陡山沱组相接触，之上发育混积相的砂岩、白云岩，砂岩层内发育硅质团块，硅质团块多呈圆球状，说明经历长距离的搬运作用，进一步揭示该沉积区邻近周缘古陆（图 2.23）。

图 2.21　南郑福成灯三段与基底麻窝子组角度不整合接触

（a）灯三段角砾岩与麻窝子组大理岩不整合接触；（b）图（a）局部放大；（c）基底麻窝子组大理岩；（d）灯三段角砾白云岩

图 2.22　汉中西乡三郎铺灯四段与西乡群平行不整合接触

（a）宏观照片，灯四段云岩与基底火地垭群平行不整合接触；（b）灯四段云岩与基底火地垭群平行不整合接触；（c）灯四段与郭家坝组平行不整合接触

台缘相带灯影组发育厚度大，可达 800～900m，如巫溪康家坪剖面，可见灯三段蓝灰色薄层泥岩与灯二段白云岩平行不整合接触[图 2.24（a）～（c）]，灯三段之上可见数层石英砂岩与砾岩沉积[图 2.24（d）]。

灯影组与上覆寒武系常呈平行不整合接触关系，如紫阳紫黄剖面灯影组顶部白云岩与寒武系底部灰岩呈平行不整合接触，接触面可见风化黏土层（图 2.25）。灯影组在斜坡、盆地相带其沉积厚度明显减薄，仅 100～300m，其与上覆寒武系呈整合接触关系，如镇坪县城附近灯影组顶部灰岩与寒武系底部鲁家坪组硅质岩与黑色页岩呈整合接触（图 2.26）。

图 2.23　镇巴县泾洋镇捞旗河村陡山沱组与灯影组岩性特征

（a）陡山沱组与灯影组接触；（b）陡山沱组顶部灰绿色泥岩与灯影组底部含砾粗砂岩；（c）灯影组含砾粗砂岩；（d）灯影组底部含砾砂岩、泥岩与白云岩；（e）灯影组含硅质团块砂岩、白云岩；（f）硅质团块

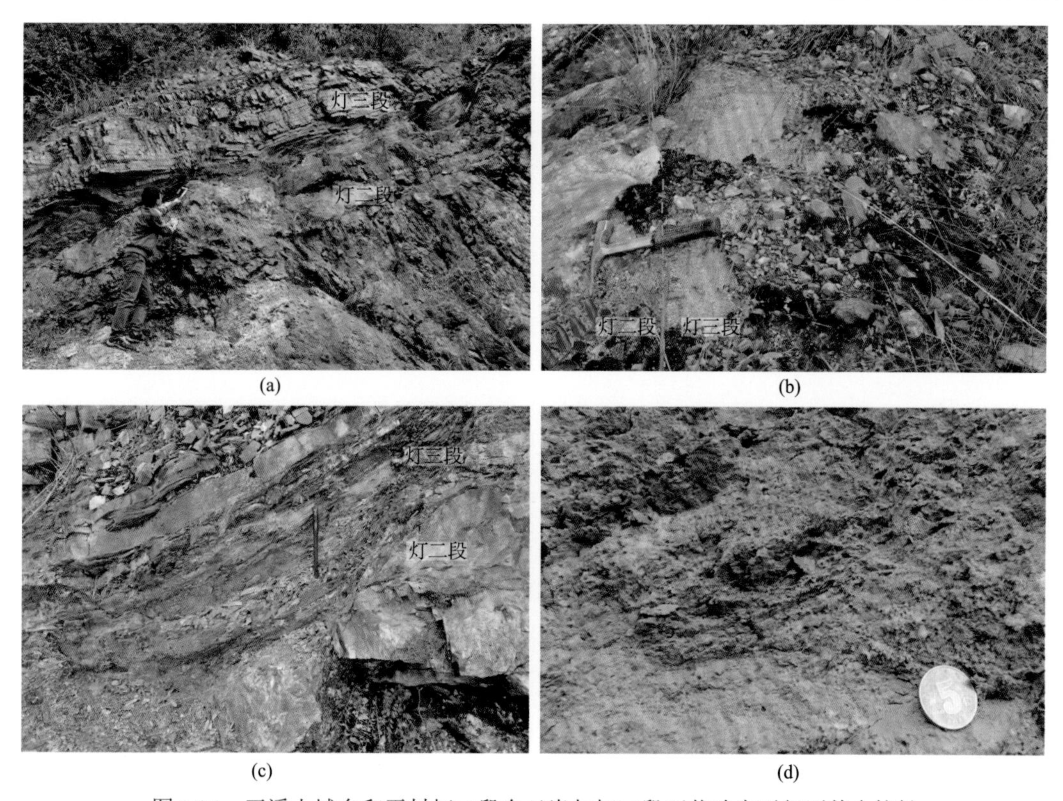

图 2.24　巫溪土城乡和平村灯二段白云岩与灯三段石英砂岩平行不整合接触

（a）灯二段顶平行不整合凹凸不平；（b）和（c）灯二段白云岩与灯三段蓝灰色薄层泥岩平行不整合接触；（d）灯三段内部含砾石英砂岩

图 2.25　紫阳紫黄灯影组与寒武系平行不整合接触

接触面凹凸不平，见风化黏土层

图 2.26　镇坪鲁家坪组与灯影组整合接触

灯影组为薄板状灰岩，鲁家坪组为硅岩与黑色页岩

镇巴渔渡镇至盐场镇沿路剖面可见多处灯影组与陡山沱组直接接触，总体上看灯影组与陡山沱组呈整合接触关系，但主要有如下三种接触类型：①灯影组白云岩与陡山沱组碎屑砂岩整合接触[图 2.27（a）、（b）]；②灯影组白云岩与陡山沱组顶部硅质岩直接接触[图 2.27（c）]；③灯影组底部含砾砂岩与陡山沱组顶部灰绿色泥岩直接接触[图 2.27（d）、（f）]。从灯影组宏观照片可以看出，灯一段、灯二段主要为一套白云岩沉积，灯三段为一套碎屑砂岩沉积，而灯四段为一套白云岩沉积，沉积岩性界线非常清楚[图 2.27（e）、（g）、（h）]。

3. 四川盆地东部

五探 1 井是川东地区腹地唯一一口钻穿灯影组的钻井，灯影组总体厚度为 300 余米，远薄于川中地区及利 1 井钻遇的厚度。从钻井岩性看，顶部以硅质白云岩为主，为灯四段典型岩性特征（图 2.28）。结合地震资料解释综合分析，认为该区为宣汉-开江隆起核部，灯影组自两侧向该部超覆，厚度由周缘向东部逐渐减薄，川西地区灯影组厚度可达 1500m，而至川东隆起区厚度约为 250m（图 2.29）。因此，五探 1 井揭示了宣汉-开江隆起核部灯影组下部地层缺失的特征。

第二节　寒武系划分与对比

寒武纪时期，冈瓦纳大陆的拼合接近结束，地层沉积记录也揭示了块体拼合的证据。东冈瓦纳边缘早古生代地层序列在寒武系和奥陶系之间普遍发育不整合，这一地层间断从北印度到西澳大利亚广泛发育（Xu et al.，2014a）。它提供了构造活动的记录，包括变

图 2.27　大巴山镇巴渔渡-盐场灯影组与陡山沱组接触关系图

（a）渔渡陡山沱组与灯影组整合接触；（b）灯影组白云岩与陡山沱组碎屑砂岩整合接触，为图（a）局部放大；（c）灯影组白云岩与陡山沱组顶部硅质岩直接接触；（d）陡山沱组顶部灰绿色泥岩与灯影组底部含砾砂岩直接接触；（e）灯影组宏观照片；（f）陡山沱组顶部灰绿色泥岩与灯影组底部含砾砂岩相接触；（g）灯三段碎屑砂岩；（h）灯三段砂岩，为图（g）局部放大

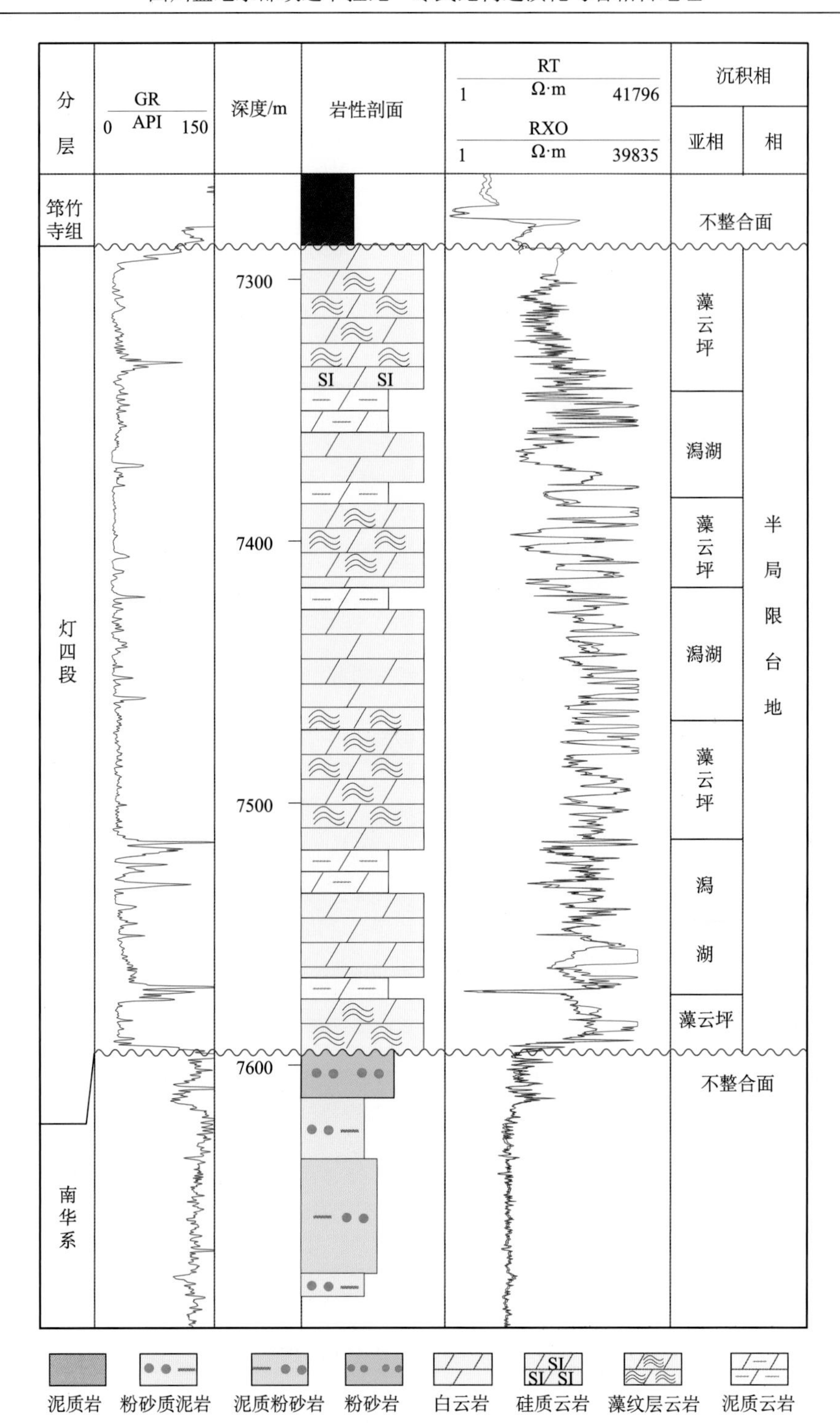

图 2.28　五探 1 井灯影组综合柱状图

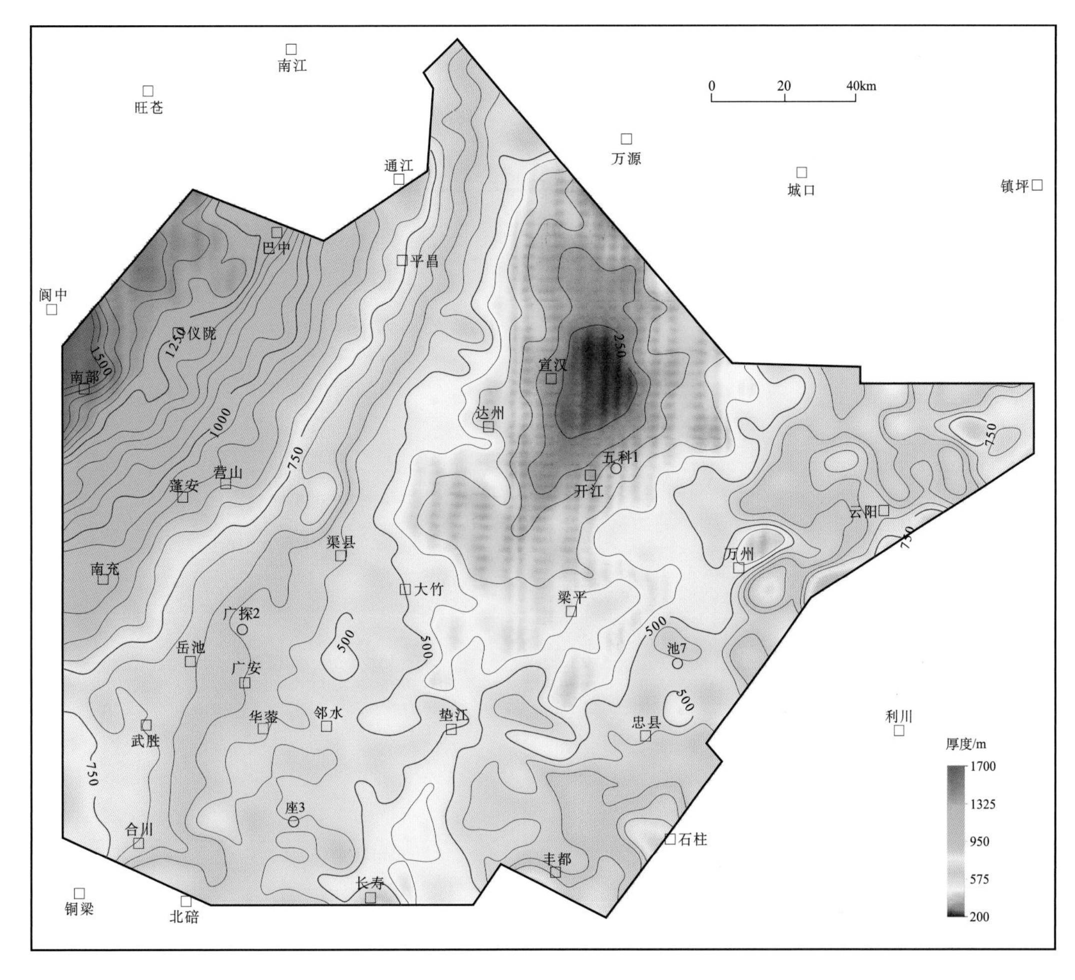

图 2.29　四川盆地东部灯影组厚度图

形作用、变质作用、火成岩活动和剥蚀后的沉降和沉积（Xu et al.，2014a）。这一机制可能包括沿超级大陆边缘增生造山的俯冲，可能响应于冈瓦纳大陆的拼合，或地体增生等（Xu et al.，2014a）。

一、国际寒武系划分

“寒武系”（Cambrian）的名字来源于“Cambria”，是威尔士的一个经典的名字。“Cambrian”这一术语首次被 Adam Sedgwick 使用指北威尔士（North Wales）和 Cumberland 地区的“寒武系序列”（Cambrian successions）。Adam Sedgwich 将这一地区的地层划分为下、中和上三个部分。1960 年，“寒武系”这一术语在丹麦的哥本哈根举行的第 21 届国际地质大会（IGC）上被正式接受，作为古生界最下面一个层系。表 2.5 显示了寒武系年代地层的细分和已批准的和潜在的全球层型剖面及点位（GSSP，即“金钉子”），前者的划分被国际地层学委员会的寒武纪分会（ISCS）采用了，是全球标准的统、组；而这些层型点位在 2012 年 3 月被 IGC 和 IUGS 批准了。其他的暂定分法用数字加以标识，可能的层型点位也被指出（Peng et al.，2012）。

表 2.5　寒武系年代地层划分表

系	统	阶	GSSP 或暂定地层连接点
奥陶系	下统	特马豆克阶	*Iapetognathus fluctivagus*首现 (GSSP)
寒武系	芙蓉统	第十阶	*Lotagnostus americanus*首现
		江山阶	*Agnostotes orientalis*首现 (GSSP)
		排碧阶	*Glyptagnostus reticulatus*首现 (GSSP)
	苗岭统	古丈阶	*Lejopyge laevigata*首现 (GSSP)
		鼓山阶	*Ptychagnostus atavus*首现 (GSSP)
		乌溜阶	*Oryctocephalus indicus* / *Ovatoryctocara granulata*首现
	第二统	第四阶	? *Olenellus*, *Redlichia*, *Judomia*, 或 *Bergeroniellus*首现
		第三阶	? *Trilobotes*首现
	纽芬兰统	第二阶	? *Watsonella crosbyi* 或 *Aldanella attleborensis*首现
		幸运阶	*Trichophycus pedum*首现 (GSSP)
埃迪卡拉系			

资料来源：据彭善池，2008，2009，2011；Peng et al.，2012；彭善池和赵元龙，2018；赵元龙等，2018

寒武系在地球生命历史中标志着一个重要的阶段，记录了两个重要的并且相互联系的演化事件，即“寒武纪大爆炸”（Cambrian exploration）和“寒武纪底质革命”（Cambrian substrate revolution）。寒武系的特征是大量含矿化骨骼动物（后生生物）的出现，及动物的快速多样化，被称为“寒武纪大爆炸”。生物地层最有用的化石组是三叶虫，显示了重要的演化多样性。小壳化石也提供了很好的生物地层约束。遗迹化石已经被用来确定寒武系的底界（Peng et al.，2012）。

目前的寒武系被划分为 4 个统 10 个阶。由于寒武纪早期的动物群具有强烈的地方区域性，寒武系下部的两个统各自被再分为两个阶；寒武系上半部中种类繁多的动物群使得每个统被分为三个阶。按照 IGC 标准，新的寒武系年代地层时间单元将由全球层型剖面及点位（GSSP）来定义。为了避免早期使用的地区中的统和阶概念可能的混淆，寒武纪分委会决定随着新的“金钉子”的建立，对所有的统（世）和阶（期）采用一套新的全球适用的名字。新的名字是根据地理特征，最好是与含“金钉子”剖面相关的，而且都是根据边界层型概念定义的。至 2018 年，寒武系的 6 个阶（Fortunian、Wuliuan、Drumian、Guzhangian、Paibian 和 Jiangshanian）和 3 个统（Terreneuvian、Miaolingian 和 Furongian）都有了正式的名字。其他的统和阶到目前为止还未被定义，且临时用数字命名（Peng et al.，2012；彭善池和赵元龙，2018）。

稳定同位素作为有用的地层信息已经被用来划分地层，特别是碳稳定同位素（$\delta^{13}C$）和锶稳定同位素（$^{87}Sr/^{86}Sr$）。全球寒武系碳同位素（$\delta^{13}C$）包括 10 个明显的同位素漂移，许多漂移与重要的生物事件相一致，如生物演化的辐射和灭绝。记录在纽芬兰统的三个正的碳同位素漂移响应于小壳动物化石在扬子地台的辐射（图 2.30）（Peng et al.，2012）。

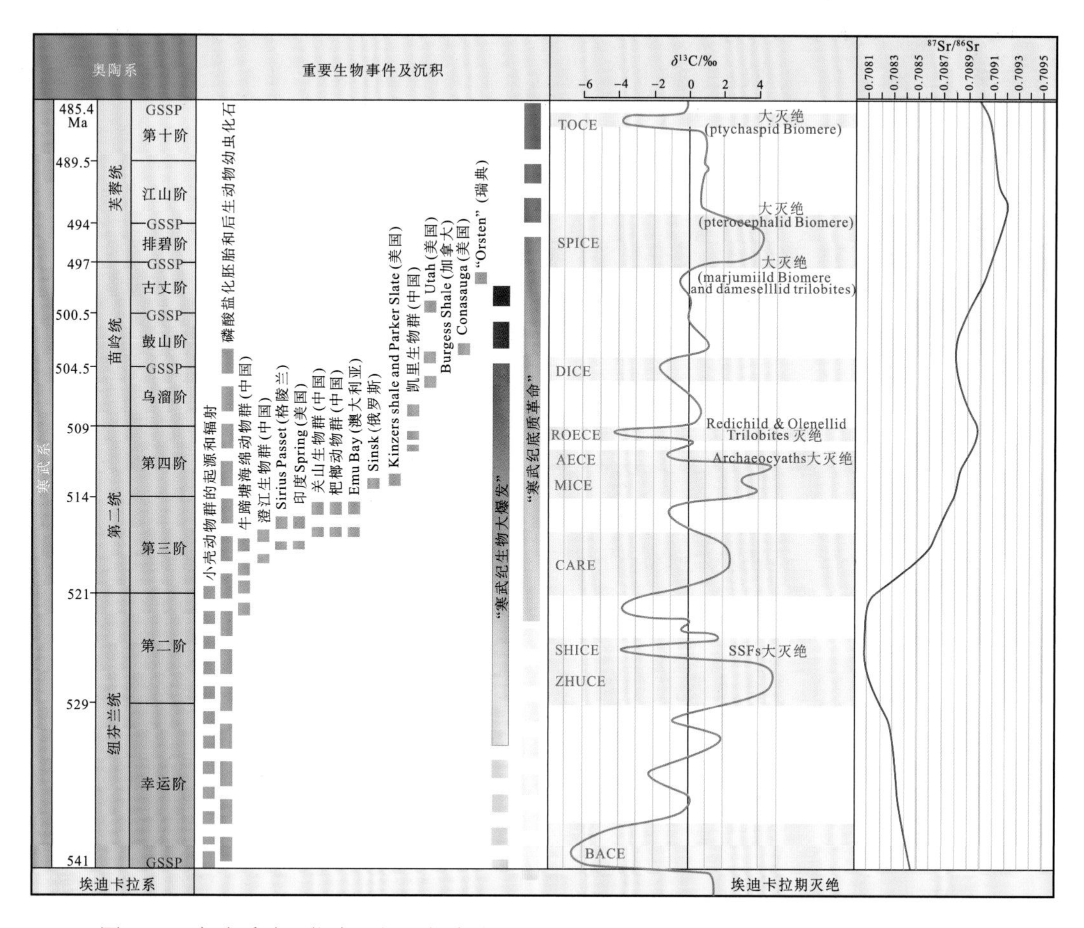

图 2.30　寒武系碳同位素和锶同位素化学地层与生物事件对比图（据 Peng et al.，2012）

二、华南寒武系划分

（一）研 究 现 状

华南基于边界层型界线的阶与统的年代地层研究已经得到了很好的发展。华南江南斜坡带是全球寒武系发育最好的地区之一，建有全球最完全和最精细的生物地层序列，这个序列被国际寒武系分会在其官方的全球寒武系对比表中采纳并和华南寒武纪年代地层系统被国际地层委员会接受为中国的标准；在《国际地层表》中作为国际通用划分标准的全球寒武系划分框架，也是在它的基础上建立的。华南地区基于边界-层型的阶和统的层型被研究了出来。除了最底部的两个阶外，在江南斜坡带的一些阶的剖面，寒武系序列含有丰富的化石可以进行全球或大陆间的对比。寒武系在华南地区的下边界用 *Trichophycus pedum* 已经很难鉴定。然而，BACE（base of Cambrian isotope excursion，寒武系底部同位素偏移）δ^{13}C 偏移是一个更可靠的地层标志。华南地区是四个全球型阶“金钉子”的所在地，四个阶分别为古丈阶、排碧阶、江山阶和乌溜阶。这四个全球型阶一旦确立，就会有利于取代区域上在本质上具有相同概念和内容的阶的名称（Peng et al.，2012；彭善池和赵元龙，2018）。

（二）年代地层分述

华南寒武系年代地层是在江南斜坡带建立的，是华南地方性的年代地层标准，全系划分为 4 个统 10 个阶，4 个统自下而上分别为滇东统、黔东统、苗岭统和芙蓉统（图 2.31）（全国地层委员会，2018；彭善池和赵元龙，2018；赵元龙等，2018）。

1. 滇东统（与全球纽芬兰统相当）

1）晋宁阶

晋宁阶（Jinninian Stage）为华南寒武系最底部的阶，由彭善池于 2000 年命名。它指位于云南省东部晋宁县梅树村附近的梅树村剖面在“Marker B”（或“China B Point”）之下的渔户村组，该剖面为 GSSP 的边界候选剖面。“Marker B”是 20 世纪 80 年代提出的作为全球前寒武系—寒武系界线的关键层型之一。晋宁阶含有最古老的小壳化石带，其特征是富含简单、低多样性的软舌螺。小壳化石带的底部（SSFs-Small Shelly Fossils）最初定义在“Marker A”，在梅树村剖面观察的 SSFs 的最底部出现。在梅树村剖面，一个不整合位于“Marker A”略下的部位，一个相对厚的间隔，与云南东北部的待补段相对应，在这里缺失了。待补段被认为是寒武系的一部分。晋宁阶最初定义为寒武系的底部，但与寒武系 GSSP 底部相当的层位在华南还不确定（Peng et al.，2012；全国地层委员会，2018）。

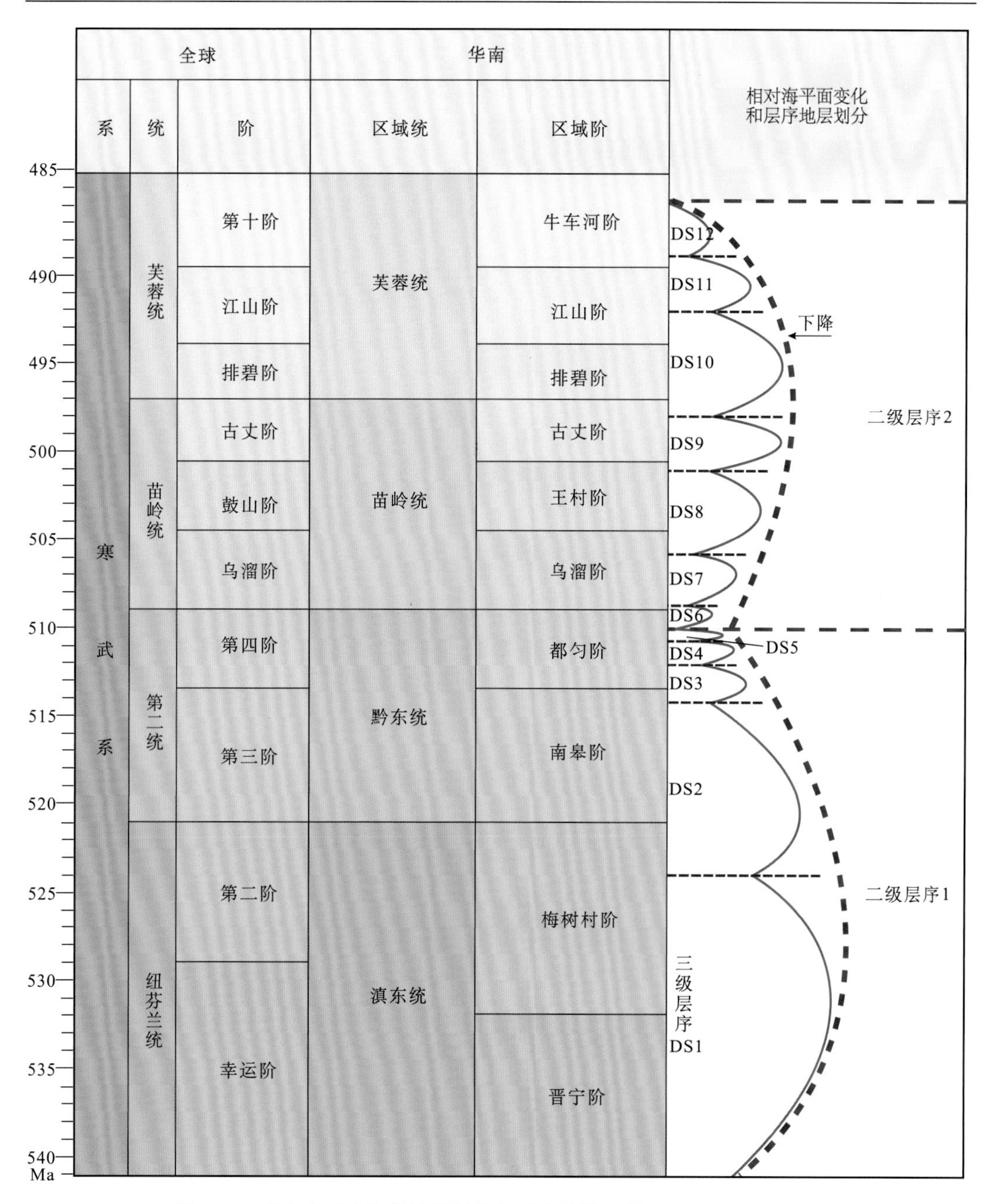

图 2.31　华南寒武系年代地层划分与层序地层（据 Peng et al.，2012）

2）梅树村阶

梅树村阶（Meishucunian Stage）由钱逸于 1997 年命名，GSSP 在云南省晋宁县梅树村。梅树村阶的名字最初提出作为岩性单位梅树村组（Meishucun Formation），指在梅树村剖面底部“含磷层”前三叶虫层序。底界以 *P. subglobusus* 的首现定义，层型点位在层型剖面的中谊村段上部，即第 7 岩性层之底（罗惠麟，1984），下距中谊村段的底界

11.3m。梅树村阶涵盖具有大量的多样性的小壳化石所组成的三个古生物带所占据的一段地层间隔（Peng et al.，2012；全国地层委员会，2018）。

2. 黔东统（与全球第二统相当）

1）南皋阶

南皋阶（Nangaoan Stage）由彭善池于2000年命名，南皋阶的底部为三叶虫的首现地层（FAD-First Appearance Datum），这一地层在生物演化中代表着重要事件。这一标准也已经被寒武系分会所采纳作为确定全球寒武系第三阶的底。南皋阶的底位于贵州省东部余庆县小腮附近的曾家屯剖面第5岩性层的底部。这一层属于牛蹄塘组，由黑色页岩组成。南皋阶是华南最古老的含三叶虫的阶，与云南传统的筇竹寺阶的底部紧密相对应（Peng et al.，2012；全国地层委员会，2018）。

2）都匀阶

都匀阶（Duyunian Stage）由彭善池于2000年命名，以 *Arthricocephalus duyunensis* 的首现来确定，该阶底界位于贵州省东部丹寨县南皋附近的九门冲剖面第10岩性层底部之上大约 25m 的牛蹄塘组内。都匀阶占据着四个化石带的一段地层间隔，其特征以 Oryctocephalids 的早期发育和 Redlichiids 的繁荣为主（Peng et al.，2012；全国地层委员会，2018）。

3. 苗岭统

1）乌溜阶

乌溜阶（Wuliuan Stage）由赵元龙等于2018年命名，乌溜阶的GSSP位于贵州省剑河县八郎村附近的乌溜-曾家岩剖面，全球层型点位位于该剖面凯里组底界之上52.8m，与地理分布较广的多节类三叶虫印度掘关虫的 *Oryctocephalus indicus* 的首现来确定，临近传统的下-中寒武统的边界。乌溜-曾家岩剖面主要由碎屑岩地层组成，剑河“金钉子”不仅含有丰富的、以掘头虫类为主的三叶虫动物群，还在紧接“金钉子”点位之上的凯里组下部的地层中，发育布尔吉斯页岩生物群类型的乌溜世凯里生物群（Peng et al.，2012；彭善池和赵元龙，2018；赵元龙等，2018）。

2）王村阶

王村阶（Wangcunian Stage）由彭善池等于2000年命名，底界GSSP位于湖南省永顺县王村东南4km的酉水河北岸公路边，以往的层型点位为球接子三叶虫 *Ptychagnostus punctuosus* 的首现，在花桥组之内，位于花桥组底界（剖面0点）之上56.7m；经彭善池（2009）最近修订，已将确定本阶底界的层型点位下移一个带，放在 *Ptychagnostus atavus* 的首现位置，依然在花桥组之内，位于其底界之上1.2m。阶的底界下移后，王村阶和全球鼓山阶的底界已完全一致，而它们的顶界皆由全球古丈阶的底界定义（Peng et al.，2012；全国地层委员会，2018）。

3）古丈阶

古丈阶（Guzhangian Stage）由彭善池于2008年命名，底界GSSP位于湖南古丈罗依溪西北约4km的公路边，剖面在酉水河南岸，与王村阶的层型剖面隔岸相对，层型点位在花桥组之内，与球接子三叶虫 *Lejopyge laevigata* 的首现一致，下距花桥组底界121.3m。古丈阶的特征是三叶虫的高丰度和多样性。在古丈期末期有一个大的生物群的灭绝事件，导致了大于90%动物群的灭绝，这一灭绝事件被认为是动物群的危险事件（Peng et al.，2012；全国地层委员会，2018）。

4. 芙蓉统

1）排碧阶

排碧阶（Paibian Stage）由彭善池等于2004年命名，底界GSSP位于湖南省花垣县排碧乡四新村以北约500m的小山头上，层型点位在花桥组之内，与球接子三叶虫 *Glyptagnostus reticulatus* 的首现一致，下距花桥组底界369.06m。该点位与寒武系最大的碳氧同位素正漂移（SPICE）起始位置近于一致（Peng et al.，2012；全国地层委员会，2018）。

2）江山阶

江山阶（Jiangshanian Stage）源自彭善池等2010年向国际地层委员会提交的建立全球江山阶“金钉子”的提案报告，2011年被国际地质科学联合会正式批准为全球标准阶，取代了曾经采用过的狭义桃源阶。江山阶底界的层型为浙江江山碓边B剖面，位于碓边村西北大豆山东坡的山脚，距该村约250m；层型点位在华严寺组之内，下距严寺组底界108.12m，与球接子三叶虫 *Agnostotes orientalis* 的首现一致，它也是全球分布的多节类三叶虫 *Irvingella angustilimbata* 在该剖面的首现点位（彭善池，2011；Peng et al.，2012；全国地层委员会，2018）。

3）牛车河阶

牛车河阶（Niuchehean Stage）是从原桃源阶顶部分出的一个新阶，底界GSSP为瓦尔岗剖面，位于湖南省桃源县瓦尔岗村北通往慈利的简易公路旁，层型点位与球接子三叶虫 *Lotagnostus americanus* 的首现一致，位于沈家湾组内，下距该组底界29.2m。*L. americanus* 首现点是国际寒武系分会表决通过的定义全球第10阶底界的生物标志（彭善池，2008；Peng et al.，2012；全国地层委员会，2018）。

三、川东寒武系划分与对比

寒武纪时期，川东自西乡司上-镇巴-万源一带发育近南北向的隆起（1975年李耀西等称之为地障），使川东周缘米仓山、大巴山地区形成两个明显不同的沉积区域，使之在物源方向、海水进退方向和古生物组合上有所不同（李耀西等，1975）。

（一）岩石地层单位分述

寒武系在上扬子北缘米仓山地区和大巴山地区广泛发育，但发育特点有明显差异。米仓山地区的滇东统—黔东统自下而上发育宽川铺组、郭家坝组、仙女洞组、阎王碥组和孔明洞组；苗岭统仅发育在该区的东南部，即陡坡寺组；芙蓉统普遍缺失。大巴山地区寒武系发育较全，自下而上为滇东统—黔东统的水井沱组、石牌组、天河板组和石龙洞组；苗岭统—芙蓉统的覃家庙组和三游洞组。米仓山地区的寒武系因黔东期后期汉南古陆不断扩大，沉积盆地自西向东缩小致使西部地层缺失比东部要多（汪明洲等，1989）。

1. 米仓山地区

米仓山地区寒武系发育不全，无芙蓉统（《四川省区域地质志》所指上寒武统），其滇东统、黔东统、苗岭统的岩石地层划分沿革见表 2.6（四川省地质矿产局，1991）。

表 2.6　米仓山地区寒武系划分沿革表（据四川省地质矿产局，1991）

<table>
<tr><td colspan="2">侯德封
(1939)</td><td colspan="3">四川省地质局
二区测队
(1965)</td><td colspan="3">中国科学院南京
地质古生物研究所
(西南化石图册)
(1974)</td><td colspan="2">西北地质研究所
(1975)</td><td colspan="2">四川地层表
四川地层总结
(1978)</td><td colspan="2">李善姬
(1980)</td><td colspan="2" rowspan="2">《四川省区域
地质志》
(1991)</td></tr>
<tr><td colspan="2">米仓山</td><td colspan="3">1：20万南江幅</td><td colspan="3">米仓山</td><td colspan="2">米仓山</td><td colspan="2">米仓山</td><td colspan="2">米仓山</td></tr>
<tr><td colspan="16">时　代　及　分　层</td></tr>
<tr><td>O</td><td>陡家桥系</td><td>$€_2$</td><td colspan="2">陡坡寺组</td><td>$€_2$</td><td colspan="2">陡坡寺组</td><td>$€_2$</td><td>陡坡寺组</td><td>$€_2$</td><td>陡坡寺组</td><td rowspan="6"></td><td>陡坡寺组</td><td>$€_2$</td><td>陡坡寺组</td></tr>
<tr><td rowspan="4">€</td><td rowspan="4">郭家坝组</td><td rowspan="4">$€_1$</td><td colspan="2">孔明洞组</td><td rowspan="4">$€_1$</td><td colspan="2">孔明洞组</td><td rowspan="4">$€_1$</td><td>孔明洞组
(龙王庙组)</td><td rowspan="4">$€_1$</td><td>孔明洞组</td><td>孔明洞组</td><td rowspan="5">$€_1$</td><td>孔明洞组</td></tr>
<tr><td rowspan="3">郭家坝组</td><td>阎王碥段</td><td rowspan="2"></td><td>阎王碥组</td><td>阎王碥组</td><td>阎王碥组</td><td>阎王碥组</td><td>阎王碥组</td></tr>
<tr><td>仙女洞段</td><td>仙女洞组</td><td>仙女洞组
(双河口组)</td><td>仙女洞组</td><td>仙女洞组</td><td>仙女洞组</td></tr>
<tr><td>沙滩段</td><td colspan="2">筇竹寺组</td><td>郭家坝组</td><td>筇竹寺组</td><td>筇竹寺组
(郭家坝组)</td><td>郭家坝组</td></tr>
<tr><td rowspan="2">Z_2</td><td rowspan="2">震旦系</td><td rowspan="2">Z_2</td><td colspan="2" rowspan="2">灯影组</td><td rowspan="2">Z_2</td><td colspan="2" rowspan="2">灯影组</td><td rowspan="2">Z_2</td><td rowspan="2">灯影组</td><td rowspan="2">Z_2</td><td rowspan="2">灯影组</td><td>宽川铺组</td><td>宽川铺组</td></tr>
<tr><td>Z_2</td><td>灯影组</td><td>Z_2</td><td>灯影组</td></tr>
</table>

1）宽川铺组

宽川铺组为陕西地质局四地质队于 1961～1962 年命名于陕西宁强县宽川铺，前人曾称宽川铺段，归于灯影组中。因该套地层含小壳动物化石，《四川省区域地质志》将其单独分出，时代归属寒武纪（四川省地质矿产局，1991）。

图 2.32　南江杨坝宽川铺组岩性特征

（a）～（d）位于小庙附近，（e）和（f）位于小庙附近另一侧山坡处。（a）宽川铺组宏观照片；（b）灯影组白云岩与宽川铺组灰岩整合接触；（c）宽川铺组灰色薄层含磷含硅质灰岩；（d）宽川铺组灰岩与郭家坝组黑色泥岩相接触；（e）灯影组块状白云岩与宽川铺组灰色薄层灰岩整合接触；（f）为（e）的放大，灯影组与宽川铺组界线；（g）宽川铺组灰色薄层含磷含硅质灰岩；（h）宽川铺组灰色灰岩与郭家坝组黑色泥岩相接触

南江杨坝宽川铺组在两处出现，分别位于一座小庙底部与小庙另一侧的山坡之下的河谷内，岩性为一套灰色薄层含磷含硅质白云质灰岩，厚约 12m，含小壳化石，与下伏灯影组白云岩整合接触，与上覆郭家坝组黑色泥岩平行不整合接触（图 2.32）（杨暹和和何延贵，1984；四川省地质矿产局，1991）。

2）郭家坝组

郭家坝组来源于侯德封和王砚珩于 1939 年所命名的郭家坝群，之后修改了其含义并与筇竹寺组对比（四川省地质矿产局，1991）。根据岩性和三叶虫的出现与否，可划分为上、下两部分。以南江沙滩剖面为代表，下部为不含三叶虫的砂页岩，厚 10m，以黑色钙质页岩、深灰色细砂岩及粉砂岩为主；上部厚 395m，为黑色页岩，间夹薄层粉砂岩及透镜状灰岩，局部夹海绿石砂岩，产三叶虫和金臂虫。该组底部有 0.1～1.25m 的含锰铁黏土岩，与下伏宽川铺组为假整合接触（四川省地质矿产局，1991）。米仓山地区郭家坝组是在广泛遭受剥蚀的起伏基面上接受沉积形成的（刘仿韩等，1987）。

郭家坝组在米仓山地区广泛发育，岩性基本相同，底部具有不稳定的胶磷矿层，与下伏宽川铺组平行不整合接触。厚度普遍较大，最大可达 668m，最小 15m，一般在 400m 左右，陕南南郑、宁强和四川南江一带厚达 500～600m，南郑福成地区郭家坝组往南有增大趋势，朱家河剖面厚约 352m，而挂宝岩厚达 397.5m。陕西西乡地区郭家坝组以黄绿色、灰绿色（底部黑色）粉砂质页岩、钙质粉砂质页岩及钙质页岩为主，夹少量薄层粉砂岩、细-中粒砂岩及少量泥质灰岩薄层或透镜体，西乡三郎铺杨家沟该组厚 92.1m（成汉钧等，1980，1992）。

南江杨坝田埡子剖面灯影组顶部为纹层状微生物白云岩，平行不整合上覆宽川铺组灰色薄层灰岩，宽川铺组被郭家坝组底部黑灰色薄层硅质岩平行不整合覆盖。郭家坝组底部硅质岩厚约 1.5m，之上为黑色泥岩、灰黑色粉砂质泥岩（图 2.33）。

南江柳湾剖面郭家坝组与灯影组平行不整合接触，郭家坝组为一套黑色泥页岩沉积，厚度较大（图 2.34）。

南郑福成挂宝岩剖面郭家坝组黑色页岩与灯影组直接接触，黑色页岩厚达 50m，其上为仙女洞组灰岩（图 2.35）。

3）仙女洞组

仙女洞组为叶少华等于 1960 年命名于南江县赶场乡沙滩附近的仙女洞，由灰-深灰色灰岩、鲕状灰岩与砂岩、钙质细砂岩组成，灰岩含量较多，富含古杯类，与下伏郭家坝组、上覆覃家庙组均呈整合接触（四川省地质矿产局，1991；辜学达和刘啸虎，1997）。

在南江沙滩，仙女洞组为一套富含古杯类化石的灰岩、鲕状灰岩，夹钙质细砂岩及角砾状灰岩，厚 123.8m（图 2.36）（四川省地质矿产局，1991）。在南郑挂宝岩，仙女洞组中、上部为灰色厚层块状网纹状泥质灰岩夹鲕状灰岩、钙质页岩，含古杯，下部为灰色薄层状泥质灰岩与黑色页岩互层，夹灰岩、鲕状灰岩，厚 98m（四川省地质矿产局，

1991）。在南郑西河，仙女洞组厚度可达 150m 左右。在南郑福成，仙女洞组下部富含古杯，可形成礁体，厚约 136m，其底界时限于筇竹寺晚期为宜，主体相当于沧浪铺早期，仙女洞组底界从福成往北、往西有逐渐变高的趋势（汪明洲等，1989）。

图 2.33 南江杨坝田垭子郭家坝组黑色泥岩

（a）灯影组、宽川铺组与郭家坝组均呈平行不整合接触；（b）郭家坝组底部黑灰色薄板状硅质岩与宽川铺组灰岩平行不整合接触；（c）郭家坝组底部黑色泥岩，风化后呈土黄色；（d）郭家坝组底部泥岩，新鲜面呈黑色；（e）郭家坝组下部黑灰色粉砂质泥岩；（f）郭家坝组中部黑灰色泥岩

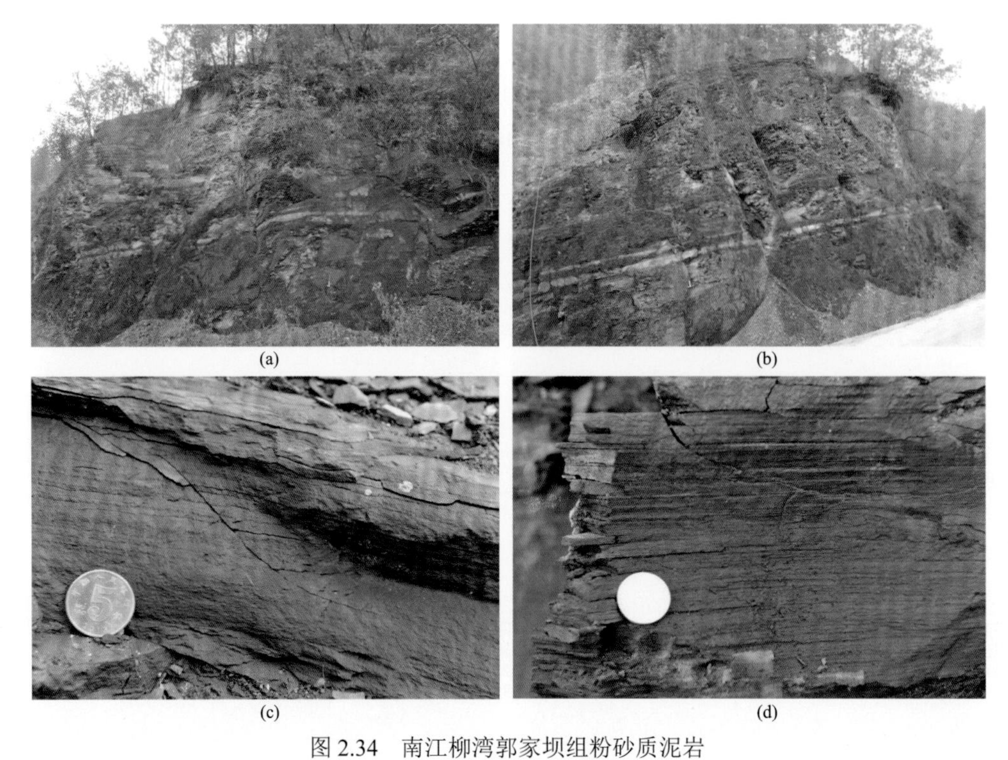

图 2.34　南江柳湾郭家坝组粉砂质泥岩

（a）和（b）郭家坝组宏观照片，主要为一套黑色泥页岩夹薄层粉砂岩沉积；（c）深灰色粉砂质泥岩；（d）深灰色薄层粉砂质泥岩

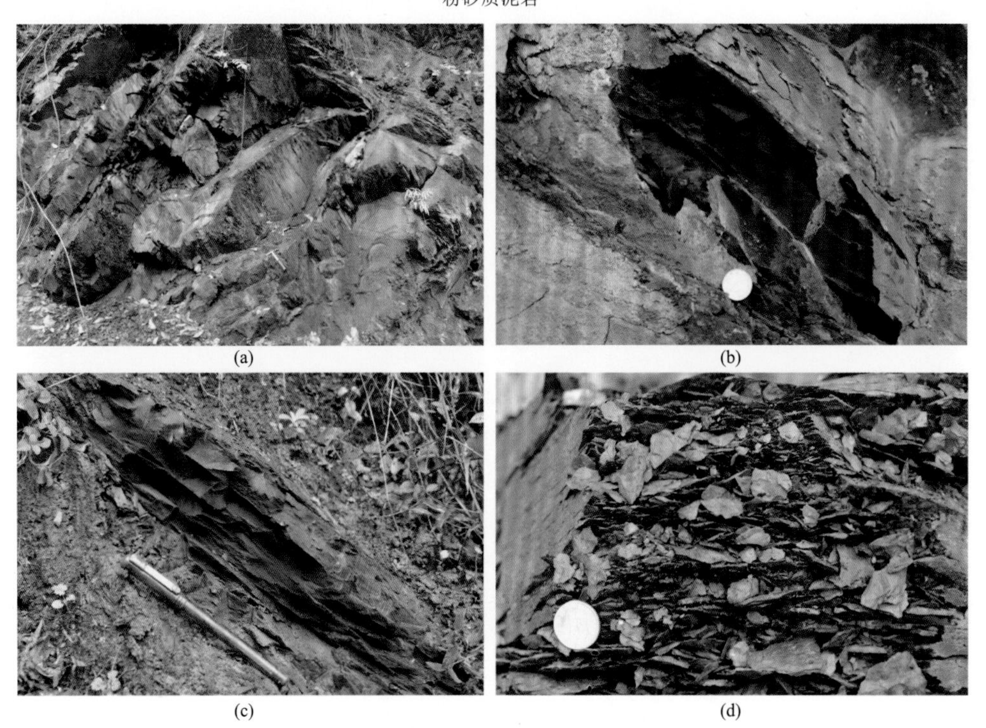

图 2.35　南郑福成挂宝岩郭家坝组黑色泥页岩

（a）～（c）黑色泥岩；（d）黑色页岩

图 2.36 南江沙滩仙女洞组古杯礁灰岩

（a）仙女洞组宏观照片；（b）仙女洞组厚层古杯礁灰岩；（c）含古杯化石礁灰岩；（d）仙女洞组灰岩与阎王碥组碎屑岩接触

陕西西乡地区仙女洞组为灰色、灰白色中厚-厚层泥质斑纹灰岩、白云质灰岩及白云岩，含丰富的古杯类，还有藻类，呈小型的灰岩礁，厚 43.7～44.7m。仙女洞组含核形灰岩与上覆阎王碥组底部紫红色页岩之间，存在一个清楚的侵蚀间断面，上、下岩性突变，分界明显（图 2.37）（成汉钧等，1980）。

4）阎王碥组

阎王碥组由四川地质局达县地质队和成都地层古生物中心联合组成的南江地层组于 1960 年命名，命名剖面位于四川南江沙滩阎王碥附近。1974 年张文堂等将阎王碥段和仙女洞段置于沧浪铺组的上、下段（张文堂等，1979）。1975 年李跃西又将阎王碥段改称为阎王碥组，置于仙女洞组与孔明洞组之间。

南江沙滩剖面阎王碥组下段为“紫红色层”，由紫红色砂质泥岩夹紫红色及灰色细至中粒砂岩，下部夹砂质灰岩组成，厚 34m；中段为灰褐色、灰色、黄绿色砂岩与砂质、钙质页岩互层，下部夹砂质页岩，厚 31m；上段为灰色中至粗粒砂岩、含砾砂岩，间夹砂质页岩和页岩，具波痕构造，厚 140m。阎王碥组与下伏仙女洞组和上覆孔明洞组均呈整合接触（四川省地质矿产局，1991；项礼文等，1999）。

(a)　(b)　(c)　(d)

图 2.37　西乡三朗铺仙女洞组岩性特征

（a）郭家坝组、仙女洞组、陡坡寺组均呈整合接触；（b）郭家坝组灰绿色泥岩与仙女洞组灰岩；（c）仙女洞组核形石灰岩；（d）仙女洞组灰岩与阎王碥组紫红色泥岩相接触

阎王碥组岩性在米仓山地区相当稳定，而厚度则向西减薄。陕西西乡地区阎王碥组底部数米为紫红色粉砂质页岩、砂质页岩夹长石石英砂岩，可作为标志层。南郑西河剖面该组厚达 227m，本组底部有一层紫红色、灰绿色粉砂岩互层的“标志层”，与下伏仙女洞组整合过渡。南郑福成朱家河剖面的阎王碥组厚约 248m，底部紫红色泥岩与仙女洞组鲕粒灰岩整合接触，其上为砂岩、含砾砂岩，顶部砂岩与孔明洞组灰岩整合接触（图 2.38）（成汉钧等，1980；汪明洲等，1989）。

米仓山地区阎王碥组上部为含砾石英砂岩，向西到广元、旺苍一带相变为含砾粗砂岩-细砾岩-粗砾岩组合，构成三角洲沉积特有的下细上粗的剖面结构（刘仿韩等，1987）。

5）孔明洞组

孔明洞组由四川南江地层组于 1960 年命名，命名剖面位于南江县沙滩，原定义是指阎王碥组碎屑岩之上的灰岩至奥陶系宝塔组之下的一大套地层，时代归于早寒武世。1965 年四川第二区域地质测量大队将孔明洞组中下部的灰岩和砂岩称孔明洞组，上部紫红色泥岩层及其以上的白云质灰岩、白云岩称陡坡寺组。《西南地区区域地层表（四川省分册）》和《四川省区域地质志》中孔明洞组的含义仅指碳酸盐岩部分（四川省区域地层表编写组，1978；四川省地质矿产局，1991；项礼文等，1999）。

孔明洞组在米仓山地区岩性基本稳定，都以白云岩为主，但西部南郑挂宝岩剖面，则夹较多的白云质灰岩及灰岩（成汉钧等，1980）。米仓山地区自西向东孔明洞组的变化是陆源碎屑成分减少、碳酸盐岩增加，沉积物厚度增大。这些变化反映出米仓山南坡海盆底部地势西高东低。米仓山北坡宁强-汉中一带孔明洞组缺失，南郑西河有该组下部沉积，也反映出海底地形是西北高东南低（刘仿韩等，1987）。

图 2.38　南郑福成阎王碥组岩性特征

（a）仙女洞组鲕粒灰岩与阎王碥组紫红色泥岩整合接触；（b）阎王碥组下部灰色粉砂岩；（c）阎王碥组下部砾岩；（d）灰色细砂岩夹黄绿色薄层泥岩；（e）砂岩由于后期褶皱作用变形；（f）阎王碥组砂岩与孔明洞组灰岩整合接触

在南江沙滩剖面，孔明洞组下部为深灰色鲕状灰岩、中厚层粉砂岩、硅质白云岩夹砂页岩；中上部为厚层块状砂质白云岩、白云质硅质灰岩夹砂页岩，厚 102m，与下伏阎王碥组和上覆陡坡寺组均为整合接触（图 2.39）。南江沙滩以东的贵民一带，下部为鲕状灰岩。

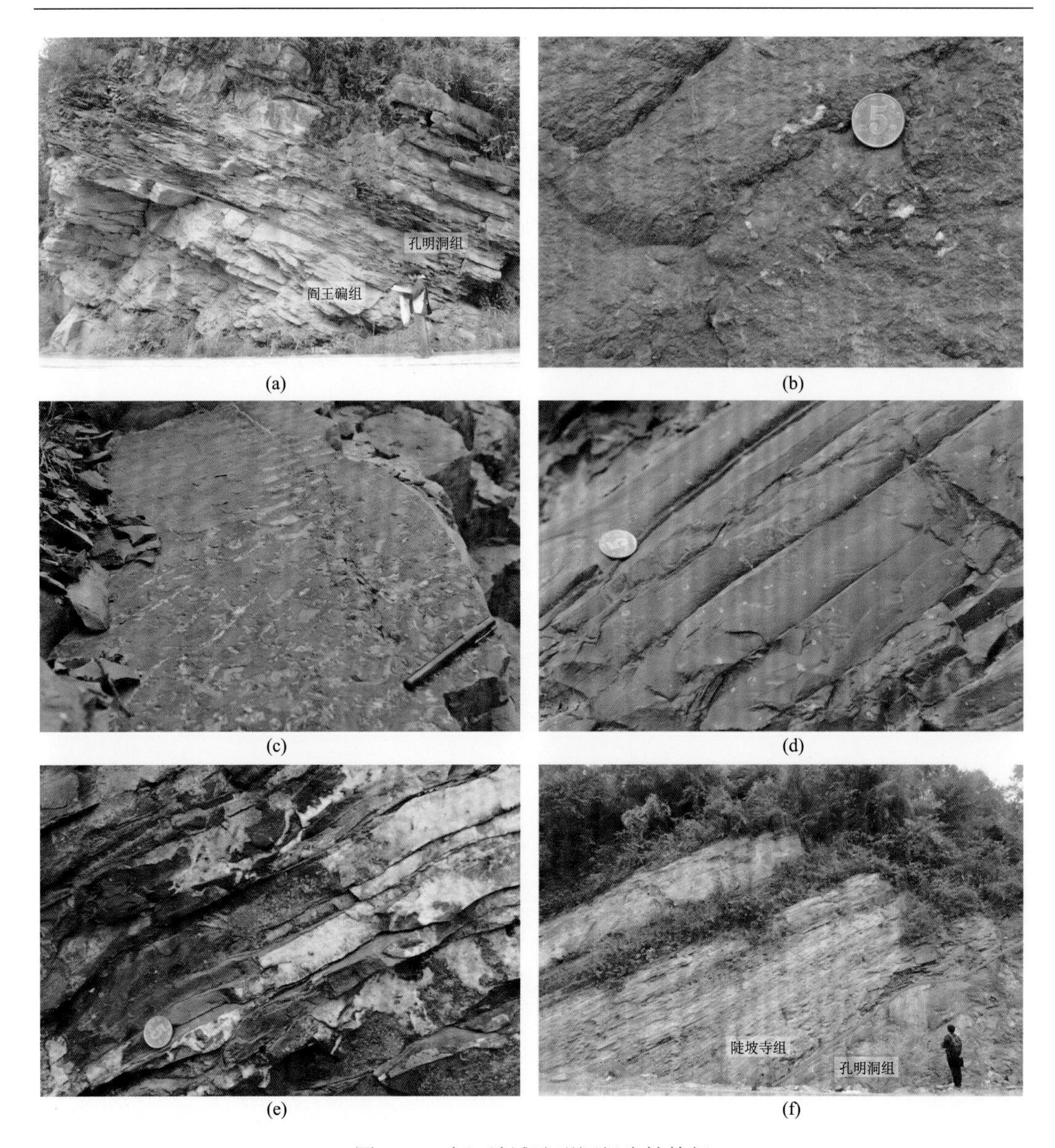

图 2.39　南江沙滩孔明洞组岩性特征

（a）阎王碥组顶部砂岩与孔明洞组底部薄层泥质云岩整合接触；（b）孔明洞组灰色鲕粒白云岩；（c）孔明洞组鲕粒白云岩，见波痕；（d）灰色薄层鲕粒云岩；（e）深灰色薄层灰岩；（f）孔明洞组灰岩与陡坡寺组粉砂岩相接触

陕西西乡地区孔明洞组为灰色、青灰色鲕状及豆状白云岩和砂质白云岩，夹少量白云质砂岩及白云质页岩，厚 54.8～165.5m。

南郑西河剖面孔明洞组厚约 64m，与下伏阎王碥组整合接触，与上覆奥陶系宝塔组平行不整合接触。南郑福成挂宝岩，厚 146m，以厚层块状白云岩、白云质灰岩、泥质白云岩为主，偶夹砂岩，顶部为灰白色泥质白云岩夹砂岩，底部为竹叶状白云岩，富含石盐假晶（陈润业和张福有，1987；四川省地质矿产局，1991）。

6）陡坡寺组

陡坡寺组由卢衍豪和王鸿祯于1939年命名于云南省宜良县沈家营附近的陡坡寺，原称“陡坡寺层”，该名1974年引入四川，在四川该层位具有页岩与碳酸盐岩交互的组合特征，与云南昆明、曲靖一带的陡坡寺组相似。在四川陡坡寺组现定义下部以杂色页岩为主，夹灰岩；上部以灰色厚层白云岩、灰岩为主，含三叶虫为主，与下伏孔明洞组灰色白云岩、白云质灰岩为整合接触（辜学达和刘啸虎，1997）。

南江沙滩剖面陡坡寺组厚135m，下部为紫红色、棕红色、青灰色钙质粉砂岩、页岩夹白云质灰岩，上部为白云质灰岩、白云岩、灰岩、白云质泥质灰岩夹钙质粉砂岩、页岩（图2.40）（四川省地质矿产局，1991）。南郑西河剖面未见陡坡寺组，福成朱家河剖面厚达136m，挂宝岩北坡仅72m，地层发育与后期剥蚀程度有关，寒武纪后期北面汉南古陆扩大发生海退，寒武系遭受剥蚀（汪明洲等，1989）。

南江柳湾剖面陡坡寺组厚约30m，主要为一套碎屑岩夹白云岩沉积，底界与孔明洞组整合接触，顶界与奥陶系赵家坝组平行不整合接触，缺失了寒武系上部与奥陶系下部大部分地层（图2.41）。

2. 大巴山地区

大巴山城口-巫溪地区寒武系的划分沿革如表2.7所示（四川省地质矿产局，1991），寒武系自下而上发育水井沱组、石牌组、天河板组、石龙洞组、覃家庙组和三游洞组，相对于米仓山地区，寒武系上部发育较全，但关于水井沱组底部的时代划分仍有不同的意见。

1）水井沱组

水井沱组由张文堂等（1957）从Lee和Chao（1924）的石牌页岩下部分出的“水井沱页岩”，后称为水井沱组，命名地点在湖北省宜昌市三斗坪石牌村东南约400m的水井沱，该组上部为灰色、灰绿色砂岩、粉砂岩及页岩，下部为碳质页岩夹灰岩（四川省地质矿产局，1991；项礼文等，1999）。

关于水井沱组底部的灰岩，汪明洲和许安东（1987）将其命名为火烧店组，命名剖面位于陕西省南部镇巴县小洋镇火烧店附近，指位于水井沱组之下、原“灯影组”顶部一套厚约8.5m的灰色厚层状含海绿石粉砂质白云质灰岩，该地层可分上、下两部分，下部厚约7m，含小壳动物化石，上部厚约1.5m，含三叶虫，底部有1～2cm的黄绿色页岩，与下伏灯影组界面凹凸不平，顶部为一层厚约2cm的黄褐色铁泥质风化壳，火烧店组与下伏灯影组和上覆水井沱组均呈平行不整合接触（图2.42）（汪明洲和许安东，1987）。

图 2.40　南江沙滩陡坡寺组岩性特征

（a）陡坡寺组与奥陶系平行不整合接触；（b）孔明洞组顶部白云岩与陡坡寺组底部灰色泥岩、粉砂岩相接触；（c）暗红色泥岩与泥质白云岩；（d）灰绿色泥岩夹暗红色泥岩；（e）暗红色泥岩与泥质白云岩；（f）灰绿色泥岩夹暗红色泥岩

图 2.41　南江柳湾陡坡寺组与奥陶系平行不整合接触

表 2.7　大巴山城口-巫溪地区寒武系划分沿革表（据四川省地质矿产局，1991）

四川省区域地质志（1991）		李善姬（1980）	四川省地层总结（1978）	四川区域地层表（1978）	南京古生物研究所（1974）	四川二区测队（1973）	南京古生物研究所（1965）
		城口、巫溪			城口、巫溪	1：20万城口、巫溪幅	城口、巫溪
$Є_3$	三游洞群	三游洞群	三游洞群	三游洞群	三游洞群	三游洞群	三游洞群
$Є_2$	覃家庙群	覃家庙群	覃家庙群	覃家庙群	覃家庙群	覃家庙群	覃家庙群
$Є_1$	石龙洞组	石龙洞组	石龙洞组	石龙洞组	石龙洞组	石龙洞组	石龙洞组
	天河板组	天河板组	天河板组	天河板组	天河板组	天河板组	天河板组
	石牌组	石牌组	石牌组	石牌组（仙女洞组）	鹰嘴岩组	石牌组	石牌组
	水井沱组	“筇竹寺组”	“筇竹寺组”	“筇竹寺组”	凉水井组	水井沱组	水井沱组
Z_2	缺失	灯影组	灯影组	灯影组	灯影组	灯影组	灯影组

汪明洲和许安东（1987）根据镇巴小洋剖面所见的三叶虫和小壳化石将火烧店组时代归属于原梅树村期晚期—筇竹寺期早中期，相当于滇东筇竹寺组的八道湾段和玉案山段的中下部。解永顺（1988）认为“火烧店组”岩性与上覆水井沱组底部黑色页岩差异明显，而与下伏灯影组白云岩较为接近，认为将其归于灯影组是符合岩石地层单位含义的，并认为这套岩层与湖北房县灯影组西蒿坪段相似，不宜另起新名，应以灯影组西蒿

图 2.42　镇巴县小洋镇水井沱组下部（火烧店组命名地）岩性特征

（a）河床内水井沱组下部灰岩宏观照片；（b）道路一侧水井沱组下部灰岩宏观照片；（c）灯影组白云岩与水井沱组底部云质砂岩平行不整合接触，接触面凹凸不平；（d）水井沱组底部厚约 50cm 含海绿石页岩、云质砂岩夹薄层页岩；（e）水井沱组灰岩与黑色页岩平行不整合接触；（f）图（e）的局部放大，水井沱组底部为风化黏土层

坪段代替。并根据该段内小壳化石与大量典型的筇竹寺阶三叶虫共生，认为其属于原筇竹寺阶中下部（表 2.8）（解永顺，1988）。成汉钧等（1992）同意解永顺（1988）的意见，认为火烧店组的小壳组合并不相当于滇东八道湾段中的第Ⅲ小壳化石组合，而是另具特色的筇竹寺期的小壳化石组合，其中兼具从梅树村期上延的少数分子。结合火烧店组所含的小壳化石及其与三叶虫的共生关系，认为火烧店组的时限应为筇竹寺期中、晚期，只能与滇东筇竹寺组上部的玉案山段中、上部对比，并不包括相当于梅树村晚期的筇竹

寺组下部的八道湾段地层（成汉钧等，1992）。综上分析，火烧店组应属于华南现划分方案黔东统的南皋阶中部，揭示该地区缺失寒武系滇东统与黔东统南皋阶下部地层。

表 2.8　镇巴寒武系（部分）下部地层划分沿革表（据解永顺，1988，略修改）

<table>
<tr><th colspan="4">解永顺（1988）</th><th colspan="3">李耀西等（1975）</th><th colspan="3">陕西省区域地层表编写组（1985）</th><th colspan="3">汪明洲和许安东（1987）</th></tr>
<tr><td rowspan="5">下寒武统</td><td rowspan="2">沧浪铺阶</td><td colspan="2">石牌组</td><td rowspan="3">下寒武统</td><td colspan="2">石牌组</td><td rowspan="5">下寒武统</td><td colspan="2">石牌组</td><td rowspan="5">下寒武统</td><td colspan="2">石牌组</td></tr>
<tr><td rowspan="2">水井沱组</td><td>上段</td><td rowspan="2">筇竹寺阶</td><td rowspan="2">水井沱组</td><td rowspan="4">筇竹寺阶</td><td rowspan="4">水井沱组</td><td rowspan="2">筇竹寺阶</td><td rowspan="2">水井沱组</td></tr>
<tr><td rowspan="2">筇竹寺阶</td><td>下段</td></tr>
<tr><td rowspan="3">灯影组</td><td rowspan="3">西蒿坪段</td><td rowspan="3">上震旦统</td><td rowspan="3"></td><td rowspan="3">灯影组</td><td rowspan="2">梅树村阶</td><td rowspan="2">火烧店组</td></tr>
<tr><td>梅树村阶</td></tr>
<tr><td>上震旦统</td><td></td><td>上震旦统</td><td></td><td>灯影组</td><td>上震旦统</td><td></td><td>灯影组</td></tr>
</table>

汪明洲和许安东（1987）所命名的火烧店组普遍发育于大巴山的城口-巫溪地区，往东可能限于神农架一带。从镇巴何坪、小洋坝、紫阳紫黄，镇坪鸡心岭一带的发育情况分析，火烧店组在上述范围内，西部较薄，镇巴何坪只有 6.8m，小洋坝 8.4m，紫阳紫黄约 40m，往东至鸡心岭一带厚达 130m 以上，再向东接近神农架地区可能减薄直至缺失。鉴于寒武系底部这套灰岩地层在大巴山地区的广泛发育，确定其时代归属具有非常重要的地质意义。因此，选择镇巴小洋镇、镇巴老庄与盐场镇关公梁三个剖面采集古生物样品开展室内古生物鉴定，以分析其发育的地质时代。

在镇巴小洋镇水井沱组共采集 4 块样品进行室内分析、鉴定，其中 2 块样品（样品号为 17XYZ-5、17XYZ-7）见古生物，主要为舌形贝类、*Allonnia* sp.（开腔骨类 Chancelloriids）和三叶虫颊刺（图 2.43、图 2.44）。*Allonnia* sp. 属于开腔骨类 Chancelloriids，开腔骨类在我国分布很广，云南、贵州、四川、陕西、湖北、新疆、海南岛等地均有产出，主要见于寒武纪早期地层中。舌形贝类为磷质壳腕足类，真正的腕足类在我国从滇东传统划分的筇竹寺阶开始出现，三叶虫亦从筇竹寺阶开始出现。故采集样品的时代为传统滇东寒武系筇竹寺阶，为现华南划分系统黔东统南皋阶，说明该地区缺失寒武系下部滇东统晋宁阶与梅树村阶。

图 2.43　镇巴小洋镇火烧店组古生物鉴定图版（样品 17XYZ-5）

1～4 为舌形贝类碎片，6～8 为 *Allonnia* sp.（开腔骨类 Chancelloriids）。1．腹壳碎片，长 2200μm；2．腹壳，长 1400μm；3．腹壳碎片，长 1000μm；4．外壳碎片，长 1000μm；5．三叶虫头部碎片？长 2060μm；6．射枝，长 1800μm；7. 射枝，长 2060μm；8. 射枝，长 2480μm

图 2.44 镇巴小洋镇火烧店组古生物鉴定图版（样品 17XYZ-7）

1～5 为舌形贝类，6、9～12 为 *Allonnia* sp.（开腔骨类 Chancelloriids），7 和 8 为管状化石。1. 腹壳，长 1240μm；2. 腹壳，长 1400μm；3. 腹壳内视，长 1300μm；4. 腹壳，长 1020μm；5. 腹壳，长 1080μm；6. 射枝，长 1500μm；7. 侧视，长 840μm；8. 侧视，长 920μm；9. 射枝，长 1460μm；10. 射枝，长 1400μm；11. 射枝，长 1200μm；12. 射枝，长 2440μm

镇巴县泾洋镇老庄村附近沿新开乡村公路由于逆断层的发育可见三处水井沱组露头，总体上水井沱组底部为灰色薄层瘤状灰岩夹薄层黑色泥岩，上覆灰岩与黑色页岩互层，再上为黑色页岩，自下而上黑色泥岩的含量逐渐增高，上部为灰绿色粉砂岩。水井沱组与下伏灯影组纹层状微生物白云岩平行不整合接触，接触面凹凸不平，水井沱组底部瘤状灰岩厚 20～30m（图 2.45～图 2.47）。

图 2.45　镇巴县泾洋镇老庄村水井沱组岩性特征

（a）灯影组纹层状白云岩与水井沱组薄层云质灰岩平行不整合接触；（b）图（a）的局部放大；（c）水井沱组灰色薄层瘤状灰岩夹黑色泥岩；（d）水井沱组灰色薄层瘤状灰岩；（e）水井沱组黑色页岩，发育逆冲断层；（f）水井沱组黑色页岩

图 2.46　镇巴县泾洋镇老庄河床内水井沱组底部灰岩

（a）水井沱组底部灰色薄层瘤状灰岩宏观照片；（b）水井沱组底部灰色透镜状灰岩夹于黑色泥岩中；（c）灰色薄层灰岩夹极薄层黑色泥岩；（d）灰色薄层瘤状灰岩夹极薄层黑色泥岩

图 2.47　镇巴县泾洋镇老庄村上部水井沱组底部灰岩

（a）灯影组与水井沱组平行不整合接触；（b）图（a）局部放大，接触面凹凸不平；（c）水井沱组底部黑色泥岩夹灰色薄层瘤状灰岩；（d）水井沱组灰色薄层瘤状灰岩夹薄层泥岩

为明确镇巴老庄剖面水井沱组底部灰岩的地质时代，在该段瘤状灰岩自下而上采集9 件样品进行室内古生物鉴定。该段地层海绵骨针化石和开腔骨类很丰富（图 2.48～图 2.51）。海绵骨针化石最早从前寒武纪晚期的陡山沱期开始出现，在寒武纪早期的地层，特别是我国南方的水井沱组中最为丰富，其中二叉四射式骨针（dichostauractine）仅见于水井沱组。开腔骨类主要见于寒武纪早期地层中。东方湖北盘虫 *Hupeidiscus orientalis*（Chang，1953）是我国寒武纪滇东传统划分筇竹寺阶的代表分子之一。真正的腕足类在我国从筇竹寺阶开始出现。根据上述主要分子的时代分布，老庄剖面水井沱组底部灰岩的时代划为寒武纪滇东传统筇竹寺阶、现南皋阶较妥，揭示该地区缺失寒武系滇东统晋宁阶与梅树村阶。

镇巴县盐场镇关公梁剖面灯影组顶部为一套灰色纹层状白云岩，上覆地层为一套灰色瘤状灰岩夹薄层泥岩，两者之间呈平行不整合接触，瘤状灰岩之上为灰色薄层灰岩与黑色泥岩互层，自下而上泥岩的含量逐渐增高（图 2.52）。

为明确该套灰岩的地质时代，自下而上采集了 15 件样品进行室内古生物分析与鉴定，经分析 5 件见小壳类化石。上述样品以大量出现各种形态的海绵骨针化石为特征，17GPS614-21 样品见到东方湖北盘虫碎片（?*Hupeidiscus orientalis*）（Chang，1953）（图 2.53），7GPS614-22 和 17GPS615-23 样见到三叶虫碎片。相对于比较贫乏的前寒武纪海绵化石记录，寒武纪早期海绵骨针化石及躯体化石在地层中的大量出现可谓爆发性辐射。我国扬子地台的寒武纪早期地层也产有丰富的海绵骨针化石，如梅树村阶地层和南皋阶地层，尤其是南皋期海绵骨针化石类型多样。三叶虫化石 *Hupeidiscus* 表明其时代属于南皋期晚期。根据丰富而多样的海绵骨针化石和三叶虫化石，该剖面样品年代应归于寒武纪南皋期晚期。

陕南紫阳紫黄落水洞剖面，在灯影组之上，相当于水井沱组底部深灰色薄-中层细晶串珠状灰岩夹黑色页岩含有盘虫类化石的地层之下，有一套厚约 40m 的灰黑色、灰色厚层块状细晶灰岩夹结晶白云岩的碳酸盐岩地层，与上覆和下伏地层均呈平行不整合接触（图 2.54）（汪明洲和许安东，1987）。

镇巴县渔渡镇水井沱组发育类似的地层，水井沱组底部为灰色瘤状灰岩夹黑色泥页岩，之上为薄层灰岩与黑色页岩互层（图 2.55）。

城口和平剖面，水井沱组上部为灰色、灰绿色页岩、砂质页岩，下部为薄至中层灰岩、砂质灰岩夹碳质页岩，与下伏灯影组平行不整合接触。城口东安，水井沱组下部为碳质页岩与薄层灰岩互层，与灯影组平行不整合接触（图 2.56）。

图 2.48　镇巴小洋镇老庄村水井沱组底部古生物鉴定图版（样品 17LZ-14、17LZ-15）

2～6 为 *Allonnia* sp.（开腔骨类 Chancelloriids）；7～9 为东方湖北盘虫 *Hupeidiscus orientalis*（Chang，1953）。1. 未知化石碎片，长 2440μm，17LZ-14；2. 射枝，长 1260μm，17LZ-14；3. 射枝，长 1260μm，17LZ-14；4. 射枝，长 1480μm，17LZ-14；5. 射枝，长 1360μm，17LZ-14；6. 射枝，长 2360μm，17LZ-14；7. 尾部，长 1300μm，17LZ-15；8. 头鞍部，长 1420μm，17LZ-15；9. 尾部，长 1420μm，17LZ-15

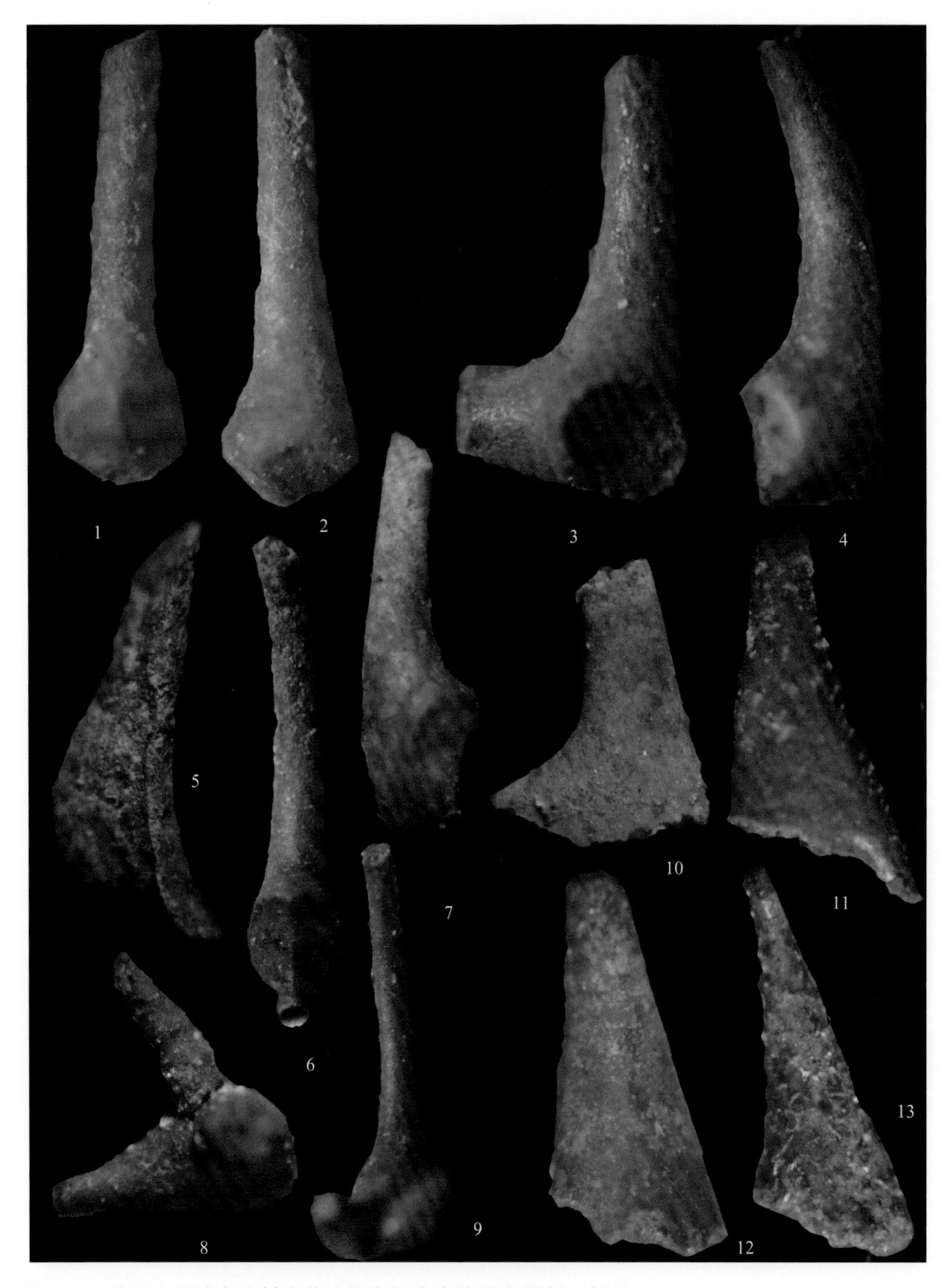

图 2.49　镇巴小洋镇老庄村水井沱组底部古生物鉴定图版（样品 17LZ-15、17LZ-16、17LZ-17）

1～4、6～9 为 *Allonnia* sp.（开腔骨类 Chancelloriids），5、10～13 为未知化石碎片。1. 射枝，长 1840μm，17LZ-15；2. 射枝，长 2300μm，17LZ-15；3. 射枝，长 1860μm，17LZ-15；4. 射枝，长 2800μm，17LZ-15；5. 射枝，长 2360μm，17LZ-15；6. 射枝，长 2400μm，17LZ-15；7. 射枝，长 1640μm，17LZ-16；8. 射枝，长 1260μm，17LZ-16；9. 射枝，长 1800μm，17LZ-16；10. 射枝，长 1220μm，17LZ-16；11. 射枝，长 1640μm，17LZ-16；12. 射枝，长 2200μm，17LZ-17；13. 射枝，长 2840μm，17LZ-17

图 2.50　镇巴小洋镇老庄村水井沱组底部古生物鉴定图版（样品 17LZ-17-18）

1～6、8 为 *Allonnia* sp.（开腔骨类 Chancelloriids），7 为 *Chancelloria* sp.（开腔骨类 Chancelloriids）；9～11 为 *Eiffelia* sp.（海绵骨针），12 为四射海绵骨针，13 和 14 为海绵骨针。1. 射枝，长 2080μm，17LZ-17；2. 射枝，长 2840μm，17LZ-17；3. 射枝，长 2560μm，17LZ-17-1；4. 射枝，长 1300μm，17LZ-17-1；5. 射枝，长 1400μm，17LZ-17-1；6. 射枝，长 2060μm，17LZ-17-1；7. 射枝，长 1100μm，17LZ-17-1；8. 射枝，长 2280μm，17LZ-17-1；9. 射枝，长 660μm，17LZ-18-1；10. 射枝，长 700μm，17LZ-18-1；11. 射枝，长 900μm，17LZ-18-1；12. 射枝，长 580μm，17LZ-18-1；13. 射枝，长 1240μm，17LZ-18-1；14. 射枝，长 740μm，17LZ-18-1

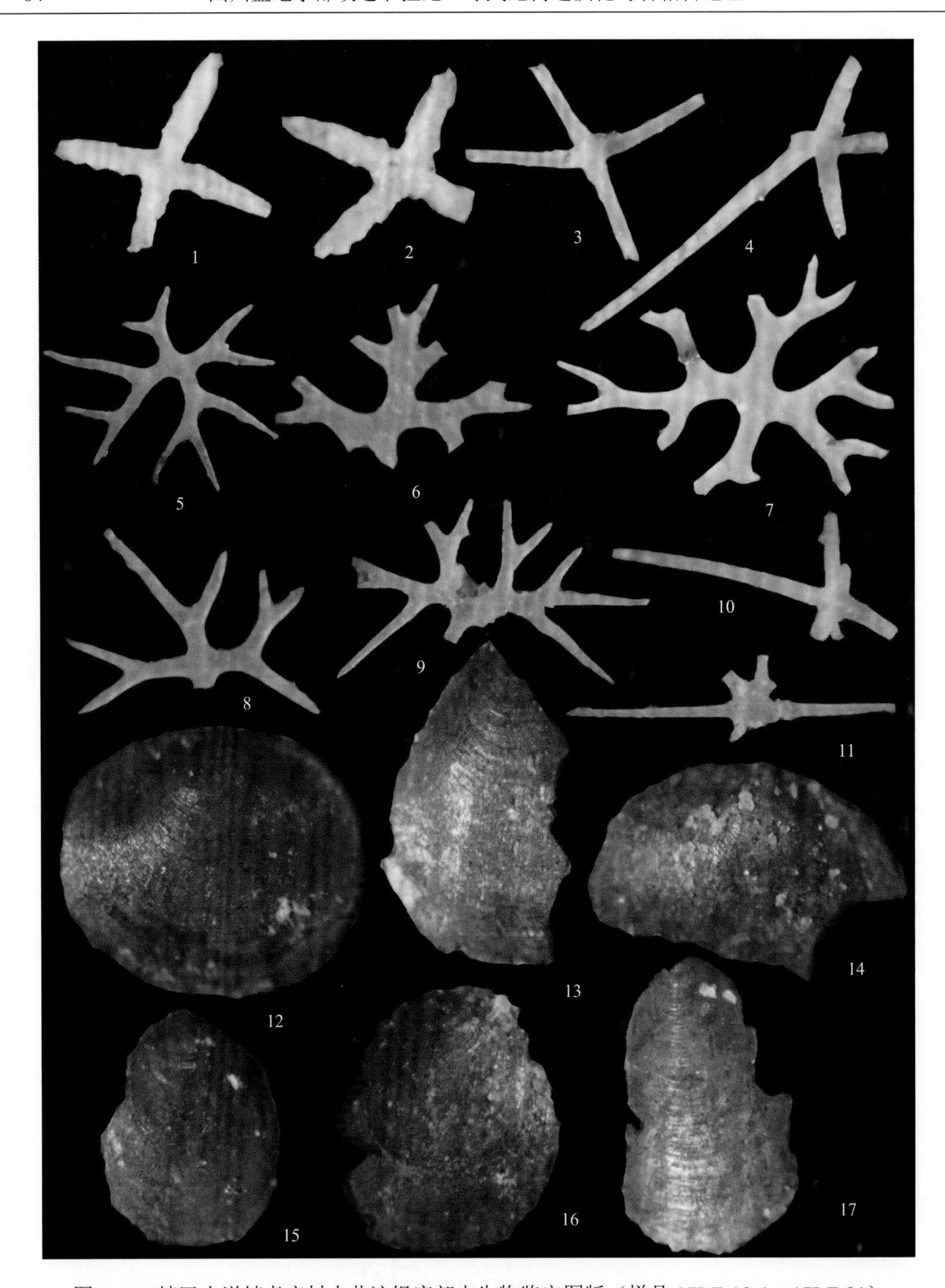

图 2.51　镇巴小洋镇老庄村水井沱组底部古生物鉴定图版（样品 17LZ-18-1、17LZ-21）

1～4 为四射海绵骨针，5～9 为二叉四射式骨针，10 和 11 为海绵骨针，12～17 为舌形贝类。1. 射枝，长 540μm，17LZ-18-1；2. 射枝，长 520μm，17LZ-18-1；3. 射枝，长 1020μm，17LZ-18-1；4. 射枝，长 1400μm，17LZ-18-1；5. 射枝，长 1000μm，17LZ-18-1；6. 射枝，长 780μm，17LZ-18-1；7. 射枝，长 1000μm，17LZ-18-1；8. 射枝，长 820μm，17LZ-18-1；9. 射枝，长 1060μm，17LZ-18-1；10. 射枝，长 1480μm，17LZ-18-1；11. 射枝，长 1380μm，17LZ-18-1；12. 背壳，长 1300μm，17LZ-21；13. 腹壳，长 840μm，17LZ-21；14. 背壳，长 1420μm，17LZ-21；15. 腹壳，长 1680μm，17LZ-21；16. 腹壳，长 1560μm，17LZ-21；17. 腹壳，长 1000μm，17LZ-21

(a)　(b)　(c)　(d)　(e)　(f)

图 2.52　镇巴县盐场镇关公梁水井沱组底部灰岩夹泥岩

（a）灯影组顶部灰色薄层纹层状云岩与水井沱组平行不整合接触；（b）图（a）的局部放大，水井沱组底部为瘤状灰岩夹黑色薄层泥岩；（c）瘤状灰岩夹薄层泥岩、灰色薄层灰岩与黑色泥岩互层；（d）图（c）的局部放大；（e）灰色薄层灰岩与黑色泥岩互层；（f）图（e）的局部放大，灰色薄层灰岩与黑色泥岩互层

图 2.53　镇巴县盐场镇关公梁水井沱组底部古生物鉴定图版（样品 17GPS615-23）

1. 正多射骨针，长 1800μm，17GPS615-23；2. 正多射海绵骨针，长 2000μm，17GPS615-23；3. 正多射海绵骨针，长 1480μm，17GPS615-23；4. 三轴五射海绵骨针，长 960μm，17GPS615-23；5. 十字形海绵骨针，长 3140μm，17GPS615-23；6. 正多射海绵骨针，长 2360μm，17GPS615-23；7. 正多射海绵骨针，长 2140μm，17GPS615-23；8. 十字形海绵骨针，长 1420μm，17GPS615-23；9. 三轴五射海绵骨针，长 1120μm，17GPS615-23；10. 正多射海绵骨针，长 1300μm，17GPS615-23

图 2.54　紫阳紫黄水井沱组岩性特征

（a）水井沱组宏观照片，其与灯影组呈平行不整合接触；（b）灯影组与水井沱组平行不整合接触宏观照片；（c）灯影组白云岩与水井沱组底部云岩、泥岩平行不整合接触，接触面凹凸不平；（d）水井沱组滑塌角砾云岩；（e）水井沱组灰岩与泥岩接触；（f）图（e）的局部放大，水井沱组底部深灰色泥岩

图 2.55　镇巴县渔渡镇水井沱组底部灰岩夹泥岩

（a）水井沱组底部薄层瘤状灰岩夹黑色泥岩；（b）图（a）的局部放大，黑色泥岩夹瘤状、透镜状灰岩；（c）灰色薄层灰岩夹黑色页岩；（d）灰色薄层灰岩夹黑色页岩

2）石牌组

石牌组由李四光和赵亚曾于 1924 年创建的“石牌页岩”演变而来（Lee and Chao，1924），命名地点在湖北省宜昌市北 20km 长江南岸石牌村，该名在 20 世纪 50 年代末期在大巴山地区引用，其含义与峡区基本一致，指一套灰绿-黄绿色黏土岩、砂质页岩、细砂岩、粉砂岩夹薄层状灰岩、生物碎屑灰岩等，底界以灰绿色砂质页岩与水井沱组黑色页岩夹黑色薄层灰岩呈整合接触，顶界以页岩、粉砂岩夹灰岩与天河板组灰色泥质条带灰岩呈整合接触（四川省地质矿产局，1991；辜学达和刘啸虎，1997；项礼文等，1999）。

镇巴泾洋镇老庄村石牌组主要为一套灰绿色薄层粉砂岩、粉砂质泥岩夹薄层泥质灰岩、鲕粒灰岩，厚约 200m（图 2.57）。

3）天河板组

天河板组源自张文堂于 1957 年命名的“天河板石灰岩”，其又是从李四光于 1924 年命名的“宜昌石灰岩”和王钰于 1938 年命名的“石龙洞灰岩”中分出来的。命名剖面位于湖北省宜昌市石牌村以东长江南岸石龙洞附近。其特征为一套深灰色至灰色薄层状泥质条带灰岩，风化后泥质条带常突出于层面，局部夹少量黄绿色页岩和鲕状、豆状石灰岩

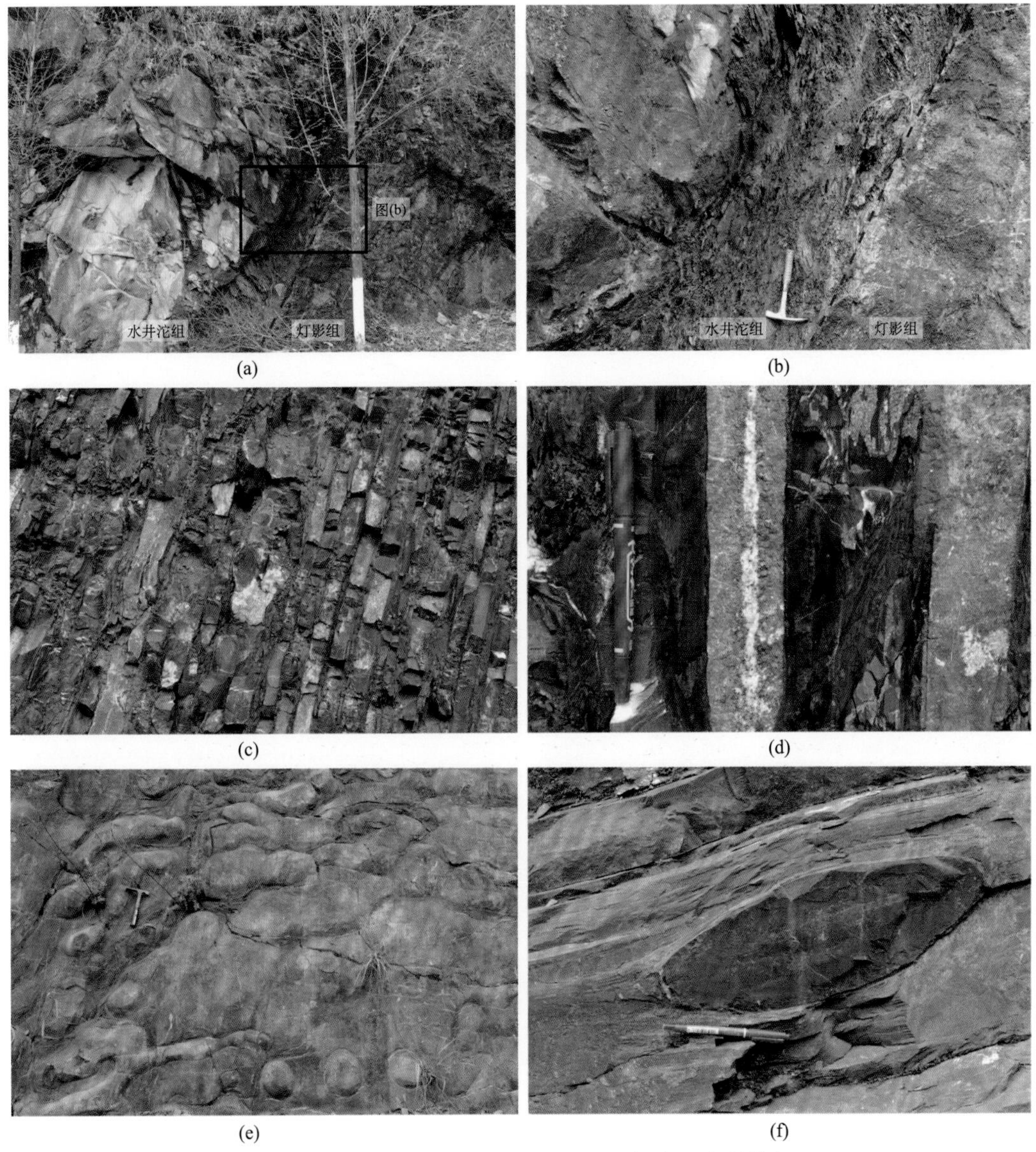

图 2.56 城口县东安镇兴田村水井沱组底部岩性特征

（a）灯影组顶部灰色薄层纹层状白云岩与水井沱组平行不整合接触；（b）图（a）的局部放大，水井沱组底部为黑色泥岩；（c）灰色薄层灰岩与黑色页岩互层；（d）灰色薄层灰岩与黑色页岩互层；（e）瘤状、透镜状灰岩夹于黑色泥岩之中；（f）透镜状灰岩夹于黑色泥岩之中

薄层，以含有丰富的古杯类为特征，因而以往曾称为“古杯类石灰岩”。与下伏石牌组页岩和上覆石龙洞组均为整合接触（项礼文等，1999）。巫溪县鸡心岭、大河乡厚 75m，店马坎厚 45m，城口和平厚 64m，石溪河厚 109m（四川省地质矿产局，1991；项礼文等，1999）。

镇巴县泾洋镇老庄剖面天河板组整合上覆于石牌页岩之上，其底部为灰色薄层瘤状灰岩夹极薄层泥岩、条带状灰岩夹薄层泥岩，层面见生物遗迹化石，顶部见典型古杯礁灰岩，其纵切面与横切面均清晰可见古杯动物化石，横切面可达 1～2cm 宽，纵切面可达 4～5cm 长。天河板组薄层条带状灰岩与上覆石龙洞组豹斑灰岩呈整合接触，接触面凹凸不平，可能受水流侵蚀作用而形成（图 2.58）。

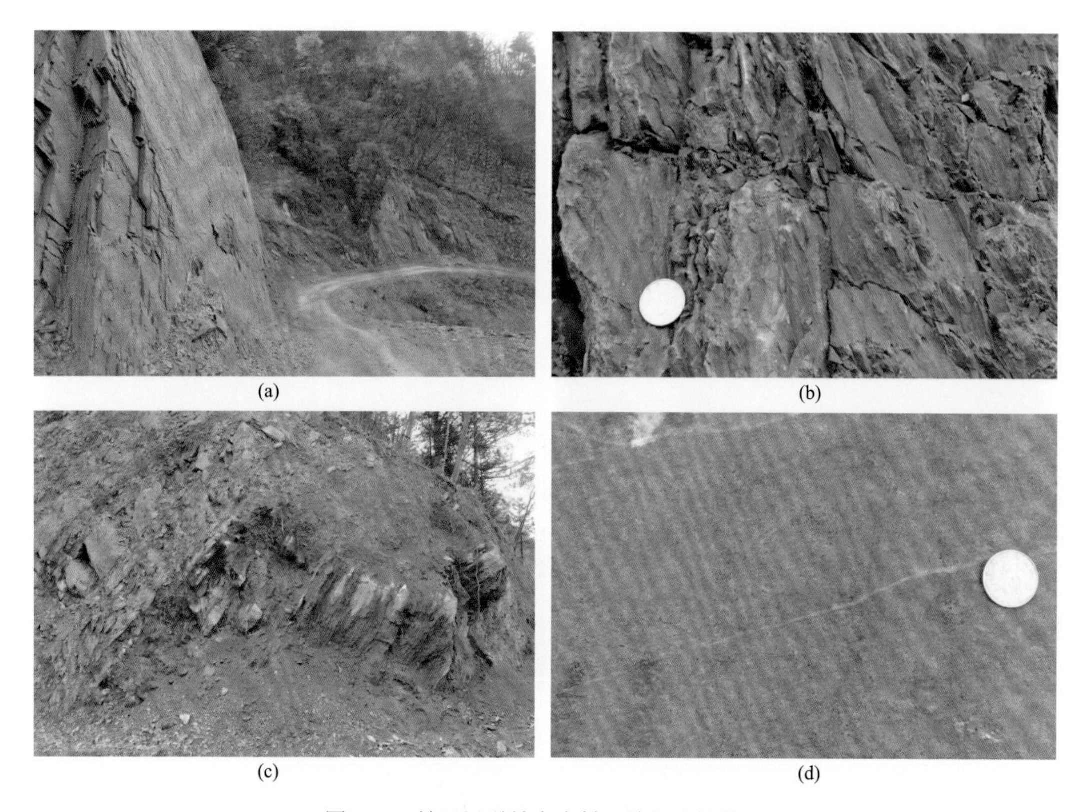

图 2.57　镇巴泾洋镇老庄村石牌组岩性特征

（a）石牌组灰绿色粉砂岩、页岩；（b）灰绿色粉砂质泥岩；（c）灰色鲕粒灰岩与灰绿色粉砂岩；（d）灰色鲕粒灰岩

城口修齐石溪河天河板组厚约 84.5m，主要为一套薄层泥晶灰岩夹极薄层页岩、薄层泥页岩与灰岩互层，反映斜坡相沉积特征（图 2.59）。

镇坪鸡心岭天河板组与下伏石牌组、上覆石龙洞组均呈整合接触，主要为一套条带状薄层灰岩、含鲕粒灰岩（图 2.60）。

4）*石龙洞组*

石龙洞组源于王钰于 1938 年命名的“石龙洞灰岩”。命名地点在湖北省宜昌市西北约 18km 长江南岸石龙洞，该名自 20 世纪 50 年代在川东及大巴山地区使用。原始定义指石牌页岩之上，覃家庙组薄层石灰岩之下，由一套灰-深灰色厚层状石灰岩、鲕状石灰岩、薄层泥质石灰岩及白云质石灰岩组成；现在定义指以灰-深灰色中-厚层状白云岩、白云质灰岩为主，夹少量砂泥岩及石膏、岩盐层，含三叶虫为主的化石群，与下伏天河板组灰色条带状灰岩夹泥岩及上覆陡坡寺组黄绿、灰、紫色等粉砂岩、泥岩均为整合接触的地层体（四川省地质矿产局，1991；辜学达和刘啸虎，1997）。

在城口石溪河剖面，石龙洞组上部为深灰色中厚层白云岩，厚 32m；下部为深灰色中至厚层灰岩，具豹皮状白云质花斑，厚 44m（四川省地质矿产局，1991）。

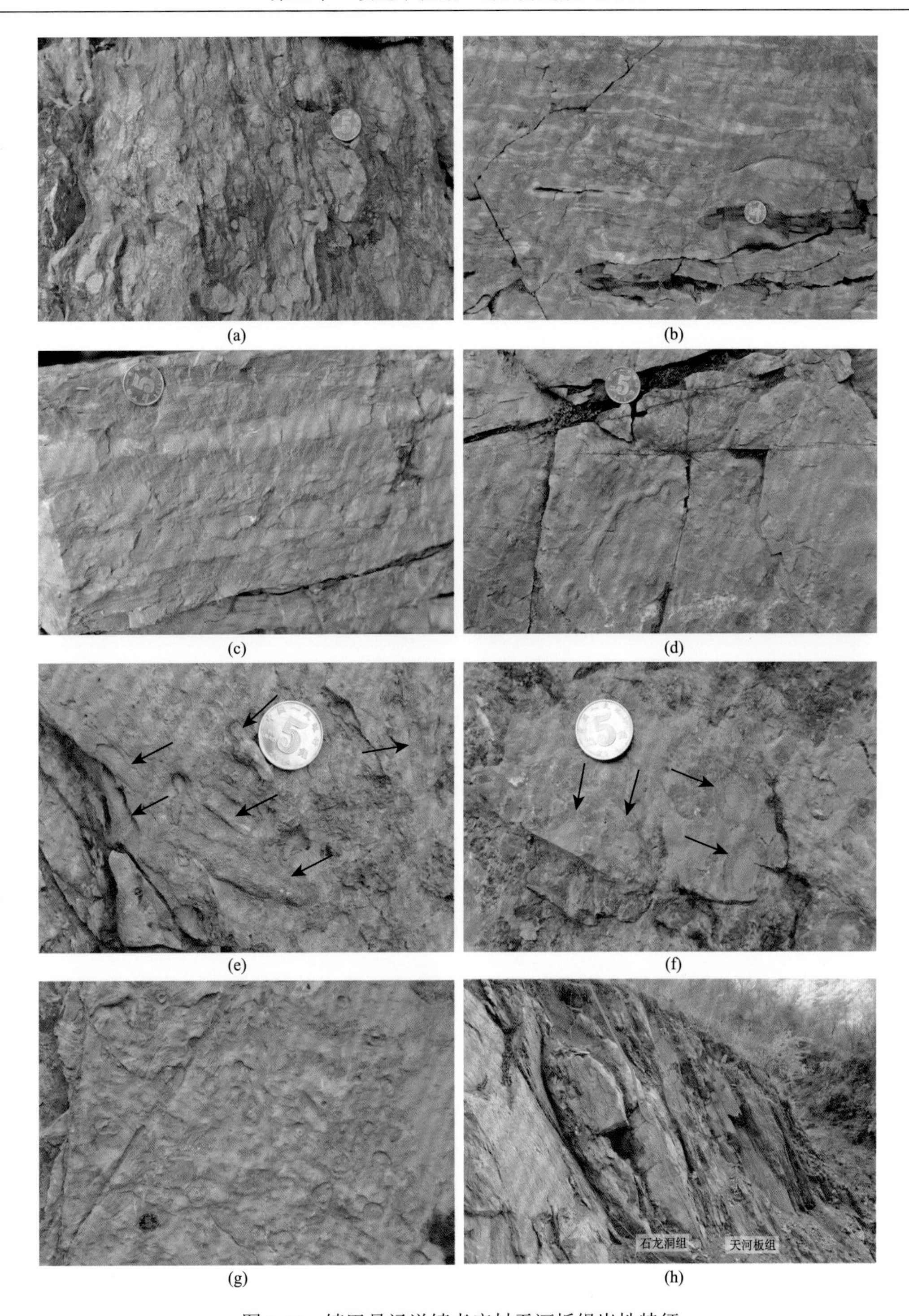

图 2.58　镇巴县泾洋镇老庄村天河板组岩性特征

（a）天河板组底部瘤状灰岩夹灰绿色泥岩；（b）灰色灰岩夹灰黄色泥岩；（c）灰色条带状灰岩夹灰绿色粉砂岩；（d）灰色粉砂岩，层面见遗迹化石；（e）古杯礁灰岩，纵切面；（f）古杯礁灰岩，横截面；（g）古杯礁灰岩层面；（h）天河板组条带状灰岩与石龙洞组豹斑灰岩界线

图 2.59　城口修齐石溪河天河板组岩性特征

（a）灰色薄层泥晶灰岩夹极薄层泥岩；（b）黑色薄层泥岩夹透镜状灰岩；（c）灰色条带状灰岩夹薄层泥岩；（d）灰色薄层灰岩与深灰色薄层泥岩互层

图 2.60　镇坪鸡心岭天河板组岩性特征

（a）灰色薄层泥晶灰岩夹粉砂岩；（b）图（a）局部放大；（c）灰色薄层泥粉晶灰岩；（d）天河板组与石龙洞组整合接触

在镇巴泾洋镇老庄村，石龙洞组整合上覆于天河板组之上，下部主要为豹斑灰岩，以薄-中层状灰岩为主，中部发育混积相沉积，以灰色薄层云质粉砂岩为主，上部发育中-厚层状白云岩，其顶部与覃家庙组底部暗红色泥岩整合接触（图 2.61）。

图 2.61　镇巴县泾洋镇老庄村石龙洞组岩性特征

（a）石龙洞组薄板状灰岩与天河板组粉砂质泥岩相接触，接触面凹凸不平；（b）灰色薄层豹斑灰岩；（c）灰色薄层豹斑灰岩；（d）灰色厚层豹斑灰岩，夹鲕粒灰岩；（e）灰色薄层泥晶灰岩，中部发育灰质砂岩；（f）灰色薄层粉砂岩；（g）灰色中-厚层鲕粒灰岩；（h）灰色中-厚层白云岩与覃家庙组暗红色泥岩整合接触

5）覃家庙组

覃家庙组由王钰于1938年创建的“覃家庙薄层石灰岩”演变而来，命名地点在湖北省宜昌市覃家庙，该组名于20世纪50年代后期引入川东地区，指以浅灰色、黄灰色薄层至薄板状白云岩、泥质白云岩为主，夹中-厚层状白云岩，紫红色、灰绿色白云质泥岩及石膏层（四川省地质矿产局，1991；辜学达和刘啸虎，1997）。该组分布于川东地区，以薄层状白云岩区分于上下厚层状白云岩，白云岩中夹有大量紫红色、砖红色薄至中厚层泥质粉砂岩、泥岩及泥灰岩，由东向西碎屑岩含量大增（辜学达和刘啸虎，1997）。

镇巴小洋镇至观音镇方向剖面覃家庙组顶部暗红色泥岩、灰绿色泥岩与三游洞组白云岩整合相接触（图2.62）。

图2.62　镇巴小洋镇覃家庙组与三游洞组接触界线

在镇巴县泾洋镇老庄村石龙洞组白云岩之上为覃家庙组暗红色泥岩、灰绿色泥岩、薄层云岩，厚约200m（图2.63）。

6）三游洞组

三游洞组为王钰于1938年创建，命名剖面位于距三游洞不远的宜昌草家庙东山到桃坪村，命名时称“三游洞石灰岩”，该组以厚层白云岩为主，夹白云质灰岩、白云质页岩、同生角砾岩，并含燧石结核或条带。该组在城口石溪河厚153.8m，城口明月厚280m，与下伏覃家庙组为整合接触（四川省地质矿产局，1991；项礼文等，1999）。镇巴泾洋镇老庄剖面石龙洞组厚约114m，主要为薄-中层泥晶白云岩夹薄层页岩（图2.64）。

图 2.63　镇巴县泾洋镇老庄村覃家庙组岩性特征

（a）石龙洞组白云岩与覃家庙组暗棕色泥岩整合接触；（b）覃家庙组暗棕色泥岩夹灰绿色泥岩；（c）图（b）的局部放大，暗红色泥岩夹灰绿色泥岩；（d）灰色薄层白云岩；（e）灰色薄层泥质灰岩；（f）覃家庙组顶部粉砂岩与三游洞组底部白云岩接触

3. 镇坪地区

四川镇坪地区仅出露寒武系下部鲁家坪组、箭竹坝组及中部毛坝关组，缺失寒武系上部地层。

图 2.64　镇巴泾洋镇老庄村三游洞组白云岩

（a）三游洞组灰色薄-中层砂质云岩与覃家庙组灰色砂泥岩相接触；（b）三游洞组薄-中层泥晶云岩，夹薄层黑色云质页岩；（c）图（b）的局部放大，薄层泥晶云岩；（d）三游洞组云岩与奥陶系灰岩接触

1）鲁家坪组

该组为陕西区测队于 1966 年命名于陕西省紫阳县瓦庙乡南约 3km 鲁家坪（项礼文等，1999）。该组下部为粉砂岩、碳质页岩及结晶灰岩；中部为硅质岩、硅质板岩、硅质页岩及少量碳质板岩；上部为碳质板岩、含碳质粉砂岩、硅质岩，顶部为页岩。与上覆箭竹坝组硅质灰岩呈整合接触（项礼文等，1999）。万源蒲家坝，厚 500m，以碳质绢云母千枚岩为主夹硅质岩、硅质板岩。城口县岚溪河剖面具代表性，可分为 4 层，厚 395m（四川省地质矿产局，1991）。

2）箭竹坝组

该组为陕西区测队于 1966 年命名于城口箭竹坝，命名剖面位于城口县城北东 13km 龙潭河上游箭竹坝，特征为由灰-深灰色薄层灰岩、泥质条带灰岩和泥灰岩组成，与上覆毛坝关组砂质泥岩和下伏鲁家坪组千枚岩均呈整合接触（四川省地质矿产局，1991；项礼文等，1999）。

3）毛坝关组

该组为陕西区测队于1966年命名于陕西紫阳县毛坝关之东的任河岸边。底部为碳质板岩夹石煤，下部为薄层灰岩夹板岩，中上部为厚层泥灰岩夹石煤（项礼文等，1999）。川陕交界一带，以厚层泥灰岩为主，含碳质及砂质，厚650～881m（四川省地质矿产局，1991）。

（二）区域地层对比

米仓山地区和大巴山地区寒武系的发育存在明显的差异，也有不同的岩石地层名称。根据华南寒武系最新划分方案，米仓山地区的寒武系仅发育滇东统、黔东统、苗岭统，芙蓉统缺失。滇东统与黔东统广布全区，苗岭统仅有下部，缺失中上部，仅见于该区东缘西乡及南缘南郑福成、南江沙滩一带，其上普遍为上奥陶统宝塔组覆盖。大巴山地区发育黔东统、苗岭统和芙蓉统，缺失滇东统与黔东统下部。总体来看，在米仓山与大巴山接壤地带发育近南北向隆起，米仓山、大巴山地区展现了寒武纪早期地层自西向东超覆沉积，寒武纪晚期地层自西向东遭受剥蚀的发育特征（图2.65）。

1. 滇东统—黔东统对比

区域地层对比表明，米仓山、大巴山地区滇东统—黔东统内部地层发育明显的沉积间断与不整合，揭示区域隆升与剥蚀事件。米仓山地区滇东统宽川铺组与郭家坝组之间，大巴山灯影组与水井沱组之间均发育明显的沉积间断与不整合。

1）米仓山地区

米仓山地区宽川铺组广泛发育，在米仓山北坡发育更佳，各地厚度差异大。宽川铺组在南郑西河地区厚约106.8m，是米仓山地区至今发现的最厚地段（刘仿韩等，1987）。南郑西河东南的南郑福成地区宽川铺组分布不均，一些地区已剥蚀殆尽。在南郑福成剖面往东约250m的冲沟中，在灯影组顶部见有一层厚约20cm的灰岩，顶面凹凸不平，其上与郭家坝组黑色页岩呈平行不整合接触，灰岩中含有小壳化石（刘仿韩等，1987；汪明洲等，1989）。

米仓山地区宽川铺组一直与滇东地区传统的梅树村阶的Ⅰ组合带和Ⅱ组合带对比，但可能宁强部分剖面存在Ⅰ组合带地层，大部分地区（特别是自胡家坝向东）可能仅有不完整的Ⅱ组合带地层存在。西乡地区郭家坝组下段（相当滇东石岩头组-Ⅲ组合带）地层缺失（陈润业，1989），其底部即产三叶虫*Zhenbaspis*，表明该地区郭家坝组页岩是从传统划分的筇竹寺期晚期才开始沉积的（陈润业，1989）。最初与宽川铺组对比的“杨家沟段”、“小洋坝组（段）”和“西蒿坪组（段）”，后来证明属传统划分的筇竹寺期晚期，即最新地层划分的南皋期，这说明灯影组白云岩与宽川铺组缺失了很长时期的一段地层（薛耀松和周传明，2006）。

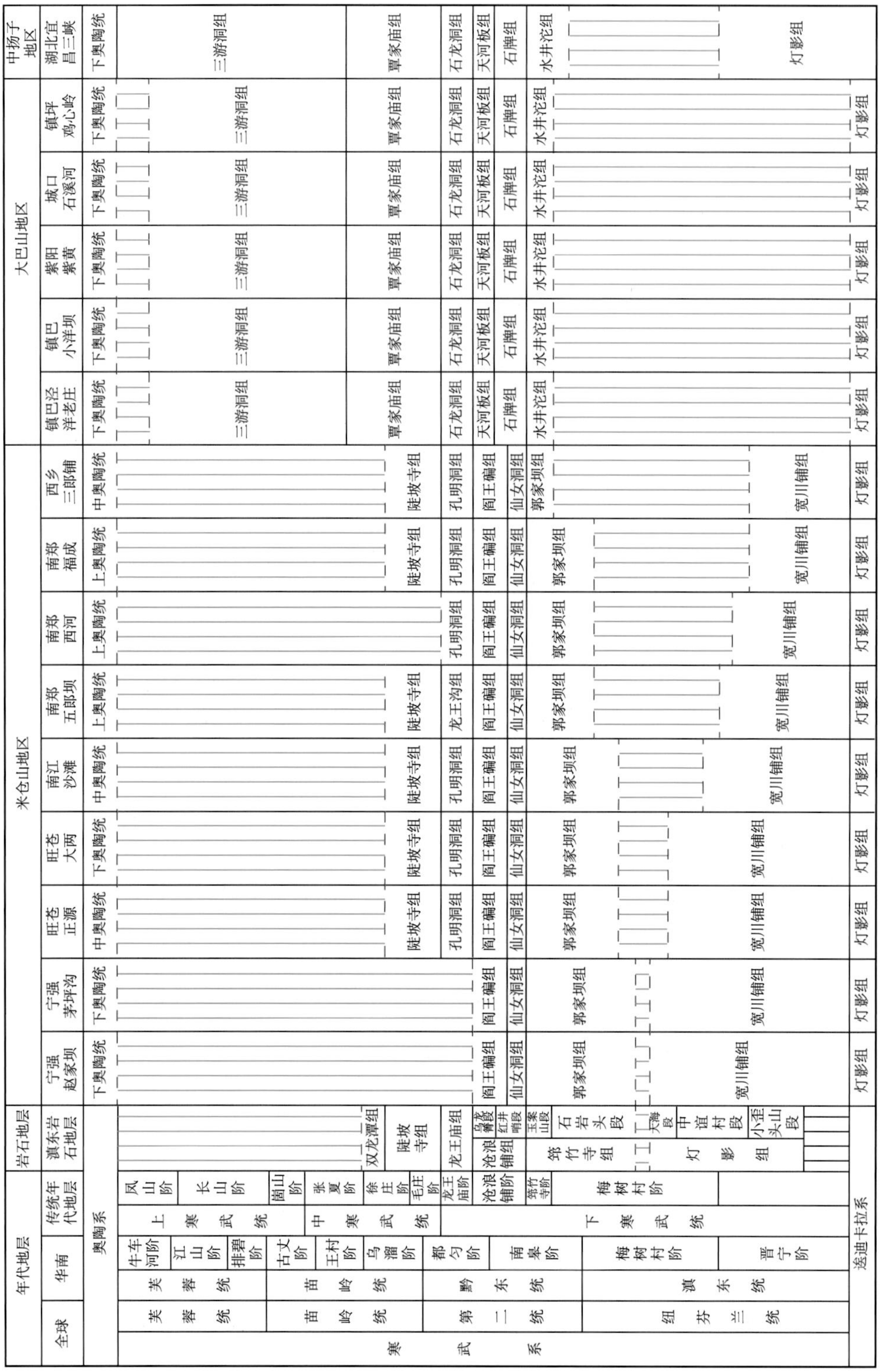

全球	华南	华南阶	传统年代地层	传统阶	滇东岩石地层
奥陶系					
寒武系 芙蓉统	芙蓉统	牛车河阶	上寒武统	凤山阶	
		江山阶		长山阶	
		排碧阶			
苗岭统	苗岭统	古丈阶		崮山阶	
		王村阶	中寒武统	张夏阶	
		乌溜阶		徐庄阶	双龙潭组
				毛庄阶	陡坡寺组
第二统	黔东统	都匀阶	下寒武统	龙王庙阶	龙王庙组
				沧浪铺阶	沧浪铺组（乌龙箐段、红井哨段）
		南皋阶		筇竹寺阶	筇竹寺组（玉案山段、石岩头段）
纽芬兰统	滇东统	梅树村阶		梅树村阶	灯影组（大海段、中谊村段）
		晋宁阶			灯影组（小歪头山段）
迭迪卡拉系					

地区	剖面	奥陶系	寒武系地层（自上而下）	下伏
米仓山地区	宁强赵家坝	下奥陶统	阎王碥组、仙女洞组、郭家坝组、宽川铺组	灯影组
	宁强茅坪沟	下奥陶统	阎王碥组、仙女洞组、郭家坝组、宽川铺组	灯影组
	旺苍正源	中奥陶统	陡坡寺组、孔明洞组、阎王碥组、仙女洞组、郭家坝组、宽川铺组	灯影组
	旺苍大两	下奥陶统	陡坡寺组、孔明洞组、阎王碥组、仙女洞组、郭家坝组、宽川铺组	灯影组
	南江沙滩	中奥陶统	陡坡寺组、孔明洞组、阎王碥组、仙女洞组、郭家坝组、宽川铺组	灯影组
	南郑五郎坝	上奥陶统	陡坡寺组、龙王沟组、阎王碥组、仙女洞组、郭家坝组、宽川铺组	灯影组
	南郑西河	上奥陶统	孔明洞组、阎王碥组、仙女洞组、郭家坝组、宽川铺组	灯影组
	南郑福成	上奥陶统	陡坡寺组、孔明洞组、阎王碥组、仙女洞组、郭家坝组、宽川铺组	灯影组
	西乡三郎铺	中奥陶统	陡坡寺组、孔明洞组、阎王碥组、仙女洞组、郭家坝组、宽川铺组	灯影组
大巴山地区	镇巴泾洋老庄	下奥陶统	三游洞组、覃家庙组、石龙洞组、天河板组、石牌组、水井沱组	灯影组
	镇巴小洋坝	下奥陶统	三游洞组、覃家庙组、石龙洞组、天河板组、石牌组、水井沱组	灯影组
	紫阳紫黄	下奥陶统	三游洞组、覃家庙组、石龙洞组、天河板组、石牌组、水井沱组	灯影组
	城口石溪河	下奥陶统	三游洞组、覃家庙组、石龙洞组、天河板组、石牌组、水井沱组	灯影组
	镇坪鸡心岭	下奥陶统	三游洞组、覃家庙组、石龙洞组、天河板组、石牌组、水井沱组	灯影组
中扬子地区	湖北宜昌三峡	下奥陶统	三游洞组、覃家庙组、石龙洞组、天河板组、石牌组、水井沱组、灯影组	

图 2.65　米仓山-大巴山地区寒武系地层划分与对比

米仓山地区郭家坝组与宽川铺组（个别地点为灯影组）之间，存在明显的地层和生物带的缺失，表明米仓山地区在这个发生地层和生物带缺失的时间间隔期内处于持续的隆起、海退和沉积间断状态（图 2.66）（成汉钧等，1992）。

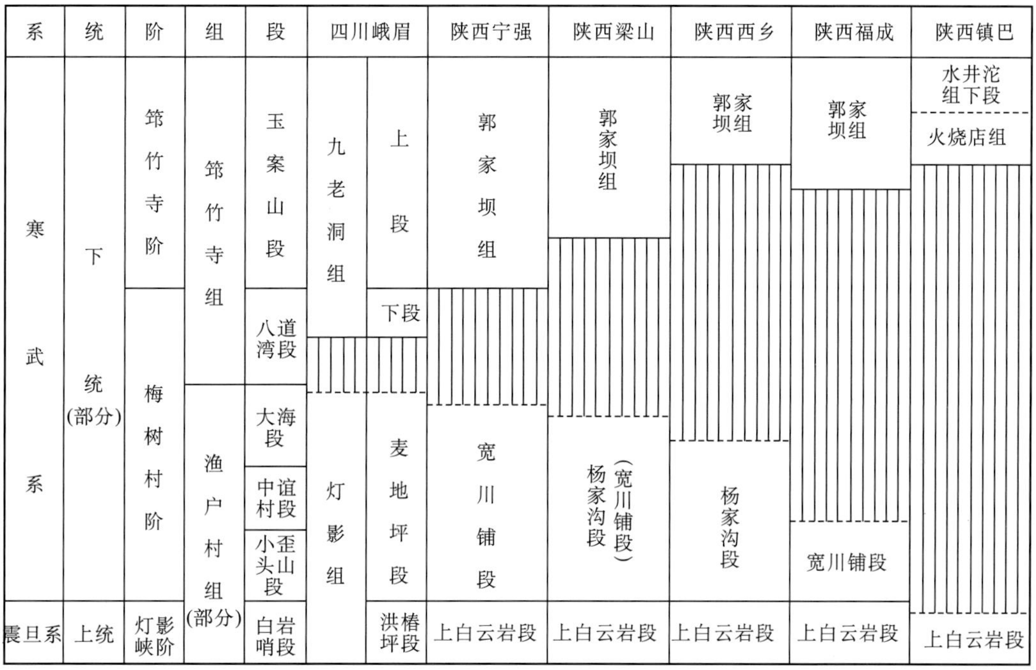

系	统	阶	组	段	四川峨眉		陕西宁强	陕西梁山	陕西西乡	陕西福成	陕西镇巴
寒武系	下统（部分）	筇竹寺阶	筇竹寺组	玉案山段	九老洞组	上段	郭家坝组	郭家坝组	郭家坝组	郭家坝组	水井沱组下段 火烧店组
		梅树村阶		八道湾段		下段					
			渔户村组（部分）	大海段	灯影组	麦地坪段	宽川铺段	杨家沟段（宽川铺段）	杨家沟段	宽川铺段	
				中谊村段							
				小歪头山段							
震旦系	上统	灯影峡阶		白岩哨段		洪椿坪段	上白云岩段	上白云岩段	上白云岩段	上白云岩段	上白云岩段

图 2.66　米仓山-大巴山地区寒武系下部对比（据成汉钧等，1992，略修改）

根据古生物化石（三叶虫及其颊刺和颈刺）的研究，南郑两河口剖面的寒武系属于传统划分的筇竹寺阶，缺失传统划分的梅树村阶和筇竹寺阶底部的地层（李国祥，2004）。宁强宽川铺大河子沟剖面郭家坝组与宽川铺组平行不整合接触，郭家坝组底为土黄色粉砂质页岩。南郑梁山大南沟剖面郭家坝组与灯影组杨家沟段平行不整合接触。西乡三郎铺杨家沟剖面郭家坝组与灯影组杨家沟段平行不整合接触，郭家坝组底为黑色页岩，杨家沟段顶部为灰黄色含海绿石砂屑灰岩，呈透镜状产生，其顶部有铁质风化壳。西乡小湾剖面杨家沟组顶为灰黄色含海绿石生物碎屑灰岩，其顶部有一铁质风化壳（丁莲芳等，1983）。

陕南西乡一带为过渡区，寒武系下部岩性和所含化石均与镇巴地区相似，岩层称为西蒿坪段和水井沱组下部，以灰质白云岩、泥质瘤状灰岩、砂屑灰岩、黑色页岩为主，产大量小壳动物和三叶虫化石；上部岩性与宁强、汉中一带郭家坝组上部相同，以碎屑岩为主，顶部夹生屑灰岩（钱逸等，2001）。

陕南西乡地区仅发育滇东统、黔东统与苗岭统下部，苗岭统上部与芙蓉统全部缺失。西乡三郎铺杨家沟与堰口石板沟剖面奥陶系“十字铺组”与苗岭统小关子组平行不整合接触，十字铺组为灰白色中厚层及薄层泥质介壳灰岩，底部有数十厘米厚的黏土岩及褐铁矿胶结的中粒石英砂岩（成汉钧等，1980）。

2）大巴山-宜昌地区

大巴山地区水井沱组与灯影组之间存在明显的地层和生物带的缺失，表明大巴山地区在这个发生地层和生物带缺失的时间间隔期内处于持续的隆起、海退和沉积间断状态（成汉钧等，1992）。陕南镇巴小洋剖面生物地层对比研究表明西蒿坪段相当于原筇竹寺阶下、中部地层。由此推断小洋剖面至少缺失梅树村期的沉积，即在西蒿坪段和下伏灯影组白云岩之间存在明显的沉积间断（图 2.67）（李国祥，2004）。

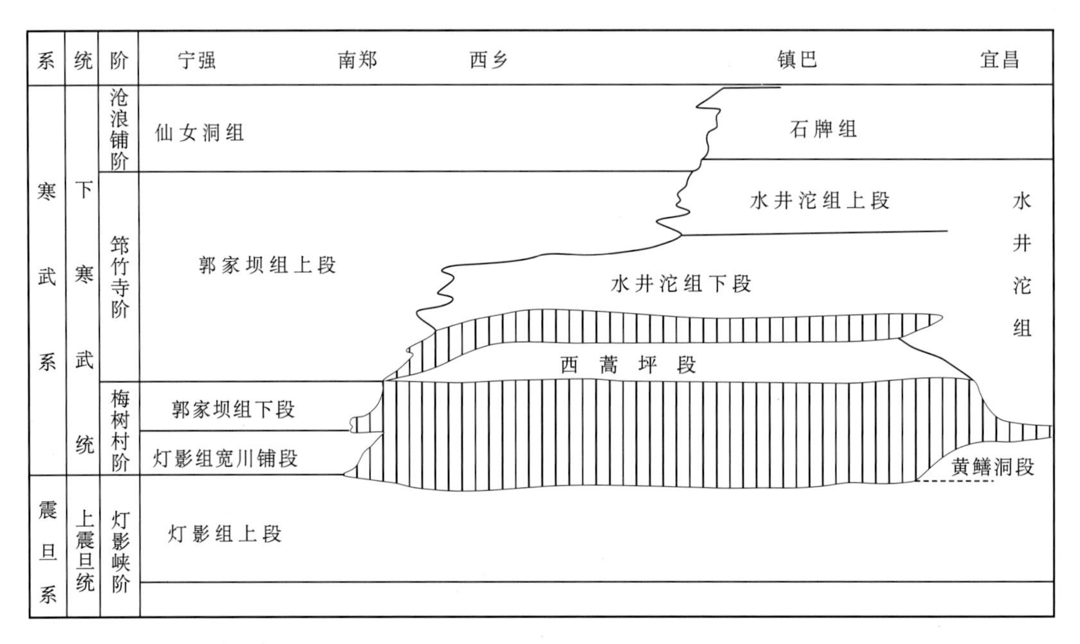

图 2.67　陕西南部寒武纪早期沉积及郭家坝组、水井沱组横向变化示意图（据钱逸等，2001）

寒武系“水井沱组”建组剖面在鄂西宜昌，该组由灰黑色或黑色页岩、碳质页岩夹灰黑色薄层石灰岩组成，含三叶虫及腕足类、硅质海绵骨针、软舌螺化石。与下伏灯影组灰白色厚层白云岩呈平行不整合接触。从长阳王子石剖面来看，在三叶虫之下发育一套 50m 左右的由深灰色灰岩夹钙质页岩组成的非三叶虫带，此带只产软舌螺和硅质海绵骨针化石，属于非三叶虫段。宜昌缺失了下段地层，其余地层存在一套不含三叶虫的黑色岩系，即水井沱期的下段地层（张长俊等，1982）。

在宜昌一带，梅树村末期可能一直为古陆，未接受沉积，故缺失末期地层和初期上部地层（王崇武等，1985）。地层对比研究表明宜昌地区水井沱组顶界要比米仓山地区的郭家坝组顶界高一些，水井沱组的底界高于郭家坝组的底界，水井沱组大致与郭家坝组的上部相当。米仓山地区郭家坝组上段含有三叶虫，下段尚未发现，可称前三叶虫段，该段厚度一般为 80～180m，底部时而见含磷结核。宜昌水井沱组的命名和标准剖面水井沱组第一层底部就出现盘虫类，其下因被浮土掩盖与灯影组接触关系不明。邻近的宜昌莲沱虎井滩、天柱山、石牌象鼻子山、松林坡等地水井沱组底部见古盘虫类，下与灯影组天柱山段白云岩呈明显的假整合接触。这些地区的水井沱组与郭家坝组上段大致对比，其底界显然比郭家坝组底界要高（李善姬，1980）。

2. 苗岭统—芙蓉统对比

米仓山、大巴山地区苗岭统—芙蓉统发育存在明显的差异，发育地层自西向东逐渐增厚，米仓山地区缺失苗岭统上部与芙蓉统全部，相对而言大巴山地区苗岭统—芙蓉统发育较全，揭示苗岭统晚期区域隆升源于米仓山地区而向东传递至大巴山地区。

米仓山地区陡坡寺组沉积之后上升为陆地，各地剥蚀程度不同，厚度变化大，厚度最小只有 9.7m，最大可达 230m。四川南江沙滩剖面陡坡寺组与上覆上奥陶统宝塔组的紫红色龟裂纹灰岩呈平行不整合接触，缺失苗岭统上部与芙蓉统全部。陡坡寺组自沙滩向东、向北发育不全，宁强黄坝驿厚 33m，二朗坝厚 18m，南郑挂宝岩厚 72.8m，自沙滩向南西方向发育全，旺苍天台一带可达 228m（李善姬，1980；刘仿韩等，1987）。

米仓山地区寒武系的上界，寒武纪苗岭世晚期的上升剥蚀，早奥陶世晚期至晚奥陶世的缓慢海进，导致呈现下列两种情况。第一种情况是上奥陶统宝塔组龟裂纹灰岩平行不整合于苗岭统陡坡寺组或黔东统孔明洞组甚至阎王碥组等不同层位之上，其间没有底砾岩或仅有近 10cm 厚的底砾岩。这种情况，主要在汉南地区如南江、南郑挂宝岩、西河、西乡县三郎铺等地。第二种情况是下奥陶统半河组、赵家坝组、西梁寺组平行不整合于黔东统仙女洞组、阎王碥组或苗岭统陡坡寺组之上，这种情况主要见于宁强地区及南郑梁山，其间有底砾岩，0～4m 不等。

第三章　埃迪卡拉纪—寒武纪构造演化

埃迪卡拉纪—寒武纪时期为罗迪尼亚超级大陆裂解至冈瓦纳大陆拼合的关键转换时期，四川盆地所属的扬子地块位于冈瓦纳超级大陆的北缘，也经历了该期构造转换过程。前人基于米仓山、大巴山地区早古生代野外露头详细地层对比，提出在米仓山、大巴山地区早古生代发育“大巴山隆起”，并创新性地提出“镇巴上升”与“南郑上升”等构造演化认识，为该区构造演化研究奠定了坚实基础。本书在前人研究的基础上，主要基于川东地区深层地震资料精细解释，并结合埃迪卡拉系野外露头的详细观察与测量，提出四川盆地东部埃迪卡拉纪—寒武纪时期发育“宣汉-开江隆起”的新认识，该认识的提出改变了四川盆地埃迪卡拉纪—寒武纪时期古构造、古地貌的传统认识，具有重要的理论意义与勘探意义。

第一节　米仓山-大巴山构造演化

米仓山和大巴山位于川东地区北缘，记录了与川东地区类似的构造演化过程。从早古生代地层的发育来看，镇巴以西和以东有所不同，在地质上常称为大巴山西段和东段，而大巴山的主要山脉均集中在镇巴以东的大巴山东段。米仓山虽位于大巴山的西北，但在早古生代地层特征上与大巴山东段颇为近似，因此常被人们笼统地包括在大巴山地区之内（陈旭等，1990）。埃迪卡拉纪—寒武纪时期，米仓山、大巴山地区的构造演化以“大巴山隆起”的发育为特色，具体表现为以“镇巴上升”和“南郑上升”等为代表的一些隆升事件。

一、大巴山隆起

（一）“大巴山隆起”的提出与内涵

埃迪卡拉纪—寒武纪时期，上扬子地块古地理格局是若干群岛、古陆、水下隆起及其所围限的海湾（王崇武等，1985）。前人基于米仓山、大巴山地区早古生代野外露头的详细研究发现在大巴山镇巴、紫阳地区寒武纪早期存在明显的沉积间断（汪明洲和许安东，1987；解永顺，1988；陈旭等，1990；成汉钧等，1992；李国祥，2004），成汉钧等称为“镇巴上升”（成汉钧等，1992）。很多学者提出在西乡司上、镇巴-万源地区发育近南北向的古隆起，如“司上海岛”（李耀西等，1975）、“镇巴-万源地障”（李耀西等，1975）、“镇巴-万源海脊”（李耀西等，1975）、“司上-万源隆起”（汪明洲等，1989）、“巴山隆起”（陈旭等，1990）、“碑坝古陆”（陈旭等，1990）和“大巴山隆起”（陈旭等，1990；成汉钧等，1992）等认识的提出。

“镇巴-万源地障”由李耀西等于1975年提出，认为早古生代时期在司上-镇巴断裂带西侧存在一个“镇巴-万源地障”，它在不同地质时期或与汉南古陆连成一片，或与汉南古陆分离而呈近南北向的狭长古陆，或沉降水下，但相对隆起为一海脊(陈旭等，1990)。

“碑坝古陆”系地矿部原第四普查大队四川队在1964年所编的《四川盆地岩相古地理图及说明书》中提出，分布在米仓山南侧南郑碑坝地区，在早古生代该区时而露出水面，时而为海水淹没（陈旭等，1990）。

成汉钧等在大巴山和米仓山测制了6条早古生代地层剖面，并观察了以往的14 条剖面和地点的早古生代地层（1983～1985年)，在此基础上提出“巴山古陆”与“碑坝古陆”之间有时连成一体，它们在早古生代时而露出水面，时而为海水淹没（陈旭等，1990)。

陈旭等（1990）提出采用“大巴山隆起”而不用“大巴山古陆”是因为大巴山在早古生代不像汉南古陆那样为一个范围相对稳定一直露出水面的陆地，而大部分时间被海水淹没，只是在寒武纪苗岭世至早奥陶世和兰多维列世（早志留世）早、中期两度露出水面，并在兰多维列世晚期先于扬子地台绝大部分地区再度上升成陆。陈旭把大巴山特别是米仓山寒武纪苗岭世至早奥陶世上升成陆称为“南郑上升”，对兰多维列早、中期的短暂上升，沿用穆恩之提出的“西乡上升”。“镇巴-万源地障”“碑坝古陆”以及李耀西等（1975）提出的寒武纪黔东世期间的“司上海岛”等都是大巴山隆起在不同时期、不同范围露出水面或水下隆起的表现（陈旭等，1990)。

大巴山隆起是位于上扬子陆表海北缘滨临汉南古陆的时隐时现的间歇性隆起，只在上升海退时与汉南古陆连成一片。在早古生代期间大巴山隆起先后共发生三期上升，镇巴上升是其首期上升。这次上升与后来的“南郑上升”和“西乡上升”比较，上升成陆的持续时间较短，但波及的范围较广。南郑上升和西乡上升基本上局限于米仓山，而镇巴上升则扩展到米仓山和大巴山，甚至可能向东西延伸与宜昌峡区和川西地区大致同期的上升相连接（图3.1）(成汉钧等，1992)。

（二）“大巴山隆起”的内涵延伸

1.“大巴山隆起”时限

前人所提出的“大巴山隆起”主要为早古生代期间米仓山、大巴山地区的隆起构造，初始隆升发生于寒武纪梅树村期，导致米仓山地区郭家坝组与宽川铺组之间、大巴山地区水井沱组与灯影组之间均平行不整合接触，存在明显的沉积间断，该期隆升称为“镇巴上升”。除此之外，在寒武系孔明洞组或陡坡寺组沉积后再次发生隆升，直至奥陶纪才再次接受沉积，该期隆升称为“南郑上升”（图3.2、图3.3)。

“汉南古陆”这一术语由刘鸿允在编制岩相古地理图时首次提出并一直沿用至今（刘鸿允，1955)，主要表现为汉南地区埃迪卡拉系沉积前大面积、长期露出水面并遭受剥蚀的陆块。“大巴山隆起”与“汉南古陆”并不是各自独立存在的，它们的形成与演化在地质历史时期相辅相成，受控于统一的地球动力学环境与发展过程，只不过由于构造位置不同所表现的剥蚀与隆升的程度有所差异。“汉南古陆”也不是一直处于隆升、剥蚀状态，在埃迪卡拉纪—寒武纪也发生构造沉降而接受沉积。

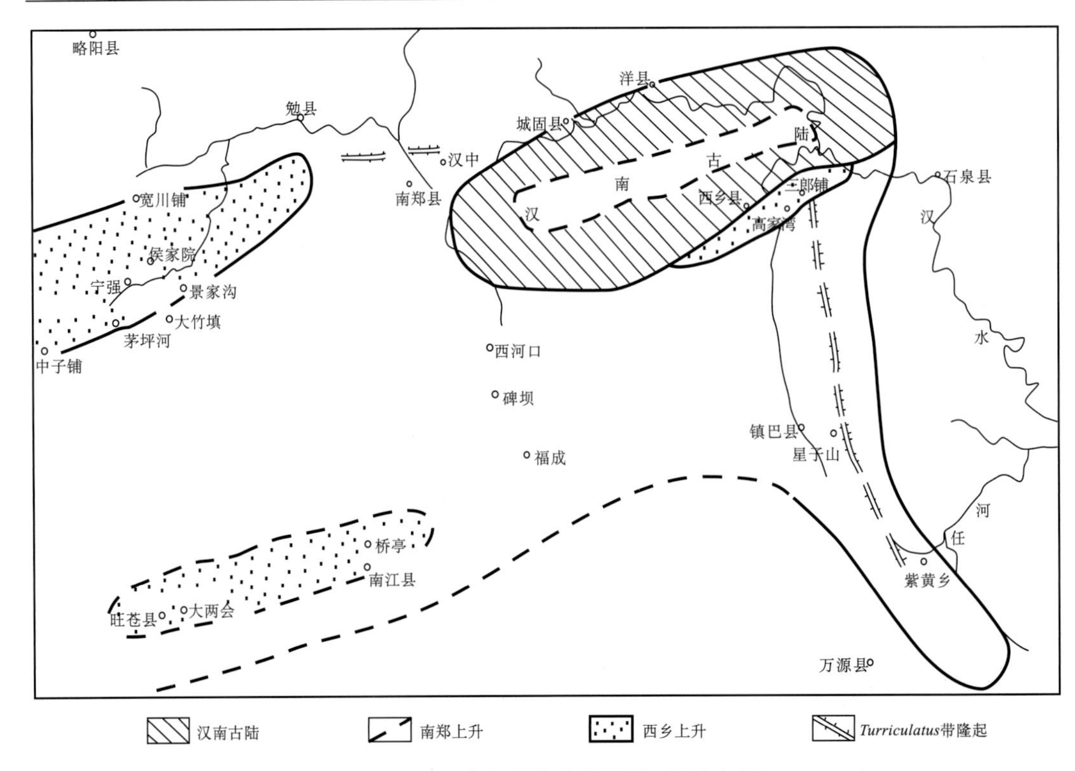

图 3.1　南郑上升和西乡上升的分布范围（据陈旭等，1990）

通过对米仓山与大巴山地区埃迪卡拉系野外露头详细观察发现，“大巴山隆起”在埃迪卡拉纪期间已经开始发育，可以理解为“汉南古陆”在此期间已延伸至大巴山地区。以陕南西乡南北向为界，自西向东埃迪卡拉系陡山沱组与灯影组存在明显的超覆沉积，发育的地层层段逐渐减少，地层厚度也逐渐减薄，揭示“大巴山隆起”（或“汉南古陆”）在埃迪卡拉纪期间的广泛发育，其隆起核部位于陕南西乡地区。

2. “汉南古陆”演化

“汉南古陆”主要由中、新元古代变质岩与岩浆岩体所组成的古老陆块，不整合上覆成冰系、埃迪卡拉系，大部分地区在埃迪卡拉系沉积之前处于长期的隆升剥蚀状态，为周缘成冰系的沉积物源区。埃迪卡拉系沉积之前，“汉南古陆”分布范围较大，西至旺苍正源、干河，东至陕南西乡等地，主要表现为基底杂岩大面积的隆升、剥蚀。埃迪卡拉系沉积之后，“汉南古陆”的分布范围逐渐减小，至灯影组沉积之后，整个“汉南古陆”已完全被碳酸盐岩覆盖（图 3.4）。

陡山沱组在米仓山、大巴山地区的分布充分展示了“汉南古陆”的早期发育。陡山沱组在宁强胡家坝厚约 530m，除盖帽白云岩之外其他层段均发育；而向东至南郑钢厂陡山沱组厚约 100m，仅发育上部层段；再向东至南郑西河、碑坝与西乡三郎铺地区陡山沱组均未见沉积。陡山沱组在旺苍干河地区厚约 100m，而向东至南江杨坝地区厚约 30m，再往东至南郑与西乡地区陡山沱组均未见沉积（图 3.5、图 3.6）

界	系	统	阶	同位素年龄/Ma	构造运动	龙门山地区 广元磨刀垭	宁强地区 宁强侯家院	宁强地区 宁强茅坪沟	旺苍地区 旺苍正源	旺苍地区 旺苍大两	南江地区 南江沙滩	南郑地区 南郑梁山	南郑地区 南郑福成	南郑地区 南郑西河	西乡地区 西乡三朗铺
上古生界	二叠系			298.9		梁山组	梁山组	梁山组	梁山组	梁山组	梁山组	梁山组	梁山组	梁山组	梁山组
	石炭系			358.9	广西运动	石炭系									
	泥盆系			419.2		泥盆系									
下古生界	志留系	普里道利统		423											
		罗德洛统		427.4											
		温洛克统		433.4		宁强组	宁强组		宁强组	宁强组	宁强组		宁强组	宁强组	
		兰多维列统	特列奇阶	438.5		王家湾组、崔家沟组	王家湾组、崔家沟组	王家湾组、崔家沟组	王家湾组、南江组	王家湾组、南江组	王家湾组、南江组	崔家沟组	王家湾组、崔家沟组	王家湾组、崔家沟组	南江组
			埃隆阶	440.8	西乡上升							龙马溪组	龙马溪组	龙马溪组	龙马溪组
			鲁丹阶	443.4											
	奥陶系	上统	赫南特阶	445.2					五峰组	五峰组	五峰组	南郑组	五峰组	五峰组	五峰组
			凯迪阶	453					涧草沟组	涧草沟组	涧草沟组	涧草沟组	涧草沟组	涧草沟组	涧草沟组
			桑比阶	458.4		宝塔组	宝塔组	宝塔组	宝塔组	宝塔组	宝塔组	宝塔组	宝塔组	宝塔组	宝塔组
		中统	达瑞威尔阶	467.3	南郑上升		大田坝组、牯牛潭组	大田坝组、牯牛潭组		十字铺组、牯牛潭组	十字铺组	大田坝组、牯牛潭组			大田坝组
			大坪阶	470			西梁寺组	西梁寺组	湄潭组	西梁寺组		西梁寺组			
		下统	弗洛阶	477.7			赵家坝组	赵家坝组		赵家坝组		赵家坝组			
			特马豆克阶	485.4						桐梓组					
	寒武系	芙蓉统	牛车河阶												
			江山阶												
			排碧阶												
		苗岭统	古丈阶												
			鼓山阶												
			乌溜阶						陡坡寺组	陡坡寺组	陡坡寺组		陡坡寺组		小关子组
		黔东统	都匀阶	509			阎王碥组	阎王碥组	孔明洞组、阎王碥组	孔明洞组、阎王碥组	孔明洞组、阎王碥组		孔明洞组、阎王碥组	孔明洞组、阎王碥组	孔明洞组、阎王碥组
			南皋阶			沧浪铺组、筇竹寺组	仙女洞组、郭家坝组	仙女洞组、郭家坝组	仙女洞组、郭家坝组	仙女洞组、郭家坝组	仙女洞组、郭家坝组	郭家坝组	仙女洞组、郭家坝组	仙女洞组、郭家坝组	仙女洞组、郭家坝组
		滇东统	梅树村阶	521	镇巴上升	未出露									
			晋宁阶	541			宽川铺组	宽川铺组	宽川铺组	宽川铺组	宽川铺组	宽川铺组		宽川铺组	宽川铺组
新元古界	埃迪卡拉系	上统	灯影陕阶	551	南江上升		灯影组三、四段、灯影组一、二段	灯影组三、四段、灯影组一、二段	灯影组三、四段、灯影组一、二段	灯影组三、四段、灯影组一、二段	灯影组三、四段、灯影组一、二段	灯影组三、四段、灯影组一、二段	灯影组三、四段、灯影组一、二段	灯影组三、四段、灯影组一、二段	灯影组三、四段、灯影组一、二段
		下统	陡山沱阶	635			观音崖组	观音崖组		观音崖组	观音崖组	观音崖组	观音崖组	观音崖组	观音崖组
	下伏层						火地垭群	火地垭群	火地垭群	火地垭群	火地垭群	火地垭群	火地垭群	火地垭群	火地垭群

图 3.2　米仓山-大巴山地区埃迪卡拉系—志留系对比

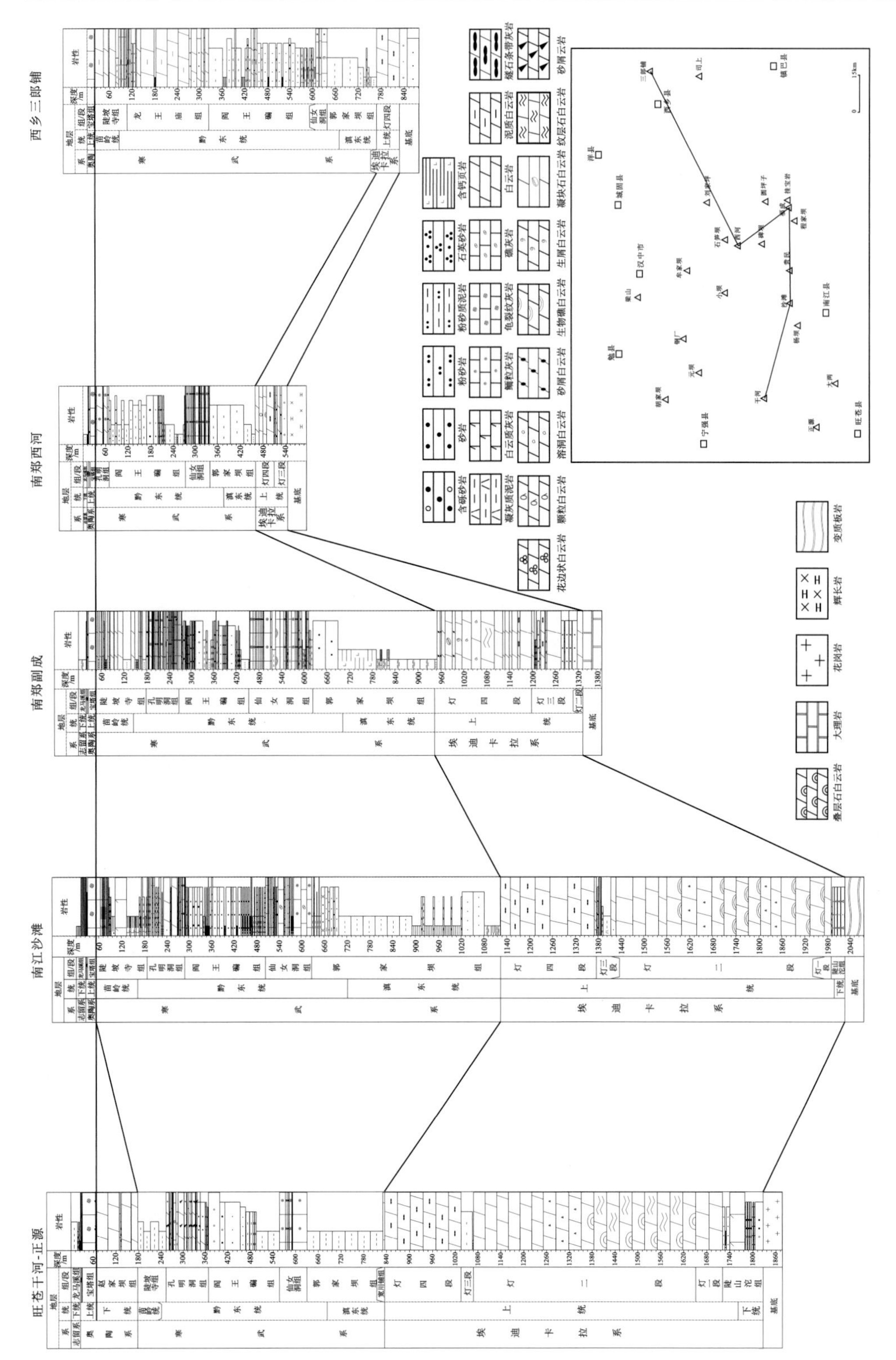

图3.3 米仓山-大巴山地区埃迪卡拉系—寒武系对比图

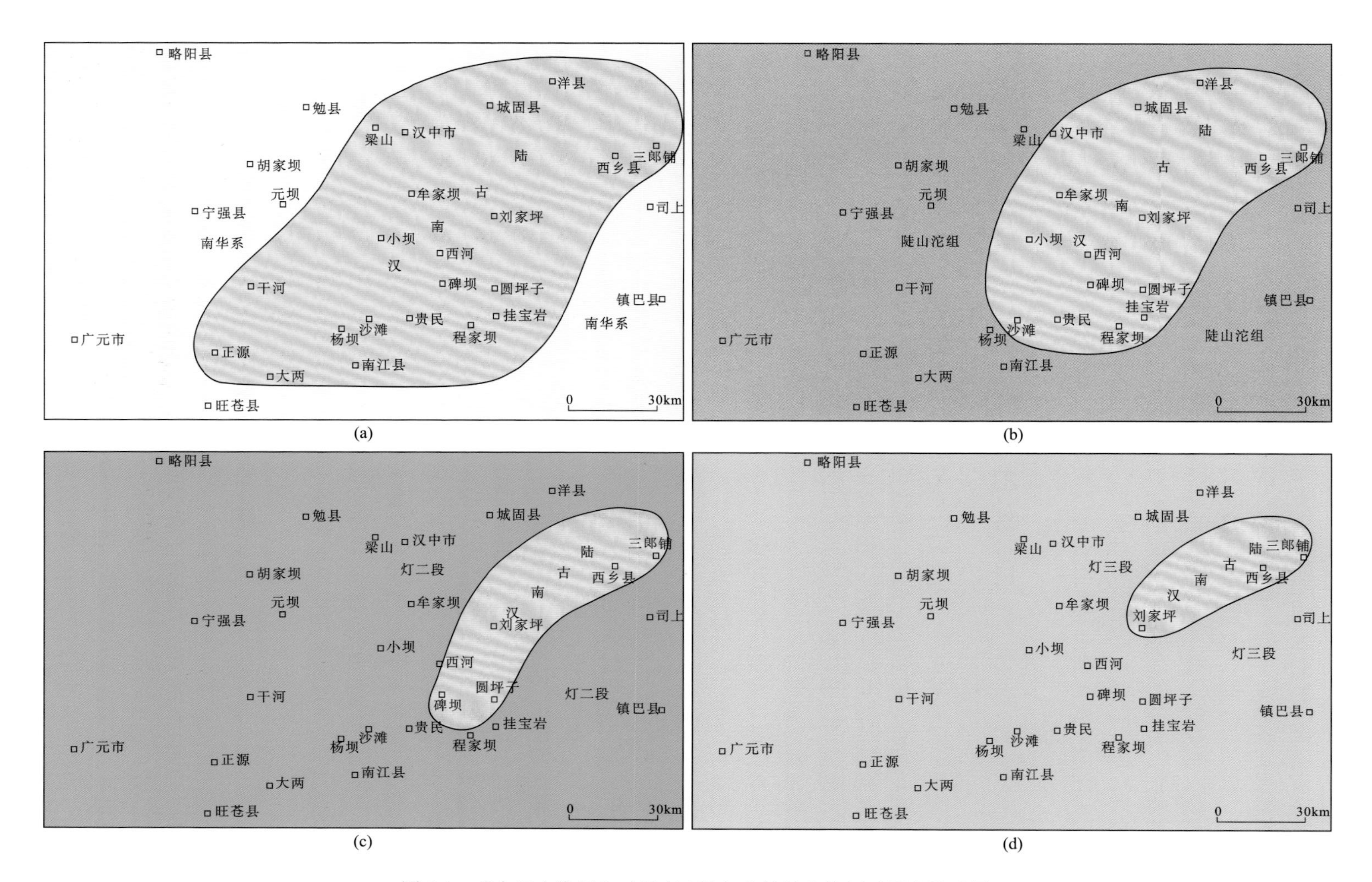

图 3.4　“大巴山隆起”（汉南古陆）在埃迪卡拉纪时期古地质图

（a）陡山沱组沉积前；（b）灯影组沉积前；（c）灯三段沉积前；（d）灯四段沉积前

灯影组在米仓山、大巴山地区的发育也展示了与陡山沱组类似的分布规律，自西向东灯影组发育的层段逐渐减少，地层厚度也逐渐减薄，超覆沉积特征明显。灯影组在宁强胡家坝四段均发育，厚约 900m；往东至南郑钢厂灯一段—灯四段均发育，厚约 630m；再往东至南郑西河未见灯一段，仅发育灯二段—灯四段，厚约 400m；而再往东至南郑碑坝未见灯一段—灯二段，仅发育灯三段—灯四段，厚约 100m；而至西乡三郎铺地区仅发育灯四段，未见灯一段—灯三段，厚约 60m（图 3.5）。灯影组在旺苍干河与南江杨坝地区发育齐全，厚约 900m；而往东至南郑福成、挂宝岩、白玉圆坪子与碑坝地区未见灯一段或灯二段，仅发育灯三段与灯四段，地层厚度也逐渐减薄（图 3.6）。这些均揭示了“大巴山隆起”在米仓山与大巴山地区的广泛发育。

二、镇 巴 上 升

上扬子地块梅树村期内部（传统划分梅树村期与筇竹寺期之交）地层之间普遍为平行不整合或沉积间断。米仓山、大巴山地区位于上扬子地块的北缘，梅树村期内部的不整合或沉积间断在该区也广泛存在。在米仓山地区此不整合位于宽川铺组与郭家坝组之间，在大巴山地区则位于灯影组与水井沱组之间（图 3.2、图 3.3、图 3.7）。

米仓山地区郭家坝组与宽川铺组（个别地点为灯影组）之间及大巴山地区水井沱组与灯影组之间存在明显的地层和生物带的缺失，佐证米仓山、大巴山地区在这个时间间隔期内处于持续的隆起、海退和沉积间断状态。由于镇巴地区完全缺失梅树村期的地层，Ⅰ、Ⅱ及Ⅲ小壳化石组合全无，标志明显，镇巴又处于米仓山、大巴山接壤的关键部位，故命名为“镇巴上升”（成汉钧等，1992）。

镇巴上升的时间和由此导致的海退及后来重新下沉发生海侵的过程在米仓山、大巴山并不完全一致。在大巴山，上升期介于灯影组白云岩段沉积之后与寒武纪南皋期水井沱组沉积之前，历时约 20Ma；在米仓山，上升期则一般介于寒武纪南皋期宽川铺组沉积之后与郭家坝组沉积之前，历时约 1Ma。镇巴上升在大巴山的起始时间要早于米仓山，而重新下降接受海侵则晚于米仓山。大巴山在水井沱组底部灰岩沉积之后还发生一次短暂的小范围上升，以镇巴地区水井沱组灰岩与上覆泥岩之间的平行不整合为佐证。镇巴上升导致的海水进退在米仓山则呈现明显的东西向逐步发展。米仓山的升起和海退由东向西发展，形成宽川铺组由东向西逐步缩小范围的退覆关系，后期的重新下降和海进又由西向东逐步发展，导致郭家坝组地层由西向东逐步扩展的超覆现象（成汉钧等，1992）。

三、南 郑 上 升

陈旭等（1990）对南郑上升进行了详细的研究，指出南郑上升为汉南古陆周缘地区在早古生代一次广泛的隆升，是大巴山隆起的一幕。这一幕的时间间隔较长，从黔东世末期至早奥陶世早、中期甚至中奥陶世，隆升的时间在各地长短不一，却普遍存在（图 3.2、图 3.8）。最长的时间间隔可达 72Ma，最短的为 20Ma。由于米仓山地区普遍升隆，汉南古陆扩大。“大巴山隆起”这一幕最发育地区在南郑境内，称为南郑上升（陈旭等，1990）。

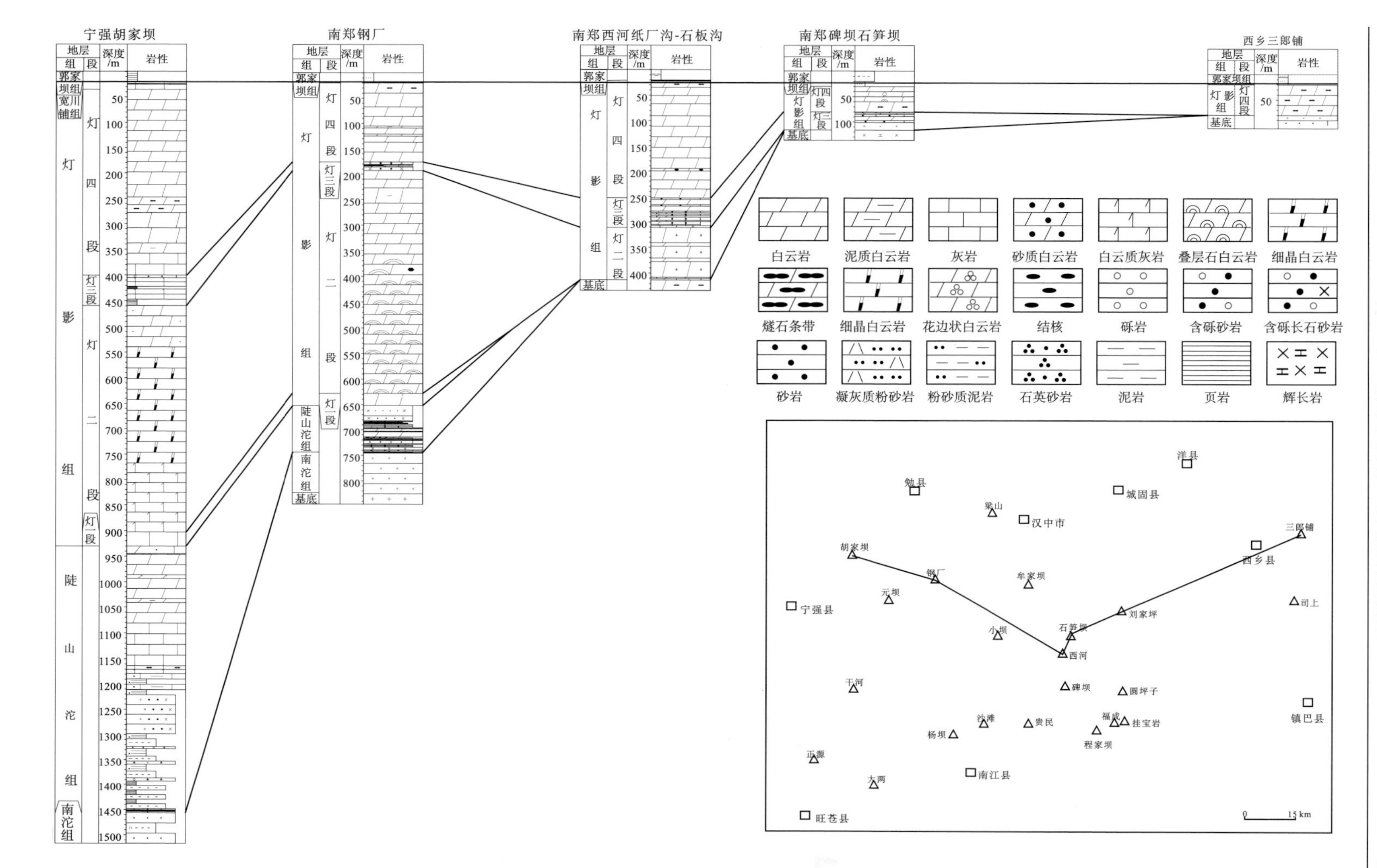

图 3.5　米仓山-大巴山地区埃迪卡拉系对比图

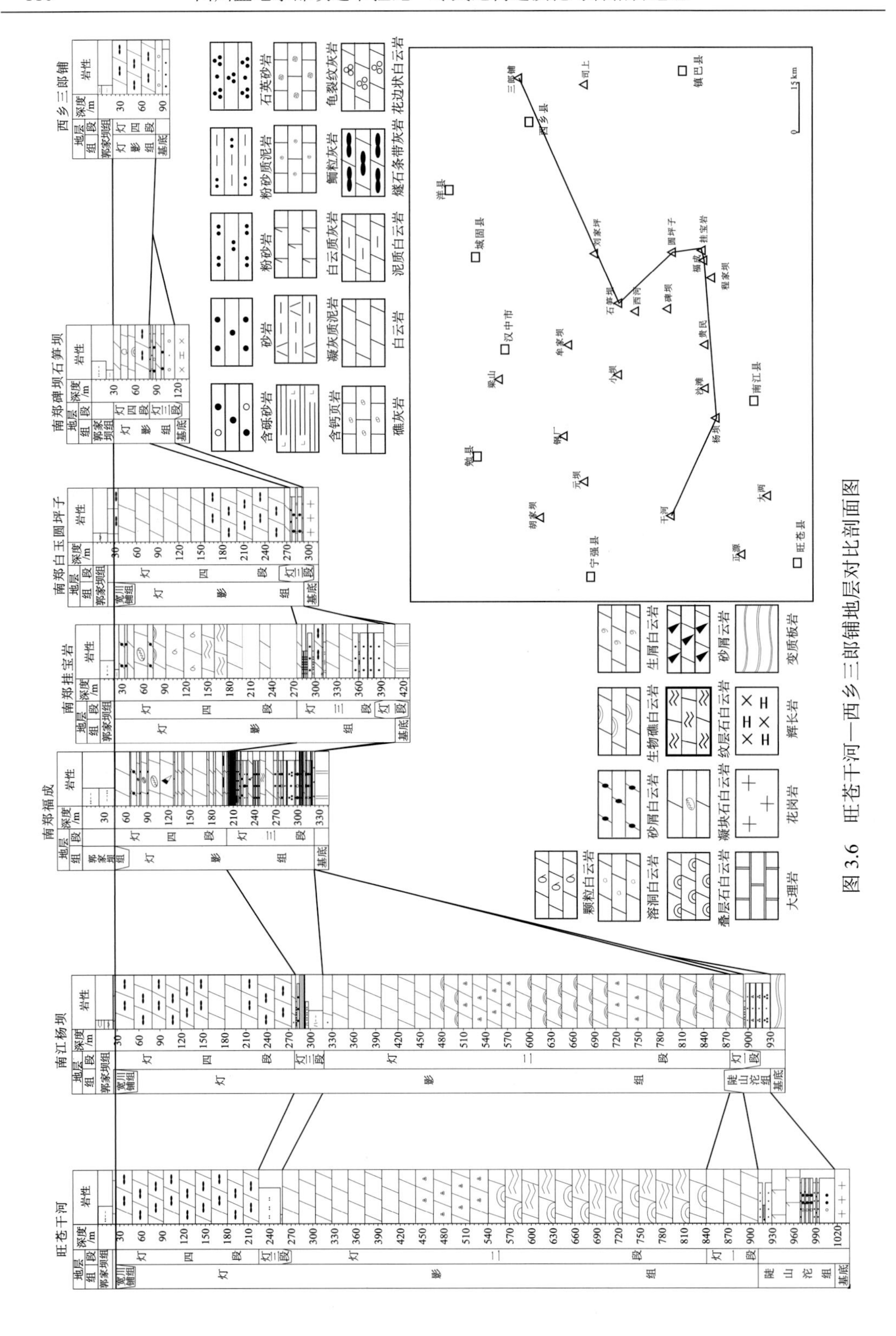

图 3.6　旺苍干河—西乡三郎铺地层对比剖面图

图 3.7　米仓山-大巴山镇巴上升所形成的平行不整合

（a）南江杨坝郭家坝组黑色页岩与宽川铺组灰岩平行不整合接触；（b）镇巴老庄村水井沱组瘤状灰岩与灯影组白云岩平行不整合接触；（c）紫阳紫黄水井沱组灰岩与灯影组白云岩凹凸不平接触；（d）镇巴盐场关公梁水井沱组灰岩与灯影组白云岩平行不整合接触

米仓山地区在黔东世末孔明洞组或苗岭世陡坡寺组沉积之后上升露出水面。南郑西河寒武系的最高层位黔东统孔明洞组为一套浅水白云岩，顶部见砾屑白云岩和石英砂岩；南郑福成寒武系最高层位为苗岭统下部陡坡寺组浅水白云岩及砂砾岩，这种沉积环境一直稳定地延伸到镇巴小洋星子山一带，从沉积环境也指示了南郑上升的开始（图 3.8）。

南郑上升在米仓山自西而东逐次开始，结束则是因地而异了。宁强赵家坝组底部见厚薄不一的粗碎屑岩甚至砾岩，指示局部海侵的开始。南郑上升造成的地层缺失最多的地区以南郑福成和西河为代表。这些地区一直到宝塔组才开始重新接受沉积，指示了南郑上升的最后结束。南郑上升是大巴山隆起最强的一幕，它不仅表现为一个持续相当长时间的升隆，而且也表现为相当广泛的分布。在这段时期里，南郑上升导致米仓山整体上升成陆并与汉南古陆连成一体，造成汉南古陆在地质历史上所能扩展到的最大范围，它的最西端可能和龙门山古陆相连。广元上寺磨刀垭，南皋统碾子坝组与上覆上奥陶统宝塔组平行不整合接触，代表龙门山古陆边缘的地层缺失（陈旭等，1990）。

南郑上升表现为孔明洞组或陡坡寺组与奥陶系直接平行不整合接触，如南郑映水坝、分水岩剖面孔明洞组与宝塔组平行不整合接触，南江柳湾、沙滩剖面陡坡寺组与奥陶系直接平行不整合接触，均揭示了南郑上升在米仓山与大巴山地区的广泛发育（图 3.9）。

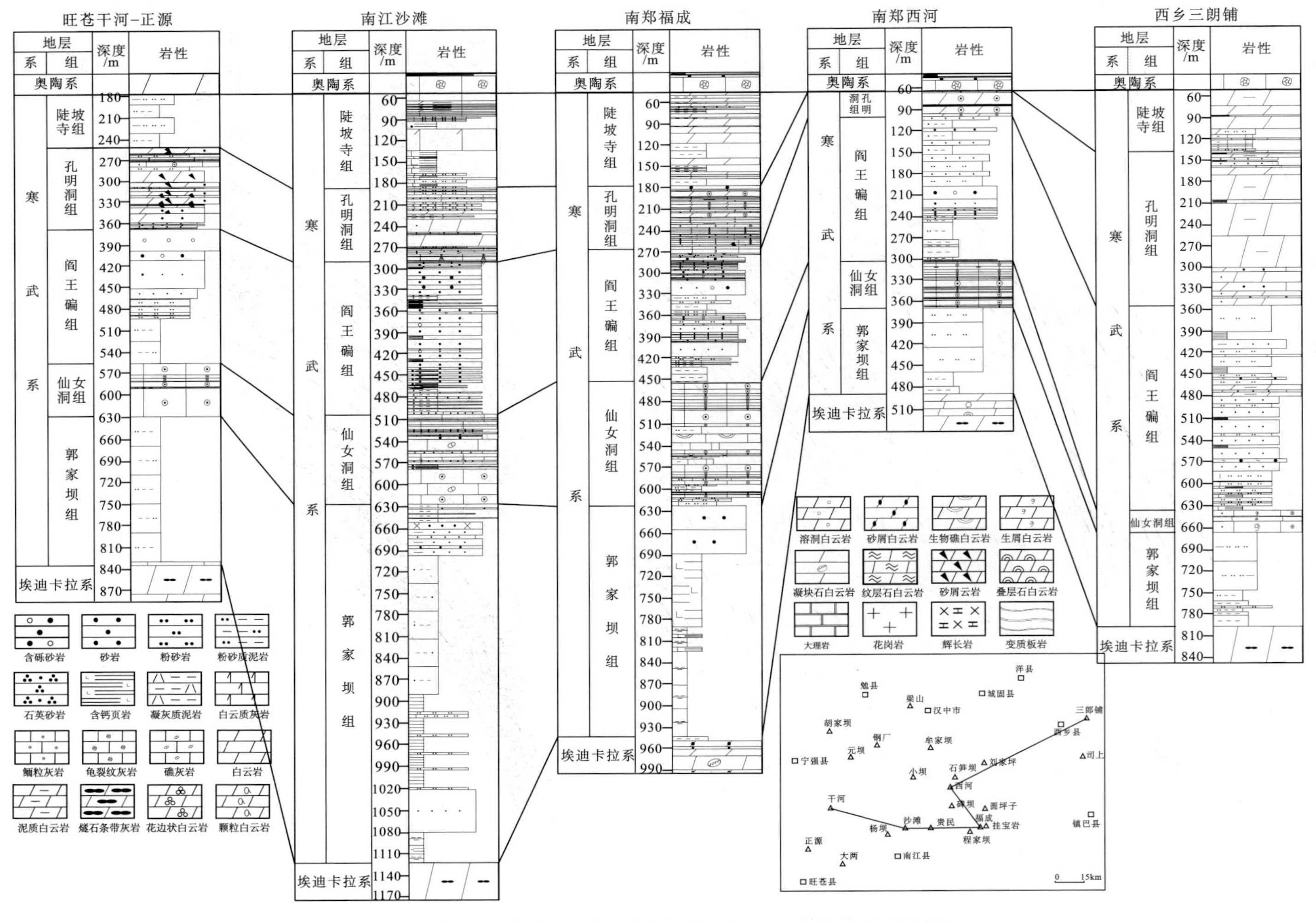

图3.8　米仓山-大巴山地区北西-南东向寒武系对比图

图 3.9　米仓山-大巴山南郑上升所形成的平行不整合

（a）南郑映水坝孔明洞组与宝塔组平行不整合接触；（b）南郑分水岩孔明洞组与宝塔组平行不整合接触；（c）南江柳湾陡坡寺组与奥陶系赵家坝组平行不整合接触；（d）南江沙滩陡坡寺组与奥陶系平行不整合接触

第二节　川东构造演化

前人对川东地区埃迪卡拉纪—寒武纪构造演化研究较少，主要有两个方面的原因：①川东地区地表、地腹构造复杂，自西部华蓥山到东部齐岳山之间发育一系列褶皱-逆冲带，制约了深层采集地震资料的品质，也制约了深层地震资料的准确解释；②2016 年之前，川东地区没有探井钻至埃迪卡拉系，制约了该地区深层地质层位划分与构造演化的认识。2012～2016 年，笔者对川东地区的二维、三维地震资料开展了数轮精细解释，发现川东地区在埃迪卡拉系—寒武系发育大型隆起构造，因隆起核部位于宣汉-开江地区，故命名为“宣汉-开江隆起”（谷志东等，2016）。该认识于 2015 年 10 月 21 日在四川省达州市中国石油西南油气田公司组织的勘探研讨会上首次提出。“宣汉-开江隆起”是川东地区埃迪卡拉纪—寒武纪构造演化的主要表现，本节将对其提出依据、发育特征、形成演化与发现意义等方面进行详细阐述。

一、“宣汉-开江隆起”的提出依据

“大巴山隆起”的提出主要基于米仓山、大巴山地区早古生代野外露头的详细观察与地层划分、对比研究，“宣汉-开江隆起”的提出主要基于川东地区深层地震资料的精细解释，埃迪卡拉系野外露头也提供了重要依据。总体来看，“宣汉-开江隆起”的提出主要有地震剖面、地层厚度与野外露头三个方面的依据。

（一）地震剖面依据

1. 盆地区域地震大剖面

在“宣汉-开江隆起”这一认识提出之前，川东地区还没有探井钻至埃迪卡拉系，因此无法准确地进行层位追踪与解释。由于华蓥山褶皱-逆冲带分隔了川中与川东两个构造单元，翻过华蓥山之后向东地层很难进行追踪、对比。笔者从四川盆地整体出发，首先构建了两条区域地震大剖面，绕开华蓥山构造，以三维地震资料为主，将层位准确地引至川东地区。

首先，在对川中地区已钻至埃迪卡拉系的井进行精细合成记录标定的基础上，搭建了由川中至川东（高石1-磨溪39-广探2-开江地区）区域地震大剖面A-B（图3.10），并将标定的层位引入川东地区，搭建了陡坡寺组底拉平北东-南西向地震大剖面（图3.11），剖面显示埃迪卡拉系灯影组、寒武系由川东周缘向宣汉-开江地区超覆沉积，揭示了“宣汉-开江隆起”的发育。

其次，笔者搭建了由川西九龙山构造-龙岗-龙会场-川东地区的区域地震大剖面C-D（图3.12），剖面显示盆地西部埃迪卡拉系与寒武系发育齐全、地层厚度大，自西向东地层逐渐超覆沉积，揭示了“宣汉-开江隆起”的发育（图3.12）。

2. 川东区域地震大剖面

在构建盆地区域地震大剖面的基础上，为明确川东地区埃迪卡拉系—寒武系构造演化，笔者在川东地区构建了北西-南东向3条、北东-南西向1条区域地震大剖面，区域地震大剖面显示埃迪卡拉系—寒武系由周缘向“宣汉-开江”地区超覆沉积，进一步揭示了“宣汉-开江隆起”的发育。

地震剖面显示灯影组沉积早期，宣汉-开江地区隆起明显且向两侧过渡为宽缓斜坡，古隆起核部缺失灯一段、灯二段沉积，古隆起翼部灯一段、灯二段向古隆起核部超覆沉积，北西侧比南东侧超覆明显；灯影组沉积晚期，古隆起发育规模有所减弱，灯三段、灯四段向古隆起核部超覆沉积，在古隆起核部缺失灯三段与灯四段下部地层；寒武纪早期，古隆起北西侧宽川铺组、郭家坝组仍见明显的超覆沉积，但南东侧超覆不明显；寒武纪南皋中期，古隆起发育规模逐渐减弱，但仍可见微弱的超覆沉积，古隆起翼部比核部地层略有增厚，并一直延续至南皋晚期（图3.13～图3.23）。

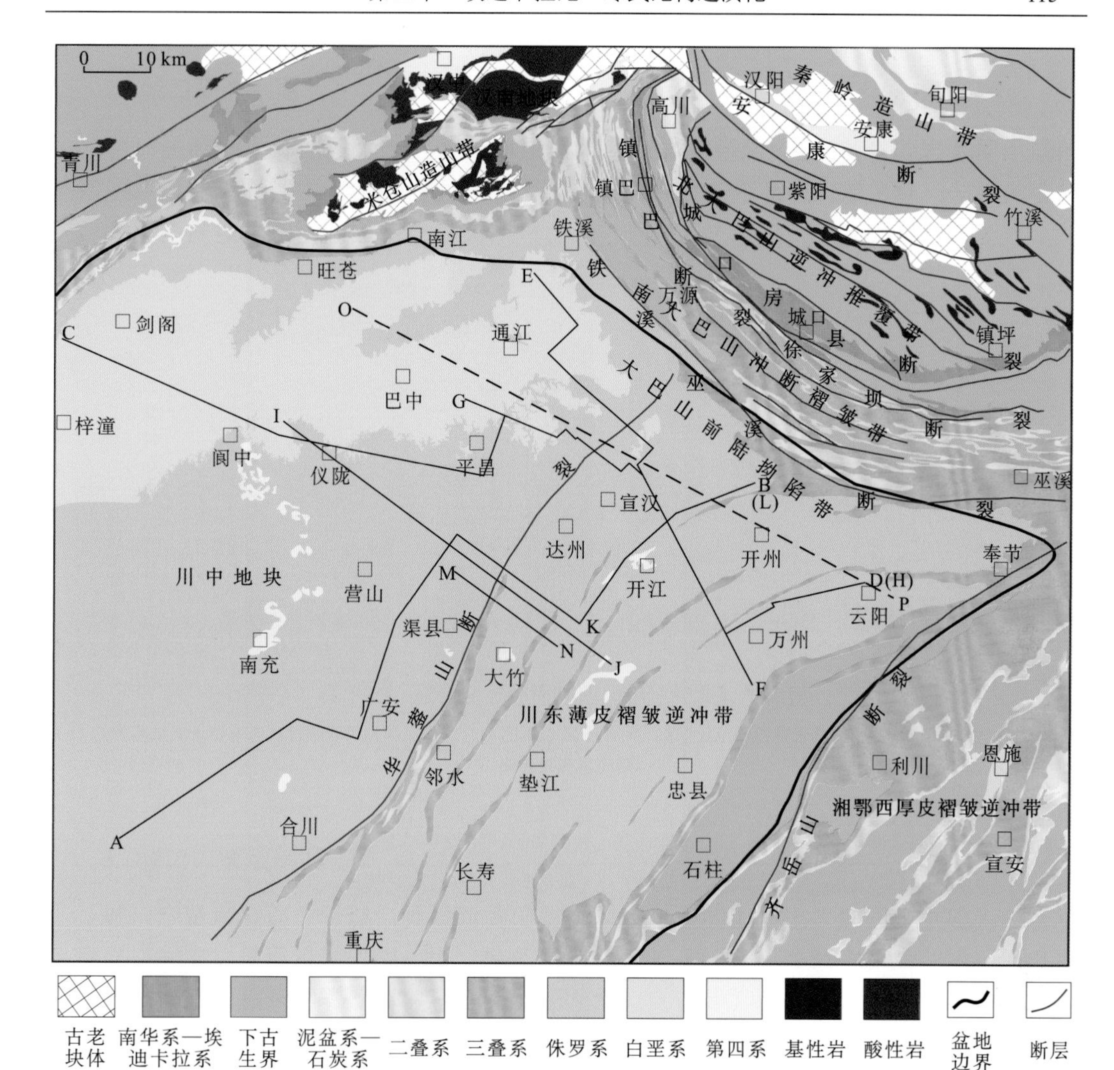

图 3.10　四川盆地东部地质与地震大剖面分布叠合图（据谷志东等，2016，略修改）

A-B、C-D 为盆地范围区域大剖面，E-F、G-H、I-J、K-L 为川东地区区域大剖面，M-N 为过龙会场三维剖面，O-P 虚线为假想区域大剖面

（二）地层厚度依据

在搭建区域地震大剖面的基础上，对川东地区及其周缘 $5.7\times10^4\text{km}^2$ 范围内的二维、三维地震资料进行精细解释，并对灯影组厚度进行平面成图。如前所述，“宣汉-开江隆起”核部由于灯影组早期沉积地层的缺失，灯影组厚度应减薄；古隆起翼部由于灯影组沉积早期地层的超覆沉积，灯影组厚度应增加。灯影组厚度图清晰展示了“宣汉-开江隆起”由核部至翼部地层厚度由薄增厚的变化规律：在宣汉-开江地区最薄（厚度不足200m），而向周缘厚度逐渐增加，往南东方向厚度逐渐增加至 750m，往西北方向厚度逐渐增加至 1300m 之上（图 3.24），进一步揭示了“宣汉-开江隆起”的发育。

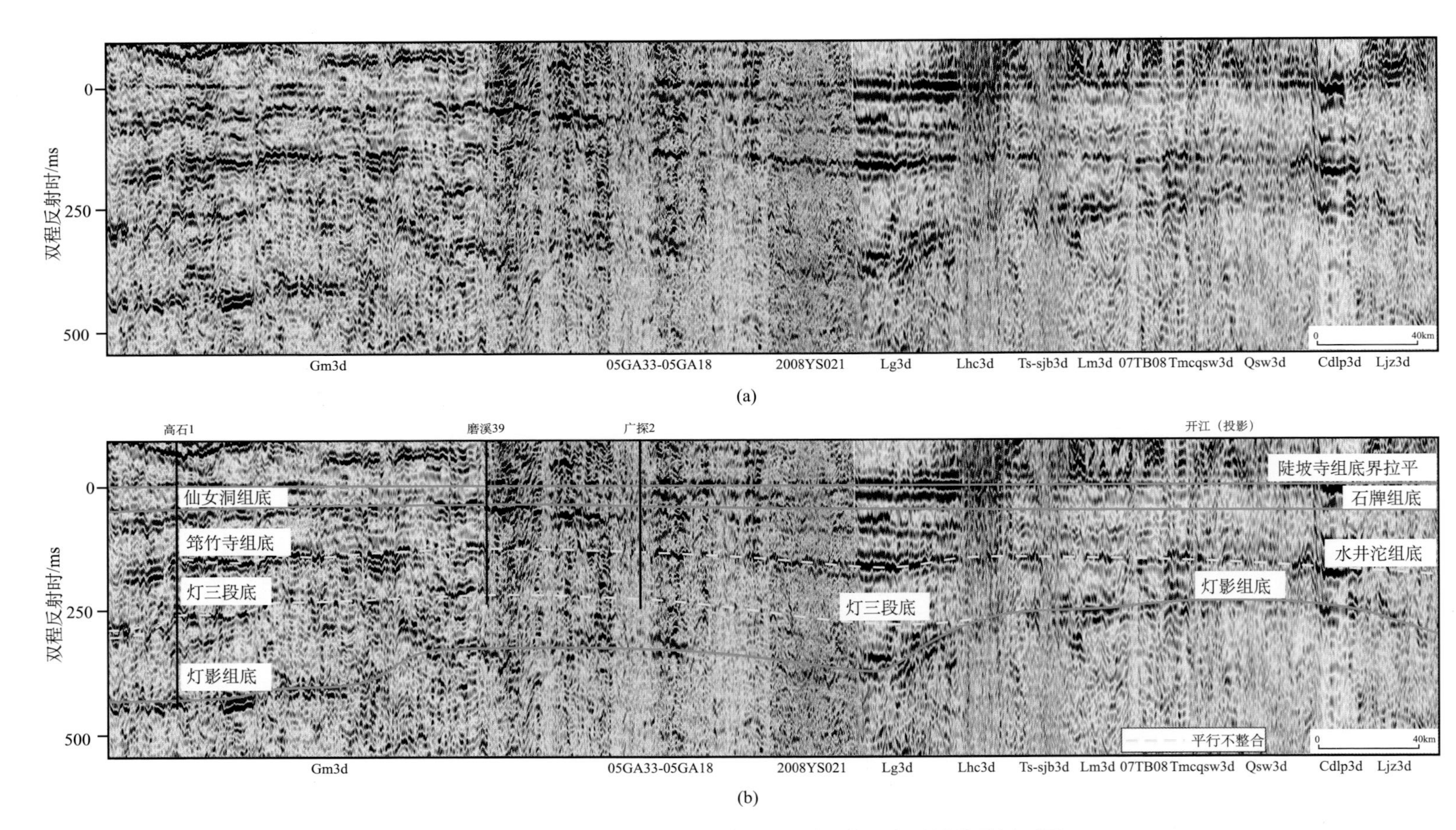

图 3.11　陡坡寺组底拉平川中-川东地区北东-南西向区域地震剖面图 A-B

剖面位置见图 3.10。（a）未解释地震剖面；（b）解释地震剖面

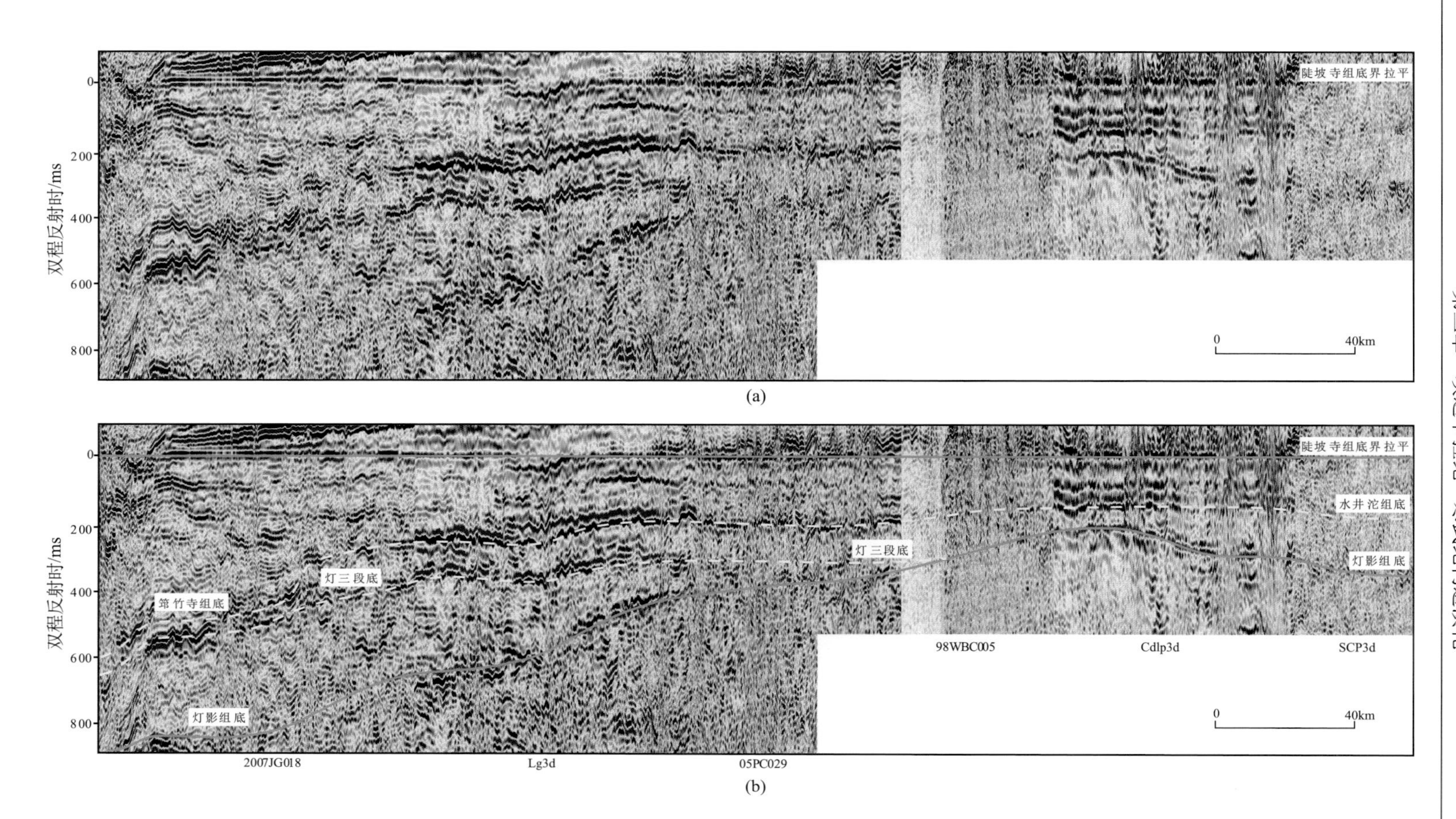

图 3.12　陡坡寺组底拉平川西–川东地区北西–南东向区域地震剖面图 C-D

剖面位置见图 3.10。（a）未解释地震剖面；（b）解释地震剖面

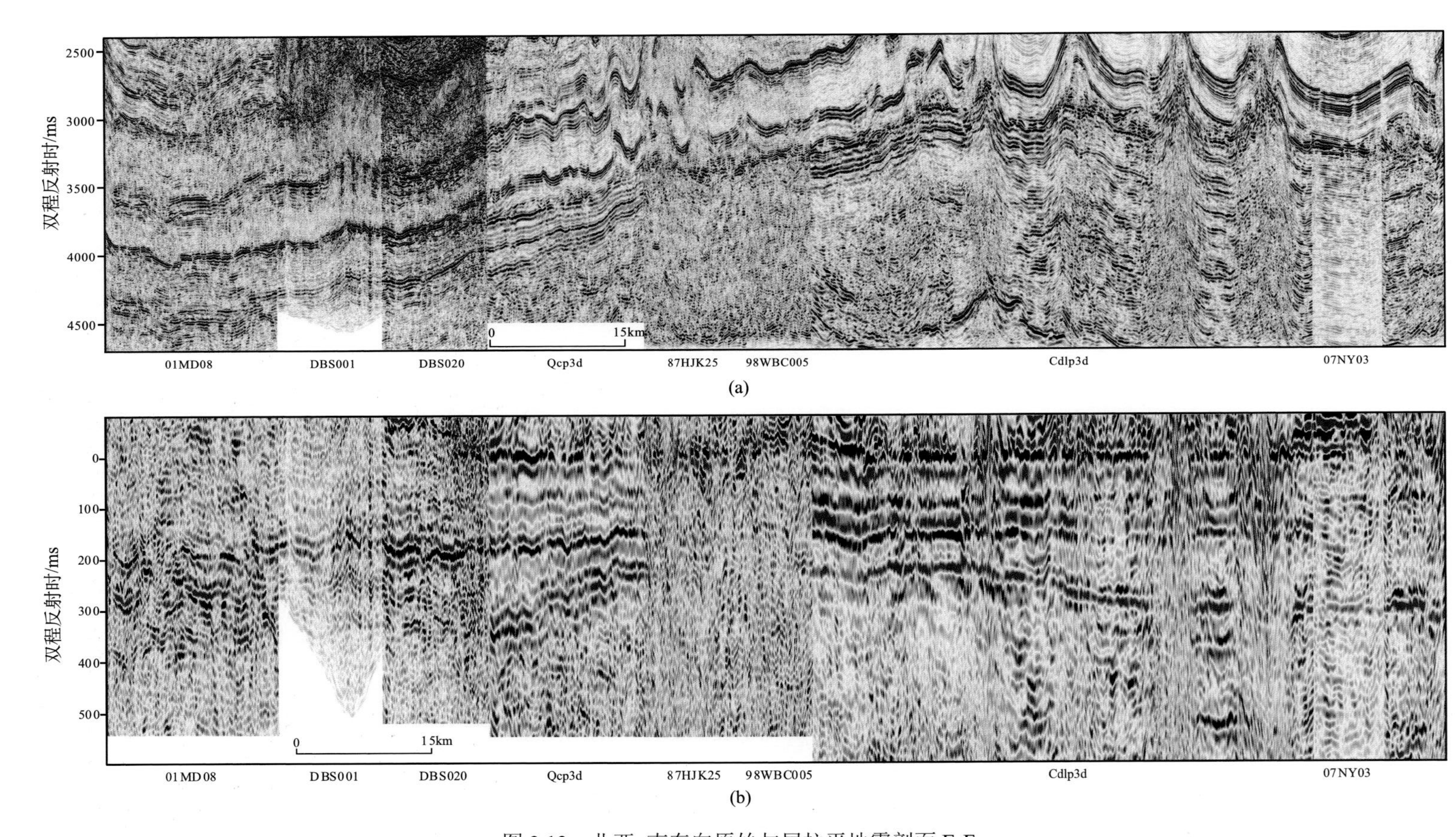

图 3.13　北西-南东向原始与层拉平地震剖面 E-F

剖面位置见图 3.10。（a）原始地震剖面；（b）陡坡寺组底拉平地震剖面

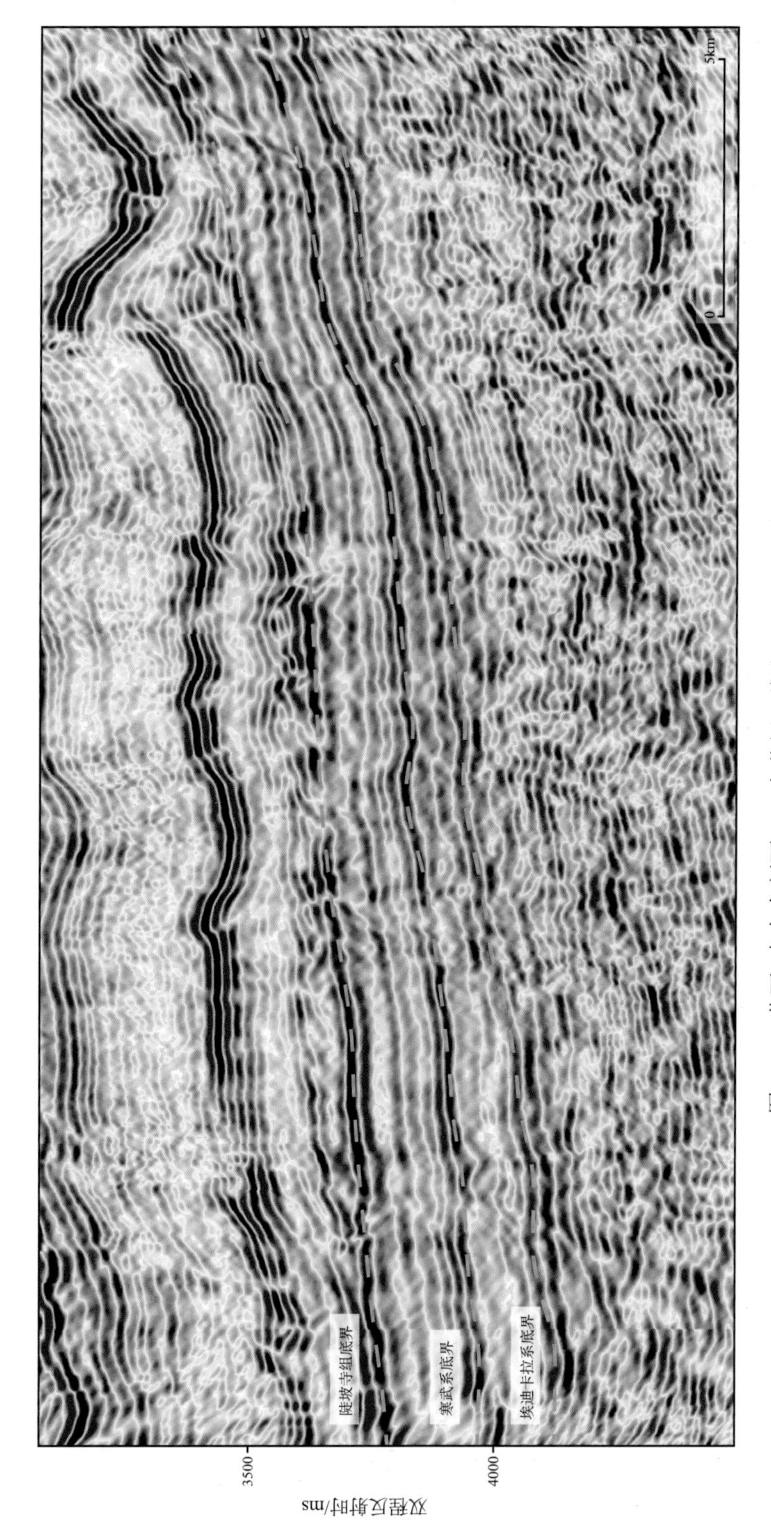

图 3.14 北西-南东向剖面 E-F 青草坪三维段（Qcp3d）地震剖面图

剖面位置见图 3.10、图 3.13

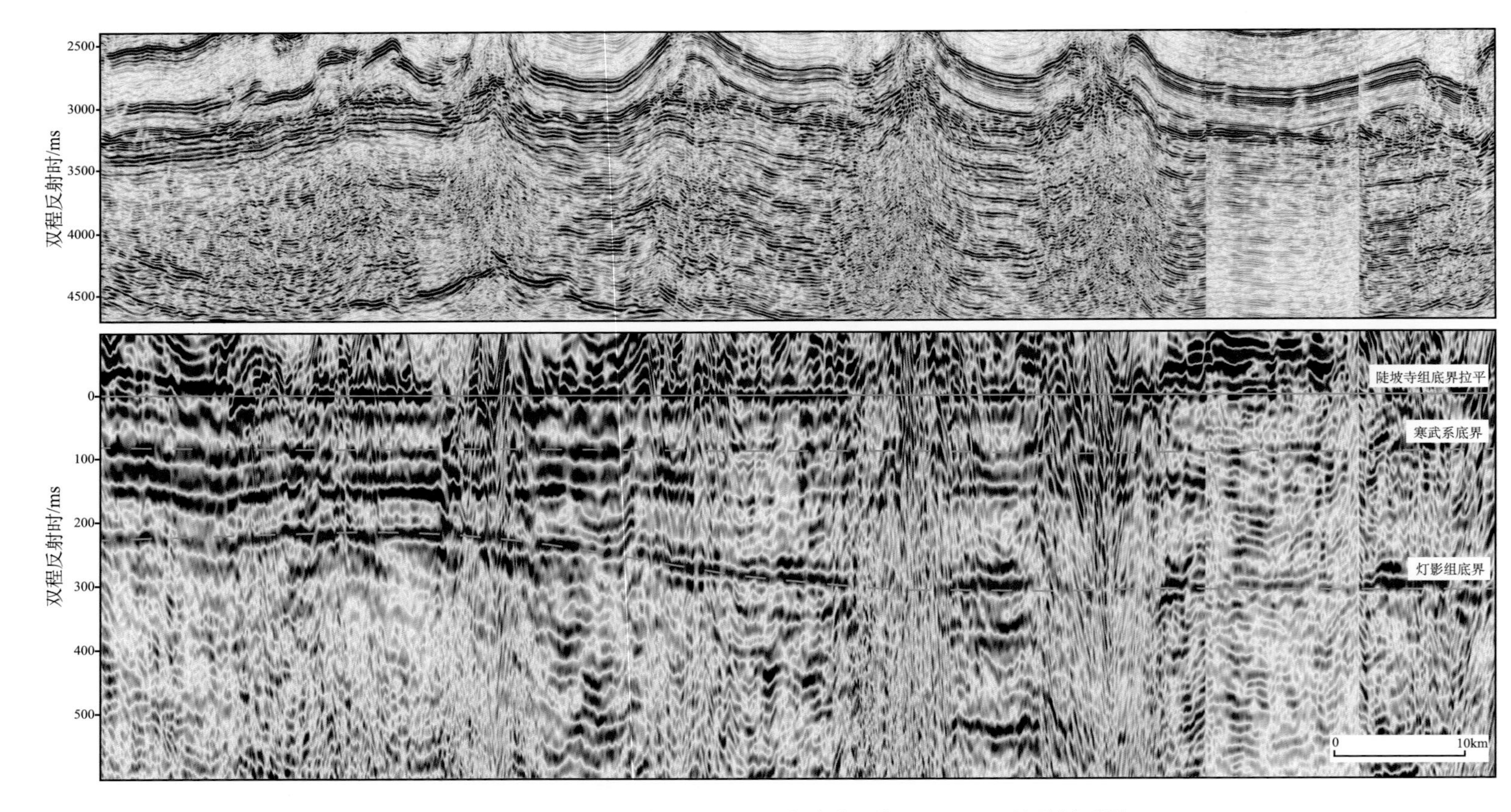

图 3.15　北西-南东向剖面 E-F 川东连片三维（Cdlp3d）地震剖面图

剖面位置见图 3.10、图 3.13

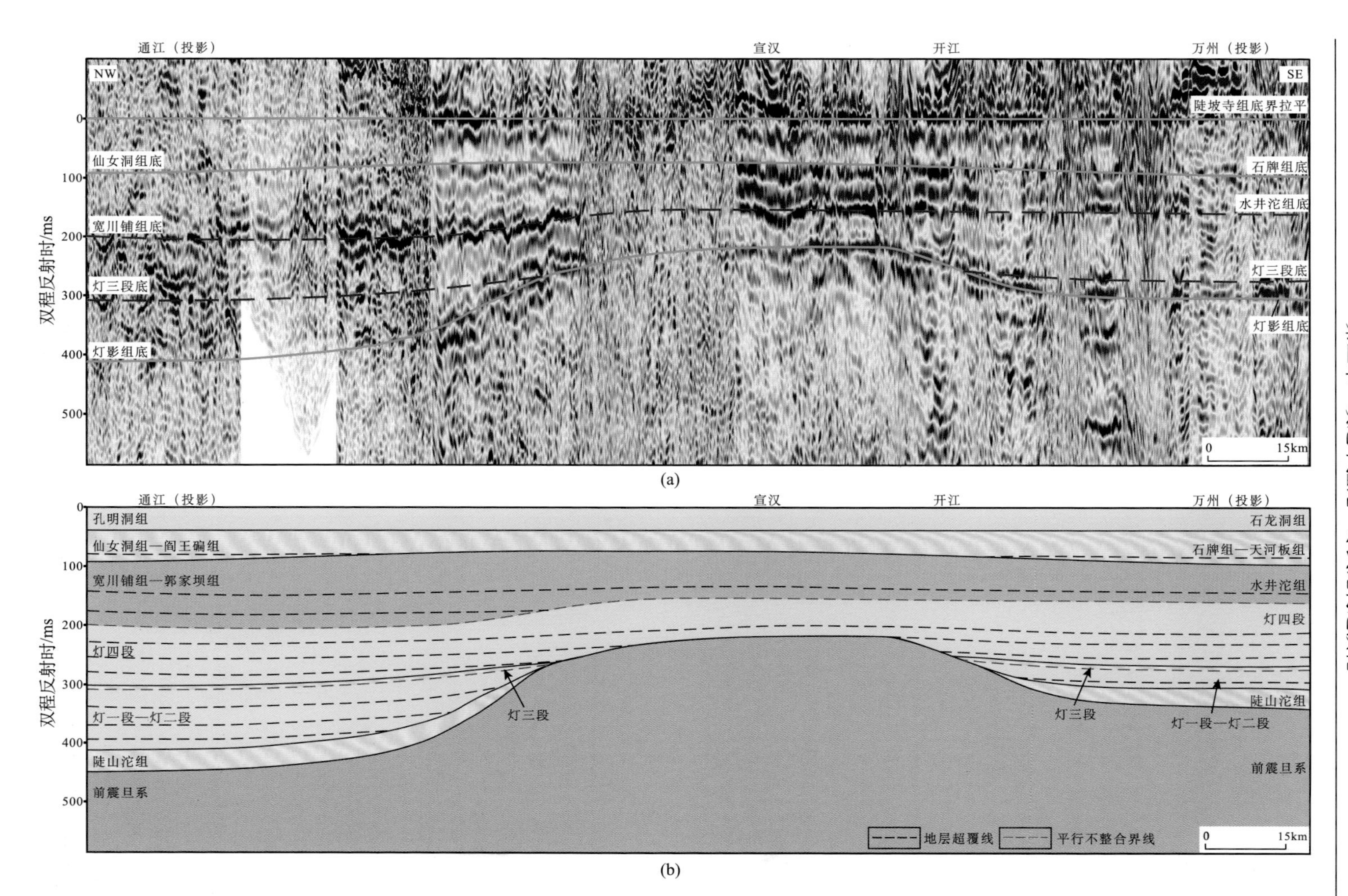

图 3.16　陡坡寺组底拉平北西-南东向 E-F 地震、地质剖面图

剖面位置见图 3.10。（a）地震解释剖面；（b）地质解释剖面

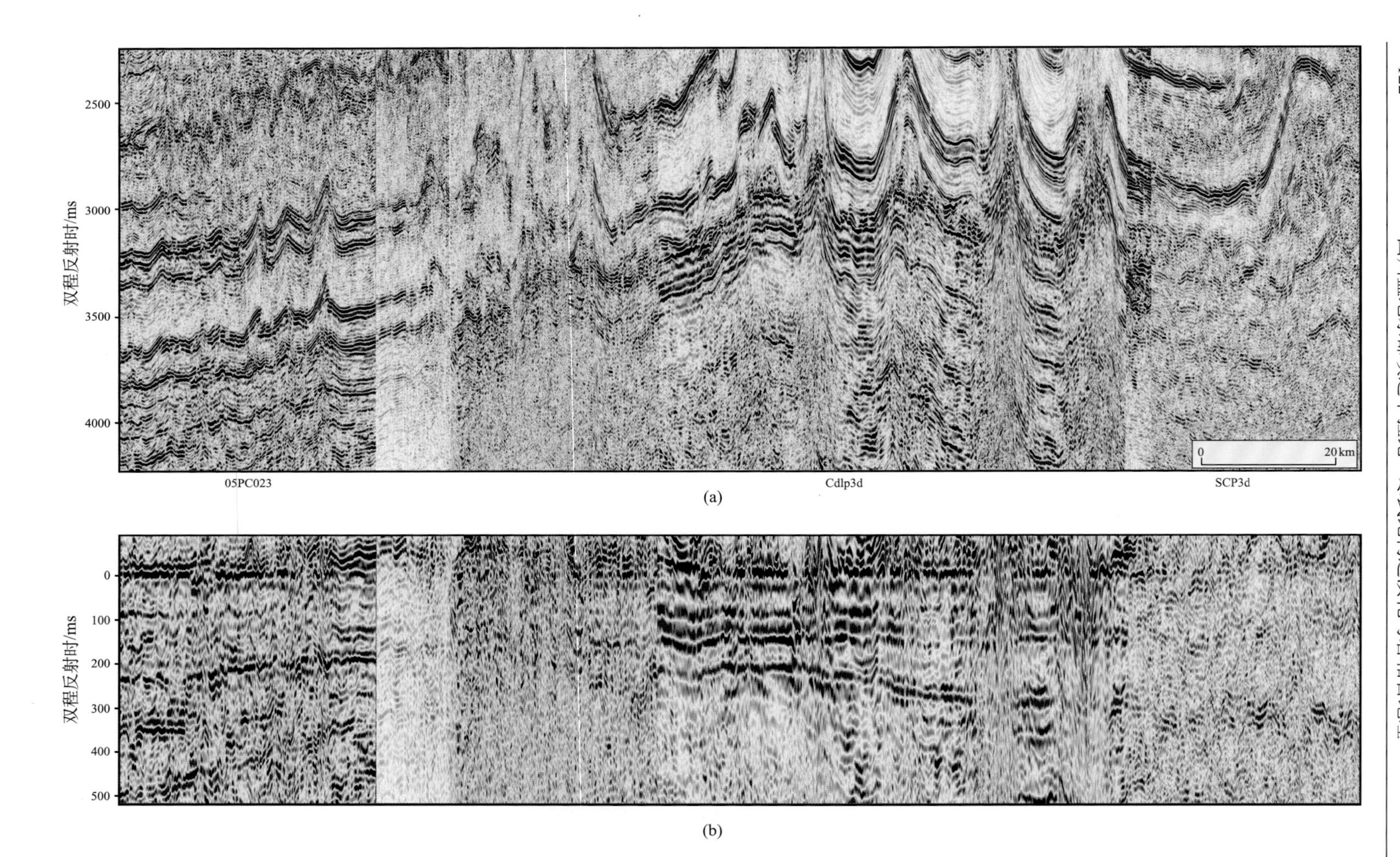

图 3.17　北西-南东向原始与层拉平地震剖面 G-H

剖面位置见图 3.10。（a）原始地震剖面；（b）陡坡寺组底拉平地震剖面

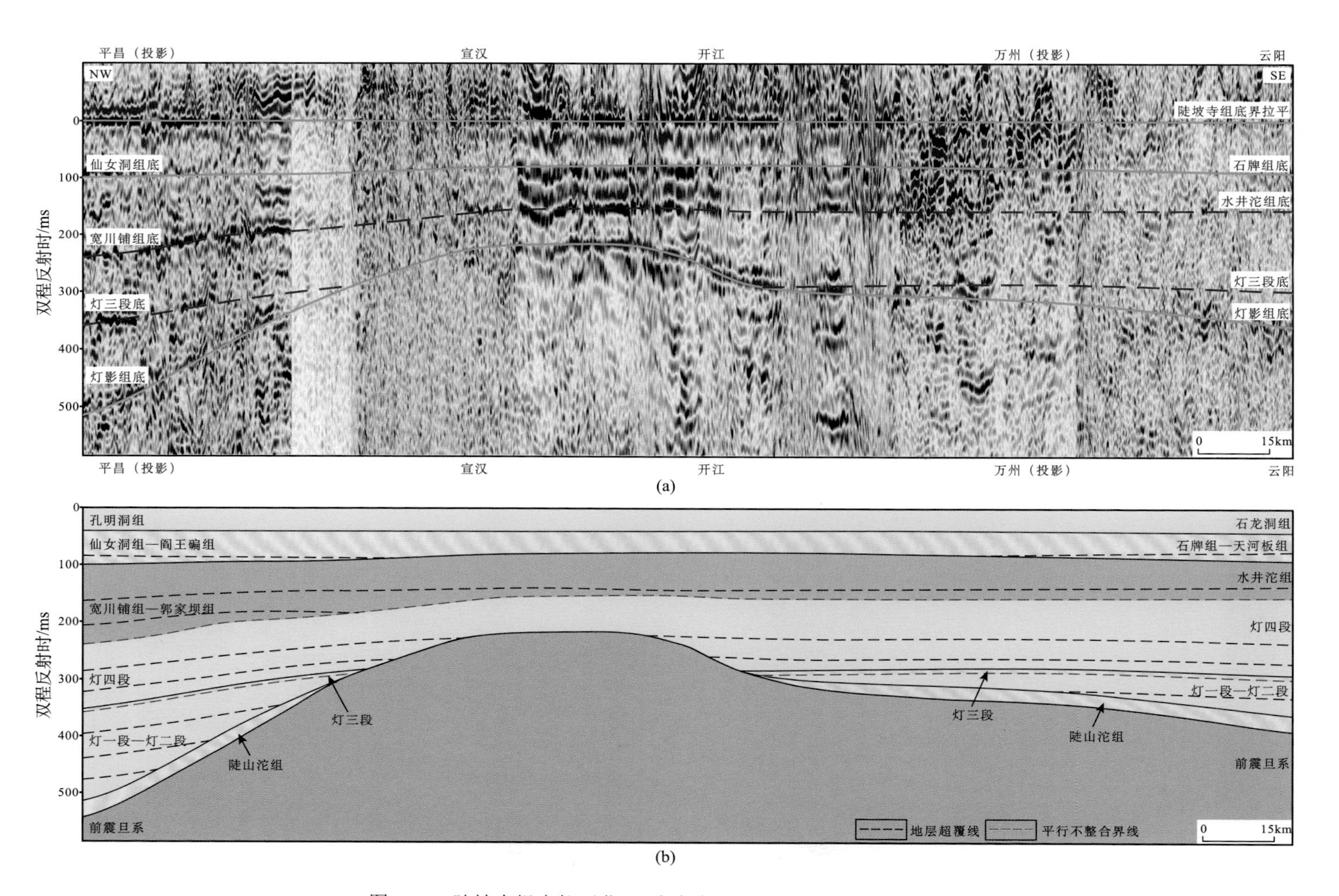

图 3.18　陡坡寺组底拉平北西-南东向 G-H 地震地质剖面图

剖面位置见图 3.10。（a）地震解释剖面；（b）地质解释剖面

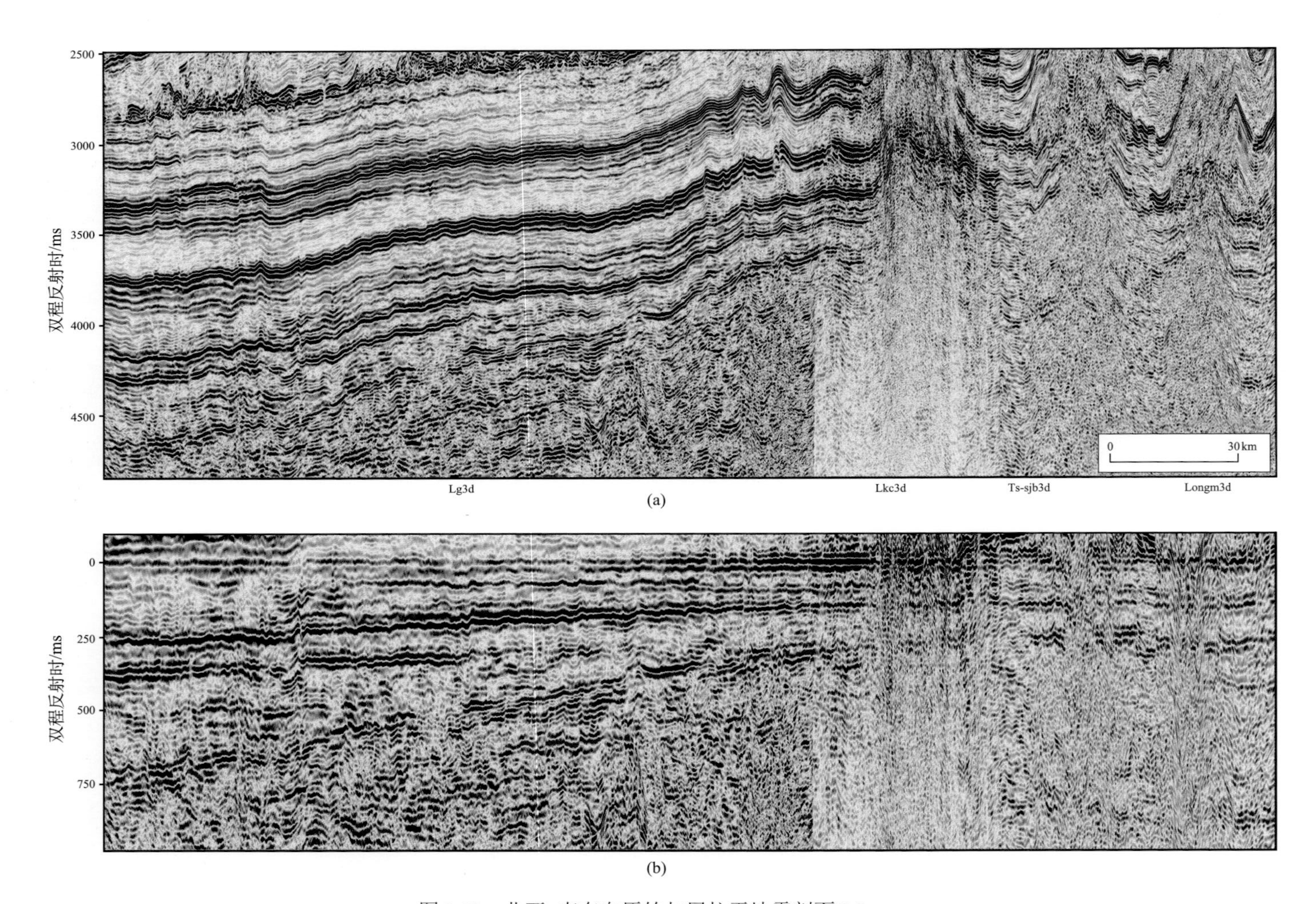

图 3.19　北西–南东向原始与层拉平地震剖面 I-J

剖面位置见图 3.10。（a）原始地震剖面；（b）陡坡寺组底拉平地震剖面

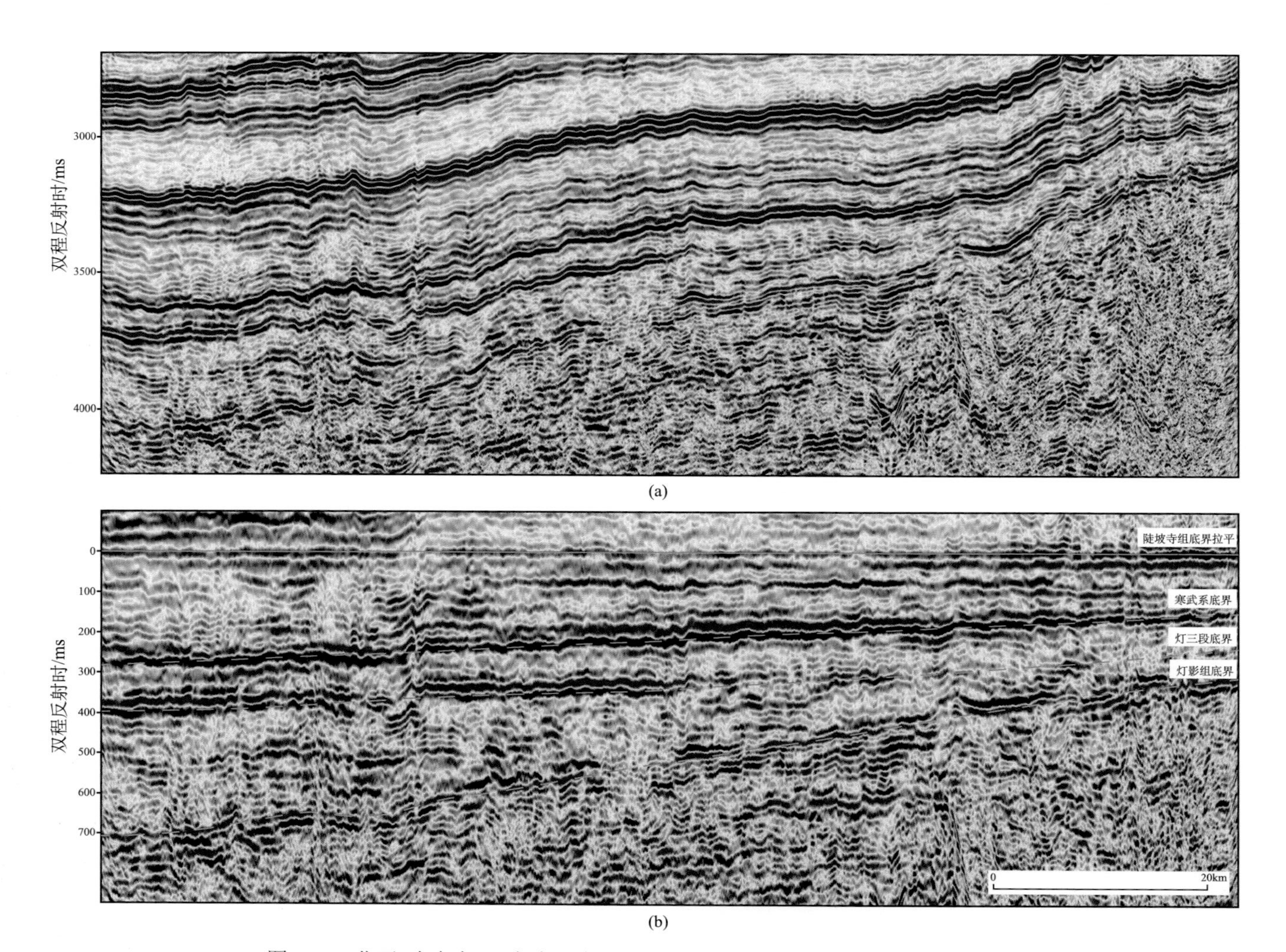

图 3.20　北西-南东向 I-J 龙岗三维段（Lg3d）原始与层拉平地震剖面

剖面位置见图 3.10、图 3.19。（a）原始地震剖面；（b）陡坡寺组底拉平地震剖面

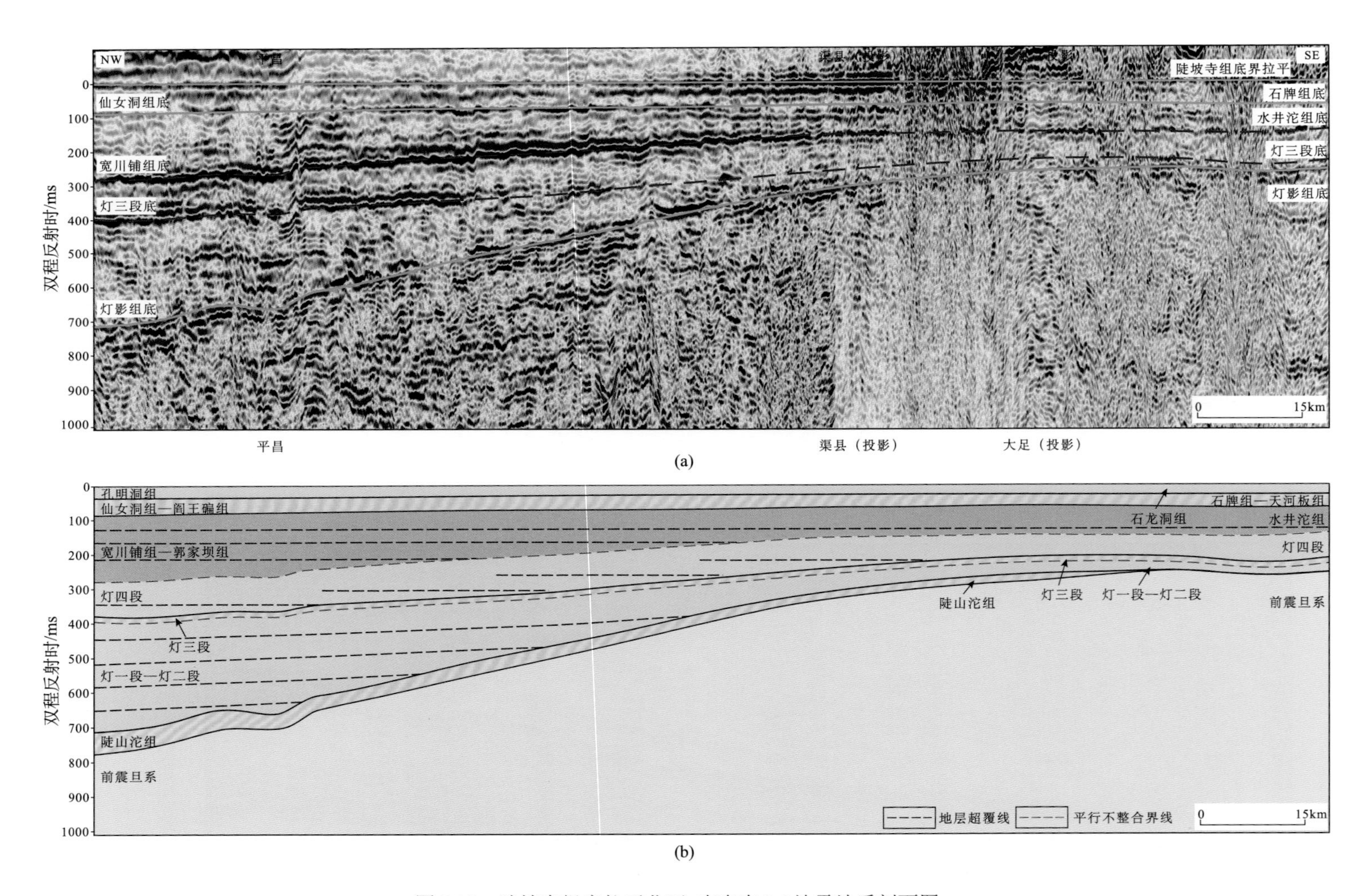

图 3.21　陡坡寺组底拉平北西-南东向 I-J 地震地质剖面图

剖面位置见图 3.10。（a）地震解释剖面；（b）地质解释剖面

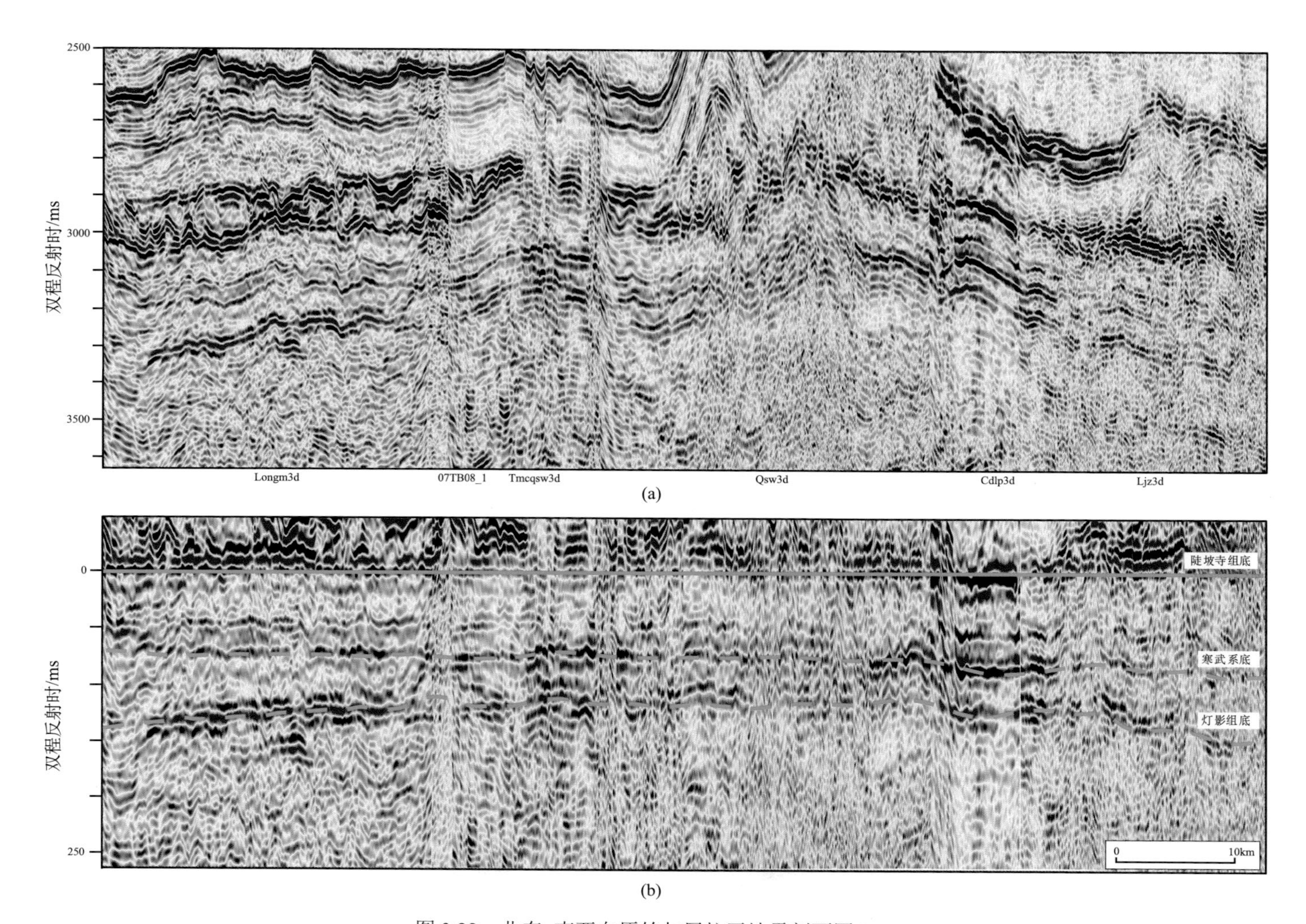

图 3.22　北东-南西向原始与层拉平地震剖面图 K-L

剖面位置见图 3.10。（a）原始地震剖面；（b）解释地震剖面

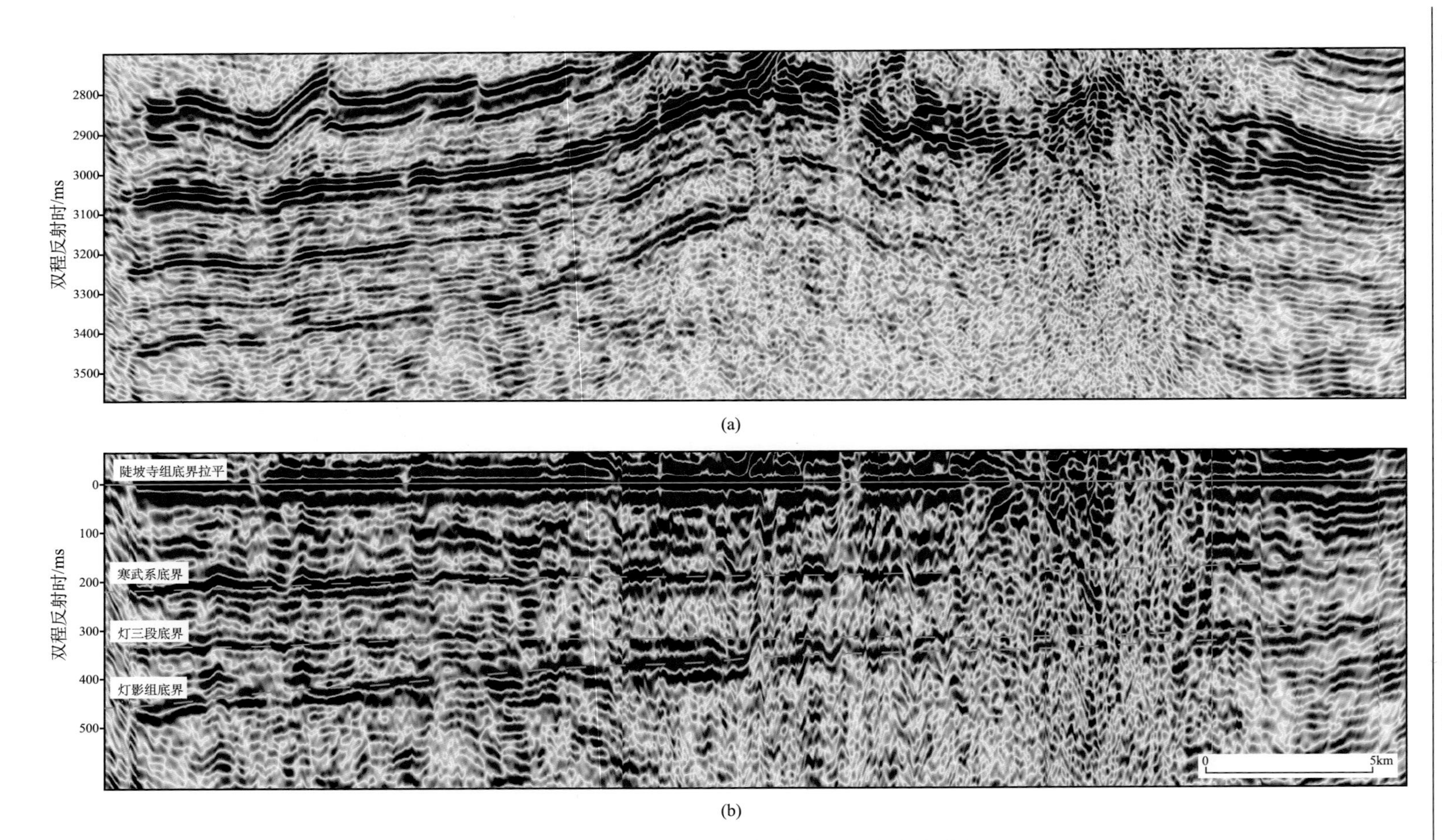

图 3.23　龙会场三维北西-南东向 M-N 地震剖面图

剖面位置见图 3.10。（a）原始地震剖面；（b）陡坡寺组底拉平剖面

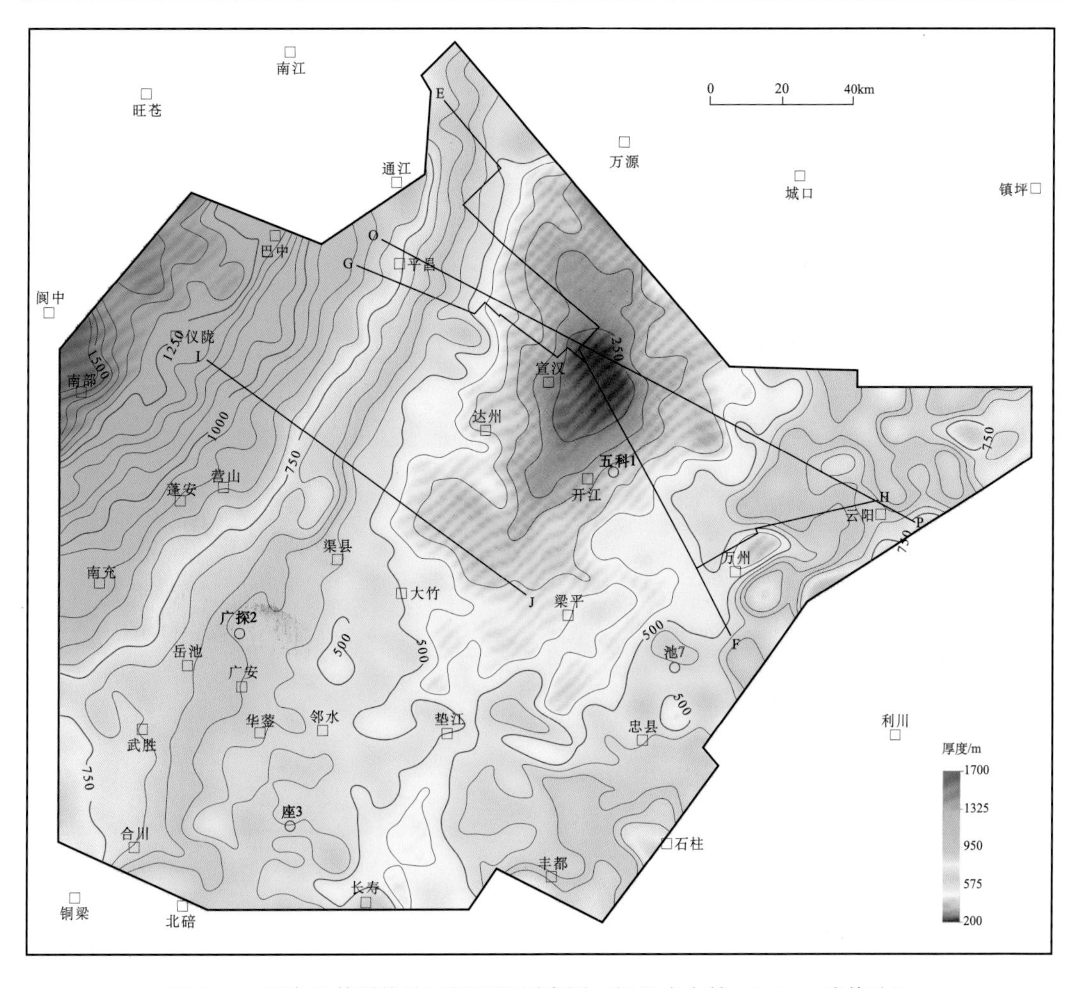

图 3.24 川东及其周缘地区灯影组厚度图（据谷志东等，2016，略修改）

（三）野外露头间接依据

海相碳酸盐岩沉积地层中碎屑岩的发育表明周缘有陆源碎屑的供给，也间接揭示周缘发育古陆、岛屿或古隆起。川东北缘大巴山造山带在灯一段、灯二段碳酸盐岩地层中见陆源碎屑岩，灯三段普遍为一套碎屑岩沉积建造，说明在该时期有陆源碎屑供给（图 3.25）。地震剖面显示灯影组沉积早期，“宣汉-开江隆起”露出水面没有接受沉积而是陆源碎屑供给的剥蚀区（图 3.13～图 3.21），基于地震资料分析该剥蚀区面积至少 5000km^2，如考虑北大巴山逆冲推覆距离，该剥蚀区距离露头剖面约 100km，完全可以为大巴山造山带露头区提供陆源碎屑供给。位于“宣汉-开江隆起”和“汉南古陆”之间通江地区地震剖面显示灯影组由西向东超覆沉积，揭示灯影组沉积期该区具西低东高的古构造背景（图 3.26、图 3.27），表明“宣汉-开江隆起”与“汉南古陆”之间发育水体略深的沉积区，也表明“宣汉-开江隆起”与“汉南古陆”在该时期相互分隔（图 3.28），间接指示大巴山造山带的陆源碎屑来源于“宣汉-开江隆起”，进一步证实“宣汉-开江隆起”的发育。

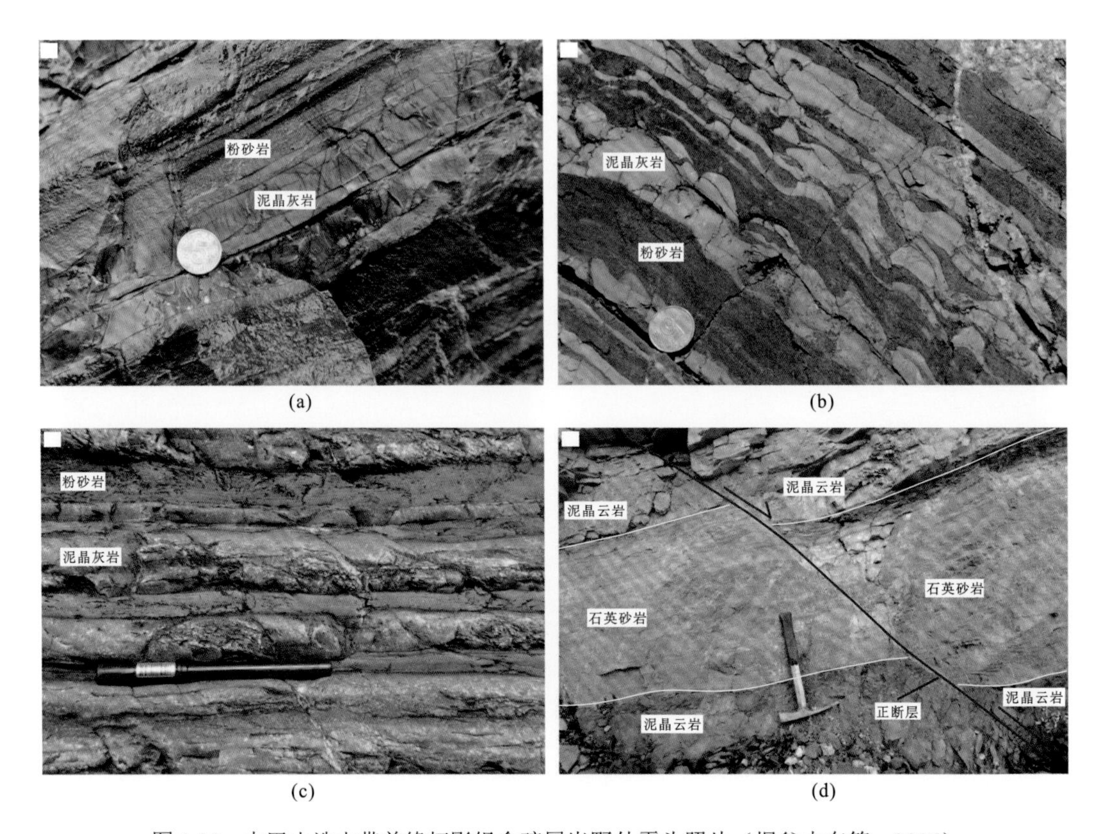

(a)　(b)　(c)　(d)

图 3.25　大巴山造山带前缘灯影组含碎屑岩野外露头照片（据谷志东等，2016）

（a）紫阳落人洞灯一段泥晶灰岩与粉砂岩；（b）城口高燕灯一段泥晶灰岩与粉砂岩互层；（c）城口岚天灯一段泥晶灰岩与粉砂岩互层；（d）巫溪土城和平村灯三段石英砂岩

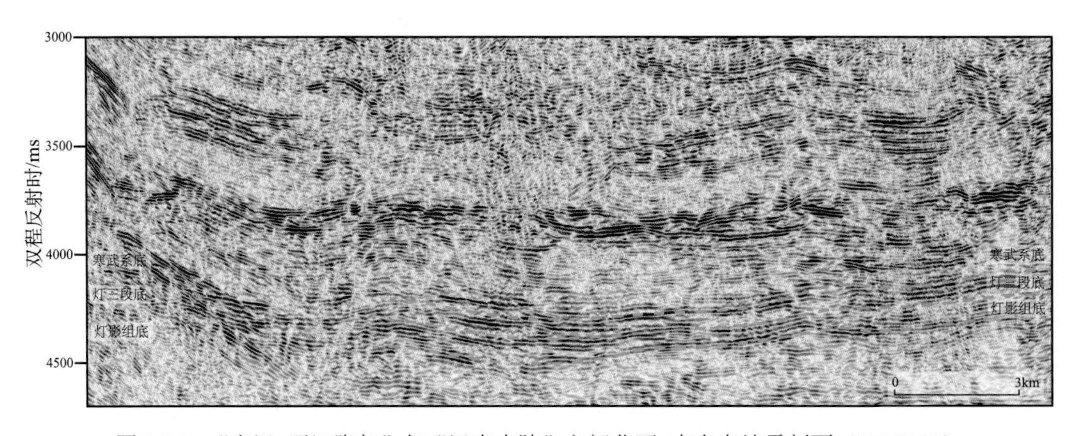

图 3.26　“宣汉-开江隆起”与“汉南古陆”之间北西-南东向地震剖面（01MD09）

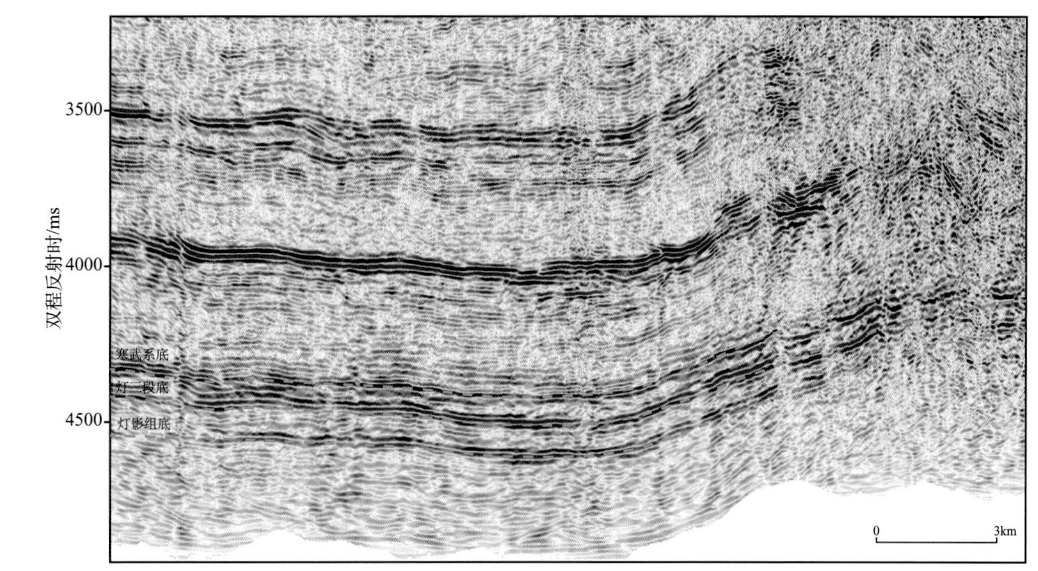

图 3.27 “宣汉-开江隆起”与“汉南古陆”之间北东-南西向地震剖面（01MD03）

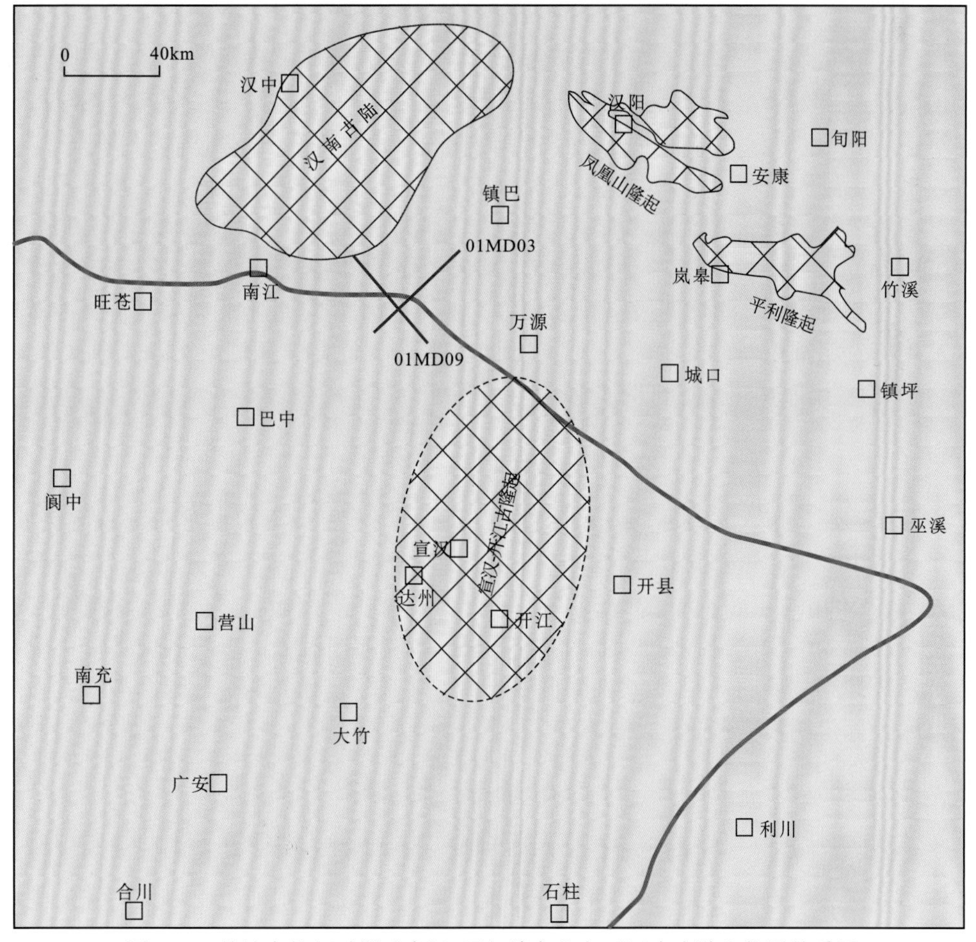

图 3.28 埃迪卡拉纪时期“宣汉-开江隆起”与“汉南古陆”位置关系图

二、“宣汉-开江隆起”的发育特征

（一）发育时期

“宣汉-开江隆起”是四川盆地内形成早、规模大的隆起构造，地震大剖面显示该隆起在前埃迪卡拉纪即已形成，是受基底隆升控制的大型隆起（图 3.11、图 3.12）。陡山沱组沉积期，受基底隆起控制，“宣汉-开江隆起”的核部缺失陡山沱组下部地层，而向古隆起周缘陡山沱组厚度逐渐增加；灯影组沉积早期，“宣汉-开江隆起”继承发育，灯一段、灯二段由古隆起斜坡向核部超覆沉积，地层厚度由斜坡向核部逐渐减薄；灯影组沉积晚期，“宣汉-开江隆起”发育略有减弱，灯三段、灯四段向古隆起核部超覆沉积；寒武纪早期，古隆起发育仍很明显，可见地层超覆沉积与厚度变化；至寒武纪孔明洞组（石龙洞组）沉积期，古隆起发育逐渐减弱，仅有微弱显示；至陡坡寺组（覃家庙组）沉积期，古隆起彻底消亡，盆地内沉积了一套含膏盐岩的红色地层。

（二）平面展布特征

“宣汉-开江隆起”平面展布近似窟窿状、呈南北向延伸，核部位于宣汉-开江地区。基于地震资料与野外露头地层发育情况，编制出灯三段沉积前、寒武系郭家坝组沉积前古地质图。灯三段沉积前古地质图显示“宣汉-开江隆起”核部出露南华系而缺失灯一段、灯二段沉积，推测南华系出露面积达 5000km^2，呈南北向展布；由南华系向周缘陡山沱组、灯一段、灯二段厚度逐渐增加，其西侧增加至 1000m 以上，东侧增加至 400m 以上[图 3.29（a）]。寒武系郭家坝组沉积前古地质图显示“宣汉-开江隆起”核部出露灯四段而缺失宽川铺组，推测灯四段出露面积约 1.6×10^4km^2，呈近南北向展布；由古隆起核部向其周缘宽川铺组与郭家坝组（水井沱组）厚度逐渐增加，西侧由 250m 增加至 450m 以上，东侧增加至 265m 以上[图 3.29（b）]。

（三）纵向发育特征

“宣汉-开江隆起”纵向可划分为三部分，即核部平台区、西侧陡坡带与东侧缓坡带。核部平台区位于隆起核部宣汉-开江地区，灯影组与寒武系下部厚度变化小，主要表现为一南北长约 50km、东西宽约 30km 的平台；西侧陡坡带灯一段、灯二段沉积期地层坡度约 2°，表现为陡山沱组、灯影组、寒武系下部地层超覆沉积；东侧缓坡带灯一段、灯二段沉积期地层坡度约 0.5°，比西侧陡坡带明显变缓，陡山沱组、灯影组与寒武系下部地层厚度比西侧明显变薄[图 3.28（c）]。

（四）隆起性质

“宣汉-开江隆起”在形成演化不同阶段表现为不同的属性，兼具剥蚀型与沉积型隆起的性质。灯影组沉积早期主要为水上隆起，隆起核部露出水面遭受风化剥蚀，是周围陆源碎屑的供给区，表现为剥蚀型隆起；灯影组沉积晚期—寒武纪早期由水上隆起逐渐转为水下隆起，隆起浸没于水面之下接受沉积，表现为沉积型隆起（图 3.29）。

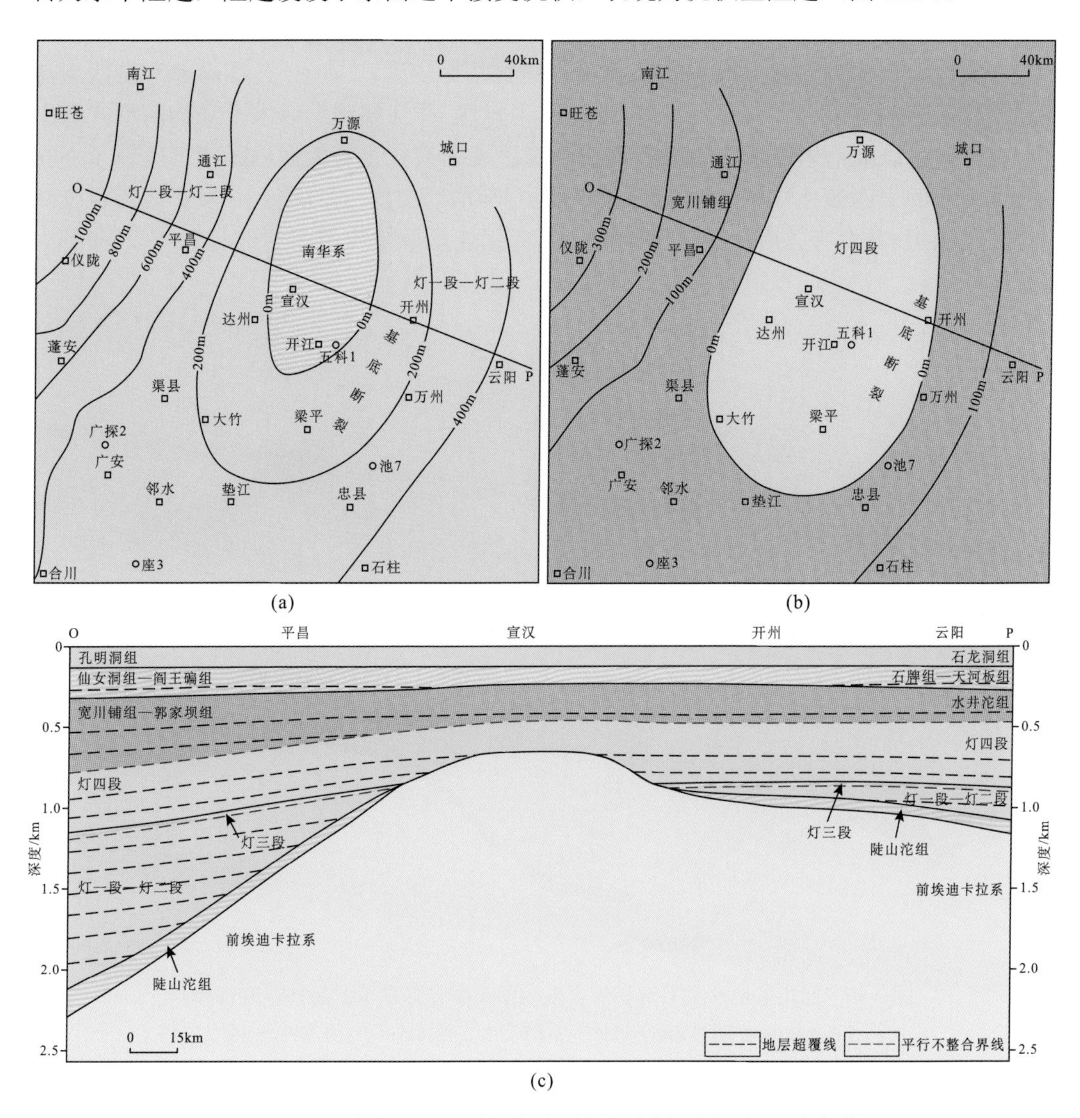

图 3.29　“宣汉-开江隆起”不同时期古地质与纵向剖面图（据谷志东等，2016）

（a）灯三段沉积前古地质与灯一段、灯二段厚度叠合图；（b）寒武系郭家坝组沉积前古地质与宽川铺组厚度叠合图；（c）“宣汉-开江隆起”纵向剖面地质图

三、“宣汉-开江隆起”的形成演化

（一）平面演化特征

从四川盆地范围分析“宣汉-开江隆起”的平面演化，可进一步揭示克拉通盆地宏观演化规律。以地震资料为主，地震资料未覆盖的局部地区参考野外露头与钻井资料，对全盆地范围的灯影组厚度进行平面成图。隆起与克拉通内拗槽灯影组的厚度均较薄，前

者是由于可容纳空间较低，后者则是由于欠补偿沉积。因此，为反映其构造沉积内涵，引用基准面概念将残厚法与印模法相结合，应用灯影组残余厚度及上覆地层厚度恢复了寒武系沉积前古地貌形态（图 3.30）。埃迪卡拉纪灯影峡期，“宣汉-开江隆起”是四川盆地内隆起最高的地区，尤其在灯影峡期早期，“宣汉-开江隆起”以水上岛屿的形式露出水面没有接受碳酸盐岩沉积，由隆起向川中地区逐渐演化为克拉通内拗槽，呈现了克拉通盆地完整的平面演化序列（图 3.30）；寒武纪早期，“宣汉-开江隆起”发育规模逐渐减小，而“乐山-龙女寺古隆起”逐渐发育，两者相连呈现横跨四川盆地北东-南西向的大型正向构造。

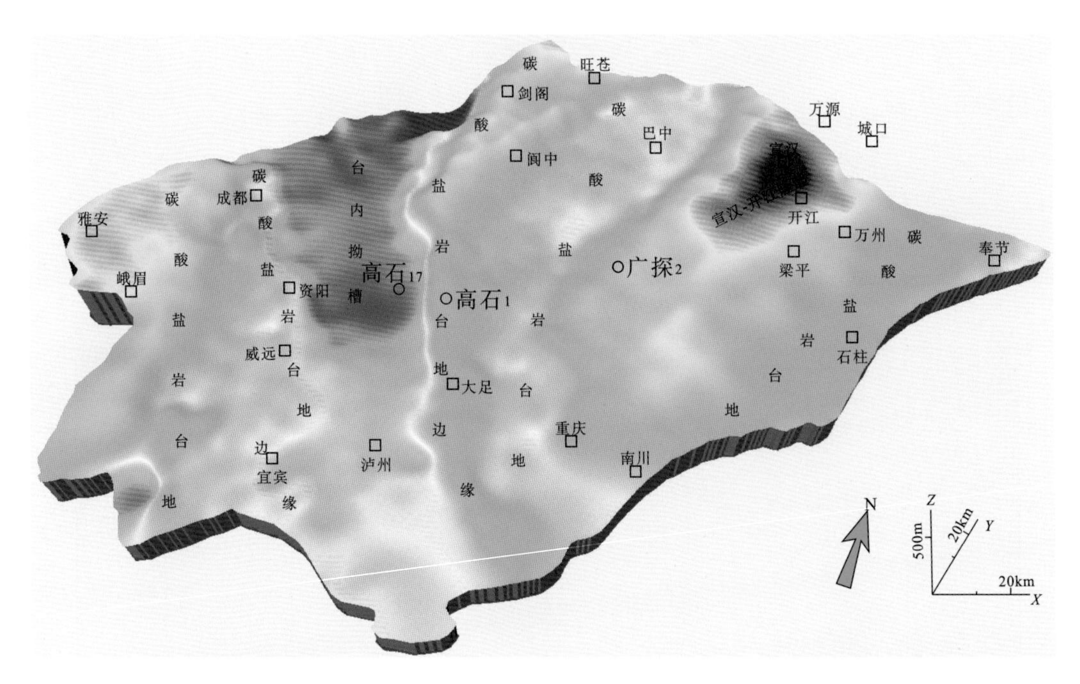

图 3.30　四川盆地寒武系沉积前古地貌图（据谷志东等，2016，略修改）

色调越暖代表距基准面越浅或位于基准面之上，色调越冷代表距基准面越深

（二）纵向演化特征

“宣汉-开江隆起”纵向演化经历了由水上剥蚀型隆起向水下沉积型隆起的演变特征。灯影峡期早期，“宣汉-开江隆起”表现为水上剥蚀型古隆起，古隆起核部缺失陡山沱组、灯一段、灯二段，陡山沱组、灯一段、灯二段由周缘向古隆起核部超覆沉积[图 3.31（a）]；灯影峡期晚期，“宣汉-开江隆起”由水上剥蚀型隆起逐渐转为水下沉积型隆起，隆起核部缺失灯三段与灯四段下部地层，灯四段上部沉积时，隆起完全浸没于水下接受碳酸盐岩沉积[图 3.31（b）]；寒武纪早期，“宣汉-开江隆起”主要表现为水下沉积型隆起，寒武系下部地层由周缘向隆起核部超覆沉积，至黔东世末期隆起彻底消亡[图 3.31（c）]。

“宣汉-开江隆起”是在前埃迪卡拉纪基底隆升的基础上形成的大型隆起，受埃迪卡拉纪—寒武纪区域抬升运动影响（谷志东等，2014），“宣汉-开江隆起”于埃迪卡拉纪—

寒武纪继承发育。

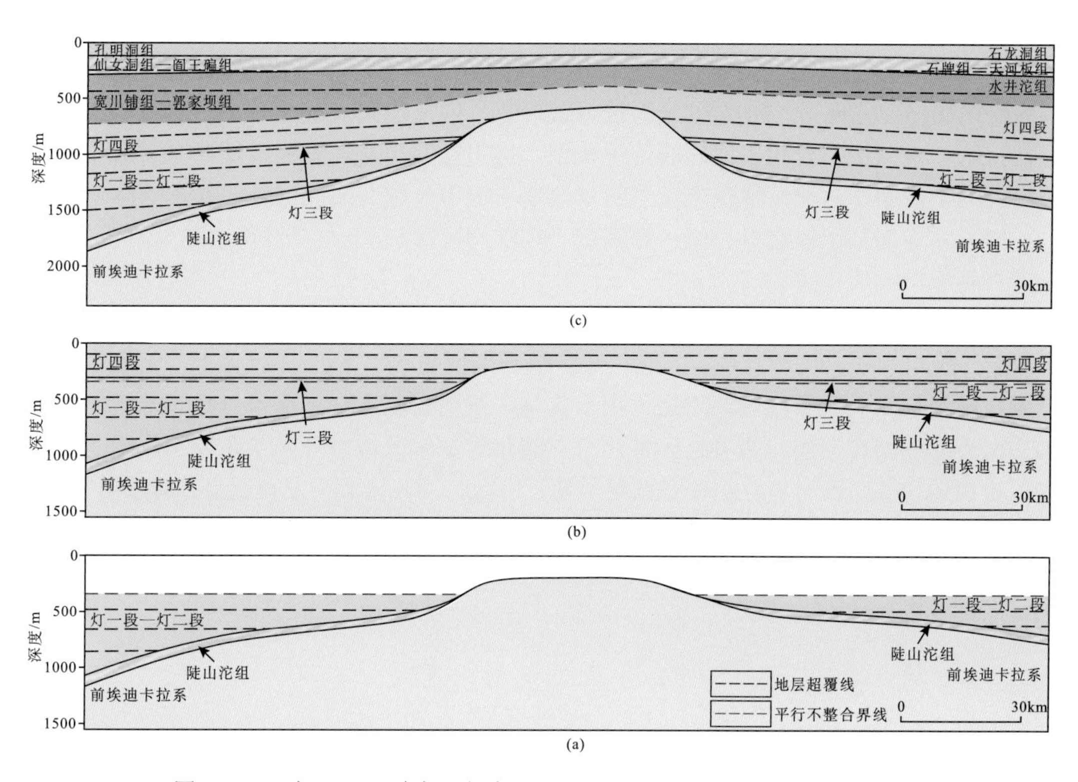

图 3.31　“宣汉-开江隆起”纵向演化剖面示意图（据谷志东等，2016）

四、“宣汉-开江隆起”的发现意义

（一）地 质 意 义

“宣汉-开江隆起”的发现有 3 个方面的地质意义：

（1）对米仓山、大巴山地区埃迪卡拉纪—寒武纪地层缺失、超覆及差异变化的原因进行了合理解释。

米仓山、大巴山地区埃迪卡拉纪—寒武纪存在明显的地层缺失，米仓山发生于埃迪卡拉系灯影组与寒武系宽川铺组、宽川铺组与郭家坝组之间，大巴山发生于埃迪卡拉系灯影组与寒武系水井沱组之间，成汉钧等称之为镇巴上升（成汉钧等，1992）。镇巴上升在米仓山、大巴山的响应及导致的海水进退尚不明确，前人认为米仓山、大巴山地层的差异变化是镇巴至万源一带存在的南北向隆起所致，如“司上海岛”、“镇巴-万源海脊”（李耀西等，1975）和“司上-万源隆起”（汪明洲和许安东，1987）等。“宣汉-开江隆起”的发现明确指出米仓山、大巴山之间发育自宣汉-开江地区延伸至万源、镇巴地区的隆起，其形成演化控制了埃迪卡拉纪—寒武纪地层缺失与超覆，隆起纵向结构的差异控制了米仓山、大巴山地层的差异变化。

（2）进一步揭示了四川盆地埃迪卡拉纪—寒武纪时期的隆拗格局。

“宣汉-开江隆起”发现之前，一般认为“乐山-龙女寺古隆起”（杨跃明等，2016）、“川中古隆起”（罗冰等，2015）和“高石梯-磨溪古隆起”（魏国齐等，2015）是四川盆地内形成最早、规模最大的古隆起，而把川东地区认为是上述古隆起的斜坡或拗陷区（魏国齐等，2015；马腾等，2016）。“宣汉-开江隆起”的发现改变了四川盆地埃迪卡拉纪—寒武纪这一古构造、岩相古地理的传统认识，指出在四川盆地东北部发育一个形成时期更早的大型隆起，这一发现也丰富了四川盆地埃迪卡拉纪—寒武纪时期的隆拗格局。

（3）初步揭示了埃迪卡拉纪—寒武纪“宣汉-开江隆起”与“汉南古陆”、“乐山-龙女寺古隆起”的演化关系。

“宣汉-开江隆起”、“汉南古陆”与“乐山-龙女寺古隆起”均是受基底隆升控制的早期隆起，既相互独立又相互依存。通江地区地震剖面显示“宣汉-开江隆起”由核部向北西侧灯影组、寒武系厚度逐渐增加，揭示其与“汉南古陆”在埃迪卡拉纪—寒武纪相互独立而没有联结在一起，两者之间被北东向的相对深水区域所分隔（图 3.26～图 3.28）。向四川盆地内部，埃迪卡拉纪—寒武纪早期，“宣汉-开江隆起”发育明显，而乐山-龙女寺古隆起发育微弱；至黔东世中晚期，“宣汉-开江隆起”发育逐渐减弱，而“乐山-龙女寺古隆起”发育逐渐增加，呈现了由“宣汉-开江隆起”向“乐山-龙女寺古隆起”迁移的平面演化规律。

（二）天然气勘探意义

隆起指盆地形成演化过程中某一地质历史阶段的正向构造（何登发等，2008）。克拉通盆地发育于稳定、相对厚层大陆岩石圈之上（Sloss and Speed，1974），形成演化过程中由于多期的幕式隆升与沉降而形成多期隆起（Sloss，1963，1988；Dickinson，1974；Petters，1979；Leighton et al.，1990；Armitage and Allen，2010）。克拉通盆地隆起及其斜坡区是油气富集的主要区域，也是油气勘探的重要领域与方向，隆起的研究具有重要意义（汤显明和惠斌耀，1993；冉启贵等，1997；邱中建等，1998；赵文智等，2002；赵靖舟等，2007；邓昆等，2011）。全球范围的克拉通盆地隆起区均获得了重要发现，如俄罗斯东西伯利亚、北美的二叠系盆地、欧洲的北海、北非的伊利兹和澳大利亚的库柏盆地等（邱中建等，1998；赵文智等，2002；翟光明和何文渊，2005）。我国四川盆地的乐山-龙女寺古隆起（宋文海，1996）、开江古隆起（韩克猷，1995）、泸州古隆起（安作相，1996），塔里木盆地的塔中古隆起（赵靖舟等，2007），鄂尔多斯盆地的中央古隆起（汤显明和惠斌耀，1993；邓昆等，2011）也都获得了重大发现。

隆起及其斜坡区有利于海相碳酸盐岩高能沉积相带的分布（Leighton et al.，1990；冉启贵等，1997；林畅松等，2009），隆起演化过程中形成的不整合面有利于岩溶风化壳储层的发育（汤显明和惠斌耀，1993；冉启贵等，1997），隆起及其斜坡区有利于构造、岩性地层等各种圈闭的发育（Leighton et al.，1990；汤显明和惠斌耀，1993），是油气运聚的主要指向区（赵文智等，2002；何登发等，2008）。

水下隆起控制的高能沉积环境是微生物丘、颗粒滩等高能沉积相带形成的基础，隆起演化过程中形成的不整合面有利于岩溶风化壳储层的发育，因此，克拉通盆地隆起及其斜坡区有利于海相碳酸盐岩高能沉积相带与岩溶风化壳储层的发育。

灯一段、灯二段沉积期，“宣汉-开江隆起”核部平台区主要表现为水上隆起，没有接受沉积而成为剥蚀区，向其周缘分别为滨岸相沉积、台地相、台地边缘、斜坡与盆地相沉积。灯三段、灯四段沉积期，“宣汉-开江隆起”由水上隆起逐渐转为水下隆起，隆起核部平台区及其周缘斜坡区有利于高能丘滩体的形成，灯影组顶部与寒武系之间的不整合面也有利于岩溶风化壳储层的发育[图 3.31（b）]。孔明洞组（石龙洞组）沉积期，虽然“宣汉-开江隆起”发育规模逐渐减小，但受基底隆起形成的微古地貌高带仍控制着高能颗粒滩体的形成，在隆起及其斜坡区发育大面积展布的颗粒滩相储集层[图 3.31（c）]。

“宣汉-开江隆起”及其斜坡区有利于灯影组、孔明洞组高能沉积相带与岩溶风化壳储层的发育，而寒武系陡坡寺组（覃家庙组）发育区域性展布膏盐岩封盖层，盐下发育成排成带大面积的构造圈闭（谷志东等，2015），且隆起紧邻周缘生烃拗陷，因此，川东地区应以隆起及其斜坡区作为重要战略接替领域加强勘探，一旦突破将实现规模增储上产，具有重要的勘探意义。

第四章　寒武系蒸发岩特征

蒸发岩的形成、分布与板块古构造环境、古气候条件密切相关，一般赤道附近低纬度地区、干旱炎热气候条件有利于蒸发岩的形成。古地磁恢复、板块重构显示寒武纪扬子地块漂移至赤道附近，具备了蒸发岩形成的良好地质条件。寒武系含盐盆地在全球广泛分布（Alvaro et al.，2000；Kovalevych et al.，2006；Smith，2012；Wang et al.，2013），东西伯利亚地台与阿曼南部含盐盆地寒武系蒸发岩之下发现了全球最古老的含油气系统（Grishina et al.，1998；Schroder et al.，2003，2005；Petrychenko et al.，2005；Schoenherr et al.，2007；Kukla et al.，2011），中国塔里木盆地寒武系盐下也展现了良好的油气勘探前景（吕修祥等，2009）。因此，研究四川盆地寒武系蒸发岩的发育特征具有重要的理论意义与勘探价值。

第一节　蒸发岩发育地质背景

寒武纪时期，四川盆地所在的扬子地块位于冈瓦纳超级大陆的北缘，处于低纬度地带，该时期也是冈瓦纳超级大陆拼合的主要时期，受该期构造运动影响，扬子地块西缘发生隆升，四川盆地形成西高东低的古构造格局，相对拗陷区域受周缘障壁影响而具备蒸发岩发育的地质条件。

一、古构造背景

古板块恢复结果显示寒武纪黔东世都匀期（石龙洞组沉积期）与苗岭世台江期（陡坡寺组沉积期），华南克拉通位于东冈瓦纳超级大陆的西北缘，处于低纬度地带（赤道至南纬 30° 之间）。东冈瓦纳超级大陆的西北缘处于温暖、干旱气候条件，东冈瓦纳北缘区域上形成巨量的蒸发岩省（图 4.1）。东西伯利亚、印度-伊朗-阿曼-巴基斯坦等地区以及中国上扬子地块、华北地块和塔里木地块在寒武纪时古纬度位于赤道附近的中低纬度带，气候炎热干燥，有利于盐类沉积。

寒武纪时期也是冈瓦纳超级大陆拼合的主要时期，上扬子地块的西缘受该期板块拼合影响而结束埃迪卡拉纪被动边缘的特征，而转变为主动边缘，逐渐发生隆升，形成了四川盆地西高东低的古构造格局。石龙洞组沉积期（川中地区相应为龙王庙组），川中地区龙王庙组发育厚层颗粒滩碳酸盐岩沉积，而向南东方向上扬子地块与华夏地块过渡区域，碳酸盐岩台地逐渐过渡为台地边缘、斜坡、盆地相沉积，台地边缘易于发育颗粒滩等障壁高能相带。在川东颗粒滩与上扬子东南缘障壁之间相对地势低洼区域易于发育蒸发岩。至覃家庙组沉积期，气候更加炎热、干旱，四川盆地内整体沉积一套以紫红色泥岩、白云岩、蒸发岩等为主的沉积序列，蒸发岩的发育更加广泛。

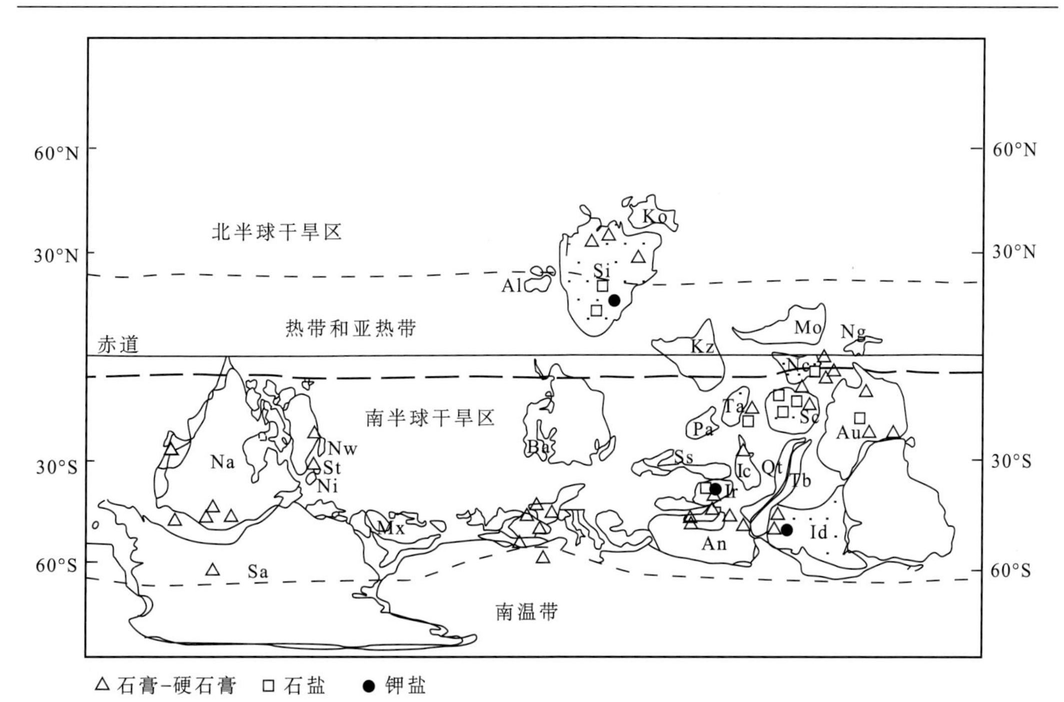

图 4.1 寒武纪板块恢复与石膏、岩盐全球分布图（据 Wang et al.，2013）

Au. 澳大利亚；Al. 阿拉斯加；An. 南极洲；Ba. 波罗的海；Ko. 科雷马；Kz. 哈萨克斯坦；Ic. 印支地块；Id. 印度；Ir. 伊朗；Mo. 蒙古国；Mx. 墨西哥；Na. 北美；Nc. 华北；Ng. 新几内亚；Nw. 挪威；Ni. 北爱尔兰；Pa. 帕米尔；Qt. 羌塘；Sa. 南美；Sc. 华南；Si. 西伯利亚；Ss. 中国云南、缅甸、马来西亚和苏门答腊；St. 苏格兰；Ta. 塔里木；Tb. 中国西藏

寒武系蒸发岩不仅在四川盆地分布，在全球其他盆地也广泛分布，但分布的层位多低于四川盆地，主要发育于纽芬兰统，甚至发育于埃迪卡拉系与拉伸系。其中，澳大利亚、中国华北地块蒸发岩发育最早，始于太古宙；新元古代也有蒸发岩广泛分布，如中国上扬子地块震旦系灯影组、澳大利亚 Callanna 群盐底辟构造、西伯利亚达尼洛夫组；东西伯利亚托莫特阶、阿曼南部盐盆 Ara 群、澳大利亚 Hawker 群底部蒸发岩发育；寒武系上部也有少量蒸发岩分布，如东西伯利亚 Litvintsevo 组、塔里木地块阿瓦塔格组等（图 4.2）。

二、全球寒武系蒸发岩分布

寒武系蒸发岩分布广泛，在世界范围内都有分布，尤其是亚洲地区，形成巨厚的蒸发岩沉积（图 4.3）。全球寒武系含盐岩系主要分布在俄罗斯东西伯利亚、印度、伊朗、巴基斯坦、阿曼和中国（表 4.1）。东西伯利亚、印度、伊朗、巴基斯坦和阿曼等区域蒸发岩的分布层位主要集中于寒武系下部，统一受控于寒武纪时期的古构造与古气候条件影响（表 4.1）（Wang et al.，2013）。

上扬子地块寒武系蒸发岩主要分布于重庆、四川、云南与贵州等地，纵向主要分布于黔东统都匀阶与苗岭统乌溜阶。重庆城口-巫溪等地区蒸发岩主要发育于苗岭统乌溜阶“覃家庙组”，四川盆地南部蒸发岩主要发育于黔东统都匀阶“清虚洞组”和苗岭统乌溜阶“石冷水组”，云南地区蒸发岩主要发育于黔东统都匀阶“清虚洞组”，贵州地区蒸发岩主要发育于苗岭统乌溜阶“石冷水组”（表 4.2）（Wang et al.，2013）。

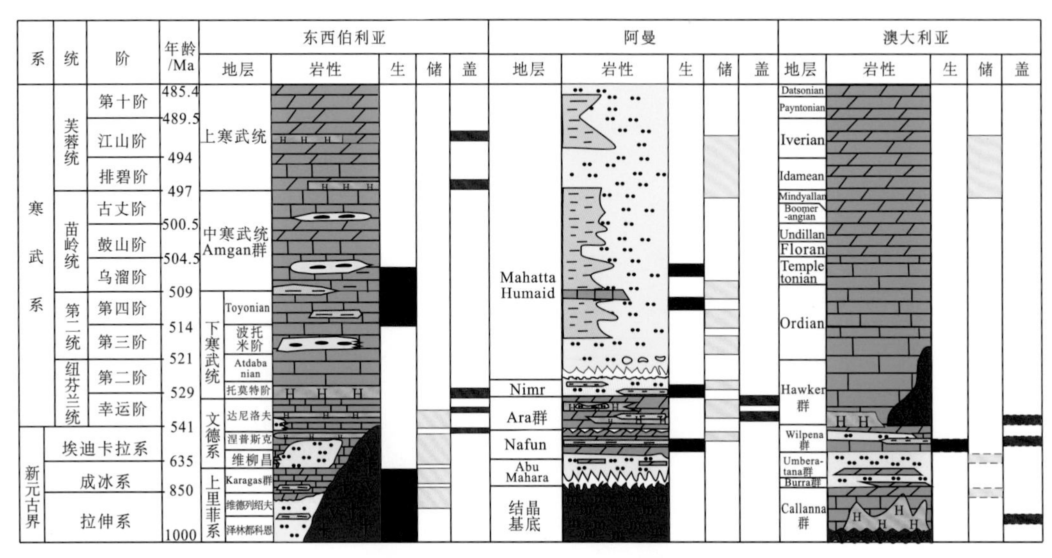

图 4.2　西伯利亚-阿曼-澳大利亚寒武纪—新元古界蒸发岩发育层位综合对比图

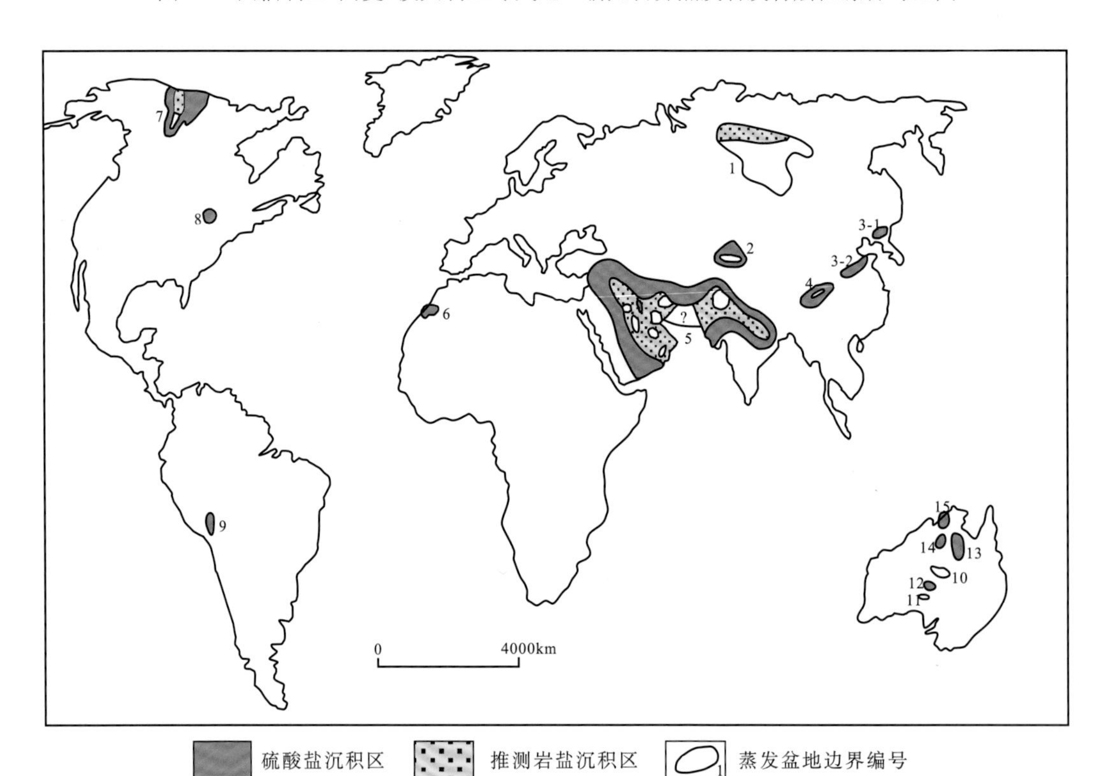

图 4.3　全球寒武纪蒸发岩分布图（据 Wang et al.，2013，修改）

1. 东西伯利亚；2. 塔里木地块；3. 华北地块；4. 扬子地块；5. 伊朗-印度-巴基斯坦-阿曼；6. Anti-Atlas；7. Mackenzie；8. Michigan；9. Cis-Andes；10. Amadeus；11. Arckaringa；12. Officer；13. Georgina；14. Wiso；15. Daly River

中国塔里木盆地和鄂尔多斯盆地寒武系蒸发岩发育层段略低于上扬子地块，塔里木盆地蒸发岩发育于肖尔布拉克组、吾松格尔组和沙依里克组，鄂尔多斯盆地蒸发岩主要发育于朱砂洞组和馒头组（表 4.1、表 4.2）（Wang et al.，2013）。

表 4.1　全球寒武纪含膏盐岩地层分布表（据 Wang et al.，2013）

时代与岩性	中国			俄罗斯	印度	伊朗	巴基斯坦	阿曼
	上扬子陆块（厚度以重庆地区为例）	塔里木陆块（厚度以巴楚隆起区为例）	华北陆块(厚度以河南为例)	东西伯利亚（厚度以Irkustk-Baikit为例）	拉贾斯坦	霍尔木兹	盐岭	厚度以阿曼南部盆地为例
上覆地层	上寒武统(€$_3$)	上寒武统(€$_3$)	上寒武统(€$_3$)	上寒武统(€$_3$)	二叠-石炭系（P-C）	上寒武统(€$_3$)	上寒武统(€$_3$)	上寒武统(€$_3$)
中寒武统(€$_2$)	覃家庙组(约1300m)：岩盐、石膏、卤水白云岩、灰岩、砂岩	阿瓦塔格组(约300m)：岩盐、石膏、白云岩、灰岩 沙依里克组(约260m)：岩盐、石膏、白云岩、灰岩、砂岩	张夏组(50~280m)：灰岩、页岩、砂岩 徐庄组(25~200m)：灰岩、页岩、砂岩 毛庄组(110~160m)：灰岩、页岩、砂岩	Litvintsevo组(120m)：岩盐、白云岩	上碳酸盐组：碳酸盐岩 Nagaur组(75~500m)：砂泥岩、砂岩、泥岩	Soltanieh群：白云岩、页岩、砂泥岩、砂岩	Baghan-wala组：石盐假晶、页岩 Jutana组：白云岩、砂岩 Kussak组：页岩	Mahatta Hurnaid群：砂岩
下寒武统(€$_1$)	清虚洞组(约800m)：岩盐、石膏、白云岩、灰岩、砂岩 金顶山组(约500m)：白云岩、灰岩、砂岩 明心寺组(约600m)：白云岩、灰岩、砂岩 牛蹄塘组(约150m)：白云岩、灰岩	吾松格尔组(约70m)：石膏、白云岩、灰岩 肖尔布拉克组(180m)：岩盐、石膏、白云岩 玉尔吐斯组(50m)：白云岩	馒头组(46~49m)：石膏、石盐假晶、白云岩 朱砂洞组(36~293m)：石膏、白云岩、灰岩、砂岩 辛集组(14~68m)：白云岩、灰岩、砂岩	Angarskaya组(400~800m)：钾石盐、光卤石、岩盐、硬石膏、白云岩 Bulaiskaya组(50m)：白云岩 Belskaya组(450m)：岩盐、硬石膏、白云岩、砂岩 Usol'skaya组(680m)：钾石盐、岩盐、白云岩 Danilovo组：白云岩	Hanseran蒸发岩群(100~150m)：钾石盐、光卤石、岩盐、硬石膏、白云岩 Bilara群(100~600m)：白云岩、灰岩、泥岩 Jodhpur群(125~400m)：石盐假晶、页岩、白云岩、砂泥岩、砂岩	Hormuz组(900~2000m)：钾石盐、光卤石、岩盐、硬石膏、白云岩、页岩、砂泥岩、砂岩	Khewra组：砂岩 Salt Range组(>2100m)：钾石盐、光卤石、岩盐、石膏、白云岩、泥岩、砂岩	Nimr群：砂岩 Ara群(A$_4$~A$_6$，20~150m)：岩盐、白云岩
下覆地层	震旦系(Z)：岩盐、石膏、白云岩、灰岩、砂岩	震旦系(Z)	震旦系(Z)	前寒武系(Danilovo组下部)	新元古代：Malani火成岩套	埃迪卡拉系(Homuz组)：石盐、硬石膏、白云岩	Salt Range组：岩盐、石膏、白云岩、泥岩、砂岩	埃迪卡拉系(Ara群，A$_0$~A$_3$：20~100m)：岩盐、硬石膏、白云岩

表 4.2　中国寒武系含盐层系地层对比（据 Wang et al., 2013）

地层 统	地层 阶	扬子陆块 上扬子 重庆-建南（邻水-城口、巫溪）	扬子陆块 上扬子 四川（泸州、江津、永川）	扬子陆块 上扬子 云南（昆明、马龙、寻甸）	扬子陆块 上扬子 贵州（遵义、沿河、大方）	扬子陆块 中扬子 湖南（石门）	华北陆块 辽宁（本溪、灯塔、辽阳）	华北陆块 辽宁（大连）	华北陆块 吉林（通化）	华北陆块 河南（汝州、登封鲁山）	华北陆块 山东(淄博)	华北陆块 鄂尔多斯盆地西缘	塔里木陆块 巴楚、塔中、柯坪
上覆地层		南津关组 (O_1)	桐梓组 (O_1)	官邸组 (S_3)	桐梓组 (O_1)	南津关组 (O_1)	冶里组 (O_1)	冶里组 (O_1)	冶里组 (O_1)	三山子组	三山子组	三道坎组 (O_1)	蓬莱坝 (O_1)
上统	凤山阶	三游洞组：卤水	毛田组		毛田组	江坪组	炒米店组	炒米店组	炒米店组		炒米店组	阿不切亥组：石膏	下丘里塔格组
	长山阶		后坝组		后坝组		崮山组	崮山组	崮山组		崮山组		
	崮山阶	覃家庙组：石膏、卤水											
中统	张夏阶		平井组	双龙潭组	平井组	孔王溪组：石膏、石盐	张夏组	张夏组	张夏组	张夏组	张夏组	张夏组	阿瓦塔格组：石膏、石盐
	徐庄阶		石冷水组：石膏、石盐		石冷水组：石膏和假晶		馒头组：东京陵石膏矿	馒头组：石膏和盐类假晶	馒头组：东热石膏矿	馒头组：石膏和盐类假晶	馒头组：石膏和盐类假晶	呼鲁斯太组	
	毛庄阶		高台组	陡坡寺组	高台组	高台组：石膏和假晶						陶思沟组	沙依力克组:石膏
下统	龙王庙阶	石龙洞组 天河板组	清虚洞组：石膏、石盐	清虚洞组：石膏	清虚洞组	清虚洞组：石膏和假晶							吾松格尔组：石膏、石盐
	沧浪铺阶	石牌组	金顶山组	沧浪铺组	金顶山组	杷榔组	碱厂组：石膏和盐类假晶	昌平组 大林子组：石膏和盐类假晶 葛屯组	昌平组	朱砂洞组：辛集石膏矿	朱砂洞组：龙泉石膏矿	五道淌组 苏峪口组	
	筇竹寺阶	水井沱组	明心寺组	筇竹寺组	明心寺组				黑沟子组	辛集组	辛集组		肖尔布拉克组
	梅树村阶		牛蹄塘组		牛蹄塘组	木昌组							玉尔吐斯组
下伏地层		灯影组 (Z_2-$€_1$)	灯影组 (Z_2-$€_1$)	灯影组 (Z_2-$€_1$)	灯影组 (Z_2-$€_1$)	桥头组 (Z)	兴民村组 (Z)	青沟子组（Z）	罗圈组 (Z)	古元古代	正目观组 (Z)	奇格布拉克组 (Z_2-$€_1$)	

（一）西伯利亚寒武系蒸发岩分布

埃迪卡拉纪到寒武纪纽芬兰世东西伯利亚地台上广泛覆盖蒸发岩沉积，面积可达约 $200\times10^4km^2$。岩盐沉积位于贝加尔湖西北部，分布范围东边到 Lena 河、西边到 Yenisey 河、北部边界位于 Nizhnyaya Tunguska 河以北 250km（图 4.4）（Petrychenko et al.，2005）。东西伯利亚盆地南部、西部和中部埃迪卡拉系—寒武系纽芬兰统沉积序列厚度为 2.0～2.5km，东北部为 1.3～1.5km。前人据古地理资料计算认为埃迪卡拉系上段—寒武系纽芬兰统蒸发岩体积可达 $785000km^3$，可能为海相成因（Zharkov，1984）。

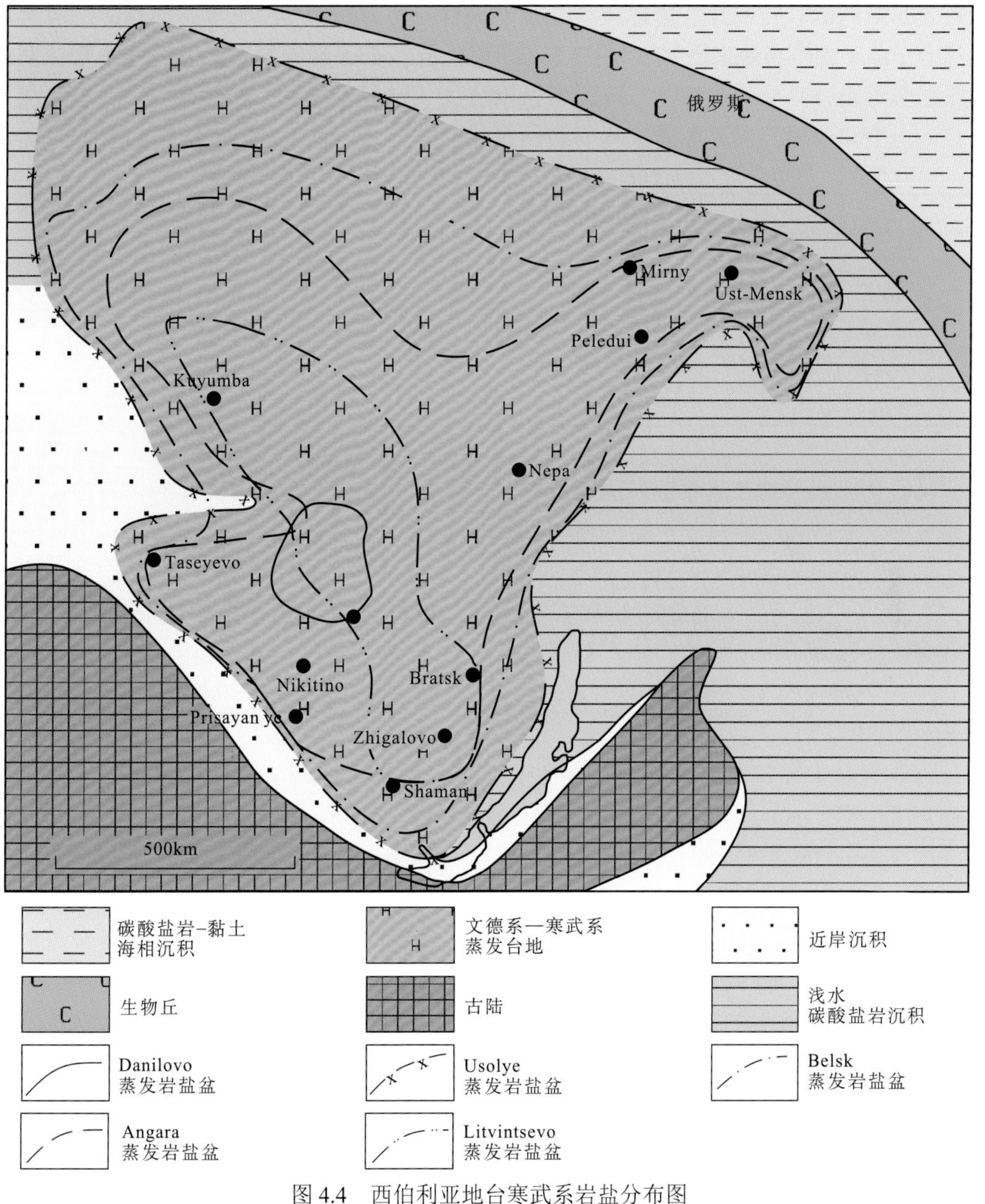

图 4.4　西伯利亚地台寒武系岩盐分布图

东西伯利亚地台具有 14 个区域碳酸盐岩沉积单元和 15 个岩盐沉积，埃迪卡拉纪晚期—寒武纪纽芬兰世可识别出 5 个重要的盐沉积相（Zharkov，1984），大部分地区含蒸发岩的沉积复合体厚度可达 1600～1800m。埃迪卡拉纪晚期 Danilovo 盆地内石盐沉积面积为 $1\times10^4km^2$，蒸发岩沉积平均厚度为 20m（表 4.3）；寒武纪纽芬兰世 Usolye 盐盆面积达 $200\times10^4km^2$，蒸发岩平均厚度为 200m，主要有四期石盐沉积，地层上段阶段性地含有钾盐（光卤石和钾盐）沉积；Belsk 盐盆面积约为 $130\times10^4km^2$，蒸发岩平均厚度为 100m；Angara 盐盆面积为 $120\times10^4km^2$，蒸发岩厚度为 15～450m，平均约 100m；含钾盐沉积形成于不同地质年代，Nepa 地区钾盐复合体总厚度达 150m；Litvintsevo 盐盆面积为 $20\times10^4km^2$，沉积蒸发岩厚度（盐和硬石膏）为 20～165m（平均为 50m），前人认为盆地形成于纽芬兰 Amga 期，现在一致认为是 Toyonian 期中期、西伯利亚纽芬兰世的最后一个阶段。

表 4.3 西伯利亚地台不同盆地内蒸发岩分布对比（据 Petrychenko et al.，2005）

盆地	蒸发岩面积/10^4km^2	蒸发岩厚度/m
Danilovo	1	20
Usolye	200	200
Belsk	130	100
Angara	120	15～450
Litvintsevo	20	20～165

西伯利亚地台的寒武系巨厚蒸发岩层下部已有大量油气发现（图 4.5），石油、天然气和凝析油生产井主要位于地台中部 Kamov 大背斜和西南部 Baykit 大背斜构造及其附近，如 Yurubcheno-Tokhomskoye 油气田、Kuyumbinskoye 油气田等，烃源岩主要由里菲系、文德系—寒武系下部碳酸盐岩和页岩组成，储层包括里菲系和寒武系下部藻白云岩、灰质白云岩、硅质白云岩等，盖层以页岩、含石膏泥晶白云岩为主（图 4.6、图 4.7）。

（二）阿曼盆地寒武系膏盐岩分布

阿曼盐盆中发育了全球年代最老的商业油气聚集，烃源岩为新元古代—寒武纪的 Huqf 超群；位于 Huqf 超群上部的 Ara 群从底到顶可划分出 A_0–A_6 七个受构造-海平面控制的蒸发岩-碳酸盐岩旋回（Grotzinger et al.，1995）。每个层序下部均为低位体系域形成的蒸发岩，上覆台地碳酸盐岩沉积中也含有少量蒸发矿物，代表海侵和高位体系域沉积（Schroder et al.，2003）。Ara 群地层层序代表了构造活跃盆地内相对稳定干旱气候条件下的沉积时期，强烈沉降作用为蒸发岩沉积提供了可容纳空间，累计厚度可达几千米，同时为构造障壁坝提供了局限条件。盆地沉降作用使得蒸发岩覆盖盆地和台地地区。Ara 群内每个旋回中极浅水盐层的沉积厚度都达到 1000m，盐层之后海侵期沉积 20～250m 厚、多个相互分隔的碳酸盐岩台地（通常所说的低产段），这些低产层段是一个自生自储体系，形成南阿曼盐盆油气储层的重要组成部分（图 4.8）（Schroder and Grotzinger，2007）。

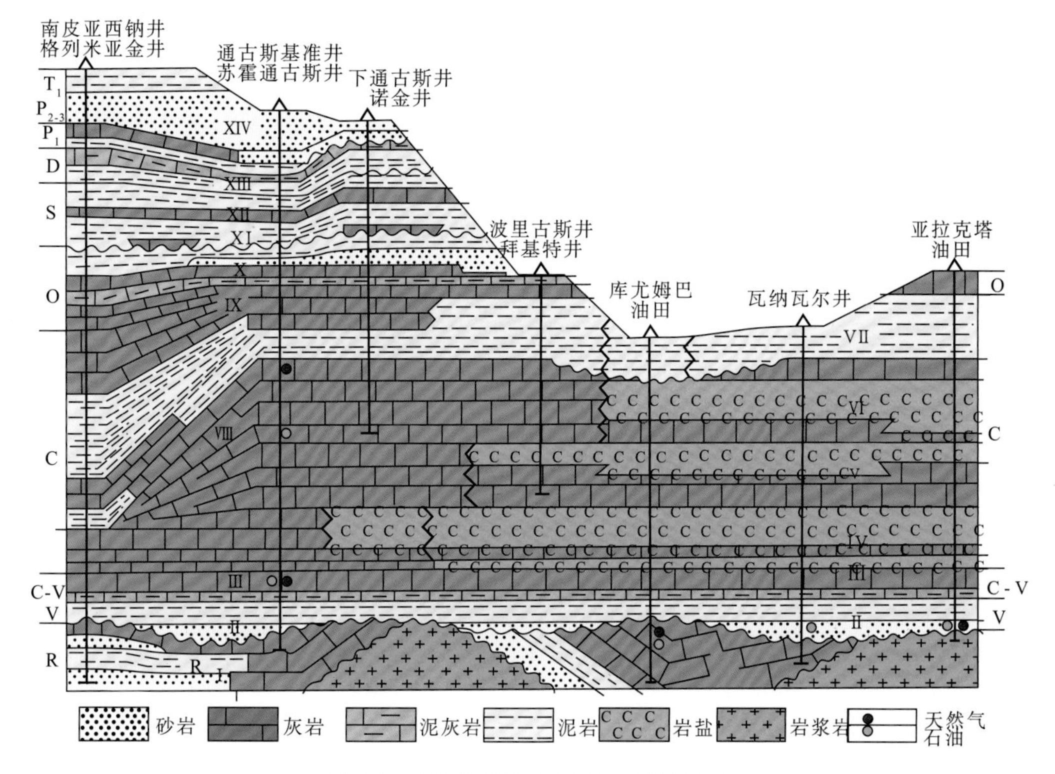

图 4.5　西伯利亚地台含油气系统剖面图

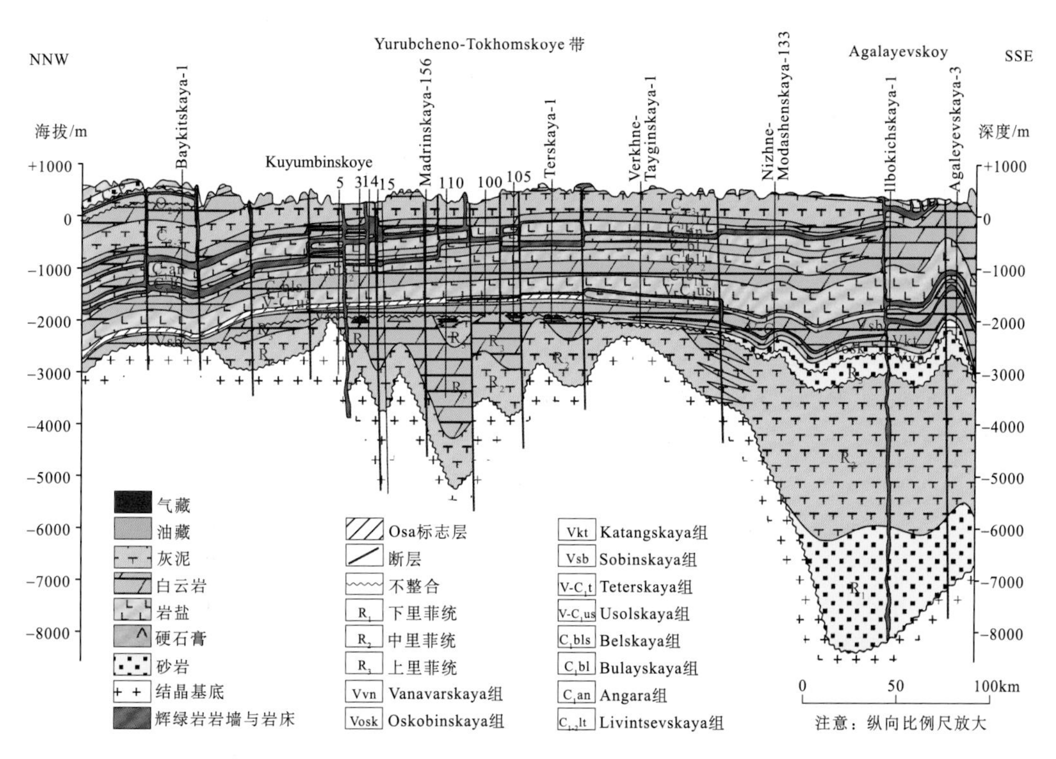

图 4.6　西伯利亚地台过 Baykit 大背斜 NNW-SSE 方向区域地质剖面图

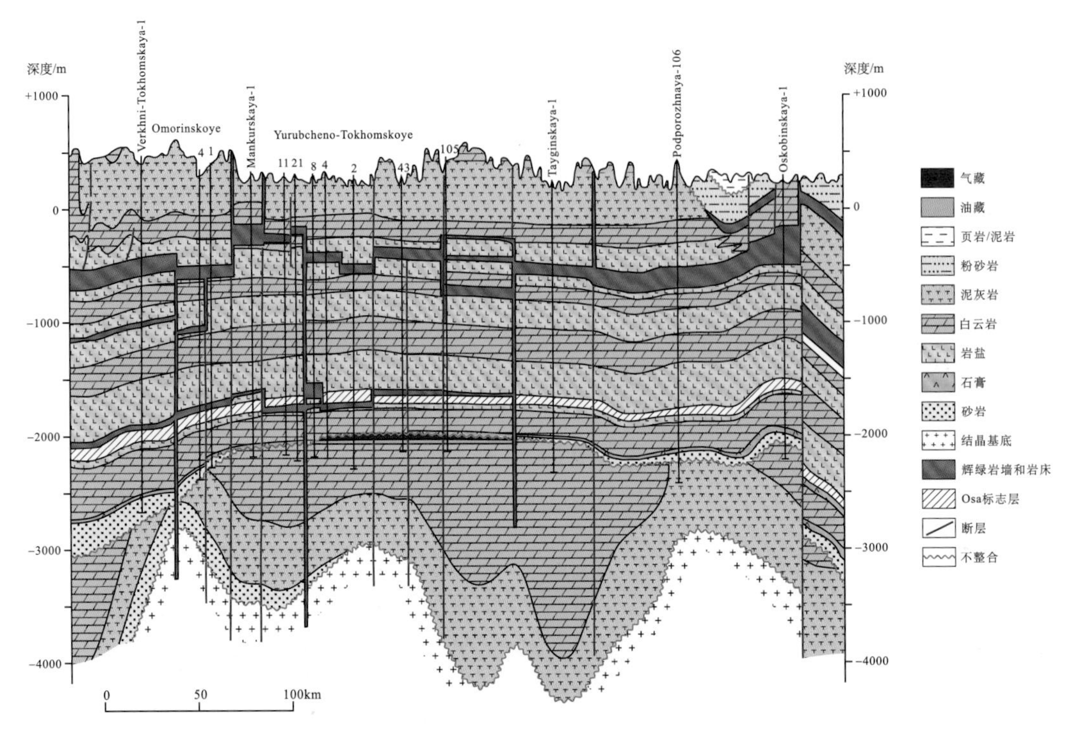

图 4.7　西伯利亚地台过 Baykit 大背斜 WSE-ENE 方向区域地质剖面图

Ara 盐层沉积于浅水区域，之后海侵期沉积了厚度为 20～250m 的孤立碳酸盐岩台地，内含生物丘（凝块石）和纹层状岩石（图 4.8）。这些碳酸盐岩形成了 Ara 群含油气系统的主要储层。高位期在盆地深部（数百米）间断无氧-贫氧环境中形成了有利烃源岩沉积。当上层水中存在高产率的藻类物质时，海水密度分层作用利于底层有足够量的有机质保存下来。碳酸盐岩的沉积厚度达 10～20m，形成了石盐到碳酸盐岩（硬石膏底）和碳酸盐岩到石盐（硬石膏顶）的过渡带。

Ara 群中寒武统的海相沉积之后沉积了 Haima 陆源碎屑岩沉积，并在盐体运动期间形成明显的槽状（“豆荚状”）（图 4.8）。由于碎屑物质的差异负荷（下沉生长）进入下部可移动的 Ara 盐体引起强烈的盐构造作用，对构造样式产生重要影响并形成 Ara 脉状碳酸盐岩油气圈闭（图 4.8）。

第二节　川东寒武系蒸发岩特征

四川盆地寒武系蒸发岩主要分布在川东与川南地区，纵向上主要发育于石龙洞组与覃家庙组（川南称龙王庙组与高台组），揭示了该时期川东与川南地区处于古地理低的位置。由川南向川东地区，寒武系蒸发岩发育的层位逐渐升高，由龙王庙组（石龙洞组）逐渐过渡至覃家庙组，蒸发岩分布的范围也逐渐扩大，指示当时古构造、古气候条件有利于蒸发岩的发育。

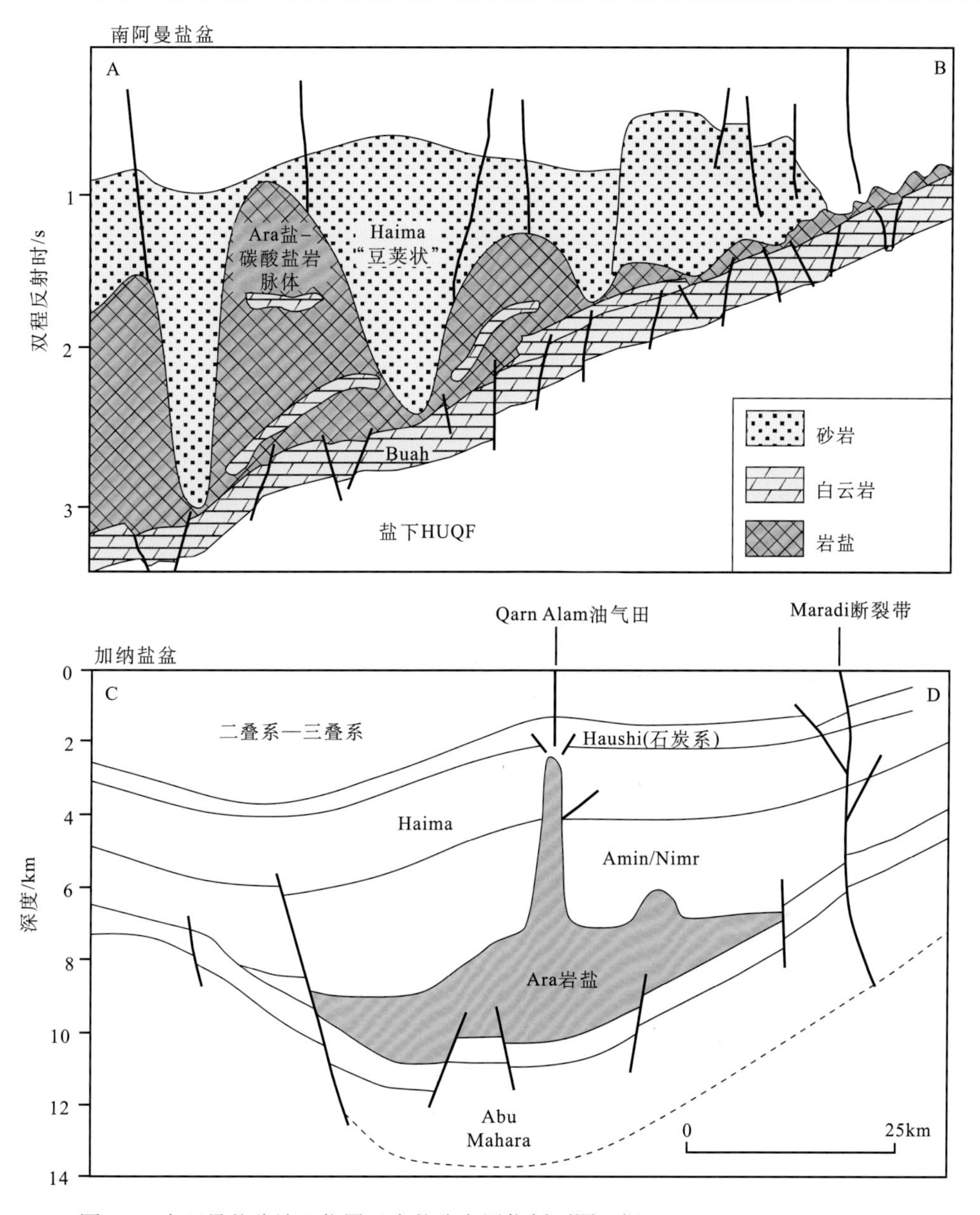

图 4.8　南阿曼盐盆地理位置及岩盐分布层位剖面图（据 Schoenherr et al.，2007）

一、地质与地球物理特征

寒武系蒸发岩在川东地腹与周缘地区野外露头广泛发育，川东地区多口井钻遇蒸发岩，均揭示了蒸发岩的地质发育特征。由于蒸发岩在岩性特征、密度和速度与其他岩性有明显的差异，力学强度比其他岩性明显减弱，流动性强易于发生塑性聚集，因此川东地区的二维、三维地震资料清晰记录了蒸发岩的地球物理响应特征。只有明确了寒武系蒸发岩的地质与地球物理响应特征，才能进一步明确其在纵向上与平面上的发育特征。

（一）地 质 特 征

1. 野外露头发育特征

蒸发岩主要由岩盐、石膏、硬石膏等矿物组成，这些矿物出露地表受大气淡水淋滤作用易于遭受风化、剥蚀，因此在地表露头很难见到纯净、完整的蒸发岩，特别是寒武系等地质时代古老的蒸发岩。因蒸发岩常与白云岩等其他岩性共生，故蒸发岩在地表常因溶蚀作用而表现为角砾白云岩、洞穴角砾岩、含泥质膏质白云岩等，地貌上常见凹凸不平的风化剥蚀特征。由于蒸发岩具有强烈的可流动性，因此地表含蒸发岩的露头常见明显的构造变形，滑脱褶皱与逆冲构造发育。

重庆石柱马武镇附近石龙洞组野外露头，一层厚约 2m 的角砾白云岩发育于上、下层状的白云岩之内，角砾主要为白云岩，角砾结构成熟度差，大小不一、磨圆较差，其形成可能为蒸发岩受地表淡水溶蚀后形成暗河后沉积充填角砾（图 4.9）。

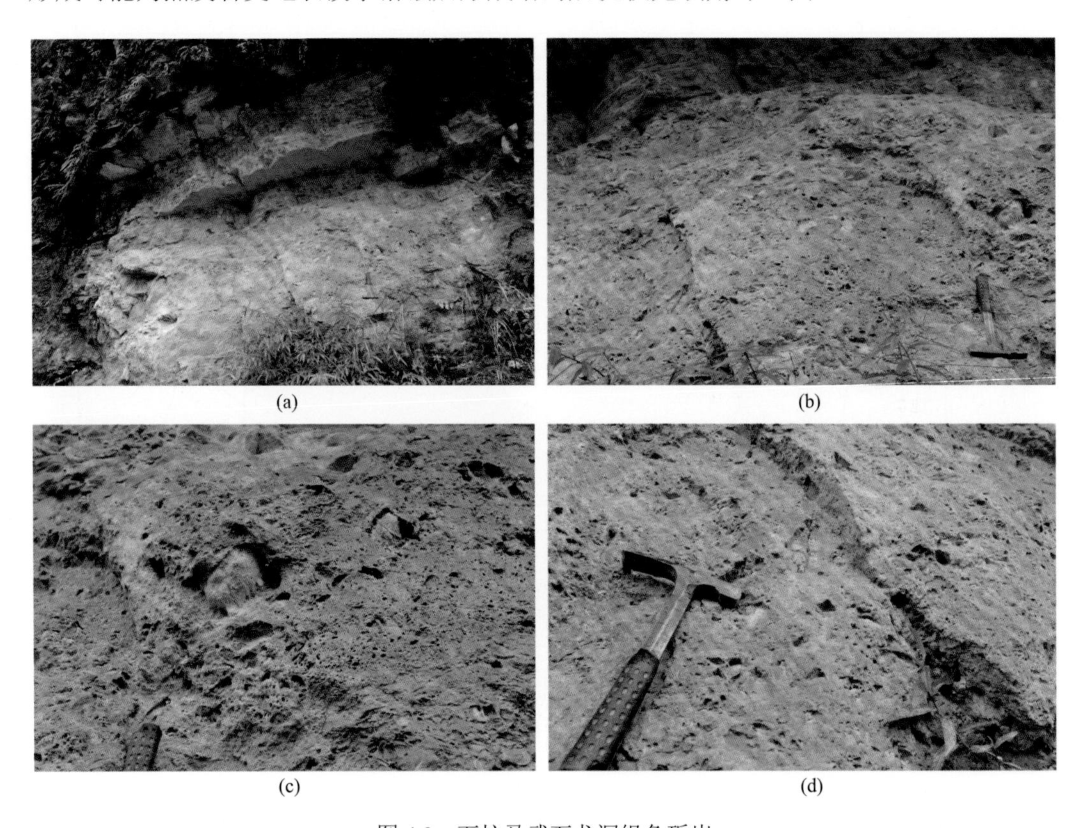

图 4.9　石柱马武石龙洞组角砾岩

（a）厚约 2m 的角砾白云岩发育于层状白云岩之内；（b）～（d）角砾白云岩局部细节照片

重庆彭水太原板凳沟石龙洞组野外露头含有多层土黄色的角砾白云岩，在地表受大气淡水淋滤影响呈凹凸不平状，多层见明显的溶蚀角砾岩，角砾最大可达 5～6cm，其成分主要为泥晶白云岩、灰岩与颗粒大小不一的填隙物，其可能为蒸发岩在大气淡水溶蚀下而形成，揭示了蒸发岩在川东地区的广泛发育（图 4.10）。

图 4.10　彭水太原板凳沟石龙洞组角砾岩

（a）蒸发岩在地表受风化淋滤作用呈土黄色，凹凸不平状；（b）白云岩内溶蚀孔洞；（c）和（d）角砾岩，角砾主要为围岩泥晶白云岩与灰岩，成分成熟度与结构成熟度均较差

重庆彭水棣棠乡牌楼村石龙洞组洞穴角砾岩发育，在一处见厚约 8m 的洞穴角砾岩，角砾成分主要为泥晶白云岩，砾径最大可达 10～20cm，砾石间主要充填砂岩与粉砂岩[图 4.11（a）～（d）]；另一处角砾岩发育于层状泥晶白云岩之上，厚约 3m，除见泥晶白云岩角砾外，还见硅质岩角砾，长约 5cm[图 4.11（e）～（h）]。这两处蒸发岩的形成可能受溶蚀作用而形成暗河，之后在暗河内沉积充填了角砾。

2. 钻井岩心发育特征

川东地区钻达寒武系的井均钻遇蒸发岩，一些井取心获得了宝贵的地质资料。湖北利川鱼皮泽构造利 1 井在覃家庙组与石龙洞组共进行了 15 次取心，其中覃家庙组取心 3 次，心长 7.12m，石龙洞组取心 12 次，心长 35.91m，累计心长 43.03m。

利 1 井覃家庙组主要为含膏质白云岩与白云质石膏，岩心呈浅灰色，含层状泥质纹层，岩心横切面见石膏分布（图 4.12）。石龙洞组主要由灰色豹斑状灰岩、泥晶白云岩[图 4.13（b）]与角砾岩等组成。角砾成分复杂，见泥晶灰岩、白云岩与紫红色泥岩，砾

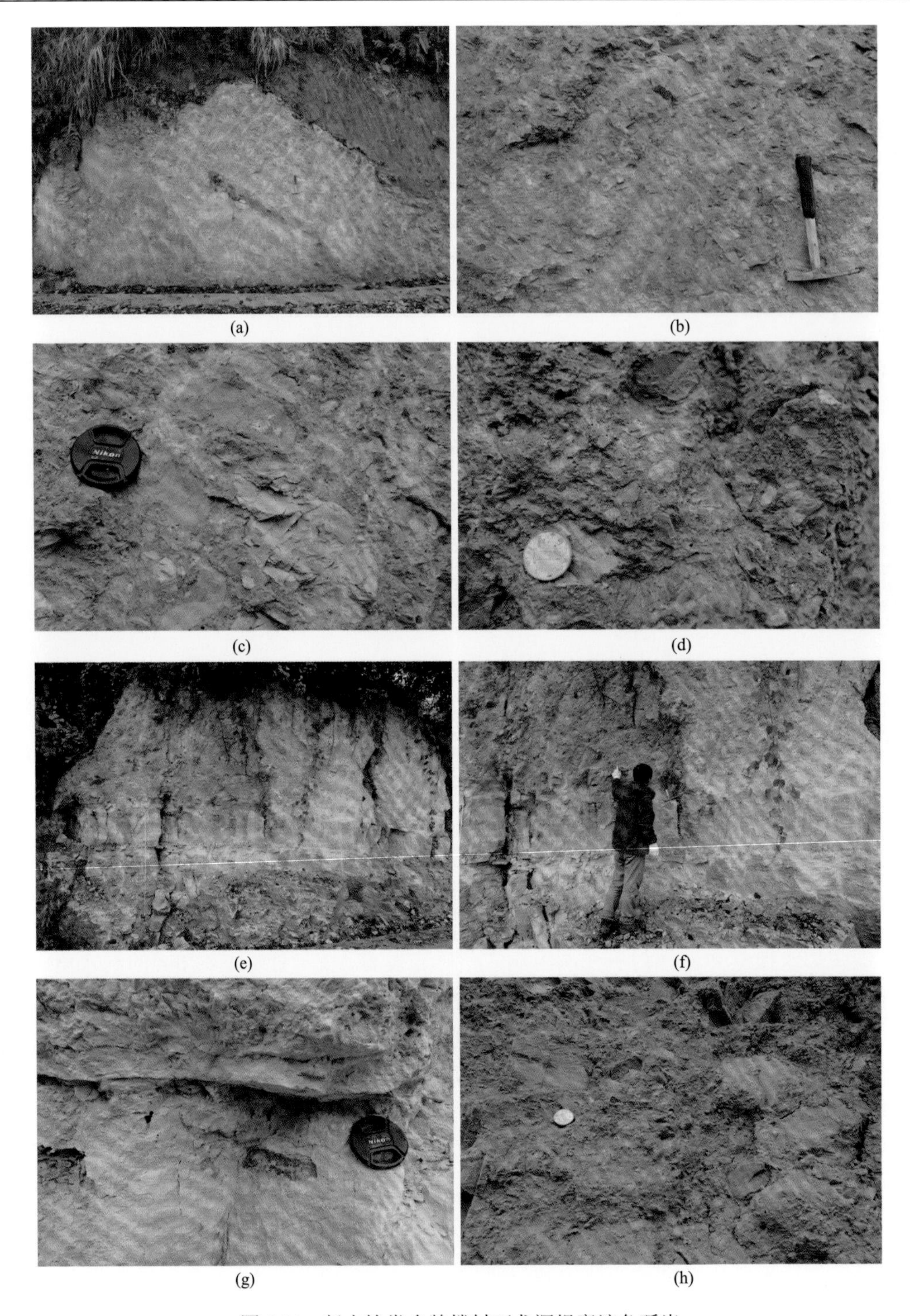

图 4.11　彭水棣棠乡牌楼村石龙洞组膏溶角砾岩

（a）角砾岩宏观照片；（b）～（d）图（a）局部放大，角砾成分为泥晶白云岩，角砾之间为粗碎屑岩；（e）和（f）泥晶白云岩上覆角砾岩，泥晶白云岩厚约 0.7m，角砾岩厚约 2m；（g）泥晶白云岩内见硅岩角砾；（h）角砾岩，角砾成分为泥晶白云岩，角砾之间为粗碎屑岩

径大小不一，成分成熟度与结构成熟度均较差[图 4.13（a)、(e）～（i）]。一些岩心层面见明显的硬石膏晶体，晶体呈长方形，大小毫米级[图 4.13（c)、(d)，图 4.14]。灰色泥晶白云岩节理面见白色片状硬石膏，层面见斑块状硬石膏[图 4.13（j)、(k）]。蒸发岩的同沉积变形非常发育，常形成小的断层与火焰等构造变形[图 4.13（l）]。

位于建南构造的建深 1 井覃家庙组底部为砂屑云岩，中上部见有巨厚含膏盐岩的致密白云岩与膏盐岩互层现象，膏盐岩累计厚达 622.5m，其中纯石膏岩 9 层厚达 56.5m，含膏盐岩、膏质岩盐和岩盐累计厚达 120m，取心见石盐与石膏晶体（图 4.15）（林良彪等，2012；王淑丽等，2012）。

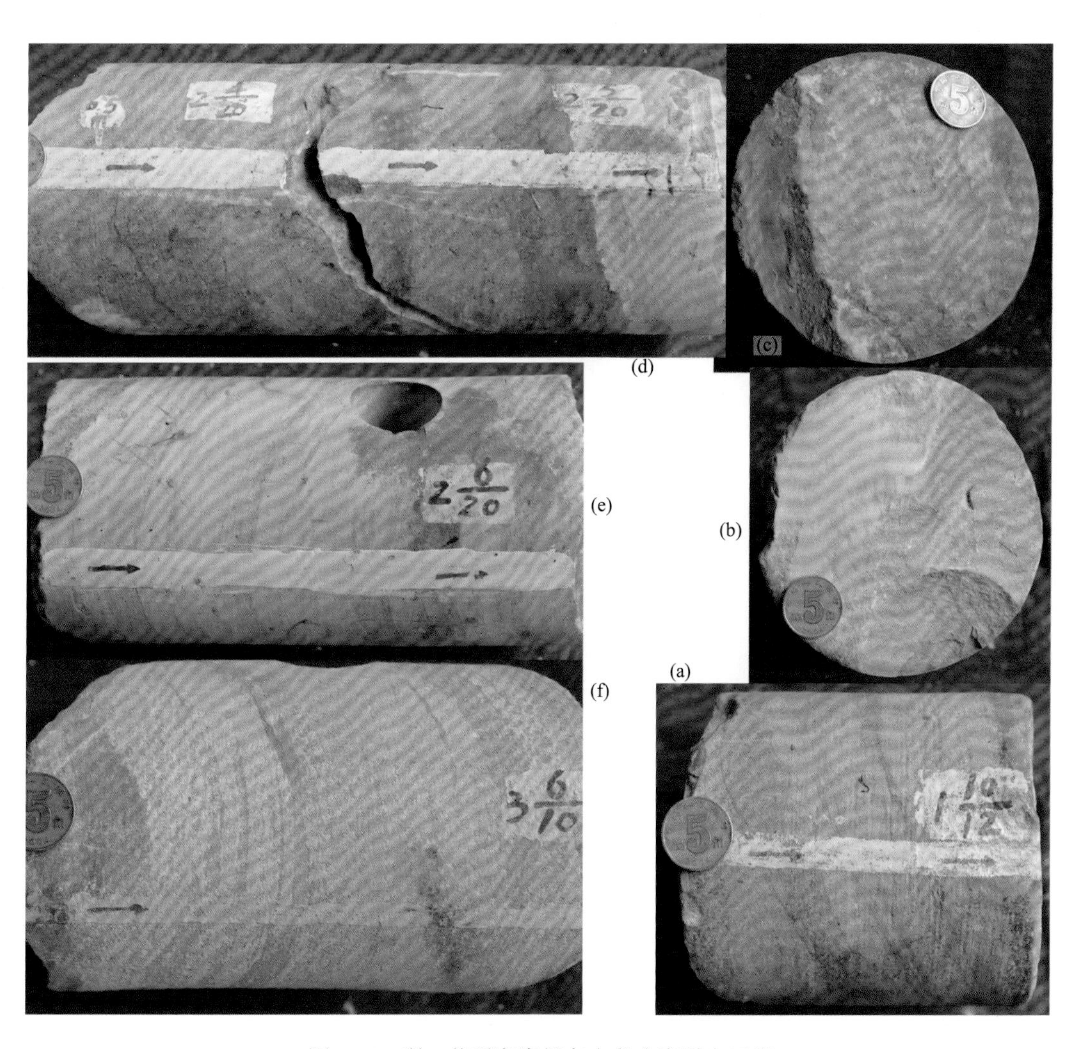

图 4.12　利 1 井覃家庙组灰白色含膏质白云岩

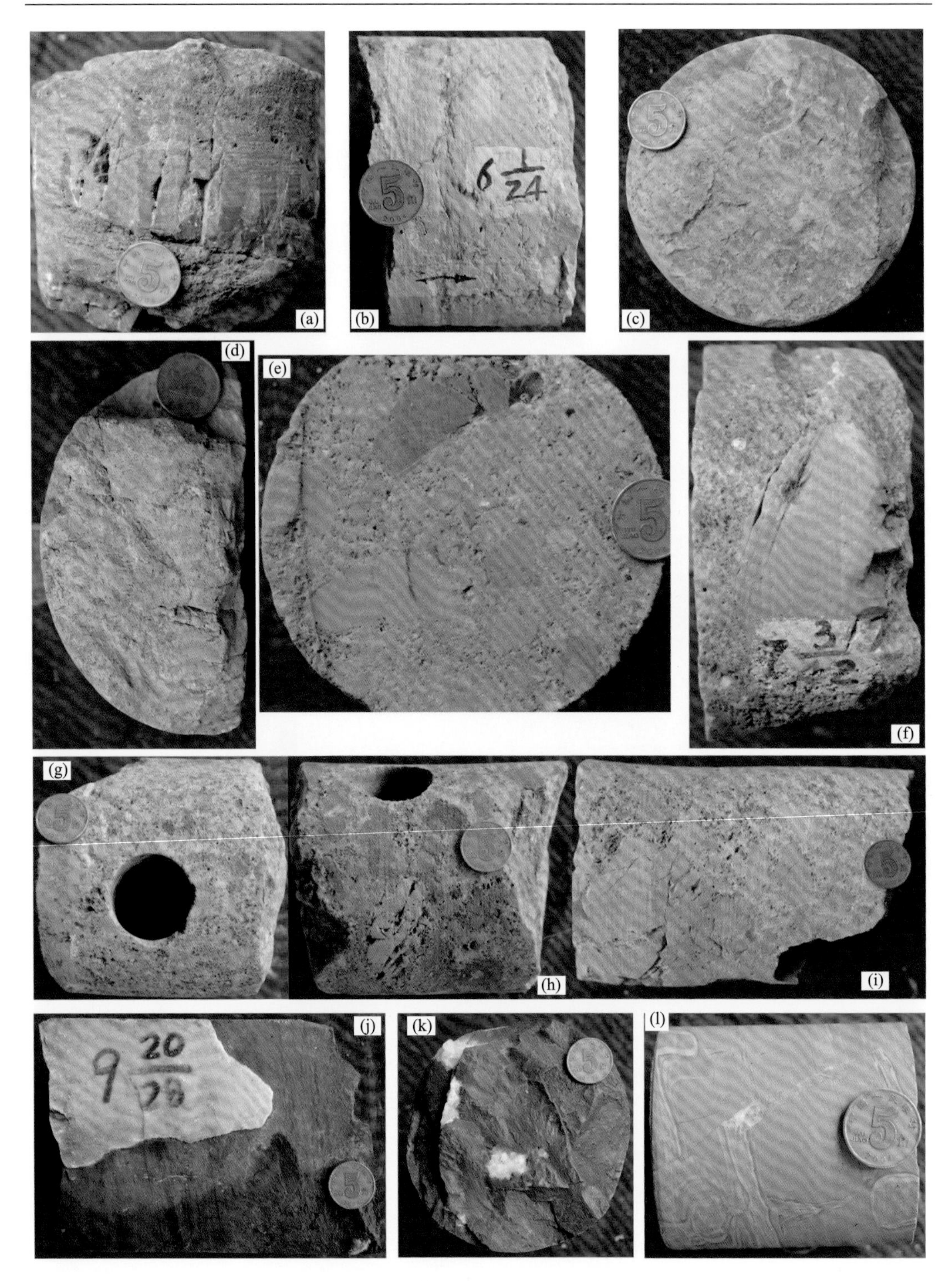

图 4.13　利 1 井石龙洞组岩心照片

（a）、（e）～（i）角砾岩，角砾成分为灰色泥晶灰岩、泥晶白云岩，紫红色泥岩等，砾径大小不一，最大可达 5cm，成分成熟度与结构成熟度均较差，可能为洞穴角砾堆积沉积；（b）灰白色含膏质泥晶白云岩；（c）和（d）灰白色含硬石膏晶体泥晶白云岩；（j）和（k）灰色泥晶白云岩，节理面见片状硬石膏，层面见斑块硬石膏；（l）含膏质泥晶白云岩，见小型断层与火焰等同沉积构造变形

图 4.14　利 1 井石龙洞组灰白色含硬石膏泥晶白云岩

图 4.15　建深 1 井覃家庙组石盐与石膏晶体

（二）地球物理特征

1. 过典型井蒸发岩地震响应特征

钻井揭示川东寒武系发育石龙洞组与覃家庙组两套区域展布的蒸发岩（黄建国，1993；门玉澎等，2010；林良彪等，2012），如座 3 井在石龙洞组钻遇近 60m 的蒸发岩层，建深 1 井在覃家庙组钻遇逾 600m 的蒸发岩层（金之钧等，2010），太和 1 井在覃家庙组也钻遇厚层蒸发岩层，五科 1 井钻至覃家庙组蒸发岩层完钻。

川东地区座 3 井石龙洞组底部为含云质鲕粒灰岩，之上为灰质云岩、云岩，中上部发育厚约 60m 的蒸发岩，蒸发岩中夹有 5 层薄岩盐。石龙洞组蒸发岩在测井上响应明显，表现为井径明显扩径，说明蒸发岩受钻井液影响而发生溶解形成井径扩大；受井径扩大影响，测井曲线密度值明显降低、声波值明显升高，深、浅双侧向电阻率正差异且浅测向电阻率值明显减少（图 4.16）。

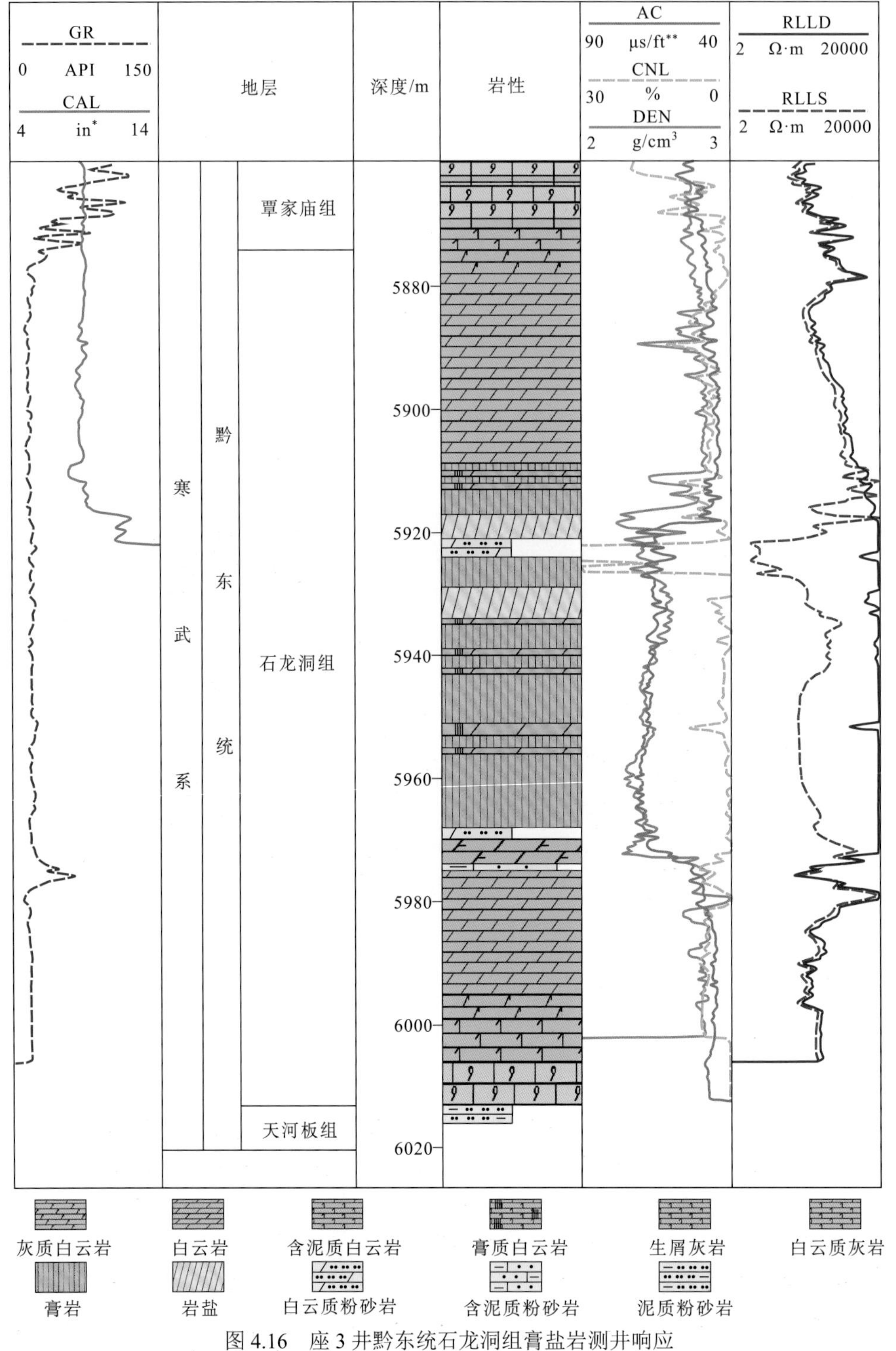

图 4.16　座 3 井黔东统石龙洞组膏盐岩测井响应

GR. 自然伽马；CAL. 井径；AC. 声波时差；CNL. 中子孔隙度；DEN. 密度；RLLD. 深侧向电阻率；RLLS. 浅侧向电阻率；*1in=2.54cm；**1ft=0.3048m

过座 3 井地震剖面显示石龙洞组蒸发岩层在地震剖面上具有塑性聚集的特征，沿蒸发岩层上下形成明显的波阻抗反射界面。蒸发岩层也是一套滑脱层，滑脱层之上发育断层突破滑脱褶皱（图 4.17）。

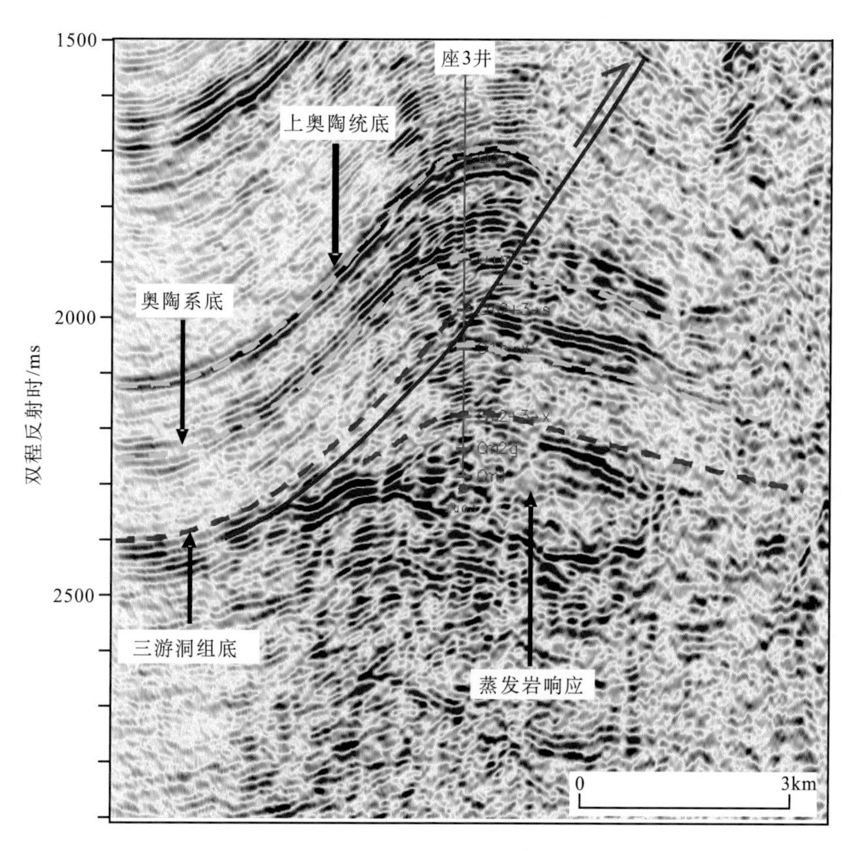

图 4.17　过座 3 井黔东统石龙洞组地震剖面图

蒸发岩由于比其他岩石力学强度弱，因此在外力的作用下容易产生流动而发生塑性聚集，并常由向斜流出而流入背斜核部。五百梯构造五科 1 井钻至苗岭统覃家庙组顶部完钻，过五科 1 井地震剖面显示五科 1 井完钻井深之下的覃家庙组厚度比两侧地层明显增厚，地震波阻抗反射杂乱，推测为黔东统覃家庙组的含膏盐岩层在水平挤压力的作用下发生了滑脱作用，在滑脱层之上形成五百梯背斜，在滑脱层之下距剖面左侧约 1/3 处地层见有明显的错断，可能为晚期走滑断裂作用所致（图 4.18）。

除了川东地区之外，寒武系蒸发岩在川南地区也广泛发育，如临峰场构造的临 7 井与阳高寺构造的阳深 2 井均钻遇厚层蒸发岩。过临峰场构造的临 7 井地震剖面显示寒武系蒸发岩发育于背斜核部，表现为杂乱反射，无明显的波阻抗反射界面，应为蒸发岩在挤压作用下在背斜核部发生了塑性聚集，背斜核部的蒸发岩来自两翼的向斜。在该剖面右侧部分显示在寒武系蒸发岩之上发育一明显的滑脱褶皱，滑脱褶皱的前翼被冲断而形成突破滑脱褶皱，蒸发岩在断层之下见明显增厚现象，应为来自两侧向斜部位的蒸发岩（图 4.19）。

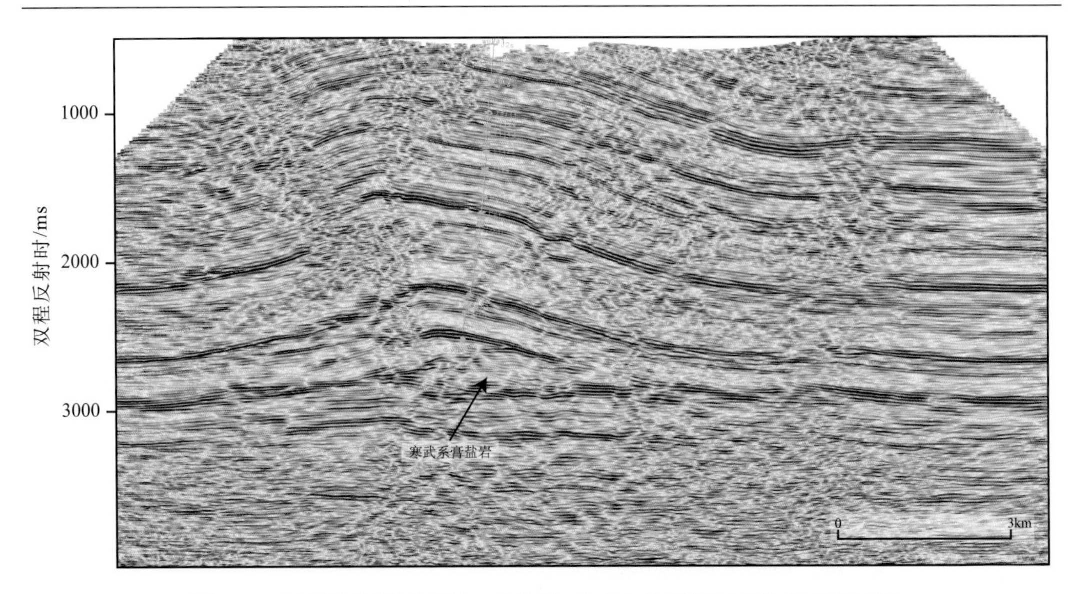

图 4.18　五百梯构造过五科 1 井北西-南东向地震剖面蒸发岩响应特征

图中标注井为五科 1 井，钻至覃家庙组顶部见蒸发岩完钻，由于蒸发岩易于流动而由向斜流出并塑性聚集于背斜核部

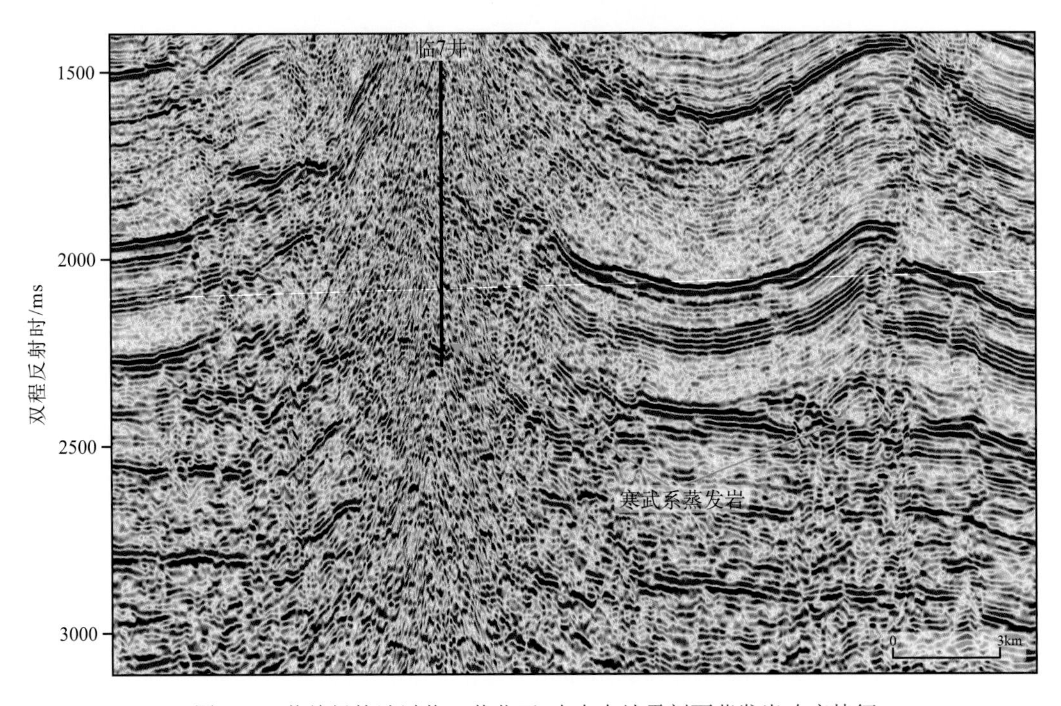

图 4.19　临峰场构造过临 7 井北西-南东向地震剖面蒸发岩响应特征

图中标注井为临 7 井，在寒武系钻遇厚层蒸发岩，地震剖面表现为杂乱反射，无明显反射界面；剖面右侧为一突破滑脱褶皱，来自向斜部位的蒸发岩聚集于背斜核部

过阳高寺构造的阳深 2 井地震剖面揭示了与临 7 井相似的地震响应特征，该井显示蒸发岩反射同相轴连续性较差，呈杂乱反射的特征。该部面右侧沿蒸发岩滑脱层之上发育前翼突破滑脱褶皱，为向斜部位的蒸发岩塑性聚集于背斜核部（图 4.20）。

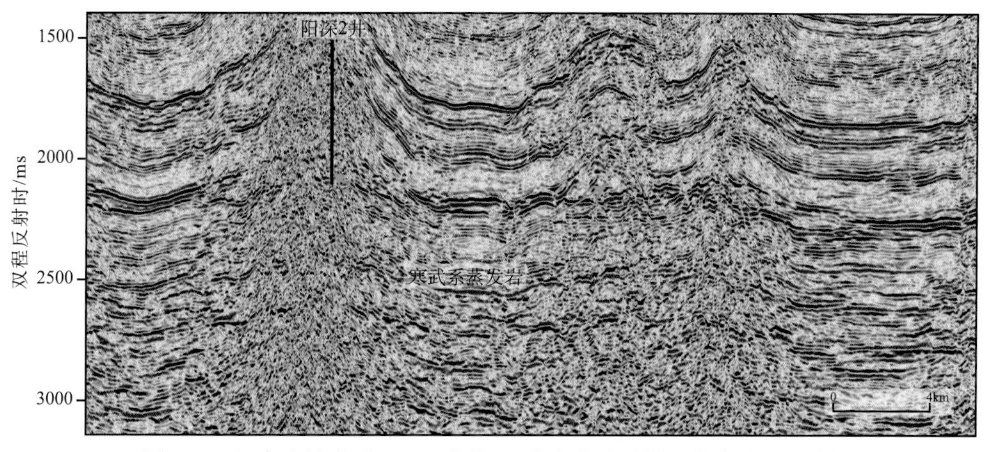

图 4.20　阳高寺构造过阳深 2 井北西-南东向地震剖面蒸发岩响应特征

2. 过三维地震剖面蒸发岩响应特征

四川盆地东部采集了一些高质量的三维地震资料，清晰揭示了蒸发岩的地震响应特征。黄龙场三维地震剖面显示寒武系的膏盐岩具有塑性聚集的响应特征，膏盐岩发生了流出与流入构造（图 4.21）。

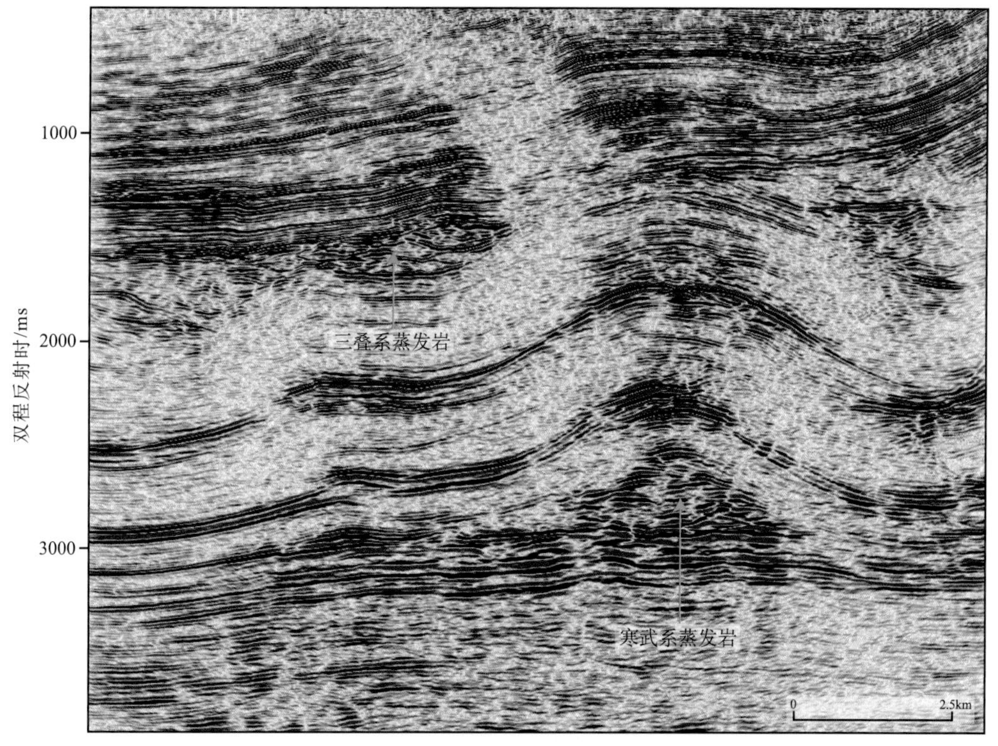

图 4.21　黄龙场三维地震剖面蒸发岩响应特征

七沙温三维地震剖面显示寒武系的蒸发岩局部发生了塑性聚集，蒸发岩之下地层平直，蒸发岩之上发育明显的滑脱褶皱，蒸发岩由向斜流入背斜并在核部聚集（图 4.22）。

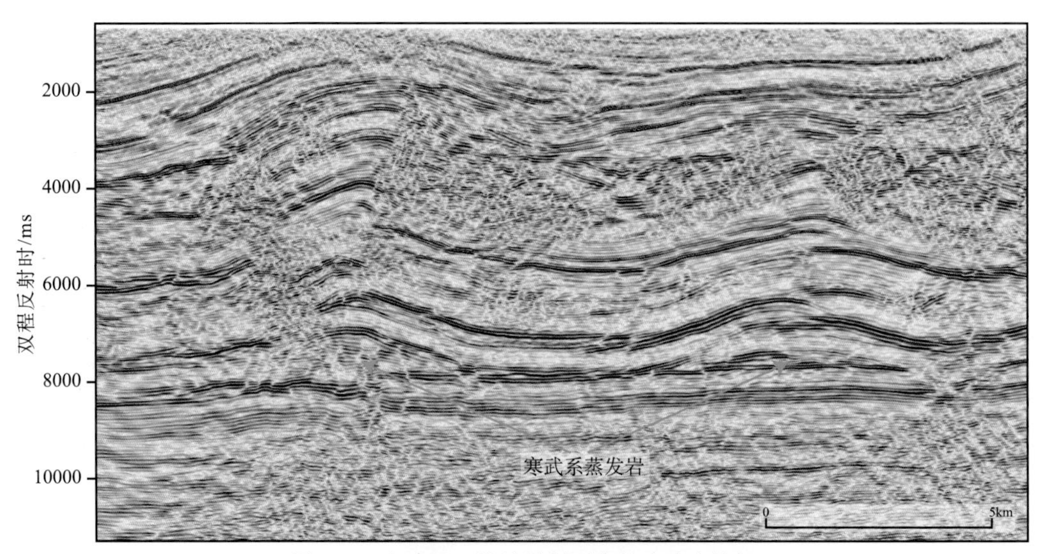

图 4.22　七沙温三维地震剖面膏盐岩响应特征

川东连片三维地震清晰显示了蒸发岩流出与流入构造，在横向上蒸发岩的厚度发生了明显的变化，并导致上部地层发生明显的破裂（图 4.23）。五百梯-温泉井三维地震剖

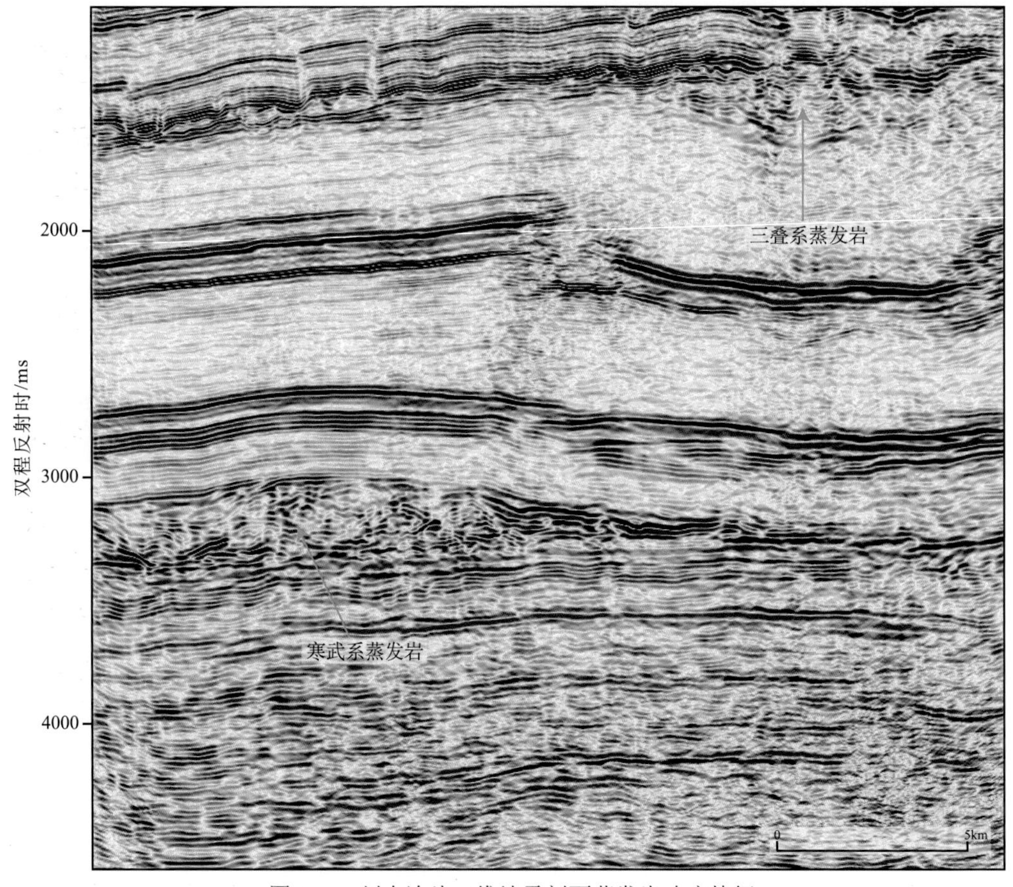

图 4.23　川东连片三维地震剖面蒸发岩响应特征

面显示寒武系的蒸发岩在背斜核部发生了明显的塑性聚集，是两侧膏盐岩受挤压影响发生流动的结果（图 4.24）。

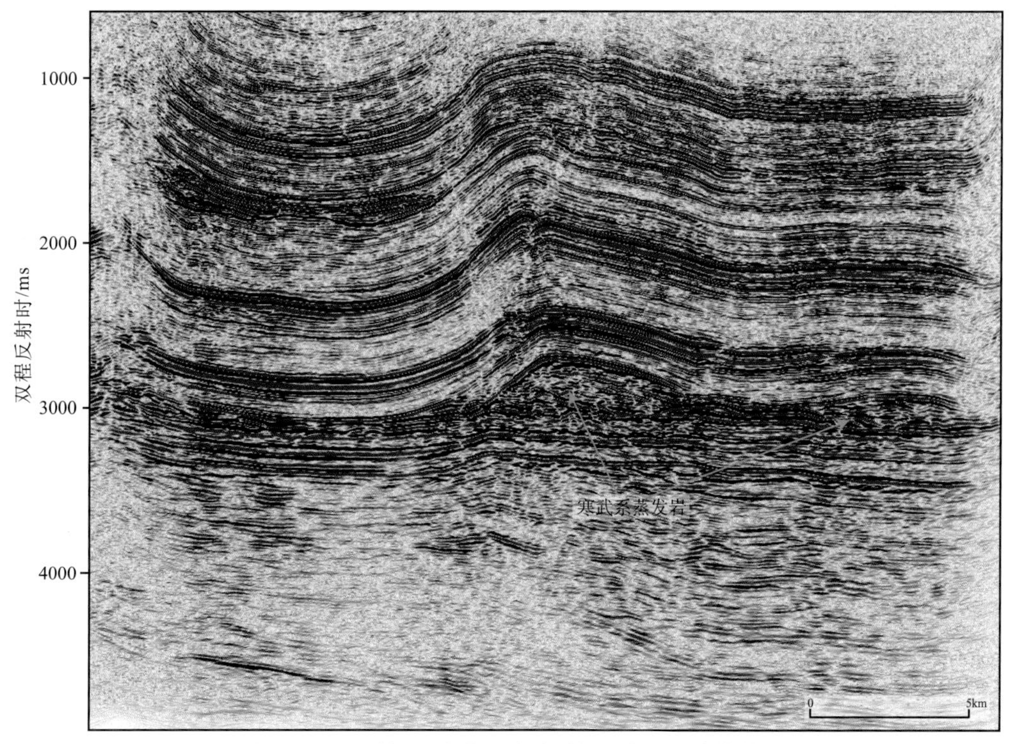

图 4.24　五百梯-温泉井三维地震剖面膏盐岩响应特征

过罗家寨三维地震剖面显示寒武系蒸发岩发生了明显的塑性流动，在这两套塑性滑脱层之间，能干层发生了明显的褶皱，局部发育断层突破构造（图 4.25）。

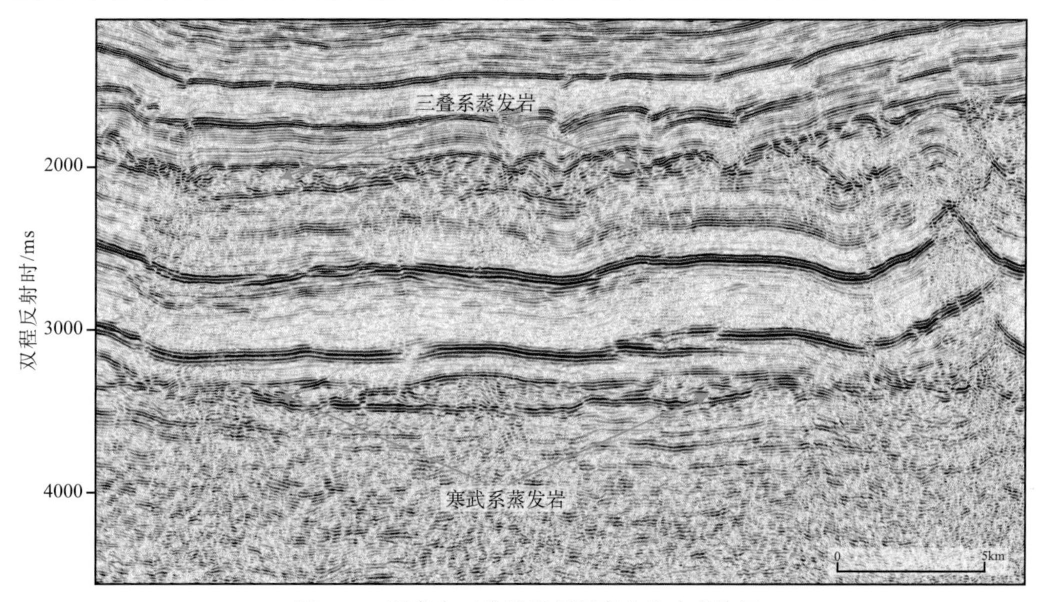

图 4.25　罗家寨三维地震剖面膏盐岩响应特征

过大猫坪三维地震剖面显示寒武系蒸发岩发生了明显的减薄与增厚作用，推断为蒸发岩的流动所造成的（图 4.26）；高峰场三维地震剖面同样显示了寒武系蒸发岩的塑性聚集特征（图 4.27）。

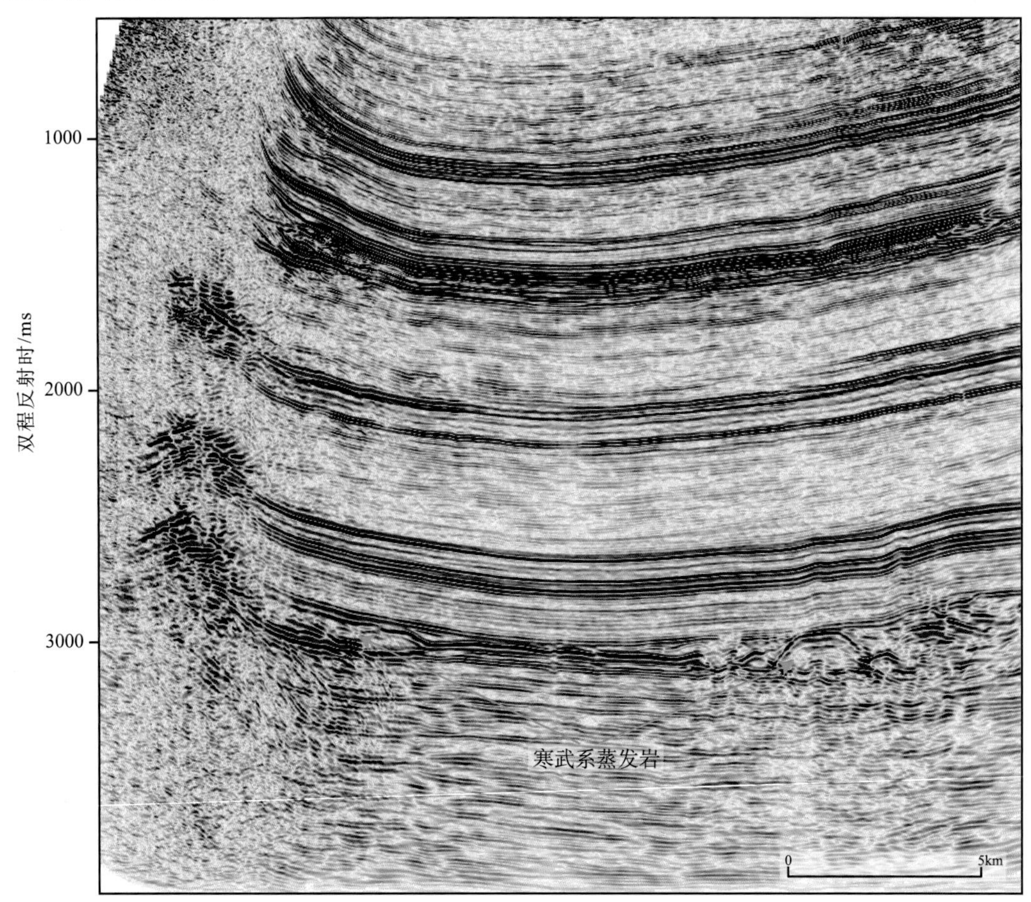

图 4.26　大猫坪三维地震剖面蒸发岩响应特征

二、纵向发育特征

（一）纵向发育层位

1. 总体特征

受寒武纪时期古构造与古气候条件的影响，中上扬子地区寒武系蒸发岩具区域性展布的特征，纵向上主要发育于黔东统—苗岭统（门玉澎等，2010）（图 4.28）。川东寒武系纵向上发育两套蒸发岩，分别位于黔东统石龙洞组与黔东统—苗岭统覃家庙组。自南西向北东方向，蒸发岩发育层位由黔东统向苗岭统转变，由石龙洞组向覃家庙组逐渐变新，蒸发岩厚度由石龙洞组向覃家庙组逐渐加厚（王淑丽等，2012）。

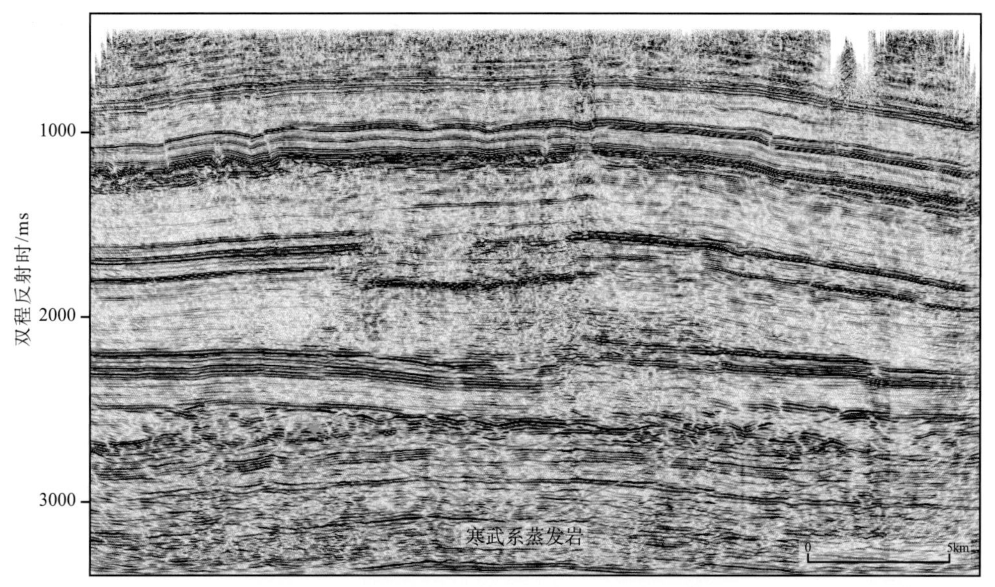

图 4.27　高峰场三维地震剖面蒸发岩响应特征

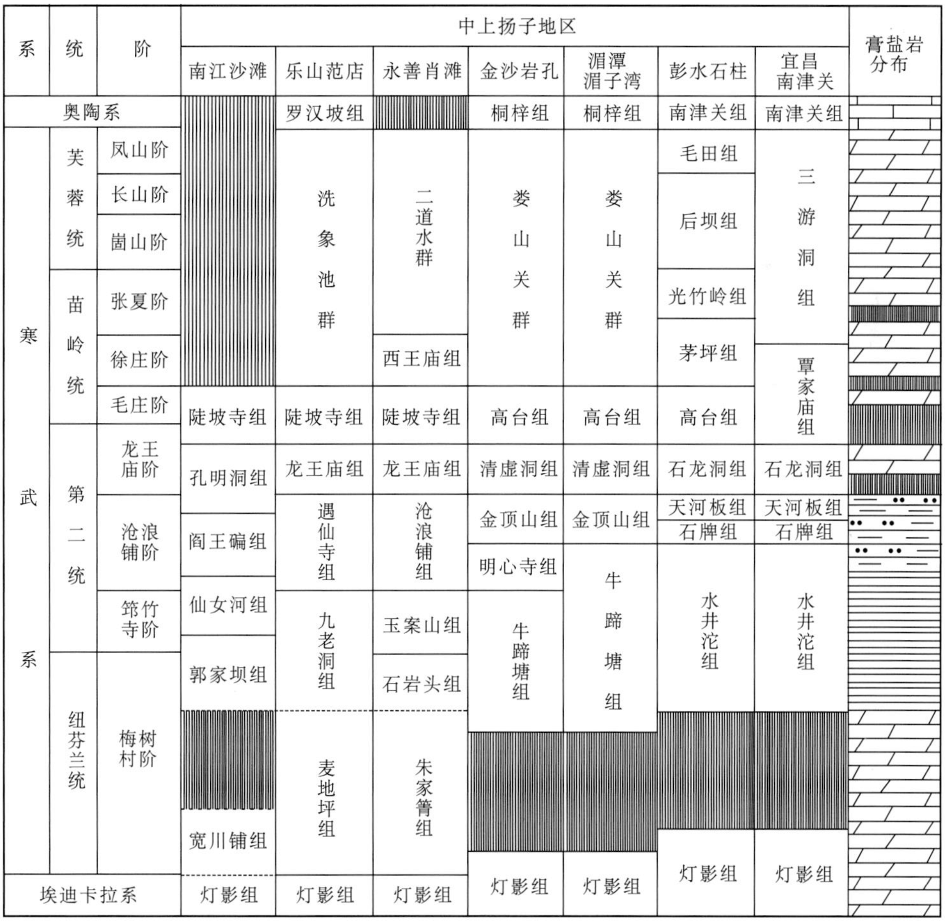

系	统	阶	南江沙滩	乐山范店	永善肖滩	金沙岩孔	湄潭湄子湾	彭水石柱	宜昌南津关	膏盐岩分布
奥陶系				罗汉坡组		桐梓组	桐梓组	南津关组	南津关组	
寒武系	芙蓉统	凤山阶		洗象池群	二道水群	娄山关群	娄山关群	毛田组	三游洞组	
寒武系	芙蓉统	长山阶		洗象池群	二道水群	娄山关群	娄山关群	后坝组	三游洞组	
寒武系	芙蓉统	崮山阶		洗象池群	二道水群	娄山关群	娄山关群	后坝组	三游洞组	
寒武系	苗岭统	张夏阶		洗象池群	二道水群	娄山关群	娄山关群	光竹岭组	三游洞组	
寒武系	苗岭统	徐庄阶		洗象池群	西王庙组	娄山关群	娄山关群	茅坪组	覃家庙组	
寒武系	苗岭统	毛庄阶	陡坡寺组	陡坡寺组	陡坡寺组	高台组	高台组	高台组	覃家庙组	
寒武系	第二统	龙王庙阶	孔明洞组	龙王庙组	龙王庙组	清虚洞组	清虚洞组	石龙洞组	石龙洞组	
寒武系	第二统	沧浪铺阶	阎王碥组	遇仙寺组	沧浪铺组	金顶山组 明心寺组	金顶山组 牛蹄塘组	天河板组 石牌组 水井沱组	天河板组 石牌组 水井沱组	
寒武系	第二统	筇竹寺阶	仙女河组	九老洞组	玉案山组	牛蹄塘组	牛蹄塘组	水井沱组	水井沱组	
寒武系	纽芬兰统	梅树村阶	郭家坝组 宽川铺组	九老洞组 麦地坪组	石岩头组 朱家箐组	牛蹄塘组	牛蹄塘组	灯影组	灯影组	
埃迪卡拉系			灯影组	灯影组	灯影组	灯影组	灯影组	灯影组	灯影组	

注：表头"南江沙滩"至"宜昌南津关"各列同属"中上扬子地区"；"湄潭湄子湾"原表头为"湄潭 湄子湾"，"宜昌南津关"原表头为"宜昌 南津关"，"膏盐岩分布"原表头为"膏盐岩 分布"。

图 4.28　中上扬子地区寒武系蒸发岩纵向分布特征（据门玉澎等，2010）

2. 地震剖面层位精细标定

由于蒸发岩在地震剖面上塑性聚集响应特征明显，可通过已知井进行标定再通过引层来界定蒸发岩纵向上所发育的层位。由南充构造-营山构造-平昌构造地震大剖面显示龙岗地区位于蒸发岩发育分界处（图 4.29），通过南充 1 井标定与引层显示蒸发岩主要发育于黔东统—苗岭统覃家庙组（图 4.30）。图 4.30 显示蒸发岩发育处具有强波谷响应特征，而蒸发岩不发育处不具有这种地震响应特征。

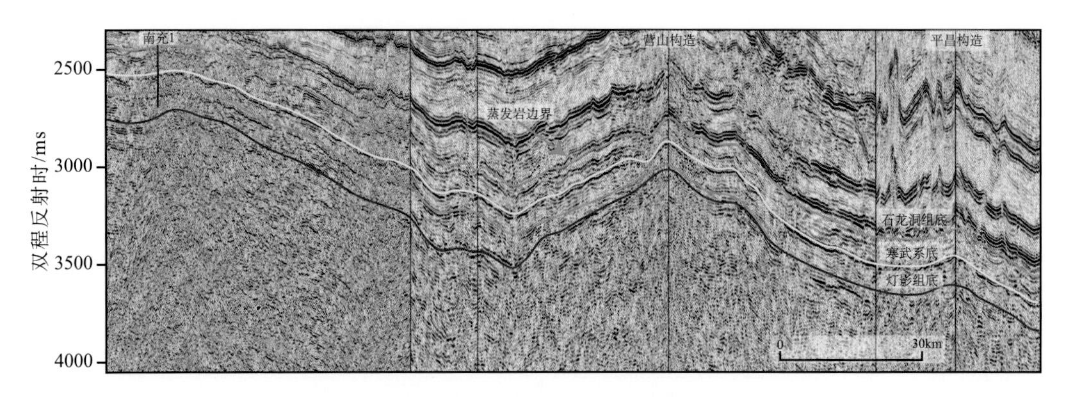

图 4.29　南充-营山-平昌构造地震反射剖面图

地震剖面显示蒸发岩具有强波谷反射特征，经南充 1 井层位标定与引层厘定蒸发岩主要发育于覃家庙组（川中称高台组）

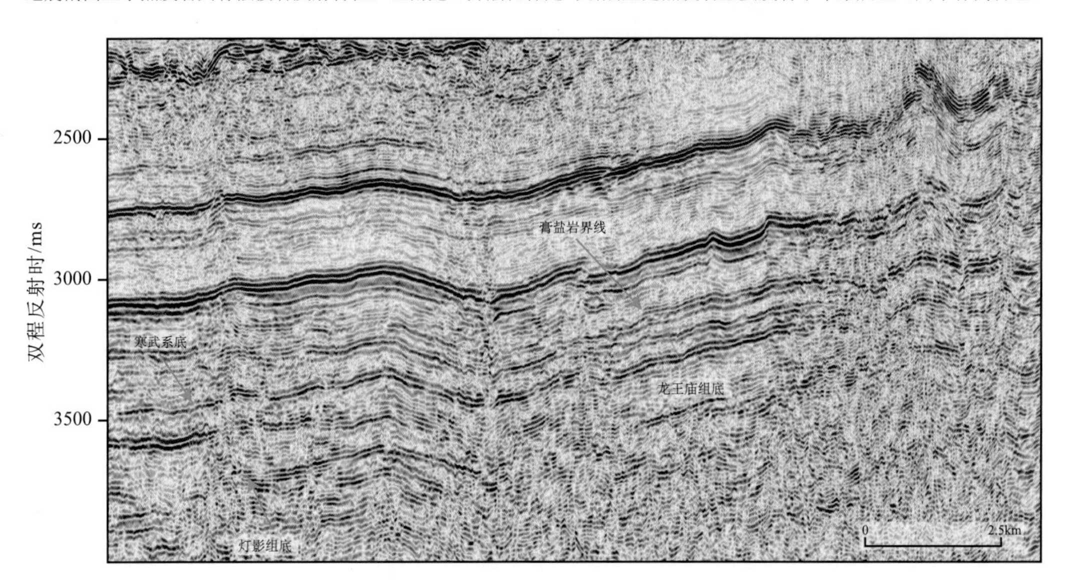

图 4.30　营山构造地震剖面图

图 4.30 为图 4.29 营山构造局部放大，显示蒸发岩发育边界与特征，蒸发岩在地震剖面具有强波谷反射特征，而蒸发岩之外碳酸盐岩具弱波谷反射特征，厘定蒸发岩主要发育于覃家庙组

龙岗地区北西-南东向剖面通过精细引层显示蒸发岩主要发育于覃家庙组，蒸发岩发育处地震剖面具有强波谷、塑性聚集的响应特征，而蒸发岩不发育处不具有明显的强波谷响应特征（图 4.31）。

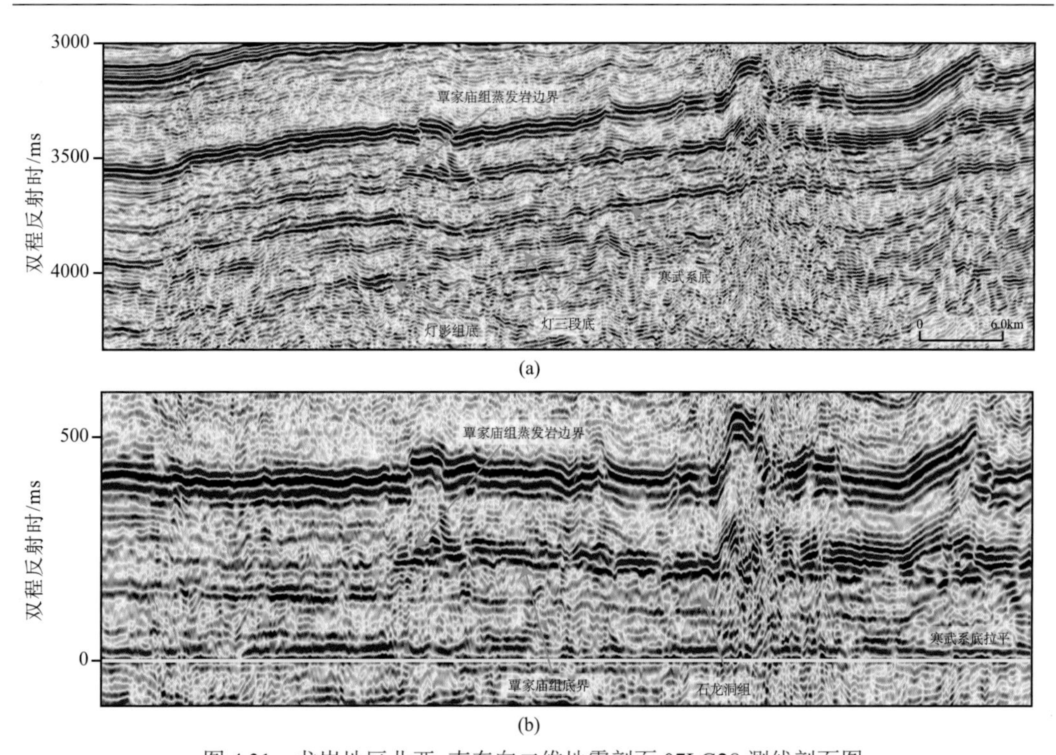

图 4.31 龙岗地区北西-南东向二维地震剖面 07LG28 测线剖面图

（a）常规地震剖面；（b）寒武系底拉平地震剖面。均显示蒸发岩与碳酸盐岩界线，蒸发岩具有明显强波谷、塑性聚集特征，通过层位引层厘定为覃家庙组

龙岗地区三维地震剖面同样显示了类似的特征，通过精细的层位标定与引层，蒸发岩主要发育于覃家庙组，地震剖面显示蒸发岩具有强波谷、塑性聚集的响应特征（图 4.32）。

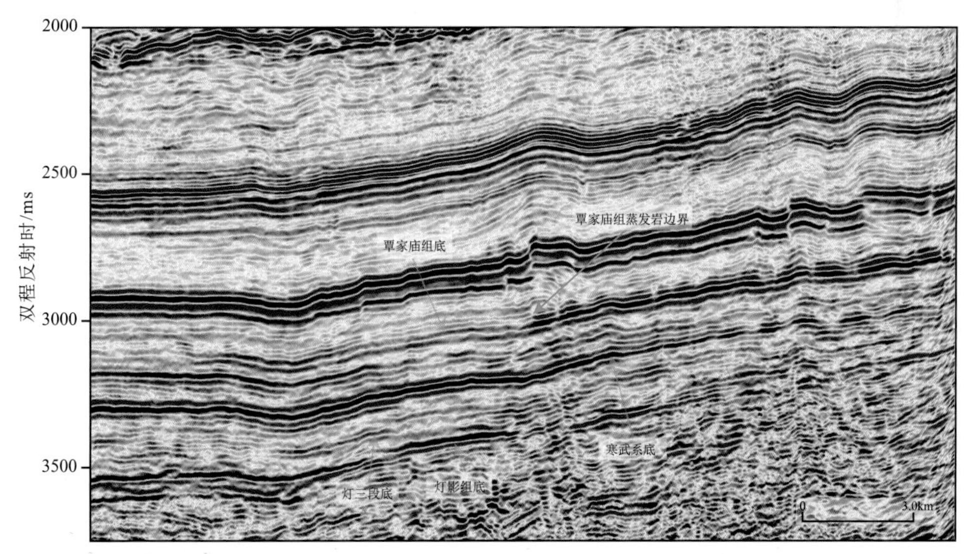

图 4.32 龙岗地区北西-南东向三维地震剖面 Lg3d-T900 测线剖面图

因此，川中地区已钻井地震剖面精细层位标定、引层，结合川南-川东地区连井剖面分析，川东地区蒸发岩主要发育于覃家庙组，仅东南局部地区石龙洞组发育蒸发岩。

（二）纵向发育沉积序列

寒武系蒸发岩主要发育于黔东统—苗岭统的海退沉积序列（林耀庭，2009），也代表从浅滩到潮坪、潟湖的沉积序列，属浅水碳酸盐岩缓坡和浅水蒸发台地相沉积（徐美娥等，2013）。蒸发岩层的主要岩石类型为泥质白云岩、白云岩与石膏互层、石膏夹石盐，地表以膏溶角砾岩、石盐假晶、次生石膏为标志（门玉澎等，2010；彭勇民等，2011）。

1. 纵向发育于四级旋回的高位域

1）习水吼滩高台组膏盐岩

习水吼滩高台组上部膏盐岩非常发育，与膏盐岩相伴生的褶皱构造也非常发育，表现为箱状与尖棱褶皱特征；膏盐岩在地表常表现为膏溶角砾岩，角砾砾径达 2cm；膏盐岩在地表常风化为土黄色黏土（图 4.33）。

图 4.33　习水吼滩高台组膏溶角砾岩

（a）膏溶角砾岩背斜宏观照片；（b）两个膏溶角砾岩背斜；（c）褐色泥晶白云岩与泥岩；（d）～（f）灰褐色膏溶角砾岩，角砾成分为泥晶白云岩

2）重庆彭水板凳沟石龙洞组膏盐岩

重庆彭水板凳沟剖面石龙洞组下部植被覆盖，中上部厚约100m，露头出露好，共发育3个四级旋回，每个四级旋回分别由海侵域与高位域组成，海侵域主要由豹斑灰岩与泥晶灰岩组成，高位域主要由厚层云岩并夹膏溶角砾岩组成，每层膏溶角砾岩厚 10～15m。海侵域与高位域的界线清楚，表现为灰色薄层灰岩与灰黄色薄层云岩相接触，而膏盐岩在地表常表现为膏溶角砾云岩、含泥质薄层云岩、灰黄色含膏质云岩等（图4.34、图4.35）。

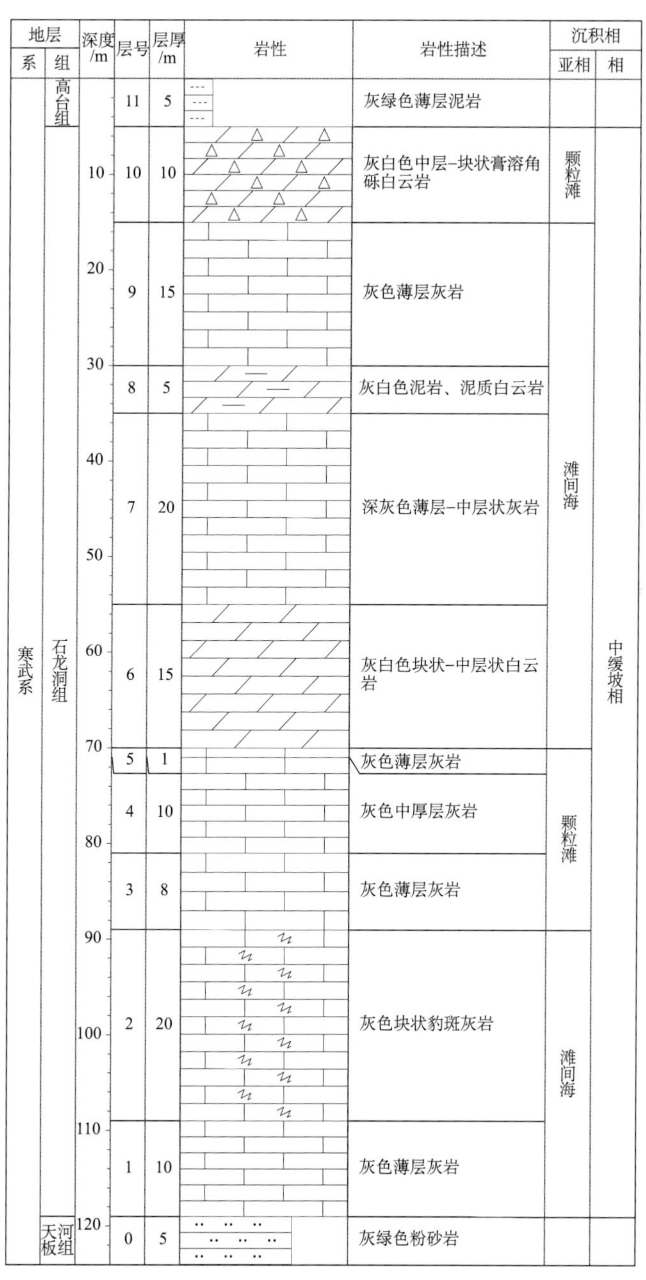

图4.34 重庆彭水板凳沟石龙洞组综合柱状图

图 4.35 重庆彭水板凳沟剖面石龙洞组四级旋回海侵-高位域特征图

（a）两个半四级旋回宏观照片；（b）四级旋回灰岩与云岩界线，下部为灰色豹斑灰岩，上部为灰黄色角砾云岩，榔头为比例尺；（c）灰黄色角砾云岩；（d）灰色豹斑灰岩

2. 蒸发岩由川南向川东由黔东统向苗岭统转变

受寒武纪时期区域古地理格局影响，四川盆地内寒武系蒸发岩主要分布于川南与川东地区，但纵向发育层位有所差别，揭示了古地理环境的演化。川南地区寒武系蒸发岩主要发育于黔东统石龙洞组，而川东地区主要发育于覃家庙组，揭示了蒸发岩由川南向川东发育层位逐渐变新。

盆地内由川南-川东连井剖面揭示黔东统石龙洞组蒸发岩主要发育于川南地区且向川东地区逐渐减薄，如窝深 1、宫深 1、林 1 等井在石龙洞组均发育厚层蒸发岩，但由东深 1、临 7 井至座 3 井石龙洞组发育的蒸发岩逐渐减薄（图 4.36、图 4.37）。

盆地内连井剖面揭示覃家庙组蒸发岩主要发育于川东地区，且具有由川南向川东地区逐渐增厚的特征，如由临 7 井至建深 1 井，宁 2 井至丁山 1 井、林 1 井等覃家庙组蒸发岩逐渐增厚（图 4.38、图 4.39）。

蒸发岩现今的厚度变化受后期构造变形的影响很大，一般在背斜核部增大，而在背斜翼部减薄。但综合大多数探井资料仍揭示了上述蒸发岩纵向发育层位由川南向川东逐渐变新的变化规律，进一步揭示了由川南向川东随地质时间变化古地理位置逐渐增高的特征。

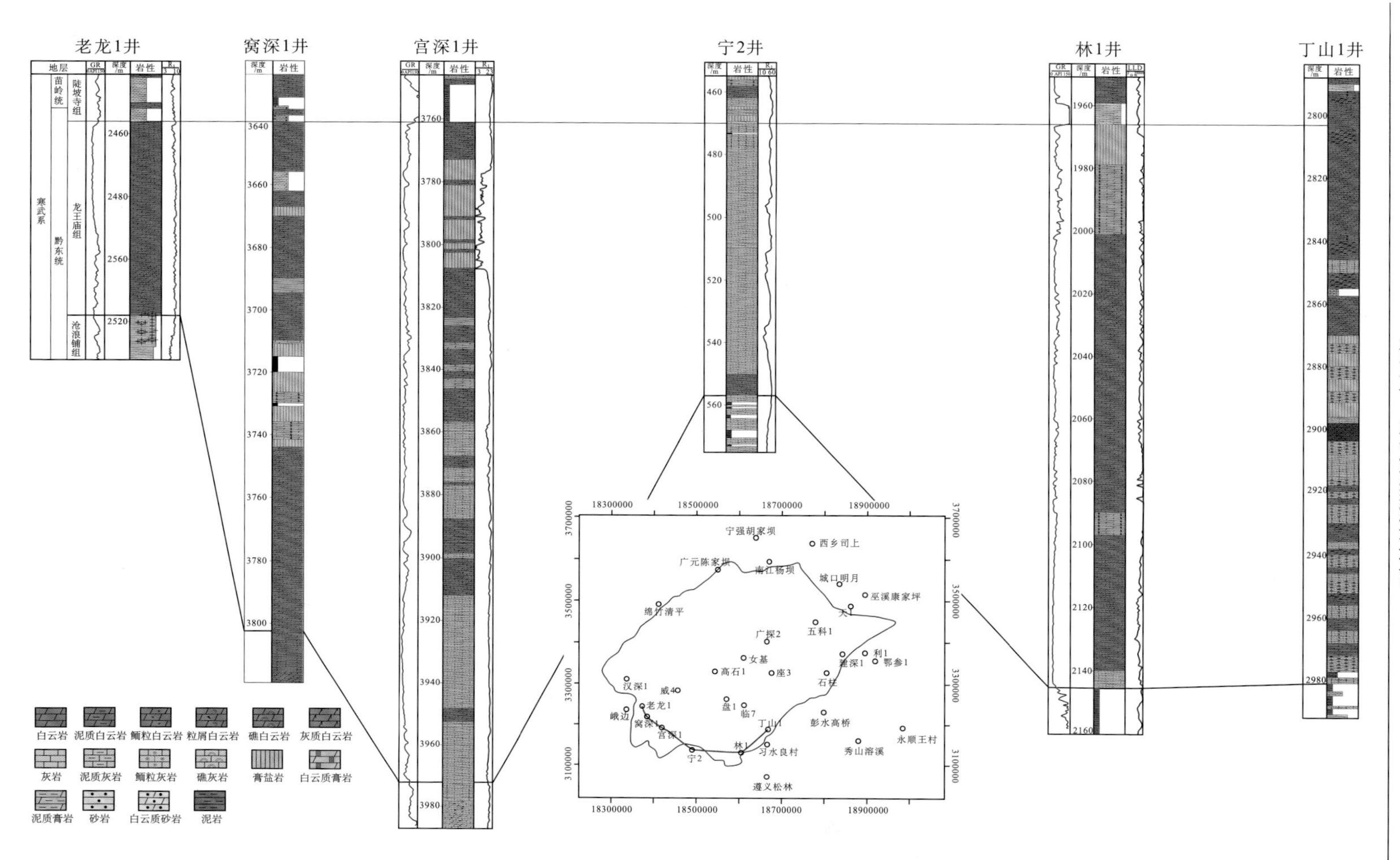

图 4.36　老龙 1-窝深 1-宫深 1-宁 2-林 1-丁山 1 井寒武系黔东统龙王庙组（石龙洞组）蒸发岩对比图

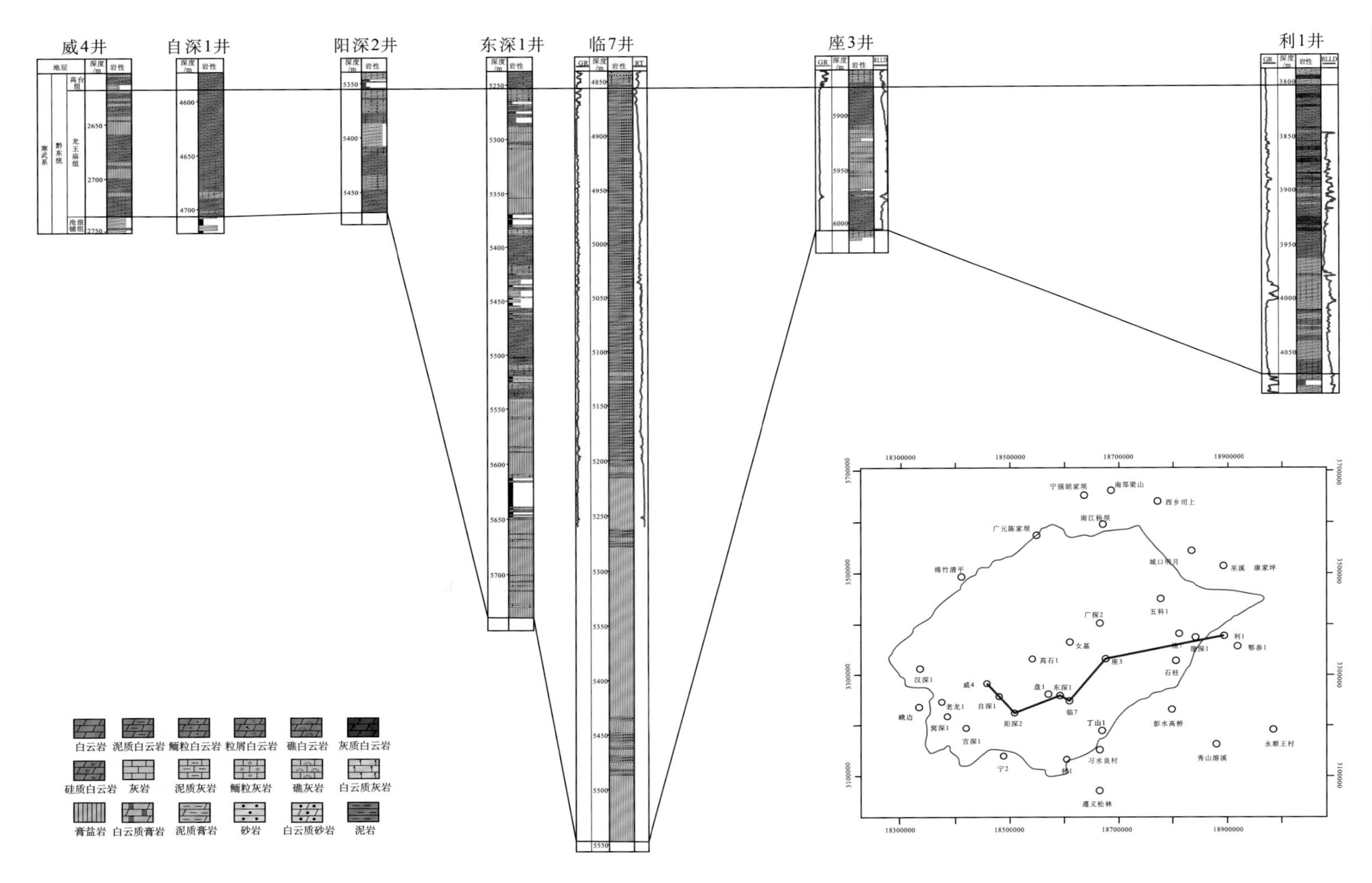

图 4.37　威 4-自深 1-阳深 2-东深 1-临 7-座 3-利 1 井寒武系黔东统龙王庙组（石龙洞组）蒸发岩对比图

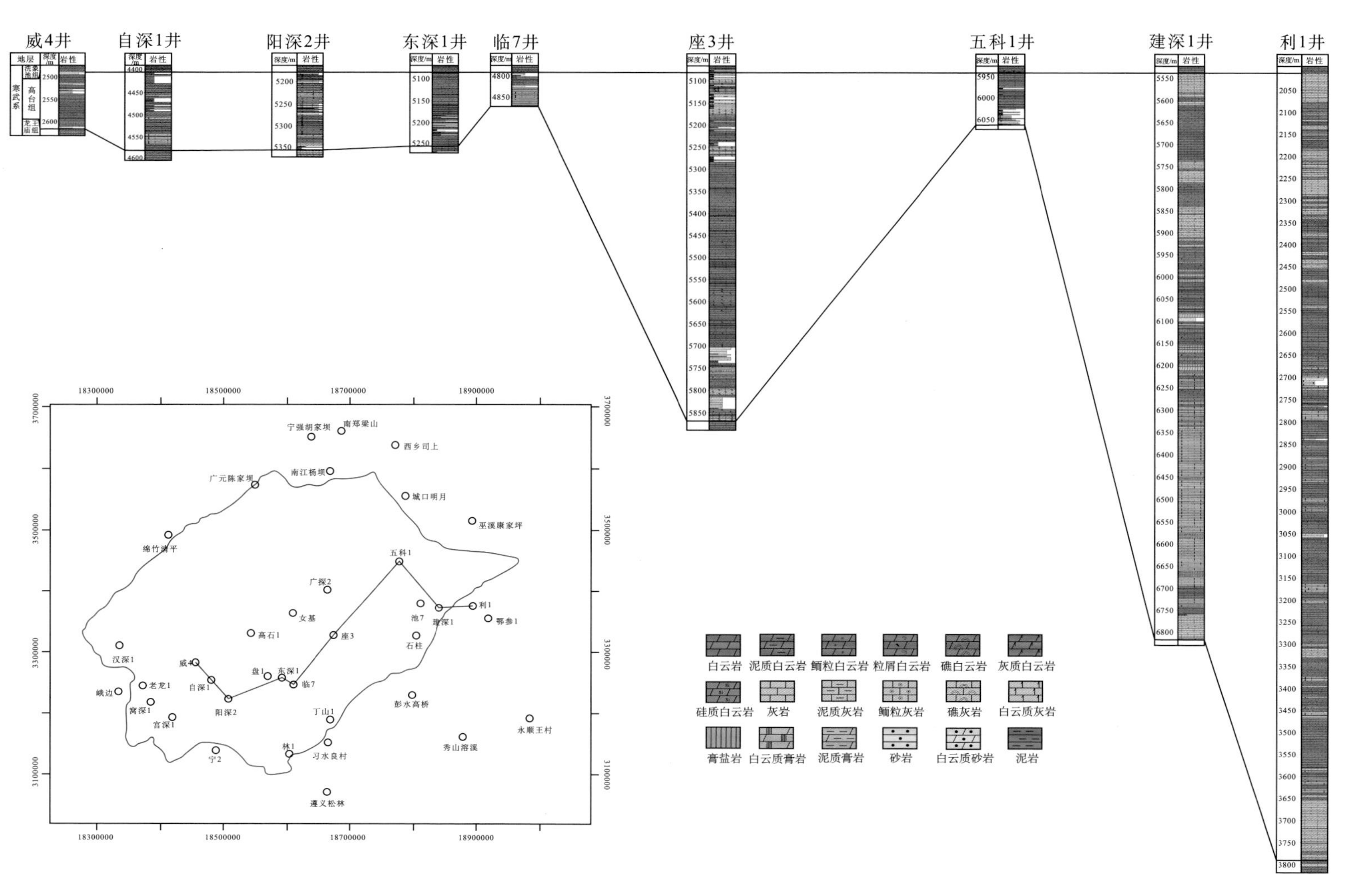

图4.38 威4-自深1-阳深2-东深1-临7-座3-五科1-建深1-利1井寒武系覃家庙组蒸发岩对比图

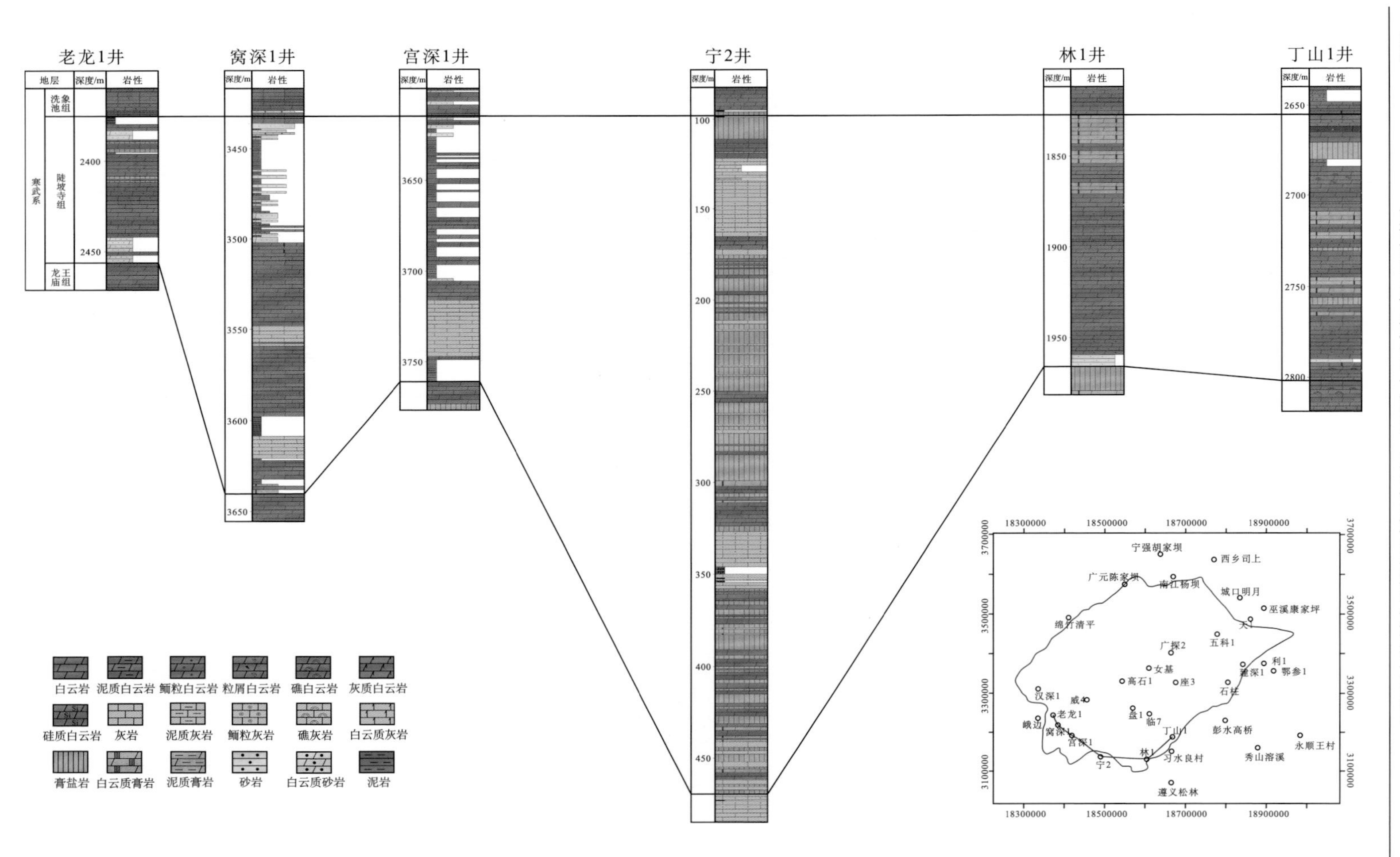

图 4.39　老龙 1-窝深 1-宫深 1-宁 2-林 1-丁山 1 井寒武系覃家庙组蒸发岩对比图

三、平面分布特征

野外露头与钻井资料揭示川东地区寒武系两套蒸发岩具区域性展布特征(门玉澎等，2010；林良彪等，2012；王淑丽等，2012)，但川东寒武系蒸发岩的平面厚度变化特征尚不明确。由于黔东统石龙洞组与苗岭统覃家庙组纵向上较为接近，在地震剖面上很难将这两套蒸发岩层区分开来，因此统称为寒武系蒸发岩。

（一）蒸发岩平面展布刻画

川东寒武系蒸发岩平面展布刻画主要依据地震资料，根据蒸发岩在地震剖面上所显示的塑性聚集的响应特征，追踪该套塑性地层顶底界面，基于区域地层速度分析计算该套塑性地层的厚度，本书对川中-川东逾 $6\times10^4km^2$ 范围内二维、三维地震资料进行精细解释并进行平面成图（图 4.40），该平面图反映的是含蒸发岩地层的厚度变化，而不是纯蒸发岩的厚度变化。

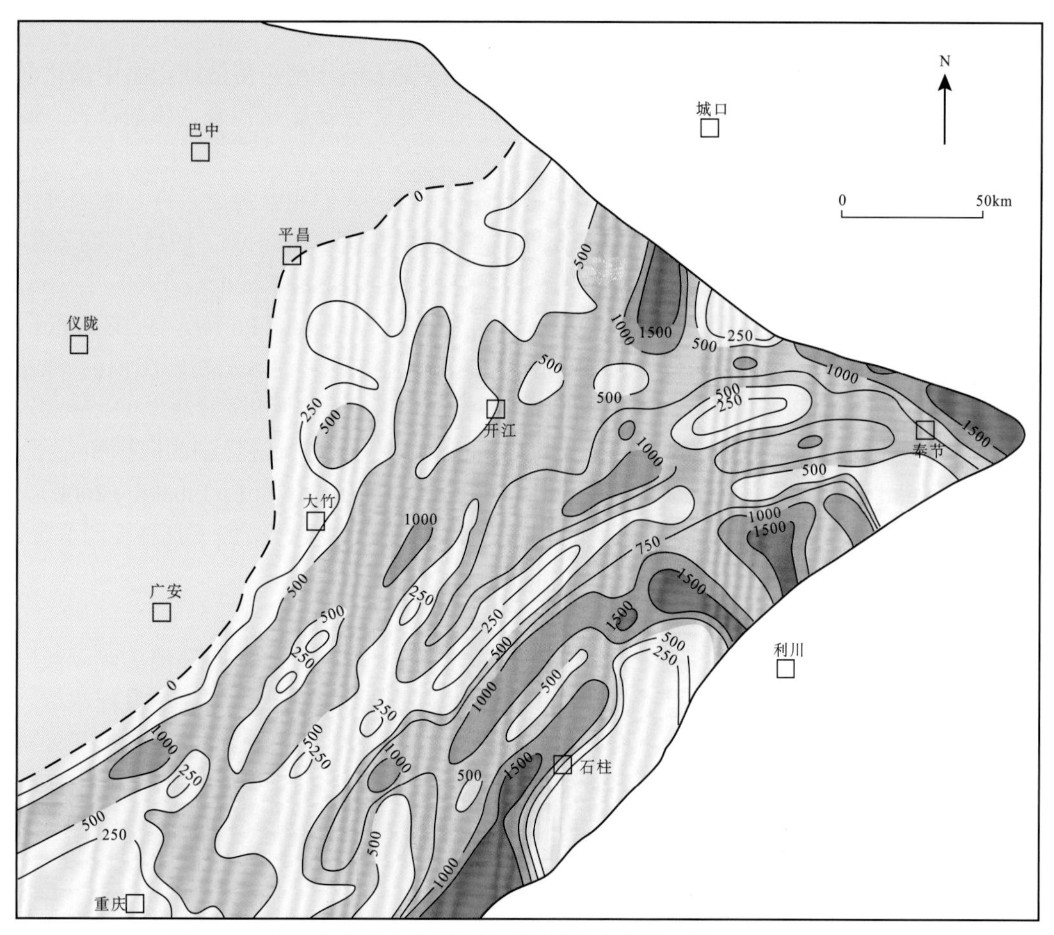

图 4.40　川东寒武系含蒸发岩层平面厚度变化图（据 Gu et al.，2020）

图中等值线单位为 m

（二）蒸发岩平面展布特征

含蒸发岩层厚度等值线图显示广安-渠县-平昌一线以西的川中地区寒武系不发育蒸发岩，以东地区蒸发岩具区域展布特征（图 4.40）。川东地区寒武系蒸发岩发育具有如下特征：

（1）由川中向川东地区蒸发岩的厚度逐渐增加，蒸发岩层在川东具区域性展布的特征，但厚值区主要分布于背斜核部，为后期构造变形蒸发岩发生塑性聚集所形成。

（2）蒸发岩的分布与华蓥山断裂的展布相一致，说明两者之间存在因果关系。地震剖面显示在蒸发岩发育边界并没有明显的断裂活动，因此综合分析认为蒸发岩的分布控制了华蓥山断裂的形成，而不是华蓥山断裂活动控制了寒武系蒸发岩的分布。

第三节　蒸发岩成因探讨

一、蒸发岩成因类型

蒸发岩是在干旱、半干旱的气候条件下，由于蒸发浓缩作用，溶液或卤水中的化学溶解物质逐渐沉淀而形成的一种化学沉积岩。常见蒸发岩包括氯化物岩、碘酸盐岩、硫酸盐岩、碳酸盐岩、硼酸盐岩等。

蒸发岩成因的研究可以追溯到 19 世纪。一百多年来，人们相继提出了许多成因理论和假说，主要有砂坝成盐说（Ochsenius，1877）、多级盆地说（Branson，1915）、回（返）流假说（King，1947；Scruton，1953；Dellwig，1955；Admas and Rhodes，1960；Logan，1987）、潮上盐沼说或“萨巴哈”假说（Kinsman，1969；Fuller and Porter，1969；Smith，1971；Hardie and Eugster，1971；Bosellini and Hardie，1973）、深水蒸发岩沉积说-深盆地说（Lotze，1957；Borchert，1959；Schmalz，1969）以及干化/干缩深盆地说（Schmalz，1969）。蒸发岩成因的这些早期研究工作，Warren（1999）曾进行过详细的回顾和介绍。之后，Kendall （1992）、Kendall 和 Harwood（1996）、Schreiber 和 El Tabakh（2000）、Tucker（2001）都曾进行过系统而详尽的论述。限于篇幅，主要介绍如下几种成因假说。

（一）砂坝成盐说

砂坝成盐说用于解释巨厚盐类沉积，该假说认为盐类矿物在与广海隔离的潟湖或海湾中蒸发形成。处于海湾或潟湖与广海之间的砂坝使海湾或潟湖水体不断蒸发而浓缩，同时又让海水从其顶部不断流入补给导致各种盐类按溶解度大小先后发生沉淀。另外构造隆起、生物礁和火山堤等也可起屏障作用。

（二）多级盆地说

多级盆地说用于解释单成分蒸发岩的形成，该假说认为由于海底起伏不平或由于几个构造隆起而形成不同深度的沿岸多级盆地，沿由海向陆方向，盆地中卤水浓度依次增加而在每个盆地中只能形成一种蒸发矿物。

（三）回（返）流假说

回（返）流假说用于解释巨厚的石膏沉积，该假说认为海水通过海峡表面注入盆地，补偿由蒸发而消耗的水，盆地中产生的重盐水在较轻的海水之下返流入海，使盆地的水体保持较低的浓度状态，经蒸发浓缩形成巨厚的石膏沉积。

（四）潮上盐沼说或“萨巴哈”假说

潮上盐沼说或“萨巴哈”假说用于解释浅水或大气下蒸发岩沉积，常与碳酸盐岩共生。该假说认为潮上带地区，涨潮时所带的海水残留于潮上带洼地，经蒸发浓缩而成。同时潮上带地区，由于沉积物粒度细，海水通过毛细管作用补充蒸发的消耗。其形成的蒸发岩以石膏、石盐为主，具有暴露成因标志[如层理、鸡雏构造等]。

（五）深水蒸发岩沉积说-深盆地说

深水蒸发岩沉积说-深盆地说认为干旱气候条件下，蒸发作用使表层海水浓缩形成的重卤水下沉，在闭塞的海盆地深处聚集起来，最终可形成盐类沉积，其形成的蒸发岩特征为蒸发岩层系中有纹层，常见静水黑色页岩夹层。

（六）干化/干缩深盆地说

干化/干缩深盆地说用于解释地中海蒸发岩的形成，指封闭的深盆地交替出现蒸发→干涸→浅水蒸发岩和海水注入→深盆地沉积，如晚中新世地中海曾与大西洋分离（10～15 次），形成沙漠盆地，其蒸发岩就是形成在低于海平面数千米的盆地内的浅卤水池或盐滩上，该类蒸发岩的特征为浅水蒸发岩与深水暗色泥页岩共生，平面上呈牛眼式分布，从边缘到中心依次发育：碳酸盐→硫酸盐→石盐→钾盐。

二、寒武系蒸发岩成因模式

寒武纪黔东世—苗岭世时期，四川盆地整体的古构造格局为西高东低的大缓坡背景，西部濒临古陆古地势较高，陆源碎屑岩较为发育，而向川中地区古地势逐渐降低，主要沉积海相碳酸盐岩，而再向川东地区古地势逐渐降低，主要沉积蒸发岩与碳酸盐岩两类岩石。因此，西高东低的古地理格局控制了寒武系蒸发岩的形成与分布。

在浅水缓坡亚相的川东地区，古地理地势低在一定程度上阻隔了海水，减缓了水动力。这种水浅低能局限环境，在干旱、炎热的古气候条件下，强烈蒸发作用使海水不断浓缩。在垂向上，组成含盐岩系的岩石，依次由碳酸盐-硫酸盐组成韵律结构。在水平方向上，也表现较明显的分带性，成都-乐山地区出现了潮上混合潮坪沉积，往东至犍为-雷波地区为含云石膏岩、白云质石膏岩夹膏质白云岩，为一套潮上萨布哈沉积，到东部的永川-重庆-赤水地区为石膏质白云岩、含石膏质白云岩、白云岩，为一套半-局限环境下浅水缓坡蒸发沉积。

根据寒武纪时期沉积特征，本书建立了碳酸盐岩缓坡蒸发岩成因模式图（图 4.41）。从图中可以发现膏盐岩主要发育在水浅或局限低能的内缓坡带，成因机制为潮上萨布哈蒸发和点砂坝(后)半-局限缓坡蒸发两类，而靠盆地的深水缓坡则不具发育膏盐岩条件。

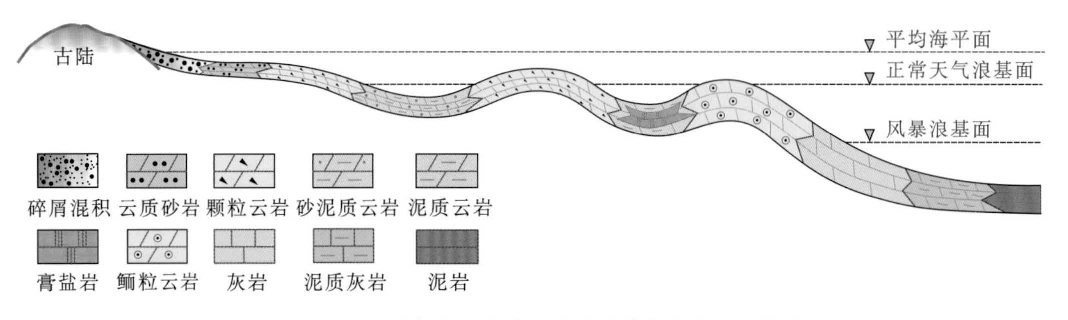

图 4.41　四川盆地寒武系碳酸盐缓坡蒸发岩成因模式

第五章　埃迪卡拉纪岩相古地理

“相”（facies）这一术语在地质上被广泛使用，特别是在沉积学的研究上。沉积相（sedimentary facies）指一个沉积单元所具有的特征及其沉积环境的总和，包括沉积岩规模、沉积构造、沉积结构和成因等；“岩相”（lithofacies）主要指沉积岩的物理与化学特征，通过沉积物搬运与物理、化学沉积过程进行确定；“古地理”（palaeogeography）指某一地区在过去一段地质时期的地貌特征（Nichols，2009）。不同的相可以形成相组合（facies association），根据相组合各相特征、叠加样式、几何学等可判别沉积岩形成的沉积环境（Sami and James，1994；Nichols，2009）。

埃迪卡拉纪—寒武纪时期，组成华南克拉通的扬子地块与华夏地块的沉积环境是不同的（刘宝珺和许效松，1994），扬子地块以碳酸盐岩沉积为主，在寒武系下部含有碎屑岩沉积，表明埃迪卡拉纪—寒武纪大多数地质时期，扬子地块被浅海覆盖（Yao et al.，2014）。该时期四川盆地所属的扬子地块西北缘同样以浅海相的碳酸盐岩沉积为主，以碎屑岩沉积为辅，揭示了该时期扬子地块西北缘的被动性（Domeier and Torsvik，2014）。

第一节　陡山沱组沉积期岩相古地理

新元古代，伴随着罗迪尼亚超级大陆的裂解，扬子地块处于伸展动力学体制之中。埃迪卡拉系在上扬子地块由陡山沱组、灯影组或相对应的岩石地层单元组成，在上扬子地块内部厚（约 1000m），而在盆地相区薄（≤250m）。根据地层厚度、空间分布及缺少大的构造事件和火成岩活动，揭示陡山沱组和灯影组沉积于被动边缘环境（Jiang et al.，2011）。

古地理重构和详细的相分析表明，埃迪卡拉纪期间上扬子地块由陆架台地向周缘逐渐演变为斜坡、盆地相沉积，东南缘的斜坡区位于湖北、湖南一带（Vernhet et al.，2006；Wang et al.，2012），台地边缘向盆地一侧发育滑塌块体、重力流滑塌角砾和浊流沉积（Jiang et al.，2011）。这一古地理结构开始于成冰纪—埃迪卡拉纪转换期并一直延伸进入寒武纪（Jiang et al.，2011）。埃迪卡拉纪晚期序列代表上扬子地块由缓慢伸展到热沉降阶段（Lang et al.，2018），灯影组总体表现为浅水环境，表明碳酸盐岩台地广泛形成于整个上扬子地块（Wang et al.，2012）。

关于埃迪卡拉系内部统、阶的划分目前还没有统一认识，根据 2014 年全国地层委员会编制的《中国地层表》划分方案，埃迪卡拉系（震旦系）包括两统四阶，但在川东地区对阶的划分与对比还缺乏古生物与地球化学依据（全国地层委员会，2018；周传明等，2019）。基于米仓山和大巴山地区大量野外露头观察、测量分析和覆盖整个四川盆地东部二维、三维地震资料精细解释，本书以陡山沱组、灯影组两个岩石地层单位为作图单元，在典型露头沉积相识别的基础上，分析四川盆地东部埃迪卡拉系陡山沱组、灯影组岩相古地理格局，恢复埃迪卡拉纪古地理形成与演化过程。

陡山沱组涵盖埃迪卡拉系下统九龙湾阶、陈家园子阶和上统吊崖坡阶，跨越了埃迪卡拉系约90%地质时期（635～551Ma，约84Ma）（Condon et al.，2005；Zhang et al.，2005；周传明等，2019）。陡山沱组发育于被动边缘环境，在上扬子地区沉积于不同地质年代基底或南华系（成冰系）之上，在局部古地貌高部位发生沉积间断，其地层沉积序列在大部分地区发育不完整，地层厚度与沉积相发生明显的变化，揭示陡山沱组沉积前上扬子地块“隆凹相间”的古地理格局（Zhu et al.，2007；Jiang et al.，2011）。

四川盆地东部钻井未钻遇陡山沱组，但米仓山、大巴山地区野外露头观测与地震解释表明，“汉南古陆”与“宣汉-开江隆起”在陡山沱组沉积期露出水面而没有接受沉积，是沉积物源的供给区。根据第一章前人对华南克拉通古地理研究认识，陡山沱组沉积期，华南克拉通总体位于低纬度地区，介于北纬 30° 与赤道之间。为简化并反映现今的盆地位置，本章所有的岩相古地理图均使用现今地理位置，而未恢复至陡山沱组沉积期古地理。川东向东北毗邻古大洋，向东南毗邻开放陆架环境，陡山沱组由“宣汉-开江隆起”向东北方向依次发育三角洲前缘与混积滨岸、混积缓坡、混积陆棚、斜坡、盆地相沉积（图 5.1）。

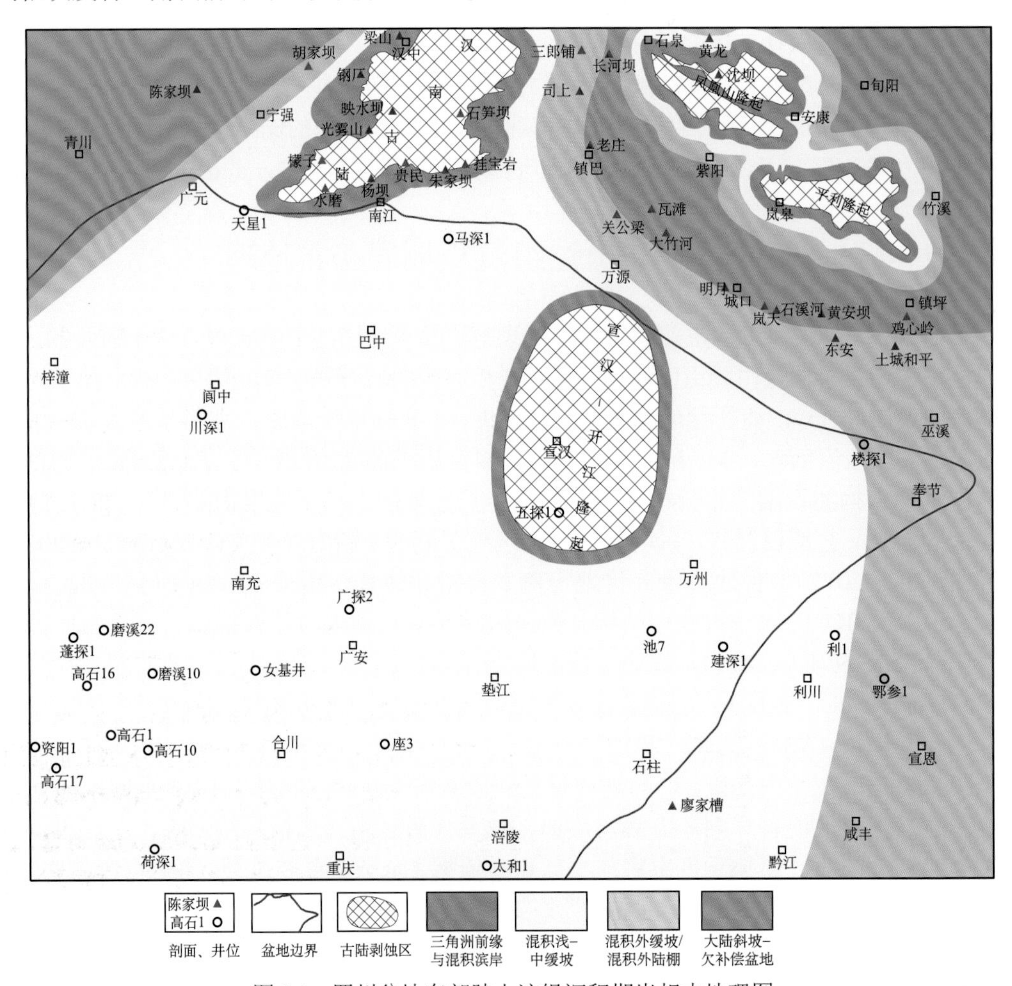

图 5.1　四川盆地东部陡山沱组沉积期岩相古地理图

陡山沱组在四川盆地东部大部分地区发育不全，“宣汉-开江隆起”在陡山沱组沉积期露出水面没有接受沉积，而成为周围陆源碎屑的供给区，由“宣汉-开江隆起”向周缘依次发育混积浅-中缓坡、混积陆棚、斜坡与盆地相沉积

一、三角洲前缘与滨岸相

米仓山、大巴山地区野外露头观测揭示陡山沱组自西向东大面积超覆于“汉南古陆”古老基底或南华系之上，四川盆地东部地震资料也清晰揭示了陡山沱组由盆地西部向东部“宣汉-开江隆起”的超覆沉积。“汉南古陆”与“宣汉-开江隆起”在陡山沱组沉积期为隆起剥蚀区，向周缘提供陆源碎屑物质。陡山沱组底部盖帽白云岩在扬子地块的稳定发育揭示陡山沱组沉积于开放陆架环境。因此，四川盆地东部在“汉南古陆”与“宣汉-开江隆起”周缘发育三角洲与滨岸相沉积。

由于“宣汉-开江隆起”无钻井取心资料，因此本书选择“汉南古陆”周缘米仓山南郑梁山、南郑郭家坪、南江光雾山、南江杨坝与大巴山镇巴渔渡-盐场镇剖面为例介绍陡山沱组三角洲与滨岸相沉积特征。

（一）南郑梁山剖面

南郑梁山剖面位于梁山镇龚家湾与北寨之间平缓山坡处，一座小型水库的南侧，周围为农田所围绕。原四川石油管理局地质调查处103队于1969年测量该剖面称其为瓦房大队磨刀石沟大石崖。

该剖面陡山沱组为一套碎屑岩沉积，厚约38.5m，底部与基底花岗岩不整合接触，顶部与灯影组泥晶白云岩整合接触。陡山沱组碎屑岩显示了先由粗至细，再由细变粗的演化序列，即先由正递变再到反递变的演化过程。

陡山沱组纵向上可以划分为5层（图5.2），底部为灰色块状细砾岩、含砾粗砂岩（厚约6.6m），碎屑成分以石英为主，次为长石和燧石及暗色矿物，分选较差，磨圆中等，次圆-次棱角状，砾石砾径为2～5mm，为基底花岗岩提供物源的三角洲分流河道沉积。块状含砾粗砂岩之上为灰色中-厚层细砾岩、含砾砂岩，顶部见小型交错层理（厚约6.5m），应为三角洲前缘分流河道沉积；之上为灰色薄层中-细粒石英细砂岩（厚约2.1m），分选与磨圆差，应为三角洲前缘坝间沉积；再之上为灰色厚层状细粒石英砂岩（厚约4.5m），自下而上连续发育三套大型交错层理，交错层理的规模自下而上逐渐增加，每套层理岩层的层面近于平直，每一交错层理的层理面由上而下逐渐收敛，交切于岩石层面之内，层理面倾向为195°～202°，指示古水流方向近似由北向南，物源来自北面的汉南古陆，沉积相应属三角洲前缘叠置砂坝（图5.3）。

大型交错层理之上依次发育灰色厚层-块状细-中粒砂岩（厚约8.1m），灰色厚层-块状中-粗粒石英砂岩（厚约1.8m）与中-厚层砂质细砾岩、含砾砂岩（厚约8.9m），中上部发育小型交错层理，层理面倾向也指向南。该套沉积序列反映了下细上粗的反递变特征，由粉细砂岩递变为含砾粗砂岩、粗砂岩，应属于潮汐砂坝或三角洲前缘分流河口坝沉积。

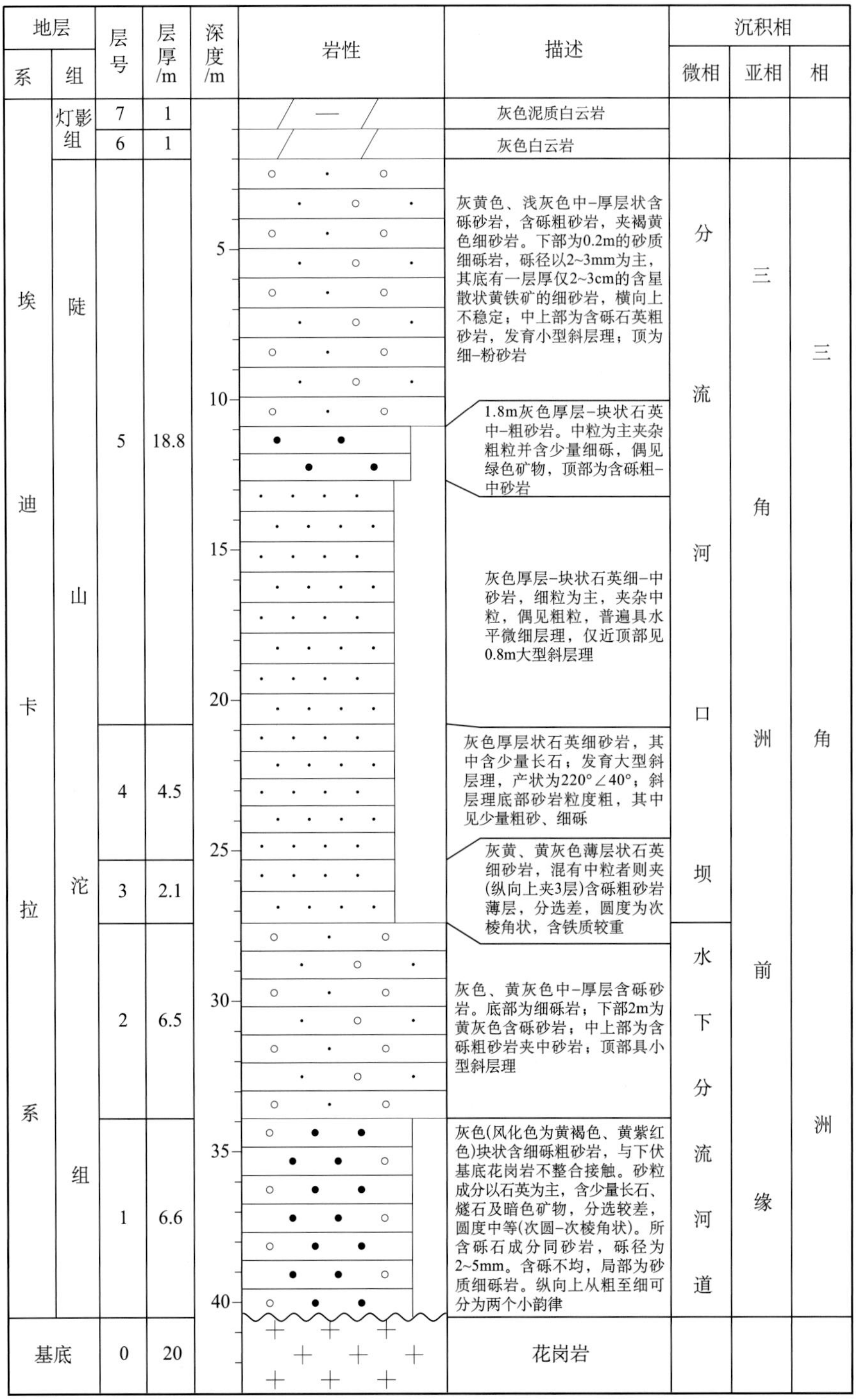

地层 系	地层 组	层号	层厚/m	深度/m	岩性	描述	沉积相 微相	沉积相 亚相	沉积相 相
埃迪卡拉系	灯影组	7	1			灰色泥质白云岩			
		6	1			灰色白云岩			
	陡山沱组	5	18.8	5, 10, 15, 20		灰黄色、浅灰色中-厚层状含砾砂岩，含砾粗砂岩，夹褐黄色细砂岩。下部为0.2m的砂质细砾岩，砾径以2~3mm为主，其底有一层厚仅2~3cm的含星散状黄铁矿的细砂岩，横向上不稳定；中上部为含砾石英粗砂岩，发育小型斜层理；顶为细-粉砂岩 1.8m灰色厚层-块状石英中-粗砂岩。中粒为主夹杂粗粒并含少量细砾，偶见绿色矿物，顶部为含砾粗-中砂岩 灰色厚层-块状石英细-中砂岩，细粒为主，夹杂中粒，偶见粗粒，普遍具水平微细层理，仅近顶部见0.8m大型斜层理	分流河口坝	三角洲前缘	三角洲
		4	4.5	25		灰色厚层状石英细砂岩，其中含少量长石；发育大型斜层理，产状为220°∠40°；斜层理底部砂岩粒度粗，其中见少量粗砂、细砾			
		3	2.1			灰黄、黄灰色薄层状石英细砂岩，混有中粒者则夹(纵向上夹3层)含砾粗砂岩薄层，分选差，圆度为次棱角状，含铁质较重			
		2	6.5	30		灰色、黄灰色中-厚层含砾砂岩。底部为细砾岩；下部2m为黄灰色含砾砂岩；中上部为含砾粗砂岩夹中砂岩；顶部具小型斜层理	水下分流河道		
		1	6.6	35, 40		灰色(风化色为黄褐色、黄紫红色)块状含细砾粗砂岩，与下伏基底花岗岩不整合接触。砂粒成分以石英为主，含少量长石、燧石及暗色矿物，分选较差，圆度中等(次圆-次棱角状)。所含砾石成分同砂岩，砾径为2~5mm。含砾不均，局部为砂质细砾岩。纵向上从粗至细可分为两个小韵律			
基底		0	20			花岗岩			

图 5.2　南郑梁山剖面陡山沱组综合柱状剖面图

现今剖面顶底界面植被覆盖严重，因此地层描述信息据原四川石油管理局地质调查处103队于1969年测量结果，沉积相分析基于野外露头观察。在地层序列第4层发育大型交错层理，层理面指向南—南南西，指示物源来自北—北北东的汉南古陆。图5.3照片拍摄于第4层，显示交错层理发育特征

从该剖面发育的地层序列可以看出陡山沱组沉积期，该剖面临近“汉南古陆”，处于古地貌相对高的地理位置，缺失了陡山沱期早期沉积，并发育以粗砂岩、含砾砂岩等为代表的粗粒碎屑岩沉积。地层序列中发育的大型交错层理指示了三角洲沉积环境，层理指向南—南西，指示沉积物源来自北—北北东的“汉南古陆”。

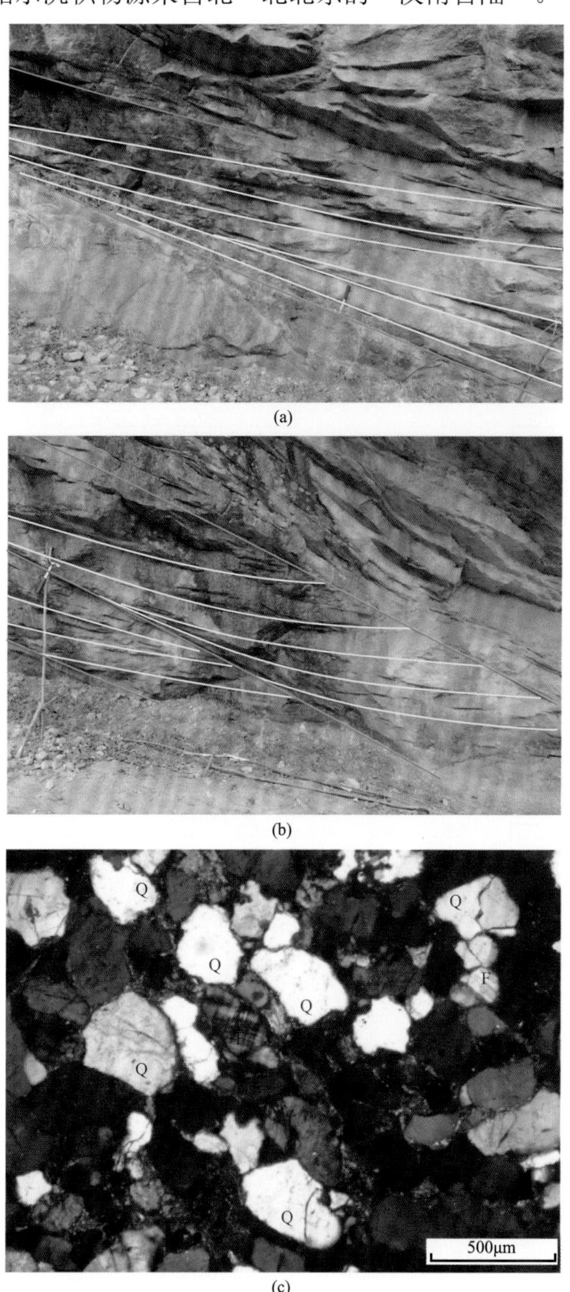

图 5.3　南郑梁山剖面陡山沱组中部细粒石英砂岩内交错层理野外露头与镜下照片

（a）底部大型交错层理发育于块状细砂岩之上，岩层由右向左逐渐变薄，厚 1～1.5m，层理面由上向下逐渐收敛；（b）连续两个大型交错层理，岩层近于平直，厚约 2m，层理面由上向下逐渐收敛，榔头为比例尺（约 30cm）；（c）中粒长石石英砂岩，分选好，次棱状-次圆状，接触式胶结

（二）南郑郭家坪剖面

南郑郭家坪剖面位于汉中市南郑区两河镇郭家坪村附近的汉黎路公路边，距南郑梁山剖面西南约 40km，该剖面陡山沱组比梁山剖面厚（约 80m），底部蓝灰色薄层泥岩与南沱组红色细砾岩相接触，顶部砂岩与灯影组泥晶白云岩相接触（图 5.4）。

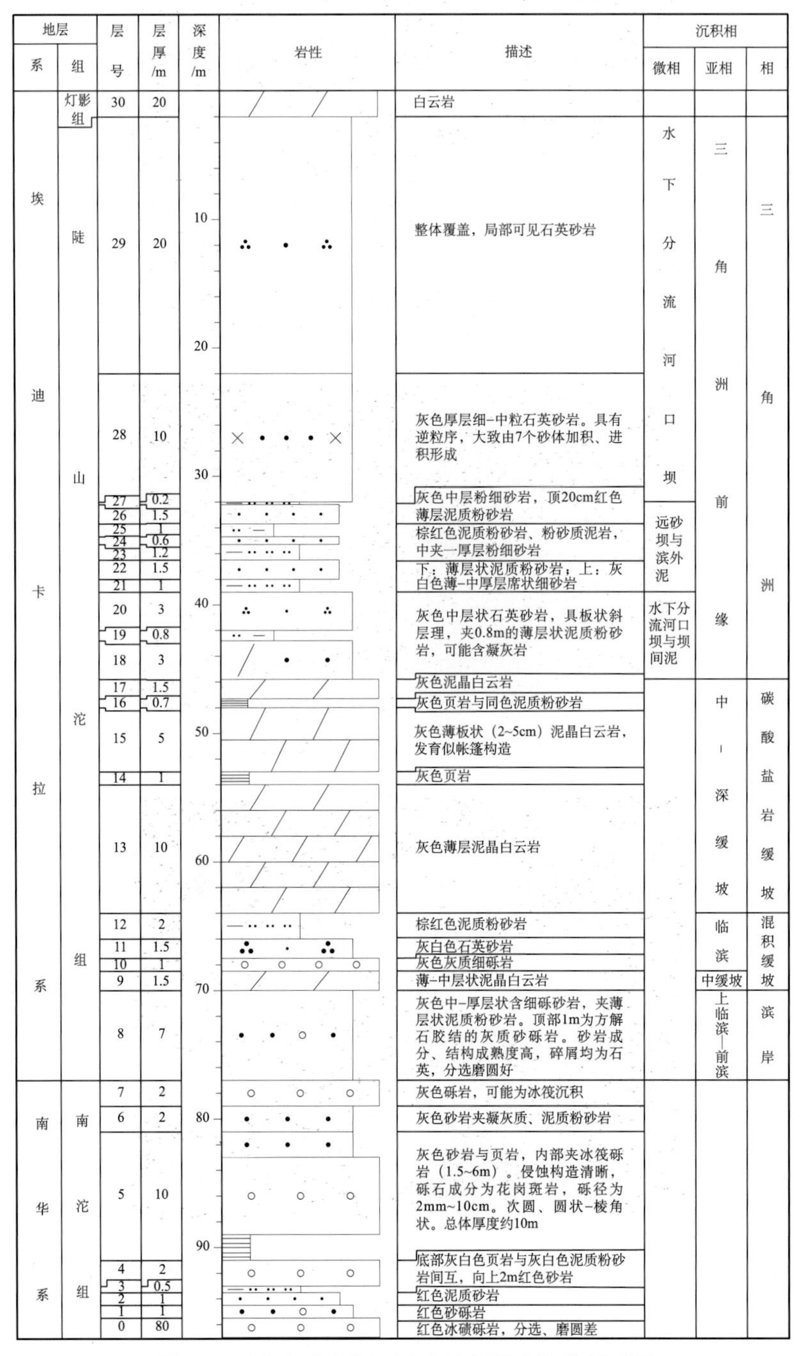

图 5.4　南郑郭家坪剖面陡山沱组综合柱状剖面图

该剖面陡山沱组与南沱组的界线不易划分，本书以含钾长石细砾岩结束作为南沱组顶界，揭示了成分成熟度低与南沱组冰川活动相关的沉积。陡山沱组自下而上划分为两个沉积序列：下部沉积序列以碎屑岩和碳酸盐岩均发育的混积岩为主，碎屑岩以蓝灰色粉砂质泥岩、泥质粉砂岩、灰色含凝灰质细砂岩与中-厚层含砾石英砂岩为主，发育多个逆粒序，夹两层单层厚约 2m 的砾岩，砾石成分主要为来源于基底的钾长花岗岩，碳酸盐岩以多层灰色薄层泥晶白云岩为主，白云岩单层厚 1.5～10cm，白云岩间夹多层蓝灰色页岩、泥质粉砂岩与细砂岩[图 5.5（a）]；上部沉积序列以碎屑岩为主，为灰色中层石英砂岩夹薄层粉砂质泥岩、棕红色泥质粉砂岩夹薄层粉砂质泥岩[图 5.5（b）]，见约 3m 厚的分流河道下切侧向加积构造[图 5.5（c）]，上部发育灰色厚层细-中粒石英砂岩，具反粒序特征[图 5.5（d）]。

陡山沱组下部沉积序列以混积缓坡相为主，碎屑岩发育多个反粒序组合，碳酸盐岩以薄层泥晶白云岩为主；上部沉积序列主要为三角洲前缘沉积，发育分流河道下切侧向加积构造、河道间薄层席状砂和前缘叠置河口坝等（图 5.4）。

图 5.5 南郑郭家坪剖面陡山沱组岩性特征

（a）灰色中层细砂岩与薄层泥晶白云岩，为混积岩沉积，夹蓝灰色薄层泥岩，为后期断层活动所致；（b）灰色薄-中层粉砂岩与暗红色薄层粉砂岩、泥岩，为三角洲前缘席状砂与前三角洲沉积；（c）灰色中-厚层砂岩切入下伏泥质粉砂岩、粉砂质泥岩，为三角洲前缘分流河道侧向加积；（d）中上部灰色中-厚层砂岩，发育明显交错层理，为三角洲前缘叠置砂坝

（三）南江光雾山剖面

南江光雾山剖面陡山沱组位于光雾山镇以西约 2km 的东河河谷内，底界与基底钾长花岗岩不整合接触，顶界与灯影组白云岩整合接触，厚约 30m。

陡山沱组为一套石英细砾岩、含砾石英粗砂岩和细砂岩沉积，板状交错层理、槽状交错层理发育。底部为灰白色薄-中层状石英细砾岩、含砾粗砂岩与细砂岩，单层厚 5~30cm，交错层理发育，层理面由顶部向底部逐渐收敛，为三角洲前缘分流河道沉积，层理面倾向 225°~280°[图 5.6（a）]，指示古水流方向由北东—东流向南西—西；中部发育由板状交错层理、波状交错层理与槽状交错层理组成的石英细砂岩与粗砂岩[图 5.6（b）]，波状交错层理的缓坡倾向北东东，其反方向指示类似的古水流方向，槽状交错层理侵蚀

(a)

(b)

图 5.6　南江光雾山剖面陡山沱组交错层理野外露头与石英砂岩镜下特征

（a）石英粗砂岩发育板状交错层理，层理面倾向 225°~280°，指示古水流方向由北东—东流向南西—西，榔头为比例尺，长约 30cm；（b）粗粒长石石英砂岩，分选差，次棱状-次圆状，孔隙式胶结。Q. 石英；F. 长石

下伏的砂岩，揭示其水下分流河道沉积；上部砂岩的粒度逐渐增加，砾石的含量也逐渐增加，砾石成分为花岗岩、燧石和石英片岩，砾径可达2～5cm，分选、磨圆差，显示下细上粗的反递变序列，揭示了沉积物的进积特征，应为三角洲前缘河口坝沉积。

该剖面仅发育陡山沱期上部沉积序列，且主要为以粗砂岩、细砾岩为代表的碎屑岩，揭示陡山沱组沉积期该剖面临近“汉南古陆”，处于古地貌相对高的地理位置，沉积了三角洲前缘分流河道-河口坝的进积序列，古水流测量揭示物源来自北东东方向的汉南古陆。

（四）南江杨坝剖面

南江杨坝剖面陡山沱组位于杨坝镇以南约500m公路西侧，厚约34m，底部碎屑岩与基底火地垭群不整合接触[图5.7，图5.8（a）]，顶部与灯影组泥晶白云岩之间被厚约2m的浮土覆盖，界限不清。

陡山沱组底部发育厚约0.3m的细砾岩、含砾粗砂岩，砾石成分复杂，以浅变质碎屑岩与花岗岩等为主，砾石粒径多数为2~25mm，分选、磨圆均较差，呈次棱角、次圆状，成分成熟度与结构成熟度均较低[图5.8（b）]。底砾岩之上发育近10层交错层理发育的石英砂岩，结构成熟度与成分成熟度均较高。每层石英砂岩均发育大型交错层理，层理面顶部与上覆岩层层面斜交，层理面底部向下收敛于下伏岩层，显示砂坝侧向加积生长过程。层理面倾向平均约135°，指示古水流方向由北西向南东[图5.8（c）、（d）]，进一步揭示物源来自北西侧的“汉南古陆”。显微薄片显示剖面底部为含细砂泥质粉砂岩，杂基支撑，颗粒之间点接触-不接触，成分以石英为主，分选较差，结构与成分成熟度均较差[图5.8（e）]；剖面中部为石英中砂岩，颗粒支撑，颗粒之间镶嵌接触，分选中等偏好，结构与成分成熟度均较高[图5.8（f）]。这些石英砂岩应为滨岸砂坝沉积，单一砂坝平均厚约3m，自下而上砂坝的厚度逐渐减薄。陡山沱组顶部为薄层泥质粉砂岩夹粉砂质泥岩。

该剖面发育地层序列显示仅为陡山沱期上部沉积，缺失了陡山沱期下部沉积序列，说明该剖面临近“汉南古陆”，为围绕“汉南古陆”周缘的滨岸相前滨亚相砂坝微相沉积（图5.7、图5.8）。

二、混积外缓坡-外陆棚相

由“汉南古陆”和“宣汉-开江隆起”向海盆延伸方向，三角洲与滨岸相之外发育水体较深的混积外缓坡-混积外陆棚相沉积，主要表现为暗色细粒的泥岩与粉砂岩沉积，地层单层厚度较薄。陆棚相沿大巴山城口断裂呈北西-南东向弧形展布。下面以大巴山镇巴渔渡剖面为例介绍陡山沱组陆棚相的发育特征。

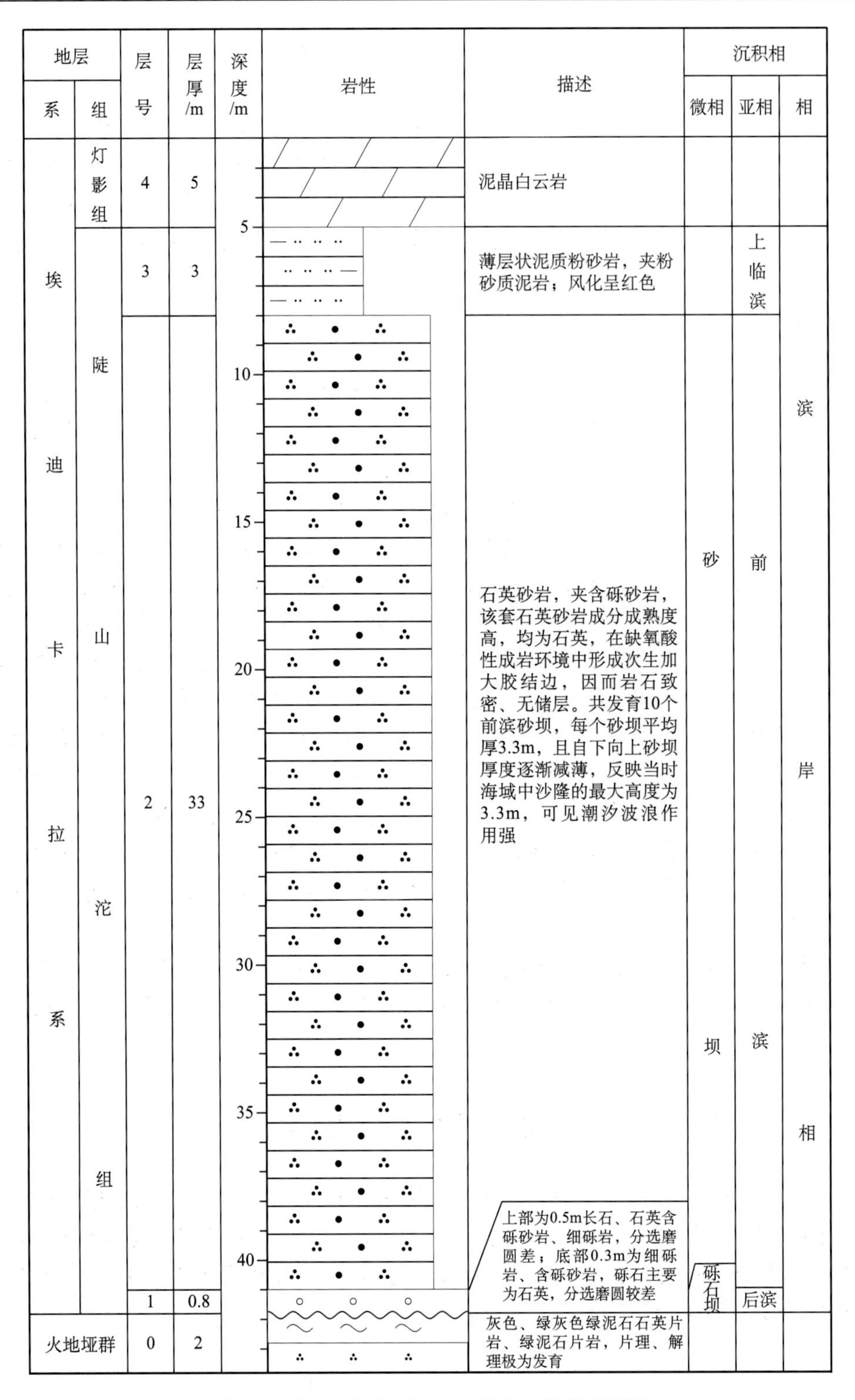

图 5.7　南江杨坝剖面陡山沱组综合柱状剖面图

图 5.8　南江杨坝剖面陡山沱组宏微观照片

（a）基底火地垭群浅变质岩与陡山沱组底部砾岩不整合接触；（b）陡山沱组底部砾岩，砾石成分复杂，以浅变质岩为主，杂基支撑；（c）底砾岩之上石英砂岩，发育大型交错层理，层理面倾向平均约 135°，指示古水流方向由北西向南东；（d）石英砂岩，发育大型交错层理，层理面具类似倾向；（e）含细砂泥质粉砂岩，杂基支撑，成分以石英为主，分选较差，结构与成分成熟度均较低，正交偏光；（f）石英中砂岩，颗粒支撑，颗粒之间镶嵌接触，成分以石英为主，分选中等-偏好，结构与成分成熟度均较高，正交偏光

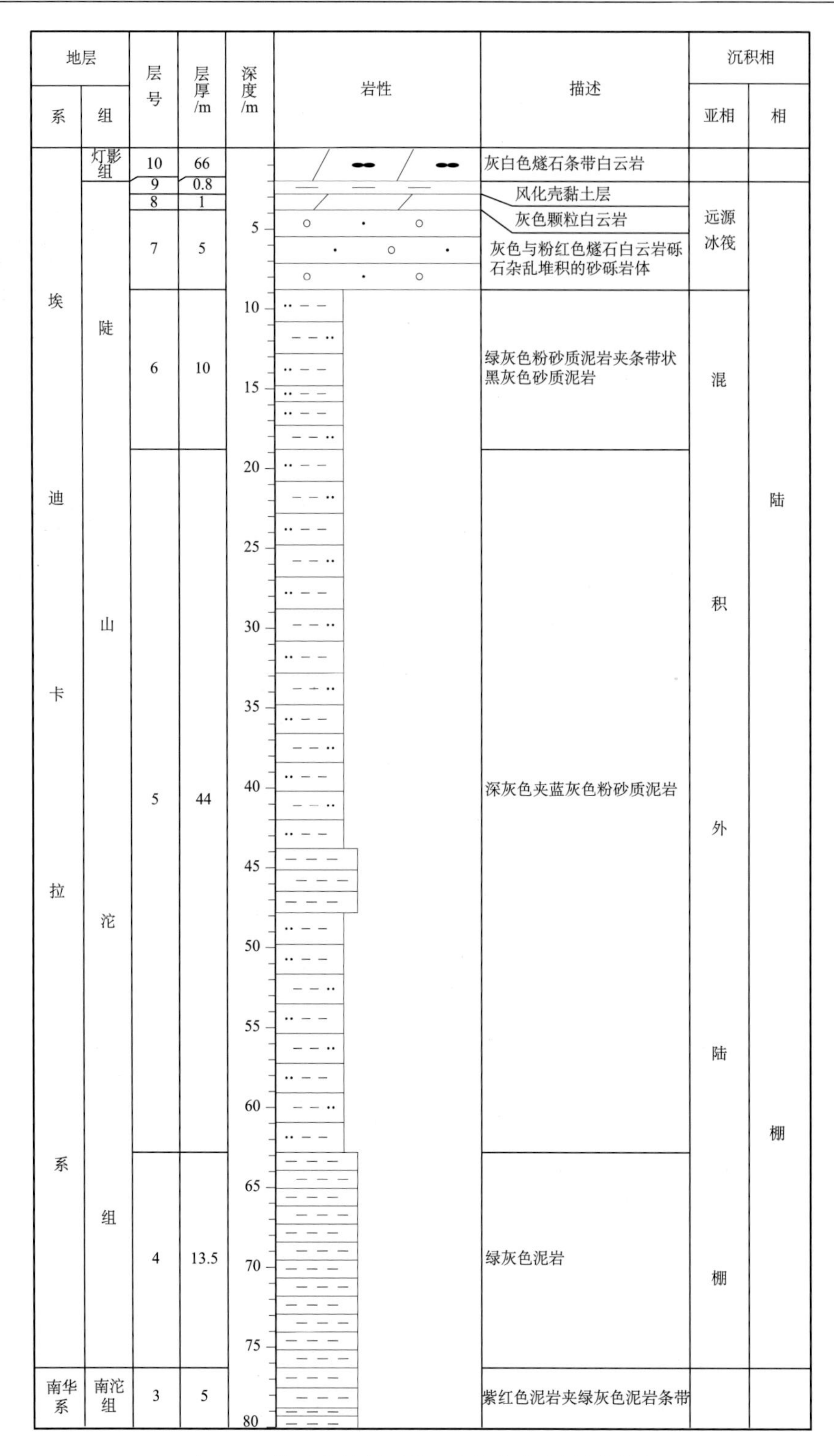

图 5.9　镇巴盐场剖面陡山沱组综合柱状剖面图

镇巴盐场陡山沱组剖面位于渔渡镇至巴山镇的公路（S310）边，厚约 74m，底部绿灰色泥岩与南沱组紫红色泥岩接触，顶部深灰色薄层泥岩与灯影组底部含砾粗砂岩为界（图 2.16、图 5.9）。

陡山沱组底部为灰绿色薄层粉砂质泥岩（厚约 13.5m），与南沱组紫红色泥岩分界明显；之上为深灰色薄层泥质粉砂岩（厚约 44m），中部夹厚约 2m 的白云岩、滑塌角砾岩，砾石成分为黑色泥岩（图 2.16）；顶部为深灰色薄层泥岩夹灰色薄层粉砂岩（图 5.10）。总体来看，陡山沱组岩性以泥岩、粉砂岩为主，单层厚度薄，尤其顶部的薄层泥岩夹席状砂岩，砂体单层厚度薄，显示明显的陆棚相特征（图 5.10）。

(a)　(b)

图 5.10　镇巴盐场剖面陡山沱组陆棚相野外露头照片

（a）深灰色薄层粉砂质泥岩夹薄层-中层粉砂岩条带；（b）深灰色薄层粉砂质泥岩夹薄层粉砂岩条带

三、斜　坡　相

由“宣汉-开江隆起”向北东方向，由平缓大陆架逐渐过渡为斜坡区，主要发育与斜坡相相关的碳酸盐岩、碎屑岩韵律层深水沉积与滑塌变形构造。本节以西乡长河坝、西乡罗家湾与紫阳瓦滩剖面为例介绍斜坡相发育特征。

（一）西乡长河坝剖面

西乡长河坝剖面位于白勉峡镇长河坝村南侧堰大路（X202）西侧，底部与基底结晶片岩相接触，顶部与灯影组泥晶白云岩相接触，厚约 100m（图 5.11）。

海相碳酸盐岩斜坡相典型特征是泥灰岩韵律层与滑塌变形构造的发育。该剖面陡山沱组下部为灰色、暗红色薄层泥晶灰岩与极薄层泥岩互层所组成的韵律层，单层泥晶灰岩厚度介于几毫米至 1cm，为典型斜坡相等深流沉积[图 5.12（a）～（f）]；陡山沱组上部发育黑色薄层页岩夹薄层灰岩[图 5.12（d）]，近顶部发育明显滑塌变形构造，见砾屑灰岩透镜体，透镜体侵蚀下伏的薄板状灰岩，为典型的重力流沟道充填沉积，总体属于斜坡相浊流沉积（图 5.11）。

斜坡相为台地或陆棚与盆地相的过渡部位，该剖面斜坡相的发育指示向大洋方向盆地相的发育。

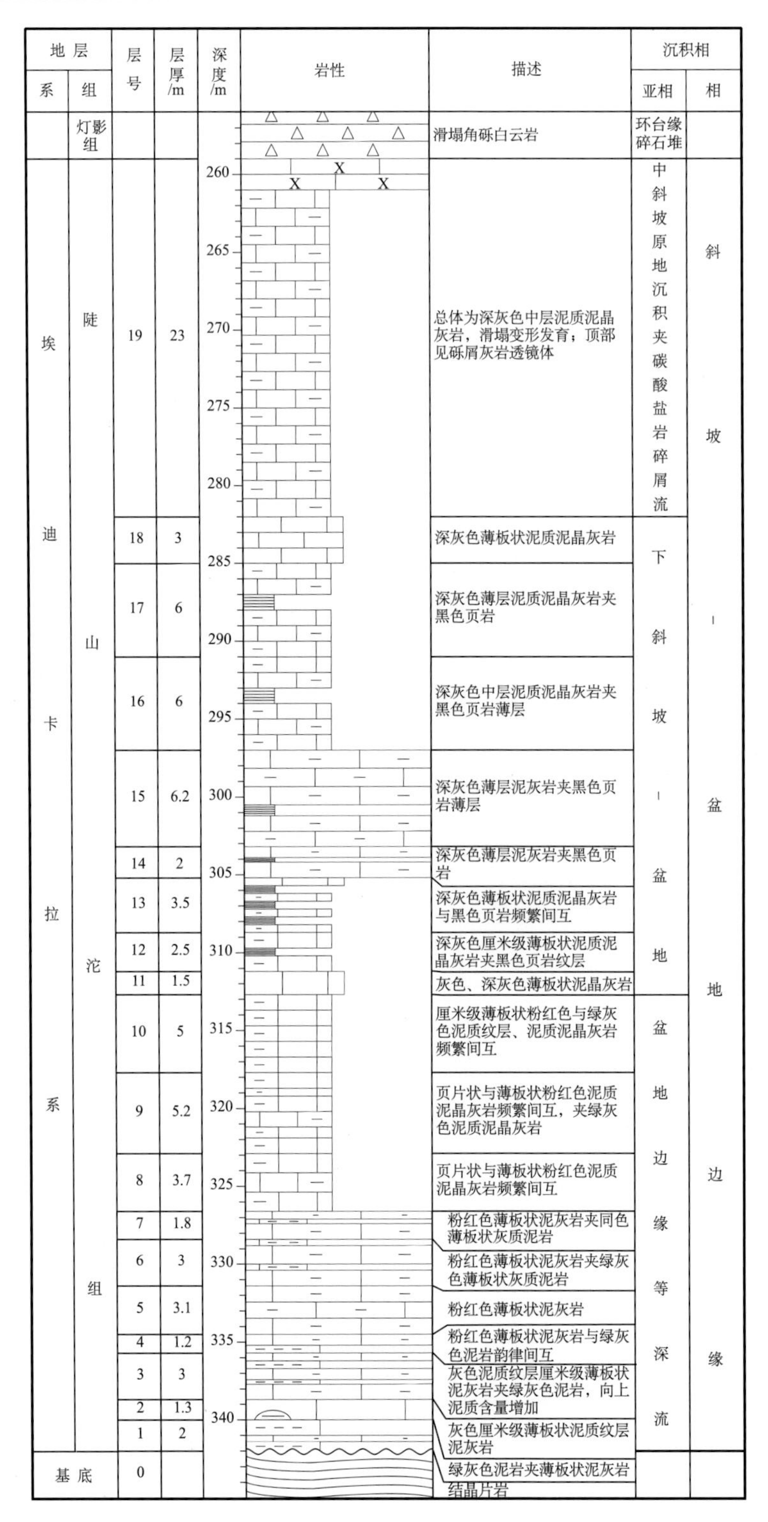

图 5.11　西乡长河坝剖面陡山沱组综合柱状剖面图

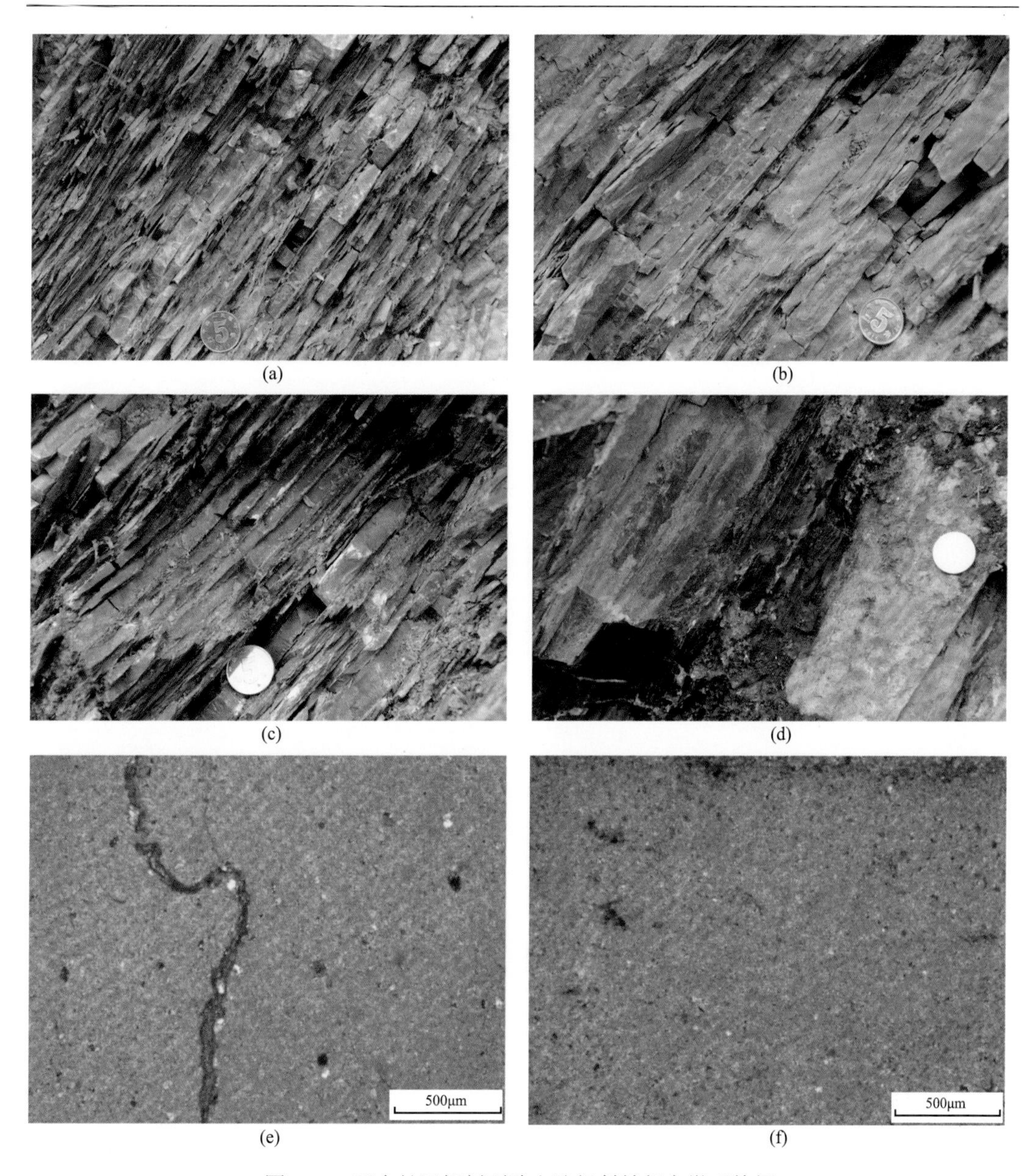

图 5.12　西乡长河坝剖面陡山沱组斜坡相宏微观特征

（a）暗红色薄层泥晶灰岩与极薄层泥岩互层组成灰岩韵律层，斜坡相浊流沉积，第 18 层；（b）灰色薄层泥晶灰岩与极薄层泥岩组成灰岩韵律层，斜坡相沉积，第 20 层；（c）暗红色薄层泥晶灰岩与极薄层泥岩互层组成灰岩韵律层，斜坡相浊流沉积，第 26 层；（d）黑色薄层泥岩，盆地相沉积，第 39 层；（e）泥晶灰岩，第 4 层取样（样品编号 16GPS589-1）；（f）泥晶灰岩，第 15 层取样（样品编号 16GPS589-3）

（二）西乡罗家湾剖面

西乡罗家湾剖面位于罗镇罗家湾村东侧的河谷内，陡山沱组底部为厘米级薄板状灰岩夹黑色薄层硅岩条带[图 5.13（a）]，并见典型的海底滑塌变形构造[图 5.13（b）]与等深流沉积序列，薄层灰岩夹红色极薄层泥岩[图 5.13（c）]。陡山沱组中部发育 0.5～5cm

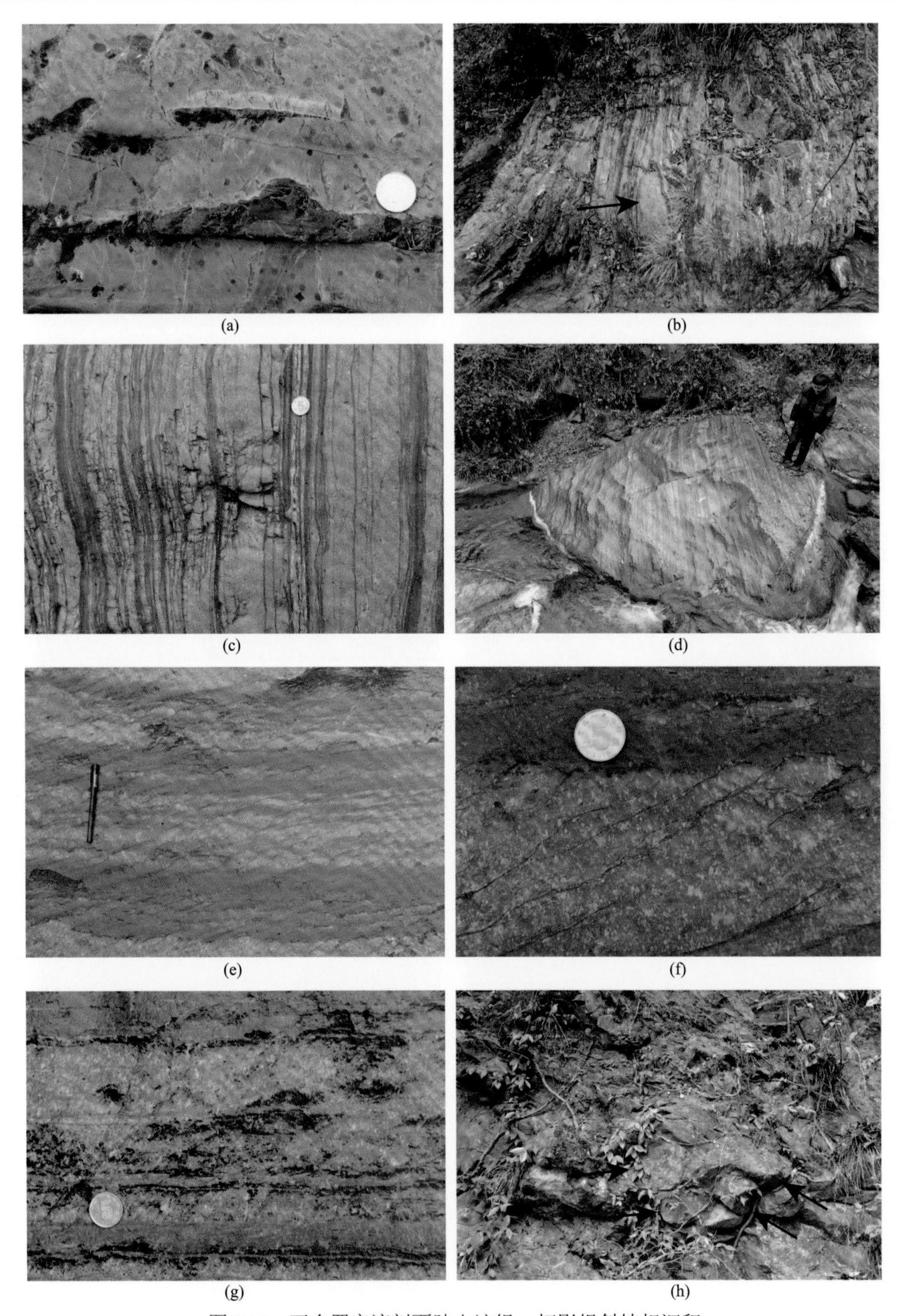

图 5.13 西乡罗家湾剖面陡山沱组—灯影组斜坡相沉积

（a）灰色薄层泥晶灰岩夹黑色硅岩条带；（b）薄层灰岩内见滑塌灰岩角砾（箭头所示）；（c）薄层灰岩与暗红色泥岩互层；（d）薄层灰岩与薄层泥岩互层，见伸展构造，放大照片见图（e）、（f）；（e）薄层泥晶灰岩夹暗红色泥岩，发育小型伸展正断层；（f）泥晶灰岩与暗红色泥岩，发育小型正断层；（g）薄层泥晶灰岩夹泥岩；（h）灯影组底部滑塌角砾云岩

级灰色灰岩与红色、灰绿色粉砂岩互层组成的韵律层[图 5.13（d）]；粉砂岩发育砂纹层理和波痕，波痕略不对称，波长 8cm，波高约 0.5cm，北翼陡、南翼缓，据不对称波痕和砂纹层理判断属等深流沉积，海底地形南高北低，该套韵律层在河谷中出露厚度约 30m，普遍发育倾角小于 25°、等间距发育、规律性分布的被同色泥质充填的微裂缝，属准同生期块体受重力滑动、液化剪切产生的拉裂构造，显示明显的伸展构造特征[图 5.13（e）~（g）]。灯影组底部为厚约百米的白云岩，发育变形层理与滑塌变形构造，岩石类型主要有两类，一类是斜坡扇砾岩体，砾石直径可达 1～2m；另一类是颗粒流沉积，平行层理极为发育的斜坡扇中扇[图 5.13（h）]。

（三）紫阳瓦滩剖面

紫阳瓦滩剖面陡山沱组位于麻柳镇瓦滩村，沿任河西侧道路（S310）路边分布，底界与南沱组冰碛砾岩相接触，顶界与灯影组白云岩为界，厚约 42m（图 5.14）。

根据岩性特征，陡山沱组可以划分为四段。陡一段，底部 2m 为灰色、深灰色具毫米级水平纹层泥晶粉屑白云岩，向上为同色泥晶粉屑灰岩，夹薄层粉砂质页岩，厚约 10m[图 5.15（a）]；陡二段，为黑灰色页岩与灰色粉砂岩呈毫米至厘米级间互，夹同色厘米级粉屑灰岩，风化面普见黄色印模，厚约 7m，属斜坡-盆地相[图 5.15（b）]；陡三段，厚约 16m，中下部为灰色-灰白色厚层白云岩，普遍含硅质团块、条带，层理不易识别，上部为土黄色粉砂质泥岩和黑灰色硅化白云岩，硅岩与白云岩分布杂乱，显示明显的滑动变形构造，应属斜坡相块体流沉积[图 5.15（c）、（d）]；陡四段，岩性为土黄色粉砂质页岩、页岩，水平纹层发育，厚约 9.5m，为斜坡-盆地相沉积。

四、盆　地　相

陡山沱组盆地相在大巴山地区自西向东沿西乡长河坝、紫阳麻柳、城口东安、巫溪和平乡与鱼鳞村一线以北分布，受现今构造变形影响呈弧形展布。盆地相沉积以黑色薄层页岩、条带状硅岩为主，夹薄层或纹层状碳酸盐岩与碎屑岩，揭示深水沉积。陡山沱组黑色页岩内富集锰，指示了附近古洋壳的发育。下面以城口广贤垭、城口明月、城口高燕、城口岚天和镇坪剖面为例，介绍陡山沱组盆地相发育特征。

（一）城口广贤垭剖面

城口广贤垭剖面位于城口县城至明月乡的广贤垭隧道东侧约 200m 新开建筑工地处，底部与南沱组的界线因植被覆盖未见，顶部硅岩与灯影组薄层灰岩相接触，厚约 135m[图 5.16（a）]。

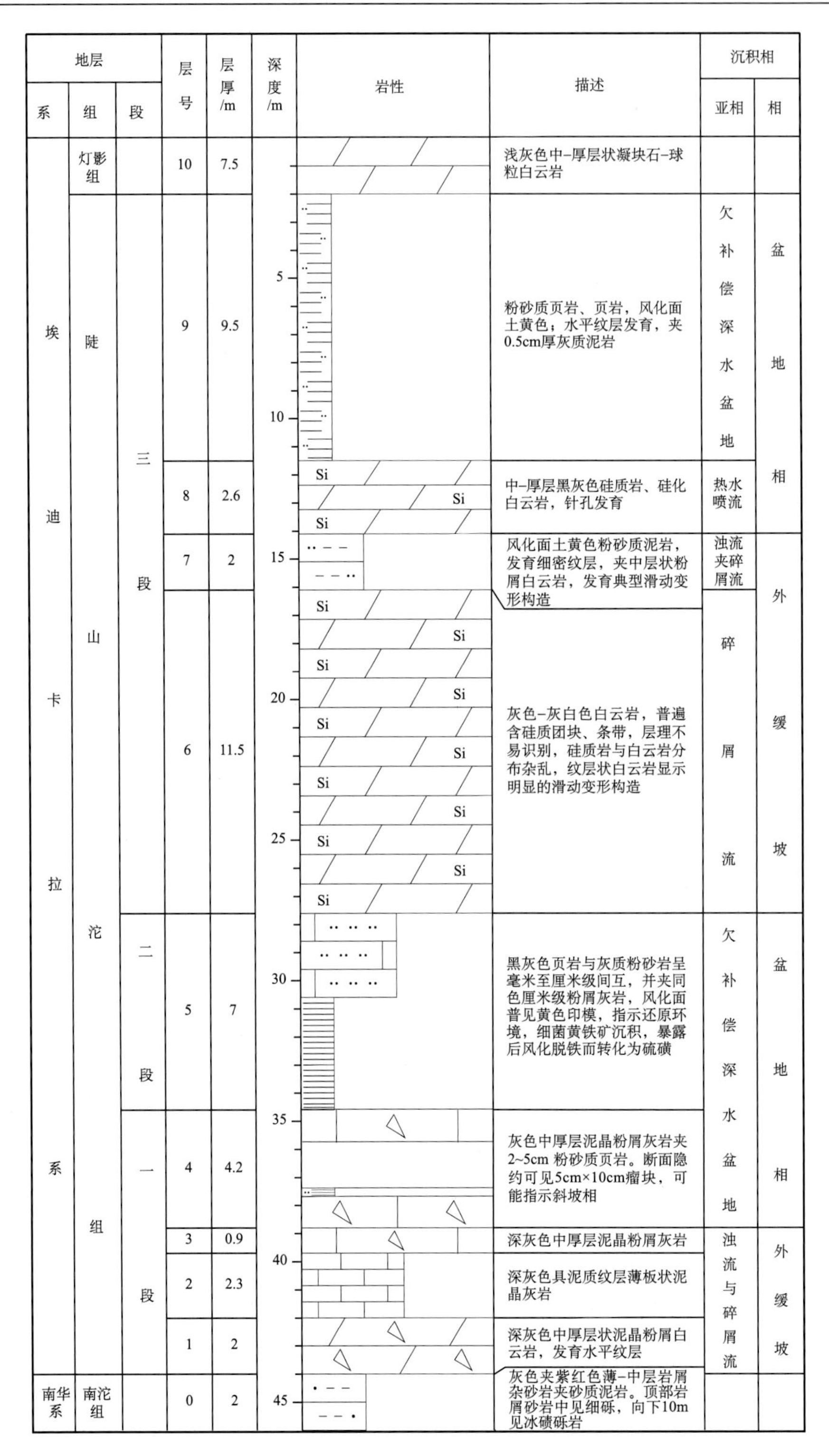

图 5.14　紫阳瓦滩剖面陡山沱组综合柱状剖面图

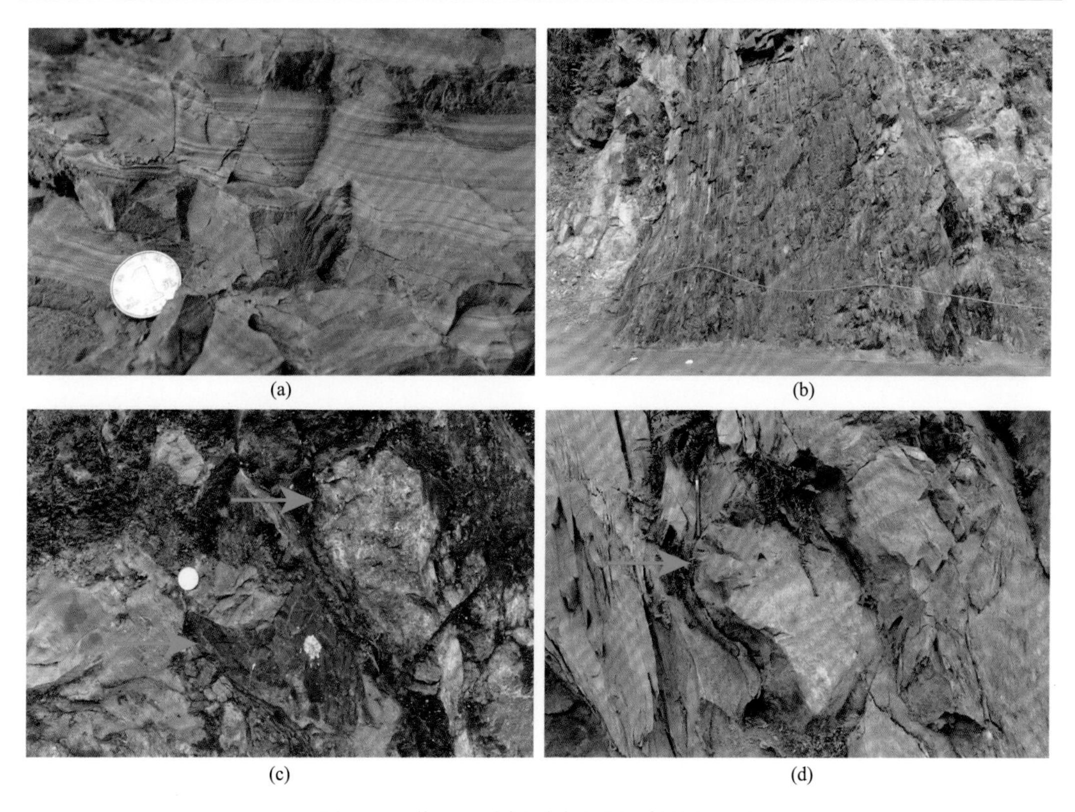

图 5.15 紫阳瓦滩剖面陡山沱组斜坡相沉积

（a）陡一段，灰色薄层粉屑云岩；（b）陡二段，黑灰色页岩与灰色粉砂岩呈毫米至厘米级互层；（c）陡三段，箭头所示为滑塌硅岩、白云岩角砾；（d）陡三段，箭头所示为白云岩角砾滑塌于粉砂岩内

陡山沱组主要为一套黑色页岩沉积，黑色页岩内夹薄层粉砂岩、灰岩透镜体[图 5.16（b）]，部分为黑色硅质页岩[图 5.16（c）]；陡山沱组顶部发育厚约 9m 薄板状硅岩，受后期构造运动影响硅岩构造变形形成小型向斜[图 5.16（d）]。大套黑色页岩与硅岩的发育均指示深水盆地相沉积环境，进一步揭示该区域在陡山沱组沉积期毗邻古大洋。

（二）城口明月剖面

城口明月剖面位于明月乡城万路两侧，底部与南沱组冰碛岩界线因植被覆盖未见，顶部与灯影组薄层灰岩整合接触，厚约 300m。

该剖面陡山沱组与城口广贤垭剖面相类似，主要为一套黑色薄层页岩、硅质页岩与硅岩沉积，含草莓状或微晶黄铁矿的黑色页岩受大气淡水风化淋滤后呈土黄色(图 5.17)。大量黑色薄层页岩与硅岩的发育揭示了该剖面处于深水盆地相沉积环境，进一步指示向北方向毗邻古大洋。

图 5.16　城口广贤垭剖面陡山沱组盆地相野外露头照片

（a）陡山沱组宏观照片，黑色薄层页岩与硅岩，厚约 135m，人为比例尺；（b）黑色页岩夹灰岩透镜体，红笔长约 15cm；（c）黑色硅质页岩；（d）顶部黑色薄层硅岩，厚约 9m，受后期构造变形影响，呈小型向斜

图 5.17　城口明月剖面陡山沱组盆地相野外露头照片

（a）黑色片状页岩，风化面呈土黄色；（b）黑色片状页岩，含硅质

（三）城口高燕剖面

城口高燕剖面位于高燕镇西北的红农村附近，陡山沱组顶底界线因植被覆盖严重而

未见，厚约 300m[图 5.18（a）]。

陡山沱组主要为一套厚层黑色页岩、硅质页岩沉积[图 5.18（b）、（c）]。黑色页岩内多见黄色硫黄，揭示了还原环境硫还原菌作用下草莓状黄铁矿的富集[图 5.18（d）]；黑色页岩风化后颜色变浅，为受大气淡水淋滤作用所致[图 5.18（e）]；黑色页岩内富含锰[图 5.18（f）]，高燕镇附近见多处锰矿开发，揭示了洋壳发育的证据。

图 5.18　城口高燕剖面陡山沱组厚层黑色页岩

（a）陡山沱组黑色页岩宏观照片，厚约 300m；（b）黑色页岩；（c）黑色含硅质页岩；（d）黑色页岩表面富集黄色硫黄，为草莓状黄铁矿受风化淋滤而成，指示还原沉积环境；（e）黑色页岩受风化淋滤后颜色变浅；（f）黑色含锰页岩，锰富集指示洋壳发育的证据

大套黑色页岩与硅岩的发育揭示了深水盆地相沉积环境，黑色页岩锰的富集揭示了该区域临近古洋壳的证据。

（四）城口岚天剖面

城口岚天剖面陡山沱组位于岚天乡之南星月村天星桥附近公路边，厚约 30m，底部与南沱组冰碛砾岩相接触，顶部与灯影组滑塌白云岩为界[图 5.19、5.20（a）]。

陡山沱组底部发育厚约 5m 的薄层-中层状白云岩、薄层泥晶白云岩[图 5.20（b）、（c）]。上覆约 3m 的灰白色薄层泥晶灰岩，其上依次发育薄层粉屑白云岩夹薄层页岩、条带状硅岩夹黑色页岩[图 5.20（d）]，硅岩水平纹层极为发育，风化后呈黄色，可能是含硫、含磷所致[图 5.20（e）]。上覆的黑色页岩[图 5.20（f）]与硅岩内见硅岩砾石、白云岩砾石，硅岩砾石粒径为 1～3cm，杂基支撑[图 5.20（g）]，白云岩砾石长约 50cm、宽约 30cm[图 5.20（h）]，应为灯影组沉积，揭示了斜坡滑塌特征。

陡山沱组沉积由碳酸盐岩向硅岩、黑色页岩转变，反映了沉积水体逐渐加深的过程，黑色页岩与条带状硅岩的发育揭示了深水盆地相特征，滑塌角砾岩的发育指示了斜坡-盆地相滑塌的特征（图 5.19、图 5.20）。

（五）镇坪剖面

镇坪剖面陡山沱组位于镇坪县城南侧沿南江河公路（S207）东侧，底部与闪长岩相接触，接触面凹凸不平，反映闪长岩后期侵入特征，顶部与灯影组条带状灰岩相接触，厚约 133m[图 5.21、图 5.22（a）]。

陡山沱组底部为灰色纹层状粉屑白云岩、颗粒白云岩夹厘米级纹层状硅岩[图 5.22（b）]，之上发育黑灰色薄板状（0.5～5cm 级）层状硅岩，硅岩普遍具“针孔”和“气孔”、“杏仁”构造，杏仁体成分为黄铁矿，指示热水喷流沉积，其中夹有厚 1～2cm 的鲍马纹层清晰的白云岩，指示间歇性热流体和浊流沉积。硅岩之上发育灰色纹层状白云岩、黑色硅岩与黑灰色泥质粉砂岩、黑色页岩组成的频繁韵律层，揭示深水沉积特征[图 5.22（c）]。陡山沱组中部发育大量黑灰色泥岩、粉砂质泥岩夹黑色页岩，指示盆地相沉积与等深流沉积[图 5.22（d）、（e）]。陡山沱组顶部为黑灰色泥质条带瘤状白云岩，瘤块大小为 2cm×3cm～80cm×10cm，属典型斜坡相，发育滑塌变形构造[图 5.22（f）]。

镇坪剖面陡山沱组以黑色页岩、条带状硅岩沉积为主，揭示了盆地相沉积特征，近顶部发育斜坡相沉积，为相序演化的结果，这些均揭示该区域位于面向大洋的盆地区域（图 5.21）。

第二节　灯影组沉积期岩相古地理

继承陡山沱组海相碎屑岩与碳酸盐岩混积的开放陆架沉积环境，上扬子地块晚埃迪卡拉世灯影峡期主要为浅海碳酸盐岩沉积环境，上扬子地块的西缘与北缘被古大洋所围限（薛耀松和周传明，2006）。四川盆地东部由于该时期“宣汉-开江隆起”的发育，隆起核部缺失灯影峡期早期地层，自隆起向周缘依次发育碳酸盐岩台地、斜坡与盆地相沉

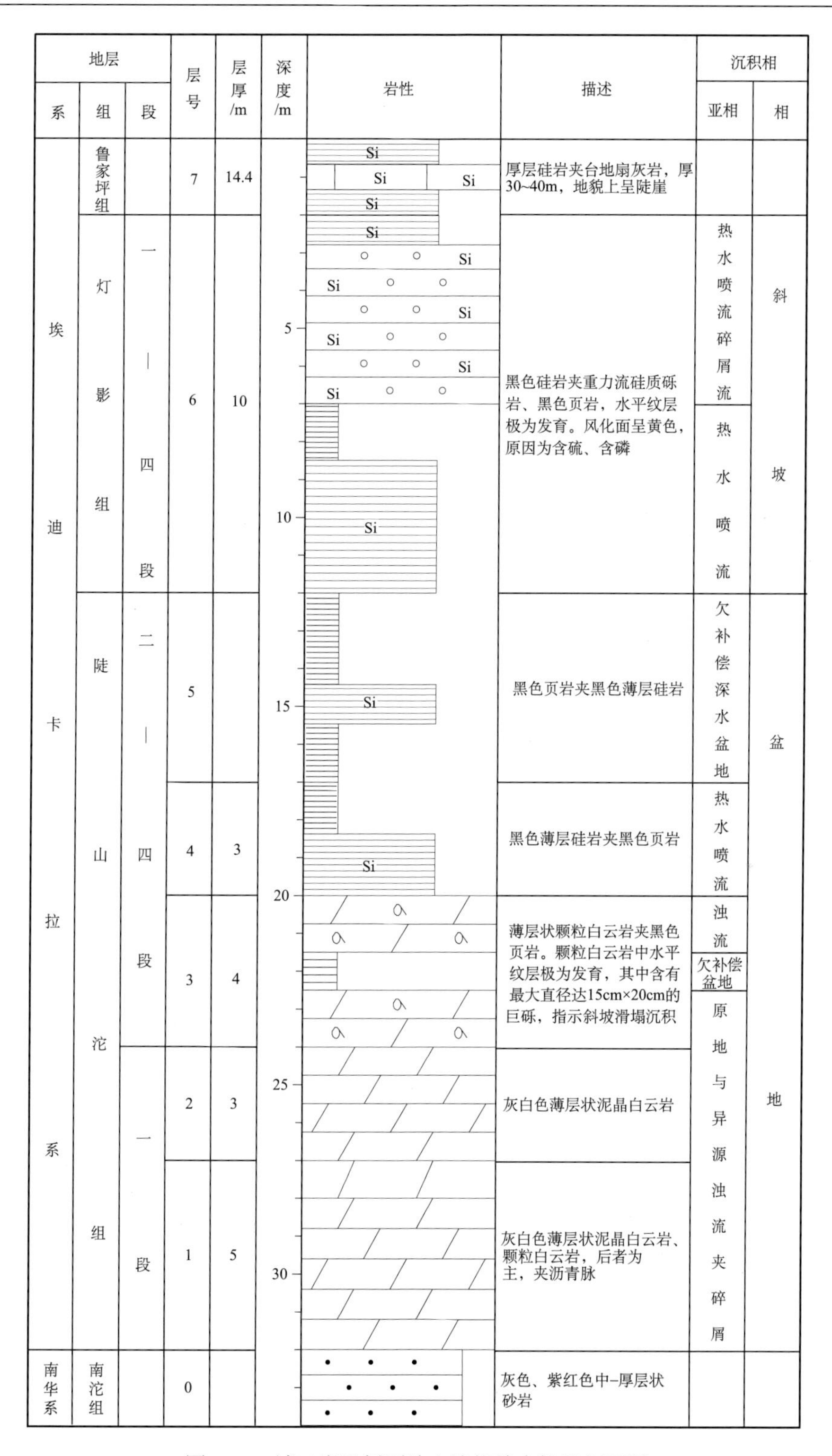

图 5.19　城口岚天剖面陡山沱组综合柱状剖面图

图 5.20　城口岚天剖面陡山沱组深水盆地相

（a）陡山沱组底部与南沱组冰碛岩接触，顶部与灯影组滑塌白云岩接触，厚约 30m；（b）陡山沱组与南沱组相接触；（c）底部薄层-中层白云岩；（d）中部黑色条带状硅岩夹黑色页片状页岩；（e）图（d）硅岩局部放大照片，局部风化呈黄色；（f）黑色薄层泥岩；（g）黑色页岩内硅岩角砾，粒径为 1～3cm，杂基支撑；（h）黑色硅岩内白云岩滑塌砾石，揭示滑塌构造变形

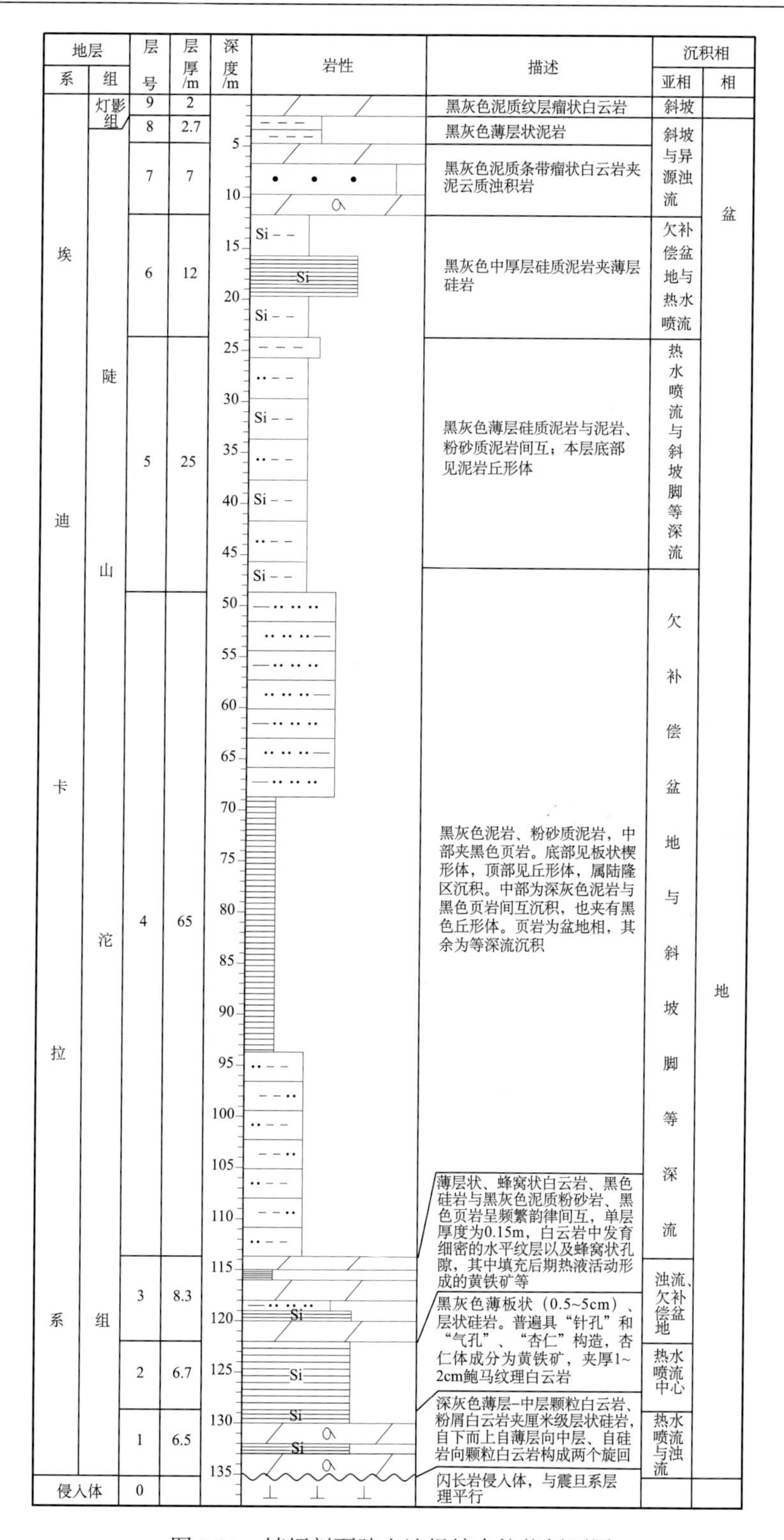

图 5.21　镇坪剖面陡山沱组综合柱状剖面图

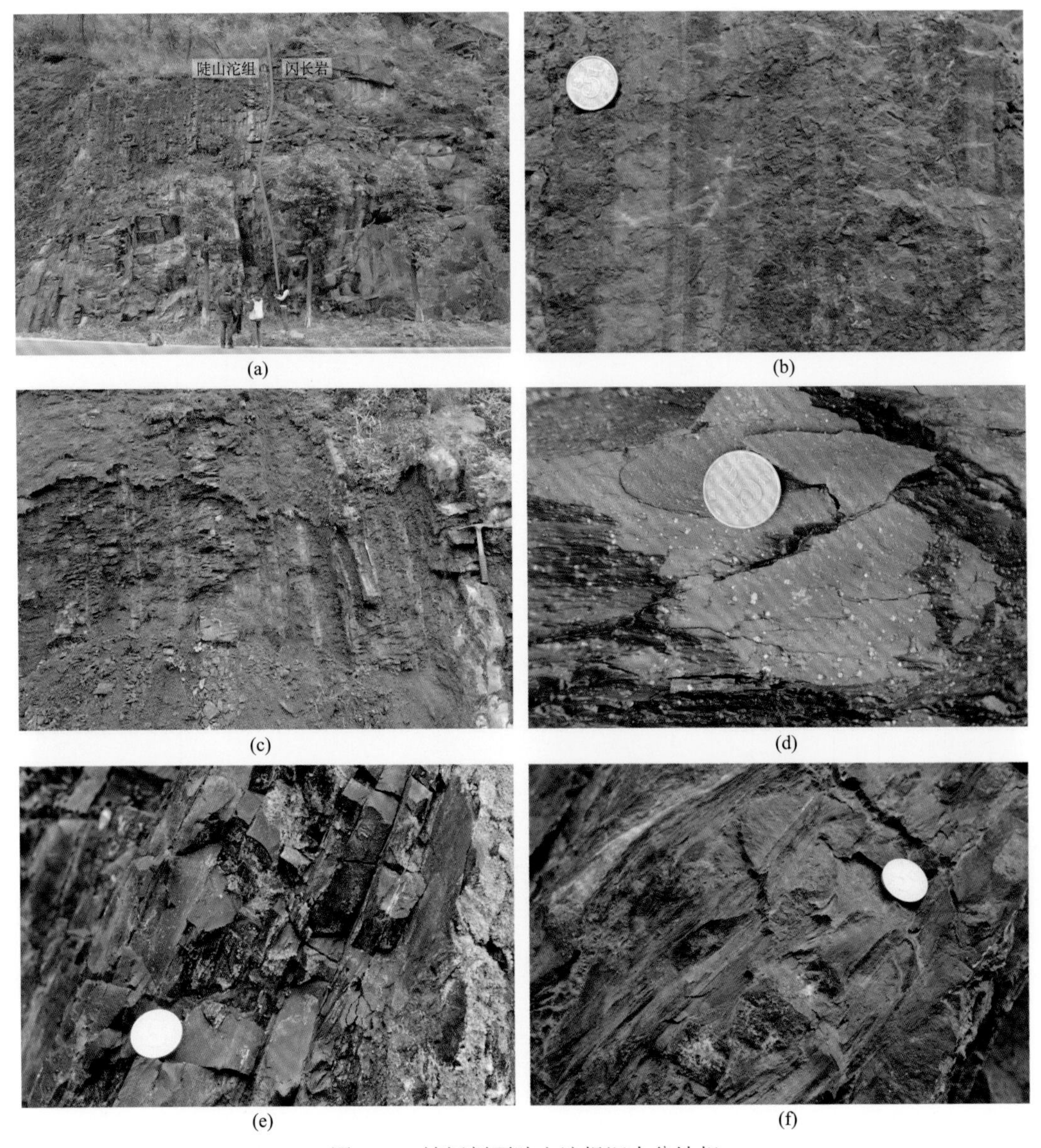

图 5.22　镇坪剖面陡山沱组深水盆地相

（a）陡山沱组底部纹层状粉屑白云岩与闪长岩侵入体相接触，接触面凹凸不平，反映闪长岩为晚期侵入；（b）底部纹层状粉晶白云岩夹条带状硅岩，第 1 层；（c）纹层状粉晶白云岩、黑色薄层硅岩与粉砂岩互层，深水沉积，第 3 层；（d）黑色泥岩，富含黄铁矿颗粒，指示还原环境，第 4 层；（e）黑色薄层硅质页岩，第 4 层；（f）黑色薄层泥岩夹透镜状灰岩，滑塌构造变形明显，第 7 层

积。台地相主要由微生物纹层白云岩、内碎屑白云岩等组成，叠层石微生物岩格架岩与内碎屑白云岩组成碳酸盐岩建隆，代表着高能沉积相带。斜坡相由厚层粒序层的条带状灰岩组成，同沉积滑塌和条带灰岩的断裂作用指示着沉积斜坡，外来的沉积物与条带状灰岩互层发育，主要由来自台地细粒泥岩、多成因角砾等（Bertrand-Sarfati and Moussine-Pouchkine，1983）。

灯影组沉积在扬子地块的历史中非常独特，主要是因为微生物活动在沉积中扮演着主要和特殊的作用（Bertrand-Sarfati and Moussine-Pouchkine，1983）。灯影组沉积期，叠层石可能在台地边缘的抗浪建造和碳酸盐岩的生产中发挥了重要作用，可与显生宙的更高级的生物体进行对比（Jiang et al.，2003b）。灯影组沉积最显著的特征在于蓝细菌在所有环境中盛行。蓝细菌建造抗浪的微生物礁（丘）带，它们在台地边缘最为发育。

灯影组沉积期，根据前人对华南克拉通古地理研究认识，华南克拉通总体位于赤道附近略靠北古地理位置。本节中灯影组沉积期岩相古地理图件，采取与陡山沱组相同的方法，仍用现今地理位置表示。鉴于灯三段为一套以碎屑岩为主夹碳酸盐岩的混积沉积，因此将灯影组沉积期岩相古地理划分为三个层段：灯一—二段、灯三段与灯四段。

一、灯一—二段沉积期岩相古地理

灯一—二段继承陡山沱组开放陆架沉积环境，且海侵范围进一步扩大，上扬子地块大部分地区为海相碳酸盐岩所覆盖，仅“汉南古陆”和“宣汉-开江隆起”等地区位于古地貌高部位而没有接受沉积。自“汉南古陆”和“宣汉-开江隆起”向周缘依次发育混积台地相、碳酸盐岩台地相、台地前缘斜坡相和盆地相沉积（图 5.23）。

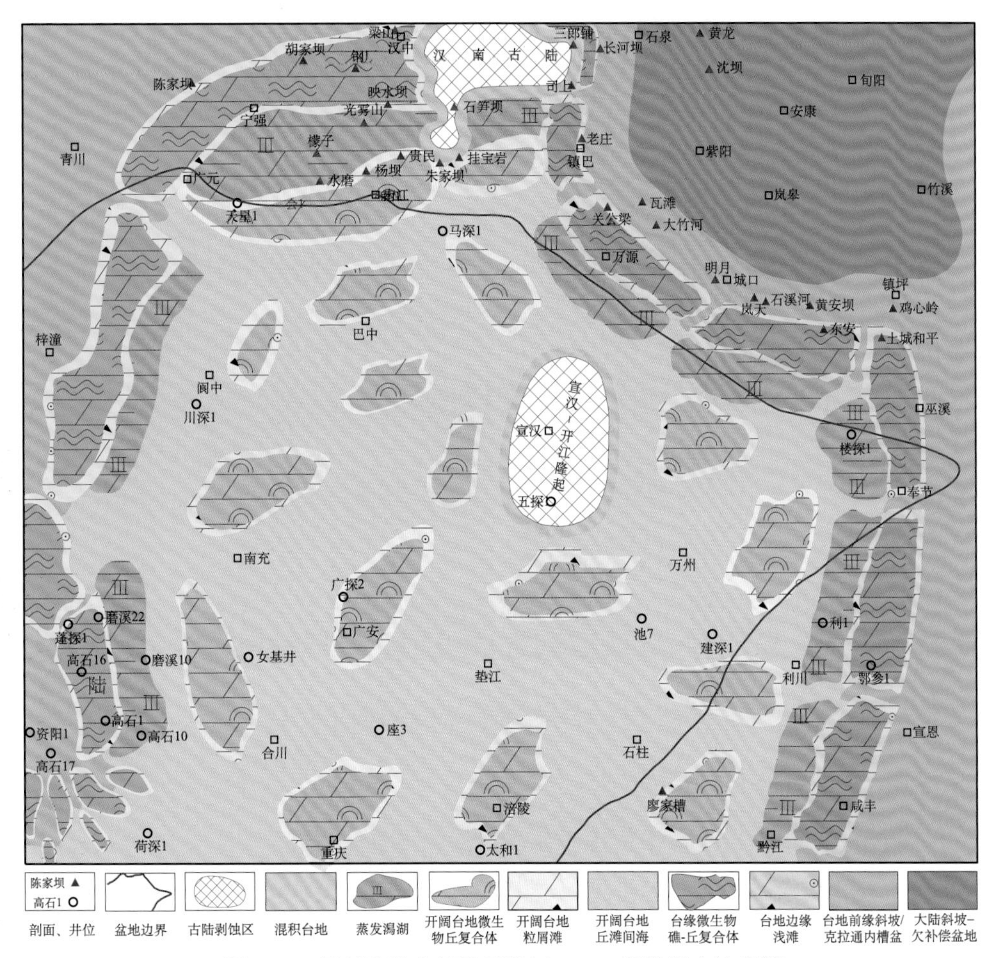

图 5.23　四川盆地东部及周缘灯一—二段岩相古地理图

灯一—二段台地相的典型特征是发育微生物纹层白云岩、凝块石白云岩等，微生物纹层由不连续薄层波状起伏的薄膜与泥晶白云岩交互组成。微生物白云岩沉积于潮间带环境，而碎屑白云岩沉积于低能潮下带环境。碳酸盐岩台地以广泛分布的由蓝细菌所形成的纹层状白云岩为主，且常因暴露而古土壤、古钙结壳及渗流组构发育，台地边缘常发育叠层石等建隆所组成的高能相带（薛耀松和周传明，2006）。台地边缘向外发育斜坡相沉积，以薄层灰岩与泥岩互层组成的韵律层为显著特征，深水浊流特征明显，发育滑塌变形沉积构造。斜坡相之外为盆地相沉积，发育以黑色薄层页岩和硅岩为主的深水相沉积，沉积厚度总体较薄，也见滑塌变形沉积构造。

（一）碳酸盐岩台地相

灯影组沉积期，上扬子地块周缘为大洋所围限，随上扬子地块缓慢沉降，海相碳酸盐岩逐渐超覆于上扬子地块陡山沱组之上。灯一—二段碳酸盐岩台地相在米仓山、大巴山地区广泛分布，且在大巴山地区受现今构造变形影响沿北西-南东向弧形带分布。碳酸盐岩台地相主要由微生物纹层白云岩、凝块石白云岩、泥晶白云岩等所组成，典型的岩石类型包括葡萄花边云岩与雪花状云岩。下面以汉中南郑梁山、汉中南郑小坝、汉中南郑映水坝、南江过马滩、旺苍鼓城、南江杨坝、巫溪和平、彭水廖家槽和南江田垭子等剖面为例介绍灯一—二段碳酸盐岩台地相特征。

1. 汉中南郑梁山剖面

汉中南郑梁山剖面灯影组零星分布于龚家湾与北寨之间的山坡上，灯二段发育微生物纹层白云岩与葡萄花边云岩（图 5.24），微生物纹层为蓝细菌活动并黏结碳酸盐岩所形成，葡萄花边云岩为受后期成岩作用所形成，均为灯二段碳酸盐岩台地相的典型特征。

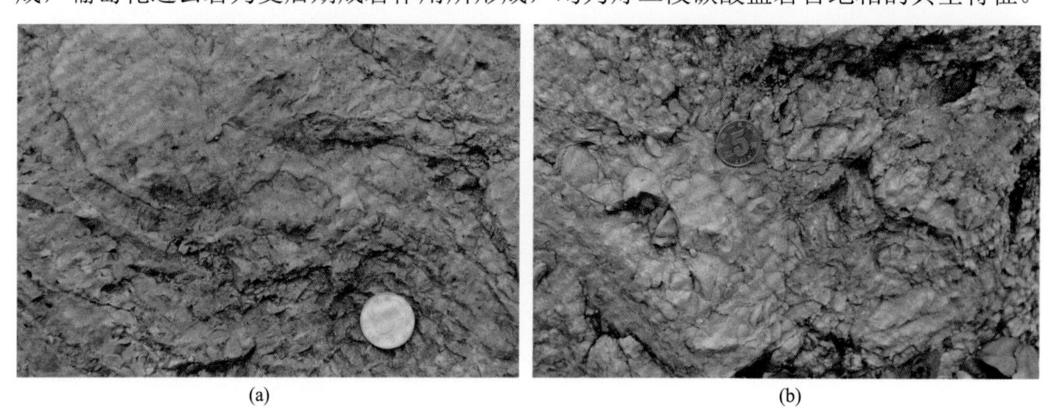

(a)　(b)

图 5.24　汉中南郑梁山剖面灯二段葡萄花边云岩

2. 汉中南郑小坝剖面

汉中南郑小坝剖面位于汉中市南郑区小坝乡银昆高速公路旁边，灯二段与基底闪长岩不整合接触，缺失陡山沱组与灯一段[图 5.25（a）、（b）]。灯二段发育明显的葡萄花边云岩，揭示同生-准同生期大气/水界面微生物成因环境及溶蚀作用[图 5.25（c）]，也见溶洞内滑塌角砾岩[图 5.25（d）]。

图 5.25　汉中南郑小坝剖面灯二段岩性特征

（a）灯二段与基底闪长岩不整合接触；（b）基底闪长岩；（c）灯二段葡萄花边云岩；（d）灯二段溶洞崩塌角砾岩

3. 汉中南郑映水坝剖面

汉中南郑映水坝剖面灯二段与基底花岗岩不整合接触，缺失陡山沱组与灯一段，灯二段主要发育中-厚层状微生物纹层白云岩、葡萄花边云岩与雪花状白云岩，揭示海相碳酸盐岩台地相沉积环境。受沉积组构控制和后期大气淡水溶蚀作用影响，微生物纹层白云岩沿层面发育规模不等的溶蚀孔洞，其大小长可达厘米级，宽可达 1～2cm，可形成良好的储集层（图 5.26）。

4. 南江过马滩剖面

南江过马滩剖面位于南江县柳湾乡过马滩附近，介于土潭溪桥至二郎庙村之间，该剖面缺失陡山沱组与灯一段，灯二段直接与基底钾长花岗岩不整合接触[图 5.27（a）]。灯二段发育葡萄花边云岩、微生物纹层云岩与颗粒云岩。葡萄花边云岩中葡萄石大小可达 1～2cm，为灯二段典型标志[图 5.27（b）]。微生物纹层白云岩向上发育而形成叠层石构造，丘状外形构造特征明显[图 5.27（c）]。白云岩建隆受风暴作用常被打碎而重新沉积形成砂屑云岩与砾屑云岩，微生物纹层白云岩受短期大气淡水溶蚀而形成渗流豆构造，渗流豆粒间孔和粒间溶孔发育，颗粒间多见残余沥青[图 5.27（d）]。

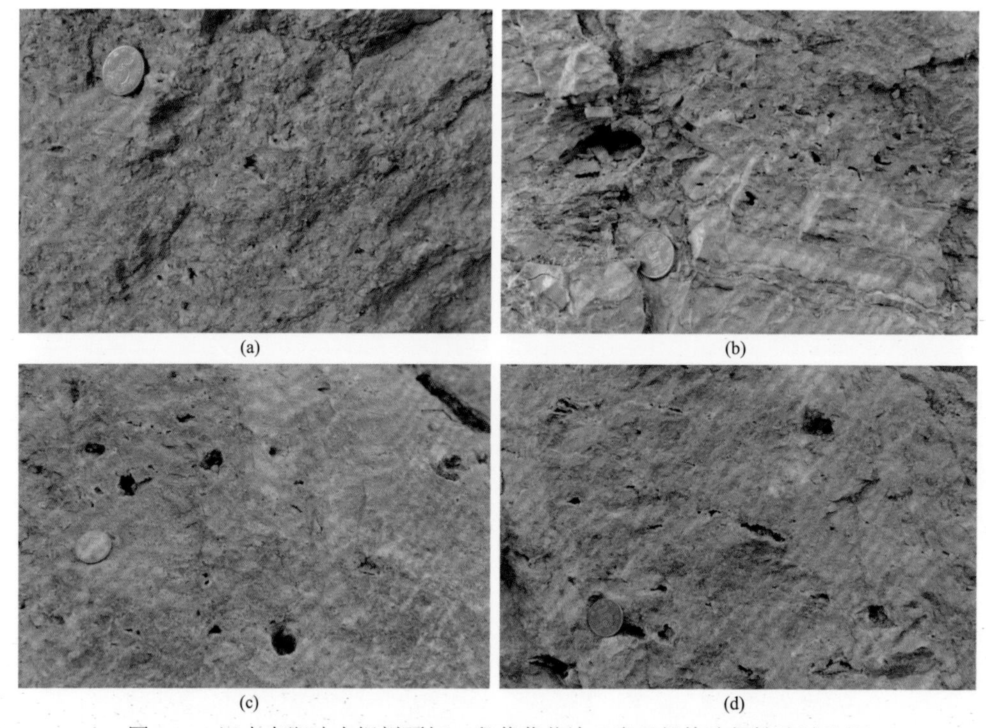

图 5.26　汉中南郑映水坝剖面灯二段葡萄花边云岩及组构选择性溶蚀孔洞

（a）微生物纹层白云岩，发育溶蚀孔洞与黑色残留沥青；（b）葡萄花边白云岩，沿层面分布溶蚀孔洞；（c）微生物纹层白云岩，发育溶蚀孔洞；（d）微生物纹层白云岩，发育溶蚀孔洞

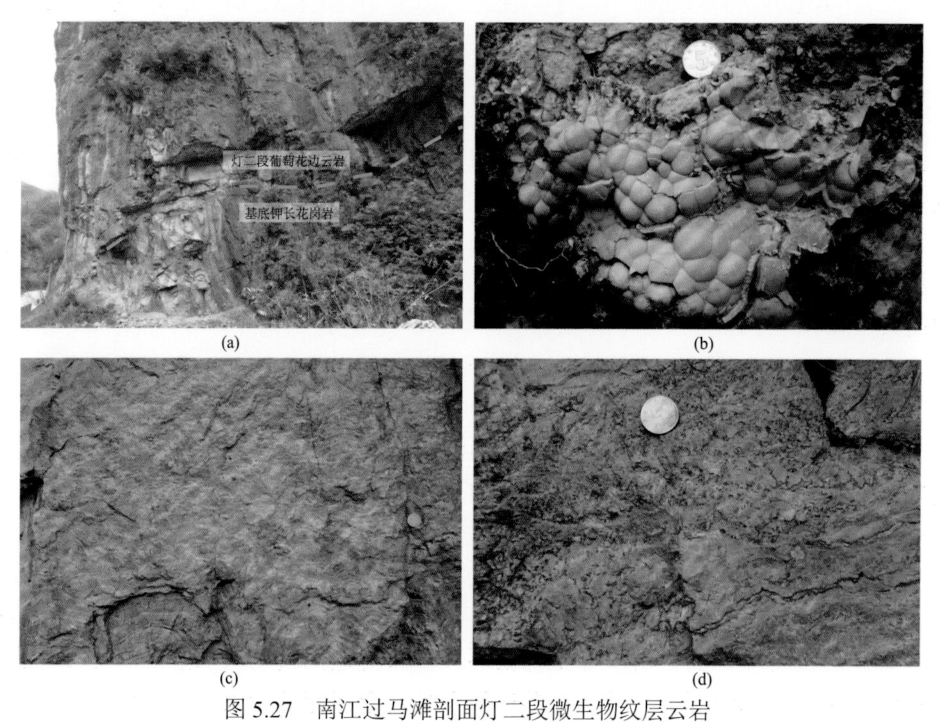

图 5.27　南江过马滩剖面灯二段微生物纹层云岩

（a）灯二段葡萄花边云岩与基底钾长花岗岩不整合接触；（b）灯二段葡萄花边云岩；（c）纹层状白云岩形成叠层石构造，纵向形成向上隆起；（d）白云岩短期暴露形成渗流豆，豆粒间为残余沥青

5. 旺苍鼓城剖面

旺苍鼓城剖面位于旺苍县古城乡关口村附近公路边与河谷的河床内，灯一段以泥晶白云岩为主，见波峰近于平直展布的波痕，指示浅水浪控沉积环境，揭示浅水潮坪沉积环境[图 5.28（a）]。

灯二段多处见厚约 1m 的叠层石，叠层石外形呈丘状，多个叠层石叠置成微生物礁，揭示浅水高能的沉积环境[图 5.28（b）~（d）]。灯二段无论在公路边还是在河谷内，均见到葡萄花边云岩这一典型标志岩石，由微生物细菌与后期成岩作用综合形成，层面之上的葡萄石密集分布，直径为 1～2cm，纵向上显示多个圈层结构，揭示了葡萄石的形成演化过程[图 5.28（e）、（f）]。除此之外，该剖面也见厚层的微生物纹层云岩，微生物纹层清晰可见，受沉积期风暴作用影响，白云岩砾石发育于微生物纹层云岩之间，显示台地相区内的变化[图 5.28（g）]。微生物纹层云岩受沉积组构控制与准同生期溶蚀作用影响而形成溶蚀孔洞，溶蚀孔洞多沿微生物纹层发育，溶蚀孔洞内多见黑色残余沥青[图 5.28（h）]。

该剖面灯影组发育序列完整，灯一段发育于陡山沱组之上，灯二段微生物纹层云岩常形成微生物丘等构造，葡萄花边云岩发育，碳酸盐岩台地相发育特征明显。

6. 南江杨坝剖面

南江杨坝剖面灯一段为泥晶云岩，厚度较薄。灯二段厚度较大，发育典型的葡萄花边云岩，纵切面见清晰的纹层状构造，由明暗相间的纹层所组成，暗色纹层代表微生物作用结果，浅色纹层为成分较纯的泥晶白云岩，明暗相间纹层由两侧向中间生长，后期充填埋藏作用所形成的白云石[图 5.29（a）]。层面上葡萄石直径可达厘米级，由数层毫米级纹层圈层所组成，多沿岩层面分布，显示了葡萄花边白云岩的纵向生长特征[图 5.29（b）~（d）]。

7. 巫溪和平剖面

巫溪和平剖面位于和平乡寒风垭隧道南侧公路边（S301），该剖面灯影组顶、底界线未见，根据灯三段碎屑岩出现厘定灯二段及其他地层。灯二段总体厚度较大，主要为一套微生物纹层云岩、葡萄花边云岩。该剖面与其他剖面的不同之处在于发育角砾云岩，部分微生物纹层与葡萄花边云岩受风暴作用影响而形成大小不一角砾，角砾直径多为厘米级，反映当时水体能量较强（图 5.30）。该剖面紧邻碳酸盐岩台地边缘，为碳酸盐岩台地与台地边缘的过渡区域。

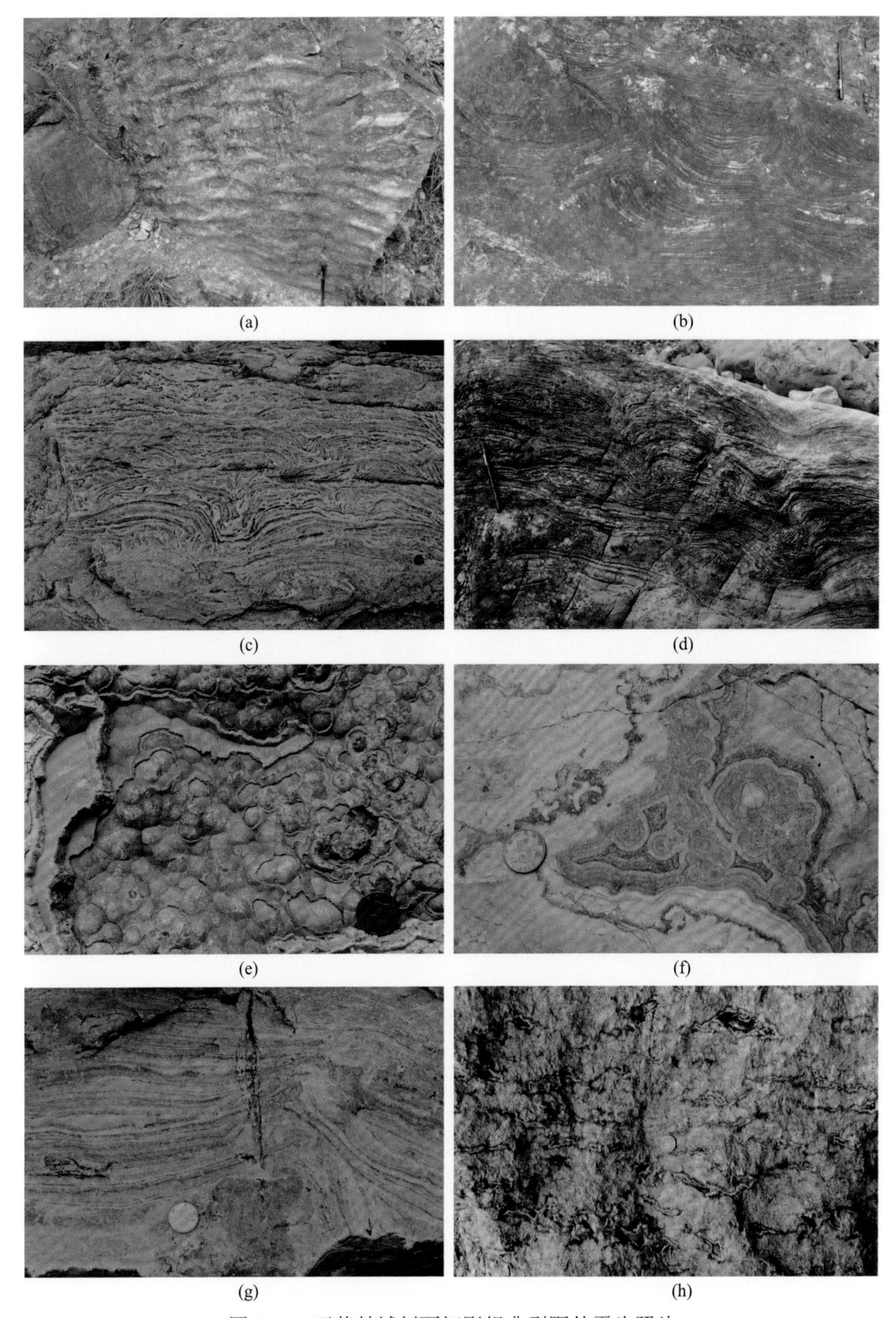

图 5.28　旺苍鼓城剖面灯影组典型野外露头照片

（a）灯一段波痕，波峰近于平直，显示浪控环境；（b）~（d）灯二段叠层石构造，叠层石发育于底部近于水平纹层白云岩之上，外形呈丘状，厚约 1m；（e）和（f）葡萄花边构造，葡萄石由于微生物作用与后期成岩作用所形成，层面见直径约厘米级大小，纵向切面见明显圈层结构，暗色为微生物纹层，浅色为白云岩，黑色为后期残余沥青；（g）和（h）层纹状云岩，顺纹层发育组构选择性溶蚀孔隙，黑色为残留沥青

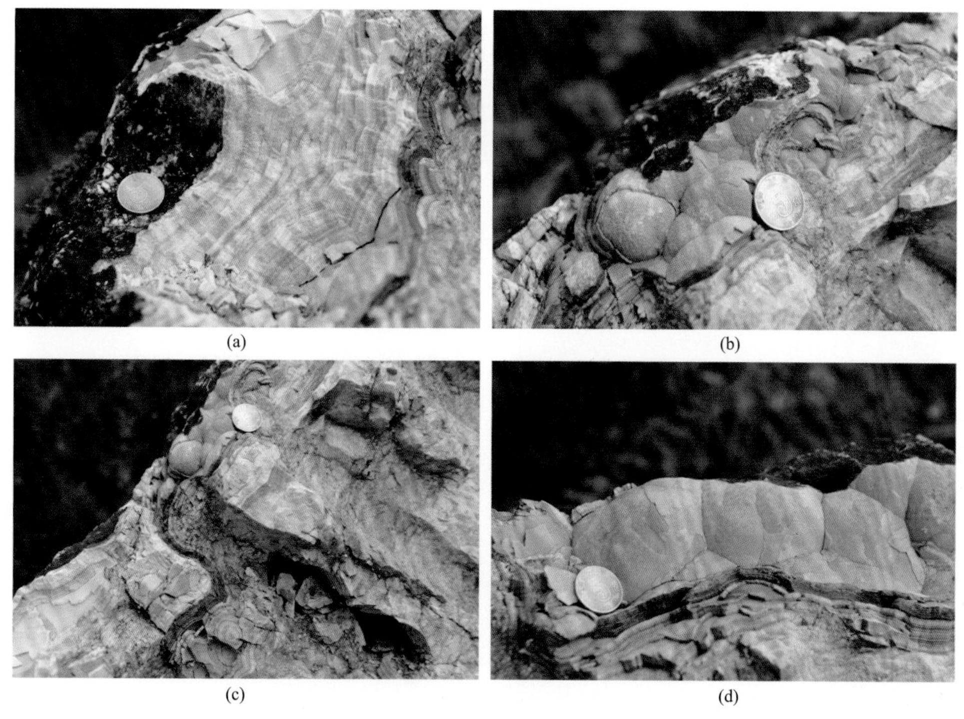

图 5.29　南江杨坝剖面灯二段葡萄花边云岩

(a) 葡萄花边云岩纵切面，葡萄构造由毫米级明暗相间的纹层所组成，暗色纹层代表微生物活动，浅色纹层代表较纯的泥晶白云岩；(b)～(d) 葡萄花边云岩的层面构造，葡萄石直径为厘米级，发育向上突起构造，向纵向和侧向生长

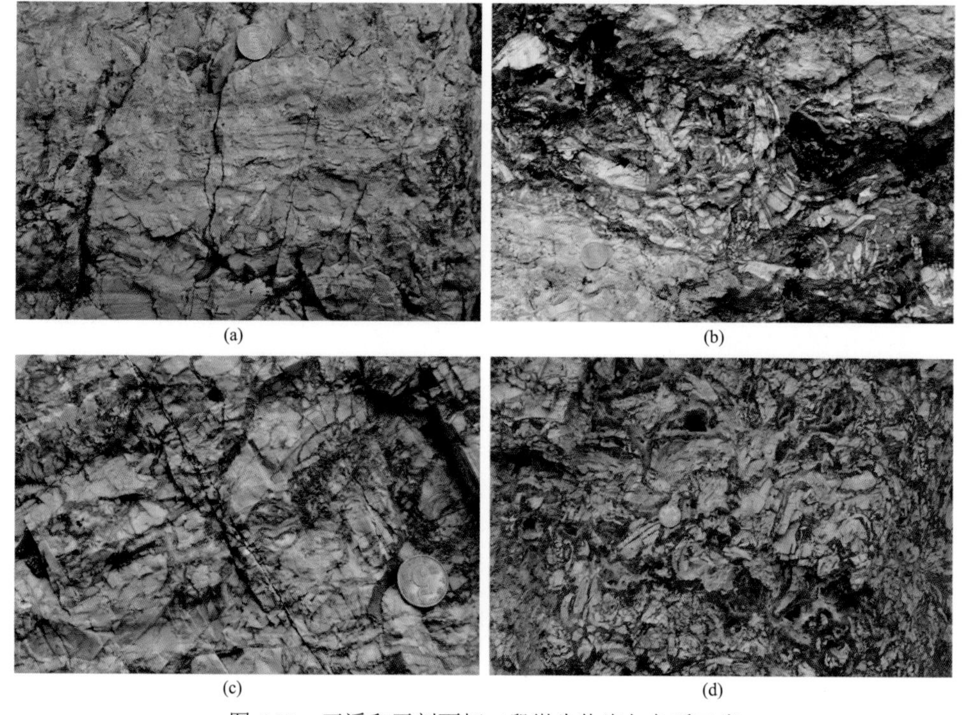

图 5.30　巫溪和平剖面灯二段微生物岩与角砾云岩

(a)、(b) 微生物纹层云岩；(c)、(d) 葡萄花边云岩受风暴作用影响而形成角砾云岩

8. 彭水廖家槽剖面

彭水廖家槽剖面位于彭水苗族土家族自治县太原镇廖家槽村，该剖面植被覆盖严重，顶底界线未见，但在灯二段见微生物纹层白云岩和葡萄花边云岩，揭示了碳酸盐岩台地沉积环境（图 5.31）。

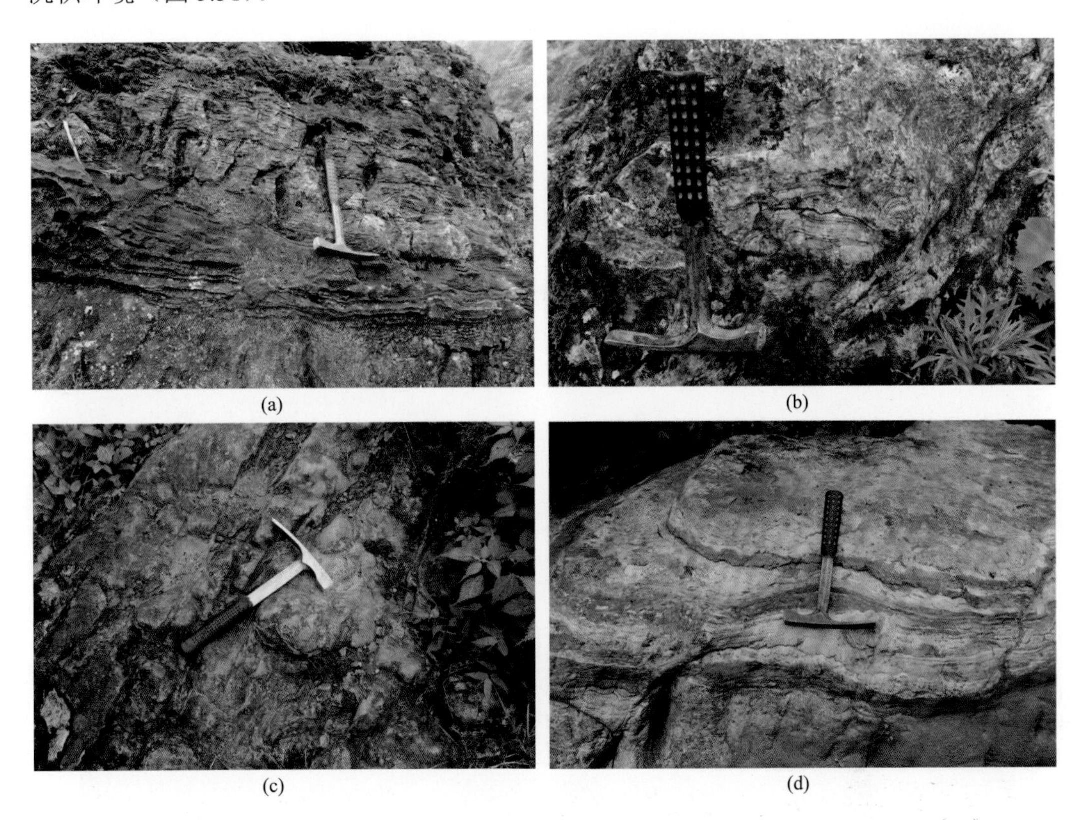

(a)　(b)　(c)　(d)

图 5.31　彭水廖家槽剖面灯二段岩性特征

（a）、（b）微生物纹层白云岩；（c）葡萄花边白云岩；（d）葡萄花边与微生物纹层白云岩

9. 南江田垭子剖面

四川盆地东部灯二段与灯三段为平行不整合接触，灯二段顶部普遍发育由风化剥蚀作用所形成的风化壳，部分地区在灯二段顶部发育溶洞。

南江田垭子剖面位于杨坝镇东南的田垭子村，灯二段顶部发育厚约 10m 的溶蚀孔洞垮塌角砾沉积，岩性为角砾白云岩，大部分砾石呈次圆、次棱角状。砾石间被蓝灰色泥岩填隙，说明灯二段顶部为规模较大的不整合，不整合面之下为大型溶洞。砾石成分为砂屑白云岩、泥晶白云岩，还见硅岩砾石，可能源于陡山沱组，残余孔洞内见沥青（图 5.32）。

(a)　(b)　(c)　(d)　(e)　(f)

图 5.32　南江田垭子剖面灯二段溶洞角砾岩

（a）灯二段溶洞崩塌角砾岩与灯三段蓝灰色泥岩平行不整合接触；（b）～（f）灯二段顶部溶洞角砾岩，角砾岩主要由泥晶白云岩、颗粒白云岩与硅岩等组成，角砾可达 30cm，多数为颗粒支撑，填隙物主要为灯三段蓝灰色泥岩，部分砾石见中等程度磨圆

（二）碳酸盐岩台地边缘相

1. 台地边缘微生物丘

碳酸盐岩台地边缘表现为台地缓坡环境和镶边陆架环境的叠层石丘的广泛发育（Beukes，1987）。叠层石（Stromatolite）指由微生物作用所形成的具有正向隆起并可以识别地貌特征的纹层状构造（Sami and James，1994）。微生物岩（Microbialites）是一种

由底栖微生物群落（benthic microbial community）捕获和黏结碎屑沉积物和/或作为矿物沉淀的核心而形成的沉积物（Burne and Mcore，1987）。

叠层石与碳酸盐岩砂的发育指示着高能沉积环境，叠层石可能形成生物礁，这些特征定义了开放海环境具有叠层石格架的建造带（Bertrand-Sarfati and Moussine-Pouchkine，1983）。

碳酸盐岩台地滩相由纹层状叠层石、柱状叠层石和鲕粒等层状非均一变化所组成（Hoffman，1974）。纹层状叠层石是蓝藻细菌生物层，侧向上具有连续的纹层。从地貌上，纹层可能是平状的或波状的。柱状叠层石具有上凸纹层叠加形成纵向上永久的柱状（Hoffman，1974）。

碳酸盐岩台地边缘叠层石零星分布于大巴山前缘野外露头，以镇巴县渔渡镇、盐场镇出露较为完整。镇巴县渔渡镇灯二段发育典型的叠层石构造，叠层石纵向可达 1～2m，由向上突起的柱状纹层所组成，柱状纹层起伏可达 5～10cm（图 5.33）。

南郑光雾山剖面灯二段发育核形石颗粒滩与叠层石礁相沉积。核形石呈纺锤状，直径为 2～20mm，指示滩相沉积环境（图 5.34）。叠层石礁主要由微生物纹层白云岩所组成，单个礁体厚约 50cm，发育明显的抗浪构造，局部见明显的滑塌变形构造（图 5.34）。

2. 台地边缘颗粒滩

碳酸盐岩台地边缘除微生物礁（丘）等高能相带发育外，还发育颗粒滩等高能相带。台地边缘颗粒滩由来源于台地内部或台缘的岩石碎屑经过搬运而形成，常形成粒屑、鲕粒等高能沉积。局部地区纹层状白云岩与碳酸盐岩砂互层分布。

镇巴渔渡剖面灯二段发育数层鲕粒白云岩所组成的颗粒滩相沉积，鲕粒白云岩的同心构造清晰可见，因后期风化作用鲕粒常突出层面显示（图 5.35）。

（三）斜　坡　相

在大多数斜坡环境，沉积由滑塌作用和其他沉积物重力传输作用所控制（Schlager，1989）。碳酸盐岩斜坡相的典型特征是发育灰岩韵律层或条带状灰岩、角砾岩和滑塌变形构造（Hoffman，1974；Bertrand-Sarfati and Moussine-Pouchkine，1983；Grotzinger，1986，1989；Sami and James，1994）。

灰岩韵律层或条带状灰岩为侧向上连续的薄到厚层、泥至细砂级灰岩层与薄层泥岩层的互层。粗粒的韵律层一般为波状斜层理或粒序层理。灰岩层的黏土含量和泥岩层的相对厚度向盆地方向增加（Sami and James，1994）。邻近陆架的近端斜坡韵律层含有粗粒、块状角砾，角砾由棱角状的、来源于台地边缘的丘状/柱状微生物岩块体所组成，这些角砾漂浮于细粒内碎屑和变形的韵律层的混合物中。远端韵律层一般为细粒，发育平行层理，并含有少量内碎屑角砾或滑塌特征（Sami and James，1994）。韵律层或者代表来源于陆架或陆架边缘的细粒环台地沉积物，或者与浮游微生物沉积有关（灰泥岩）。粒序变化、水流波纹和与泥质层互层表明斜坡周围重力流的广泛发育。泥质夹层解释为半远洋陆源泥聚集于碳酸盐岩沉积间歇期。粗粒、棱角状角砾代表胶结好的台地边缘物质的破裂以及随后作为滑塌或碎屑流主要物质组成的沉积。

图 5.33　镇巴渔渡剖面灯二段叠层石宏微观照片

（a）灯影组台缘相发育典型的叠层石构造，叠层石纵向厚 1～2m，由微生物纹层状白云岩所组成，形成明显的向上突起的隆起构造；（b）微生物纹层云岩，样品编号 17GPS612-6，正交偏光

图 5.34　南郑光雾山剖面灯二段核形石与叠层石

（a）核形石颗粒滩沉积；（b）叠层石礁沉积，由微生物纹层构造的叠层石白云岩纵向上形成明显的抗浪构造

图 5.35　镇巴渔渡剖面灯二段鲕粒白云岩宏微观照片

（a）鲕粒白云岩野外露头照片；（b）鲕粒白云岩薄片照片，发育粒间溶孔，并被沥青半充填，样品编号 17GPS612-2，单偏光

灰岩韵律层或条带状灰岩的灰岩层厚 1～5cm，向盆地方向灰岩层减薄到 1～3mm，大多数灰岩内部无沉积构造（Hoffman，1974）。灰岩中的细粒物质、大量的碳酸盐岩泥、具有平直边界地层的水平连续性、缺乏浅水沉积构造等指示了深水海相沉积环境。

灰岩中可以识别出三个典型的单元：颗粒岩单元、泥晶岩单元和纹层状白云岩单元。颗粒岩由微晶颗粒组成，在底部为颗粒岩向上很快富含微晶成分。微晶单元含有由碎屑黏土的暗色颗粒，向上逐渐减少形成粒序层理（Bertrand-Sarfati and Moussine-Pouchkine，1983）。

斜坡灰岩韵律层或条带状灰岩发育明显的沉积构造，如滑塌变形、包卷层理、正断层、香肠构造、小规模重力断层和角砾岩（Smith，1977；Bertrand-Sarfati and Moussine-Pouchkine，1983）。古水流标志（波纹、滑塌褶皱的倾向）可以指示向斜坡的沉积物的传输。灰岩韵律层的滑塌作用和作为碎屑流的传输，形成韵律角砾（Sami and James，1994）。

四川盆地东部北缘大巴山地区野外露头揭示斜坡相的广泛发育，厘定了灯影组台地边缘相与盆地相的分布，下面以西乡长河坝、城口神仙洞和城口黄安坝等剖面为例介绍斜坡相的发育特征。

1. 西乡长河坝剖面

西乡长河坝剖面位于白勉峡镇长河坝村南侧堰大路（X202）西侧，灯影组厚约 240m，在陡山沱组斜坡相沉积环境的基础上继承性发育（图 5.36）。

灯一—二段底部发育厚约 10m 的不规则状碳酸盐岩岩块角砾，角砾成分由云质灰岩、灰质云岩、白云岩等组成，应为来自台地或台地边缘相的沉积物。角砾岩之上发育厚约 20m 的浅灰色中层-厚层泥晶云岩夹薄层泥晶云岩，可进一步划分为 3 个旋回。再之上发育厚约 60m 的中厚层白云岩，但植被覆盖严重。灯二段顶部为厚约 40m 的角砾白云岩，角砾成分主要为台地相的白云岩，砾石直径大部分可达 20～30cm，最大可达米级，呈混杂堆积样式[图 5.37（a）]。砾石的发育可以划分为若干个旋回，第一旋回砾石直径自下而上逐渐增大再减小，砾石之间环绕粒间孔发育栉壳构造，也见灯三段下渗的黑色渗流砂[图 5.37（b）]。滑塌白云岩砾石的广泛发育指示为台地前缘斜坡上斜坡的碎屑堆积沉积。

该剖面灯影组厚层状大型滑塌角砾白云岩的发育指示台地前缘斜坡相沉积环境，但与陡山沱组以灰岩韵律层为主的斜坡相有显著区别。陡山沱组总体发育在混积缓坡沉积环境，而至灯影组沉积期，碳酸盐岩已经开始建隆形成台地边缘，此处为台缘前缘碎石堆。

2. 城口神仙洞剖面

城口神仙洞剖面位于岚天乡天星桥西南的神仙洞附近，陡山沱组与灯影组均为斜坡相沉积，陡山沱组底部未出露，仅出露陡三段与陡四段，厚约 32m，灯影组厚度较薄，厚约 5.5m（图 5.38）。陡山沱组出露地层底部为黑灰色硅岩[图 5.39（a）]，之上为陡三段厚约 14.4m 灰岩韵律层，发育滑塌变形构造，为典型的斜坡相沉积。陡三段下部为灰色粉屑灰岩与含碳酸盐岩粉屑、粉砂质泥岩组成 1～5cm 频繁韵律层，韵律层见波状、脉状与变形层理，属典型的 L-M 旋回海底扇扇缘沉积，有些地方可以识别出浊流沉积的

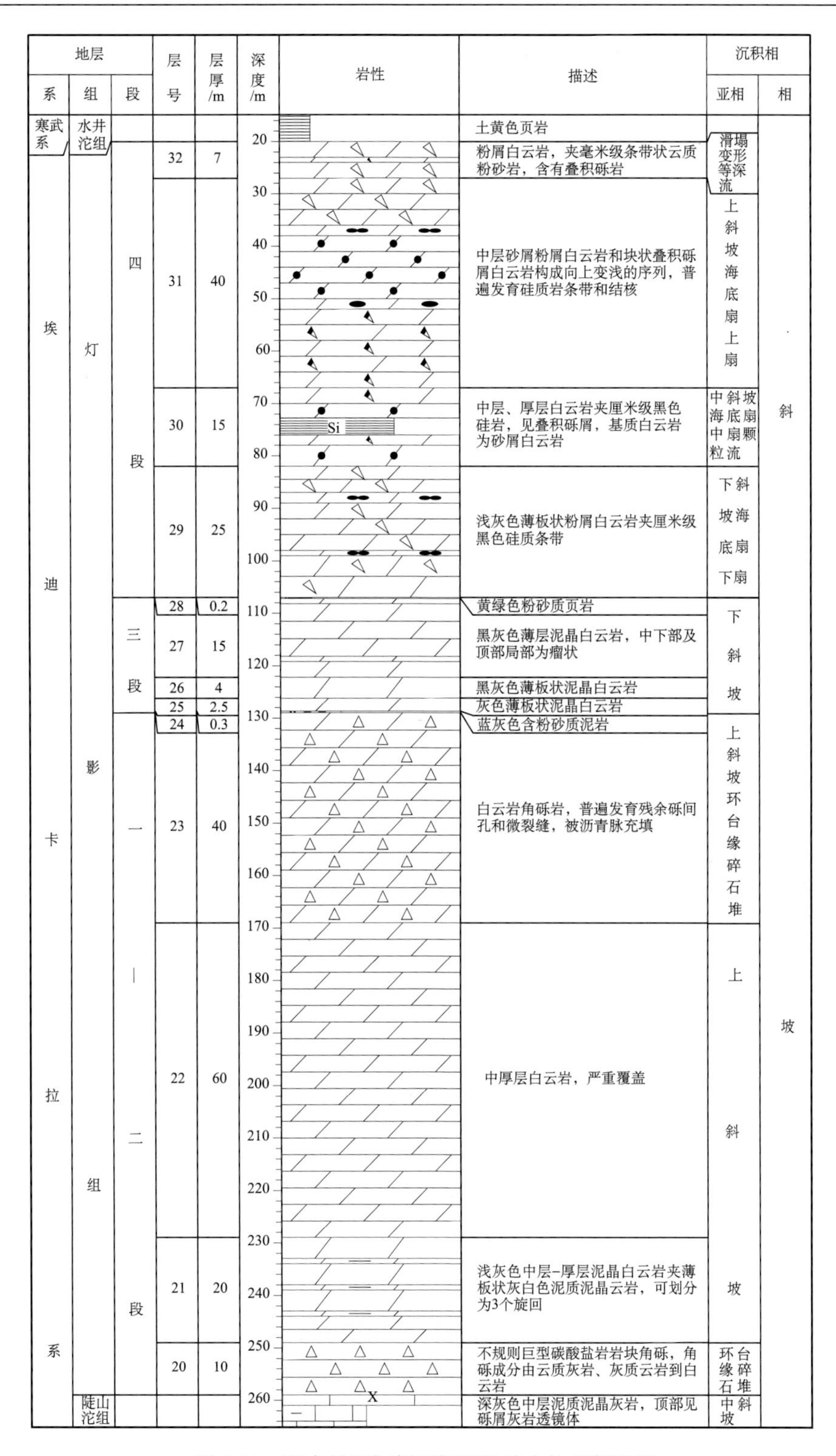

图 5.36　西乡长河坝剖面灯影组综合柱状剖面图

(a)

(b)

图 5.37　西乡长河坝剖面灯二段台缘斜坡碎石堆沉积

（a）白云岩滑塌角砾形成碎石堆；（b）白云岩角砾局部放大照片，砾石成分主要为台地相白云岩，角砾之间发育栉壳构造，栉壳间黑色物为残留沥青

C-E 组合，C 段为水平层理，E 段为变形层理[图 5.39（b）、（c）]。灯影组下部也见滑塌变形构造，滑塌褶皱的轴面指向北西方向，指示向北西方面的滑动[图 5.39（d）]。陡三段自下而上粉砂质泥岩厚度变薄，逐渐变为粉屑灰岩中的泥质夹层，表明构造环境趋于稳定，海水水体平稳，灰岩层面上可见扁平状灰岩砾石，直径可达 2cm。陡三段与陡四段薄层黑色页岩相接触[图 5.39（e）]，之上为黑色薄层硅岩、泥岩，黑色泥岩内还见滑塌灰岩角砾[图 5.39（f）]。灯影组底部厚约 3m 的灰色块状粉屑白云岩与陡山沱组薄层硅岩接触[图 5.39（g）]，之上为厚约 2.5m 的灰色薄层泥质粉屑灰岩[图 5.39（h）]，顶与寒武

系鲁家坪组硅岩接触。灯影组碳酸盐岩显示明显的滑塌构造变形，指示斜坡相沉积环境。

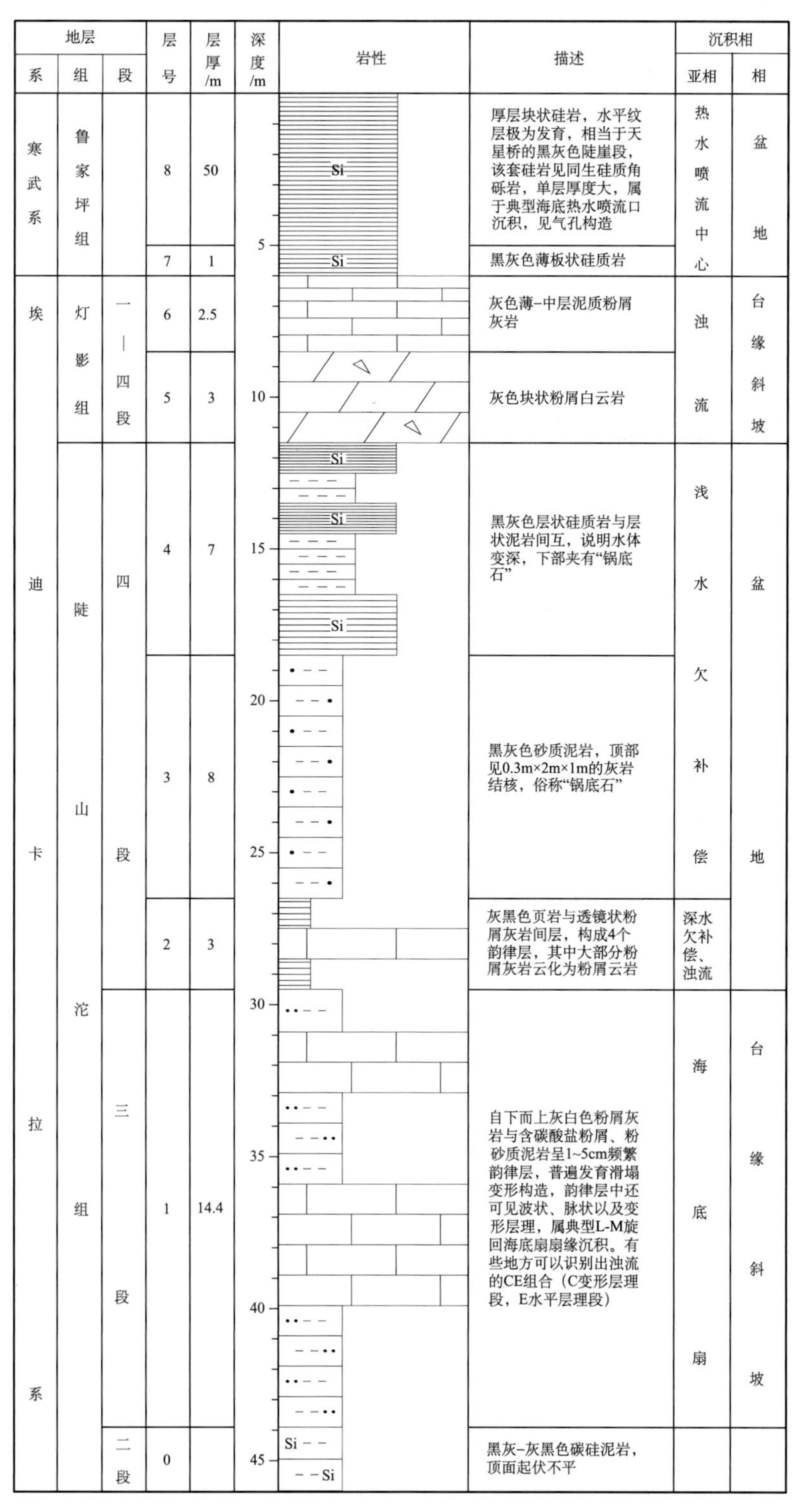

图 5.38　城口神仙洞剖面陡山沱组—灯影组综合柱状剖面图

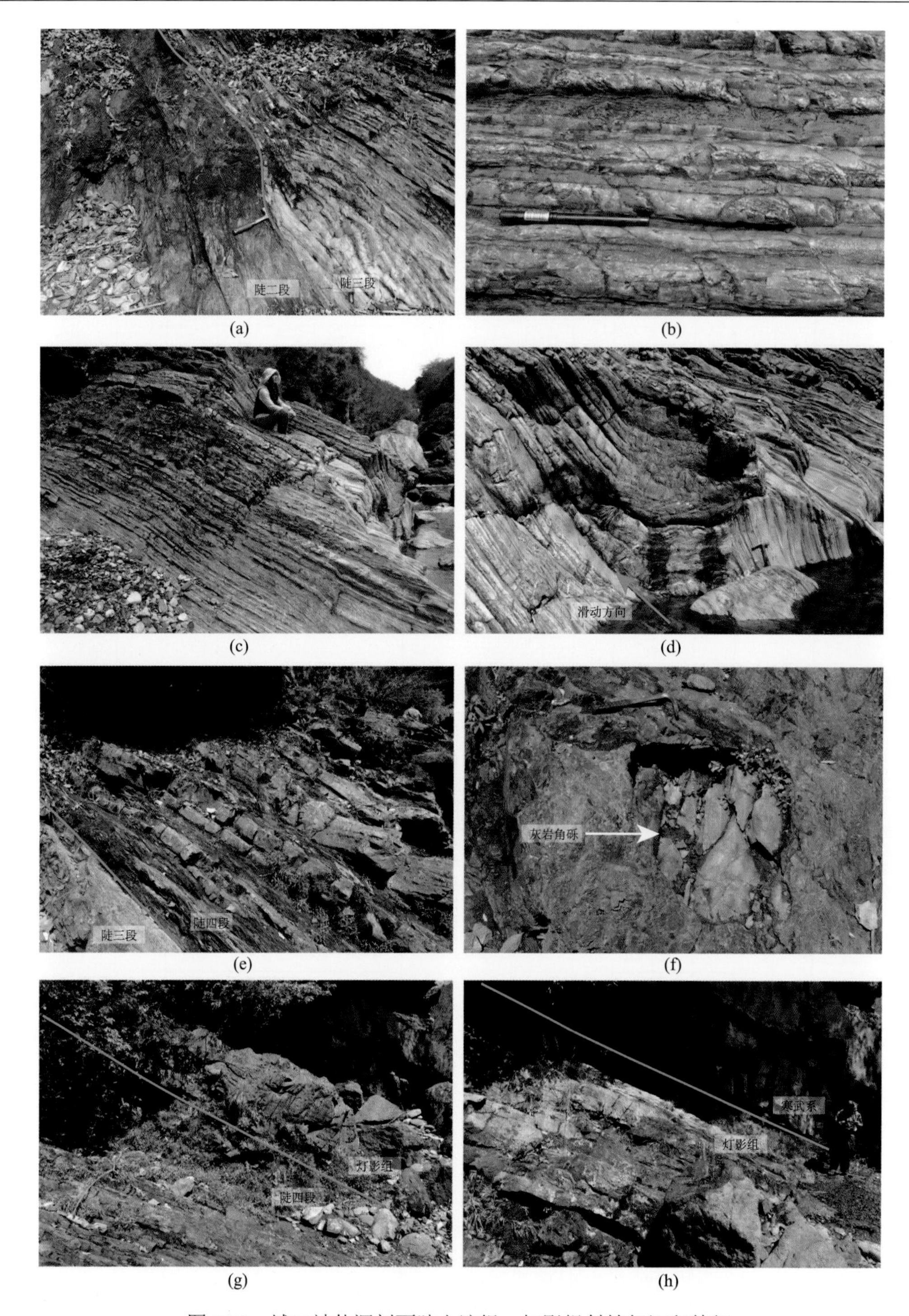

图 5.39 城口神仙洞剖面陡山沱组—灯影组斜坡相沉积特征

（a）陡三段薄层泥晶灰岩与硅岩接触；（b）陡三段薄层灰岩与泥质粉砂岩形成灰岩韵律层，灰岩厚 0.5～5cm，指示斜坡沉积环境；（c）陡三段灰岩韵律层宏观特征；（d）陡三段灰岩韵律层受滑塌作用影响形成褶皱，褶皱轴面指向北西方向；（e）陡三段薄层灰岩与陡四段黑色泥岩夹灰岩接触；（f）陡四段黑色泥岩内滑塌灰岩角砾；（g）陡四段泥岩与灯影组白云岩接触；（h）灯影组灰岩与寒武系厚层硅岩接触

3. 城口黄安坝剖面

城口黄安坝剖面位于黄安坝景区之南的河谷内，灯一—二段发育典型的滑塌变形构造。该剖面见重力流粒屑灰岩和灰白色硅质条带与结核，形成非常明显的滑塌变形构造[图 5.40（a）]，部分粒屑灰岩滑塌于白色硅岩内，粒屑灰岩呈不规则状[图 5.40（b）]，部分硅岩角砾滑塌于纹层状的粒屑灰岩内[图 5.40（c）、（d）]。

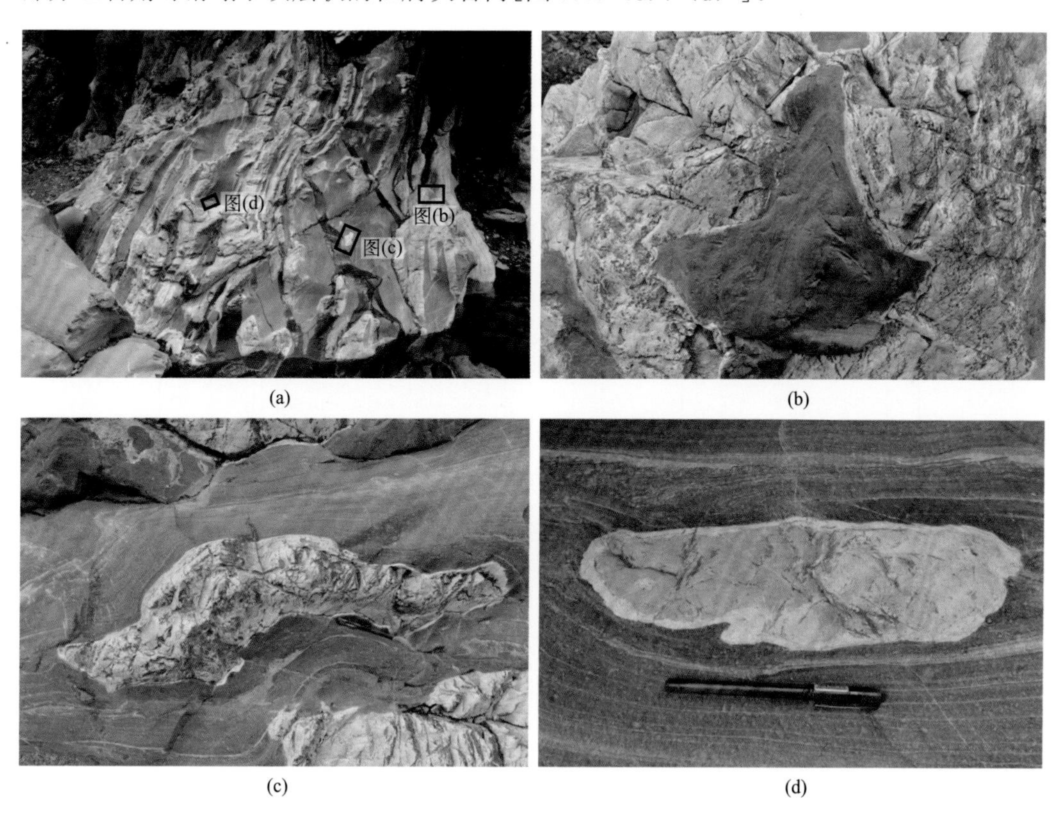

图 5.40　城口黄安坝剖面灯影组斜坡相液化滑塌构造

（a）灰色粒屑灰岩与灰白色硅岩形成滑塌变形构造；（b）图（a）局部放大，灰色粒屑灰岩滑塌于灰白色硅岩内；（c）和（d）图（a）局部放大，灰白色硅岩滑塌于灰色粒屑灰岩内

（四）盆　地　相

盆地相远离碳酸盐岩台地，以深水细粒沉积为主，多发育黑色薄层页岩和硅岩。下面以镇坪县城附近灯影组为例介绍盆地相发育特征。

镇坪县城附近灯影组与陡山沱组连续沉积，其界线不易划分。灯影组继承陡山沱组盆地相沉积环境，主要发育一套以黑色页岩和硅岩为主的沉积序列（图 5.41）。该剖面灯影组底部为黑灰色薄层瘤状粒屑灰岩，夹黑色泥质纹层[图 5.42（a）]；之上为薄板状灰质泥岩与泥质粉屑灰岩间互沉积；再之上为黑色硅质泥岩、泥质硅岩，见典型递变层理[图 5.42（b）]，再之上为深灰色厚层硅岩[图 5.42（c）]。灯三段发育厚约 5m 的黑色薄层硅岩[图 5.42（d）]，反映了深水盆地相的沉积特征。

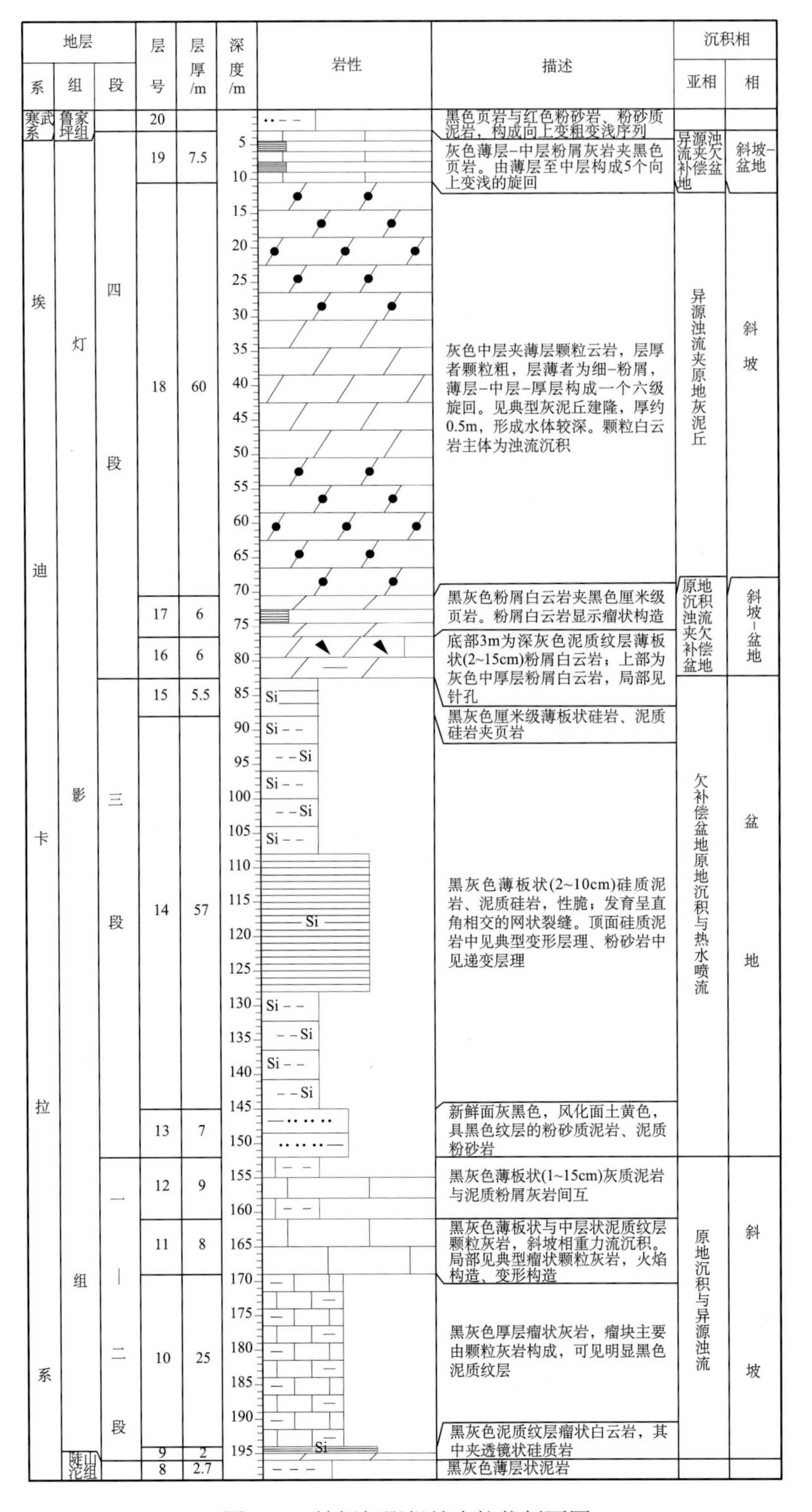

图 5.41　镇坪灯影组综合柱状剖面图

图 5.42　镇坪灯影组盆地相岩性特征

（a）灯影组下部灰色薄层灰岩；（b）灯影组下部黑色薄层硅岩与黑色页岩；（c）深灰色硅岩；（d）灯三段硅岩

二、灯三段沉积期岩相古地理

灯二段沉积之后，毗邻四川盆地台内拗槽的台地边缘沉积了厚层碳酸盐岩沉积物（>1500m），厚层沉积物所产生的负载致使岩石圈的挠曲而形成“宣汉-开江隆起”及周缘地区仍露出水面，“宣汉-开江隆起”及周缘不整合大面积发育，隆起核心区为剥蚀区，向周缘提供陆源碎屑物质。

灯三段沉积于灯二段平行不整合面之上，由于海侵规模的逐渐加大，沉积时以陆源碎屑岩夹海相碳酸盐岩混积岩为主。“宣汉-开江隆起”与“汉南古陆”核部缺失灯三段沉积，为隆起剥蚀区，向周缘提供陆源碎屑物质；“汉南古陆”与“宣汉-开江隆起”周缘地区以陆源碎屑岩沉积为主；而远离“汉南古陆”与“宣汉-开江隆起”的地区以碎屑岩与碳酸盐岩均发育的混积相沉积为特征；斜坡与盆地相区灯三段与灯二段整合接触，主要为深水相沉积。

自“汉南古陆”和“宣汉-开江隆起”向周缘依次为古陆剥蚀区、三角洲滨岸相、陆棚相、斜坡相与盆地相沉积（图 5.43）。

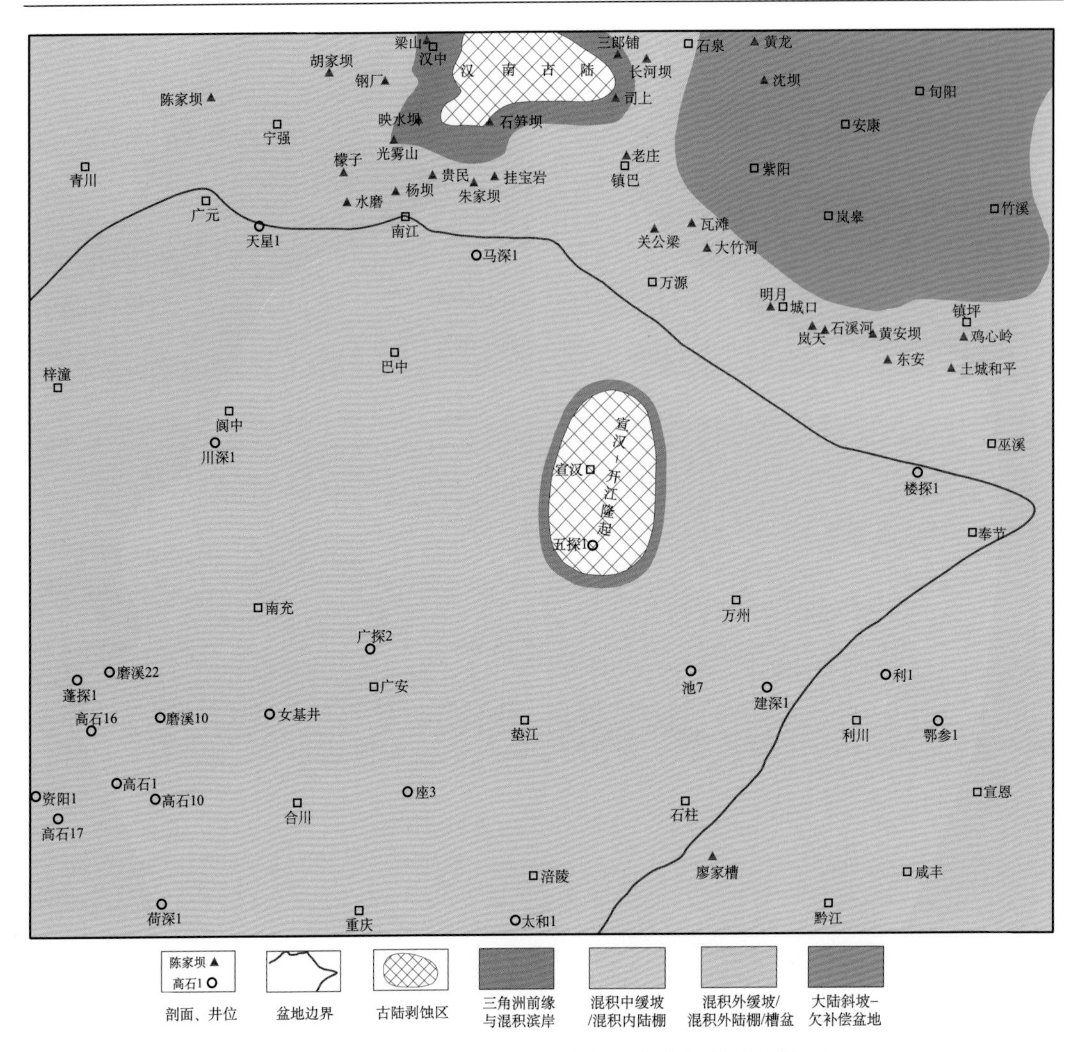

图 5.43　四川盆地东部及周缘灯三段岩相古地理图

（一）三角洲-滨岸相

灯三段沉积期，“宣汉-开江隆起”与“汉南古陆”等核部为隆起剥蚀区，为周缘地区提供陆源碎屑物质。围绕“宣汉-开江隆起”和“汉南古陆”周缘海陆过渡地区发育滨岸相沉积，以石英砂岩沉积为主，受波浪与潮汐作用影响，岩石成分成熟度与结构成熟度均较高，交错层理发育，指示古陆与古水流方向。

1. 汉中南郑梁山剖面

汉中南郑梁山剖面灯三段厚约 30m，主要为一套石英粗砂岩、细砾岩沉积[图 5.44（a）]，砾石直径可达 1cm，颗粒支撑，成分成熟度高、结构成熟度中等[图 5.44（b）]，反映了滨岸相的沉积环境。

(a)　(b)

图 5.44　汉中南郑梁山剖面灯三段砂砾岩沉积

（a）灯三段沉积宏观照片，由石英细砾岩、粗砂岩与粉砂岩等组成，厚约 30m；（b）底部石英细砾岩，粒径可达 1cm，成分成熟度高、结构成熟度中等

2. 汉中南郑象鼻崖剖面

汉中南郑象鼻崖剖面位于南郑牟家坝镇东南的象鼻崖山顶处，灯三段厚约 43m［图 5.45（a）］，自下而上可以划分为 4 层：①灰白色薄-中层云质砂岩夹蓝灰色泥质粉

(a)　(b)　(c)

图 5.45　汉中南郑象鼻崖剖面灯三段石英砂岩

砂岩、粉砂质泥岩，厚约 15m[图 5.45（b）]；②灰色中-厚层白云岩，夹灰色薄层云质泥岩，厚约 7m；③浅灰色薄层砂岩，含云质胶结物，厚 4～5m[图 5.45（c）]；④下部为薄-中层层纹石、叠层石云岩夹细砾岩透镜体和薄层石英砂岩，砾岩属潮道充填沉积，砂岩属席状砂，厚 5m，之上为厚约 0.8m 的含砾砂岩、石英细砂岩透镜体，属典型风暴回流成因潮道沉积，说明该剖面毗邻物源区，再之上为厚约 7m 疙瘩状（5～10cm）白云岩夹薄层青灰色（1～2cm 级）凝灰岩层，最顶部为厚约 3m 砂糖状砂屑白云岩，发育针孔、孔洞，为滩相沉积。总体来看，灯三段的砂岩属于远砂坝和席状砂沉积。

3. 南江光雾山剖面

南江光雾山剖面灯三段出露厚约 7m，底部与灯二段界线未见，自下而上可以划分为 7 层[图 5.46（a）]：①蓝灰色具水平层理粗砂岩、含砾粗砂岩，风化后呈土黄色，厚约 3.5m；②灰色薄层泥晶云岩，厚约 10cm；③蓝灰色薄层泥岩（张宝民教授脚所站之处），厚约 5cm；④灰黄色含砾粗砂岩，厚约 1.2m[图 5.46（b）]；⑤深灰色细砂岩，厚约 0.9m；⑥灰色、灰白色硅岩，厚约 0.2m；⑦暗红色具交错层理的粉细砂岩，厚约 1.2m。

图 5.46　南江光雾山剖面灯三段混积岩

（a）灯三段宏观照片，与灯二段底部界线未见，纵向可以划分为 7 层；（b）第④层具披覆沉积特征的粗砂岩；（c）第④层侧向上具双向交错层理粗砂岩，向右交错层理的倾向约为 350°，指示砂体长轴走向近东西向，进一步揭示汉南古陆西侧海岸线走向约南北向

第④层灰黄色含砾粗砂岩发育双向交错层理，指示潮汐作用的特征，沉积环境为潮汐砂坝，交错层理的倾向一侧为 350°[图 5.46（c）]，反映砂坝长轴走向近东西向，因潮汐砂坝与海岸线近于垂直或高角度斜交，间接指示汉南古陆西侧的古海岸线走向为近南北向。

4. 南郑西河口村剖面

南郑西河口村剖面灯三段与灯二段平行不整合接触，厚约 30m，根据岩性可以划分为 4 层：①灰白色中层石英粗砂岩，厚约 6m；②灰白色含砾石英粗灰岩，厚约 0.2m，砾石成分为源自灯二段的泥晶云岩，砾石呈扁平状、叠瓦状定向排列，长 2～6cm，倾向约 55°，其反方向指示古水流方向由北东向南西（图 5.47)；③灰白色薄-中层泥晶云岩夹薄层细砾岩，厚约 2m；④灰白色中-厚层石英粗砂岩，厚约 22m。灯三段以粗砂岩为主，夹薄层泥晶云岩，为混积滨岸相沉积。

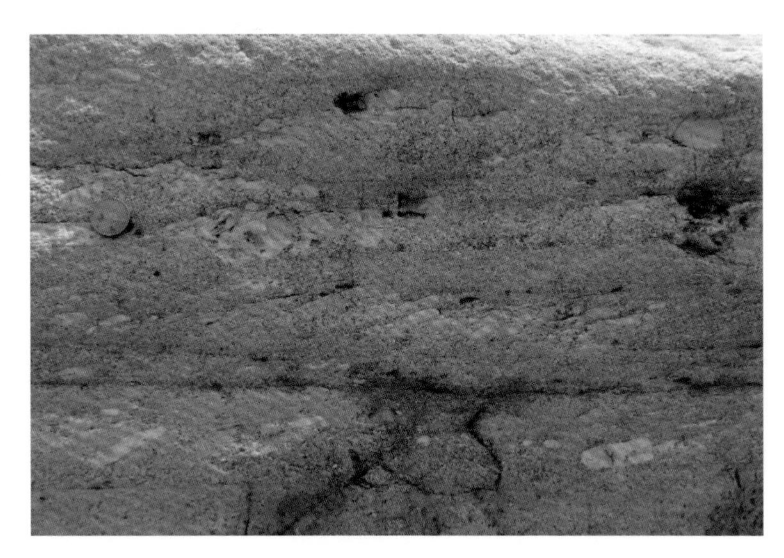

图 5.47　南郑西河口村剖面灯三段含砾石英粗砂岩

砾石成分为泥晶白云岩，长轴长 2～6cm，叠瓦状排列，倾向约 55°，指示古水流方向由北东向南西

5. 南郑梭草坝剖面

南郑梭草坝剖面位于汉中市南郑区西河乡广家店村东部，灯三段发育一套紫红色砾岩，砾石成分主要为源自附近基底的钾长花岗岩，砾石粒径可达 2～5cm，最大可达 10cm，分选与磨圆均较差，反映成分成熟度与结构成熟度均较低，揭示近源扇三角洲沉积特征(图 5.48)。

6. 南郑石笋坝村剖面

南郑石笋坝村剖面位于南郑区广家店村向东的石笋坝村，灯三段主要为一套粗粒的紫红色砂岩、含砾粗砂岩沉积，中部为泥晶云岩，砾石成分主要为源自基底的钾长花岗岩与石英，砾径最大可达 3cm，属于扇三角洲平原沉积（图 5.49)。

图 5.48　南郑梭草坝剖面灯三段石英砂砾岩

（a）紫红色砂砾岩宏观照片；（b）图（a）局部放大，紫红色砾岩，砾石成分为钾长花岗岩，杂基支撑，砾石直径最大可达 5cm；（c）图（a）局部放大，紫红色砾岩，成分成熟度与结构成熟度均较低；（d）图（a）局部放大，紫红色细砾岩

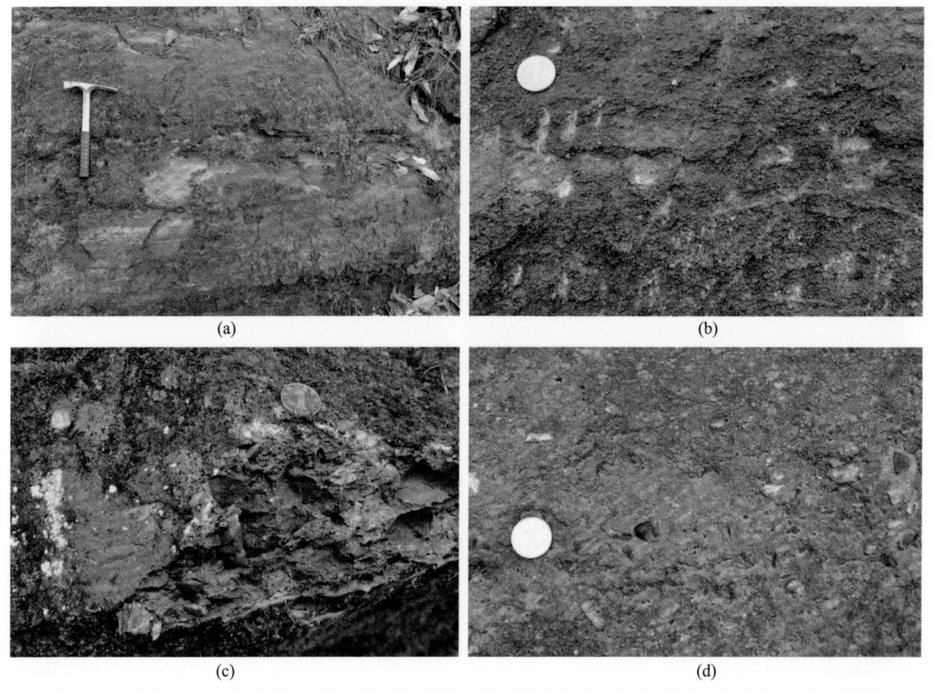

图 5.49　南郑石笋坝村剖面灯三段石英砂砾岩（砾石成分为基底钾长花岗岩与石英）

（a）紫红色砂砾岩宏观照片；（b）图（a）局部放大，紫红色砾岩，砾石成分为钾长花岗岩；（c）紫红色砾岩；（d）紫红色细砾岩

7. 南郑映水坝剖面

南郑映水坝剖面灯三段厚约 56.5m，根据岩性自下而上可以划分为 7 层（图 5.50）：①底部细砾岩、含砾砂岩透镜体，厚约 5m，与灯二段泥晶白云岩平行不整合接触[图 5.51（a）]；②紫红色夹灰色泥质砂岩、含砾砂岩，厚约 1.5m，砂岩底部含有白云岩砾石，属三角洲前缘分流河道、河漫滩沉积[图 5.51（b）]；③灰色中厚层纹层状泥晶白云岩，夹薄层云质砂岩，厚约 7m，砂岩属三角洲前缘席状砂；④灰色薄-中层云质砂岩，厚约 9m，属三角洲前缘席状砂夹远砂坝[图 5.51（c）]；⑤灰色薄-中层纹层状白云岩夹蓝灰色砂质泥岩，砂质泥岩属前三角洲沉积，15m，主体为混积台地背景；⑥灰色中-厚层纹层状云岩，厚约 20m，为台地相潮坪亚相；⑦蓝灰色砂质泥岩夹毫米级黄灰色凝灰岩，含结核，厚约 4m[图 5.51（d）～（f）]。

（二）混　积　相

混积相沉积主要由海相碳酸盐岩与碎屑岩互层沉积而成，受控于陆源碎屑的供给与海平面的变化，当陆源沉积物供给充足时以碎屑岩沉积为主，当陆源碎屑供给不足或碳酸盐岩产生速率较快时，以碳酸盐岩沉积为主。下面以南郑东玉村剖面为例介绍混积相的发育特征。

南郑东玉村剖面位于南郑区福成乡东玉村附近的土路边，灯三段厚约 112.5m，为硅质碎屑岩与碳酸盐岩均发育的混积相沉积（图 5.52），根据岩性自下而上可以划分为 5 层[图 5.53（a）]：①蓝灰色薄-中层砂岩，夹蓝灰色薄层凝灰质粉砂岩、红色泥质细砂岩与薄层泥晶白云岩[图 5.53（b）]，厚约 42m；②灰色薄层泥晶云岩，夹硅岩条带，厚约 37m[图 5.53（c）]；③蓝灰色凝灰质泥质粉砂岩，厚约 4m[图 5.53（d）]；④灰色泥晶云岩，为灰泥丘沉积，该层底部砾屑云岩中充填沥青，见黑色硅质条带，厚约 12.5m[图 5.53（e）]；⑤蓝灰色凝灰质砂岩，夹黑灰色砂岩、黑灰色细砾岩薄层（20cm 厚），距顶约 2m 发育近 1m 厚的蓝灰色粉砂质泥岩，其中灰色砂岩、细砾岩中含沥青，因此砂岩为黑色，厚约 17m[图 5.53（f）～（h）]。

（三）斜　坡　相

如前所述，斜坡相的典型标志是灰岩/砂岩韵律层、滑塌变形构造和角砾岩的出现。下面以旺苍鼓城、旺苍正源、旺苍水磨、南江田垭子、南江沙滩等剖面为例介绍灯三段斜坡相的发育特征。

1. 旺苍鼓城剖面

旺苍鼓城剖面灯三段厚约 31m，底部发育厚约 3m 的深灰色泥质粉砂岩与黑色页岩互层沉积，其与灯二段泥晶白云岩平行不整合接触[图 5.54（a）]；之上发育厚约 10m 的具平行层理薄层粉砂岩与泥质粉砂岩互层组成的韵律层，指示深水浊流沉积特征[图 5.54（b）]；再之上发育厚约 10m 的灰白色纹层状粉砂岩与深灰色粉砂岩互层组成的韵律层[图 5.54（c）、（d）]；顶部发育厚约 8m 的灰白色粒度较粗粉砂岩发育于粒度较细的纹层状粉砂岩之内，揭示深水滑塌构造变形特征[图 5.54（e）、（f）]。

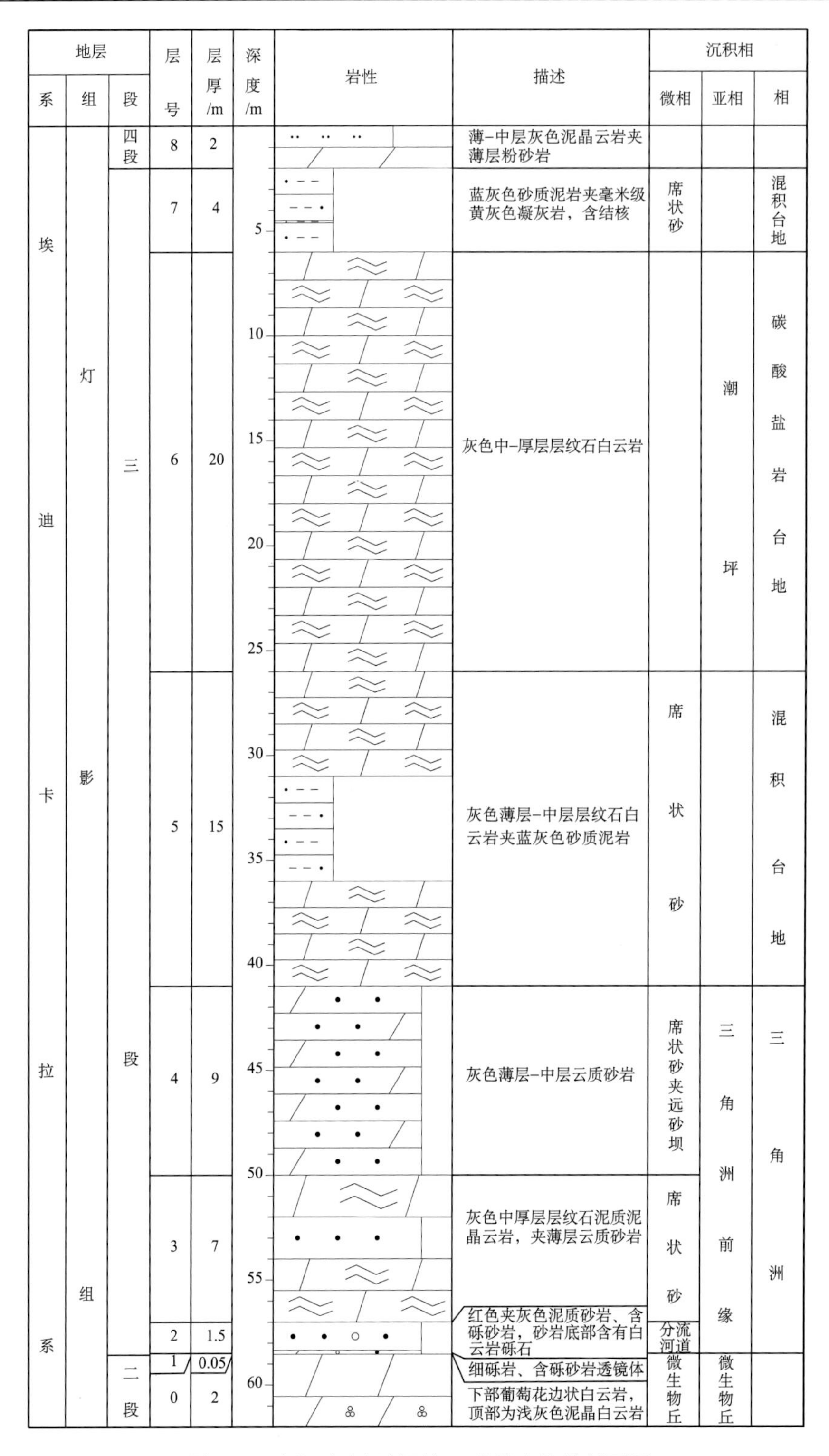

图 5.50　南郑映水坝剖面灯三段综合柱状剖面图

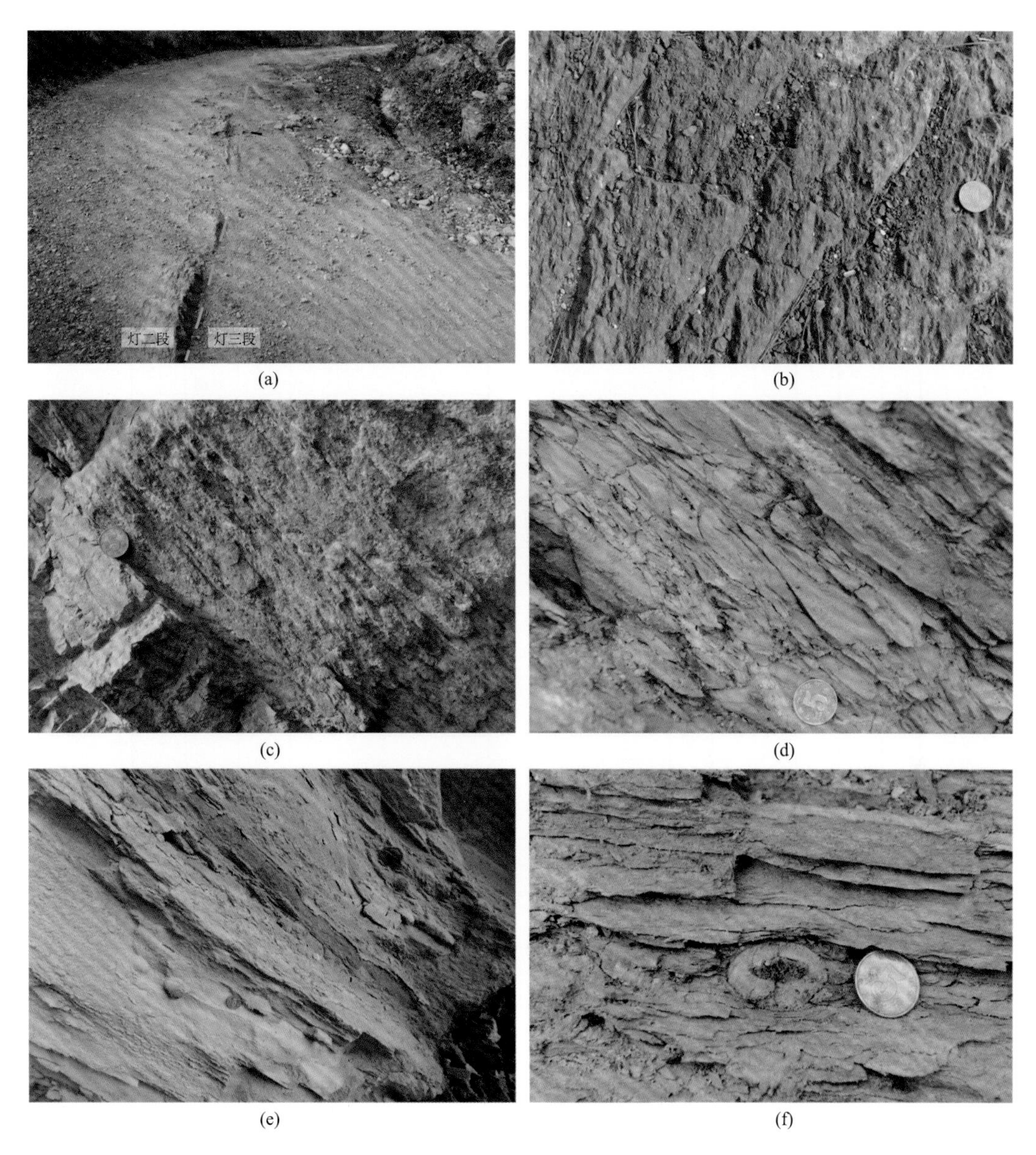

图 5.51　南郑映水坝剖面灯三段混积沉积

（a）灯三段底部细砾岩与灯二段泥晶云岩平行不整合接触；（b）灯三段底部紫红色含砾粗砂岩；（c）灰色薄层砂岩夹薄层泥晶云岩；（d）蓝灰色含凝灰质泥岩；（e）新鲜面呈深灰色粉砂质泥岩，层面见粉砂岩结核；（f）图（e）局部放大，风化面为灰黄色泥岩，含灰色、深灰色粉砂岩结核

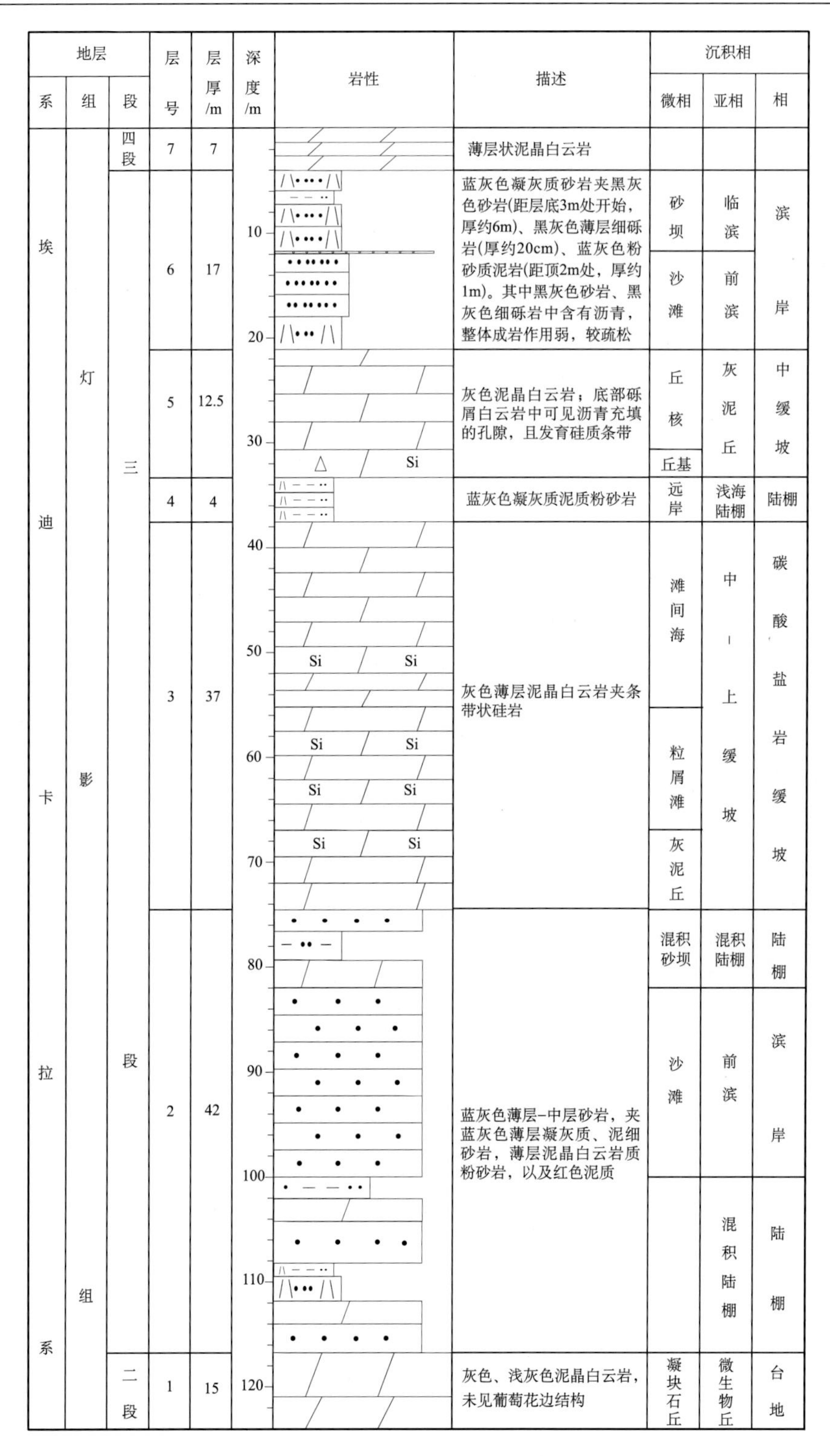

图 5.52　南郑东玉村剖面灯三段综合柱状剖面图

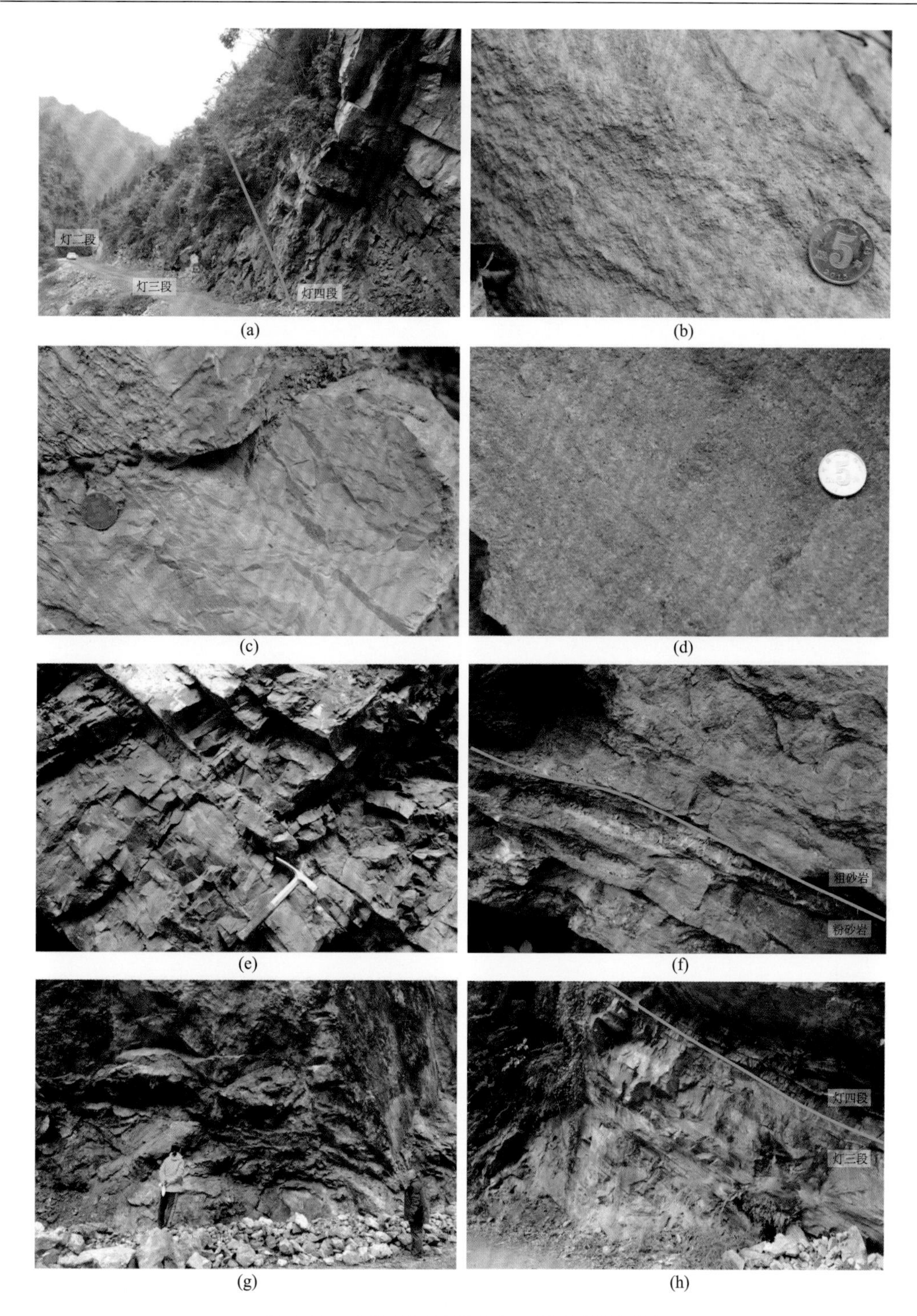

图 5.53 南郑东玉村剖面灯三段混积岩沉积

（a）灯三段与灯二段不整合接触，与灯四段白云岩整合接触；（b）灯三段下部蓝灰色中层砂岩；（c）灯三段下部灰色泥晶云岩；（d）灯三段下部灰色粗砂岩；（e）灯三段中部灰色泥晶云岩；（f）和（g）灯三段上部细砂岩，因含大量沥青而呈黑色；（h）灯三段砂岩与灯四段泥晶云岩整合接触

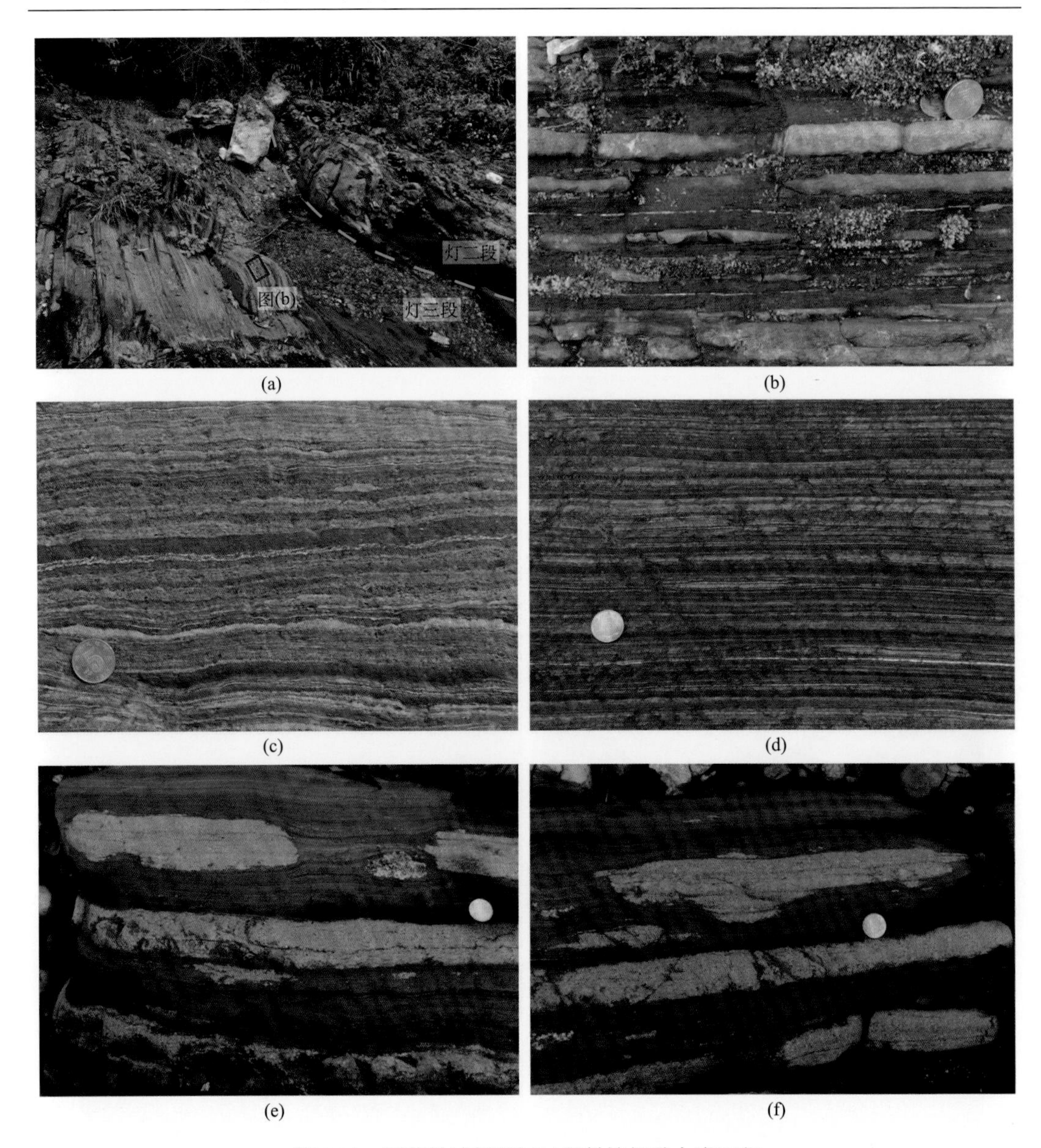

图 5.54　旺苍鼓城剖面灯三段斜坡相重力流沉积

(a) 灯三段下部宏观照片，自下而上依次发育薄层粉砂岩与黑色泥岩互层、薄层粉砂岩与黑色泥质粉砂岩互层，局部见黑色薄层硅质条带；(b) 薄层粉砂岩与黑色泥质粉砂岩互层，夹黑色薄层硅岩；(c) 和 (d) 灰色粉砂岩与黑灰色泥质粉砂岩形成纹层状韵律层，揭示深水浊流沉积特征；(e) 和 (f) 粒度较粗粉砂岩滑塌于粒度较细粉砂岩之内，揭示深水滑塌变形特征

2. 旺苍正源剖面

旺苍正源剖面位于旺苍县正源乡附近，灯三段未见明显顶、底界线，主要发育一套灰色薄层白云岩、泥质粉砂岩与薄板状硅岩的沉积序列，薄板状硅岩的广泛发育揭示了深水斜坡相发育特征（图 5.55）。

图 5.55　旺苍正源剖面灯三段斜坡相沉积

（a）宏观照片，灰色薄层白云岩、粉砂岩与黑色条带状硅岩序列；（b）灰色白云岩与黑色硅岩互层；（c）灰色薄层泥晶云岩、粉砂岩与黑色硅岩互层；（d）黑色条带状硅岩，单层厚 2～5cm

3. 旺苍水磨剖面

旺苍水磨剖面位于水磨乡与大两乡之间，灯三段主要为一套斜坡相沉积，厚约 25m[图 5.56、图 5.57（a）]，自下而上可以划分为 8 层：①第 1~2 层为厚 5～10cm 的石英砂岩与灯二段泥晶云岩平行不整合接触，之上为厚约 3m 的灰色粉砂岩，风化面呈土黄色[图 5.57（b）]，距粉砂岩顶部 1m 发育厚约 50cm 的蓝灰色斑脱岩，风化后呈土黄色[图 5.57（c）]，斑脱岩的发育指示了灯三段沉积期附近有火山活动。②第 3~4 层为厚 0.5～1m 具海底滑塌变形构造的灰色颗粒云岩，其中含硅岩条带，说明硅质成因为热水喷流，并在未固结成岩时滑塌变形[图 5.57（d）]。③第 5 层为厚约 5.5m 黑灰色气孔状、层状硅岩，下部 2.5m 为气孔极为发育的层状、似层状硅岩（单层厚度为 5～10cm），中部 0.8m 为厘米级薄板状泥质硅岩夹单层厚 5～10cm 的层状硅岩（层状气孔极发育），上部 2.2m 为气孔发育程度变低的泥质硅岩[图 5.57（e）]。④第 6 层为厚约 11m 黑灰色砂质硅质泥岩夹灰黑色薄层页岩[图 5.57（f）~（h）]，下部含同色泥质粉砂岩结核（0.6m×1m）[图 5.57（h）]，以及同色粉砂岩透镜体（0.2～0.3m），为含陆源碎屑的碳硅泥岩，硅质来源于海底热水喷流，夹黑色薄层页岩。颗粒云岩透镜体，属浊流成因，为重力流沟道沉积。该套含砂碳硅泥岩，普见浊积成因的 B-E 段，单层厚 0.5～1cm[图 5.57（f）]。云质粉砂岩透镜体可能也属重力流沟道充填沉积[图 5.57（g）]。⑤第 7~8 层为厚约 4m

的灰色含砾泥质粉砂岩，其上植被覆盖。

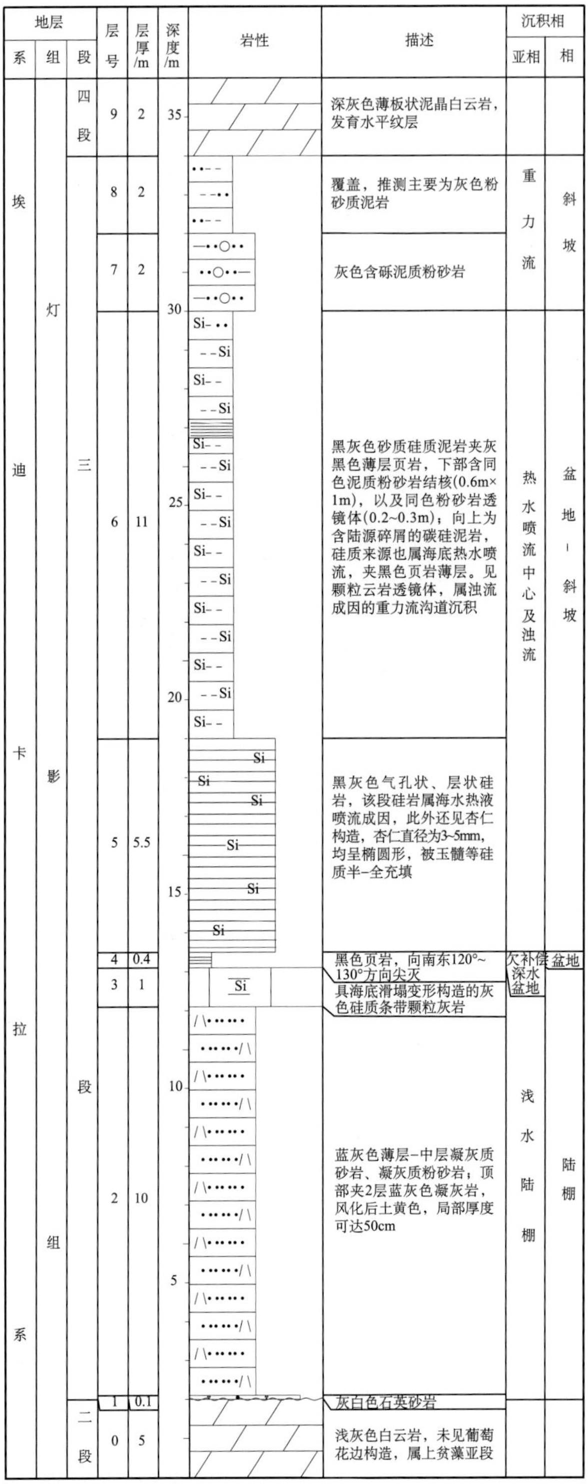

地层			层号	层厚/m	深度/m	岩性	描述	沉积相	
系	组	段						亚相	相
埃迪卡拉系	灯影组	四段	9	2	35		深灰色薄板状泥晶白云岩，发育水平纹层		
		三段	8	2			覆盖，推测主要为灰色粉砂质泥岩	重力流	斜坡
			7	2	30		灰色含砾泥质粉砂岩		
			6	11	25, 20		黑灰色砂质硅质泥岩夹灰黑色薄层页岩，下部含同色泥质粉砂岩结核(0.6m×1m)，以及同色粉砂岩透镜体(0.2~0.3m)；向上为含陆源碎屑的碳硅泥岩，硅质来源也属海底热水喷流，夹黑色页岩薄层。见颗粒云岩透镜体，属浊流成因的重力流沟道沉积	热水喷流中心及浊流	盆地-斜坡
			5	5.5	15		黑灰色气孔状、层状硅岩，该段硅岩属海水热液喷流成因，此外还见杏仁构造，杏仁直径为3~5mm，均呈椭圆形，被玉髓等硅质半-全充填		
			4	0.4			黑色页岩，向南东120°~130°方向尖灭	欠补偿深水盆地	盆地
			3	1			具海底滑塌变形构造的灰色硅质条带颗粒灰岩		
			2	10	10, 5		蓝灰色薄层-中层凝灰质砂岩、凝灰质粉砂岩；顶部夹2层蓝灰色凝灰岩，风化后土黄色，局部厚度可达50cm	浅水陆棚	陆棚
			1	0.1			灰白色石英砂岩		
		二段	0	5			浅灰色白云岩，未见葡萄花边构造，属上贫藻亚段		

图 5.56　旺苍水磨剖面灯三段综合柱状剖面图

图 5.57　旺苍水磨剖面灯三段斜坡相沉积

（a）灯三段宏观照片，与灯二段平行不整合接触；（b）灯三段底部粉砂岩与灯二段泥晶云岩平行不整合接触；（c）深灰色薄层泥岩夹极薄层土黄色斑脱岩，斑脱层的发育揭示邻区火山活动；（d）具滑塌构造变形的颗粒白云岩；（e）黑色薄层硅岩，发育气孔构造；（f）深灰色纹层状含硅质粉砂岩；（g）黑色硅岩与页岩互层，见粉砂岩透镜体；（h）粉砂岩透镜体夹于黑色页岩内

4. 南江田垭子剖面

南江田垭子剖面位于杨坝镇东南方向山坡上新修乡村公路边，灯三段发育斜坡相深水沉积（图 5.58），厚约 37.6m[图 5.59（a）]，自下而上可以划分为 7 层：①蓝灰色粉砂质泥岩与泥质粉砂岩，厚约 20m，因含铁质风化面呈褐色与红色[图 5.59（b）]。②蓝灰色凝灰质砂岩、凝灰质粉砂岩，厚约 4m。③蓝灰色凝灰质泥岩，因含铁质而风化面呈土黄色，厚约 0.8m。④灰色硅岩夹薄层浊积砂岩，厚约 0.5m。⑤深灰色重力流沟道砂岩，其中含黑色燧石细砾岩，厚约 0.8m。⑥黑色薄板状硅岩、泥质硅岩，夹多层薄层（5～10cm 厚）浊积砂岩，厚约 6m，为下斜坡-盆地相沉积[图 5.59（c）~（e）]。⑦底部为厚约 0.4m 的含砾粗砂岩，砾石成分为燧石[图 5.59（f）]，之上为蓝灰色砂岩与同色泥质粉砂岩不等厚互层，厚约 5m，该段粒度总体向上变细，构成一系列浊流 A-C 段组合，A 段为底界侵蚀的沟道充填的滞积砾岩，C 段为变形层理段，属于斜坡相重力流沉积 [图 5.59（d）]。灯三段粉砂岩与灯四段泥晶云岩相接触[图 5.59（h）]。第⑦层粉砂岩发育多层滑塌变形褶皱，褶皱轴面倾向约 150°，指示斜坡倾向南东方向，古水流方向由北西向南东[图 5.59（g）]。

灯三段沉积首先由陆棚相逐渐演变为斜坡-盆地相，再由斜坡-盆地相演变为陆棚相，反映了水体由浅变深再变浅的演化过程。

5. 南江沙滩剖面

南江沙滩剖面位于沙滩乡以北的太阳坝与琉璃坝之间，基底钾长花岗岩逆冲于灯二段之上，灯三段以碎屑岩为主，自下而上经历了三角洲前缘—陆棚—斜坡—盆地相的演化（图 5.60），厚约 38m[图 5.61（a）]。

灯三段碎屑岩与灯二段泥晶云岩平行不整合接触[图 5.61（b）]，自下而上可以划分为 12 层：①蓝灰色薄层凝灰质粉砂质泥岩，风化面呈土黄色，厚约 2.3m；②蓝灰色凝灰质砂岩，呈厚层块状，发育包卷层理，厚约 3.5m[图 5.61（c）]，该套砂体呈透镜状，透镜体走向 SE155°，包卷层理中存在两层剪切面，应为砂体搬运、液化产物，触发机制可能为地震，见单层厚度为 20～50cm 的含砾砂岩透镜体，成分均为石英，为三角洲前缘水下分流河道沉积；③深灰色含砾砂岩，厚约 1m[图 5.61（d）]；④灰色凝灰质泥质粉-细砂岩，厚 1.1m，为河道间沉积；⑤含砾砂岩体，厚 1.3m，成分成熟度高，均为石英、燧石，结构成熟度中等；⑥蓝灰色凝灰质、泥质粉细砂岩，厚 1.3m，其中夹多层毫米级凝灰质纹层[图 5.61（e）]；⑦浅灰色石英细砂岩，厚 4.5m，粒度均一、成分纯净，单层厚度下薄上厚，底部单层厚 10～20cm，至顶可达 50cm，见典型前积现象，属水下分流河口坝；⑧蓝灰色凝灰质泥质粉砂岩，厚 2m，夹毫米级凝灰质薄层；⑨黑灰色含泥质砂岩，可能含凝灰质，厚 0.3m；⑩深灰色白云岩，厚 0.9m，属陆棚相；⑪灰黑色薄板状硅岩夹黑色薄层页岩，厚 15m，硅岩单层厚 5～15cm，自下而上硅岩变少，泥质变多，见变形层理[图 5.61（f）]；⑫蓝灰色凝灰质泥质细砂岩，夹黑色毫米级凝灰质泥质细砂岩，厚 4m，见典型液化现象和变形层理[图 5.61（g）、（h）]。

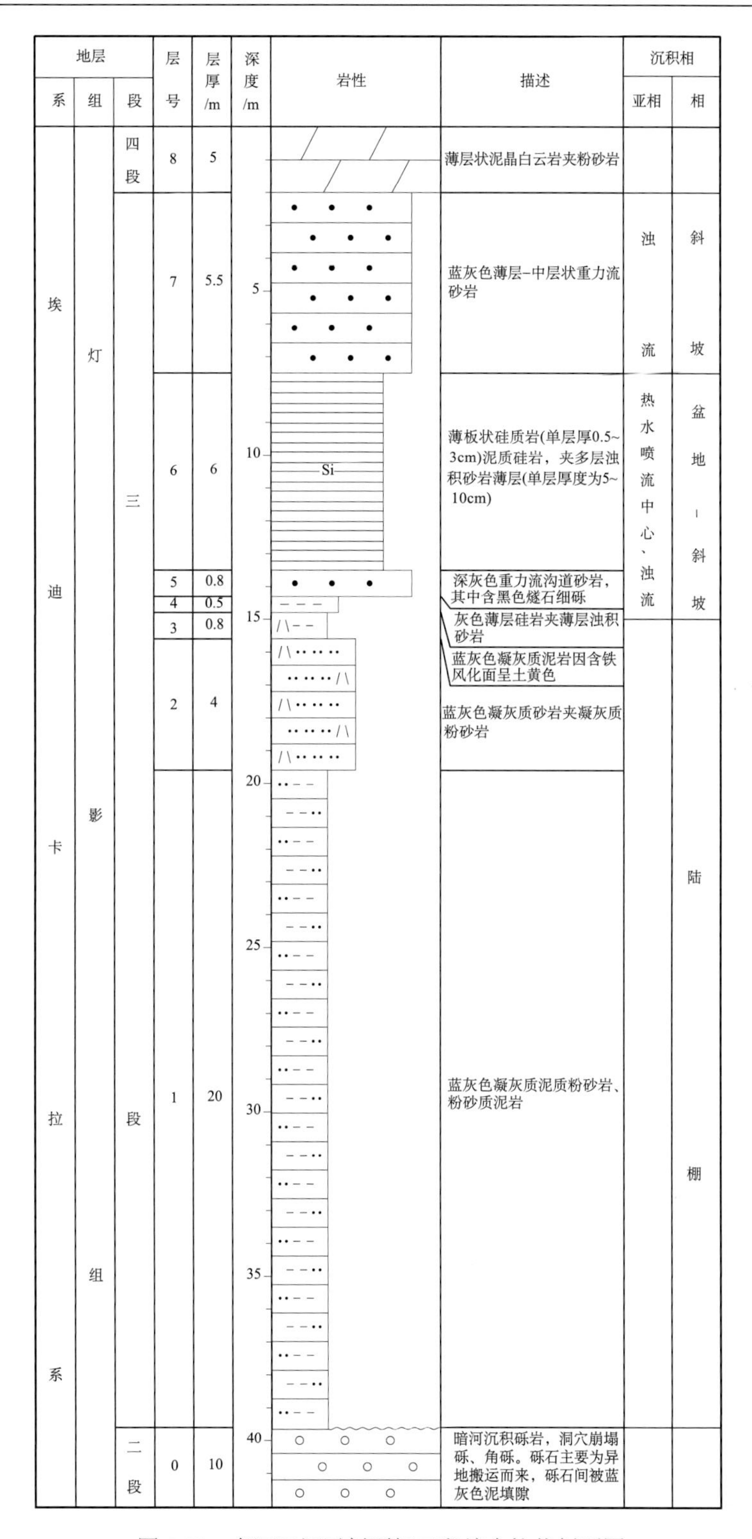

图 5.58　南江田垭子剖面灯三段综合柱状剖面图

图 5.59 南江田子垭剖面灯三段斜坡-盆地相沉积

（a）灯三段宏观照片，厚约 37.6m；（b）灯三段底部蓝灰色泥岩与灯二段泥晶云岩不整合接触，蓝灰色泥岩厚约 20m，为陆棚相沉积；（c）黑色薄板状硅岩、泥质硅岩夹薄层浊积砂岩，为下斜坡-盆地相沉积；（d）蓝灰色砂岩与同色泥质粉砂岩不等厚互层，为斜坡相浊流沉积；（e）图（c）放大，黑色薄板状硅岩、泥质硅岩夹薄层浊积砂岩；（f）黑色薄层硅岩与石英细砾岩相接触，石英细砾岩（榔头处）为浊流沉积，厚约 40cm；（g）灰色粉砂岩发育滑塌变形褶皱，褶皱轴面倾向约 150°，指示大陆斜坡倾向南东，揭示古水流方向由 NW 向 SE；（h）灯三段粉砂岩与灯四段泥晶云岩接触

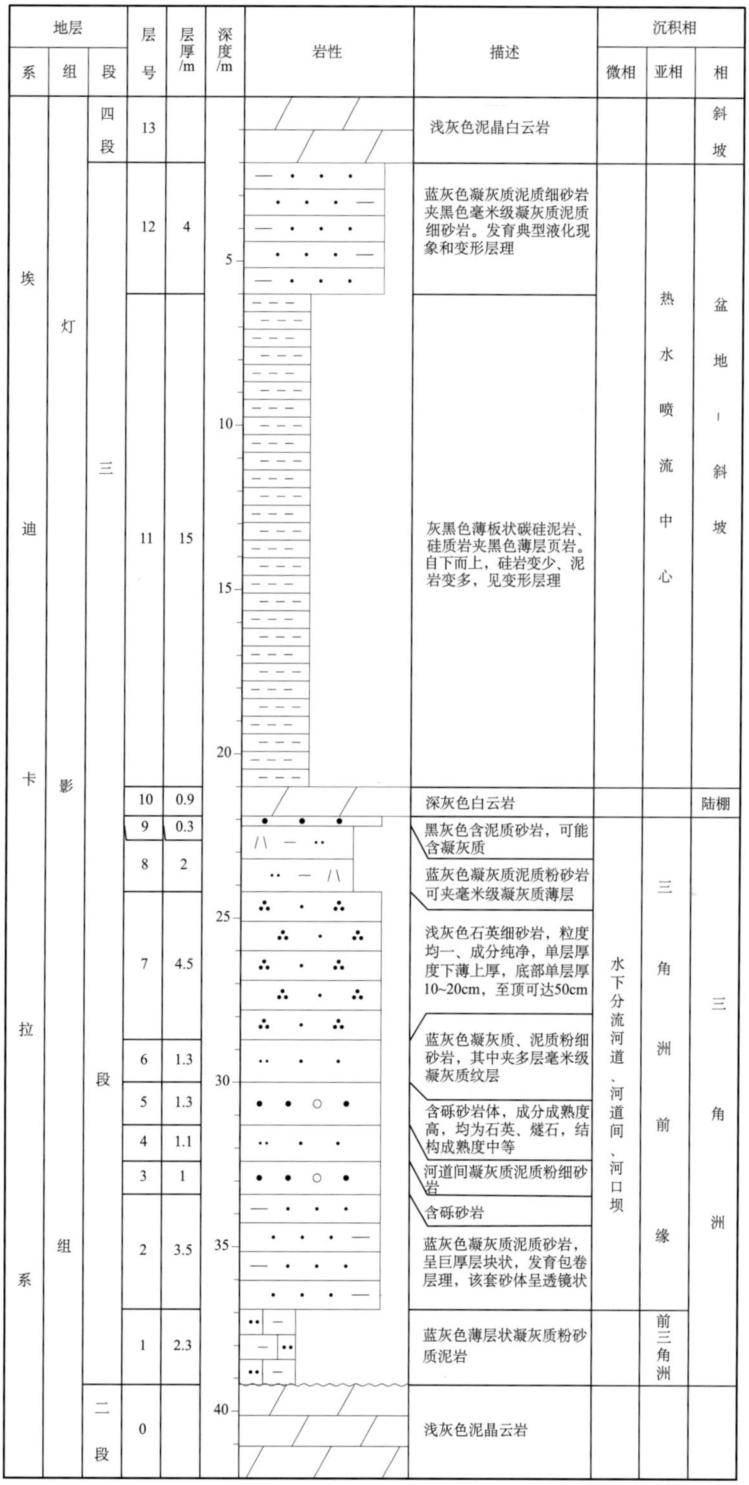

地层			层号	层厚/m	深度/m	岩性	描述	沉积相		
系	组	段						微相	亚相	相
埃迪卡拉系	灯影组	四段	13				浅灰色泥晶白云岩			斜坡
		三段	12	4	5		蓝灰色凝灰质泥质细砂岩夹黑色毫米级凝灰质泥质细砂岩。发育典型液化现象和变形层理		热水喷流中心	盆地-斜坡
			11	15	10 15 20		灰黑色薄板状碳硅泥岩、硅质岩夹黑色薄层页岩。自下而上，硅岩变少、泥岩变多，见变形层理			
			10	0.9			深灰色白云岩			陆棚
			9	0.3			黑灰色含泥质砂岩，可能含凝灰质	水下分流河道、河道间、河口坝	三角洲前缘	三角洲
			8	2			蓝灰色凝灰质泥质粉砂岩可夹毫米级凝灰质薄层			
			7	4.5	25		浅灰色石英细砂岩，粒度均一、成分纯净，单层厚度下薄上厚，底部单层厚10~20cm，至顶可达50cm			
			6	1.3			蓝灰色凝灰质、泥质粉细砂岩，其中夹多层毫米级凝灰质纹层			
			5	1.3	30		含砾砂岩体，成分成熟度高，均为石英、燧石，结构成熟度中等			
			4	1.1			河道间凝灰质泥质粉细砂岩			
			3	1			含砾砂岩			
			2	3.5	35		蓝灰色凝灰质泥质砂岩，呈巨厚层块状，发育包卷层理，该套砂体呈透镜状			
			1	2.3			蓝灰色薄层状凝灰质粉砂质泥岩		前三角洲	
		二段	0		40		浅灰色泥晶云岩			

图 5.60　南江沙滩剖面灯三段综合柱状剖面图

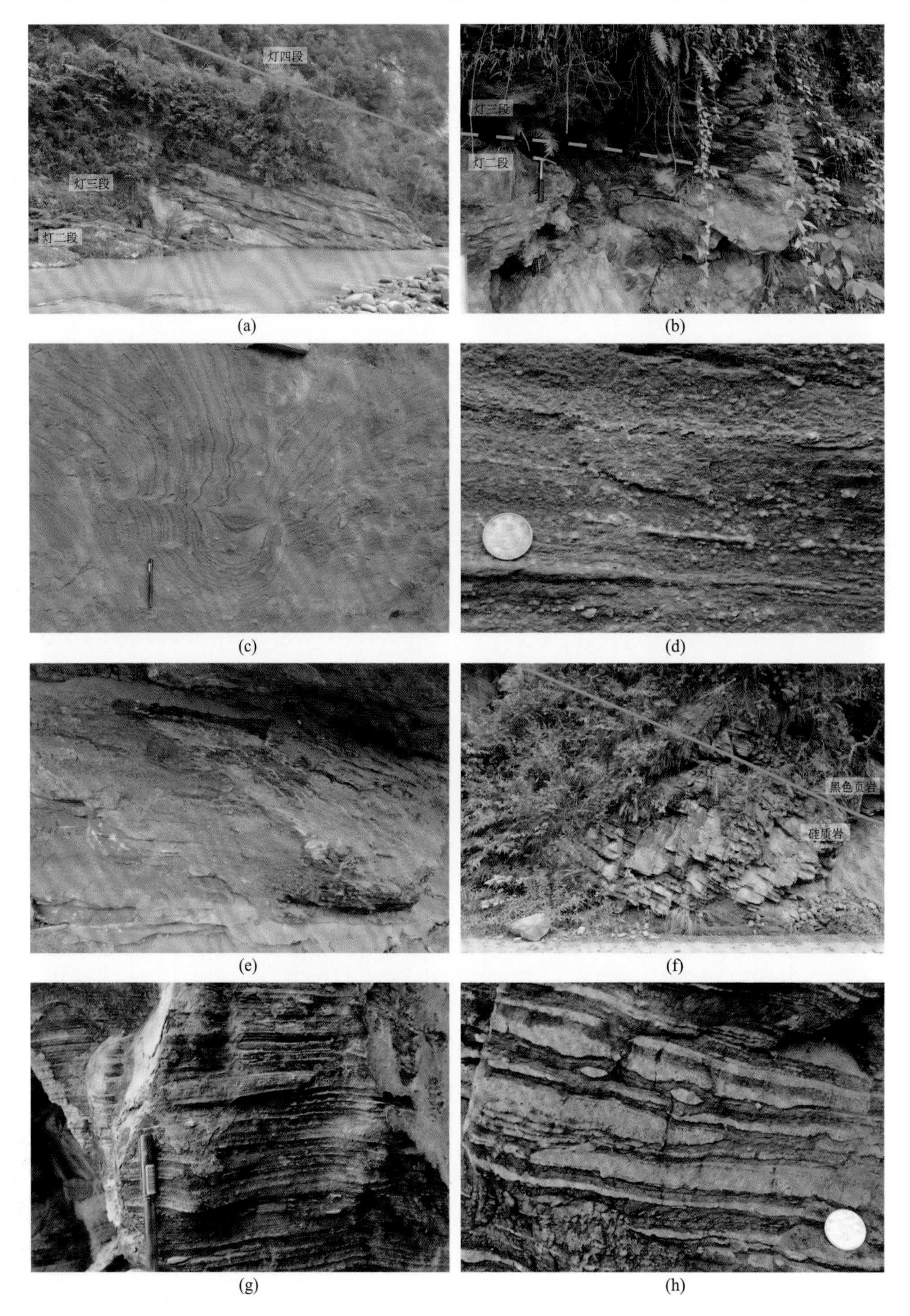

(a)　(b)　(c)　(d)　(e)　(f)　(g)　(h)

图 5.61　南江沙滩剖面灯三段岩性特征

（a）灯三段碎屑岩与灯二段泥晶云岩平行不整合接触，与灯四段白云岩整合接触；（b）灯三段底部蓝灰色含凝灰质粉砂质泥岩与灯二段泥晶云岩平行不整合接触；（c）蓝灰色含凝灰质泥质厚层粉砂岩，发育包卷层理，为三角洲前缘沉积；（d）深灰色含砾粗砂岩；（e）深灰色含泥质粉砂岩；（f）黑色薄层硅岩与黑色页岩界线；（g）黑色薄层泥岩夹粉砂岩；（h）灰色条带状粉砂岩与黑色泥岩互层，见滑塌变形与透镜状构造

（四）盆　地　相

盆地相区以黑色条带状硅岩、黑色薄层页岩沉积为主。下面以紫阳瓦滩、城口神仙洞与镇坪剖面为例介绍盆地相发育特征。

1. 紫阳瓦滩剖面

紫阳瓦滩剖面灯三段发育一套黑色薄层页岩夹硅岩，厚约 12m，黑色页岩内见多个白云岩滑塌角砾，为典型盆地相沉积（图 5.62、图 5.63）。

2. 城口神仙洞剖面

城口神仙洞剖面灯三段厚约 18m，可划分为 3 层：①下部为厚约 3m 的灰黑色页岩与透镜状粉屑灰岩互层，共组成 4 个韵律层（斜坡与盆地相间互），其中大部分粉屑灰岩云化为粉屑云岩[图 5.39（e）]；②中部为厚约 8m 的黑灰色砂质泥岩，顶部见长约 1m、宽 0.3m 的灰岩滑塌透镜体，揭示明显的滑塌变形构造[图 5.39（f）]；③上部为厚约 7m 的黑灰色层状硅岩与泥岩互层，为碳硅泥岩组合，揭示沉积水体变深[图 5.39（g）]。

3. 镇坪剖面

镇坪剖面埃迪卡拉系总体以黑色薄层页岩、块状硅岩与薄层碳酸盐岩等特征为主的深水相沉积。该剖面灯三段与灯二段的界线不易划分，灯二段主要为薄层灰岩与黑色页岩夹硅岩沉积。灯三段为一套深灰色薄层硅质岩沉积，厚约 5m[图 5.42（d）]，为典型的盆地相沉积。该剖面发育以块状硅岩为主的盆地相沉积，揭示镇坪以北地区毗邻古洋盆。

三、灯四段沉积期岩相古地理

灯四段与灯二段岩相古地理格局类似，上扬子地块的海侵规模进一步加大，“宣汉-开江隆起”与“汉南古陆”核部隆起剥蚀区淹没于水面之下，也沉积了厚层碳酸盐岩。该时期几乎整个上扬子地块为碳酸盐岩所覆盖，说明海水已经覆盖了整个上扬子地块，上扬子地块为统一的碳酸盐岩台地。

该时期“宣汉-开江隆起”仍处于上扬子地块古地貌相对高的古地理位置，自“宣汉-开江隆起”向周缘依次发育碳酸盐岩台地相、斜坡相与盆地相沉积。碳酸盐岩台地相以发育区域性广泛分布的纹层状微生物白云岩、硅质条带白云岩为主，并夹薄层硅质碎屑岩；斜坡相以发育灰岩韵律层、滑塌角砾岩与滑塌变形构造为特征；盆地相区则发育较纯的块状硅岩、黑色页岩组合等深水沉积（图 5.64）。

（一）碳酸盐岩台地相

灯四段碳酸盐岩台地相广泛发育于四川盆地东部及周缘地区，以微生物白云岩、含硅质条带白云岩为特征，夹少量碎屑岩沉积，发育叠层石礁（丘）、颗粒滩等高能相带沉积，尤其在台地边缘相带。

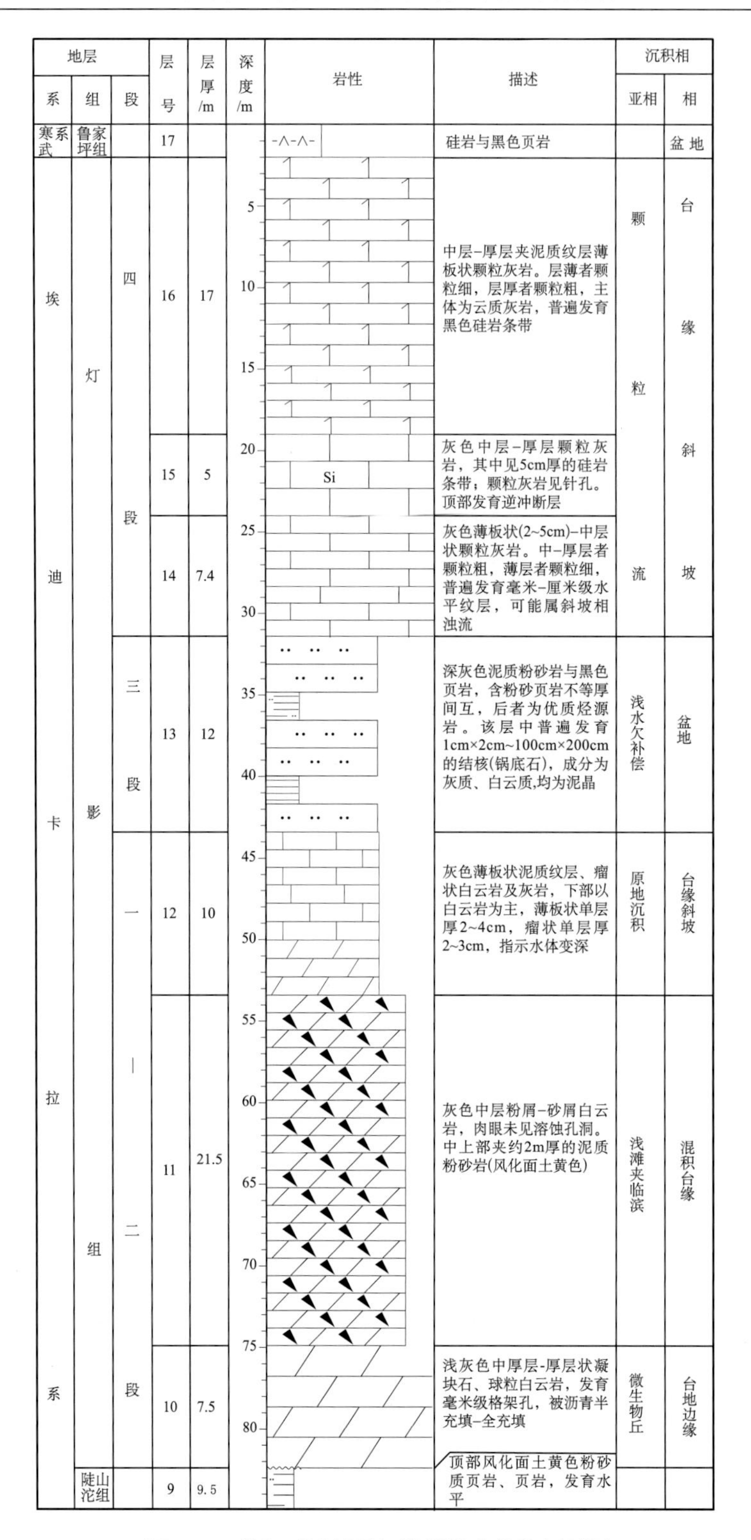

图 5.62　紫阳瓦滩剖面灯影组综合柱状剖面图

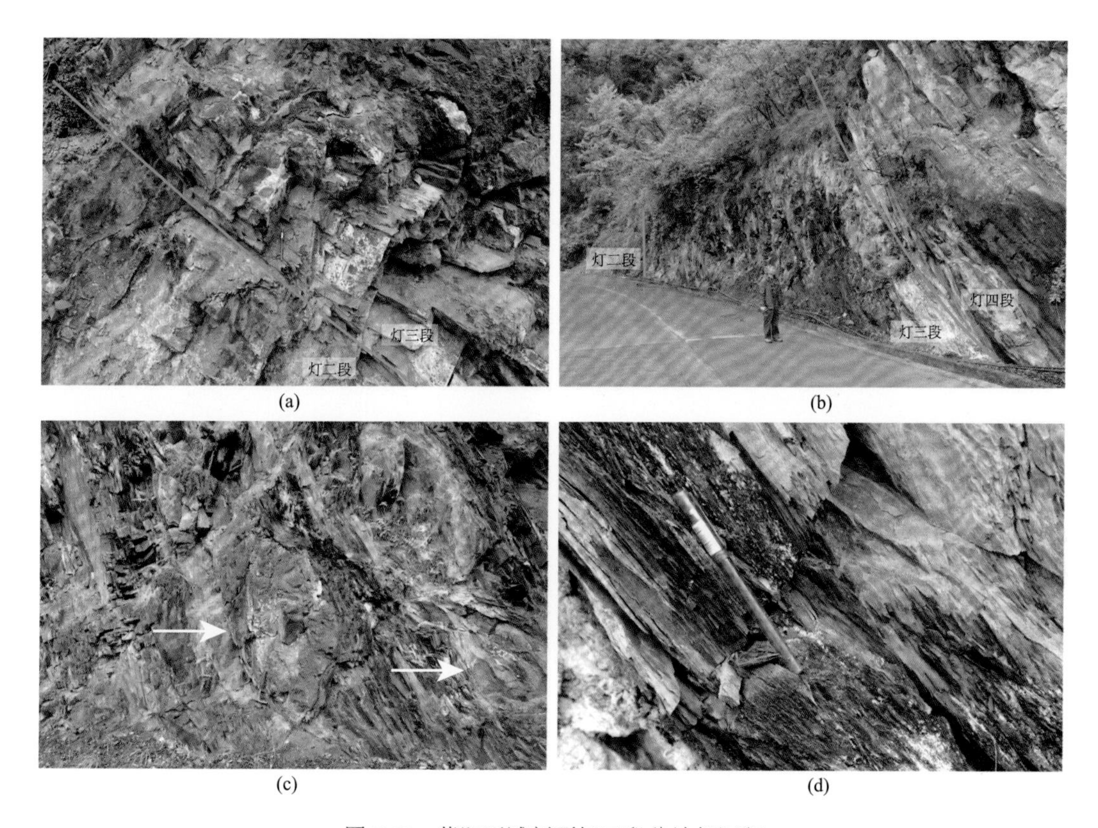

(a)　(b)　(c)　(d)

图 5.63　紫阳瓦滩剖面灯三段盆地相沉积

（a）灯二段薄层泥晶灰岩与灯三段黑色页岩界线；（b）灯三段黑色页岩与灯四段薄层粉晶云岩界线；（c）灯三段黑色页岩内见多个滑塌灰岩透镜体；（d）黑色薄层页岩，风化面呈灰白色

下面以南江麻柳、南江沙滩、西乡罗镇、镇巴老庄、彭水彭家坡等剖面为例介绍灯四段发育特征。

1. 南江麻柳剖面

南江麻柳剖面位于柳湾乡麻柳村至柳湾乡之间，灯四段发育纹层状白云岩，部分纹层状白云岩纵向生长形成叠层石构造，形成向上突起的穹、柱状构造，厚度为 10～15cm（图 5.65），揭示了碳酸盐岩台地沉积环境微生物丘的发育。

2. 南江沙滩剖面

南江沙滩剖面灯四段顶部与寒武系界线未见，以灰色泥晶白云岩与纹层状白云岩为主[图 5.66（a）]，为碳酸盐岩台地相沉积，局部层段发育典型液化滑塌变形构造，滑塌变形层理发育[图 5.66（b）]。

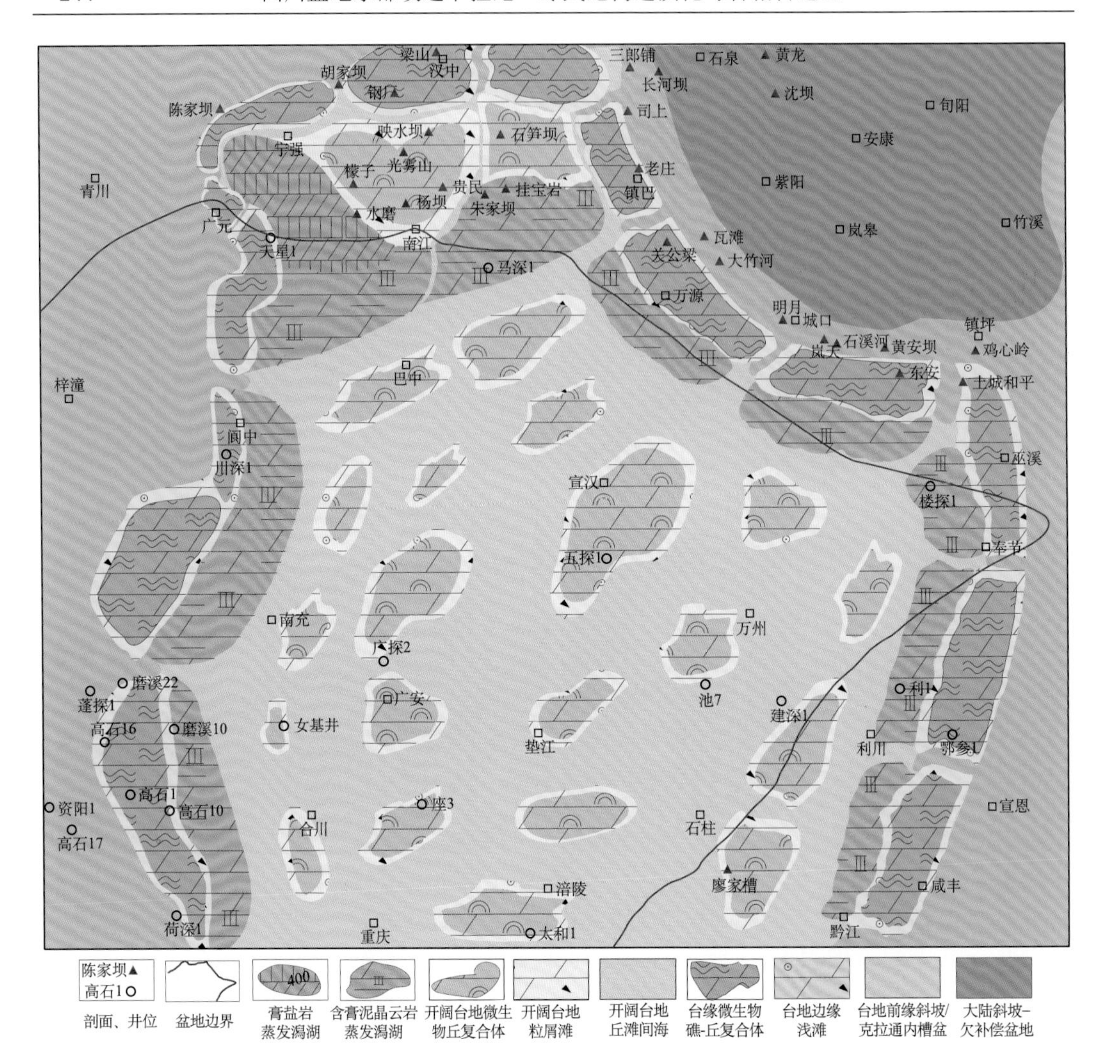

图 5.64　四川盆地东部及周缘灯四段岩相古地理图

3. 西乡罗镇剖面

西乡罗镇剖面位于罗镇（原为司上）田坝村原小学附近，前人基于司上附近奥陶系与灯影组直接相接触，缺失整个寒武系，提出此处发育“司上隆起”（李耀西等，1975）。笔者复查该处剖面，发现奥陶系与灯影组上、下地层产状不一致，灯影组可能逆冲于奥陶系之上[图 5.67（a）]，其原始地层接触关系不清楚，是否缺失寒武系还需要深入研究。

该剖面灯影组仅见顶部厚约 30m 的地层，其下植被覆盖严重。灯四段主要发育灰色薄-中层泥晶白云岩，并夹薄层泥岩与粉砂岩[图 5.67（b）~（d）]，揭示沉积水体能量较弱，为局限台地沉积。

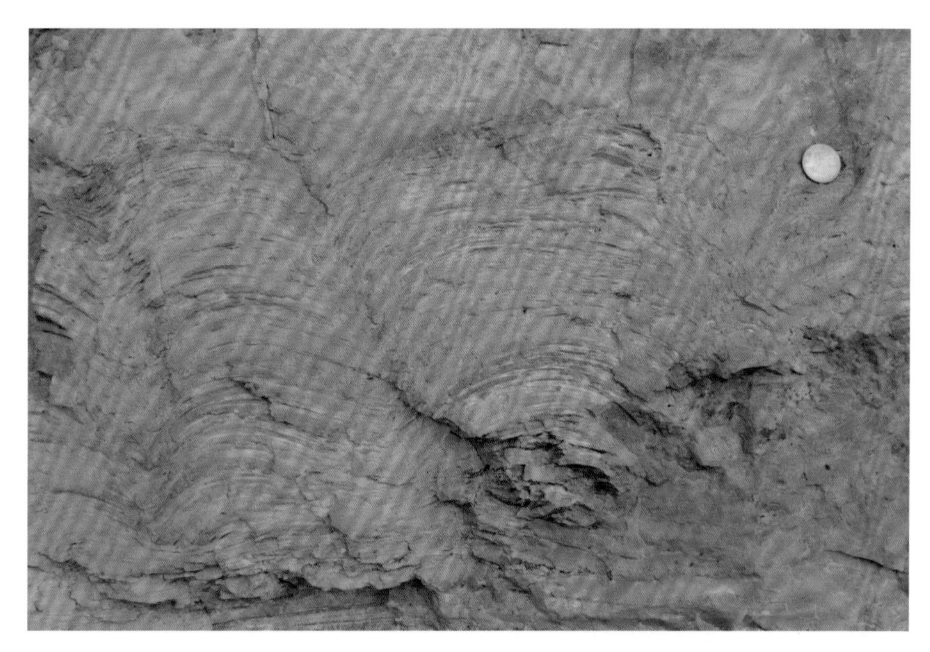

图 5.65　南江麻柳剖面灯四段叠层石微生物丘

纹层状白云岩纵向生长形成叠层石构造，形成向上突起的柱状构造，厚度为 10～15cm

4. 镇巴老庄剖面

镇巴老庄剖面位于小洋镇老庄村新修乡村公路边，老庄村附近出露三处灯影组露头，由多条北西-南东向断层逆冲所致，该三处灯影组露头发育均不完整，缺失灯影组下段（即灯一、二段）（图 5.68）。相对而言，最东侧的灯影组露头发育较为完整，灯影组顶部与寒武系平行不整合接触（图 2.48、图 5.68），灯一—二段逆冲于寒武系石龙洞组之上。灯一—二段发育深灰色薄层泥晶云岩夹黑色页岩；灯三段为灰色薄层-中层砂岩，夹泥晶云岩，砂岩分选与磨圆较差，为混积相沉积；灯四段下部为灰色薄层泥晶灰岩，为灰泥丘沉积，顶部发育颗粒云岩与微生物纹层状云岩，微生物纹层极为发育，向上建隆形成微生物礁[图 5.69（a）、（b）]，具典型台地边缘外带特征。

5. 彭水彭家坡剖面

彭水彭家坡剖面位于太原镇彭家坡北侧的公路边，灯影组底界植被覆盖，顶界与寒武系泥岩平行不整合接触。

灯四段出露地层主要为一套灰色纹层状白云岩，层间孔隙残留沥青，揭示了碳酸盐岩台地相沉积环境（图 5.70）。

(a)

(b)

图 5.66　南江沙滩剖面灯四段台地相沉积

（a）灰色厚层纹层状白云岩，纹层状构造非常清晰；（b）纹层状白云岩，发育滑塌变形层理

(a)　(b)　(c)　(d)

图 5.67　西乡罗镇剖面灯四段台地相沉积

（a）灯影组逆冲于奥陶系之上；（b）浅灰色薄层-中层泥晶云岩；（c）图（b）局部放大，薄层泥晶云岩夹极薄层泥岩；（d）薄层泥晶云岩夹薄层泥岩与粉砂岩

（二）斜　坡　相

灯四段斜坡相发育特征与灯一—二段相类似，以灰岩韵律层、滑塌角砾岩为主，发育滑塌变形构造与深水浊流沉积构造。下面以万源大竹、城口高燕、城口广贤垭、城口明月与城口修齐等剖面为例介绍灯四段斜坡相发育特征。

1. 万源大竹剖面

万源大竹剖面灯影组出露于大竹河河谷内及公路边，该剖面灯影组下部（灯一、二段）以白云岩为主，上部（灯四段）以灰岩韵律层为主，属于典型的斜坡相沉积。

灯四段在河谷内出露厚约 50m，主要由灰白色条带状粉屑灰岩、泥晶灰岩夹深灰色薄层粉砂岩不等厚互层组成，受后期构造变形影响发育小型褶皱构造[图 5.71（a）、（c）]。条带状灰岩厚度由毫米级到厘米级，且横向变化快，薄层灰岩断续分布[图 5.71(b)、(d)]；粉砂岩厚度受沉积与后期构造变形影响变化更加明显。整套地层显示非常明显的韵律层结构与滑塌变形构造，为典型的斜坡相沉积。

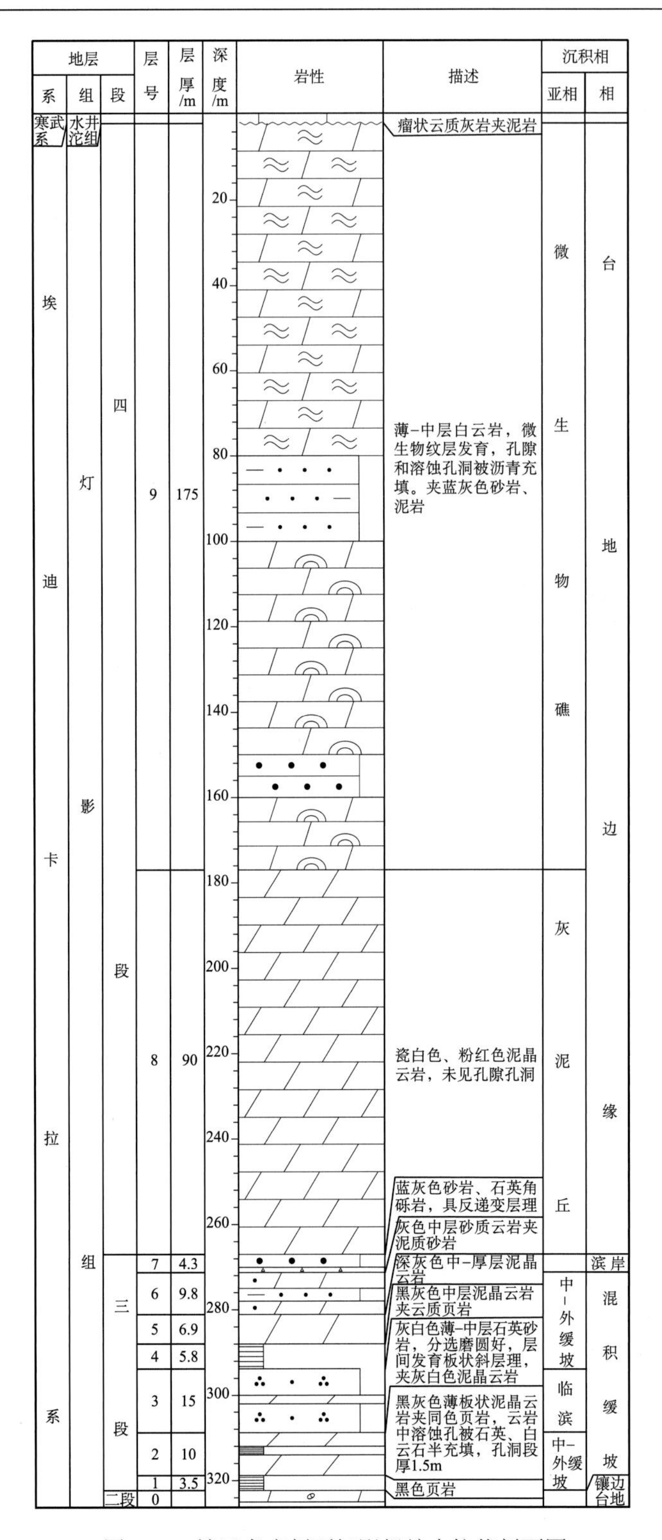

图 5.68　镇巴老庄剖面灯影组综合柱状剖面图

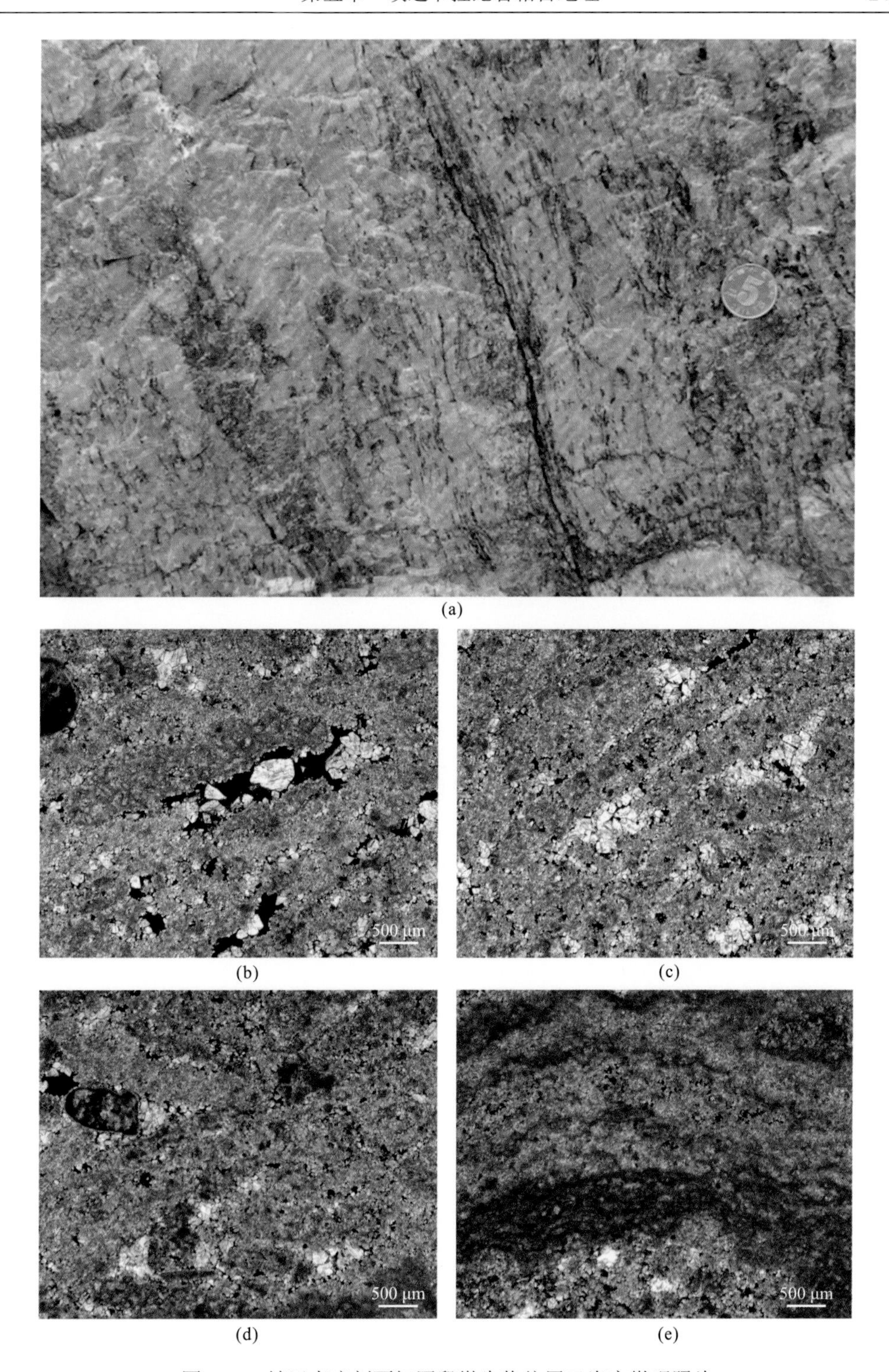

(a)

(b)　(c)

(d)　(e)

图 5.69　镇巴老庄剖面灯四段微生物纹层云岩宏微观照片

(a) 野外露头照片，微生物纹层白云岩，微生物纹层极为发育，纹层间残留孔隙被黑色沥青充填；(b)～(d) 薄片照片，单偏光，暗色为微生物纹层，纹层间为埋藏期白云石充填物，黑色为颗粒间残留沥青；(e) 薄片照片，单偏光，黑灰色微生物纹层格架与灰色微生物黏结白云岩不等厚间互

图 5.70　彭水彭家坡剖面灯四段微生物纹层云岩

纹层状白云岩由微生物黏结白云石形成，沿层理发育组构选择性溶孔，黑色为孔洞内残留沥青

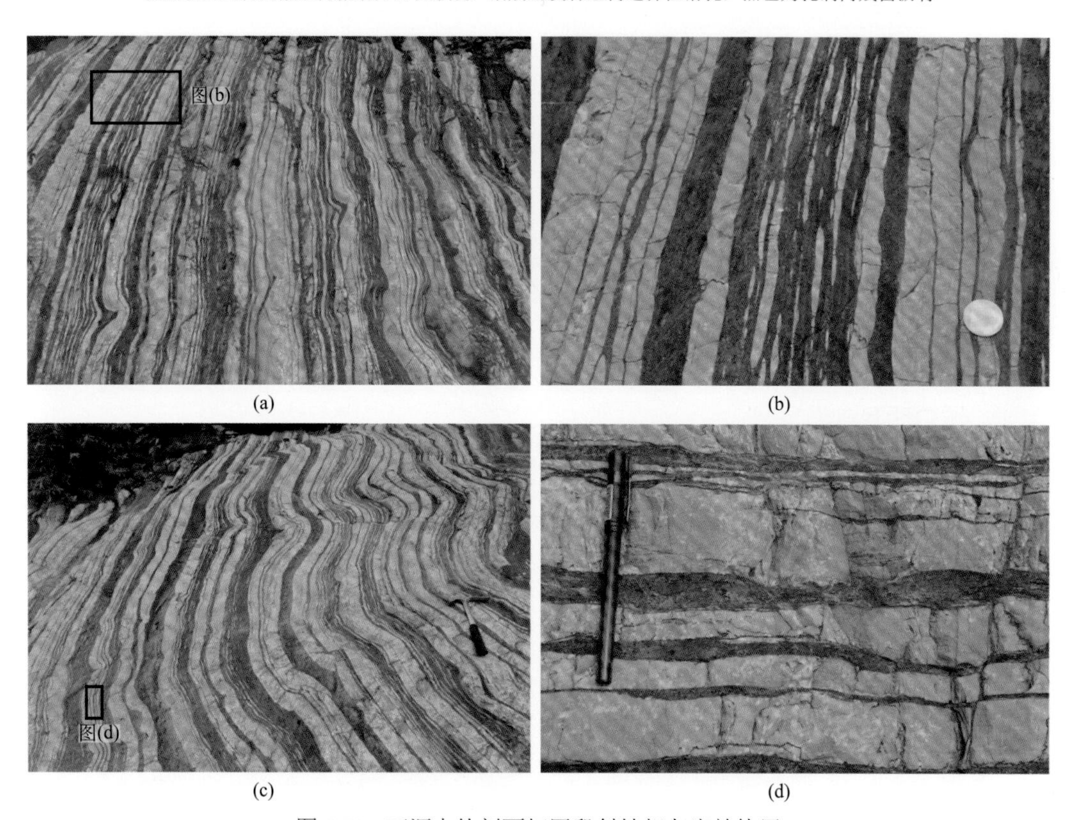

图 5.71　万源大竹剖面灯四段斜坡相灰岩韵律层

（a）灰色条带状灰岩与黑色泥质粉砂岩不等厚间层，灰岩呈毫米-厘米级，且薄层灰岩呈断续分布；（b）图（a）局部放大，薄层毫米-厘米级灰岩与黑色泥质粉砂岩不等厚互层；（c）灰色条带状灰岩夹黑色泥质粉砂岩不等厚互层，灰岩呈毫米-厘米级，发育褶皱与小型逆冲断层；（d）图（c）局部放大，灰岩与粉砂岩厚度侧向均发生变化，为沉积与后期构造变形的双重作用结果

2. 城口高燕剖面

城口高燕剖面灯四段为一套灰色薄层厘米级灰岩与毫米-厘米级粉砂岩互层组成的韵律层，厚约 30m，由于后期构造变形褶皱非常强烈，条带状灰岩厚度纵向与横向变化快，为典型斜坡相特征（图 5.72）。

(a) (b)

图 5.72 城口高燕剖面灯四段斜坡相灰岩韵律层

（a）灰色薄层厘米级灰岩与粉砂岩组成韵律层；（b）图（a）局部放大，清晰显示薄层灰岩与极薄层粉砂岩组成的韵律层，指示斜坡相沉积

3. 城口广贤垭剖面

城口广贤垭剖面位于城口县城西侧广贤垭隧道之上的山坡上，灯四段主要为一套灰色薄层灰岩夹极薄层粉砂岩或泥岩，灰岩单层为毫米-厘米级，灰岩与泥岩、粉砂岩组成明显的韵律层，显示典型的斜坡相特征（图 5.73）。

4. 城口明月剖面

城口明月剖面位于明月乡附近，灯影组顶部发育一套灰色厘米级灰岩与粉砂岩组成的韵律层，灰岩层厚度由不到 1cm 至约 5cm，粉砂岩厚度由毫米级至约 5cm，为斜坡区深水重力流沉积作用的产物[图 5.74（a）]。由于后期构造变形影响，小型褶皱与逆冲非常发育[图 5.74（b）]。

5. 城口修齐剖面

城口修齐剖面位于修齐修岚大桥附近，灯四段主要为灰色薄层泥晶灰岩[图 5.75（a）]、灰色薄层泥晶灰岩夹极薄层粉砂岩条带[图 5.75（b）]；也见灰色条带状灰岩与粉砂岩不等厚互层，组成明显的韵律层，灰岩横向变化快，粉砂岩的厚度显示明显的变化[图 5.75（c）、（d）]，为典型的斜坡相沉积。

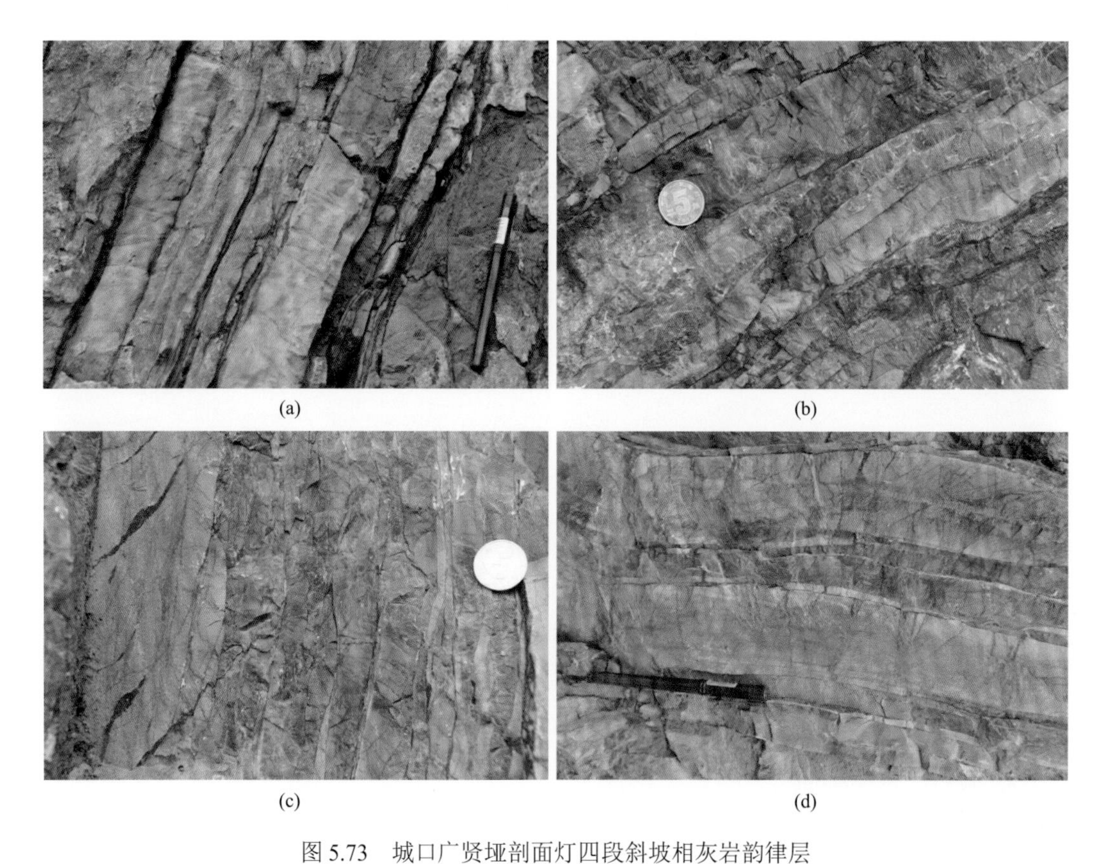

(a)　(b)　(c)　(d)

图 5.73　城口广贤垭剖面灯四段斜坡相灰岩韵律层

（a）灰色薄层灰岩与极薄层泥岩互层；（b）灰色薄层灰岩，剖面见垂直微裂缝；（c）灰色厘米级灰岩夹极薄层泥岩；（d）灰色薄层灰岩夹极薄层泥岩，垂直/近垂直层面发育微裂缝

(a)　(b)

图 5.74　城口明月剖面灯四段斜坡相灰岩韵律层

（a）灰色厘米级灰岩与粉砂岩间互，指示斜坡相沉积；（b）灰岩韵律层由于后期构造变形影响而形成小型褶皱与逆冲断层

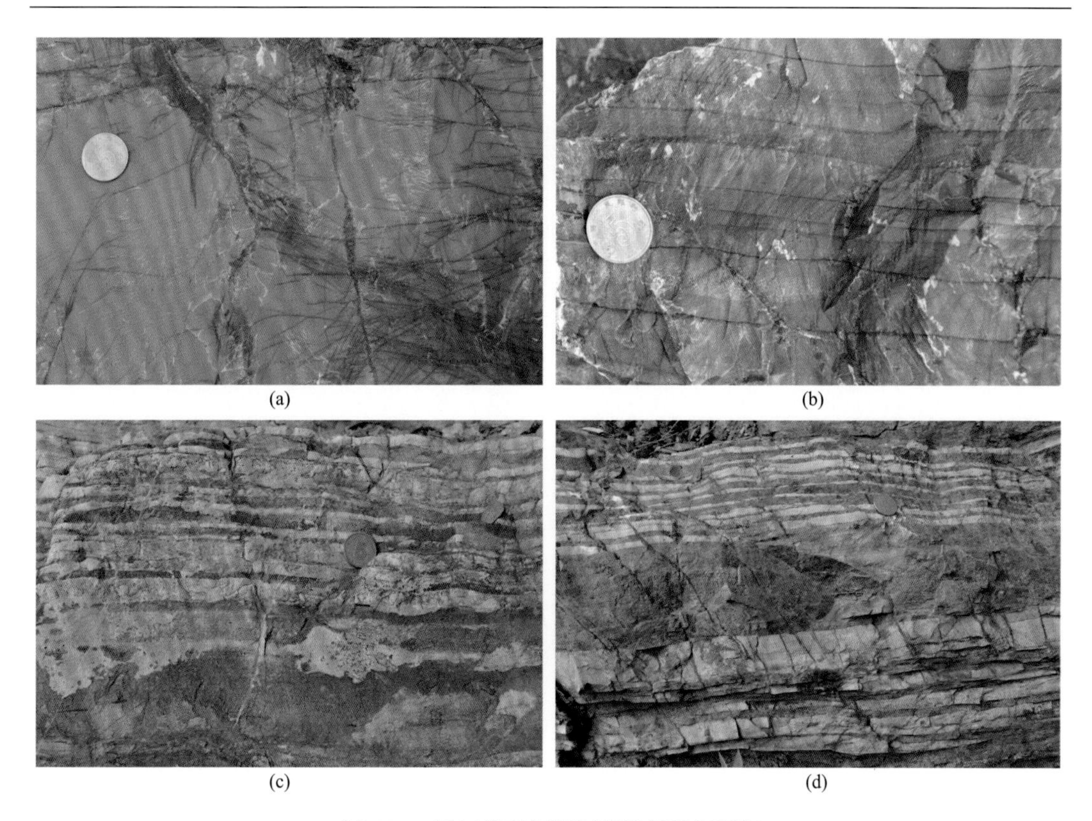

图 5.75　城口修齐剖面灯四段斜坡相沉积

（a）灰色泥晶灰岩，微裂缝发育；（b）灰色薄层厘米级灰岩夹极薄层粉砂岩，组成明显的韵律层；（c）灰色薄层灰岩与粉砂岩不等厚互层；（d）灰色薄层泥晶灰岩与粉砂岩不等厚互层

第三节　埃迪卡拉系沉积演化

碳酸盐岩是形成于被动或伸展大陆边缘沉积棱柱体非常重要的组成部分，被动大陆边缘可以从克拉通延伸进入边缘盆地。碳酸盐岩棱柱体一般只有几十千米至几百千米宽，可以达到几千米厚。碳酸盐岩层序随后被陆架碎屑岩所覆盖或被与碰撞造山相关的会聚边缘同造山期的碎屑岩所覆盖（Read，1982）。四川盆地埃迪卡拉系沉积演化经历了以陡山沱组为主的开放陆架缓坡向灯影组镶边碳酸盐岩台地至淹没台地的演化过程，演化主要受控于区域构造沉降与海平面的变化。

一、由缓坡向镶边碳酸盐岩台地的演化

伸展边缘的碳酸盐岩台地通常发育于裂谷火山岩、未成熟碎屑岩和蒸发岩或更成熟的陆架碎屑岩之上。缓坡初始发育于碎屑岩陆架平缓斜坡之上，它们后期由于在陆架边缘高的碳酸盐岩产率和远离陆架环境沉积物的饥饿作用而演变为镶边碳酸盐岩陆架。相反的演化（由镶边陆架变为缓坡）通过早期镶边陆架被海水淹没而完成。浅水向深水缓

坡转变形成于淹没台地之后的一段距离上，这种缓坡进而演变为镶边陆架，向海的方向由宽广开放陆架所分隔（Read，1982）。

台地由初始形成到完全淹没出现在沉降（或海平面上升）超过由碳酸盐岩沉积物生物生产的向上建隆。海平面变化产生各种级别的旋回，对发育在台地上的层序具有重大的影响。台地露出水面可能由于构造隆升，或更通常由于海平面的下降，并伴随着侵蚀和地表的成岩作用。海平面的下降可能与扩张速率或冰川-海平面升降效应有关（Read，1982）。

碳酸盐岩的沉积可能由于陆架碎屑的进积作用在任何阶段而停止（由于碎屑源区的复活，或全球变冷引起的气候变化，或板块运动）。碳酸盐岩的沉积也可能由于在陆-陆或陆-弧碰撞之后而终止，此时台地可能被抬升而形成不整合，陆架边缘遭受侵蚀、褶皱和逆冲，大量同造山期的碎屑注入发育在以台地为基础的前陆盆地（Read，1982）。

四川盆地埃迪卡拉系发育于上扬子地块不同时代基底与南华系之上，从盆地四周古地貌低部位向“宣汉-开江隆起”和“汉南古陆”等古地貌高处逐层超覆沉积。该时期四川盆地总体处于伸展构造环境，盆地周缘构造沉降幅度大，盆地内部构造沉降幅度小，由盆地内部向周缘逐渐形成开放陆架缓坡环境，陡山沱组则发育于缓坡之上，形成碎屑岩与碳酸盐岩并存、由盆地内部向边缘逐渐增厚的混积相沉积，碎屑岩与碳酸盐岩的发育受控于陆源碎屑供给与海平面变化等条件。

灯影组发育于陡山沱组形成的缓坡之上，该时期盆地周缘的构造沉降幅度明显增大，海侵加大，由于陆架边缘碳酸盐岩高的生产率与远离陆源碎屑供给而形成镶边碳酸盐岩台地。西乡白勉峡长河坝剖面陡山沱组斜坡相特征清晰，而灯影组大套滑塌砾屑白云岩堆积揭示了具陡峭前缘斜坡镶边台地发育在附近，进一步揭示镶边台地边缘发育于该剖面附近。大巴山镇巴渔渡-盐场等剖面灯二段、灯四段由叠层石形成的微生物礁（丘）发育，揭示了镶边碳酸盐岩台地边缘的典型特征（图 5.76、图 5.77）。

一个地区的地层序列横向相序的变化与纵向相序的演化规律一致。过四川盆地东部北东-南西、北西-南东向两条灯影组对比剖面清晰揭示了四川盆地东部“宣汉-开江隆起”的发育，灯影组由周缘向“宣汉-开江地区”超覆沉积，地层厚度由周缘向“宣汉-开江地区”减薄。由“宣汉-开江隆起”向北东、南东方向依次发育碳酸盐岩台地相、斜坡相与盆地相沉积（图 5.76、图 5.77）。巫溪康家坪剖面灯影组厚约 730m，台缘相特征清楚，至城口岚天地区发育以灰岩韵律层和滑塌变形构造为特征的斜坡相沉积，而至镇坪地区发育以硅岩和黑色页岩为特征的盆地相沉积。因此，该剖面清晰揭示了由碳酸盐岩台地到斜坡、盆地相的演化规律（图 5.76）。

二、由镶边碳酸盐岩台地到淹没台地的演化

镶边碳酸盐岩陆架是浅水的台地，在该台地波浪搅动边缘外部由坡度的明显增加所标识[一般为几度到 60°（或更大）延伸到深水区域]（Read，1982）。沿着陆架边缘它们具有半连续到连续的镶边或障壁，这些限制了海水的循环和波浪作用，在向陆方向形成低能潟湖。镶边台地边缘可以进一步划分为三种类型：沉积或增生型、过路型、侵蚀型（Read，1982）。

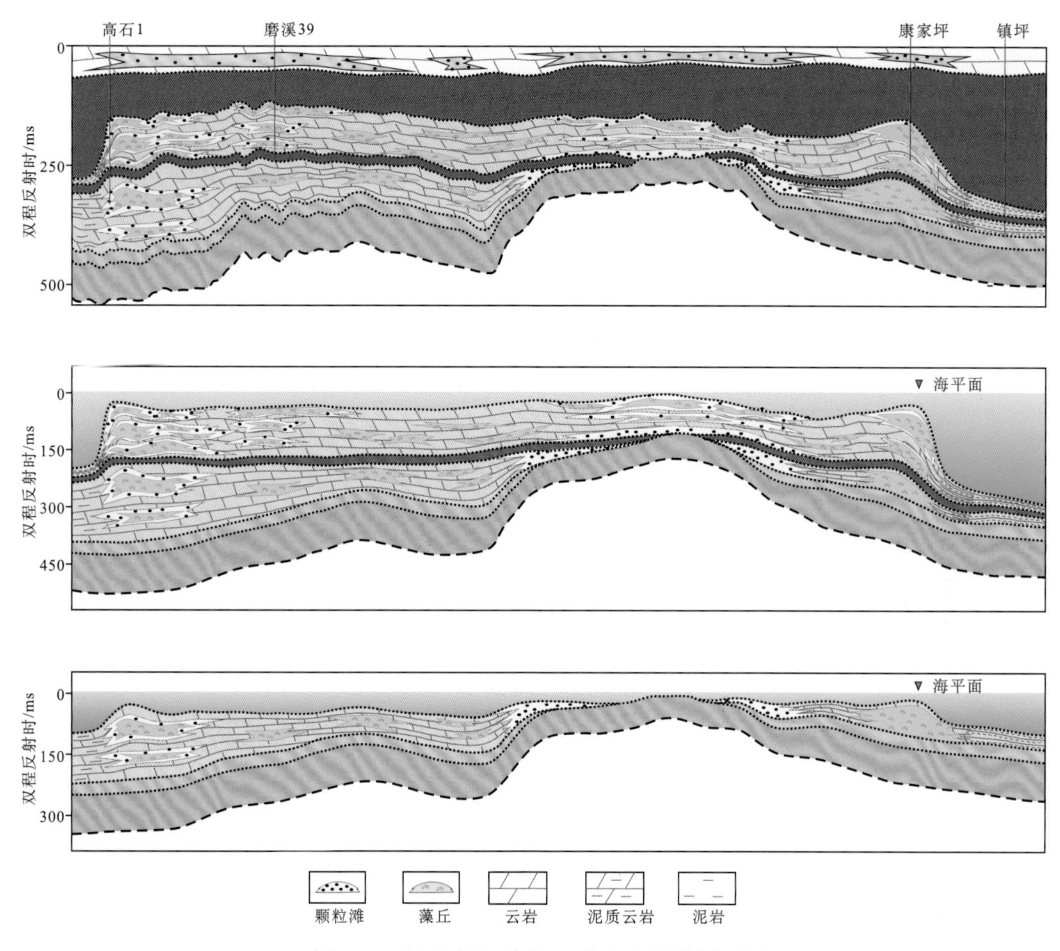

图 5.76 埃迪卡拉系南西-北东向演化剖面图

Schlager（1981）定义的碳酸盐岩台地的淹没指当海平面相对上升（由构造与海平面升降运动所引起）超过碳酸盐岩聚集，因此台地或礁相应下沉而低于有利于碳酸盐岩生产的透光带之下。淹没不整合指发育于台地地区长期的台地淹没事件（Erlich et al., 1990）。

当沉降或海平面上升超过台地向上的建隆，缓坡、镶边陆架和孤立台地可能经历初始到完全的淹没（Read，1982）。当初始的淹没开始，台地可能变为水下几十米深。台地演变为开放陆架、浪基面之下沉积，碳酸盐岩逐渐向海平面建造而形成厚层的潮下带的“条带状灰岩”。在高能以隆起为主的台地，骨骼砂沉积可能形成。初始淹没台地保持在透光区域，而环克拉通台地外带可能成为水下低能透光带。当台地快速下沉低于透光带，台地成为盆地相半浮游/浮游相沉积，并覆盖早期浅水台地相。具有大量硬底的凝缩层可能发育，或者形成无沉积区域，海底不整合或化学沉积物（铁、锰、磷或硫）可能发育（Read，1982）。

淹没引起浅水台地相向陆地方向的迁移。与缓坡、陆架和孤立台地等相关的新的台地边缘相带可能邻近正的地形而发育，与早期的台地边缘有一定的距离（Read，1982）。由浅水台地向淹没阶段浅水相的纵向转变可能是突然的或者逐渐变化的。这可能由底部

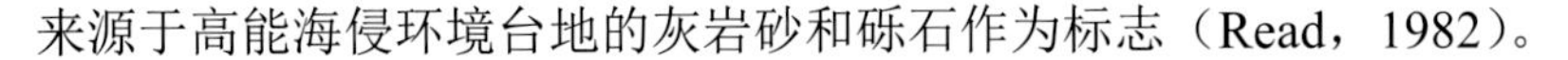
来源于高能海侵环境台地的灰岩砂和砾石作为标志（Read，1982）。

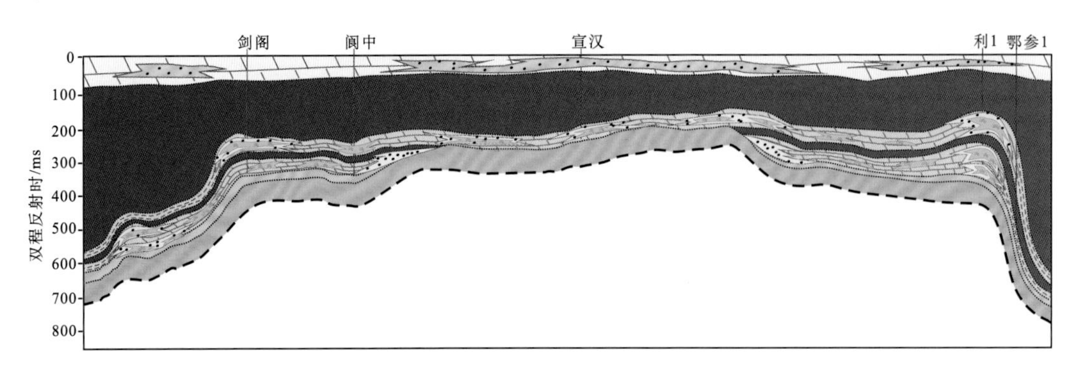

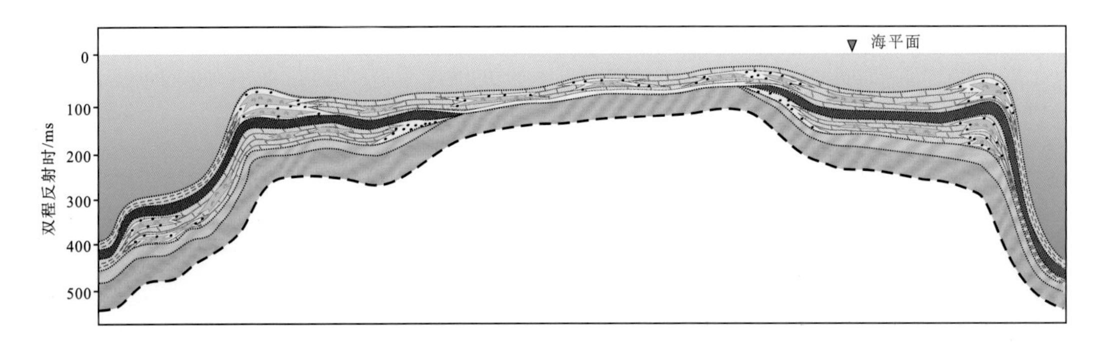

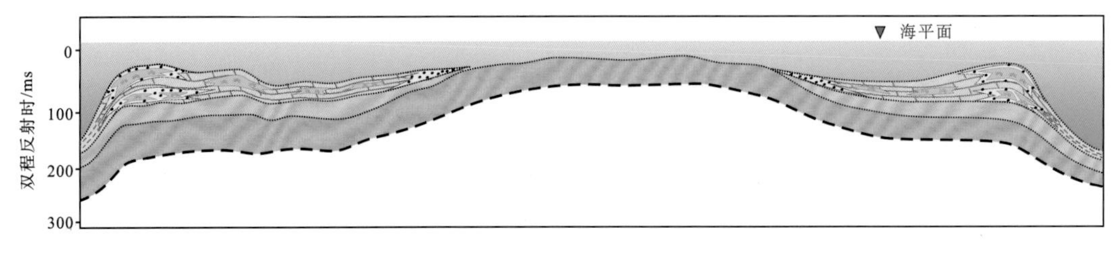

图 5.77　埃迪卡拉系北西-南东向演化剖面图

Schlager 和 Camber 指出，台地的突然淹没和随后被碎屑岩的埋藏产生一个不整合，这一不整合类似于由于海平面低位时所形成的不整合。当台地翼部没有碎屑岩斜坡陡，台地被淹没时不整合可能形成，因为碳酸盐岩和碎屑岩的沉积物分布的样式不同（Schlager and Camber，1986；Schlager，1989）。

Schlager 和 Camber（1986）引入“淹没不整合”这一术语指由于台地淹没和随之的碎屑岩或其他非台地沉积物的上超所产生的不整合。Schlager（1989）拓宽这一术语包括不仅由于沉降低于透光带所终止的台地，也包括由于海相碎屑沉积物或海相火山岩、火山碎屑沉积物发育所淹没的台地。

四川盆地在灯影组沉积晚期碳酸盐岩台地发育明显的退积，灯四段台地边缘明显向陆方向退积，导致灯二段台地边缘被淹没而形成一个淹没不整合。该淹没不整合的形成可能缘于冈瓦纳超级大陆拼合过程中陆-陆碰撞或陆-弧碰撞的结果（图 5.76、图 5.77）。

三、台地演化控制因素

碳酸盐岩台地的形成主要受控于构造演化、相对海平面变化，还有沉积物输入量、古气候和古海洋等因素（Wilson，1975；Read，1985；Wright and Burchette，1998）。微生物礁广泛发育于许多前寒武纪碳酸盐岩台地，并涵盖了所有的沉积环境。新元古代末期碳酸盐岩代表着由微生物为主向后生动物的转换。

碳酸盐岩和碎屑岩混合的样式使区分构造与海平面变化控制大范围的层序成为可能。海平面变化所控制的层序以发育对称层序为特征。暴露面和滨岸砂岩向海的方面延伸整个大陆架。构造控制的层序以非对称层序为特征。暴露面和滨岸砂岩局限于近陆边缘地区。暴露面向海方向进入最大海泛面区域。高位浅滩和碳酸盐岩相向海边缘的扩展与碎屑岩滨岸相的超覆和退积相一致。构造负载导致的岩石圈挠曲作用引起向陆方向边缘的隆升和剥蚀，其与向海边缘方向的淹没相一致。在构造平静期，构造反弹下沉向陆边缘迁移，使陆架梯度变平，引起碳酸盐岩相带的扩展和碎屑岩相带的后退（Saylor，2003）。

（一）构 造 沉 降

碳酸盐岩-碎屑岩混积地层比单一碳酸盐岩或碎屑岩端元所引起的关注较少，然而比单一岩性序列，它们提供了海平面变化、构造演化、气候和沉积物供给更丰富的记录（Saylor，2003）。例如，混合碳酸盐岩-碎屑岩地层是冰期主要特征，高频冰期和间冰期使海平面重复变化而导致碳酸盐岩台地暴露、淹没碳酸盐岩台地。混合岩性序列也发育于构造活动环境，如前陆盆地的向克拉通一侧，在这里碳酸盐岩台地与来源于克拉通和造山带边缘的碎屑岩沉积物互层发育（Saylor，2003）。

前陆盆地混合岩性充填提供了比单一碎屑岩或碳酸盐岩更丰富的盆地演化记录，因为不同沉积相类型响应于不同的隆升和沉降样式。碎屑岩沉积物分布与源于挠曲隆起或造山楔的隆升和沉降的供给的变化相一致。另外，碳酸盐岩来源于盆地内部，它的分布快速响应于盆地内可容纳空间和沉积梯度的变化。因此，碳酸盐岩-碎屑岩混合的样式，可以记录前陆盆地所特有的沉降样式（Saylor，2003）。

在欠充填的海相前陆盆地发育两个阶段的沉积模式，在盆地远端克拉通一侧，碳酸盐岩台地通常发育。挠曲变形引起挠曲前缘的隆升，导致不整合的发育，并增加了源于克拉通的碎屑沉积物的注入。挠曲加深了盆地，挠曲反弹可以使前缘隆起下沉，限制碎屑岩的供给（Saylor，2003）。

在欠充填的海相前陆盆地模式中，向海的边缘加深，明显地与向陆边缘的暴露和侵蚀相一致，伴随着向海边缘的变浅和向陆边缘的海侵作用。挠曲作用被解释为向海边缘一侧产生可容纳空间，同时在向陆一侧减少可容纳空间。前缘隆起从向陆的边缘一侧向海的一侧输入碎屑相。相对于海平面变化所控制的层序，砂岩向海一侧的进积相对局限，页岩快速出现，类似于构造控制的强制性海退。在构造平静期，前缘隆起下沉引起碎屑岩相的后退，台地梯度的变平加快了浅滩化作用、碳酸盐岩向陆的进积（Saylor，2003）。

四川盆地陡山沱组发育海相碳酸盐岩与碎屑岩混积沉积，陆源碎屑源自“宣汉-开江隆起”与“汉南古陆”等隆起剥蚀区，但总体受控于盆地周缘的构造沉降。至灯影组沉积期，灯三段发育以碳酸盐岩与碎屑岩均发育的混积相沉积，也主要受控于构造沉降作用，盆地边缘构造沉降加大而导致“宣汉-开江隆起”持续露出水面提供碎屑物质。

（二）海平面变化

Handford 和 Loucks（1993）指出，碳酸盐岩和碎屑岩沉积体系影响层序地层发育的不同。海平面变化影响混合碳酸盐岩-碎屑岩陆架沉积，低位沉积主要以降低的碳酸盐岩分布，广泛分布的喀斯特发育和碎屑岩相向陆棚的扩张为特征；海侵域包括由退积浅水碳酸盐岩相和碎屑岩相所组成的准层序。高位域沉积以碎屑岩向海的进积为特征，碳酸盐岩向海的进积和层序边界的超覆。

四川盆地东部埃迪卡拉系沉积反映了海平面的频繁变化，可能源于冰期-间冰期古气候条件，或源于构造运动所产生的影响。陡山沱组沉积伴随着上扬子地块快速海侵开始，并发育浅水相盖帽白云岩与较深水相黑色页岩与硅岩沉积。灯影组沉积期，上扬子地块的海侵规模进一步加大，海平面也发生着变化。灯一—二段总体为浅水碳酸盐岩台地相沉积，但灯三段沉积以碎屑岩为主，以碳酸盐岩为辅，在米仓山、大巴山一些野外露头发育硅岩与黑色页岩等深水相沉积，揭示了灯三段沉积期海平面的快速扩张，这与构造沉降所导致的盆地周缘沉降大于盆地内部相一致。灯四段沉积期，整个上扬子地块被海水覆盖，揭示了海平面的快速上升。因此，海平面变化在碳酸盐岩台地的演化中发挥了重要作用。

第六章　寒武纪岩相古地理

寒武纪，华南克拉通北部由北西向南东依次发育扬子地台、江南斜坡、江南盆地、华夏盆地，各古地理分区的岩性组合差异较大。其中，扬子地块寒武纪发育碳酸盐岩与碎屑岩的混积序列（Xu et al.，2013；Chen et al.，2018），总体上经历了寒武纪早期碳酸盐岩缓坡→碳酸盐岩与碎屑岩混积陆棚→碳酸盐岩缓坡→寒武纪中晚期镶边台地演化；扬子地块周缘斜坡相区以薄板状、瘤状泥灰岩及碎屑岩、碳酸盐岩重力流沉积为主（左景勋等，2008）；盆地相区以黑灰色、灰黑色碳硅泥岩为特征。华夏地块寒武系以硅质碎屑岩为主，夹少量层间灰岩（Chen et al.，2018）。

寒武纪古地理格局在四川盆地东部及米仓山、大巴山地区经历了复杂演化过程。寒武纪早期，基本上继承了震旦纪灯影峡期古地理格局，“汉南古陆”和“宣汉-开汉隆起”及其周缘露出水面而没有接受寒武纪早期沉积，由古陆、隆起向周缘古地理逐渐降低而接受沉积；至寒武系郭家坝组、阎王碥组沉积期，上扬子地块西缘逐渐隆升成为陆源碎屑供给区；寒武纪中晚期，川北、川东海水逐渐向东南、东北退缩，至寒武系陡坡寺组或覃家庙组沉积期末，海水完全退出，米仓山地区上升为陆。这一古地理格局决定了陆源碎屑供给与沉积相带展布的基本轮廓（刘仿韩等，1987）。

基于四川盆地东部及米仓山、大巴山地区寒武系发育特征，米仓山地区寒武系下部地层（宽川铺组—孔明洞组）发育较为完整，而大巴山、川东地区寒武系上部地层（石龙洞组—三游洞组）发育较为完整。鉴于米仓山地区孔明洞组与大巴山地区石龙洞组基本等时且发育特征相似，因此，本章综合选择以宽川铺组、郭家坝组、仙女洞组、阎王碥组、石龙洞组、覃家庙组和三游洞组等岩石地层单元，系统阐述四川盆地东部及其周缘寒武纪岩相古地理格局和演化特征。

第一节　宽川铺组沉积期岩相古地理

宽川铺组为米仓山地区寒武系第一套沉积地层，其与灯影组多呈平行不整合接触，由西向东逐渐超覆沉积，在大巴山与川东地区发育不完整。宽川铺组为在灯影组古岩溶侵蚀面上发育的寒武系第一套沉积，在四川盆地及周缘以一套含磷、含硅并富含小壳类化石的碳酸盐岩夹泥质岩沉积为特征，但在不同地区岩性有差异，故被分别命名。例如，在川西-川中地层小区称麦地坪组；川西北龙门山（中北段，如绵竹清平）地层小区称清平组；滇中-滇北（如雷波地层小区）称朱家箐组；南江-旺苍地层小区称宽川铺组；川东-渝南-黔北地层小区称大岩组；城口-巫溪地层小区称严家河组；黔西-黔中地层小区称戈仲伍组，鄂西称灯影组天柱山段或黄鳝洞段；湘西怀化雪峰山地区称留茶坡组顶部；桂北称老堡组顶部。

综合四川盆地覆盖区钻井和周缘露头剖面资料，并结合地震解释和区域地层划分对比成果（表 2.8），编制了四川盆地东部宽川铺组沉积期岩相古地理图（图 6.1）。由图可见，“汉南古陆”与“宣汉-开江隆起”在宽川铺组沉积期露出海面之上，没有接受沉积，而成为陆源碎屑供给区，向周缘发育三角洲前缘与滨岸相沉积。再向外侧依次发育碳酸盐缓坡、碳酸盐岩-碎屑岩混积缓坡、斜坡-盆地相沉积。

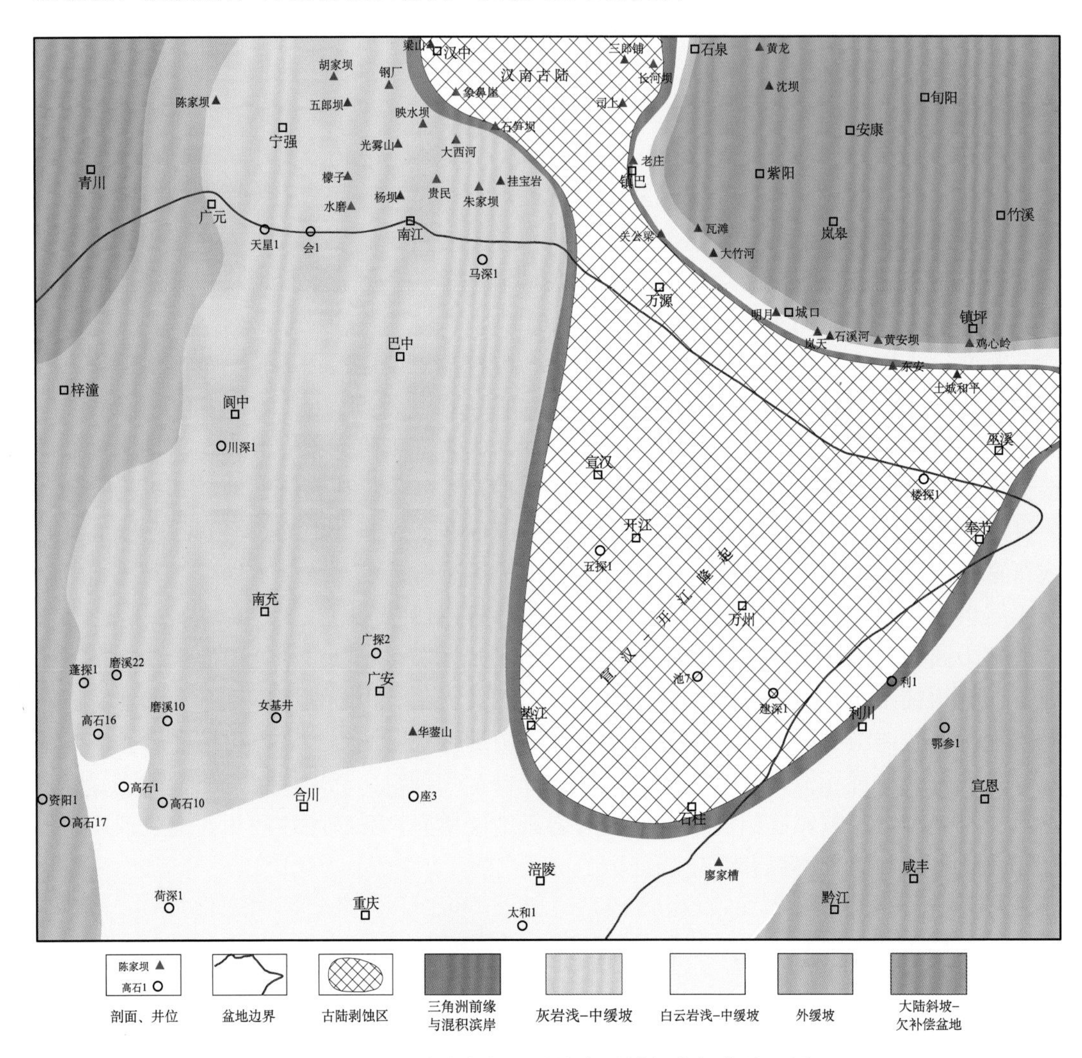

图 6.1　四川盆地东部及周缘宽川铺组岩相古地理图

基于野外露头、钻井并结合地震资料初步绘制的宽川铺组沉积期“汉南古陆”和“宣汉-开江隆起”的分布范围，如图 6.1 所示。五探 1 井、利 1 井与楼探 1 井等均未钻遇宽川铺组及同期地层；南郑石笋坝、镇巴老庄、关公梁、鸡心岭等剖面也未见寒武纪早期地层。结合地震剖面推断，“宣汉-开江隆起”呈近北东-南西向展布，且分布范围较灯影组沉积末期加大。该时期，“汉南古陆”呈近东西向展布，可能与“宣汉-开江隆起”相连成为分隔东西方向的屏障。但其具体分布范围尚待今后钻井资料的进一步证实，其分布范围的增大可能与川西地区地壳沉降增加与灯影组沉积物的负载有关，其联合引起四川盆地东部岩石圈的弹性隆起，因此该时期隆起的分布范围取决于盆地西缘的负载与岩石圈的弹性强度等参数。

一、碳酸盐岩浅-中缓坡相

该相带，可进一步划分为川北-磨溪灰岩浅-中缓坡与高石梯-涪陵白云岩浅-中缓坡两个相带。

（一）川北-磨溪灰岩浅-中缓坡

宽川铺组为陕西省地质局第四地质队（磷矿队，1961～1962年）在陕西宁强宽川铺命名，但当时包括灯影组上部的地层；中国科学院北京地质研究所于1968年对此做了修正，认为宽川铺组中有侵蚀间断，间断面以下产蠕虫化石，间断面以上产骨骼化石，所以将间断面以下产蠕虫化石的白云岩及碎屑岩划归震旦系，间断面以上的硅岩、灰岩、磷块岩称为下寒武统宽川铺组（狭义），厚70～90m。陕西省地矿局第二地质队于1982年在宁强宽川铺选将坪、丁莲芳等（1992）在宁强宽川铺大河子沟（宽川铺村南2.5km的选将坪东300m左右的山坡上）又先后实测了剖面；钱逸（1999）对灯四段顶部、宽川铺组和郭家坝组下部进行了深入的古生物化石研究，自下而上划分为5个化石带。其中，灯四段为管状化石 *Sinotubulites baimatuoensis* 带；宽川铺组包括3个小壳化石带：*Anabarites trisulcatus- Protohertzina anabarica* 带、*Paragloborilus subglobosus* 带、*Heraultipegma yunnanensis* 带；郭家坝组为小壳化石 *Pelagiella emeishanensis* 带与三叶虫 *Mianxiandiscus-Eoredlichia* 带混生带（图6.2）。

1. 宁强宽川铺选将坪剖面

宁强宽川铺选将坪剖面是下寒武统宽川铺组的建组剖面，该剖面以及东侧1.5km处的石钟沟（村）剖面，都是陕南、川北宽川铺组的典型剖面。选将坪剖面为陕西地矿局第二地质队于1982年首次勘测，随后丁莲芳等（1992）也开展了进一步的工作。宽川铺组自下而上可划分为4个岩性段（图6.2）：①第一段，下部灰黑色薄-中层硅岩条带与含磷砂屑细晶灰岩互层，中部深灰色含砂屑磷块岩夹硅岩条带及灰岩透镜体，上部中-厚层灰岩夹层状硅岩条带。中下部产第Ⅰ小壳化石带 *Anabarites trisulcatus-Protohertzina anabarica*。②第二段，下部灰黑色中-厚层含胶磷矿砂屑灰岩，富含小壳化石。中部深灰色层状硅岩夹砂屑灰岩，上部深灰色含砂页岩夹灰岩透镜体。③第三段，下部灰黑色碳质粉砂岩与灰岩透镜体、黑灰色亮晶砂屑灰岩、页岩、黑色硅岩条带互层，局部发育厚层胶磷矿，发育丘状交错层理，中部灰黑色薄层细晶灰岩夹薄层硅岩条带，上部灰黑色含砂屑泥晶灰岩、页岩与灰黑色层状硅岩互层。产第Ⅱ小壳化石带 *Paragloborilus subglobosus*。④第四段，下部灰黑色厚层磷块岩。富含小壳、海绵及其骨针化石，以及胚胎化石；中部绿灰色薄-中层含泥泥晶灰岩；上部为灰黑色薄-中层泥质泥晶灰岩夹硅岩条带及灰岩透镜体，夹少量胶磷矿。产第Ⅲ小壳化石带 *Heraultipegma yunnanensis*。总体上为浅-中缓坡混积沉积特征。

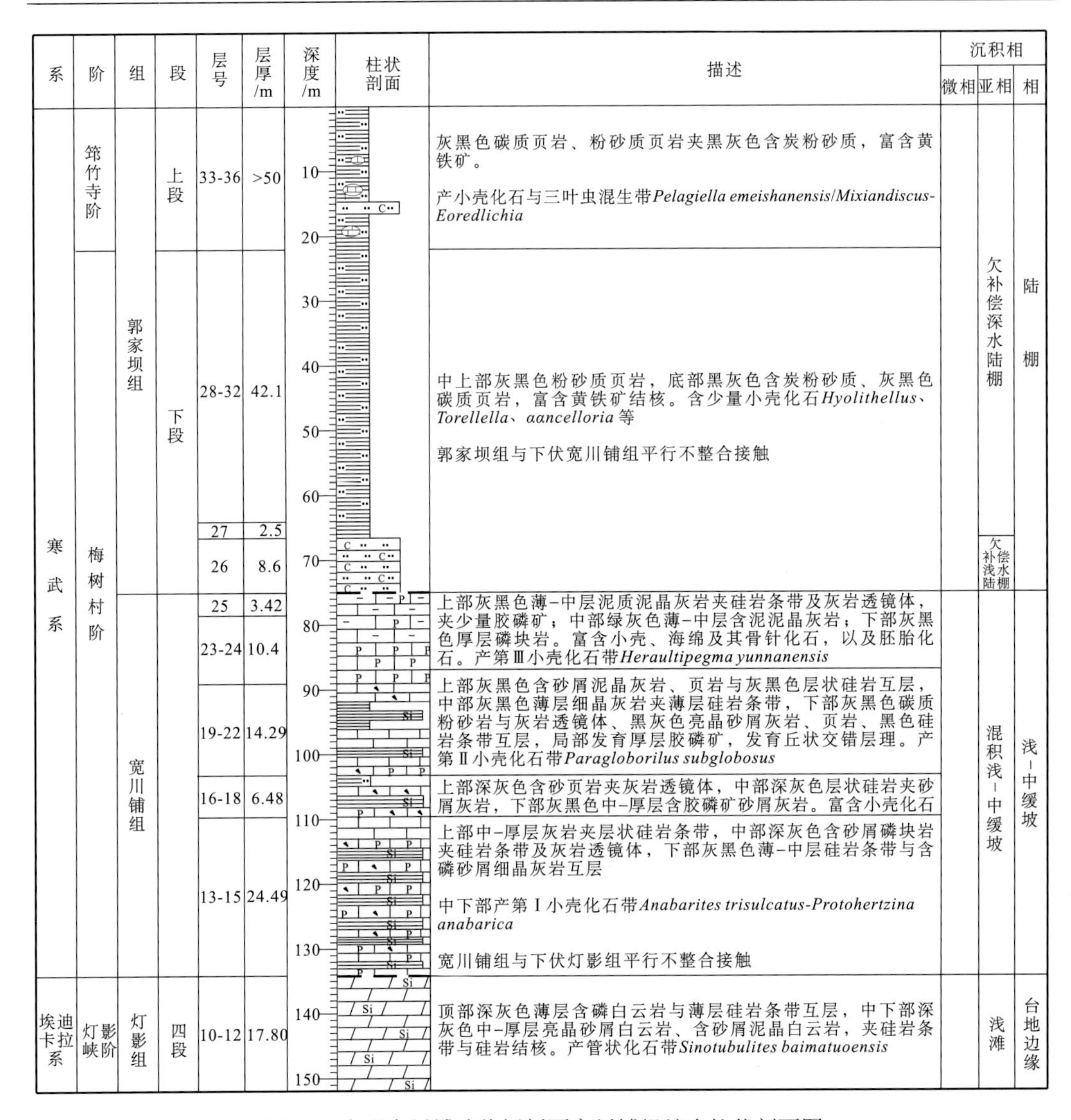

图 6.2　宁强宽川铺选将坪剖面宽川铺组综合柱状剖面图

该剖面揭示了郭家坝组下段及上段底部沉积，其中上部为灰黑色粉砂质页岩，底部为黑灰色含碳粉砂质、灰黑色碳质页岩，富含黄铁矿结核。含少量小壳化石 *Hyolithellus*、*Torellella*、*αancelloria* 等。表现为欠补偿浅水-深水陆棚沉积环境。综合来看，该剖面揭示了水体不断变深的总体演化规律，并表现为陆源混积不断强化的特征。

2. 宁强高家山剖面

宁强高家山剖面位于广汉高速胡家坝出口南约 2km 的高家山村西。宽川铺组底部砂屑灰岩夹同色泥质粉砂岩与下伏灯四段富沥青微生物岩不整合接触[图 6.3（a）、（b）]。其中，宽川铺组为厚约 15.2m 的深灰色、黑灰色砂屑灰岩、泥晶灰岩夹同色泥质粉砂岩，富含小壳化石。自下而上可分为 3 个岩性段，下部为深灰色、黑灰色砂屑灰岩夹同色泥质粉砂岩，中部为深灰色砂屑灰岩，夹同色粉砂岩，顶部为砂屑灰岩，其上与郭家坝组黑灰色、深灰色粉砂质泥岩、泥质粉砂岩整合接触，总体表现为中缓坡沉积环境。下伏灯四段顶部为灰色、灰白色凝块石格架岩与同色层状微生物格架岩，被沥青全充填，为存在古油藏的证据，相带为典型台缘带沉积。

3. 南江杨坝剖面

南江杨坝剖面位于巴中市南江县田垭子村。宽川铺组为深灰色含硅质条带砂屑灰岩，含小壳化石，厚约10m，与下伏灯四段白云岩之间为不整合接触[图6.3（c）、（d）]，与上覆郭家坝组底部黑灰色、薄板状（1～3cm）硅岩整合接触。其中，灯四段顶部为深灰色薄层含磷白云岩与薄层硅岩条带互层，中下部深灰色中-厚层亮晶砂屑白云岩、含砂屑泥晶白云岩，夹硅岩条带与硅岩结核，为台地边缘沉积。两者之间既具有沉积地貌的继承性，也反映了水深增加及周围古陆隆升导致陆源碎屑大量涌入的沉积环境变化。

图6.3　宁强高家山剖面与南江杨坝剖面宽川铺组典型野外照片

（a）和（b）宁强高家山剖面：灯四段灰白色白云岩与上覆宽川铺组深灰色、含小壳砂屑灰岩平行不整合接触；（c）和（d）南江杨坝剖面：（c）宽川铺组与下伏灯四段平行不整合接触，（d）宽川铺组深灰色含硅质条带砂屑灰岩、泥晶灰岩，富含小壳化石

剖面厚度、地层、古生物化石带据丁莲芳等（1992）、钱逸（1999）、邓胜徽等（2015）资料；岩性描述及沉积相据 1989 年版的《陕西省区域地质志》、丁莲芳等（1992）实测剖面及作者对石钟沟剖面的野外考察资料增补。

在四川盆地内部，与宁强高家山、南江杨坝剖面下寒武统宽川铺组灰岩沉积环境相近，川北、川中钻井揭示宽川铺组灰岩残余厚度一般为 1～20m（表 6.1）。图 6.4 表示了川中覆盖区中缓坡瘤状灰岩沉积及含小壳化石特征。总之，根据四川盆地及周缘地区野外露头和钻井揭示，宽川铺组（麦地坪组）整体以浅-中缓坡沉积为主，表现为寒武纪早期海侵沉积初期的混积缓坡为主的沉积环境。

表 6.1　四川盆地井下宽川铺组（麦地坪组）岩性、电性及化石特征

序号	井名	起止井深/m	厚度/m	岩性	电性	化石特征
1	曾 1	2364.5～2368.5	4.0	灰白色灰岩及硅质白云质灰岩	高伽马，低电阻率	
2	会 1	443～444	1.0	灰色灰岩	中伽马，低电阻率	
3	磨溪 8	5088～5091	3.0	深灰色、黑灰色泥晶灰岩、砂屑灰岩	低伽马	
4	磨溪 9	4984～5004	20.0	深灰色、黑灰色泥晶灰岩、砂屑灰岩	低伽马，电阻率大锯齿状	
5	磨溪 10	5096～5104	8.0	深灰色、黑灰色泥晶灰岩、砂屑灰岩	低伽马	
6	磨溪 11	5118～5138	20.0	深灰色、黑灰色泥晶灰岩、砂屑灰岩	低伽马，电阻率大锯齿状	岩石薄片中见多门类小壳化石碎片
7	高石 2	4983～4986	3.0	深灰色、黑灰色泥晶灰岩、砂屑灰岩	低伽马	
8	高石 3	5145～5155	10.0	深灰色、黑灰色泥晶灰岩、砂屑灰岩	低伽马	

资料来源：张宝民，邓胜徽，张师本，等. 2014. 四川盆地灯影组、龙主庙组地层及岩相古地理研究. 内部研究报告

（二）高石梯-涪陵白云岩浅-中缓坡

白云岩浅-中缓坡的总体沉积特征，下段主要为一套深灰色、灰黑色薄-中层含球粒状胶磷矿细晶白云岩夹硅质白云岩和磷质硅质岩、硅质岩，上段为一套灰色、深灰色中厚层状含胶磷矿砂砾屑细晶白云岩和硅质、磷质白云岩以及云质磷块岩，底部夹薄层灰黄色黏土岩，广泛分布在川西-川中地层小区和川东-渝南地层小区，以及滇中-滇北露头区和覆盖区井下，残余地层厚度一般为 30～80m，但比邻区宣汉-开江隆起的渝南、川中地区其残厚急剧减薄为 5～20m。

1. 彭水太原高桥剖面

彭水太原高桥剖面位于重庆市彭水县城太原镇高桥村，处于宣汉-开江隆起东南侧。宣汉-开江隆起周缘的残余厚度较薄，在彭水太原高桥剖面麦地坪组仅残厚 5～10m，为

深灰色、薄层（1～5cm 级）硅岩、硅质白云岩，与下伏灯二段葡萄花边白云岩平行不整合接触（图 6.5），为中缓坡典型沉积特征。

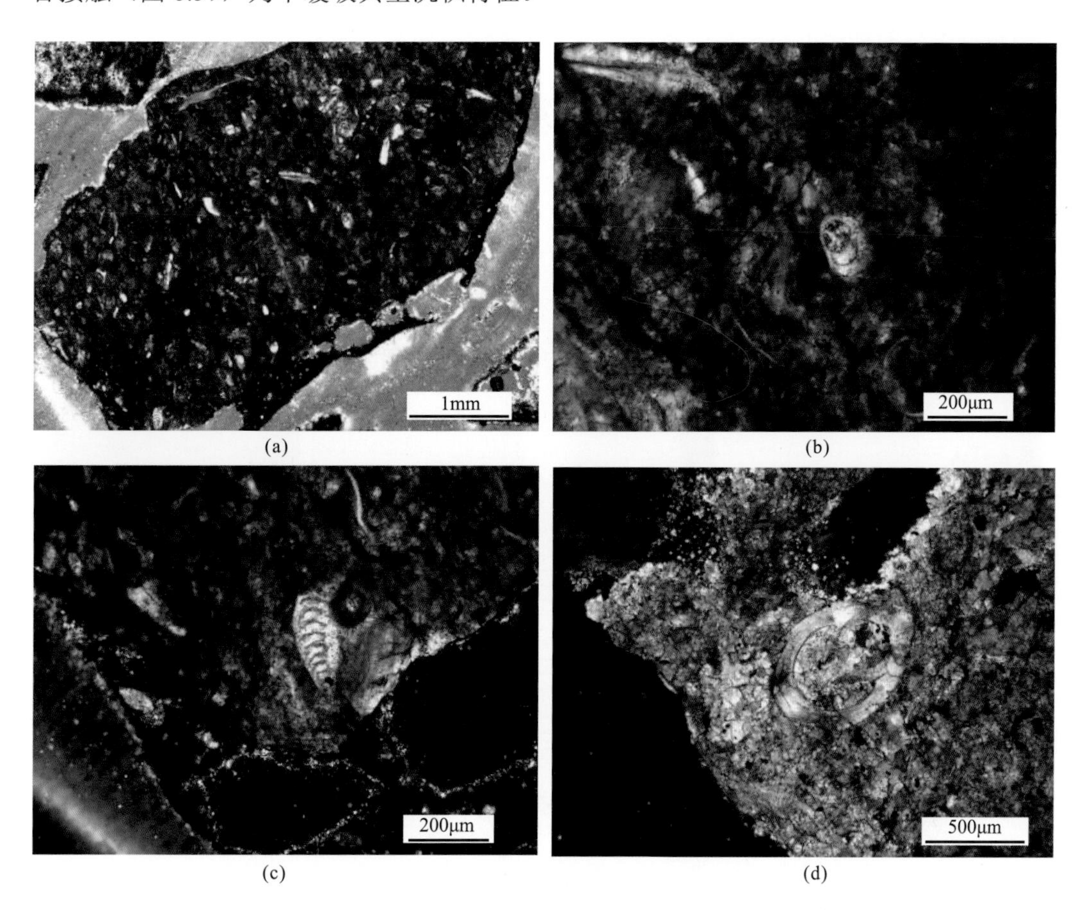

(a)　(b)　(c)　(d)

图 6.4　磨溪 11 井宽川铺组中缓坡相沉积与所含小壳化石特征

（a）～（c）5122～5123m 井段，泥质纹层瘤状灰岩，含完整小壳化石及小壳碎屑，岩屑薄片，（a）和（b）为单偏光，（c）为正交偏光；（d）5130m 井段，泥粉晶灰岩，含小壳化石，岩屑薄片，正交偏光

(a)　(b)

图 6.5　彭水太原高桥剖面麦地坪组浅-中缓坡相沉积特征

(a) 灯二段灰白色厚层白云岩与上覆麦地坪组深灰色、薄层（1～5cm 级）硅岩、硅质白云岩平行不整合接触；（b）麦地坪组深灰色薄层硅岩、硅质白云岩

2. 安平 1 井

在川中高石梯地区，麦地坪组的残余厚度很薄。如安平 1 井 5035～5054.5m 井段钻揭麦地坪组白云岩，残余地层钻厚 19.5m，与下伏灯四段和上覆筇竹寺组均呈不整合接触（图 6.6）。麦地坪组顶部白云岩及风化壳残积角砾白云岩，发育小溶洞，并被筇竹寺组海侵初期沉积的灰黑色泥岩全充填。主要岩性特征为颗粒白云岩、富含胶磷矿，并发育小壳化石，为浅-中缓坡沉积环境。

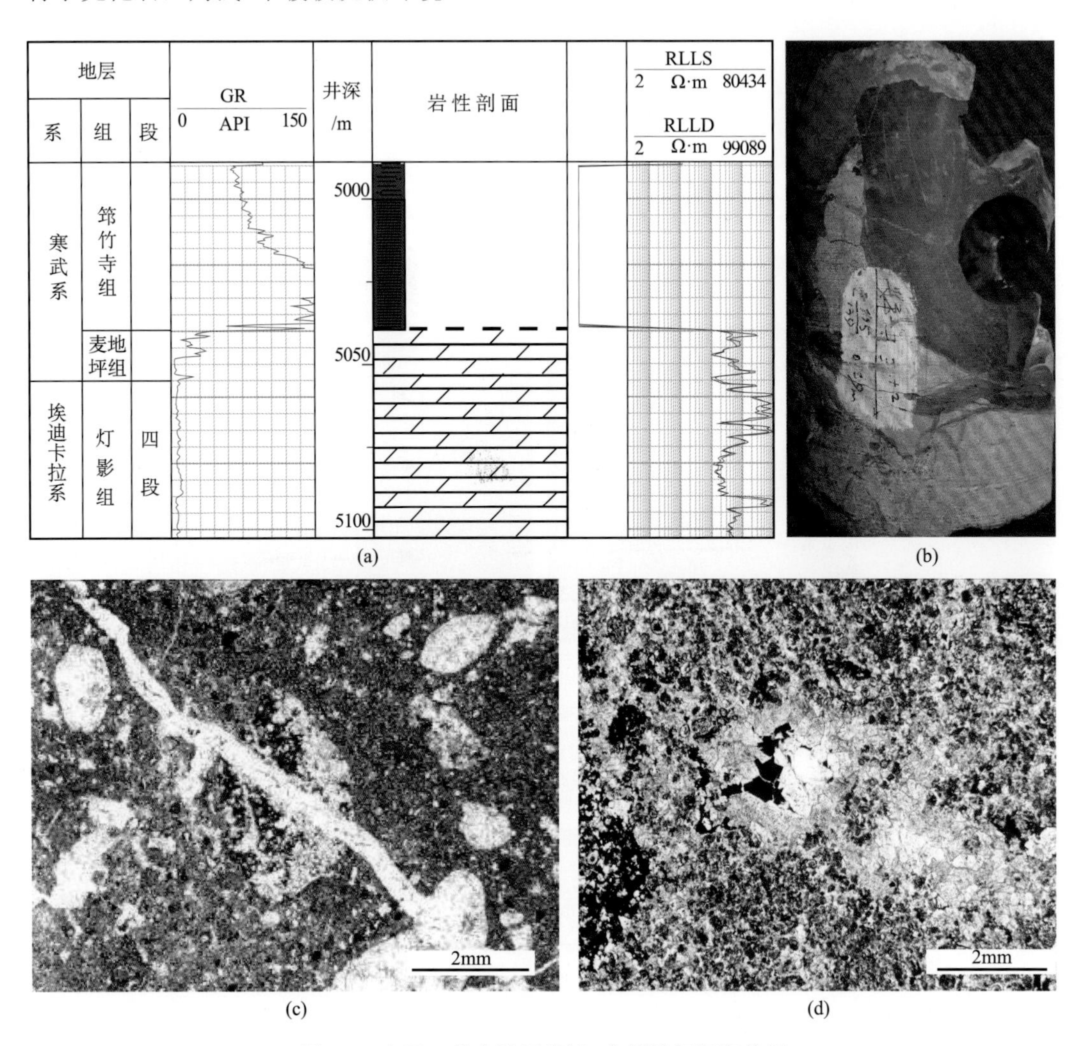

图 6.6　安平 1 井麦地坪组浅-中缓坡相沉积特征

（a）钻井地层综合柱状图；（b）麦地坪组顶部白云岩及风化壳残积角砾白云岩，发育小溶洞，并被筇竹寺组海侵初期沉积的灰黑色泥岩全充填；（c）粉屑颗粒白云岩，含完整小壳化石，中缓坡相，单偏光；（d）颗粒白云岩，富含胶磷矿，浅缓坡相，单偏光

二、槽盆相与外缓坡相

（一）槽　盆　相

槽盆相即克拉通内槽盆相，发育于中-浅缓坡西缘，沿德阳-安岳一线呈近南北向展布，麦地坪组及上覆筇竹寺组共同构成了川西、川中最重要的生烃拗陷，并成为安岳大气田的主力烃源层。本书成图范围仅涉及槽盆相东部，资阳1井、高石17井钻井揭示。

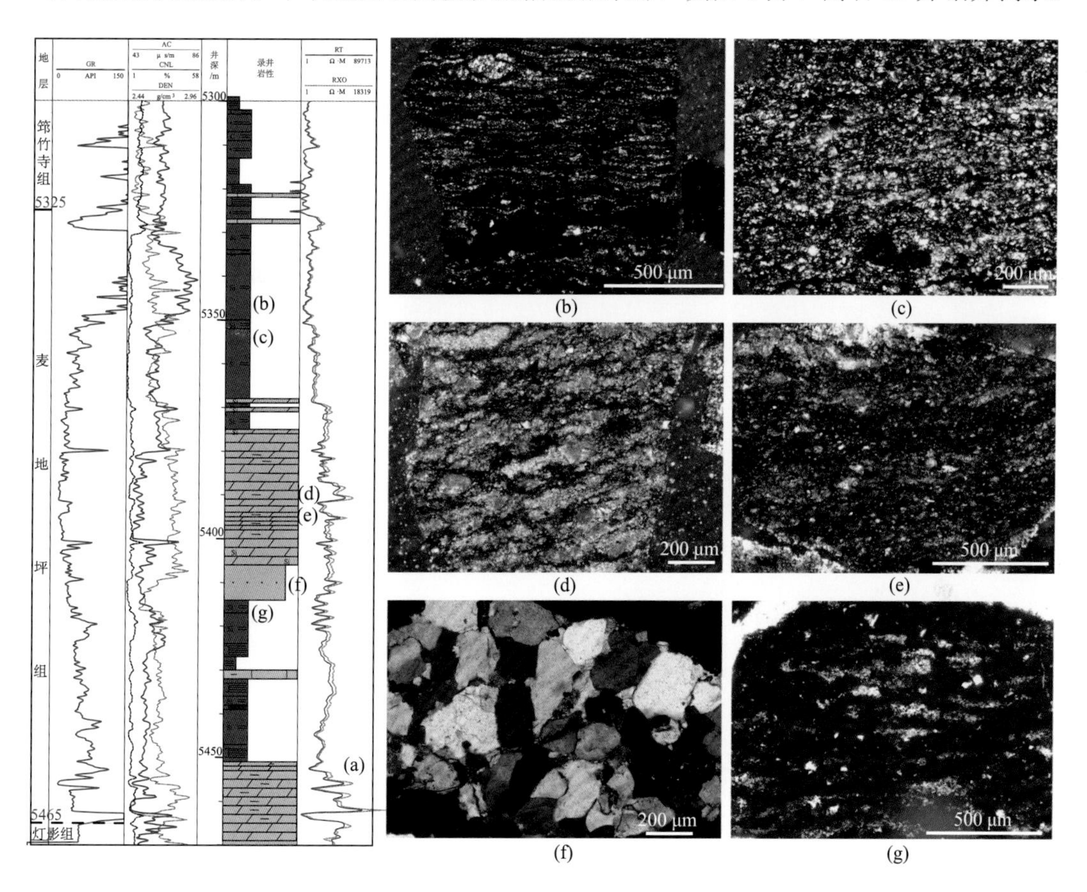

图6.7　高石17井麦地坪组槽盆相沉积特征

（a）高石17井地层综合柱状图；（b）和（c）5325～5375m，含灰质碳硅泥岩，单偏光，（混合液染色）单偏光；（d）和（e）5375～5405m，泥质纹层瘤状白云岩，泥质泥晶白云岩夹泥岩，均含化石，单偏光；（f）和（g）5410～5411m，云质中细石英砂岩，正交偏光

现以高石17井（图6.7）为例讨论如下：

高石17井钻揭麦地坪组，钻遇灯二段，两者间为不整合接触。该井麦地坪组钻厚140m（5325～5465m）。尽管未取心，但反复核查岩屑薄片表明，其岩屑录井归位准确、资料可靠，完整地揭示了筇竹寺组下部—麦地坪组的沉积充填序列和岩性岩相特征。

（1）筇竹寺组下部（5261～5325m）：为富含硅质海绵、开腔硅质骨针的灰黑色泥岩；

（2）麦地坪组上部（5325～5375m）：富含硅质海绵、开腔硅质骨针的灰黑色碳硅泥岩（硅岩、硅质泥岩、泥质硅岩、泥页岩）；

（3）麦地坪组中部（5375～5414m）：自上而下依次是含化石泥质黑灰色泥晶白云岩、瘤状白云岩夹含硅质海绵碳硅泥岩、胶磷矿，以及云质中细石英砂岩；

（4）麦地坪组下部（5414～5451m）：含开腔硅质骨针、硅质海绵灰黑色碳硅泥岩、胶磷矿；

（5）麦地坪组底部（5451～5465m）：含小壳化石黑灰色泥质纹层-条带泥晶白云岩夹灰黑色碳硅泥岩、胶磷矿，底为含小壳化石的灰黑色碳硅泥岩（5463～5465m）；

（6）灯二段（5465～5469m），岩屑中出现具葡萄花边白云岩与含化石碳硅泥岩的混合现象，表明钻入了灯二段富藻亚段，灯二段上贫藻亚段被剥缺。

（二）外缓坡相

该相带，前人（蒲心纯等，1993；刘宝珺和许效松，1994）划分为深缓坡（DRa），作者确定为外缓坡。其水深相当于外陆棚，区域古地理位置恰好处于碳酸盐岩缓坡/碳酸盐岩-碎屑岩混积缓坡向大陆斜坡的过渡部位，即背靠上扬子克拉通，面向大洋的过渡部位；沉积物以欠补偿的黑灰色、灰黑色含磷结核硅岩、硅质页岩、粉砂质页岩为特征。

三、斜坡-盆地相

斜坡-盆地相，在图幅范围内包括紫阳瓦滩、万源大竹、城口、镇坪、平利、安康、汉阴、竹山等地区。在中国南方岩相古地理上属南秦岭海盆的东南边缘，系指位于扬子地块北部大陆边缘，城口-房县-襄阳-武汉一线以北的地区（蒲心纯等，1993；刘宝珺和许效松，1994）。寒武纪梅树村期早中期沉积的岩石地层单位，据雒昆利（2006）最新研究成果，为鲁家坪组下部，岩性组合及沉积相以斜坡相深灰色、黑灰色碳酸盐岩碎屑流、碳酸盐岩浊流、碎屑岩浊流，尤其是斜坡-盆地相灰黑色碳硅泥页岩为特征。

1. 紫阳瓦滩剖面

紫阳瓦滩剖面位于安康市紫阳县毛坝镇瓦滩村。在该剖面寒武系鲁家坪组与灯影组为连续沉积。其中，灯四段顶部为中-厚层夹泥质纹层薄板状颗粒灰岩，鲁家坪组下部以灰黑色厚层硅岩夹黑色泥岩为主[图 6.8（a）、（b）]。见硅岩岩块滑塌于灰岩之内，为典型的斜坡相特征[图 6.8（c）]；也见灰色薄层粉屑灰岩夹极薄层泥岩，为典型的浊流沉积[图 6.8（d）]，两者为连续沉积，为灯影组台地外侧斜坡与下寒武统斜坡相区继承性发育特征。

图 6.8 紫阳瓦滩剖面寒武系鲁家坪组斜坡-盆地相沉积特征

（a）灰黑色薄层硅岩受挤压形成褶皱；（b）灰黑色页岩受挤压呈不规则状；（c）深灰色硅岩岩块滑塌于灰岩内；（d）灰色薄层粉屑灰岩夹极薄层泥岩，为浊流沉积之钙屑浊积岩

2. 万源大竹剖面

万源大竹剖面位于万源市大竹镇附近，鲁家坪组与下伏灯影组为连续沉积。其中，灯影组顶部为硅质灰岩夹层状硅岩，为碳酸盐岩台地斜坡深水沉积。鲁家坪组表现为以灰黑色薄层硅岩夹同色泥质硅岩、硅质页岩为主[图 6.9（a）]，典型硅岩为黑灰色[图 6.9（b）]。两者之间为连续沉积，继承性深水斜坡区沉积。

3. 城口东安黄安坝剖面

城口东安黄安坝剖面位于重庆市城口县东安坝镇。鲁家坪组与下伏灯影组界线位于东安坝景区南侧，两者之间为连续沉积。其中，灯影组顶部为多层颗粒灰岩夹硅岩构成的复理石沉积构造，为碳酸盐岩台地斜坡-盆地相深水沉积。鲁家坪组表现为以灰黑色硅岩夹页岩为主（图 6.10），页岩中见泥灰岩结核。两者之间为连续沉积，继承性深水沉积。

(a) (b)

图 6.9 万源大竹剖面寒武系鲁家坪组斜坡-盆地相沉积特征

（a）灰黑色薄层硅岩夹同色泥质硅岩、硅质页岩；（b）黑灰色硅岩，致密坚硬，断面上具贝壳状断口

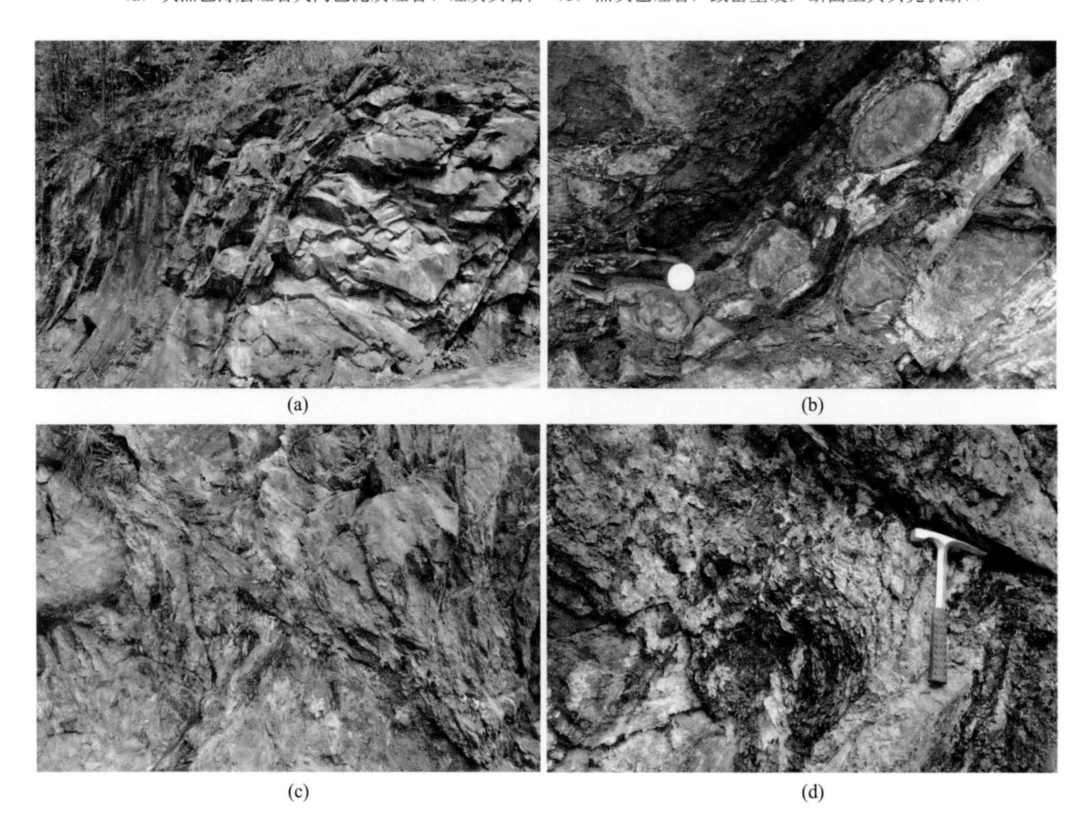

(a) (b) (c) (d)

图 6.10 城口东安黄安坝剖面鲁家坪组斜坡-盆地相沉积特征

（a）灰色硅岩夹黑灰色页岩；（b）灰黑色页岩，其中发育泥灰岩结核；（c）灰色硅岩夹黑灰色页岩；（d）灰黑色页岩

4. 汉阴→龙垭→双河口镇北沿途野外剖面

汉中市汉阴县至双河口镇北公路沿线野外露头主要揭示下寒武统地层。其中，寒武系底部斜坡-盆地相以黑灰色硅岩与灰黑色页岩呈薄层状不等厚频繁间互沉积为主

（图 6.11），部分剖面黑灰色页岩与同色泥质粉砂岩呈毫米级频繁间互中可见大型板状斜层理发育[图 6.11（b）]，指示大陆斜坡陆隆区等深流沉积。

图 6.11　汉阴→龙垭→双河口镇北沿途野外剖面寒武系底部斜坡-盆地相沉积特征

（a）黑灰色硅岩与灰黑色页岩呈薄层状不等厚频繁间互，因岩石中富含（细菌成因、草莓状）黄铁矿，经现代大气淡水风化淋溶而形成顺层分布的黄色硫磺，说明该套碳硅泥页岩形成于缺氧还原环境；（b）黑灰色页岩与同色泥质粉砂岩呈毫米级频繁间互，且发育大型板状斜层理，指示大陆斜坡陆隆区等深流沉积；（c）灰黑色页岩夹同色薄层泥质粉砂岩，揉皱极为强烈；（d）灰黑色页岩

汉阴县双河口镇北剖面为寒武系底部斜坡相浊流沉积（图 6.12）。可见典型的浊流 B-E 段组合。其中，B 段主要为颗粒流灰岩，E 段为悬浮泥沉积，组合为 1cm 级的灰泥质韵律层。此外，还见 B 段为粉砂岩、E 段为悬浮泥组成的 0.5～2cm 级砂泥质韵律层。

第二节　郭家坝组沉积期岩相古地理

郭家坝组沉积于寒武纪梅树村阶—南皋阶，以三叶虫首次出现及与小壳化石混生为特征。滇中-滇北及川西-川中称筇竹寺组，峨眉地区称九老洞组，龙门山中北段称长江沟组，川北南江-旺苍地层小区称郭家坝组，川东-渝南-黔北地层小区称牛蹄塘组或水井沱组，城口-巫溪地层小区（包括神农架地区）称水井沱组，湘西-湘中称杨家坪组二段或小烟溪组二段。

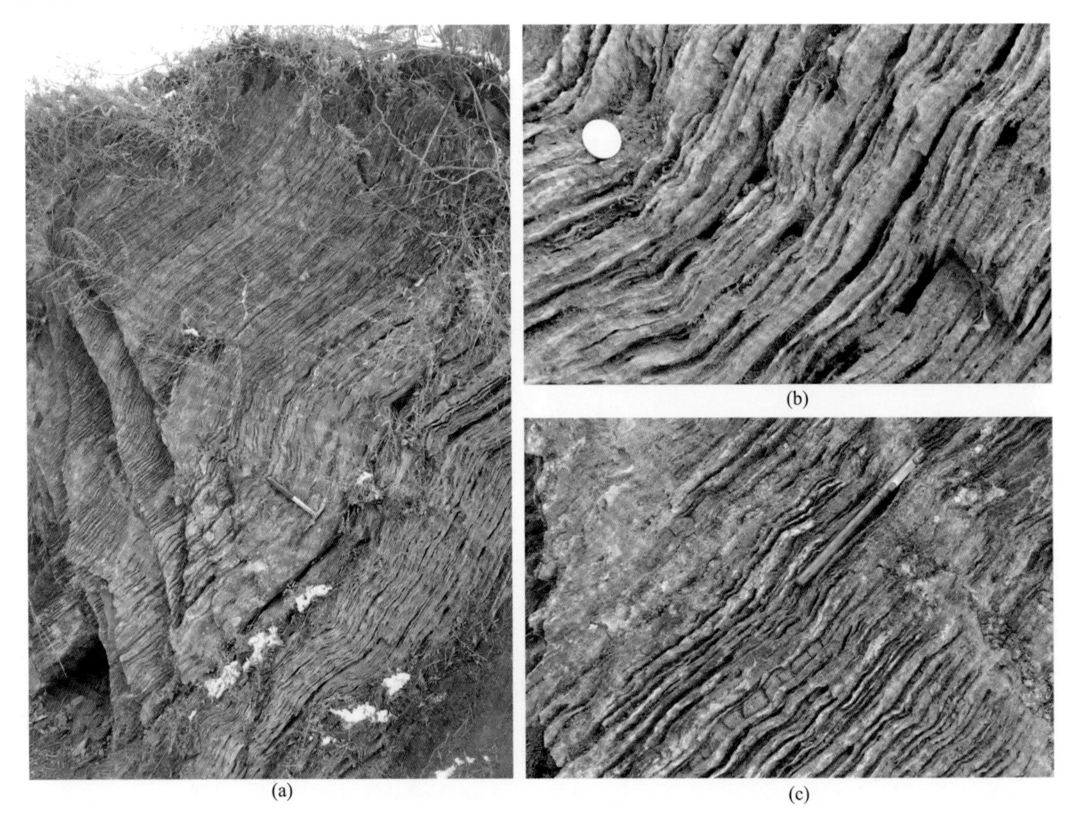

图 6.12　汉阴县双河口镇北寒武系底部斜坡相浊流沉积

该时期最突出的岩相古地理特征：一是德阳-安岳克拉通内槽盆继承性发育并快速消亡，分隔中、上扬子的川陕海峡也快速消亡；二是其东部、东北部依次演变为欠补偿浅水陆源细碎屑内陆棚、碳酸盐岩-细碎屑岩混积外陆棚和细碎屑外陆棚；三是其外侧的斜坡-盆地相继承性发育（图 6.13）。

一、槽盆相与内陆棚相、外陆棚相

槽盆相，即克拉通内德阳-安岳深水槽盆相，在梅树村晚期—南皋早期进一步继承性发育，具有 3 个突出特征：①沉积序列完整，筇竹寺组总体分为三个旋回，自下而上由槽盆区局限发育向全区拓展，体现不断海侵的沉积背景。其下部沉积仅在槽盆区发育，中部沉积向槽盆两侧的内陆棚拓展，为广覆式暗色烃源岩建造；上部为深灰色、灰色泥岩、粉砂质泥岩夹粉砂岩、细砂岩的充填式沉积。②地层厚度大，槽盆筇竹寺组钻井揭示厚度为 321～555m（其中，资 7 井厚 321m，资 4 井厚 419m，宁 2 井厚 457m，高石 17 井厚 555m），而其东侧内陆棚沉积相对减薄，厚 20～205m（其中，彭水太原剖面仅厚 20m，磨溪 9 井厚 205m）。③岩石颜色深、粒度细，槽盆筇竹寺组突出表现为灰黑色、黑灰色、深灰色泥页岩、粉砂质泥页岩夹粉砂岩。

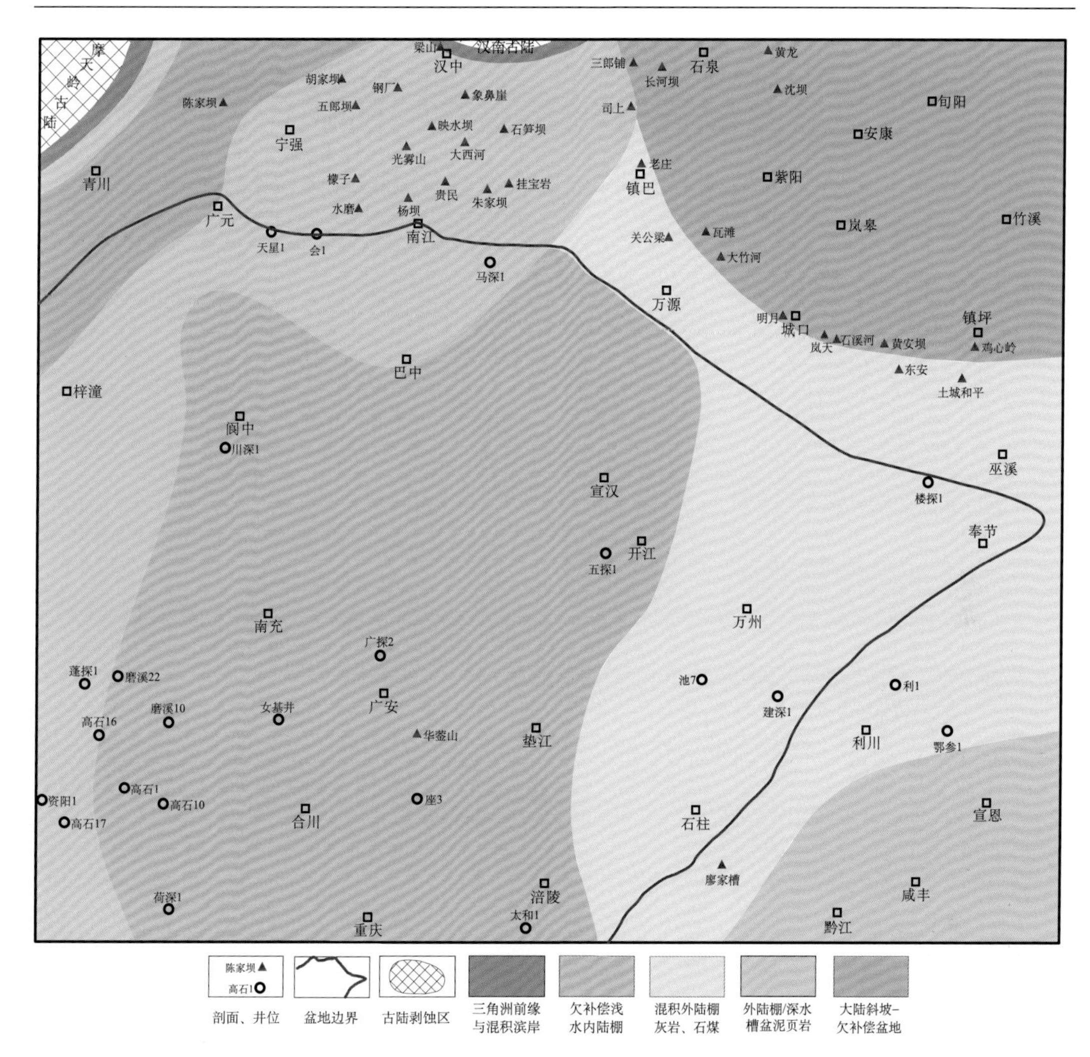

图 6.13　四川盆地东部郭家坝组岩相古地理图

郭家坝组沉积期，四川盆地整体沉降，沉积了郭家坝组中部广覆式的欠补偿陆棚相黑色岩系，标志着槽盆的迅速衰亡；郭家坝组晚期，构造沉降进一步变弱和沉积充填而导致水体变浅，沉积物颜色变浅、粒度变粗，尤其是顶部发育补偿型的前三角洲→三角洲前缘相深灰色粉砂质泥岩、泥质粉砂岩夹细砂岩，表明德阳-安岳槽盆基本上被“填平补齐”，川西水下隆起始有雏形，四川盆地及周缘逐渐进入以沧浪铺组碎屑岩-碳酸盐岩混积内陆棚相沉积为标志的同沉积古隆起演化阶段。

需要指出，无论是德阳-安岳槽盆，还是其东侧的川渝欠补偿浅水内陆棚，向北过渡为外陆棚相，表现为沉积厚度增大、粒度变粗，相变为黑灰色、灰黑色砂质泥岩夹粉砂质泥岩、泥质粉砂岩，甚至暗色细砂岩薄层。例如，长江沟组，其命名剖面剑阁上寺长江沟厚达 1370m；川北宁强强 1 井、曾 1 井钻厚分别达 739m、742m。其原因均与研究区北部摩天岭、汉南古陆崛起为低山-丘陵而源源不断地向海盆输入陆源碎屑有关。

1. 南郑西河南岔河剖面

南郑西河南岔河剖面位于汉中市南郑区与西河乡南岔河村之间沿途公路边。该剖面郭家坝顶底皆被植被覆盖，未见界限所在。出露部分约100m，以浅水陆棚相沉积为主，主要沉积灰黑色砂质泥岩等细粒岩性，常见水平层理，为深水还原环境沉积（图6.14）。

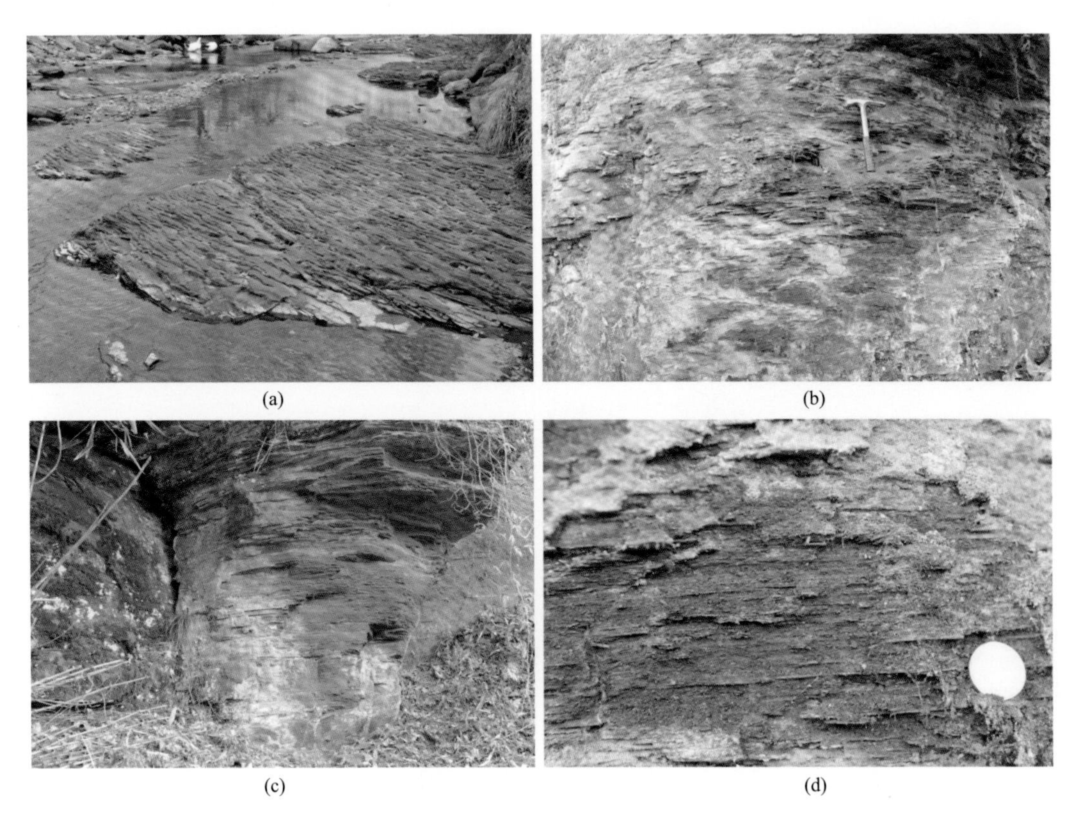

图6.14　南郑西河南岔河剖面郭家坝组浅水陆棚相沉积特征

（a）灰黑色砂质泥岩，具水平层理；（b）灰黑色砂质泥岩，风化面绿色（青苔）、灰色；（c）灰黑色页岩，风化成棕灰色；（d）灰黑色砂质泥岩，风化后显示水平纹层

2. 南郑朱家坝剖面

南郑朱家坝剖面位于汉中市南郑区朱家坝镇前进乡附近。郭家坝组以灰黑色泥岩、灰黑色粉砂质泥岩为主，且沿层理见顺层分布的黄色、黄白色硫磺，指示泥岩中富含（细菌成因、草莓状）黄铁矿，经现代大气淡水风化淋溶而形成硫磺，说明该套暗色泥岩形成于缺氧还原环境（图6.15）。从岩相及自生矿物产状明确该剖面为浅水陆棚相沉积。

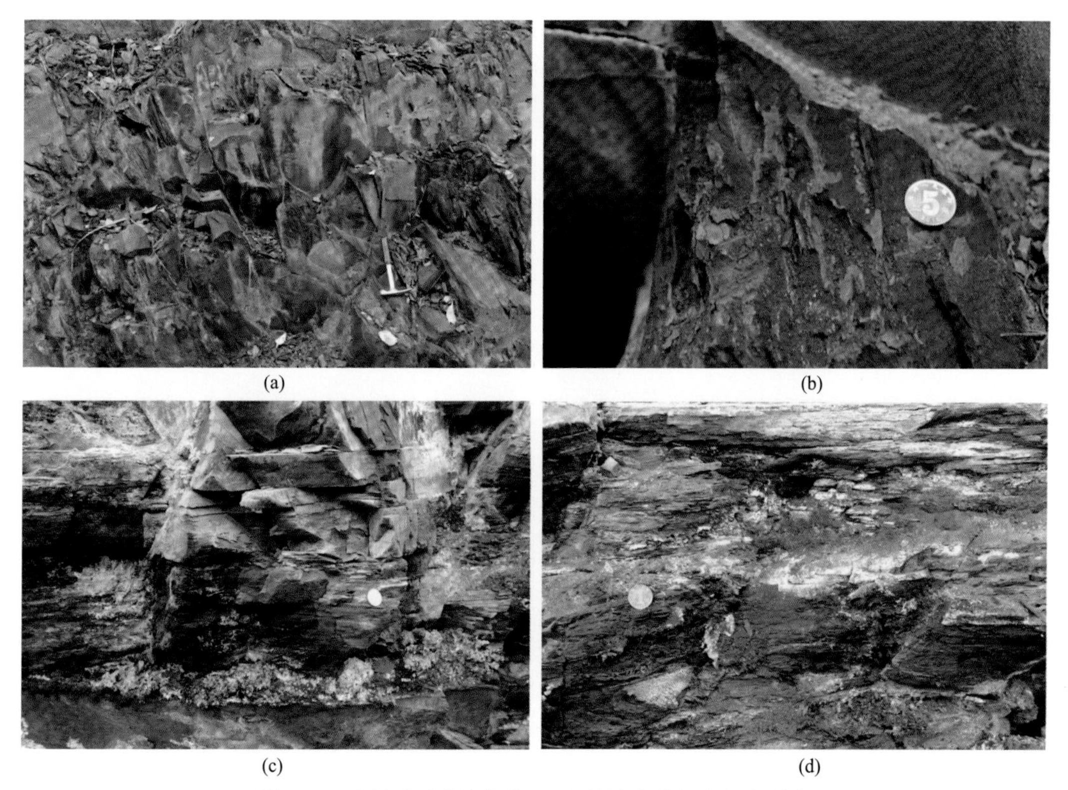

(a) (b) (c) (d)

图 6.15　南郑朱家坝剖面郭家坝组浅水陆棚相沉积特征

（a）灰黑色泥岩，风化面土色、棕褐色；（b）灰黑色粉砂质泥岩；（c）和（d）灰黑色粉砂质泥岩，且沿层理见顺层分布的黄色、黄白色硫磺，指示泥岩中富含（细菌成因、草莓状）黄铁矿，经现代大气淡水风化淋溶而形成硫磺，说明该套暗色泥岩形成于缺氧还原环境

二、混积外陆棚相

该相带仅发育在镇巴-巫溪-石柱所在的水井沱组地层小区。在命名剖面湖北宜昌三斗坪石牌村东南约 400m 的水井沱，沉积序列通常具“下泥、上灰”两层结构。即下段为黑色碳质页岩、页岩烃源岩夹白云质灰岩透镜体或薄层状灰岩；上段为黑灰色瘤状、薄板状泥灰岩或与钙质页岩不等厚频繁间互。但在海底古地貌高带上，如下伏灯影峡期的台地边缘带上，则因海底古地貌高带继承性发育而其底部常常沉积厚度不足 10m 的薄板状、瘤状泥灰岩，即汪明洲和许安东（1987）命名的火烧店组，则沉积序列相变为具“下灰、中泥、上灰”的三层结构，优质烃源岩主要发育在中下部，如镇巴捞旗河、老庄、小洋坝、渔渡关公梁、巫溪等地。

该相带沉积，尽管以碳酸盐岩-碎屑岩的层段状混积与成分混积为特征，但均为灰岩而缺乏白云岩；碎屑岩又均以细碎屑（粉砂、泥）为特征。故其沉积相总体属远离陆源剥蚀区的混积外陆棚。在海侵初期的海底古地貌高带上，则因无陆屑注入而往往发育清水型原地沉积的古杯生物、生屑灰岩（王相人，2012）。此外，沉积厚度差异悬殊，一般为几十米至一百余米，最厚可达千米，城口和平剖面厚 595m，这主要受控于海底古地貌分异及海侵的早晚。

1. 镇巴小洋坝剖面

镇巴小洋坝剖面位于汉中市镇巴县小洋镇，其东侧与观音镇相接，沿途依次为宽川铺组、水井沱组。小洋坝剖面水井沱组为混积外陆棚相（图 6.16），下部沉积泥质纹层瘤状灰岩，其中灰岩瘤块呈透镜状、“眼球”状，并被泥灰质、灰泥质纹层包绕，组合成“眼球、眼皮”状构造。

图 6.16　镇巴小洋坝剖面水井沱组下部泥质纹层瘤状灰岩沉积

灰岩瘤块呈透镜状、“眼球”状，并被泥灰质、灰泥质纹层包绕，组合成“眼球、眼皮”状构造。该类岩石通常沉积在陆棚斜坡上

2. 镇巴渔渡剖面

镇巴渔渡剖面位于汉中市镇巴县渔渡镇。该剖面水井沱组下部以深灰色薄板状灰岩与黑灰色泥岩不等厚频繁间互、深灰色砂质泥岩夹灰岩瘤块等典型混积外陆棚沉积为主，主要表现为两种岩性组合：一是深灰色砂质泥岩夹灰岩瘤块沉积构造特征（图 6.17），是由差异压实成岩作用形成的，原始沉积应为砂岩与灰岩互层；二是砂质泥岩与薄板状灰岩不等厚频繁间互，两种情况都是斜坡相区事件性混合沉积证据。

3. 镇巴老庄剖面

镇巴老庄剖面位于汉中市镇巴县泾洋街道老庄村。与小洋坝剖面、渔渡剖面有所不同，该剖面水井沱组底部发育的古杯生物-生屑灰岩（图 6.18），内部见完整生物化石和生物碎屑均为古杯。前者，古杯动物骨骼——杯体（由方解石显微晶粒组成）及其外壁、内壁、壁间、中央腔和外壁小孔保存完好，即具有原地生长及沉积特征。由此分析，该剖面为典型混积外陆棚沉积中受较高地貌控制的局部碳酸盐岩发育部位。

图 6.17　镇巴渔渡剖面水井沱组下部岩性特征

(a) 深灰色薄板状灰岩与黑灰色泥岩不等厚频繁间互，上部因现代风化淋溶而呈土黄色；(b) 深灰色砂质泥岩夹灰岩瘤块；(c) 黑灰色砂质泥岩与薄板状灰岩不等厚频繁间互；(d) 深灰色砂质泥岩与同色薄板状灰岩不等厚频繁间互

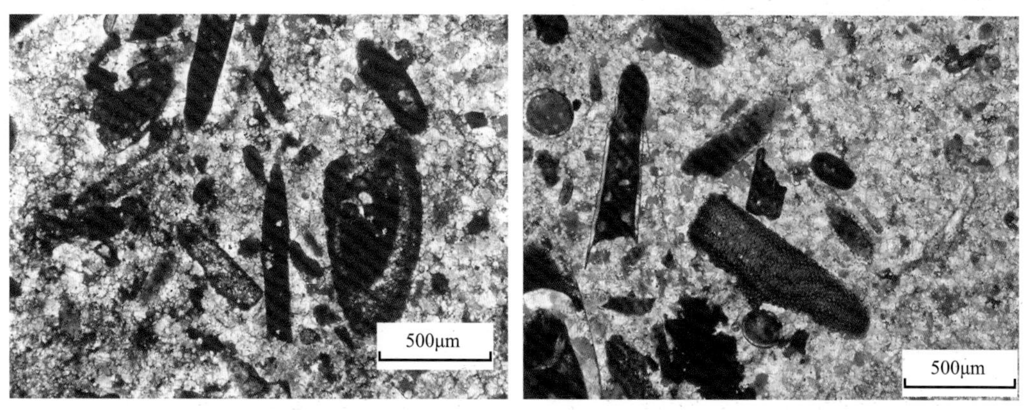

图 6.18　镇巴老庄剖面水井沱组底部发育的古杯生物-生屑灰岩

照片中完整生物化石和生物碎屑均为古杯。前者，古杯动物骨骼——杯体（由方解石显微晶粒组成）及其外壁、内壁、壁间、中央腔和外壁小孔保存完好

自该相带向东南方向的宣恩-咸丰-黔江一带，因更靠近广海而沉积欠补偿的碳质页岩（其底夹黑色硅岩）、石煤（陆棚低洼处）及磷结核，其上部为灰绿色页岩夹钙质页岩

及泥灰岩，厚 100～400m，普遍发育水平层理（蒲心纯等，1993；刘宝珺和许效松，1994）。该相带以黔东所在的牛蹄塘组地层小区为典型。在牛蹄塘组的命名剖面——遵义西北约 30km 的牛蹄塘，以及金沙岩孔参考剖面，牛蹄塘组厚约 170m，与下伏灯影组呈假整合接触。其沉积物特征，底部为黑色硅质页岩、硅岩夹黑色磷块岩，下部为灰黑色碳质页岩，中上部为灰黑色碳质页岩夹灰绿色砂质页岩。

三、斜坡-盆地相

盆地相，即南秦岭海盆，发育在川西北青川与川东北城口-房县大断裂以北的广大地区，如西乡茶镇、紫阳麻柳、万源大竹河、城口、镇坪、平利、安康、汉阴、竹山等地区，即第一节所述的鲁家坪组发育区，相当于筇竹寺组的岩石地层单元为鲁家坪组中部（项礼文等，1999）。其岩性以灰黑色碳硅泥岩夹黑灰色碳酸盐岩浊流、碎屑岩浊流为特征，沉积构造以呈厘米级薄层-中厚层和发育毫米级水平纹层为特征，沉积相以斜坡-盆地相为特征。

西乡茶镇明月观剖面位于陕西省汉中市西乡县茶镇白勉峡东侧明月观村至康乐村沿线（图 6.19）。鲁家坪组以灰黑色碳硅泥岩沉积为主，揉皱极为强烈，硅岩呈透镜状分布于灰黑色薄板状泥岩内，为典型的深水混积沉积特征，碳硅泥岩组合为盆地相沉积。

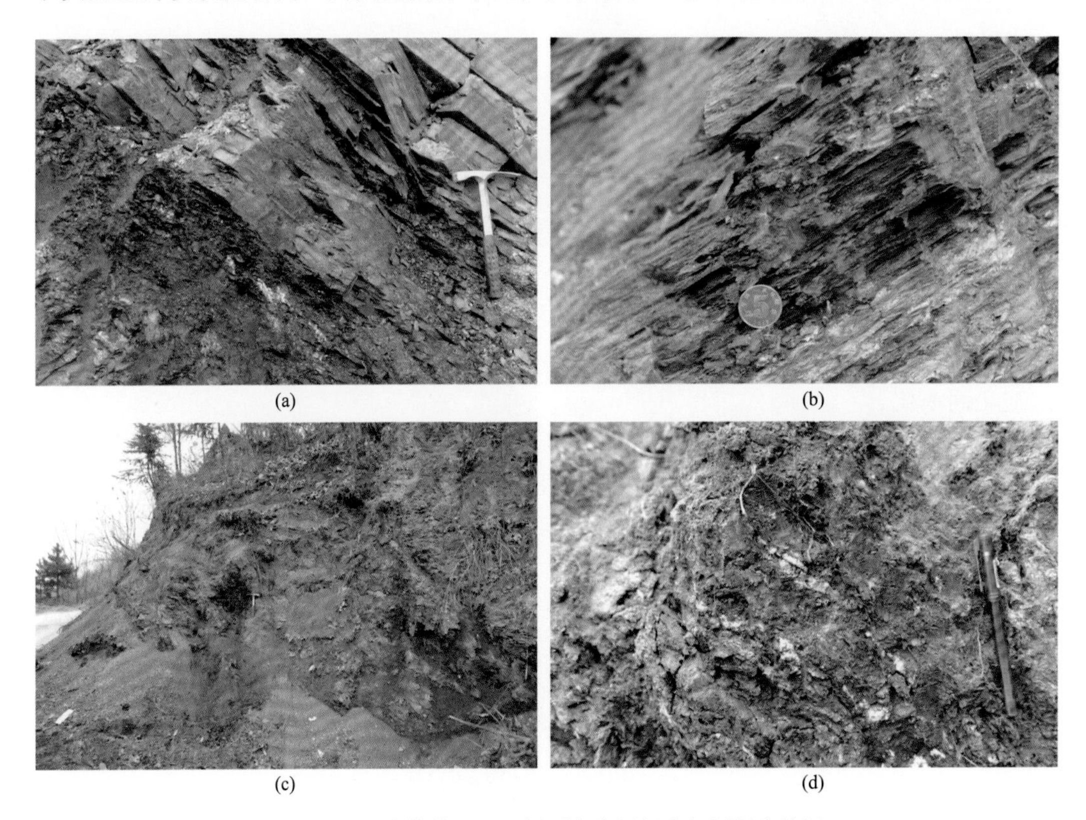

(a)　(b)　(c)　(d)

图 6.19　西乡茶镇明月观剖面鲁家坪组中部烃源岩特征

（a）灰黑色页岩、硅质页岩与同色泥质硅岩；（b）灰黑色砂质泥岩，风化面土黄色；（c）灰黑色页岩，风化成土状；（d）特征同（c）

第三节 仙女洞组—阎王碥组岩相古地理

中国南方以埃迪卡拉系—中三叠统多层系、广泛分布的海相碳酸盐岩而引人注目，但以往对其中所夹碎屑岩组段的重视与研究程度不够。近几年的研究表明，仙女洞组—阎王碥组沉积恰处于南华纪、埃迪卡拉纪、寒武纪最重要的大地构造变革期，四川盆地及周缘海-陆格局、岩相古地理的最重要转换期。最突出特征，一是西南秦岭-川西海盆（图幅内称川西北海盆）消亡，并与康滇古陆连成一体，构成上扬子西缘纵跨南北的广阔陆源剥蚀区；二是前仙女洞组南北向隆坳分异格局消亡，代之以西北隆升、东南沉降以及向东南、东北缓缓倾伏的陆地-海底古地貌格局始有雏形；三是区域上分隔四川盆地与中扬子的川陕海峡彻底消亡，从而内陆棚相带连为一体，而上-中扬子东南缘、南缘仍然发育外陆棚。

仙女洞组—阎王碥组（沧浪铺组）是一个复杂的岩石地层单元，除龙门山北段仅残存下段（即磨刀垭组）大套砾岩体、砂砾岩体外，普遍具有两分性。在米仓山划分为仙女洞组和阎王碥组；川中划分为沧浪铺组下段和上段；川东划分为石牌组和天河板组。其中，山前砂砾岩体和克拉通内碳酸盐岩，均为穿时的沉积体。

地层对比的结果表明，砾岩体、砂砾岩体，从龙门山北段沧浪铺组下部（即磨刀垭组）即开始发育，汉南古陆南缘仅发育在沧浪铺组上部（阎王碥组），说明其发育层位逐渐抬高、时代变新，显然为一穿时的沉积体，其沉积相由扇三角洲平原（类似于冲/洪积扇）逐渐相变为扇三角洲前缘及分流间湾，这标志着前陆冲断带的崛起并逐渐向克拉通内迁移而发生递进式演化；沧浪铺组内部碳酸盐岩段，由米仓山中东段沧浪铺组下部（即仙女洞组）含古杯鲕粒灰岩→川中-川东覆盖区沧浪铺组“沧内灰岩”→城口-巫溪-三峡地区沧浪铺组上部（即天河板组）古杯灰岩，发育层位逐渐由沧浪铺组下部→中部→上部，也为一穿时的沉积体，揭示其沉积的海底构造古地理背景更可能是无陆屑注入的前缘隆起，并伴随前缘隆起自北西向南东、向克拉通内的迁移而迁移，以及前陆盆地的递进变化而演化。

本节按地理位置、沉积相来讨论仙女洞组—阎王碥组岩相古地理格局及其演变。由图6.20、图6.21可见，仙女洞组沉积期即开始了西陆-东海、西高-东低古地貌格局的演变，但仙女洞组沉积期的古陆剥蚀区东界尚在龙门山北段的康县-茂县以西，阎王碥组沉积期则向东迁移至青川-北川以西。

在沉积区，自北西向南东，早期沉积相依次为龙门山北段山前扇三角洲平原与扇间洼地、川西扇三角洲前缘与分流间湾、川西内陆棚、川北中-浅缓坡鲕粒滩、川东-川中碎屑岩夹碳酸盐岩混积内陆棚；晚期沉积相依次为龙门山北段-汉南古陆南缘山前扇三角洲平原与扇间洼地、川西北扇三角洲前缘与分流间湾、川北-川中内陆棚、川东-川中混积内陆棚、川东北城口-巫溪（天河板组）中-浅缓坡相古杯（礁）灰岩。

此外，在米仓山地区，阎王碥组所夹泥质砂岩、泥质粉砂岩、粉砂质泥岩和泥岩变为紫红色，称“下红层”。

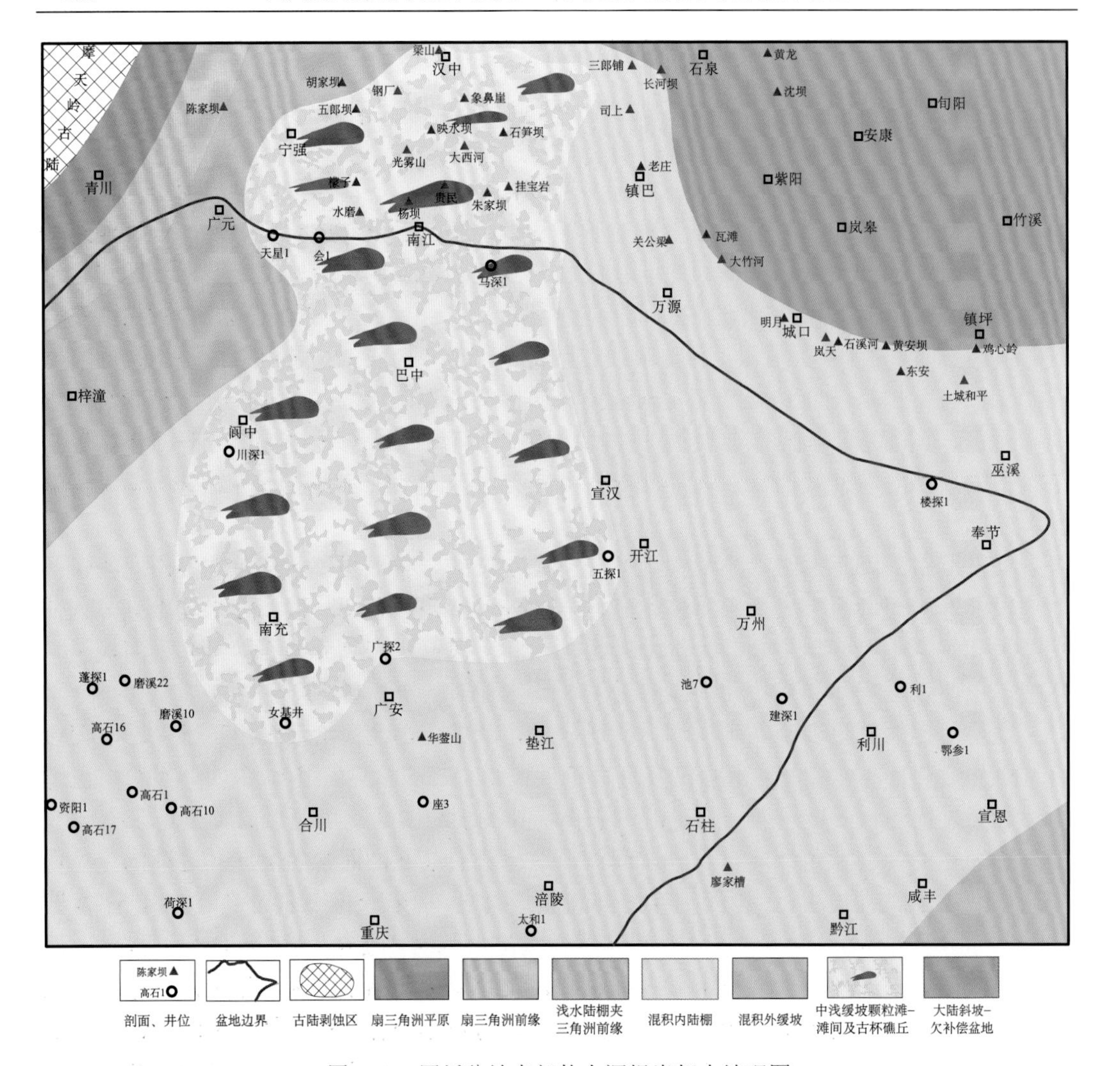

图 6.20　四川盆地东部仙女洞组岩相古地理图

一、扇三角洲相

在川西北龙门山与米仓山交汇地区，沧浪铺组上部（即阎王碥组）仅残存在汉南古陆南缘，底部普遍以一层紫红色砂页岩与下伏仙女洞组鲕粒灰岩分界。其厚度一般为130～300m；最薄处在近岸的阜川、城固一带，因受后期剥蚀而残存 100m 左右；最厚在旺苍干河一带，达 310m。其沉积粒度一般是靠近汉南古陆的宁强-南郑一带较粗，以砾岩为主沉积；远离古陆的南江、旺苍则以砂、泥岩为主，砾岩较少（李耀西等，1975）。其沉积相，下部一般为三角洲前缘-滨岸相紫红色、绿灰色砂岩、粉砂岩、粉砂质泥岩；中上部由扇三角洲前缘相水下分流河道-河口坝、分流间湾亚相含砾砂岩、砂岩夹粉砂质泥岩，渐变为扇三角洲平原相燧石砾岩、砂砾岩、砂岩夹砂质泥岩。

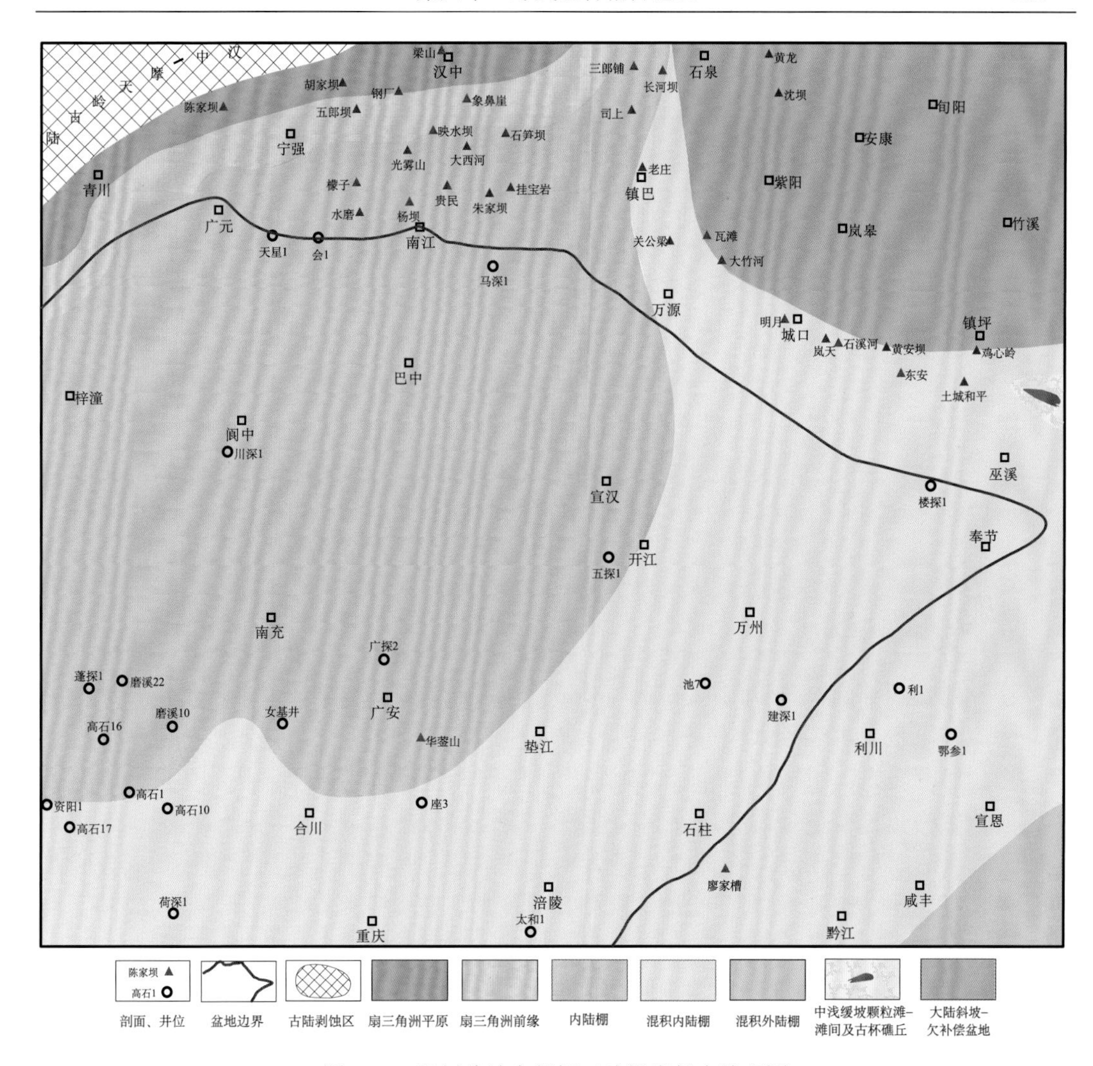

图 6.21 四川盆地东部阎王碥组岩相古地理图

（一）山前扇三角洲相

扇三角洲平原属扇三角洲的水上部分，属陆相沉积，类似于冲积扇，在仙女洞组和阎王碥组均有发育。仙女洞组沉积期，山前扇三角洲平原广泛发育并残存在南起茂县、北达康县的龙门山中-北段；阎王碥组沉积期，山前扇三角洲平原向东南方向扩展，发育并残存在西自北川、东至宁强-汉中南的汉南古陆南缘。其岩石类型以砾岩体、砂砾岩体为特征，如北川复兴一带发育残厚达 860m 的岩屑砾岩夹碳质页岩；广元至旺苍一带（原称磨刀垭组）发育残厚 30～310m 的岩屑砾岩和燧石砾岩，砾径通常为 0.2～5cm，最大可达 20～30cm（图 6.22）。扇三角洲前缘则发育在扇三角洲平原相带东侧、东南侧的海域边缘。

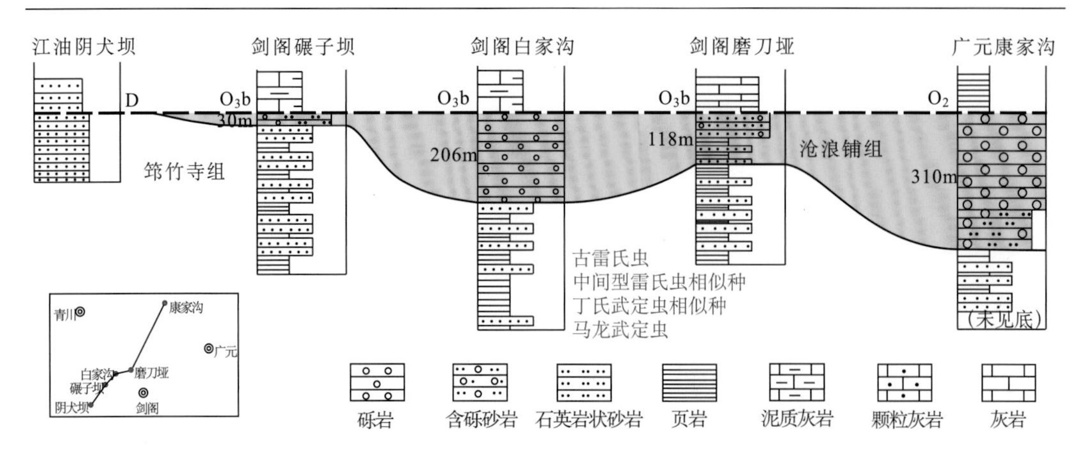

图 6.22　龙门山北段磨刀垭组砂砾岩体对比（据 1966 年广元幅区测报告，有增改）

在龙门山北段，寒武系遭受了强烈剥蚀，目前仅残存沧浪铺组下部（即磨刀垭组），其与下伏长江沟组、邱家河组渐变过渡、整合接触，顶与泥盆系、志留系、奥陶系等不同层位不整合接触

1. 广元康家沟剖面

广元康家沟剖面位于龙门山北段广元市三堆镇康家沟，该剖面沧浪铺组为典型扇三角洲平原相沉积，可识别水上分流河道和扇间洼地两类亚相。其中，水上分流河道（或冲积扇扇体）具有：①粒度最粗，以砾岩、砂砾岩为特征，呈厚层块状，分选、磨圆较差，普遍发育正递变层理；②砾石定向性差，或叠瓦状排列，后者的砾石最大扁平面倾向上游，古流向与之相反（图 6.23）；③其中所夹砂岩，具有燧石岩屑含量高、成分成熟度低的特征（图 6.24）；④扇间洼地的沉积厚度变薄、粒度变细，但成分、结构成熟度也很低。在汉南古陆南缘，尽管扇三角洲平原相仅发育在沧浪铺组上部（阎王碥组），且厚度变薄，但其沉积特征类似于龙门山北段沉积。

2. 南郑五郎坝剖面

南郑五郎坝剖面位于汉中市南郑区黎坪镇五郎坝村，该剖面阎王碥组主要岩性为灰色块状砂砾岩、砾岩，普遍发育递变层理（图 6.25）。砾石分选、磨圆较差，成分主要为硅岩，部分砾石为白云岩，表明以古陆为主的复杂物源特征。且砾石定向性差，反映物源区快速隆升背景下的近物源快速堆积，沉积相属扇三角洲平原（类似于山前冲/洪积扇）。

3. 旺苍鼓城剖面

旺苍鼓城剖面位于广元市旺苍县鼓城乡南关口村。该剖面阎王碥组以碎屑岩沉积为主，下部为灰白色粉砂岩夹青灰色、紫红色泥岩；中部多套含燧石、石英砾岩向上出现白云石砾石，砾石以 1～2cm 为主，次棱角状-次圆状，灰色中细砂岩；上部灰色细砂岩夹泥岩，见波痕（图 6.26）。整体为扇三角洲平原近缘快速堆积沉积。

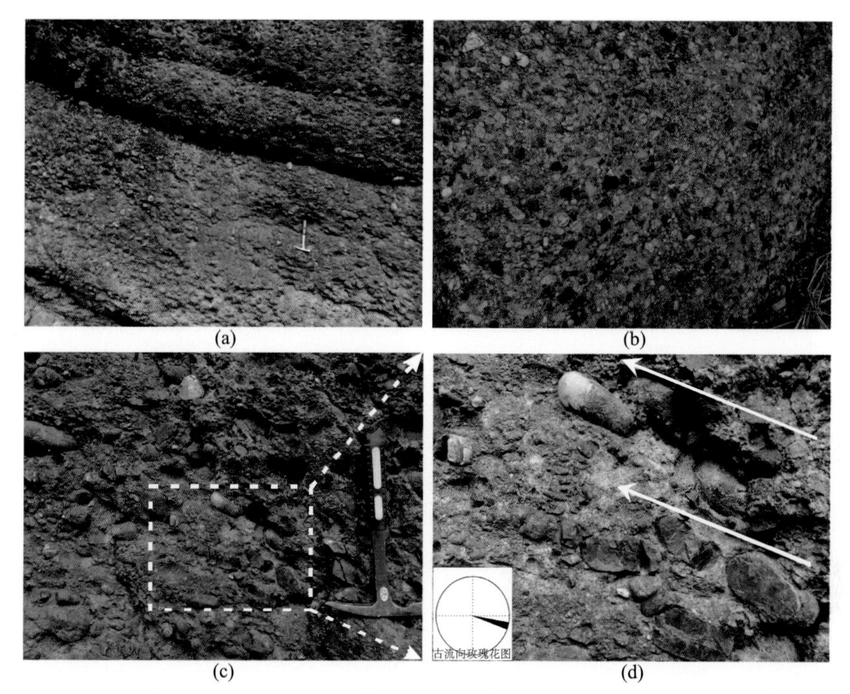

图 6.23　龙门山北段广元康家沟剖面沧浪铺组扇三角洲平原相的组构特征

（a）砾岩呈厚层块状；（b）砾石分选、磨圆差，砂泥支撑或砂支撑；（c）砾石呈叠瓦状排列，最大扁平面倾向上游，古流向与最大扁平面倾向相反；（d）图（c）的局部放大，箭头示砾石最大扁平面倾向，左下角为古流向玫瑰花图，古流方向 SEE。这些均指示扇三角洲平原水上分流河道沉积，搬运介质流态为密度流而非牵引流，类似于冲/洪积扇

图 6.24　龙门山北段广元康家沟剖面沧浪铺组扇三角洲平原相砂岩的成分特征

砂岩以燧石岩屑含量高为典型特征。Q. 石英；Pl. 斜长石；Kfs. 钾长石；Lm. 变质岩岩屑；Ls. 沉积岩岩屑；Chert. 燧石岩屑；Ms. 白云母

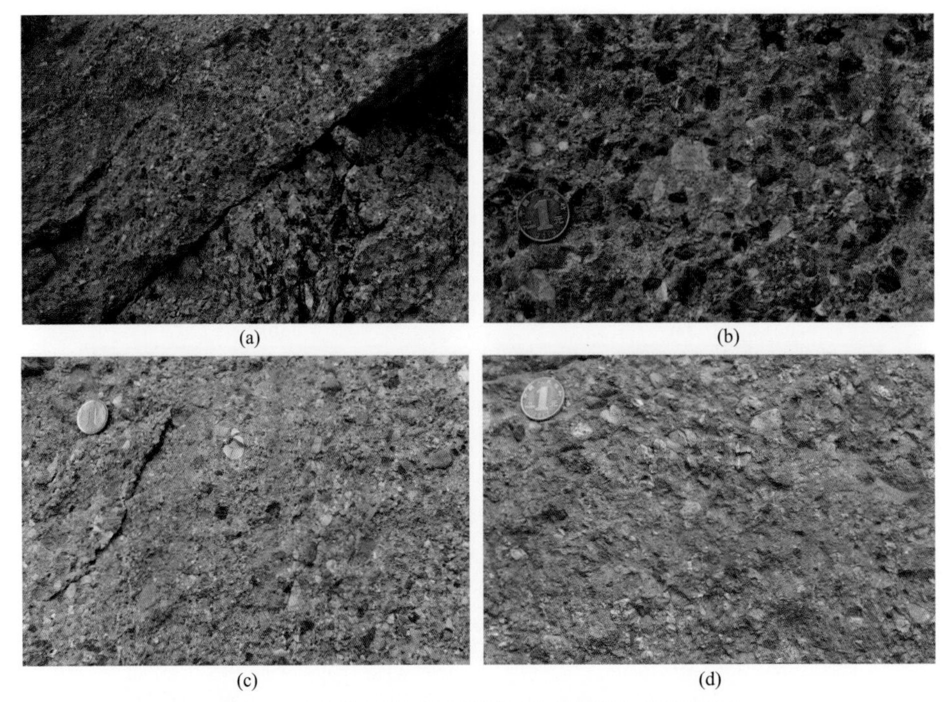

(a)　(b)　(c)　(d)

图 6.25　南郑五郎坝剖面阎王碥组岩性与沉积特征

灰色块状砂砾岩、砾岩，普遍发育递变层理；砾石分选、磨圆较差，成分主要为硅岩屑，且砾石定向性差，反映物源区快速隆升背景下的近物源快速堆积，沉积相属扇三角洲平原（类似于山前冲（洪）积扇）

(a)　(b)　(c)　(d)

图 6.26　旺苍鼓城剖面阎王碥组岩性与沉积特征

黑灰色、灰色、灰白色块状砂砾岩，分选、磨圆较差，成分以燧石为主，部分为白云岩角砾，反映多源特征，砾石支撑式或漂浮式堆积，垂向上具有旋回性

4. 旺苍正源双河剖面

旺苍正源双河剖面位于广元市旺苍县正源镇双河村附近。该剖面阎王碥组下部为紫红色泥岩、泥质粉砂岩，中上部为中层紫红色含砾粗砂岩与细砾岩，顶部为紫红色泥岩与中细砂岩。其中砾石以石英为主，并有少量白云岩角砾，砾石具有中等分选和磨圆，表现为一定距离的搬运特征，整体为扇三角洲平原-前缘沉积（图 6.27）。

(a)　(b)

图 6.27　旺苍正源双河剖面阎王碥组的岩性与沉积特征

黑灰色、灰色块状砂砾岩，分选、磨圆较差，砾石支撑式接触关系密集堆积

总之，南郑五郎坝剖面（图 6.25）、旺苍鼓城剖面（图 6.26）、旺苍正源双河剖面（图 6.27）、南郑小坝映水坝剖面（图 6.28）显示阎王碥组岩性与沉积特征为扇三角洲平原相（类似于山前冲/洪积扇），以灰色块状砂砾岩、砾岩沉积为主，普遍发育递变层理；砾石分选、磨圆较差，成分主要为硅岩屑，且砾石定向性差。总体上，自南向北、自东向西，扇三角洲平原相沉积的厚度比例逐渐增加。

(a)　(b)

图 6.28　南郑小坝映水坝剖面阎王碥组岩性与沉积特征

灰色块状砂砾岩，分选、磨圆较差，成分主要为硅岩屑

（二）扇三角洲前缘相

扇三角洲前缘相，为扇三角洲的水下部分，也即入海的冲/洪积扇体，属海相沉积。其中：①水下分流河道沉积粒度变细而多为含砾砂岩体、砂岩体，具“顶平底凸”特征，而且分选-磨圆变好，单层厚度变薄，并发育槽状、板状、正递变层理和浪成波痕；②水下分流河口坝还发育典型下细上粗的反递变层理；③水下分流间湾的沉积厚度薄、粒度细，但成分、结构成熟度变高。川西北地区龙门山-米仓山山前扇三角洲相，可识别出平原与前缘两个亚相。在仙女洞组、阎王碥组皆发育，但后者的相带分布大幅度向东南方向迁移。

在龙门山北段，广元剑阁磨刀垭剖面沧浪铺组下部（磨刀垭组），即为典型的扇三角洲前缘水下分流间湾沉积，残厚 118m（图 6.29）。其沉积特点：①由灰色、绿灰色夹紫红色粉砂质泥页岩、泥质粉砂岩→浅灰色薄层、中层、厚层细砂岩、中粗砂岩、含砾砂岩构成向上变浅序列。其中，泥页岩、粉砂质泥岩中见生物扰动构造；含砾砂岩中砾石

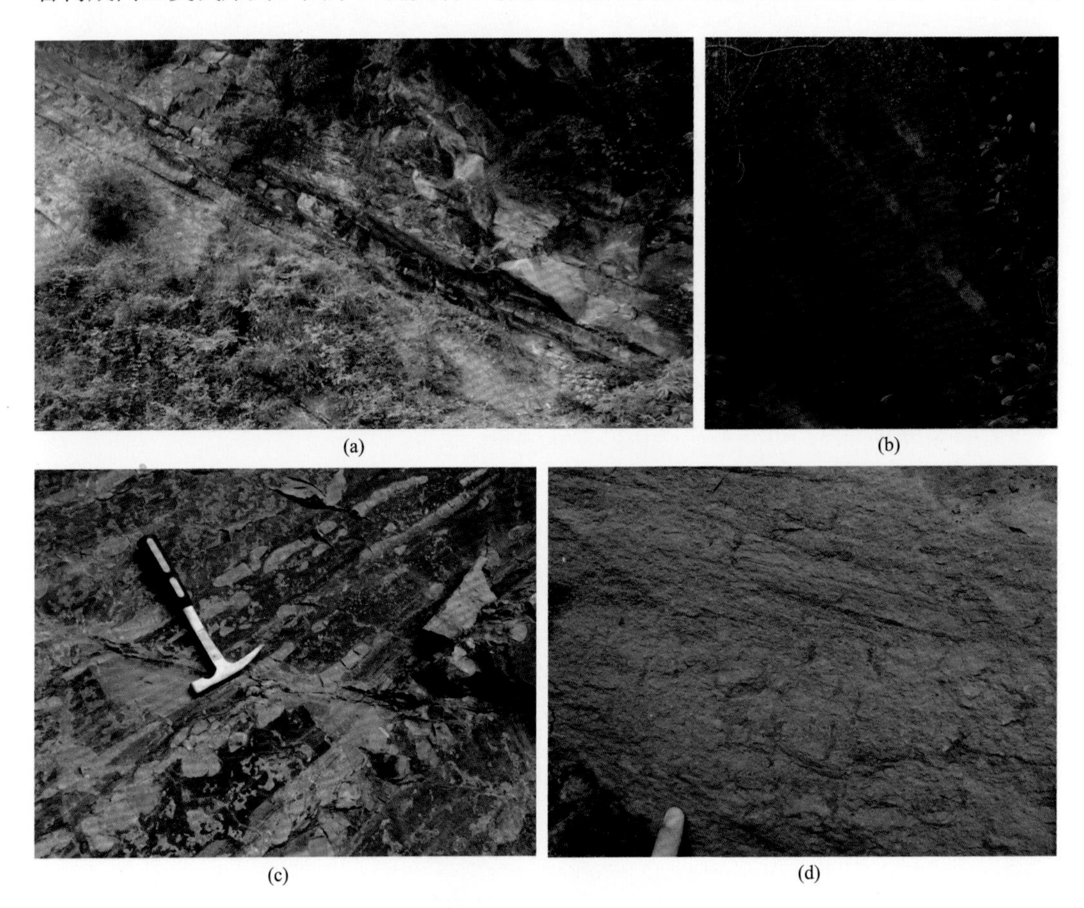

图 6.29　广元剑阁磨刀垭剖面磨刀垭组野外典型照片

（a）下为薄层泥质粉砂岩、粉砂质泥岩夹薄层砂泥质灰岩，向上渐变为薄-中层-厚层中细砂岩，砂岩层面发育浪成波痕，横剖面见典型板状斜层理；（b）砂岩底面上保存的浪成波痕印模（“峰圆、谷尖”）；（c）高频层序海侵域沉积砂泥质灰岩，其中见风暴砾屑；（d）灰色泥质砂岩中发育直立虫孔

为燧石，粒径为 0.2～1.0cm，并见绿灰色泥砾。②砂岩顶面发育“峰尖、谷圆”的浪成波痕（底面印模为“峰圆、谷尖”），砂体断面发育典型的板状斜层理，并沿板状斜层理强烈风化。③粉砂岩、砂岩胶结物中见海绿石。

二、内 陆 棚 相

由图 6.20 和图 6.21 可见，内陆棚相发育在龙门山北段、汉南古陆南缘扇三角洲的东南邻区海域，以浅水陆棚相夹三角洲前缘水下分流河道、河口坝及前三角洲席状砂，或两者的间互沉积为特征，自然伽马-电阻率曲线显示典型的向上变浅沉积序列。而且，该相组合自仙女洞组→阎王碥组大范围扩大，早期仅局限于川西北一隅，晚期覆盖了整个川北-川中。这一现象实质上是阎王碥组沉积期康滇-西秦岭-汉中古陆（前陆冲断带）进一步崛起并逐渐向克拉通内迁移的沉积响应。但在局部无陆源碎屑注入的海底古地貌高地上，其顶部发育白云岩（威 28 井）或灰岩（荷深 1 井）。

1. 南郑五郎坝剖面

南郑五郎坝剖面位于汉中市南郑区黎坪镇五郎坝村。该剖面阎王碥组为典型的扇三角洲前缘夹浅水陆棚相沉积，自下而上经历了浅水陆棚→扇三角洲前缘向上变浅序列及扇三角洲前缘进积的演化（图 6.30），但因更靠近古陆而沉积粒度较粗。在该区域阎王碥组下部为页岩、粉砂岩夹泥质白云岩沉积，即典型浅水陆棚沉积。其上由厚层砂岩过渡为燧石砂砾岩、砾岩沉积，为典型扇三角洲前缘沉积，再过渡为砂砾岩偶夹富含三叶虫化石的页岩层，为扇三角洲前缘夹浅水陆棚沉积。

2. 南江沙滩剖面

南江沙滩剖面位于巴中市南江县沙滩乡，该剖面阎王碥组距物源区相对较远，沉积粒度明显变细，表现为浅水陆棚夹扇三角洲前缘相沉积（图 6.31），其中，下部以泥岩、粉砂质和灰质页岩、细砂岩、砂质灰岩等沉积为主，含三叶虫化石，为浅水混积陆棚沉积。向上过渡为以中层-厚层中砂岩夹含砾砂岩、页岩沉积为主，再向上过渡为中砂岩夹粗砂岩沉积，顶部发育中至粗砂岩，顶部含细砾石，整体为扇三角洲前缘夹浅水陆棚沉积。

需要指出，图 6.31 所示南江沙滩剖面阎王碥组沉积特征，除图中所列化石外，第 1～13 层还含下列三叶虫化石。其中，上部第 10～13 层有 *Paokannia* sp.、*Redlichia nanjiangensis*；中部第 3～9 层有 *Redlichia* cf. *major*、*Drepanopyge* cf. *mirabilis*、*Drepanuroides* sp.、*Mayiella* sp.、*Longduia* sp.、*Paramalungia* sp.；下部第 1～2 层有 *Yunnanspis* sp.、*Yunnanspidella* sp.。也即，全剖面所有层所夹细碎屑岩（页岩、泥岩、粉砂质泥岩及砂岩）中，均含底栖三叶虫、腕足类化石，说明以水体较清澈的浅水陆棚相为特征，但是其沉积粒度仍较粗。

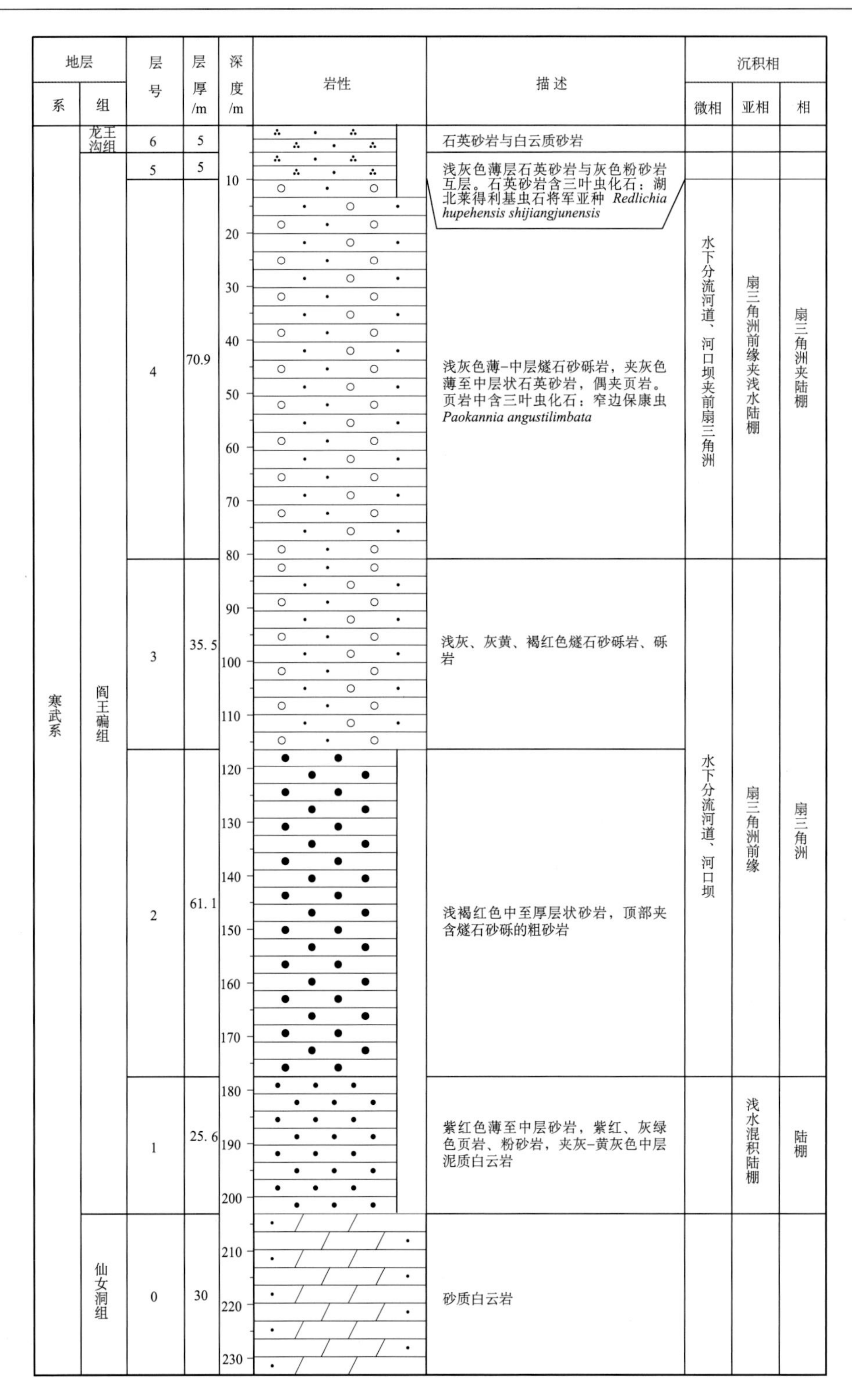

图 6.30　南郑五郎坝剖面阎王碥组沉积充填特征

据李耀西等（1975）实测剖面资料编制；增补沉积相

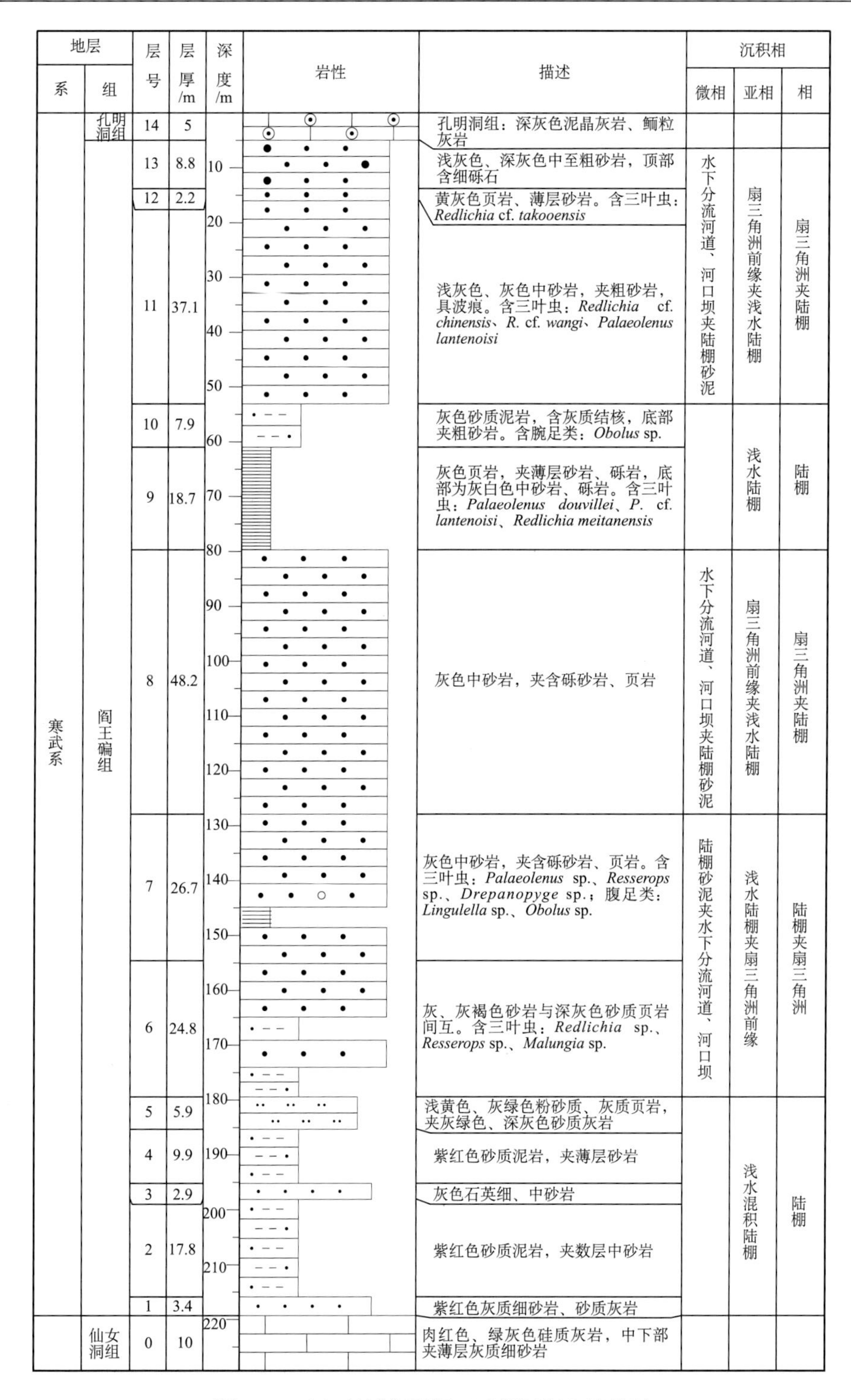

图 6.31　南江沙滩剖面阎王碥组沉积充填特征

据四川省区域地层表编写组（1978）实测剖面资料编制；增补沉积相

三、浅-中缓坡鲕粒滩坝相

浅-中缓坡鲕粒滩坝相，在仙女洞组、阎王碥组均发育，但后者的发育位置大幅度向东、向南，向克拉通内迁移。

（一）仙女洞组浅-中缓坡相

关于川北米仓山露头区仙女洞组厚 30～160m 灰岩的研究，国内已有多篇文章发表（陈润业和张福有，1987；汪明洲，1989；张廷山等，2005；杨爱华和袁克兴，2012；牟传龙等，2012；沈骋等，2016；杨慧宁等，2016）。例如，沈骋等（2016）深入研究了旺苍唐家河剖面仙女洞组灰泥丘的沉积特征及造丘环境，发现了 4 期由微生物建造、古杯参与的灰泥丘。其中，前 3 期灰泥丘发育的水体较深，为中缓坡（原文为台缘斜坡）环境；第四期灰泥丘形成的水体较浅，发育在浅缓坡（原文为台地边缘），进而建立了沉积演化序列和形成演化模式。

研究表明，仙女洞组灰岩是四川盆地及周缘寒武纪发育最早且分布广泛的清水型碳酸盐岩沉积，是一套厚度不稳定且穿时的沉积体。在现今四川盆地边界以北的米仓山露头区，仙女洞组以清水型浪控中-浅缓坡碳酸盐岩沉积为特征，发育含古杯灰泥丘、古杯点礁与规模较大的含古杯鲕粒滩坝和古杯生物生屑风暴岩、砾屑灰岩风暴岩、鲕粒灰岩风暴岩，以及核形石灰岩、泥质纹层-条带和薄板状泥灰岩，板状交错层理、羽状交错层理，尤其是风暴成因丘状层理、风暴侵蚀面极发育。向南，该套鲕粒滩体伸入盆地覆盖区，如川北天星 1 井、马深 1 井、川深 1 井，仅纯鲕粒灰岩厚度就依次达 74m、50m、52m。

1. 南江杨坝剖面

南江杨坝剖面位于巴中市南江县城西北杨坝镇，该剖面发育典型的仙女洞组鲕粒灰岩沉积（图 6.32）。整体上以中厚层中粗鲕粒为主，具有旋回性，单旋回下部为薄板状灰岩，偶见鲕粒，向上鲕粒呈逐渐增多增大趋势。广泛分布的纯净鲕粒灰岩反映了其高能沉积环境为浅缓坡沉积。

2. 南郑西河南岔河剖面

南郑西河南岔河剖面位于汉中市南郑区西河乡南岔河村北部。该剖面仙女洞组为高能沉积相带沉积（图 6.33），下部为薄层鲕粒灰岩夹灰绿色泥岩，上部为中-厚层鲕粒灰岩，总体表现为向上水体能量增强特征。仙女洞组具风暴成因板状斜层理、丘状层理、截切面，部分剖面发育核形石灰岩，含古杯化石。水体沉积能量比南江杨坝剖面更高，为浅缓坡内部地貌较高部位。

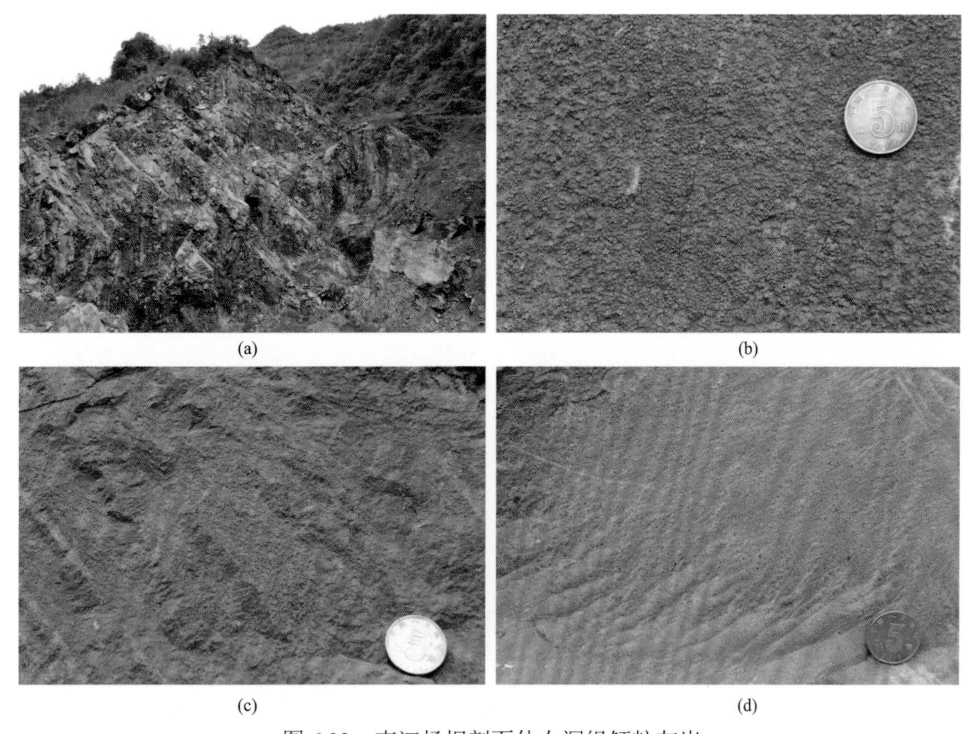

图 6.32　南江杨坝剖面仙女洞组鲕粒灰岩

(a) 仙女洞组鲕粒灰岩的宏观照片；(b)～(d) 鲕粒灰岩

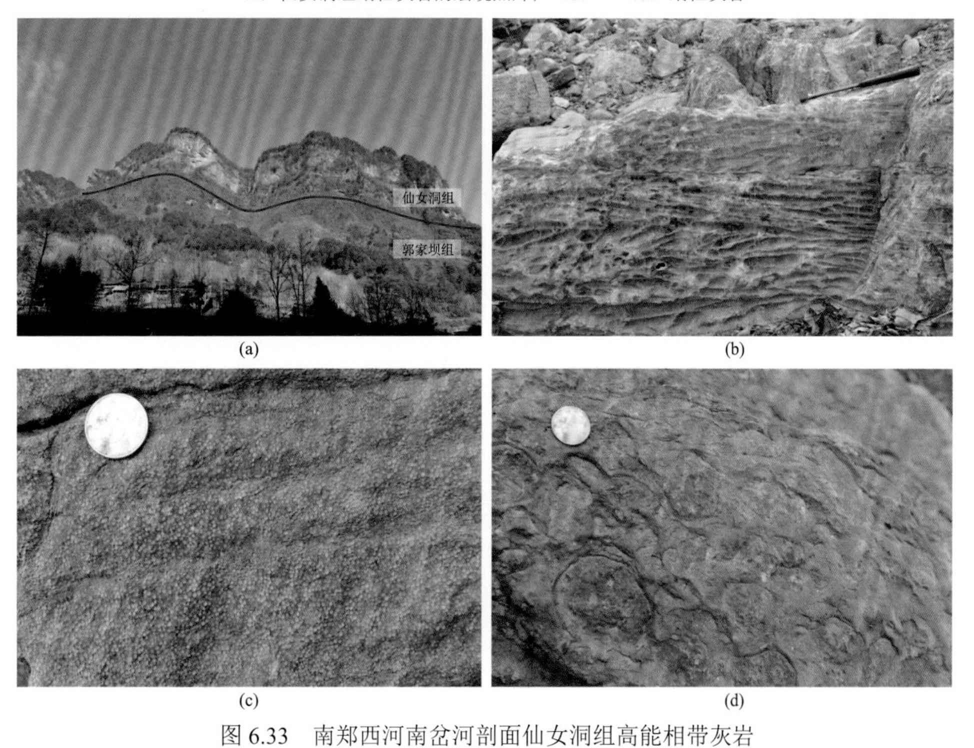

图 6.33　南郑西河南岔河剖面仙女洞组高能相带灰岩

(a) 宏观照片：郭家坝组泥岩与上覆仙女洞组及其界线；(b) 鲕粒灰岩，发育风暴成因板状斜层理、丘状层理、截切面；(c) 鲕粒灰岩；(d) 核形石灰岩，含古杯化石

3. 南郑小坝村东剖面

南郑小坝村东剖面位于汉中市南郑区小南海镇小坝村分水岩公路边。仙女洞组下部为灰色鲕粒灰岩夹灰质泥岩，上部为块状鲕粒灰岩，并含有核形石和古杯化石，具向上变浅沉积序列、发育板状斜层理的鲕粒坝（图 6.34）。其中，古杯化石及鲕粒灰岩砾屑呈杂乱排列，疑为风暴作用的产物——古杯、砾屑灰岩风暴岩。综合以上沉积特征，南郑小坝分水岩剖面仙女洞组为浅水高能的浪控中-浅缓坡沉积特征（图 6.35）。

图 6.34　南郑小坝村东剖面仙女洞组岩性特征

古杯化石及鲕粒灰岩砾屑（照片底左）呈杂乱排列，疑为风暴作用的产物——古杯、砾屑灰岩风暴岩。在该层之下、上均为具向上变浅沉积序列、发育板状斜层理的鲕粒坝

4. 南郑福成剖面

南郑福成剖面位于汉中市南郑区福成镇。该剖面仙女洞组下部为薄层生屑灰岩夹鲕粒灰岩；中部以中-厚层鲕粒灰岩为主，并具有古杯礁丘灰岩沉积，局部发育风暴成因丘状层理、板状斜层理，以及一系列风暴侵蚀成因的截切面；上部以鲕粒云岩为主，具有生物钻孔及缝合线构造，总体而言，该剖面仙女洞组为浪控碳酸盐岩浅-中缓坡沉积环境（图 6.36）。

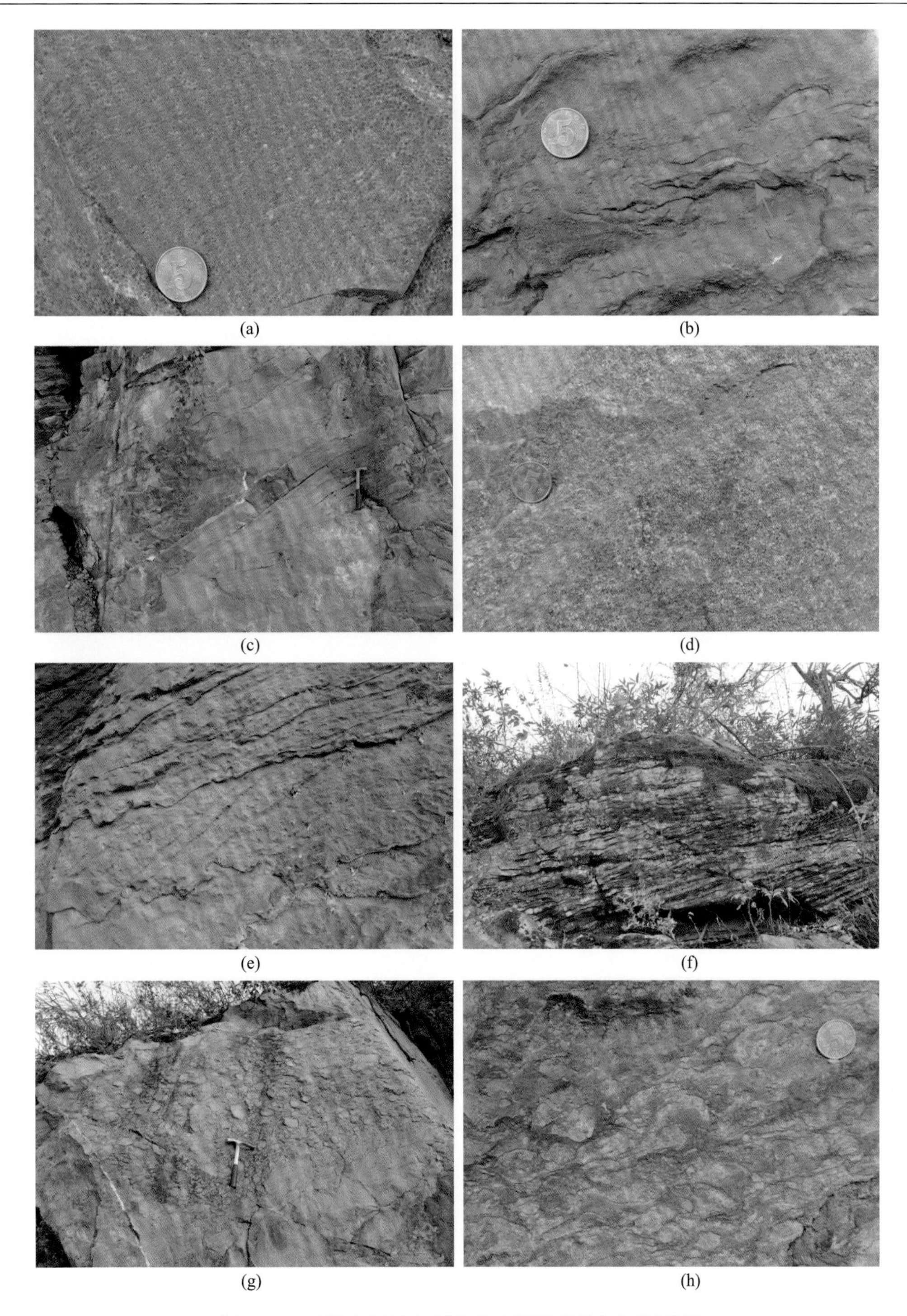

图 6.35　南郑小坝村东剖面仙女洞组岩性与沉积特征

（a）灰色鲕粒灰岩；（b）鲕粒灰岩，含古杯化石（5 角硬币上侧、左侧）、核形石（硬币右侧）；（c）含核形石细鲕灰岩组成的鲕粒坝，发育前积板状斜层理；（d）鲕粒灰岩；（e）和（f）具板状斜层理、丘状层理、截切面的鲕粒灰岩（风化面），指示浅水高能的浪控中-浅缓坡沉积；（g）含古杯核形石灰岩；（h）古杯（点）礁灰岩

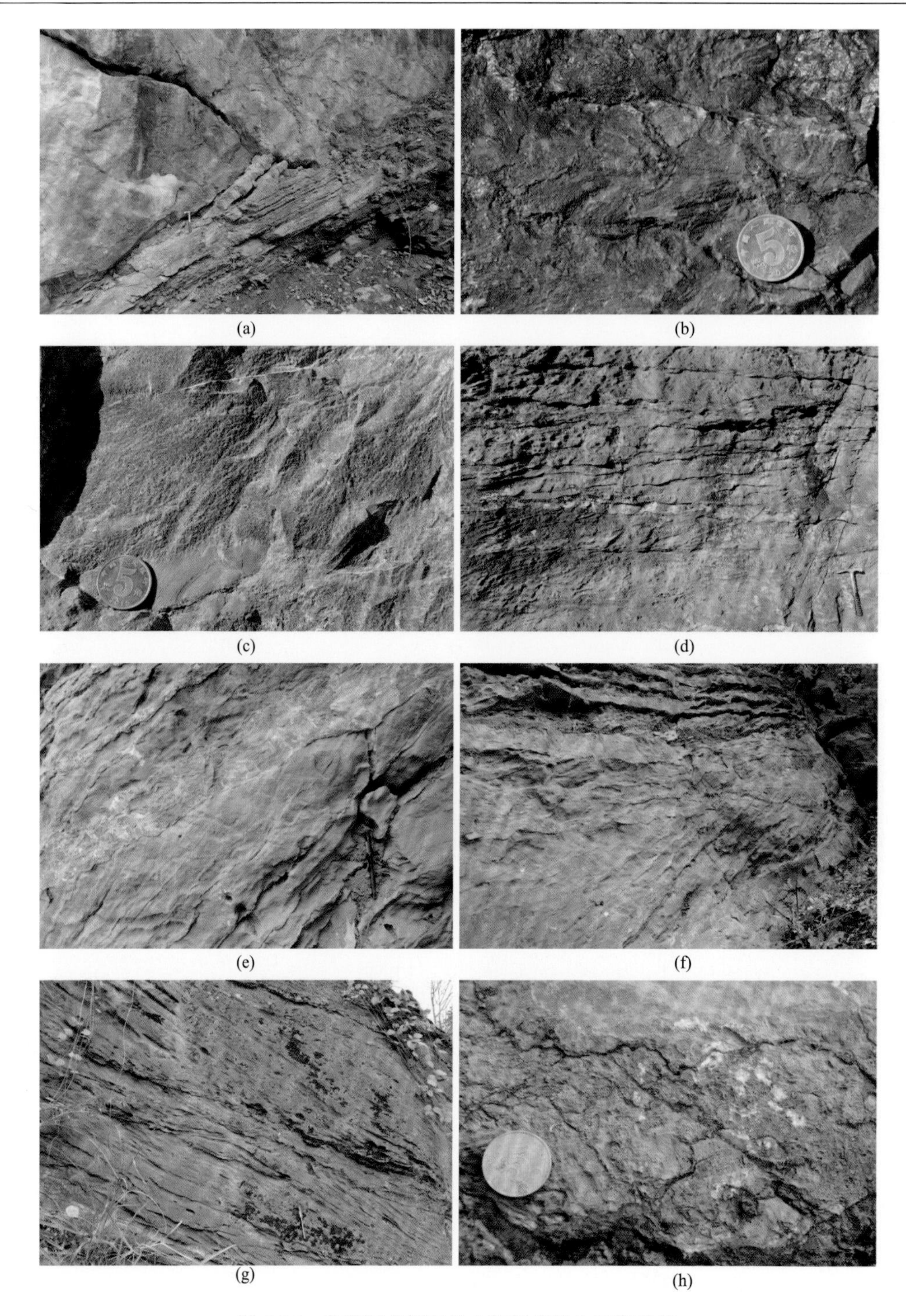

图 6.36　南郑福成剖面仙女洞组岩性与沉积特征

(a) 宏观照片：底部海侵域薄层灰岩与中上部高位域厚层古杯礁丘灰岩；(b) 古杯礁丘灰岩；(c) 深灰色鲕粒灰岩；(d) ～ (g) 风暴成因丘状层理、板状斜层理，以及一系列风暴侵蚀成因的截切面，属浪控碳酸盐岩中-浅缓坡沉积；(h) 古杯礁丘灰岩，典型古杯动物化石

5. 南江柳湾剖面

南江柳湾剖面位于巴中市南江县东北柳湾乡。仙女洞组底部以 1m 厚鲕粒灰岩与下伏郭家坝组泥质砂岩分界，向上表现为两个沉积旋回，单旋回下部为泥质条带、泥质纹层、瘤状鲕粒灰岩，为四级海侵沉积，向上为厚层块状鲕粒灰岩，再向上过渡为以含古杯化石鲕粒灰岩、鲕粒灰岩、核形石灰岩等颗粒灰岩沉积为主，局部发育风暴成因的丘状层理、板状斜层理及风暴侵蚀成因的截切面，偶见鲕粒灰岩中发育“羽毛”状交错层理，又称青鱼骨刺状层理，为四级高位沉积。其中，中部发育 19m 厚古杯礁丘完整沉积，下部为灰色、深灰色鲕粒粉屑黏结岩构成的礁丘基，中部为古杯密集分布构成的障积丘，上部为深灰色-灰色纹层状、中厚层云化鲕粒或鲕粒灰岩构成的礁丘盖，这些特征表明这是一个原地沉积礁丘，是该区域具有较高水体能量的重要标志。综合分析，南江柳湾剖面仙女洞组也是典型的浅-中缓坡沉积（图 6.37、图 6.38）。

（二）阎王碥组浅-中缓坡相

阎王碥组沉积期，浅-中缓坡鲕粒滩坝相大幅度向东迁移至鄂中地区，即天河板组碳酸盐岩。其沉积特征为灰色白云岩、鲕粒白云岩、核形石白云岩、藻叠层白云岩、藻白云岩、条带状灰岩夹页岩，具水平纹层，含丰富藻类化石；向周缘渐变为浅-中缓坡相的泥质条带灰岩、藻灰岩、颗粒灰岩、古杯（点礁）灰岩夹粉砂质页岩，厚 57～377m，具条带状构造、水平纹层，局部见大型交错层理，有较多的底栖三叶虫和少量无铰纲腕足类（蒲心纯等，1993）。在图幅范围内，仅显示了鄂中碳酸盐岩缓坡的西段（图 6.21）。

四、混积内陆棚与混积外陆棚相

（一）川中-川东混积内陆棚相

在川中-川东覆盖区，沧浪铺组广泛分布，有百余口区域探井“过路”揭示，但绝大多数未取心。其中，老龙 1 井钻厚 88m，盘 1 井钻厚 216m，川中磨溪-高石梯一般为 160m 左右，蜀南地区宁 2 井钻厚最大，达 584m，川东利 1 井 327m。研究表明，可依据沧浪铺组岩石类型组合及其测井响应特征划分为下段和上段，大致分别对应于川北米仓山地区仙女洞组和阎王碥组。

自川深 1 井向南东的川中-川东地区（图 6.20、图 6.21），沧浪铺组下段垂向上的岩石类型及组合复杂多变。具体表现为：①在局部的海底古地貌高地上，均为灰岩但厚度不大，如荷深 1 井；②底部、顶部为灰岩，中部为粉砂质泥岩、泥岩夹泥质粉砂岩，如马深 1 井；③底部、顶部为白云岩，中部为粉砂质泥岩、泥岩夹泥质粉砂岩，如五探 1 井；④鲕粒灰岩、泥灰岩与细碎屑岩的不等厚频繁间互，如磨溪、高石梯钻井。上述各种沉积特征均表明其沉积相主体为典型的碳酸盐岩-细碎屑岩混积陆棚。其中的碳酸盐岩为中浅缓坡相，细碎屑岩为浅水陆棚相。

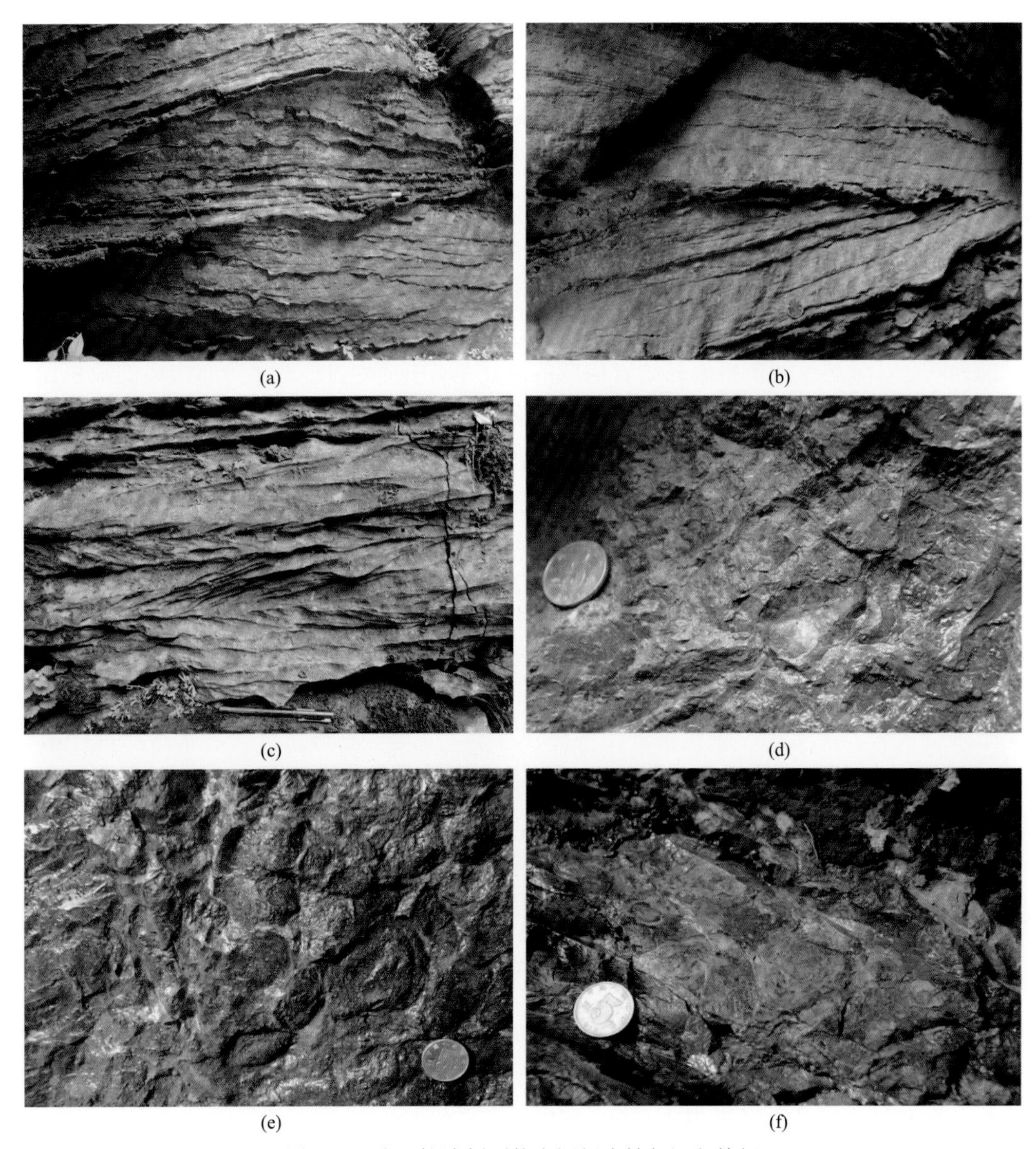

图 6.37　南江柳湾剖面仙女洞组岩性与沉积特征

（a）和（b）鲕粒灰岩中发育风暴成因的丘状层理、板状斜层理及风暴侵蚀成因的截切面；（c）鲕粒灰岩中发育“羽毛”状交错层理，又称青鱼骨刺状层理；（d）含古杯化石的鲕粒灰岩；（e）核形石灰岩，含古杯化石；（f）核形石灰岩

（二）城口-巫溪-石柱混积内陆棚相

在镇巴-城口-巫溪-石柱一带，石牌组、天河板组混积内陆棚相呈半环形展布，典型剖面如镇巴老庄、城口石溪河、巫溪楼探 1 井、利川利 1 井和石柱飞水洞等。

该相带由于远离陆源剥蚀区，因而即使有陆源碎屑注入，也以粉砂质泥和泥沉积为特征。而且，海域水深受海底古地貌起伏控制，水体可浅可深。①在局部海底古地貌凸起上，往往以灰岩沉积为主，并向上变浅而演化为古杯（点）礁丘灰岩，但限于钻井少和露头研究程度低，目前还难以准确刻画古杯（点）礁丘；②在海底古地貌凹陷带，则往往水体较深，以粉砂质泥和泥沉积为主，如楼探1井。

地层		层号	层厚/m	深度/m	岩性	描述	沉积相		
系	组						微相	亚相	相
寒武系	阎王匾组	14	5			紫红色泥岩夹薄-中层绿灰色砂岩，风化面土黄色			
	仙女洞组	13	5	10		核形石灰岩。核形石密集分布，鲕粒、灰泥填隙，风化面土黄红色	滩核	颗粒滩	浅缓坡
		12	3			泥质灰岩，含藻球粒、藻团块			中缓坡
		11	0.5			绿灰色泥质条带瘤状灰岩			
		10	17	20		深灰色块状核形石灰岩，泥晶填隙，可相变为核形石鲕粒灰岩	滩核、滩缘	颗粒滩	浅缓坡
		9	5	30		厚层鲕粒灰岩，富含古杯化石，含陆源碎屑石英			
		8	4			深灰色薄板状灰岩，含鲕粒或鲕粒灰岩，夹泥质条带			中缓坡
		7	5	40		古杯丘丘盖（丘坪）。深灰-灰色纹层状、中厚层云化鲕粒灰岩，夹灰质细砂岩、砂质灰岩	礁丘盖	古杯礁丘	浅缓坡
		6	19	50 60		古杯障积丘。古杯顺层密集分布，或直立，或水平，或倾斜，灰泥填隙	礁丘核		
		5	5			灰色、深灰色鲕粒粉屑黏结岩	礁丘基		
		4	2.5	70		灰色、深灰色云质鲕粒灰岩、灰质鲕粒云岩，具鲕模孔，含陆源碎屑石英，发育厚5~15cm的双向交错斜层理（鱼骨刺状层理）	滩核、滩缘	颗粒滩	
		3	35	80 90 100		厚层块状云质鲕粒灰岩、灰质鲕粒云岩，局部可见鲕模孔、粒间孔，并夹0.5~1m厚的薄-中层泥质纹层鲕粒灰岩。距底30m处，发育板状斜层理，倾向北东30°			
		2	10	110		泥质纹层、条带瘤状鲕粒灰岩			中缓坡
		1	1			中层鲕粒灰岩	滩核	颗粒滩	浅缓坡
	郭家坝组	0	10	120		泥质砂岩			

图6.38　南江柳湾剖面仙女洞组实测剖面柱状图

1. 城口石溪河剖面

城口石溪河剖面位于重庆市城口县城至修齐镇香坪村沿途公路边。该剖面石牌组为一套绿灰色页岩夹泥质纹层-条带瘤状泥灰岩、鲕粒灰岩，并夹泥质粉砂岩薄层(图 6.39)；天河板组下部为浅灰色具（1～3mm）泥质纹层瘤状-薄板状（0.5～5cm 级）泥灰岩，中部为一套中厚层、最大鲕粒直径达 2mm×3mm 的巨鲕灰岩，上部为一套粉屑、砂屑灰岩，顶部为一套紫红色页岩而与上覆石龙洞组云化豹斑状灰岩分界。总体上，该剖面石牌组为混积内陆棚沉积环境。

(a) (b)

图 6.39 城口石溪河剖面石牌组岩性特征

（a）绿灰色页岩、灰质页岩夹多层鲕粒灰岩透镜体或薄层；（b）鲕粒灰岩

2. 石柱飞水洞剖面

石柱飞水洞剖面位于重庆市石柱县飞水洞景区附近。该剖面石牌组、天河板组的岩性特征、岩石类型组合与城口石溪河相类似，并在石牌组顶部的粉砂质泥岩、泥质粉砂岩层面上，见完整三叶虫化石，且岩层保存完好而图案精美的蛇曲形啮食迹等较深水遗迹化石（图 6.40），保存完整的化石遗迹及粉砂质泥岩、泥质粉砂岩细粒沉积表明该剖面以深水安静环境为主，比石溪河剖面沉积水体更深，更接近盆地相区。

五、斜坡-盆地相

该相带，仅发育在城口-房县大断裂以北的广大地区，如西乡茶镇、紫阳麻柳、万源大竹河、城口、镇坪、平利、安康、汉阴、竹山等地区，即第一节所述的鲁家坪组发育区，相当于沧浪铺组的岩石地层单元为鲁家坪组上部—箭竹坝组下部（项礼文等，1999）。西乡茶镇明月观剖面仙女洞组为斜坡相沉积特征。该剖面位于陕西省汉中市西乡县明月观村乡道边。沉积为深灰色、黑灰色泥页岩与厘米级薄板状泥灰岩，发育滑塌变形构造，普遍含叠积、滑积灰色石灰岩巨砾或碎屑流成因的砾屑灰岩透镜体（图 6.41）。这些特征显示了斜坡相区原地沉积的泥页岩与薄板状泥灰岩较深水沉积指示其为大陆斜坡上斜坡叠积成因，为异地沉积标志。

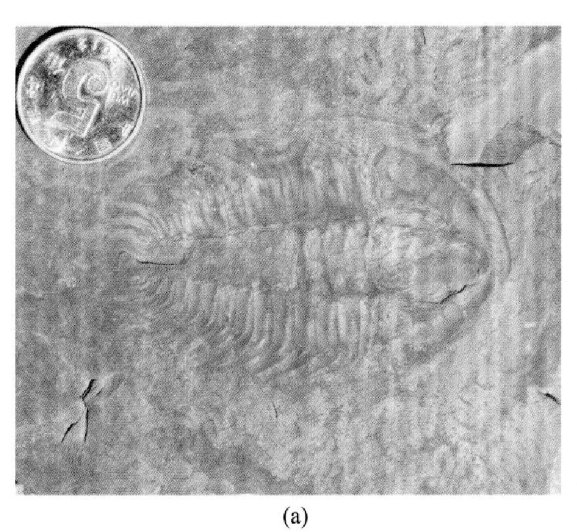

(a)

(b)

图 6.40　石柱飞水洞剖面石牌组顶部细碎屑岩层面上保持的遗迹化石

（a）完整三叶虫化石，其边部为蛇曲形啮食迹（又称蠕虫迹）*Helminthoida* 遗迹化石；（b）层面上保存完好且图案精美的蛇曲形啮食迹

(a)

(b)

图 6.41　西乡茶镇明月观剖面仙女洞组中的灰岩巨砾

直径达 1～5m 的灰色石灰岩巨砾被深灰色、黑灰色泥页岩包绕，且巨砾或砾屑灰岩透镜体的产状杂乱，由此指示其为大陆斜坡上斜坡叠积成因

第四节　石龙洞组岩相古地理

石龙洞组相当于寒武纪都匀期沉积。在宁强与南郑接壤的五郎坝一带称龙王沟组；滇中-滇北及川西-川中地层小区称龙王庙组；川北南江-旺苍地层小区称孔明洞组；川东-渝南地层小区（包括神农架地区）称石龙洞组。其中，发育于磨溪地区龙王庙组的浅缓坡相颗粒滩，即为安岳大气田的主力储产层所在，并由此掀起了埃迪卡拉系—寒武系增储上产的高潮。

龙王庙组是四川盆地乃至上-中扬子区寒武系第一套稳定分布，以碳酸盐岩为主的沉积。该时期最突出的古地理特征：①尽管总体上继承了阎王碥组沉积后的古陆分布格局，但据其毗邻区陆源碎屑岩、混积岩中陆源碎屑的粒度——砂级、粉砂级、泥级判断，古陆的地势起伏不大，总体上为丘陵，说明区域构造稳定及陆源碎屑注入减弱的古地理背景。②西北隆升、东南沉降以及向东南、东北缓缓倾伏的陆地-海底古地貌格局开始形成，并由此控制了向东南、东北，海域水深逐渐增大而相变为外缓坡-大陆斜坡（次深海）-深海盆地的古地理格局（图 6.42）。③台地类型属内缓坡颗粒滩与内缓坡蒸发潟湖-蒸发潮坪相序倒置的新型碳酸盐岩缓坡，而且经历了匀斜→远端变陡的演化，甚至开始了向镶边台地的台地边缘的演化，但因构造隆升或冰期，或两者联合作用所导致的海平面快速下降，使这一演化被迫终止而台地“夭折”（杜金虎等，2016）。④该碳酸盐岩缓坡自 NW 向 SE 宽逾 600km，在乐山-龙女寺古隆起核部被剥蚀殆尽，至湘西花垣李梅一带，残余

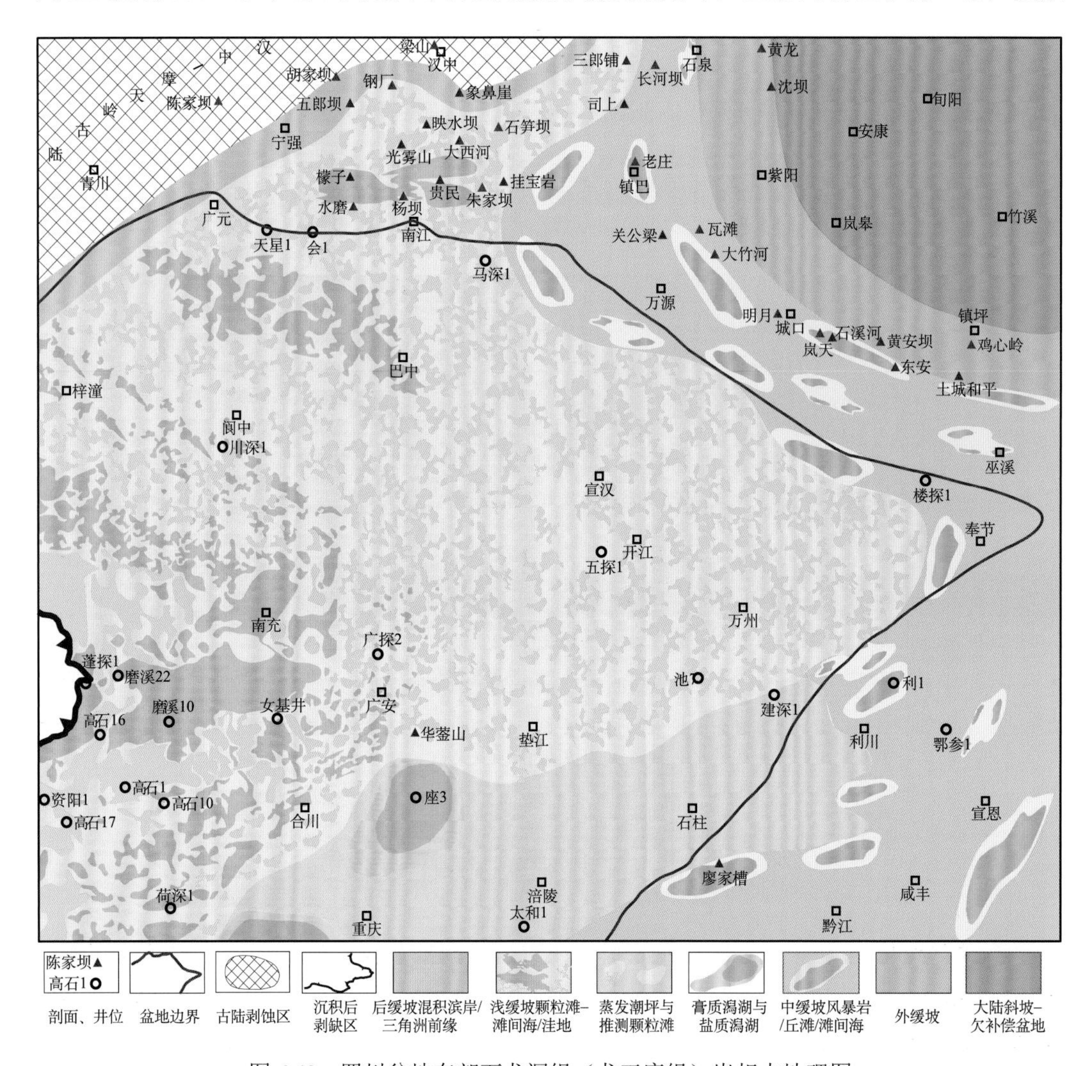

图 6.42　四川盆地东部石龙洞组（龙王庙组）岩相古地理图

地层最大厚度达 300～685m，据此推算缓坡的最大坡度约 1/1000，最大坡角仅 0.057°。⑤龙王庙组颗粒滩的形成，还受控于海底古地貌凸起与颗粒滩自身加积、进积的建造作用；与显生宙其他时代相比，生物尤其是蠕虫动物的造粒、成孔作用表现得尤为突出（杜金虎等，2016）；风暴的“扩滩”作用也非常典型。现自北西向南东简述古地理格局如下。

一、混积滨岸-三角洲前缘相

该相带，毗邻西秦岭-康滇丘陵，处于陆源剥蚀区与沉积区的过渡地带，广泛残存于川西北、川西南及滇中的米易-元谋-玉溪一线。

该相带的建组剖面，位于宁强与南郑接壤的五郎坝一带，称龙王沟组。该组与下伏阎王碥组粉砂岩和上覆陡坡寺组褐红色白云质粉砂岩均为整合接触，厚约 60m。其岩性特征：下部为灰色泥岩、浅灰色薄-中层白云质砂岩和灰白色石英砂岩，后者具波痕和交错层理，上部为浅灰色薄板状白云质石英砂岩与浅灰色片状页岩互层（图 6.43），上部多含石盐假晶，并发育波痕（李耀西等，1975）。自此向乐山-龙女寺古隆起核部，该相带连同浅缓坡颗粒滩相带被剥蚀。

(a)

(b)

图 6.43　南郑五郎坝龙王沟组后缓坡混积滨岸-三角洲前缘相沉积特征

（a）龙王沟组下部，灰色粉砂质泥岩与薄层；（b）龙王沟组上部，灰色薄层白云质砂岩夹页岩。白云质砂岩为三角洲前缘分流河口坝、席状砂微相

二、内/浅缓坡颗粒滩相

该相带广泛发育在南起滇中澄江、北至川北旺苍-南江、西自川西南汉源帽壳山、东至川中-川东的广大范围（图 6.44）。

野外露头考察与钻井资料的综合分析表明，在四川盆地覆盖区及周缘露头区，浅缓坡颗粒滩及其储层，以磨溪区块为最好，其颗（粒岩）地（层）比、储（层）地（层）比最高均可达65%；高石梯次之。而周缘露头区，除汉源帽壳山剖面可与磨溪井下对比外，其余均发育较差。其原因包括：①严格受水深控制，浅缓坡颗粒滩发育于滨面（Shoreface）高能带。“滨面”，是指平均高潮面与正常天气浪基面（又称晴天浪底）之间的水下岸坡地带；“高能”，意味着经常而持续性的潮汐、波浪作用带。而非长期低能、瞬时高能的风暴作用区或浊流作用区，也非高能形成、低能沉积的礁滩后潟湖或台地边缘外侧的叠积前缘环境。②毗邻石柱-重庆台凹腹部蒸发潟湖，“近水楼台”，富Mg^{2+}流体优先向古地貌高部位的高石梯、磨溪运移而有利于同生-准同生白云石化以及埋藏白云石化。而早期白云石化会导致颗粒白云岩的抗压强度大幅度提高，从而有利于先成空隙（粒间孔、粒间溶孔、孔洞）的保持和形成新的组构选择性孔隙（晶间孔、晶间溶孔）。③远离陆源区碎屑输入，川中高石梯-磨溪区块位于盆地中央，且处于海底古地貌高部位，从而远离康滇-南秦岭、汉南古陆这一陆源剥蚀区，尤其是风暴（回）流所挟带陆源碎屑难以搬运到海底古地貌高地，从而使颗粒岩骨架颗粒孔隙（skeletal grains porosity）得以发育。其原因在于层段状混积岩会大幅度降低碳酸盐岩层系的抗压强度；成分混积岩中的陆源碎屑多以骨架颗粒填隙物的方式存在（杜金虎等，2015；张宝民等，2017）。

（一）磨溪-高石梯区块龙王庙组

1. 磨溪12井

该井是龙王庙组专层井和全取心井，钻厚94m（4597～4691m），取心68.71m（4620～4688.71m）。该井位于内/浅缓坡颗粒滩区的最高古地貌部位，由碳酸盐岩中缓坡演化为浅缓坡颗粒滩的加积序列的演化（图6.45）。其中，龙王庙组早期（海侵期）为中缓坡沉积期，粉砂质白云岩与泥质条带白云岩间互岩性组合，具有风暴沉积构造；龙王庙组晚期（高位期）为浅缓坡沉积期，以颗粒滩高能沉积为主，部分砂屑云岩重结晶为花斑状细晶白云岩，溶蚀孔洞发育，肉眼可见针孔。该井砂屑云岩和细晶云岩的基质孔隙、溶蚀孔洞和裂缝中充填丰富的沥青，表明该相带具有优质的孔渗条件，有利于油气聚集。

2. 高石10井

该井为龙王庙组专层井和全取心井，钻厚93m（4612～4705m）。该井位于浅缓坡颗粒滩区的南围斜部位，相较磨溪12井区的古地貌位置明显变低，自下而上，具有两个完整的沉积旋回，单旋回由碳酸盐岩中缓坡→浅缓坡颗粒滩的完整演化（图6.46）。龙王庙组下部第一旋回底部为具泥质纹层的砂屑云岩，向上转为具生物扰动的砂屑白云岩，表明水体能量的增强；上部第二旋回底部为灰色砂屑白云岩与具泥质纹层的砂屑白云岩互层，夹泥质纹层瘤状云岩，向上转化为具生物扰动的砂屑鲕粒云岩。在每个旋回的顶部为储层发育带，以针孔为主。

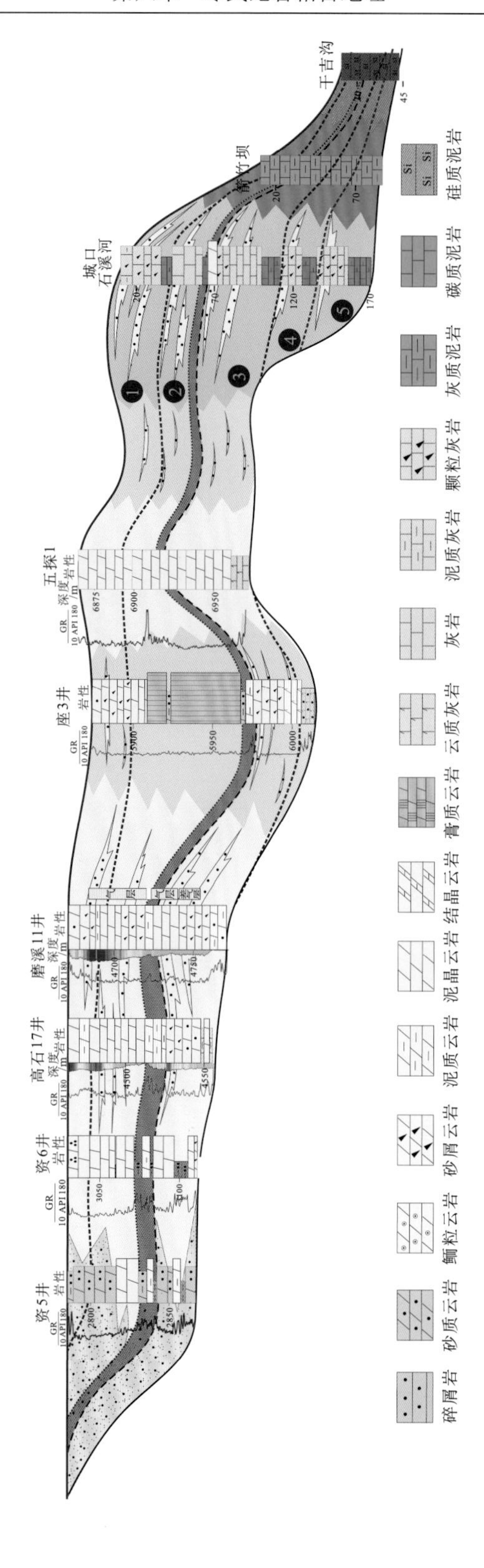

图6.44　川中-川东北石龙洞组（龙王庙组）沉积相对比剖面图

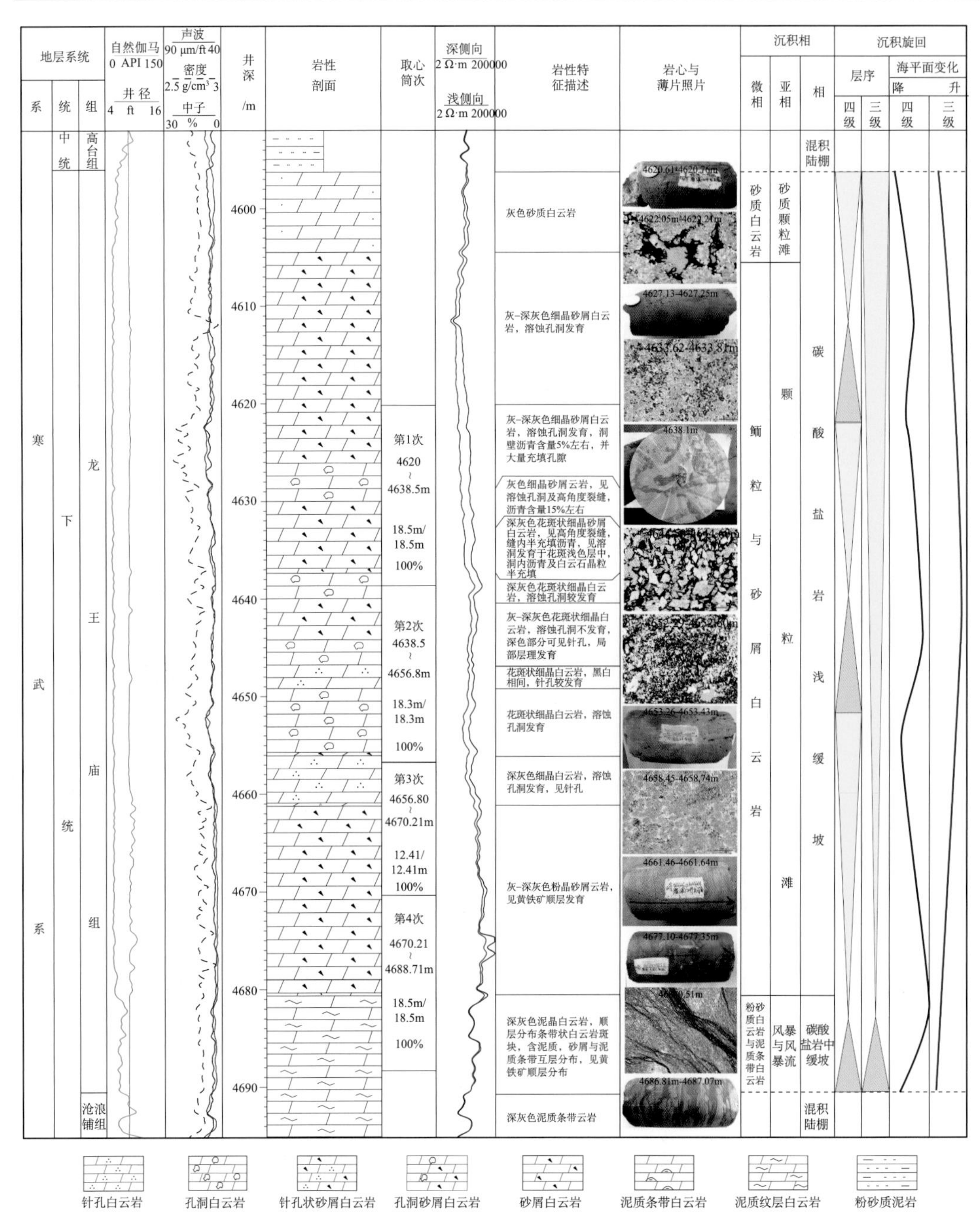

图 6.45　磨溪 12 井龙王庙组沉积相特征及演化（杜金虎等，2015）

（二）盆地北部露头孔明洞组

四川盆地北部露头剖面孔明洞组发育颗粒滩相，但具有两个显著特点区别于川中地区：①因毗邻汉南古陆剥蚀区而或多或少地含有陆源碎屑，从而形成碳酸盐岩-陆源碎屑混积岩。而且，自南向北，越靠近古陆，碳酸盐岩中陆屑含量以及层段状混积岩中碎屑岩所占比例越高。②因远离雷波-石柱台凹蒸发潟湖而白云石化流体匮乏，因而白云石化弱，故主要为各类灰岩。

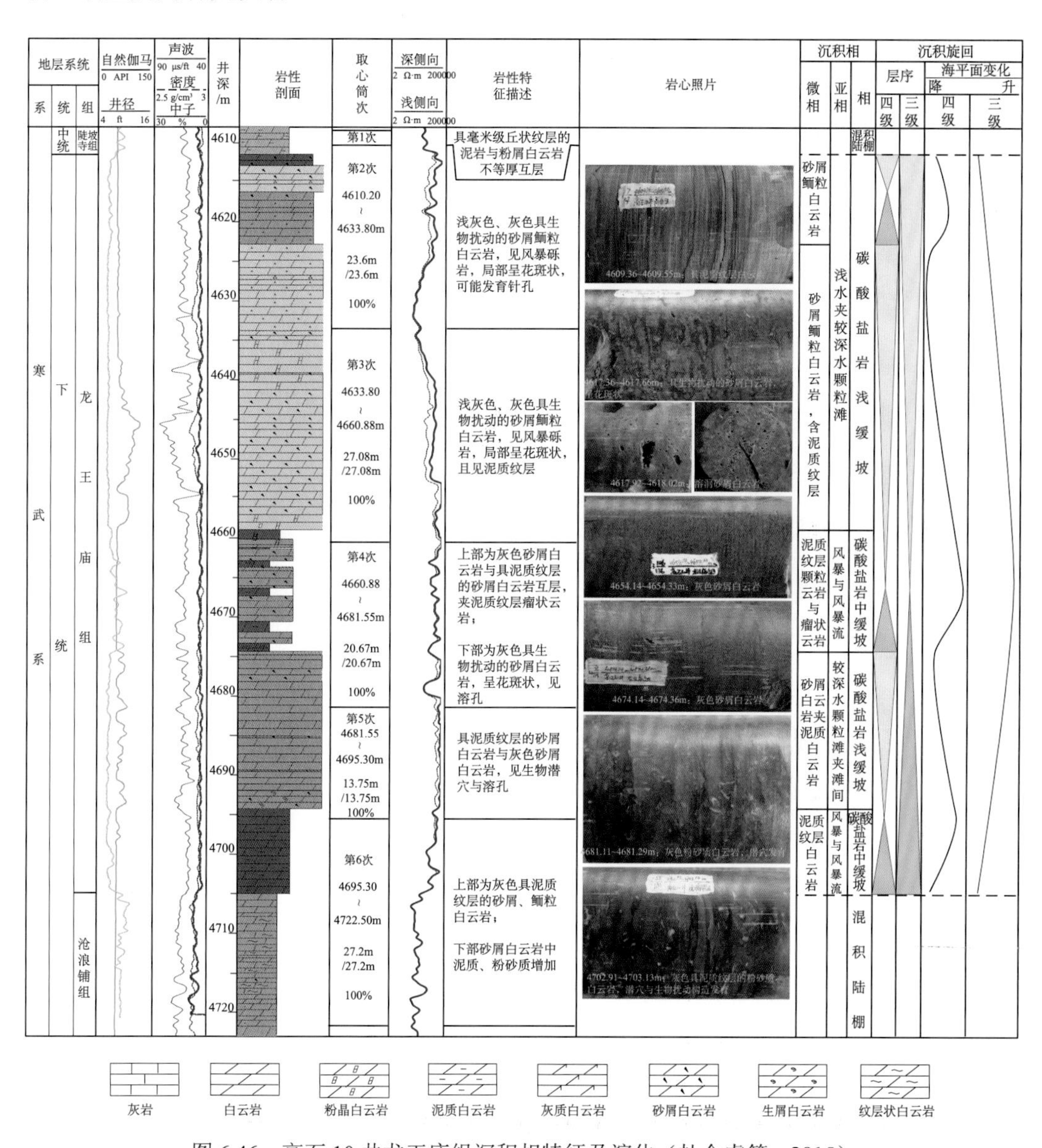

图 6.46　高石 10 井龙王庙组沉积相特征及演化（杜金虎等，2015）

1. 南郑小坝映水坝剖面

南郑小坝映水坝剖面位于汉中市南郑区小南海镇小坝乡映水坝附近。该剖面靠近汉南古陆，孔明洞组底部高频层序海侵域以具泥砂质纹层瘤状灰岩与灰质石英砂岩的不等厚频繁间互为特征，整体表现为低能沉积；上部高位域则为鲕粒灰岩夹灰泥质粉砂岩，鲕粒灰岩胶结孔隙不发育（图 6.47）。总体上该剖面表现为混积沉积特征，颗粒滩为海平面频繁变化中清水环境的产物。

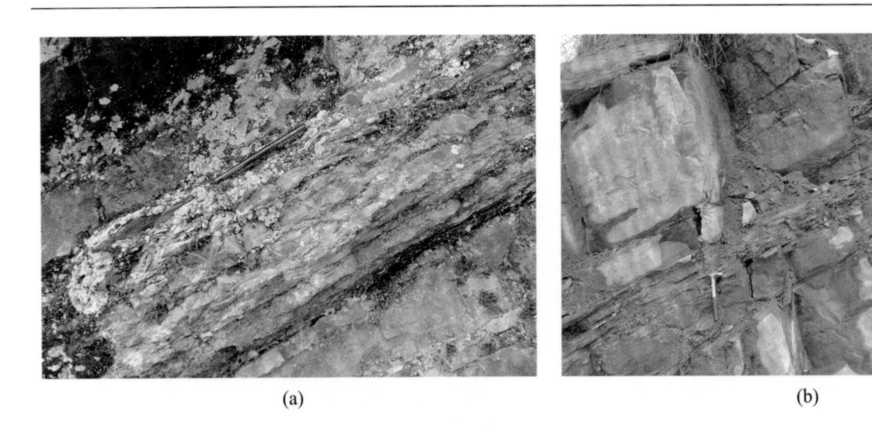

(a)　　(b)

图 6.47　南郑小坝映水坝剖面孔明洞组沉积特征

(a) 泥砂质纹层瘤状灰岩与灰质石英砂岩不等厚频繁间互；(b) 孔明洞组鲕粒灰岩夹灰泥质粉砂岩，其沉积相属混积浅-中缓坡

2. 南郑福成剖面

南郑福成剖面位于汉中市南郑区福成镇附近。该剖面孔明洞组以含古杯鲕粒灰岩、含生屑鲕粒灰岩、鲕粒灰岩沉积为主，偶见生物扰动构造，部分部位沉积含风暴砾屑鲕粒灰岩，砾屑略显“花状”构造。其中，风暴流作用形成的滑塌变形构造及其角砾岩[图 6.48 (d)、(e)]为典型近源风暴沉积。总体上，该剖面孔明洞组沉积相属于浪控中-浅缓坡（图 6.48），相较南郑小坝映水坝剖面，该剖面未出现碎屑岩混入特征，表明该剖面距离物源区较远或地貌相对较高，未受陆源碎屑影响，以清水碳酸盐岩沉积为主。

3. 南江柳湾剖面

南江柳湾剖面位于巴中市南江县东北柳湾乡。该剖面孔明洞组以鲕粒灰岩与泥质条带薄板状泥灰岩多旋回式沉积为主，见发育风暴成因板状斜层理、丘状层理、截切面和被白云石充填的蠕虫铸模孔。相较其他剖面，局部颗粒滩白云岩化表明该部位沉积地貌更高，有利于发生暴露白云岩化作用（图 6.49）。总体而言，该剖面孔明洞组总体沉积相属浪控浅-中缓坡沉积。

综合分析，南郑小坝映水坝剖面靠近汉南古陆，龙王庙组海侵域以灰岩与碎屑岩频繁间互混积沉积为特征，高位域发育颗粒滩沉积；而南郑福成、南江柳湾两剖面相对远离汉南古陆，故陆源碎屑占比显著变低，而以各类碳酸盐岩沉积为主。

（三）风暴岩发育特征及模式

需要指出，在广阔的海洋，只要无障壁阻挡，则风暴作用无时不有、无处不在。但要形成风暴沉积，则需风暴触及并强烈破坏海底（软底或硬底）先期的沉积物/岩，并在强大风暴作用下搬运、磨蚀、分选和堆积。在内/浅缓坡相区，发育于滨面高能带的颗粒滩，可因经常而持续性的潮汐、波浪作用（磨蚀、分选与搬运、沉积等）而将风暴作用的痕迹破坏、改造的荡然无存，而仅仅保存潮汐、波浪作用的组构。然而，在垂向上每一个向上变浅序列的下部（海侵域），平面上“星罗棋布”的滩间洼地/滩间海及其周缘，由于海水深度长期处于正常天气浪基面以下而缺乏经常性、持续性的潮汐、波浪作用，因而风暴沉积被完好地保存下来，即使在颗粒滩最发育的磨溪-高石梯区块也如此（图 6.50）。由此说明，四川盆地及其周缘的龙王庙组，属典型的浪控中、浅缓坡沉积。

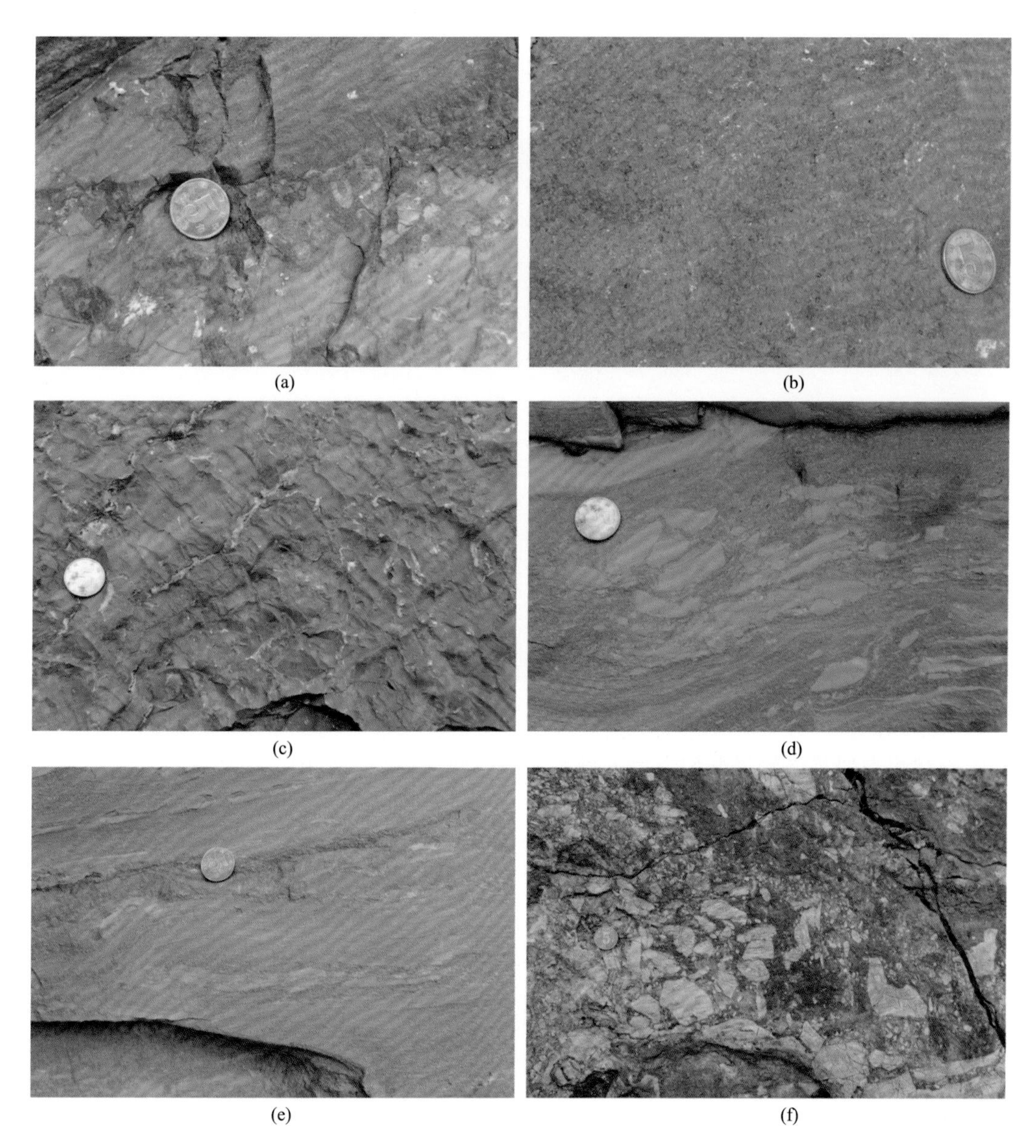

(a)　(b)　(c)　(d)　(e)　(f)

图 6.48　南郑福成剖面孔明洞组沉积特征

（a）含古杯鲕粒灰岩；（b）含生屑鲕粒灰岩；（c）鲕粒灰岩，发育生物扰动构造；（d）含风暴砾屑鲕粒灰岩，砾屑略显“花状”构造；（e）风暴流作用形成的滑塌变形构造及其角砾岩；（f）风暴砾屑灰岩，砾屑为近源的灰岩。其沉积相属浪控中-浅缓坡

图 6.49 南江柳湾剖面孔明洞组沉积特征

（a）鲕粒灰岩，顶部见板状斜层理，之上为泥质条带薄板状泥灰岩；（b）鲕粒灰岩，发育风暴成因板状斜层理、丘状层理、截切面；（c）鲕粒灰岩，发育被白云石充填的蠕虫铸模孔。其沉积相属浪控中-浅缓坡

磨溪-高石梯区块多口钻井见龙王庙组风暴岩典型沉积（图 6.50）。岩性以风暴砾屑白云岩沉积为主。见丘形风暴层理、风暴侵蚀面、异地搬运核形石等典型沉积特征。依据广泛分布的风暴沉积特征，可以推测该区域受微地貌控制，在频繁发育的风暴期内，高部位的高能沉积被风暴流带至滩间低能部位沉积并保存（宋金民等，2016）。

综合磨溪-高石梯区块和野外露头剖面风暴岩资料，建立了龙王庙组风暴沉积模式（图 6.51）。由图可见，风暴潮期间，当风暴触及海底后，首先形成向岸方向的破浪，进而向更浅的滨岸依次形成碎浪和冲浪，由此强烈冲击、侵蚀、淘洗未固结沉积物/已固结岩石，产生大量不同粒级的内碎屑而形成风暴碎屑流。之后，首先在涡流作用下将“花状”和“倒花状”排列的风暴砾屑沉积于适宜水深的地势低洼部位，而其余内碎屑又在强大风暴潮裹挟下冲向海岸带并进一步磨蚀、分选；当风暴减弱回流时，一方面将搬运至海岸带的内碎屑重新搬回海域，另一方面又将滨岸带陆源碎屑输入海域，尤其是在风暴（回）流路径上，这种自陆向海的搬运距离可以很远，甚至影响了整个陆架，由此造就了广泛分布的碳酸岩-陆源碎屑混积岩。

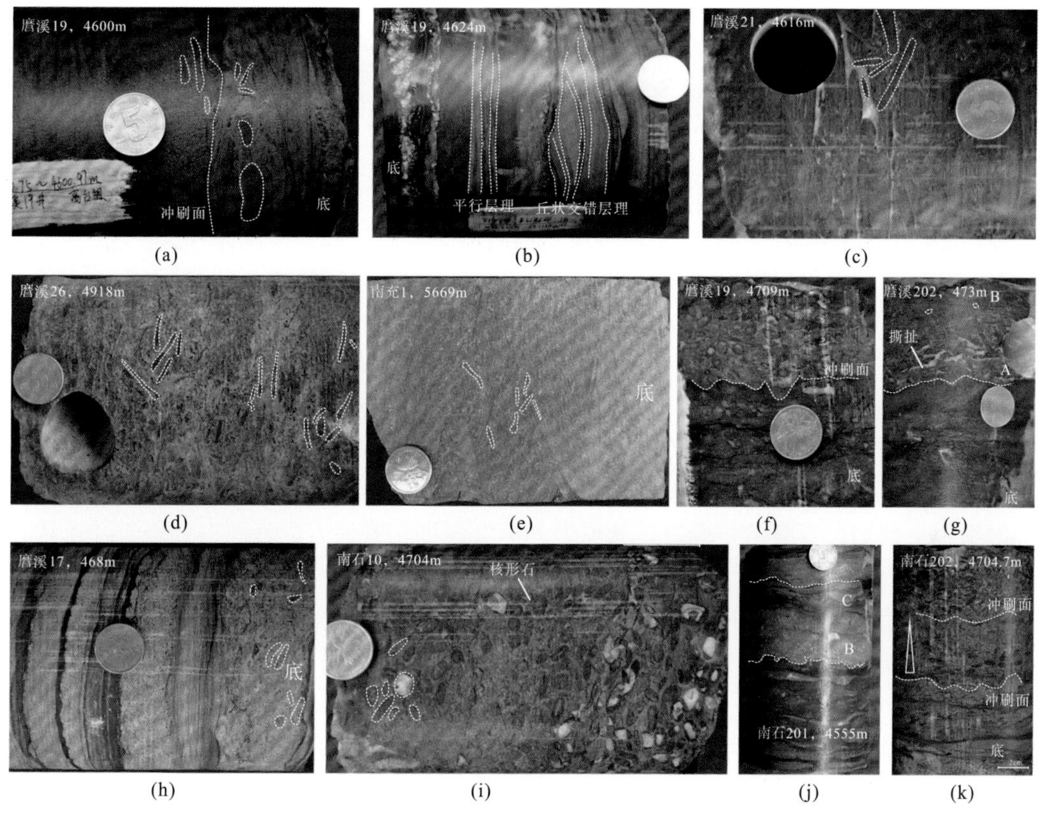

(a)　(b)　(c)　(d)　(e)　(f)　(g)　(h)　(i)　(j)　(k)

图 6.50　磨溪-高石梯区块龙王庙组风暴岩典型特征（宋金民等，2016）

（a）和（b）风暴砾屑白云岩，砾屑呈倒“小”字形，风暴层总体呈丘形；（c）风暴砾屑白云岩，砾屑呈“花”状；（d）风暴砾屑白云岩；（e）含风暴砾屑鲕粒白云岩；（f）和（g）风暴对早期底形侵蚀而形成的截切面，之上堆积风暴砂砾屑；（h）风暴期沉积砂砾屑白云岩（右），风暴平静期沉积黑灰色悬浮泥及粉砂级陆源碎屑、碳酸盐内碎屑（中、左）；（i）风暴砾屑白云岩，其中的核形石也为风暴自异地搬运而来；（j）和（k）多期风暴作用，形成的多期截切面

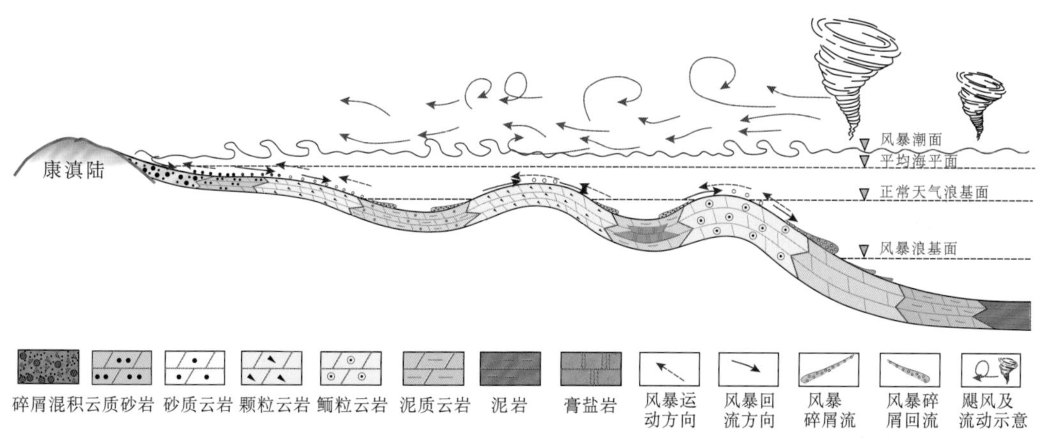

图 6.51　四川盆地龙王庙组风暴作用及沉积模式

由上述可见，对于碳酸盐岩储集岩形成而言，风暴作用具有两面性。有利方面主要表现在多期风暴作用有利于滩体的迁移、扩展，高能带形成的颗粒可以随风暴搬运至更远的地区成滩；不利方面则主要是导致大量陆源碎屑进入海域、形成混积岩而不利于优

质储集岩形成。

三、台凹蒸发潟湖-蒸发潮坪相

综合露头剖面、钻井、地震资料的研究发现，该相区呈半环状发育在内/浅缓坡颗粒滩-滩间海的东南边缘，广泛分布在重庆与蜀南地区，向西南一直延伸到滇东北的雷波、鲁甸地区。其残余地层厚度增加至 100～211m，紫阳-竹山、黔东-湘西广海连通循环好的开阔滩间海沉积；随后演化为半局限海，晚期在局部地区发育蒸发潟湖相沉积；最后，整个台凹演变为蒸发潟湖-蒸发潮坪相，蒸发盐的发育达到了鼎盛，而该时期恰好对应于磨溪-高石梯地区所代表的颗粒滩发育期。

尽管该相区发育分布广泛的蒸发盐，但不存在统一的大膏盆或大盐盆，古地理景观主要表现为“星罗棋布”的蒸发潟湖分布在海域中。例如：①彭水太原板凳沟剖面，清虚洞组中上部均发育膏溶角砾岩，其原岩为蒸发潟湖相膏泥岩、膏质白云岩，经现代大气淡水溶滤而成。而且，蒸发潮坪相灰岩→灰质白云岩→含膏质白云岩垂向沉积序列清晰可见（图 6.52）。②重庆座 3 井钻遇石龙洞组，钻遇了累厚达 56m 的硬石膏岩（图 6.44）。③川南临 7 井在龙王庙组钻遇石膏岩单层厚 1～34.2m，累厚 141.9m；钻遇泥质硬石膏岩单层厚 2～16.2m，累厚 278m；钻遇透明岩盐单层厚 2～155m，累厚 301m。④川西南宫深 1 井龙王庙组钻厚 211m（3761～3972m，未取心），钻遇了较厚的蒸发岩。此外，还有东深 1、林 1、宁 2、窝深 1、阳深 2 等井在龙王庙组钻遇、钻揭蒸发岩。⑤在雷波抓抓岩剖面，龙王庙组下部以薄板状灰岩、瘤状灰岩为特点，上部则以厚层状白云岩为特征，并可见厚达 16m 的白色、天蓝色、绿色以及肉红色等结晶石膏产出；距该剖面 SSW 方向，约 10km 处的大坪子乡牛牛寨一带，上部白云质灰岩中夹厚约 5m、延长 100 余米的白色雪花状石膏；在牛牛寨西侧约 2km 处的火草坪剖面，龙王庙组顶部发育 6 层、累厚 18.5m 的蒸发岩（门玉澎等，2010；彭勇民等，2011）；自此向南，沿金沙江一带，于金阳王家屋基、永善河口-张家坪和雷波王家田坝等地，近顶部的泥质白云岩中见有一层石膏，呈透镜状产出，一般厚 2～5m，个别厚达 10m。

彭水太原板凳沟剖面位于重庆市石柱彭水县太原镇板凳沟附近。该剖面自下而上发育蒸发潮坪相灰岩→灰质白云岩→含膏质白云岩序列，岩溶角砾岩主要发育在顶部（图 6.52）。该剖面石龙洞组发育的典型膏溶角砾岩，其原岩应为蒸发潟湖相膏泥岩、膏质白云岩，经现代大气淡水溶蚀而成。总体上，该剖面石龙洞组为台凹蒸发潟湖环境沉积。

四、中缓坡风暴流与“丘状”浅缓坡相

中缓坡水深位于正常天气浪基面与风暴天气浪基面之间，正常天气以低能沉积为主，风暴天气以风暴流沉积为主，常将浅水区高能颗粒滩沉积挟带至此，并形成规模优质储层；同时，在中缓坡区丘状海底古地貌上凸起的障壁滩坝上会形成局部高能沉积，甚至局限咸化而形成膏盐岩和白云岩发育区，也有利于储层形成。该相区广泛分布在四川盆地外围的城口-巫溪及鄂西宣恩-咸丰、渝东南彭水一带，沉积物以薄层状泥灰岩、泥质

泥晶白云岩互层为特征；岩石成层性好、岩性稳定，横向延伸极远，具水平纹层，含钙质海绵骨针及浮游型三叶虫碎片；在垂向上，向上单层厚度增大，层面逐渐变成波状、不规则状及豹斑状；由灰质细砂屑组成的粒序层及水平纹层发育，且常与微型底冲刷共生；水平层理及砂纹层理常见，生物扰动构造极为发育，遗迹化石为较深水环境的均分潜迹等（蒲心纯等，1993）。

图 6.52　彭水太原板凳沟剖面石龙洞组膏溶角砾岩

（a）石龙洞组宏观照片；（b）海侵域薄层灰岩与高位域厚层灰岩界线；（c）膏溶角砾岩，原岩为蒸发潟湖相膏泥岩、膏质白云岩，经现代大气淡水溶蚀而成；（d）蒸发潮坪相灰岩→灰质白云岩→含膏质白云岩序列

中缓坡的突出特征是广泛的风暴作用与风暴流沉积。然而，在海底古地貌凸起上，往往因碳酸盐岩快速加积作用而发育由颗粒灰岩、豹皮状云质颗粒灰岩、颗粒白云岩、层纹石白云岩所构成的“丘状”浅缓坡，并最终演化为层纹石白云岩所构成的云坪，蒲心纯等（1993）称其为“障壁滩”。而且，往往在其向上变浅序列沉积的晚期，可因周缘灰泥丘-颗粒滩障壁而阻隔与广海的连通循环，从而在“丘状”浅缓坡的中心部位、地势低洼的地方发育小型蒸发潟湖-蒸发潮坪（图 6.53），从而为周缘颗粒滩提供丰富的白云石化流体而演变为颗粒白云岩，由此也造就了颗粒滩相控的基质孔隙型白云岩优质储层。渝东南彭水太原剖面①、川东北的镇巴捞旗河老庄剖面（图 6.54、图 6.55）均发

① 宋文海，蒋伟雄，李爱国. 1998. 喻东上震旦统至下寒武统综合油气剖面大量报告（内部研究报告）.

育中缓坡相沉积。

1. 镇巴老庄东沟剖面

镇巴老庄东沟剖面位于镇巴县平安镇老庄坪村东沟。石龙洞组总体为中缓坡背景，具丘状海底古地貌凸起上的沉积（图 6.53）。以白云岩化不彻底的云质豹斑灰岩、膏溶角砾白云岩等沉积为主，局部为薄层泥晶白云岩与粉砂岩互层。沉积岩性组合表明为较深水低能中缓坡上的高能沉积环境，其上发育障壁滩坝，被障壁滩坝局限的局部地区可咸化而发育膏盐岩，后期风化形成角砾。

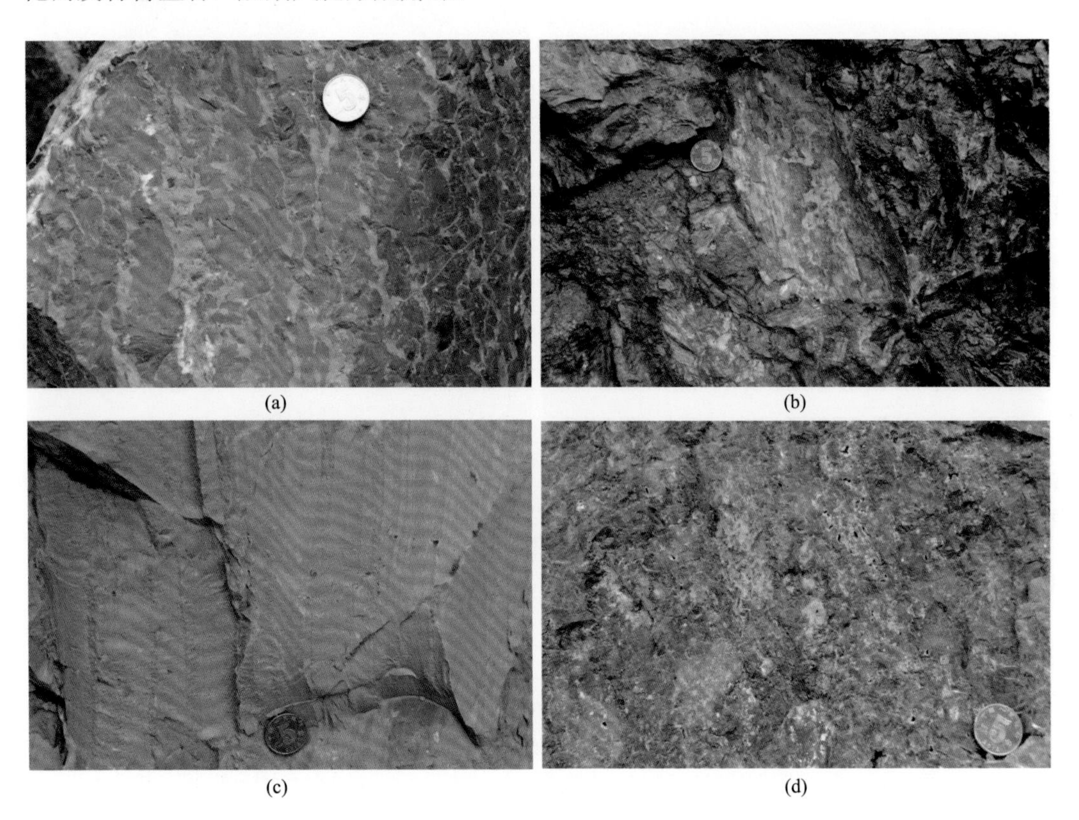

图 6.53　镇巴老庄东沟剖面中缓坡背景上丘状海底古地貌凸起上石龙洞组岩性与沉积特征

（a）云质豹斑灰岩，图中灰白色为云质豹斑，其余深灰色者为灰岩；（b）膏溶角砾白云岩，角砾由深灰色鲕粒白云岩与灰白色层纹石白云岩（潮坪相叠层石丘）两类构成；（c）薄层泥晶白云岩与粉砂岩互层；（d）具膏模孔白云岩

2. 镇巴老庄剖面

镇巴老庄剖面位于汉中市镇巴县平安镇老庄坪村村口。该剖面石龙洞组为缓坡高能沉积环境（图 6.54、图 6.55）。以中-厚层鲕粒白云岩为主，局部重结晶呈砂糖状（细晶），发育孔隙、孔洞。部分部位发育蠕虫铸模孔、铸模孔洞。规模巨大的鲕粒白云岩发育及良好的云化、溶蚀、重结晶成岩作用表明沉积古地貌较高、水动力强度较大、成孔物质基础优越。

地层		层号	层厚/m	深度/m	岩性	描述	沉积相		
系	组						微相	亚相	相
寒武系	陡坡寺组	32	10			龙王庙组之上为陡坡寺组，岩性为绿灰色泥质粉砂岩、粉砂质泥岩			
	石龙洞组	31	3			灰色厚层泥晶粉屑云岩、微晶凝块云岩	丘核	灰泥丘	中缓坡
		30	6			灰色厚层颗粒云岩，含古杯、腕足化石。普遍发育1~2mm溶孔	滩核夹滩缘	颗粒滩	（丘状）浅缓坡
		29	5.5			底部0.5m为灰白色泥晶云岩，见竹叶状砾屑，发育的顺层孔洞被方解石充填；其上为灰色鲕粒云岩			
		28	3.5			灰色厚层鲕粒云岩，密集发育溶蚀孔洞，孔洞直径1~3mm			
		27	7.5			浅灰色中厚层颗粒云岩，见板状斜层理，为典型滩相，具典型刀砍纹			
		26	5.8			浅灰色中厚层颗粒云岩，局部发育溶蚀孔洞			
		25	2.7			深灰色厚层鲕粒云岩，发育蠕虫铸模			
		24	7.8			灰色、深灰色厚层鲕粒云岩，层面见少量泥质，发育蠕虫铸模孔			
		23	2.1			厚层鲕粒灰岩			
		22	2			灰色薄层鲕粒灰岩			
		21	1.5			灰色块状泥晶灰岩	丘核、丘顶	灰泥丘	中缓坡
		20	0.6			深灰色薄板状含陆屑鲕粒灰岩			
		19	3.4			底部见2m的孤立灰泥丘，其上为灰白色粉砂岩			
		18	6			灰、灰绿色薄层含泥粉屑云岩	滩顶	颗粒滩	（丘状）浅缓坡
		17	8.4			浅灰色中厚-厚层鲕粒云岩，强烈风化呈砂糖状，顶部见0.5m厚丘状滩核	滩核		
		16	4			浅灰色层纹状云质灰岩-灰质云岩	滩顶		
		15	9.2			灰色厚层状鲕粒灰岩	滩核、滩缘		
		14	4.6			灰色中厚层-厚层鲕粒灰岩，夹不规则层状、透镜状鲕粒云岩			
		13	8.8			灰色薄-中层粉屑、鲕粒灰岩			
		12	1			灰色泥质条带泥晶灰岩		风暴与风暴流	中缓坡
		11	21			灰色中厚-厚层豹斑云质泥晶粉屑灰岩，细鲕灰岩，底部0.2m厚为砾屑灰岩，砾屑直经最大1.2cm，分选、磨圆好			
		10	7.8			灰色中厚层泥晶粉屑灰岩，风化面可见稀疏泥质纹层，生物扰动典型，豹斑云质灰岩			
		9	7.6			灰色中厚层泥质纹层云质灰岩			
		8	4			灰色泥质纹层泥晶灰岩夹少量泥质条带，风化面见生物扰动构造			
		7	1.1			灰色中厚层状灰岩			
		6	1.7			灰色薄层状豆粒泥晶灰岩			
		5	2.5			灰色中-厚层斑状云质灰岩			
		4	3.3			灰色泥质条带与薄板状灰岩互层			
		3	1.2			灰色具泥质带的鲕粒灰岩			
		2	1.5			灰色厘米级色泥质条带灰岩。底为侵蚀面，区域分布			
	阎王碥组	1	0.5						
		0	7			下部4m为灰色粉砂质泥岩，上部3m为泥质条带串珠状灰岩			

图6.54 镇巴老庄剖面中缓坡背景上丘状海底古地貌凸起上石龙洞组沉积特征及演化

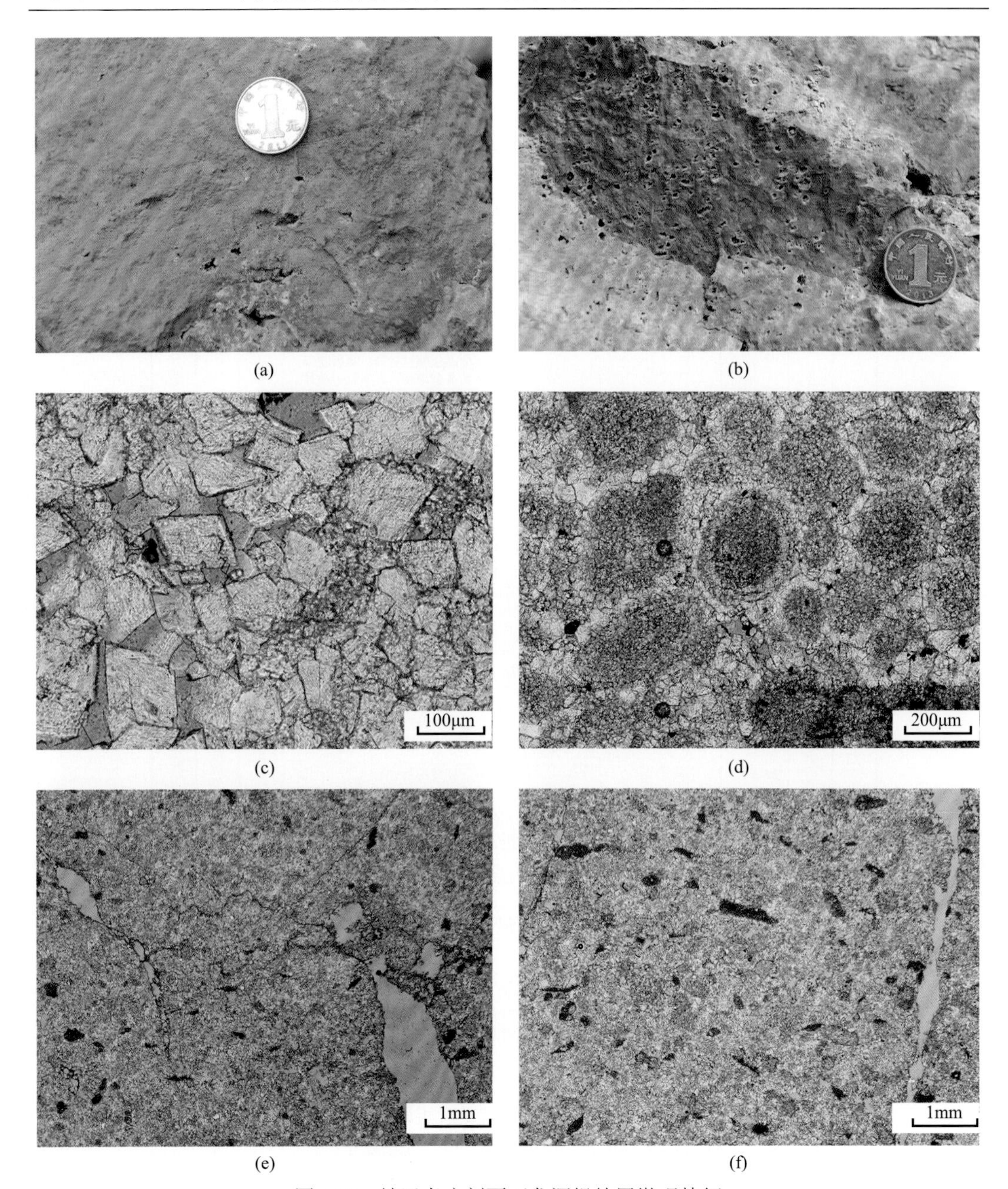

图 6.55　镇巴老庄剖面石龙洞组储层微观特征

（a）中层鲕粒白云岩，重结晶呈砂糖状（细晶），发育孔隙、孔洞；（b）厚层鲕粒白云岩，发育蠕虫铸模孔、铸模孔洞；（c）细晶白云岩，发育白云石晶间孔，（蓝色铸体）单偏光；（d）鲕粒白云岩，发育粒间溶孔、白云石晶间溶孔，（蓝色铸体）单偏光；（e）厚层鲕粒白云岩，发育蠕虫铸模溶孔、粒间溶孔，（蓝色铸体）单偏光；（f）厚层鲕粒白云岩，发育蠕虫铸模溶孔、粒间溶孔、溶缝，（蓝色铸体）单偏光

五、外缓坡-盆地相

在图幅范围内（图 6.42），外缓坡与海盆分别发育于石泉-城口以东的陕南地区，包

括紫阳、安康、岚皋、平利、镇坪、竹山等地。相当于石龙组的岩石地层单元为箭竹坝组中上部（项礼文等，1999）。

川东外缓坡，发育在川东中缓坡的外缘，在区域古地理位置上，恰好处于碳酸盐岩缓坡向大陆斜坡的过渡部位，即背靠上扬子克拉通，面向大洋的过渡部位；海域水深总体处于风暴天气浪基面以下的区域。其环境特征与沉积作用，一为水体安静背景下的薄板状、瘤状泥屑灰岩、暗色灰质泥岩、页岩或薄层硅岩沉积；二是频繁的阵发性滑塌事件和重力流事件，形成叠积岩、滑塌岩、碎屑流、颗粒流（图 6.56）、液化流及浊流沉积。

东南秦岭海盆，以安康-岚皋的沉降幅度最大，沉积厚度约 200m，其余地区厚度减薄至 100m 以下；岩性主要为欠补偿深水盆地相的硅岩、薄层碳质泥质岩、碳质粉砂质页岩，并可夹火山碎屑岩。此外，在鄂北竹溪-竹山北部，郧西-郧县南部，向东南至随州北部一带夹泥灰岩薄层或透镜体，具水平微细层理，未见生物，沉积厚度减薄至 30～45m（蒲心纯等，1993）。

图 6.56　镇坪鸡心岭石龙洞组岩性特征

具泥灰质、灰泥质纹层-条带的薄板状、瘤状鲕粒灰岩。属外缓坡重力流（颗粒流）事件沉积

第五节　覃家庙组岩相古地理

覃家庙组相当于原中寒武世早期沉积，命名在城口-巫溪地层小区。在雷波、川西-川中和川北南江-旺苍地层小区称陡坡寺组，相当于覃家庙组下部沉积；在渝南-黔北地层小区称高台组。

覃家庙组沉积期，基本上继承了石龙洞组西高东低的古地貌格局，但其现今的残余地层边界已收缩至宁强以南，以及南江竹坝-贵民-朱家坝和南郑福成挂宝岩北侧。陡坡寺组和覃家庙组以混积台地相沉积为主，但在南郑福成挂宝岩等剖面的白云质泥岩及泥质白云岩层面上常见石盐假晶，局部地区可夹层状蒸发岩；高台组以混积型蒸发潟湖-蒸发潮坪相沉积为特征（图 6.57）。而且，各地层小区的颜色、岩性、岩相均较稳定。所不同的是：陡坡寺组/覃家庙组存在碎屑岩与白云岩所占比例的变化，在陆源碎屑输入路径上以碎屑岩占比高为特征，而远离陆源碎屑输入路径或海底古地貌隆起上则白云岩占比高；高台组存在蒸发岩与白云岩，其中蒸发潟湖相以层状膏泥岩、泥膏盐、膏质白云岩、云膏盐、膏盐岩、盐岩占比高为特征，而蒸发潮坪相则碎屑岩、白云岩占比高。

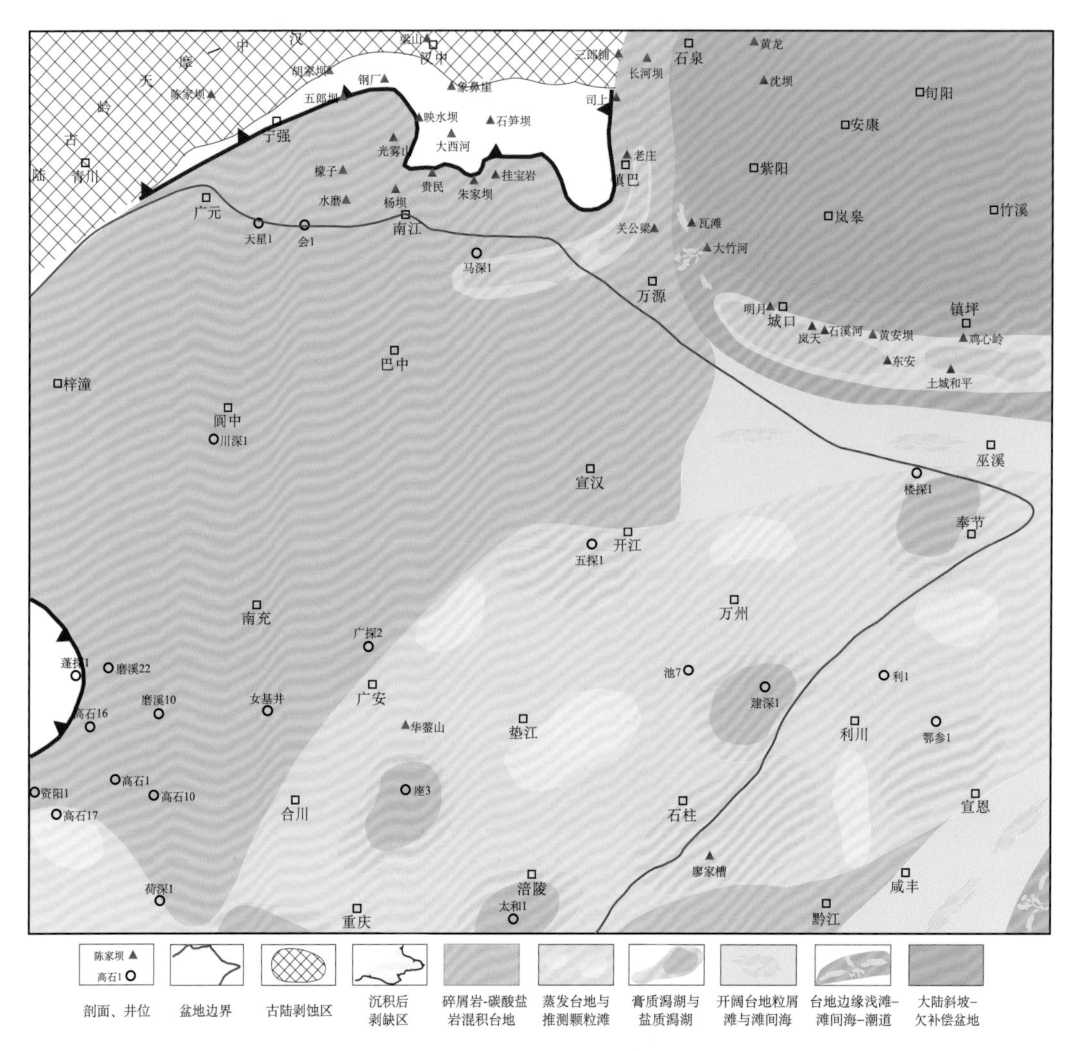

图 6.57　四川盆地东部及周缘覃家庙组岩相古地理图

就整个上扬子而言，覃家庙组蒸发潟湖-蒸发潮坪的发育，标志着该时期已由龙王庙组的碳酸盐岩缓坡演化为镶边台地（蒲心纯等，1993）。该时期寒武系划分对比难度大，台缘带在目前还难以准确厘定。因为，只有台地边缘沉积型障壁的发育，才有可能阻隔上扬子克拉通与广海的连通循环，从而在克拉通内发育蒸发潟湖-蒸发潮坪。

在四川盆地及周缘，就陡坡寺组/覃家庙组下部/高台组碎屑岩颜色看，主要以紫红色为特征，故对于石龙洞组碳酸盐岩储层而言，又称“上红层”。对油气勘探而言，它们是一套区域性盖层。

一、混积台地相

混积台地相，广泛发育于盆地西北缘露头区，以及川北-川中覆盖区。

在米仓山地区，陡坡寺组残余地层厚度为 9.7～239m，南部旺苍一带最厚（李耀西等，1975）。其岩石类型组合，底部以紫红色粉砂质泥岩、泥岩与下伏孔明洞组分界，下部为一套紫红色、黄绿色粉砂岩、泥质粉砂岩、粉砂质泥岩夹含砂泥质白云岩，或细碎屑岩与薄层含砂泥质泥晶白云岩不等厚频繁间互；上部为一套灰色泥质泥晶白云岩、砂质白云岩夹白云质粉砂岩和紫红色粉砂质泥岩、泥岩。

在大巴山地区，覃家庙组下部岩性类似于米仓山地区，但厚度增大至 285～440m。例如，镇巴高桥水河沟剖面，该组下部岩性为紫红色、绿灰色钙质-白云质页岩、粉砂岩与浅褐色泥质白云岩、灰色中层白云岩不等厚频繁间互，厚 230.7m（李耀西等，1975）。镇巴捞旗河至老庄东沟覃家庙组下部岩性也基本类似。

镇巴捞旗河-老庄东沟覃家庙组为典型混积台地相沉积（图 6.58）。以暗紫红色粉砂质泥岩、泥岩与薄层泥质泥晶白云岩互层沉积为主。频繁的碎屑岩与碳酸盐岩互层展示了随着海平面变化引起的陆源碎屑供给频繁的变化。

在川中覆盖区，陡坡寺组钻厚 42～115m。因处于同沉积古隆起核部而地层厚度较薄。而且，沉积水体浅、潮汐作用证据极为典型。尽管陆源碎屑含量变低、白云岩占比变高，但仍具有突出的混积特征，如磨溪 19 井陡坡寺组底部取心（第 1、2 筒）。自下而上，其岩性依次为：①底部为具变形层理、含风暴砾屑的泥质泥晶白云岩；②具毫米级、厘米级丘状纹层的颗粒白云岩与深灰色白云质泥岩不等厚频繁间互；③具深灰色泥质纹层石英砂岩、浅灰色中层块状石英砂岩，前者普遍发育波状、脉状、透镜状等潮汐纹层；④深灰色薄层颗粒白云岩、具泥质纹层泥粉晶白云岩，普见生物扰动现象；⑤具毫米级、厘米级丘状纹层的深灰色白云质泥岩与灰白色颗粒白云岩不等厚频繁间互，其中见典型风暴砾屑；⑥顶部为深灰色含风暴砾屑砂屑白云岩，砾屑最大直径为 1～3cm，产状可直立、可倾斜、可水平。高石 10 井陡坡寺组的沉积特征也基本类似（图 6.59）。

需要指出，覃家庙组沉积后期，除大巴山地区仍为海域外，整个米仓山地区已隆升为陆地而遭受长期剥蚀，仅在该区东缘的西乡杨家沟-南郑福成一线接受沉积，但已是海域边缘（刘仿韩等，1987）。因而，在汉南古陆南缘，陡坡寺组常保存不全或被剥蚀殆尽，残余厚度分布总体上具有南厚北薄的特征。而大巴山地区，覃家庙组沉积早期沉积了厚度较大的红色泥质白云岩、白云质泥岩、粉砂岩，与米仓山地区不同的是晚期可能并未出露水面，沉积了 100～200m 的白云岩，而后隆升于海面之上，由此反映大巴山地区的沉降幅度较大（李耀西等，1975）。

图 6.58　镇巴捞旗河-老庄东沟覃家庙组下部岩性与沉积特征

（a）暗紫红色粉砂质泥岩、泥岩，夹薄层泥质泥晶白云岩；（b）紫红色泥岩与薄层泥质泥晶白云岩不等厚频繁间互；（c）和（d）暗红色砂质泥岩，夹灰白色薄层泥质白云岩、云质泥岩

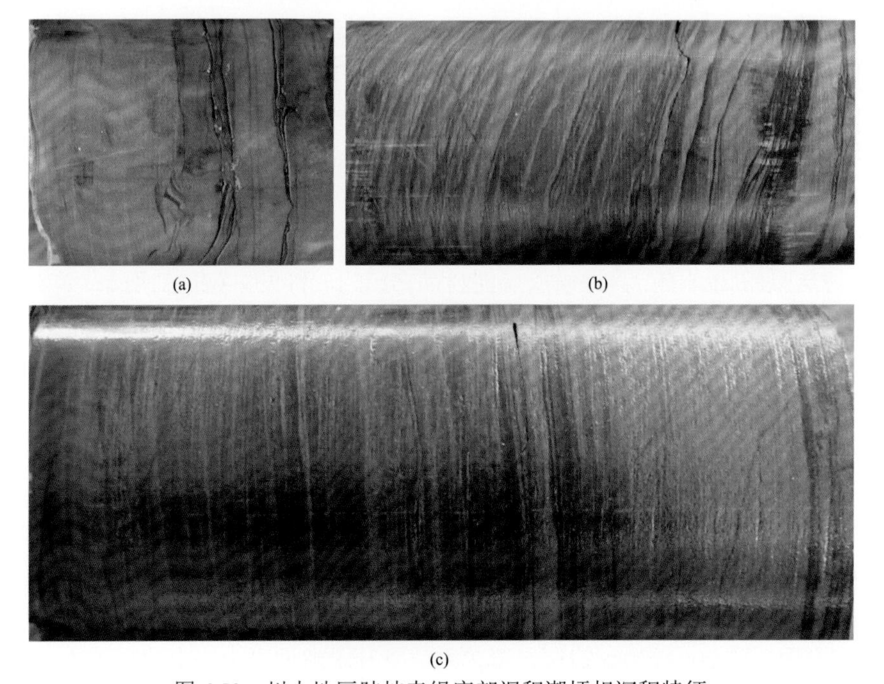

图 6.59　川中地区陡坡寺组底部混积潮坪相沉积特征

（a）磨溪 19 井，第 2 筒心，4-5/131 块，4614.99～4615.13m，具深灰色泥纹层石英砂岩；（b）磨溪 19 井，第 2 筒心，37-38/131 块，4619.76～4620.03m，具毫米、厘米级丘状、波状、脉状、透镜状纹层深灰色白云质泥岩夹灰色颗粒白云岩；（c）高石 10 井，第 1 筒心，7/14 块，4609.36～4609.58m，沉积特征同（b）

二、台凹蒸发潟湖-蒸发潮坪相

蒸发潟湖-蒸发潮坪相，广泛发育于川西南凹陷，华蓥山断裂北侧，尤其是该断裂以南的覆盖区及盆地东南缘露头区。但仍可能不存在统一的大膏盆或大盐盆，古地理景观仍主要表现为“星罗棋布”的蒸发潟湖分布在海域中。

实钻揭示，川西南凹陷威远，如威15井、威28井、威基井和自深1井，以及威远西南部的老龙1、窝深1等井，广泛发育混积型蒸发潟湖-蒸发潮坪相，其钻厚87～208m。

在华蓥山断裂北侧，如高石17、荷深1、盘1、合12等井，钻揭混积型蒸发潮坪夹混积型蒸发潟湖相，钻厚36～180m。

在华蓥山断裂以南的广大地区，如宁2、阳深2、座3、太和1、林1、丁山1、建深1、楼探1等井，普遍钻揭混积型蒸发潟湖-蒸发潮坪，其钻厚通常为139～372m。其中，太和1、建深1、楼探1、利1等井，因断裂活动、蒸发岩滑脱而多次重复，导致其钻厚巨大，如楼探1井、利1井钻厚分别达1535m和1586m。

在盆地东南缘露头区，因远离陆源区，故陆源碎屑粒度明显变细、含量明显变低，从而广泛发育由云膏盐、膏盐岩、泥膏盐、膏泥岩、泥质白云岩、膏质白云岩所构成的蒸发潟湖-蒸发潮坪。其沉积厚度为70～164m。如鄂西恩施、咸丰和渝东南石柱、彭水、南川等露头剖面（图6.60）。

渝东南石柱马武水电站剖面、彭水太原板凳沟露头剖面高台组为典型蒸发潟湖-蒸发潮坪相沉积（图6.60）。高台组蒸发潟湖相含泥云膏盐、泥质膏盐岩与具细密水平纹层的蒸发潮坪相含泥膏质白云岩，前者已被现代大气淡水溶塌成“疙瘩状”。

三、开阔台地与台地边缘相

川东开阔台地相，在图幅范围内仅分布在开州、巫溪及鄂西咸丰一带。其古地理景观，突出表现为白云岩粒屑滩，呈“星散状”分布在滩间海（灰色泥晶白云岩）中。而台地边缘相，发育在开阔台地相的外缘，以浅滩亚相颗粒白云岩为特征。但限于露头、钻井资料有限，目前还难以准确刻画粒屑滩、台地边缘。

四、斜坡-盆地相

东南秦岭海盆发育斜坡-盆地相沉积。在图幅范围内（图6.42），仅分布在陕南的紫阳、安康、岚皋、平利、竹山等地。相当于陡坡寺组的岩石地层单元为毛坝关组下部（项礼文等，1999）。其沉积特征为具泥质纹层-条带瘤状、薄板状泥质灰岩、泥质白云岩，频繁夹单层厚1～3m、碎屑流成因的砾屑灰岩、砾屑白云岩。其砾屑成分多为板条状泥灰岩，基本上无分选（粒径悬殊）、无磨圆，砾径一般为2～5cm、大者20～30cm，次棱角状。此外还发育等深流、浊流沉积（蒲心纯等，1993）。

图 6.60　渝东南石柱、彭水露头剖面高台组蒸发潟湖-蒸发潮坪相沉积特征

（a）和（b）石柱马武水电站剖面；（c）和（d）彭水太原板凳沟剖面。（a）和（c）高台组与下伏石龙洞组平行不整合接触；（b）和（d）高台组蒸发潟湖相含泥云膏盐、泥质膏盐岩与具细密水平纹层的蒸发潮坪相含泥膏质白云岩，前者已被现代大气淡水溶塌成“疙瘩状”。它们的风化面均呈土黄色，说明含泥

第六节　三游洞组沉积期岩相古地理

三游洞组为在城口-巫溪地层小区的称谓，为一套以巨厚碳酸盐岩为特征的岩石地层单元，最大残厚逾 1500m，跨苗岭统中上部和芙蓉统，时限达 12Ma，研究程度较低。在川西-川中地层小区称洗象池组，在川东-渝南-黔北地层小区称石冷水组和娄山关组。

该时期最突出的岩相古地理特征：一是西北隆升、东北和东南沉降以及向北东、南东缓倾伏的陆地-海底古地貌格局定型，残余地层厚度西北薄（0～200m）、向东北和东南急剧增厚（临 7 井钻厚达 1539.4m）的特点更为突出；二是碳酸盐岩台地演化至鼎盛，原石龙洞组的中缓坡外带-外缓坡因沉积加积与进积作用而演化为典型的镶边台缘，沉积厚达 1700m，其中高能颗粒滩厚达 1500m（如湘西永顺下福）。再向外，则相变为大陆斜坡-次深海、深海盆地，其中斜坡相沉积厚逾千米（如紫阳任河厚达 1070m）。而台内，

受西北高、东南低的继承性古地貌控制，自北西向北东、南东依次发育受陆源碎屑影响的混积台地、半局限-开阔台地，以及台凹蒸发潟湖-蒸发潮坪（局限-蒸发台地）（图6.61）。

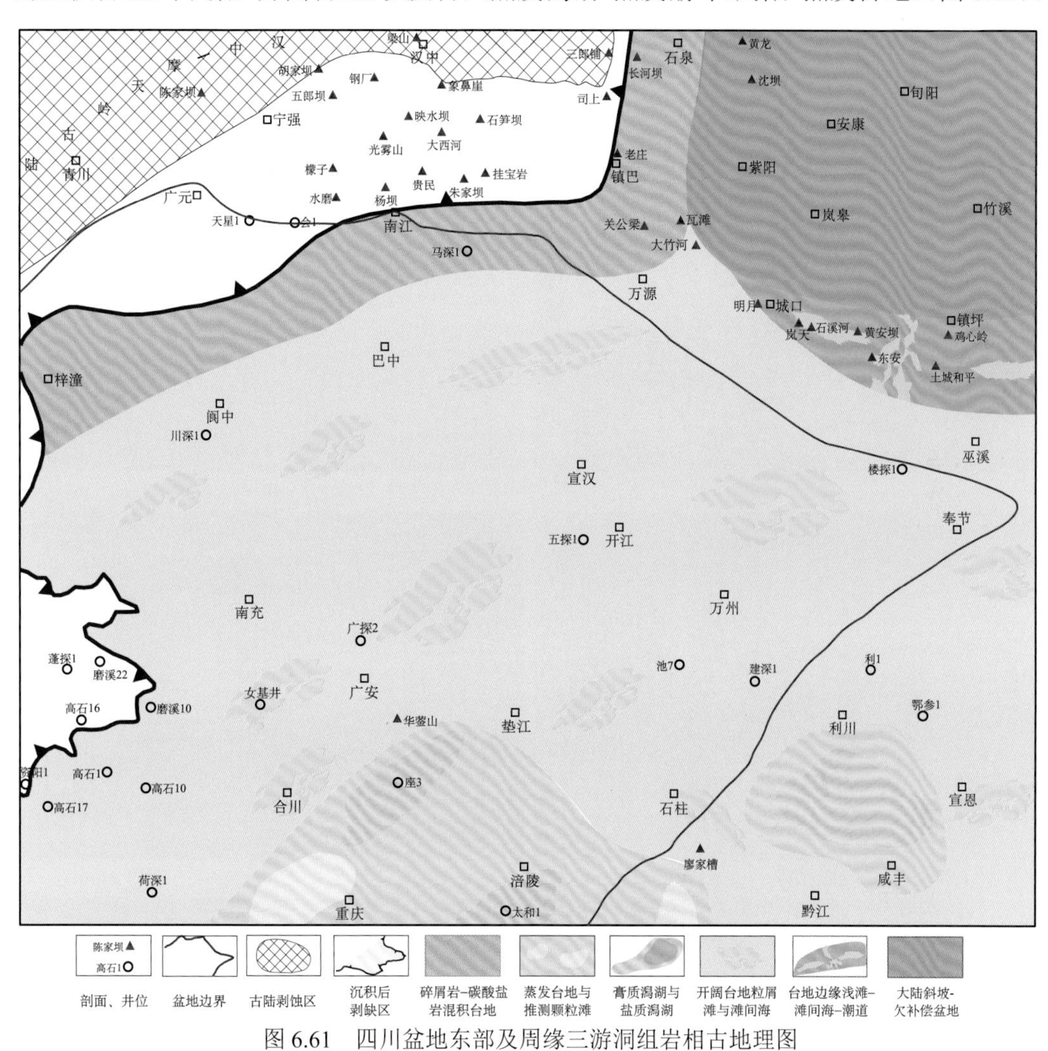

图6.61　四川盆地东部及周缘三游洞组岩相古地理图

一、混积台地相

三游洞组沉积期，构造稳定，古地势又经陡坡寺组沉积期的侵蚀夷平而起伏不大，康滇-西秦岭-汉中古陆尽管不断扩大，但其起伏最多为丘陵（图幅范围内称西秦岭丘陵）。因此，古陆剥蚀区南缘和东缘，迄今未发现陆源海相碎屑岩相带（如三角洲前缘、滨岸等），而仅仅是混积台地相，并在川北和川西南-滇东北呈带状广泛发育，如镇巴老庄东沟、紫阳紫黄落人洞和荥经白井沟、雷波抓抓岩等剖面。

混积台地的沉积特征，一是含砂、含泥的碳酸盐岩沉积；二是以碳酸盐岩沉积为主，夹有泥岩、粉砂质泥岩、砂岩薄层或条带甚至中-厚层砂岩。前者的成因，可能多与风暴潮、特大风暴潮淹没古陆剥蚀区而携砂、携泥入海有关；后者的成因，可能与风暴流回流路径以及局部点物源的注入有关。

镇巴老庄东沟剖面三游洞组为典型混积台地沉积（图 6.62）。以灰色薄-中层泥质泥晶白云岩为主，层面上常见浪成波痕和干裂构造。总体上，表现为白云岩层系所夹深灰色中厚层砂岩岩性组合，其沉积相属混积台地，水体能量不高，且有少量陆源碎屑注入。

图 6.62　镇巴老庄东沟剖面三游洞组混积台地岩性与沉积特征

（a）灰色薄-中层泥质泥晶白云岩；（b）和（c）白云岩层面普见浪成波痕，（b）为顶面，表现为“峰尖、谷圆”，（c）为底面印模，表现为“峰圆、谷尖”；（d）白云岩层面还普见干裂构造；（e）白云岩层系所夹深灰色中厚层砂岩；（f）深灰色含砂、具砂质纹层-条带泥质泥晶白云岩。其沉积相属混积台地，水体能量不高，且有少量陆源碎屑注入

二、半局限–开阔台地相

该相区，海域水深总体上位于平均高潮线以下至风暴天气浪基面之间。自半局限台地向开阔台地，距广海距离变近，因而海水循环较好、水动力强度渐变高，故岩性组合变化会出现白云岩逐渐变少、灰岩逐渐变多的现象。其沉积演化序列通常也为向上变浅序列，而且受沉积当时海底古地貌控制，古地势低部位，尤其是在台地边缘颗粒滩体之后，多为面积较广阔的滩间海低能、细粒沉积；洼地周缘斜坡多发育内缓坡灰泥丘；而古地貌高地上多发育粒屑滩，并向上加积而发育藻云坪亚相。

川中宝龙1井洗象池组以典型半局限–开阔台地粒屑滩沉积为主（图6.63）。总体为具针孔颗粒白云岩，局部遭受了强烈生物扰动，并在后期被沥青充填和浸染。颗粒白云岩为典型高能沉积相带特征，而局部生物扰动体现局部低能环境的存在，总体上为半局限–开阔台地沉积。

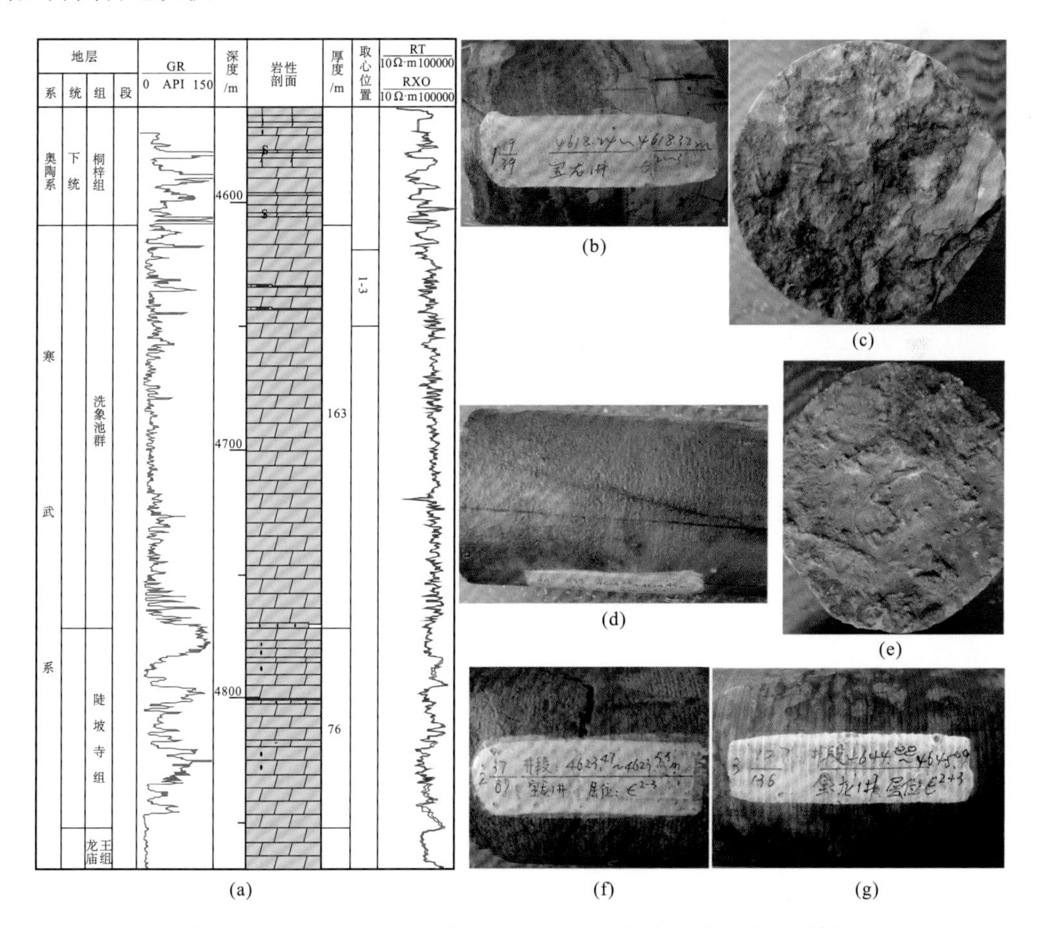

图6.63 川中宝龙1井洗象池组半局限–开阔台地粒屑滩沉积特征

（a）钻井地层柱状图；（b）具针孔颗粒白云岩，黑色为遭受了强烈生物扰动，并在后期被沥青充填和浸染；（c）白云岩岩心层面起伏不平，为强烈生物扰动所导致，黑色为生物钻孔并被沥青浸染；（d）具针孔颗粒白云岩；（e）岩心层面发育水平虫孔；（f）岩心裂缝中充填黑灰色渗流泥；（g）强烈生物扰动使岩心呈花斑状、云雾状

三、台凹蒸发潟湖-蒸发潮坪相

该相区，海域水深位于平均高潮线与正常天气浪基面之间，在古地势低洼区可介于正常天气浪基面与风暴天气浪基面之间，但因距广海远或因障壁阻隔而海水循环不畅、水动力强度最低。沉积演化也为向上变浅序列，无论是低频旋回还是高频旋回。其下部通常为滩间海、粒屑滩、云坪、藻云坪等亚相，常见波痕等沉积构造；上部发育云坪、藻云坪、膏云坪和（潮上、潮间、潮下）蒸发潟湖等亚相，沉积物多为氧化色，并常见干裂等暴露标志（图 6.64）。

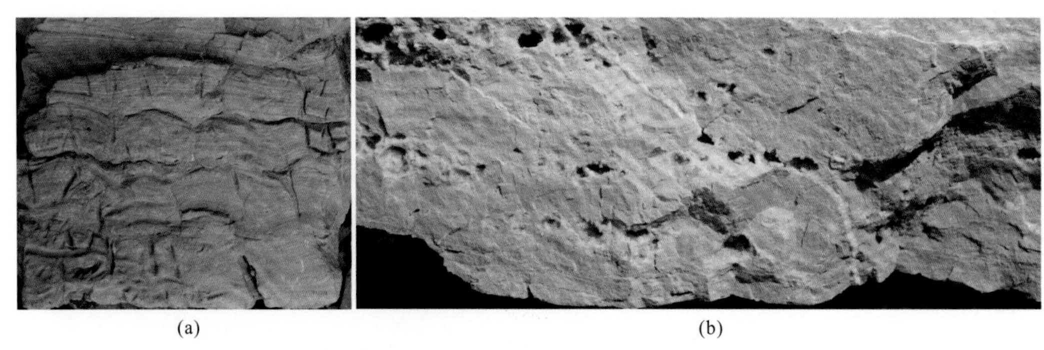

(a)　　(b)

图 6.64　石柱马武水电站剖面洗象池组局限-蒸发台地沉积特征

（a）叠层石、层纹石白云岩，云坪相；（b）发育硬石膏铸模孔的粉晶白云岩，蒸发台地相

四、台地边缘相

台地边缘相，水深总体上位于平均高潮面，甚至风暴高潮面至正常天气浪基面之间（即滨面高能带）。由于台缘“坡折带”上倾方向因沉积物的快速向上加积、进积作用而水体浅，面向外海而具有很强的潮汐-波浪作用、上升洋流作用与丰富的养料供给等，所以通常发育具抗浪构造的台地边缘生物礁、浅滩亚相，以及向上加积而演化为潮坪、藻云坪等亚相。就中晚寒武世的具体情况而言，由于古气候干热，因而台地边缘主要是浅滩（鲕滩、砂屑滩等）亚相，以湘西石门杨家坪、永顺下福等剖面为典型。在川东东北缘，却因后期强烈构造运动以及强烈剥蚀作用，迄今未发现典型台缘浅滩相剖面。

五、斜坡-盆地相

斜坡-盆地相发育在东南秦岭海盆，相当于三游洞组的岩石地层单元称毛坝关组上部、八卦庙组和黑水河群（项礼文等，1999），典型剖面如陕南紫阳毛坝、平利八仙镇、鄂西北竹山干吉沟、庙娅等，也为斜坡-盆地相沉积，总体上处于正常天气浪基面以下的水深。在海域环境安静的情况下，上斜坡多发育台缘斜坡灰泥丘，下斜坡多发育泥质纹层、条带瘤状灰岩与薄板状灰岩，并多夹薄层状重力流颗粒灰岩；在发育同沉积控边断裂、海底构造活跃的地区，多发育还原色的碳酸盐岩碎屑流沉积，并往往围绕台地边缘呈“裙边”状分布，故可称环台缘碎石堆。而盆地相则多为欠补偿的黑色页岩，并可夹薄板状灰岩。

第七节　寒武纪沉积演化

综上所述，寒武系沉积演化可概括为三大阶段（图 6.65）。

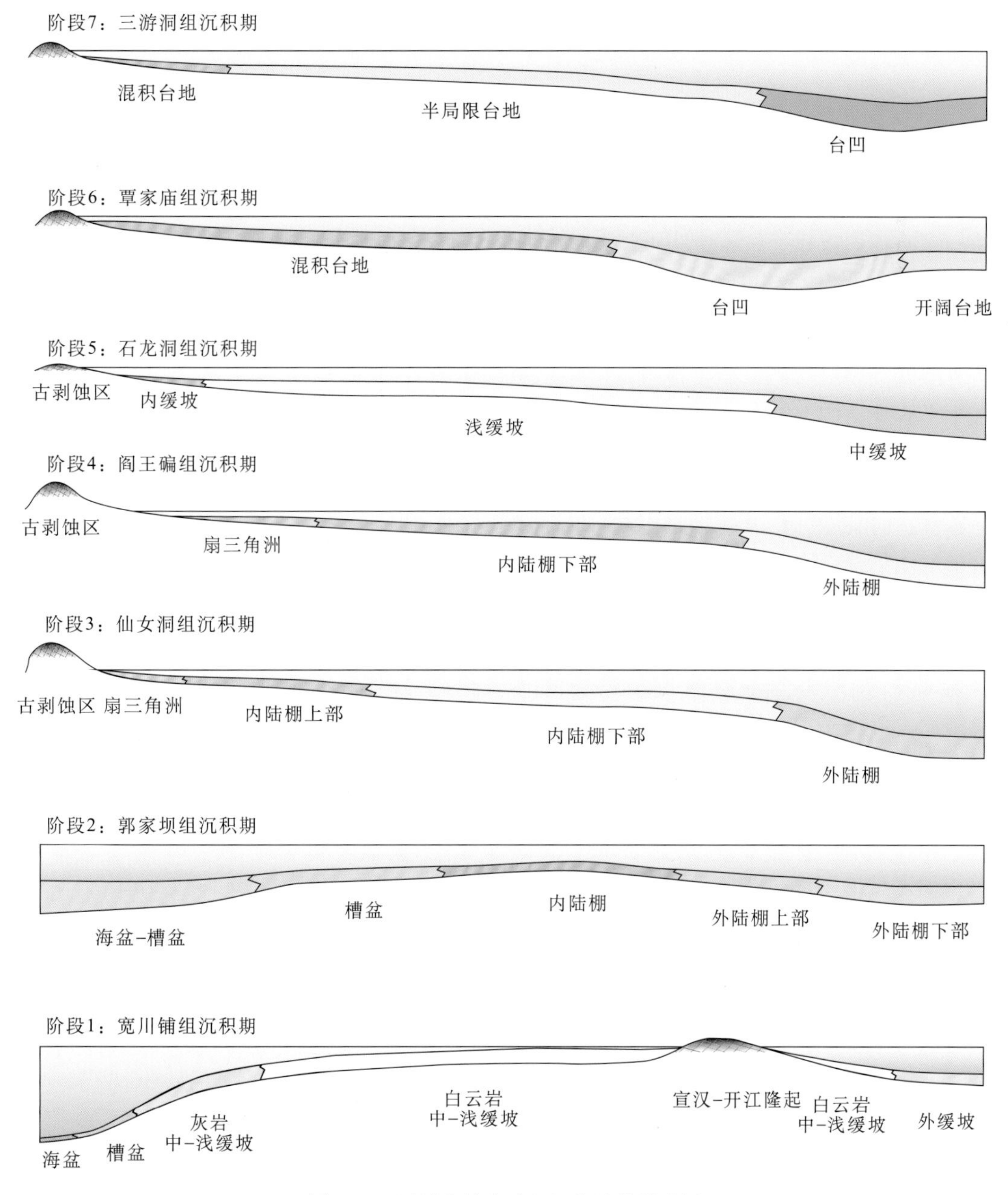

图 6.65　四川盆地寒武纪沉积演化模式图

1. 宽川铺组—郭家坝组沉积期，周缘海盆环绕背景下台内槽盆演化阶段

该时期，继承埃迪卡拉纪灯影峡期构造-沉积格局，四川盆地乃至上扬子克拉通中央被周缘（川西、南秦岭、江南）海盆（大陆斜坡-次深海、深海盆地）所在的大洋所环绕，属典型的陆表海，且德阳-安岳台内磷质槽盆演化至鼎盛并快速消亡。槽盆两侧在宽川铺组/麦地坪组沉积期发育磷质碳酸盐岩缓坡，在郭家坝组沉积期发育浅水内陆棚-混积外陆棚。其海陆分异，在宽川铺组沉积期，突出表现为“汉南古陆”和“宣汉-开江隆起”突出于海面之上而缺失宽川铺组/麦地坪组，并由此控制了上覆郭家坝组的沉积厚度与烃源岩发育（图 6.65 的阶段 1、阶段 2）。

2. 仙女洞组—阎王碥组沉积期，重要构造变革与古地理格局转换阶段

最突出的古地理特征：①西南秦岭-川西海盆（图幅内称川西北海盆）消亡，并与康滇古陆连成一体，构成上扬子西缘纵跨南北的广阔陆源剥蚀区；②前仙女洞组沉积期南北向隆凹分异格局（如德阳-安岳槽盆及两侧台缘或缓坡）消亡，代之以西北隆升、东南沉降以及向东南、东北缓缓倾伏的海陆分异格局始有雏形；③区域上分隔四川盆地与中扬子的川陕海峡彻底消亡，从而中上扬子内陆棚相带连为一体，而范围极为广阔；④受递进式前陆演化控制，阎王碥组各沉积相带均较仙女洞组向克拉通中央（向东、向南）大幅度迁移（图 6.65 的阶段 3、阶段 4）。

最具特色的沉积是两类穿时的地质体：①砾岩体、砂砾岩体，从龙门山北段沧浪铺组下部（即磨刀垭组）即开始发育→汉南古陆南缘仅发育阎王碥组，说明其发育层位逐渐抬高、时代变新，其沉积相由扇三角洲平原逐渐相变为扇三角洲前缘及分流间湾，这可能标志着前陆冲断带的崛起并逐渐向克拉通内迁移；②碳酸盐岩，由米仓山中东段仙女洞组中-浅缓坡相含古杯鲕粒灰岩→川中-川东覆盖区沧浪铺组混积内陆棚 “沧内灰岩”→城口-巫溪-三峡地区沧浪铺组混积外陆棚上部（即天河板组）中-浅缓坡古杯（礁）灰岩，发育层位也逐渐抬高，揭示沉积时海底构造古地理背景更可能是无陆屑注入的前缘隆起，并伴随前缘隆起自北西向南东的迁移而迁移。

3. 石龙洞组—三游洞组沉积期，同沉积古隆起控制下碳酸盐缓坡→镶边台地演化阶段

该时期为西陆东海、西高东低的陆缘海沉积，经历了石龙洞组开始形成至三游洞组沉积期定型的演化。由此也控制了向东南、东北海域水深逐渐增大而相变为外缓坡-大陆斜坡（次深海）-深海盆地的古地理格局，尤其是石龙洞组碳酸盐岩缓坡→三游洞组碳酸盐岩镶边台地的演化。而且，石龙洞组—三游洞组沉积期，四川盆地及周缘具有陆源细碎屑输入、干热蒸发古气候背景下的复杂沉积演化与平面相分异特点。也即，石龙洞组发育后缓坡混积滨岸-三角洲前缘、碳酸盐岩浅缓坡与中缓坡，以及雷波-石柱台凹蒸发潟湖-蒸发潮坪；覃家庙组沉积期，西北部为混积台地，东南部为奉节-重庆台凹蒸发潟湖-蒸发潮坪；三游洞组沉积期，川北为混积台地，川中、川东为半局限-开阔台地，重庆-咸丰为台凹蒸发潟湖-蒸发潮坪（即局限-蒸发台地）（图 6.65 的阶段 5～7）。

第七章　多套滑脱层构造变形

四川盆地东部构造变形的特征是发育数排近于平行且出露狭窄背斜和平缓向斜的薄皮褶皱-逆冲带。本书构建了一条平行于构造缩短方向的196km长的区域地震大剖面，以分析川东薄皮褶皱-逆冲带的构造变形样式和演化过程。川东地区地层序列主要由三套非能干层与所分隔的能干层组成，这三套非能干层构成了川东地区区域性滑脱层。底部寒武系蒸发岩滑脱层在构造变形中起主要作用，其上形成薄皮褶皱-逆冲带。在构造变形过程中，位移由底部滑脱层传递到中部和顶部滑脱层。川东地区构造变形样式主要为突破滑脱褶皱，是滑脱褶皱的前翼或后翼发生突破作用的结果。构造平衡恢复结果显示底部与顶部滑脱层之间构造缩短量约26km，缩短率为12.4%～18.6%。基于运动学和平衡恢复综合分析揭示，川东褶皱-逆冲带的形成经历了膝折带、滑脱褶皱和突破滑脱褶皱的演化序列。在构造挤压过程中，膝折带开始形成并在底部滑脱层之上演化为滑脱褶皱，滑脱褶皱的前翼或后翼进一步被逆冲而形成突破滑脱褶皱。

第一节　研 究 现 状

一、褶皱-逆冲带研究现状

薄皮褶皱-逆冲带在全球广泛分布，它们不仅形成了油气聚集的重要圈闭，而且一直是构造地质学家研究的重点（Chapple，1978；Rodgers，1991；Poblet and McClay，1996；McClay et al.，2011；Poblet and Lisle，2011）。自1812年Hall开始进行革命性的褶皱形成的物理模拟实验以来（Hall，1815；Chamberlin and Shepard，1923），有关薄皮褶皱-逆冲带的研究已有200多年的历史。Rich（1934）在阿巴拉契亚南部开展了弯曲断层之上的逆冲构造运动学研究（Rich，1934；Salvini et al.，2001）。Suppe（1983）对断弯褶皱的几何模型进行了系统研究，此后大量研究集中于褶皱-逆冲带中褶皱与逆冲断层之间几何学的定量关系（Suppe，1983，1985；Jamison，1987；Mitra，1990）。除此之外，通过理论分析和模拟实验进行褶皱形成机理和力学方面的研究（Davis et al.，1983）。

薄皮褶皱-逆冲带一般由不同的能干和非能干单元组成，由非能干单元之上的能干脆性单元通过滑脱作用形成（Davis and Engelder，1985；Verschuren et al.，1996；Homza and Wallace，1997；Najafi et al.，2014）。构造地质学家早已认识到滑脱层，尤其是蒸发岩，在薄皮褶皱-逆冲带的变形和构造演化中起主导作用（Lauhscher，1976，1977；Davis and Engelder，1985）。单层滑脱褶皱的几何学和运动学已通过理论计算（Poblet and McClay，1996；Liu et al.，2009a，2009b；Brandes and Tanner，2014）、物理模拟实验（Cadell，1888；Costa and Vendeville，2002；Bahroudi and Koyi，2003；Bonini，2003，2007；Smit et al.，2003；Vidal-Royo et al.，2009；Graveleau et al.，2012）以及数值模拟（Wilkerson et al.，2007；Simpson，2009；Buiter，2012；Dean et al.，2013；Jaquet et al.，2014）进行了大量研究。科学家提出了许多二维几何学和运动学模型来描述滑脱褶皱的发育（Dahlstrom，1990；Homza and Wallace，1995，1997；Poblet and McClay，1996；Atkinson and Wallace，2003；Mitra，2003；Wilkerson et al.，2007；Hayes and Hanks，2008）。

许多薄皮褶皱-逆冲带的形成与多套滑脱层发育有关，如侏罗山、扎格罗斯褶皱带和阿巴拉契亚中部褶皱带（Mitra，2003；Mount，2014；Santolaria et al.，2015）。前人基于野外和地下实例（Mitra，2003；Corredor et al.，2005；Sherkatia et al.，2005；Briggs et al.，2006；Massoli et al.，2006；Verges et al.，2011；Chapman and McCarty，2013；Schori et al.，2015）、物理模拟实验（Blay et al.，1977；Verschuren et al.，1996；Couzens-Schultz et al.，2003；Massoli et al.，2006；Pichot and Nalpas，2009；Konstantinovskaya and Malavieille，2011；Santolaria et al.，2015）、数值模拟（Feng et al.，2015）和平衡恢复（Verschuren et al.，1996），开展了与多套滑脱层有关的几何学和运动学研究。所有研究表明能干和非能干单元的能干性和厚度对比是导致构造变形的重要控制因素。

二、川东薄皮褶皱-逆冲带研究现状

四川盆地东部地表构造典型特征是薄皮褶皱-逆冲带的发育，多排狭窄背斜由宽缓向斜所分隔，包括近于平行的 7～10 条褶皱-逆冲带，褶皱和断层的走向在大多数地区以北东向为主，在靠近大巴山褶皱-逆冲带的前陆地区为北东-东西向（Zhang et al.，1996；Yan et al.，2003；Wang Y J et al.，2010）（图 7.1、图 7.2）。褶皱轴的长度为 50～200km，呈右旋、雁列式排列（Yan et al.，2003）。薄皮褶皱-逆冲带出露的最古老地层是华蓥山背斜的寒武系，而其他背斜核部出露三叠纪，白垩纪岩石更为广泛地出露于其他地区向斜的核部（Yan et al.，2003）（图 7.2）。

华南大规模褶皱-逆冲带长度超过 2000km，从东南沿海向四川盆地迁移，其形成与太平洋板块俯冲以及华北地块和华南地块在中生代发生碰撞有关，形成时间约从中三叠世持续至晚白垩世。这次碰撞在中国被称为燕山运动（Hsü et al.，1988，1990；Yan et al.，2003，2009；Wang et al.，2007；Li and Li，2007；Li et al.，2012）。磷灰石裂变径迹年龄的空间分布呈现出从东南到西北减小的趋势，这印证了四川盆地东部曾经历一个长期、稳定的岩石隆升和剥蚀过程（Shen et al.，2009；Mei et al.，2010；Shi et al.，2016）。

四川盆地东部构造变形是华南扬子地块最重要的陆内变形体系之一（Yan et al.，2003；Li and Li，2007；Li et al.，2012，2015），地质家与勘探家已经对其开展了与油气勘探相关的 40 多年的研究（Xu et al.，1981）。川东特殊的变形以典型薄皮褶皱-逆冲带的发育而闻名（Yan et al.，2009），被中国地质学家称为侏罗山式褶皱（Zhu，1983）、高陡构造（Bao et al.，1990）和梳状褶皱（Wang Z X et al.，2010）等。目前已经有多种方法和技术研究川东的构造变形，如野外调查（Yan et al.，2009）、地震解释（Xu et al.，1981；Gu et al.，2015）、沙箱模拟实验（Wang Z X et al.，2010）、数值模拟（Zhang et al.，2009；Xie et al.，2013）、面积-深度技术（Liu et al.，2008）和平衡恢复等（Chen et al.，

1992；Mei et al.，2010；Hu et al.，2011；Li et al.，2015）。早在20世纪80年代，滑脱层在四川盆地东部构造变形中的作用已引起极大关注（Xu et al.，1981）。现已普遍认识到多套滑脱层在四川盆地东部的广泛发育，它们在薄皮褶皱-逆冲带的形成过程中起着重要作用（Li et al.，1998，2015；Yan et al.，2003，2009；Wang Z X et al.，2010；Yuan et al.，2014；Gu et al.，2015）。对川东构造变形几何学已经有了初步认识，如尖棱背斜和箱形向斜（Yan et al.，2003，2009）、双重构造（Sun，et al.，1989；Wang Z X et al.，2010）和膝折带（Ding et al.，2005）。科研人员提出了许多模型来解释构造演化（Bao et al.，1990；Yan et al.，2003，2009；Li et al.，2015），如向西北方向的递进形变（Yan et al.，2003）和三角剪切模型（Li et al.，2007）。同时提出了许多机制来解释构造变形的成因，如沿基底拆离的剪切滑移（Zhu，1983）和拆离-逆冲机制（Wang Z X et al.，2010）。

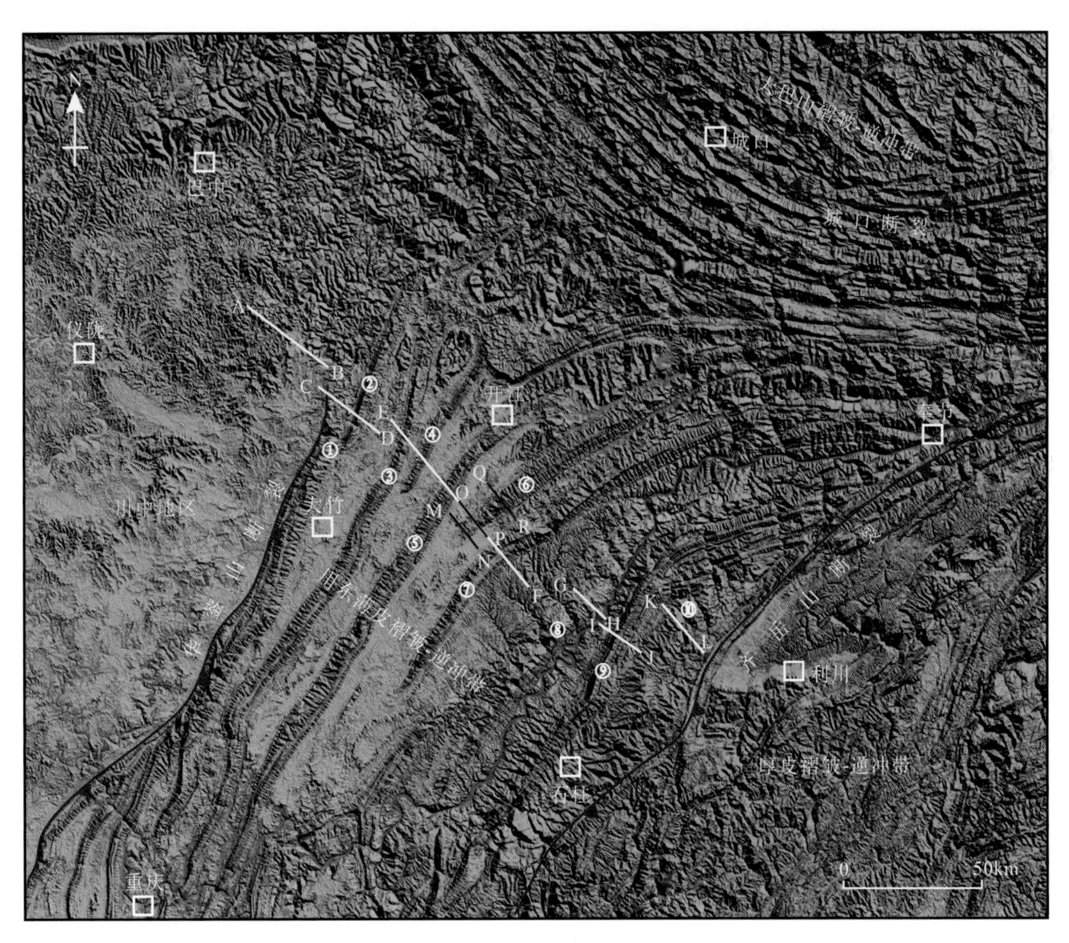

图7.1　四川盆地东部数据高程（DEM）图（据Gu et al.，2020）

该图显示了四川盆地东部的边界和地表构造变形特征。四川盆地东部构造变形特征是发育薄皮褶皱-逆冲带，西部以华蓥山断层为界，东部以齐岳山断层为界，北部以城口断层为界。发育7～10个由宽缓向斜所分隔的狭窄背斜。图中自西向东的背斜依次为：①华蓥山背斜，②铁山背斜，③蒲包山背斜，④七里峡背斜，⑤大天池背斜，⑥南门场背斜，⑦黄泥塘背斜，⑧大池干井背斜，⑨方斗山背斜，⑩齐岳山背斜。黄线是从A-B到K-L横剖面的位置，粉红色线是穿过南门场背斜横剖面的位置，以揭示褶皱-逆冲带的运动学演化过程

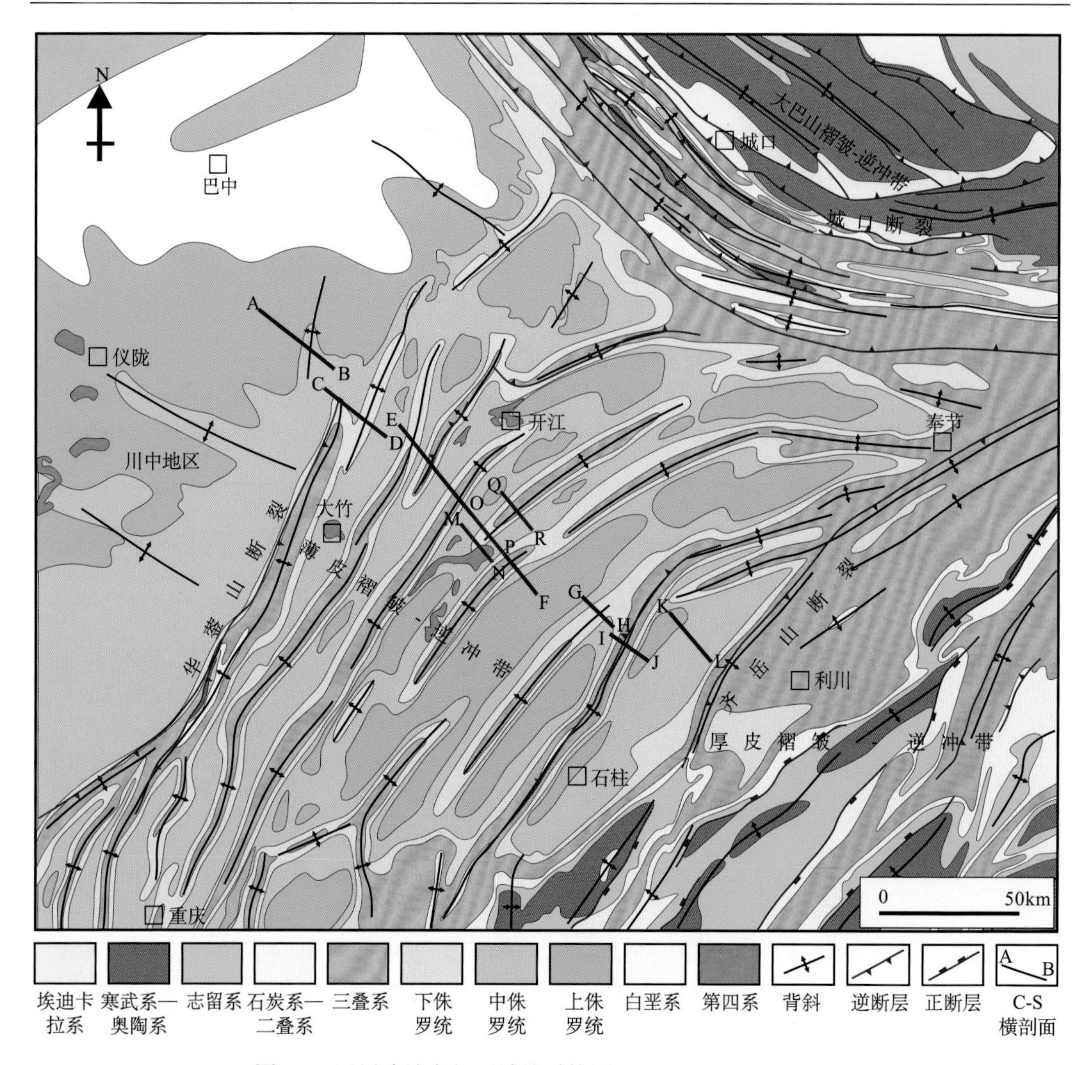

图 7.2　四川盆地东部区域地质简图（据 Gu et al.，2020）

该图显示华蓥山和齐岳山断层之间的薄皮褶皱-逆冲带特征。近于平行的窄背斜被宽向斜分隔。蓝线是从 A-B 到 K-L 横剖面的位置，粉红色线是穿过南门场背斜横剖面的位置

前人的研究已使我们认识到滑脱层在四川盆地东部薄皮褶皱-逆冲带形成过程中所起的作用。但关键问题是，先前的研究主要依靠野外露头和少量质量差的地震数据。因此，对于薄皮褶皱-逆冲带的构造样式和运动学演化仍存在争议。在过去的十年中，在四川盆地东部已经钻了几口深井，并采集了一些高分辨率的长偏移距区域二维地震数据。新采集的高质量地震数据有助于研究人员深入了解四川盆地东部的构造变形。基于构建的区域地震大剖面，本书旨在研究与多套滑脱层相关的薄皮褶皱-逆冲带的构造变形样式和运动学演化。

第二节　川东多套滑脱层

一、能干与非能干层

业内普遍认为地质学中通常出现的褶皱都涉及能干性各异的岩石（Williams，1961；Woodward and Rutherford，1989）。早在 1892 年，Willis 就提出褶皱-逆冲带之间或其内部的地层变化可能是造成各类构造变形的原因。自从 Willis 开展研究工作以来，在地层学对变形样式的力学作用方面已取得了很大的进展（Couzens and Wiltschko，1996）。地层力学性质在褶皱-逆冲带的形成和发展中发挥着重要作用，它是各类变形的主要控制因素（Morley，1986；Couzens and Wiltschko，1996；Sherkatia et al.，2005；Verges et al.，2011）。变形的构造样式取决于变形序列中不同的力学地层，如强弱层的强度和厚度（Woodward and Rutherford，1989；Erickson，1996）。“力学地层学”是指一系列岩石在不同尺度上对形变的响应方式，是不同成分、能干性、地层厚度、界面强度和各向异性综合导致的结果。这些力学性质直接影响单层以及整套地层组合的变形样式（Hayes and Hanks，2008）。许多岩石地层组合非常复杂，由多个力学特性不同的单层组成（Hayes and Hanks，2008）。

由交替的能干和非能干层组成的地层单元，在经受褶皱作用时表现出集体行为（Biot，1965）。“能干”和“非能干”指的是岩石的构造特征，将经受大量变形的软弱岩层描述为“非能干”（Williams，1961）。

非能干层主要由蒸发岩和页岩组成。相比其他普通岩石，蒸发岩要软弱得多。岩盐可能比其他类型的岩石强度低 1～2 个数量级（Davis and Engelder，1985）。甚至在地壳顶部的几公里处，岩盐通过其脆韧性转换，以地质学上重要的应变速率流动，以响应小于 1MPa 的剪应力（Carter and Hansen，1983）。岩盐对褶皱-逆冲带的变形及其几何形状的形成具有重要影响（Davis and Engelder，1985；Erickson，1996）。以褶皱作用主导的区域通常下伏岩盐层（Pierce，1966；Wiltschko and Chapple，1977），岩盐层软弱物质向背斜核部的流动可能是滑脱褶皱形成的必要条件（Wiltschko and Chapple，1977）。

二、川东地层结构

四川盆地东部的基底为板溪群及其新元古代相当地层，由轻变质层状杂砂岩-板岩地层序列组成（Liu et al.，1996；Yan et al.，2003，2009）。沉积盖层由海相层序（埃迪卡拉系至中三叠统）和陆相层序（上三叠统至白垩系）所组成（Yan et al.，2009；Li et al.，2015）[图 1.16（b）、（c）]。

川东沉积盖层的地层序列由相对较薄的非能干层及其所分隔的较厚能干层所组成。研究区的能干层主要为埃迪卡拉系—中三叠统碳酸盐岩，如上埃迪卡拉统、寒武系和中-下三叠统白云岩，以及奥陶系、二叠系和下-中三叠统石灰岩。碳酸盐岩的厚度达到数百米至一千多米。毫无疑问，这些碳酸盐岩是主要的能干层。除碳酸盐岩外，寒武系、上三叠统至白垩系砂岩也是主要能干层[图 1.16（b）、（c）]。

能干层由三个主要的非能干层所分隔，即寒武系蒸发岩、下志留统页岩和下-中三叠统蒸发岩。这些非能干层构成了四川盆地东部的多套滑脱层[图 1.16（b）、（c）]。顶部滑脱层，即下-中三叠统蒸发岩，已被证明对其上部变形起重要作用。中部滑脱层，即志留系页岩，由厚层黑色页岩组成，其厚度在四川盆地东部自西向东增加，为 200～1000m，这也是一个重要的滑脱层，在其上发育了一些褶皱-逆冲带。前人已经对川东顶部和中部的滑脱层进行了很长时间的研究，并认为它们是四川盆地东部褶皱-逆冲带形成的主控因素（Xu et al.，1981；Yan et al.，2003，2009；Wang Z X et al.，2010）。

除了上述两套滑脱层外，基于地震资料精细解释，谷志东等首次识别出寒武系一个分布范围很广的区域性滑脱层，主要由蒸发岩（岩盐和石膏）组成（Yuan et al.，2014；Gu et al.，2015）。根据蒸发岩易于流动和塑性聚集的地震响应特征，通过对覆盖川东地区二维和三维地震精细解释，追踪了塑性岩层的底部和顶部边界，并绘制了塑性岩层的等厚图（图 7.3）。塑性岩层的厚度变化相应表示寒武系蒸发岩的厚度变化。蒸发岩等厚图显示寒武系蒸发岩在四川盆地东部具区域性分布特征，最大厚度可达 1500 多米。蒸发

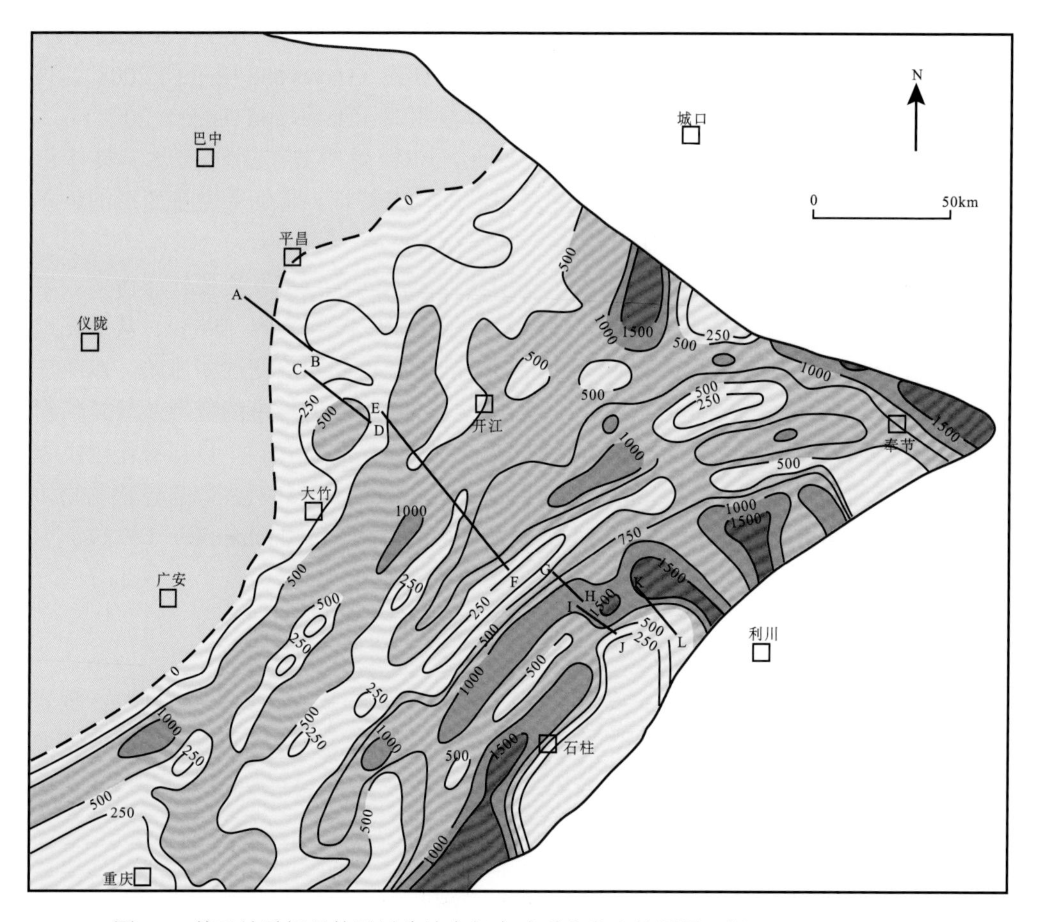

图 7.3　基于地震解释的四川盆地东部寒武系蒸发岩等厚图（据 Gu et al.，2020）

寒武系蒸发岩的西边界与四川盆地中、东部的边界基本一致（图 7.2、图 7.3）。等值线值是寒武系塑性流动层厚度（单位：m），间接代表寒武系蒸发岩厚度。寒武系蒸发岩通常从西向东增厚，最大厚度可达 1500 多米。蓝线为地震剖面位置

岩厚值区域呈狭长状分布，其与背斜的分布一致。底部寒武系蒸发岩滑脱层的广泛分布，对四川盆地东部的构造变形至关重要。认识到寒武系蒸发岩的重要性，这为认识四川盆地东部薄皮褶皱-逆冲带的形成和演化提供了新的研究思路。

第三节　构造变形样式

一、区域构造变形特征

构建区域大横剖面对于分析构造样式和运动学演化非常重要。在对四川盆地东部二维和三维地震数据进行认真梳理后，精心挑选了一些具有代表性的高分辨率的时间偏移和深度偏移二维、三维地震数据来构建区域地震大剖面。以在川东中部新采集的长偏移距深度偏移的二维地震数据为参考，将四川盆地东部东、西两侧的时间偏移地震剖面调整到以参考剖面为基准的深度大剖面。该区域地震大剖面已最大限度地避免了剖面之间的空白区域，并精细地解决了剖面之间的重叠问题。构建的区域地震大剖面长度约为196km，从川中向川东延伸，与川东薄皮褶皱-逆冲带的缩短方向平行（图 7.4）。

自西向东，区域大剖面主要包括 10 个背斜，分别为华蓥山背斜、铁山背斜、蒲包山背斜、七里峡背斜、大天池背斜、南门场背斜、黄泥塘背斜、大池干井背斜、方斗山背斜和齐岳山背斜。横剖面从西向东逐渐抬升，因此向右方向指示褶皱逆冲带的来源方向，向左为前陆盆地的传输方向，表明构造缩短过程是由东向西发生的。各个背斜几乎以 15km 的间隔等距离分布。该区域大剖面显示四川盆地东部薄皮褶皱-逆冲带的特征是普遍发育狭窄、尖棱和近乎对称的背斜，且被宽而平坦但以一定间隔分布的向斜所分隔。褶皱在纵向上由两个倾斜的轴面限定，向着底部滑脱层方向变窄。薄皮褶皱-逆冲带的幅度和跨度在褶皱表面达到最大值，向着底部滑脱层方向逐渐消失。褶皱的核部通常包含调节逆断层。底部和顶部滑脱层之间的薄皮褶皱-逆冲带的西端与寒武系蒸发岩的西缘重合（图 7.4）。蒸发岩沉积边界似乎控制着薄皮褶皱-逆冲带前缘的范围。

从区域大剖面可以很容易地识别出三个主要滑脱层，包括底部滑脱层（寒武系蒸发岩）、中部滑脱层（志留系页岩）和顶部滑脱层（三叠系蒸发岩）。这三个滑脱层成为不同构造域的明显边界，特别是底部滑脱层，其上形成了薄皮褶皱-逆冲带，其下伏宽缓褶皱，未见明显断层。位于底部滑脱层之下的平缓褶皱形成于薄皮褶皱-逆冲带之前，是四川盆地西部被动边缘沉降和盆地东部岩石圈挠曲隆升产生的前缘隆起造成的（谷志东等，2016）。在顶部滑脱层上方，由于挤压形成平行褶皱，在底部和顶部滑脱层之间出现更多的褶皱-逆冲带。对于某些褶皱，两组蒸发岩之间的变形情况与顶部蒸发岩之上的变形并不一致，如华蓥山背斜和蒲包山背斜，它们表现出不同的构造样式，对应不同的构造域。褶皱的宽度从顶部到底部逐渐变小。所有褶皱均表现出近似对称的形状和向前、向后的双向逆冲。逆冲断层并未明显朝向前陆或腹地，没有明显的方向性，向前的逆冲和向后的逆冲都发育。构造变形从东向西传递到川中地区，逐渐减小并消失。两套蒸发岩滑脱层之间的缩短量被薄皮褶皱-逆冲带中的褶皱和向前、向后的逆冲断层所吸收，顶部滑脱层之上的缩短量主要被褶皱作用所吸收（图 7.4）。

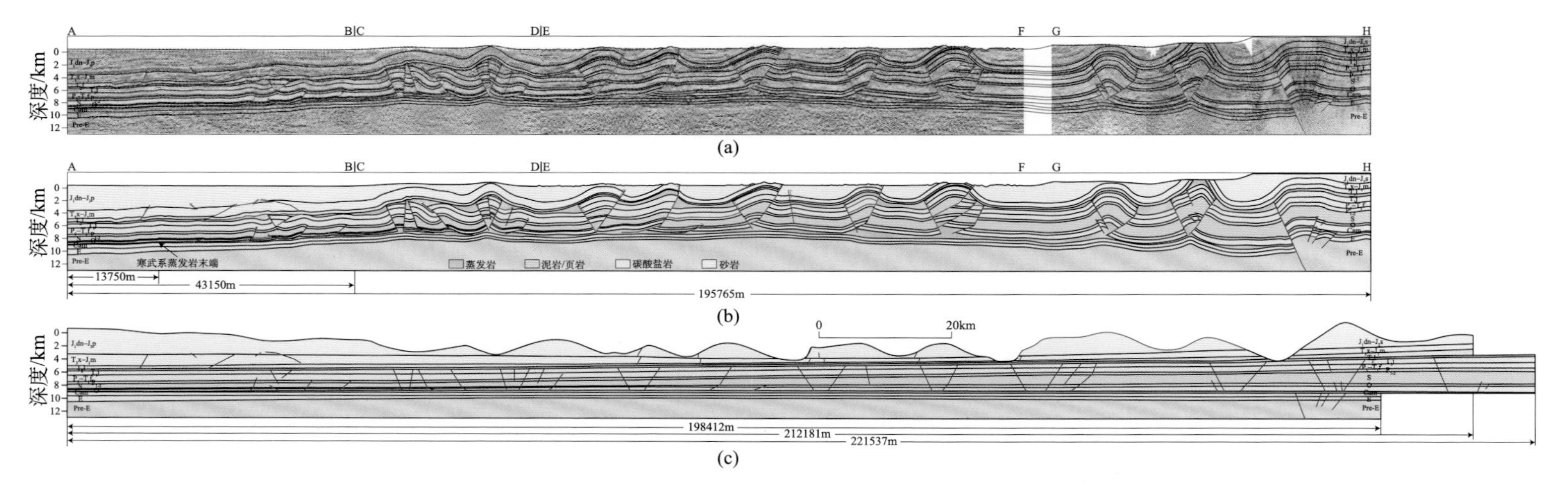

图 7.4　川东区域地震大剖面及其地质解释图（据 Gu et al.,2020）

（a）横穿四川盆地东部区域地震大剖面解释图，剖面长约 196km，其横剖面位置如图 7.1～图 7.3 所示。（b）根据图（a），用彩色填充已解释的区域横剖面。四川盆地东部的构造变形是经典的薄皮褶皱-逆冲带，其特征是随着向前和向后的逆冲，发育突破滑脱褶皱。底部寒武系蒸发岩成为薄皮褶皱-逆冲带的边界，并控制着薄皮褶皱-逆冲带的形成和发育。中部志留系页岩和顶部三叠系蒸发岩可对缩短过程中所产生的位移进行调节。褶皱大约以 15km 的间隔等距离分布。（c）基于能干层的线长守恒和非能干层的面积守恒对区域横断面进行复原。具体操作方法如下：使用 StructureSolver 软件确定由滑脱层和断层界定的组分，并分别进行恢复，随后将其组合在一起。底部寒武系和顶部三叠系蒸发岩之间的大部分逆冲断层都表现为高角度共轭断层。两组蒸发岩之间区域横断面的缩短距离为 26km 左右，如果将端线置于寒武系蒸发岩的西端，则对应的缩短率为 12.4%；如果将端线放置于寒武系华蓥山背斜的西边缘蒸发岩西端，则为 18.6%［图 7.1、图 7.2、图 7.4（b）］。由于线长不同，将褶皱展平后，三叠系蒸发岩上方与下伏的地层单元不一致，这可能与三叠系蒸发岩之上地层单元发生位移有关。粉红色表示主要由蒸发岩组成的岩石；绿色表示主要由页岩组成的岩石。黄色表示主要由砂岩组成的岩石。浅蓝色表示主要由碳酸盐岩组成的岩石。浅灰色代表埃迪卡拉系下方的地层。T_1f. 下三叠统飞仙关组，T_1j. 下三叠统嘉陵江组，T_2l. 中三叠统雷口坡组，T_3x. 上三叠统须家河组，J_1m. 下侏罗统马鞍山段，J_1dn. 下侏罗统大安寨段，J_2s. 中侏罗统遂宁组，J_3p. 上侏罗统蓬莱镇组

二、典型剖面构造变形样式

（一）横剖面 A-B

横剖面 A-B 是叠前时间偏移处理的三维地震反射剖面，位于川中地区，也位于四川盆地东部薄皮褶皱-逆冲带的前缘，向西指向前陆方向。地震剖面不仅清楚显示了寒武系蒸发岩的特征，即具有强阻抗反射以及塑性聚集，而且还显示了寒武系蒸发岩的边界。根据地震剖面，可以看出蒸发岩从东到西逐渐变薄，最终转变为能干层碳酸盐岩。寒武系蒸发岩则形成底部滑脱层，成为不同构造域的明显边界。寒武系蒸发岩之下为向西倾斜的斜坡，并未发生明显的构造变形（图 7.5）。

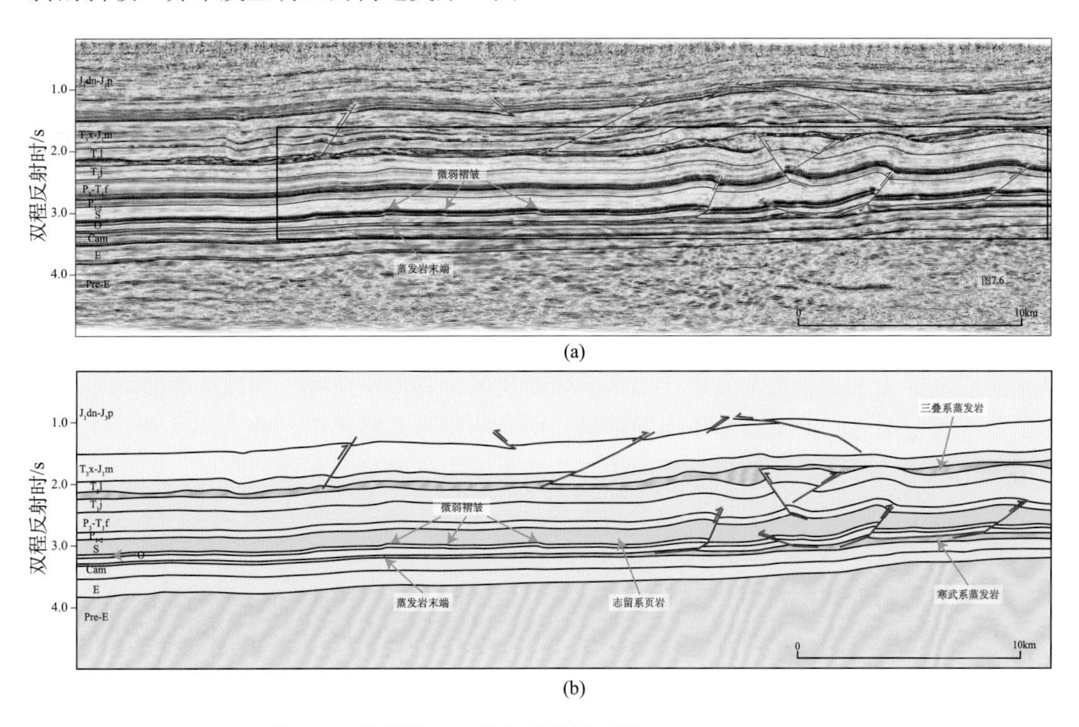

图 7.5　横剖面 A-B 构造解释图（据 Gu et al.，2020）

（a）叠前时间偏移三维剖面 A-B，位于四川盆地中部（图 7.1～图 7.3），它是寒武系和三叠系蒸发岩之间的薄皮褶皱-逆冲带的主要边界，该边界与寒武系蒸发岩的西边界一致。框线标示的是图 7.6 的范围，显示了寒武系蒸发岩的细节。（b）地质解释的横剖面 A-B。底部寒武系蒸发岩和顶部三叠系蒸发岩成为不同构造域的边界。寒武系蒸发岩从西向东逐渐增厚，在横剖面上清楚地显示了寒武系蒸发岩的边界。在寒武系蒸发岩端点之上发育小型褶皱，之下不发育滑脱褶皱。但是，构造变形没有超出寒武系蒸发岩边界的范围。因此，底部寒武系蒸发岩控制了薄皮褶皱-逆冲带的形成。颜色所表示的含义与图 7.4 相同

寒武系蒸发岩与碳酸盐岩边界处构造变形样式发生了明显的变化。寒武系蒸发岩层的边界以其上发育的小型滑脱褶皱为标志，蒸发岩向西方向并没有褶皱形成，表明没有沿着该层面的底部滑动。在褶皱之下，沿着寒武系蒸发岩的位移逐渐减小为零。构造变形并未超出寒武系蒸发岩的分布范围（图 7.6）。由蒸发岩边界向东，两个小型滑脱褶皱

向后相继形成于寒武系蒸发岩之上。再往东，在寒武系蒸发岩之上形成了更强烈的褶皱和逆冲断层，其中三条为向后逆冲断层，并断穿二叠系，一条是向前逆冲断层，并传播进入志留系页岩。这种从变形地层到未变形地层的突然变化与寒武系蒸发岩的缺失有关。

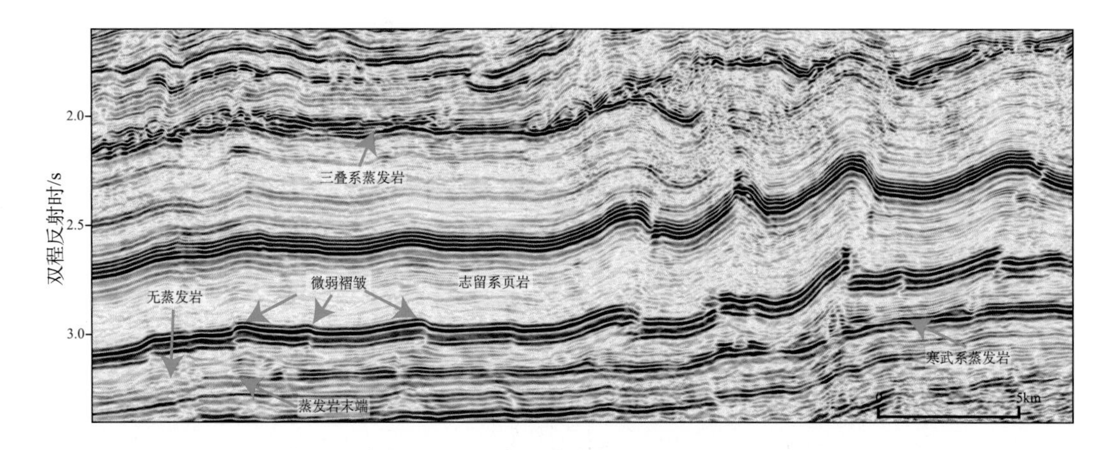

图 7.6　图 7.5 的局部放大图，显示寒武系蒸发岩边界的细节（据 Gu et al.，2020）

垂直比例尺是水平比例尺的 2.5 倍。寒武系蒸发岩的特征是强阻抗反射和塑性流动与聚集。寒武系蒸发岩从西向东逐渐增厚。地震剖面清楚地显示出寒武系蒸发岩的边界与端点。寒武系蒸发岩端点上方产生小型褶皱，向右形成断层滑脱褶皱。变形没有超出寒武系蒸发岩边界的范围

在志留系页岩之上发育一条逆冲断层，并传播进入三叠系蒸发岩，同时出现了一组共轭断层，终止于三叠系蒸发岩。但是共轭断层的位移似乎从底部到顶部逐渐增加，这可能是平行层面之间简单剪切作用的结果。所有的位移都终止于三叠系蒸发岩。此外，可清楚地识别出三叠系蒸发岩是变形边界，其上产生一些褶皱和逆冲断层。因此，该地震剖面不仅展示出三套滑脱层，分别是寒武系蒸发岩、志留系页岩和三叠系蒸发岩，而且还显示它们在褶皱-逆冲带形成中的不同作用。

这条地震剖面最为特殊之处是清楚展示了寒武系蒸发岩的边界及其对薄皮褶皱-逆冲带形成的控制作用。蒸发岩的边界与薄皮褶皱-逆冲带的发育边界相一致。这还意味着，当位移较小时，首先会形成滑脱褶皱。随着位移的增加，随后会产生逆冲断层，形成突破滑脱褶皱。

（二）横剖面 C-D

横剖面 C-D 是叠前时间偏移处理的三维地震剖面，位于四川盆地东部褶皱-逆冲带的西边界。地表由华蓥山背斜北倾没端和铁山背斜南倾没端两个背斜组成（图 7.7）。地震剖面清晰显示三套滑脱层，即底部寒武系和顶部三叠系蒸发岩，以及中间的志留系页岩。该地震剖面还显示了被底部和顶部蒸发岩分隔的三个不同的构造域。在底部寒武系蒸发岩之下为一平缓背斜，无明显的褶皱和断层。在顶部三叠系蒸发岩之上发育平行褶皱，并见强烈的构造变形，形成了华蓥山背斜和铁山背斜。在这两组蒸发岩之间更为集中地发育褶皱-逆冲带，且变形和应变更为强烈。寒武系蒸发岩自西向东增厚，并由向斜运移到褶皱核部（图 7.7）。

两套蒸发岩之间构造域的特征是发育双向逆冲断层，即向前逆冲断层和向后逆冲断层均发育，它们形成于寒武系蒸发岩之上，并传递进入三叠系蒸发岩。逆冲断层连接底部和顶部的蒸发岩，而底部蒸发岩的位移传递到三叠系蒸发岩之中（图 7.7）。

两套蒸发岩之间的华蓥山构造由西部的逆冲褶皱和东部的两个向前的逆冲断层组成。所有逆冲断层均切穿底部蒸发岩，并传递进入顶部蒸发岩。志留系页岩的厚度也发生明显变化，以适应由于挠曲流动机制而产生的位移。从华蓥山构造可推断出滑脱褶皱最先形成，随着构造进一步缩短，形成突破滑脱褶皱，使得滑脱褶皱的前翼或后翼发生逆冲。两套蒸发岩之间的逆冲断层并未突破上覆地层，因为源自底部滑脱层的位移传递到了顶部滑脱层。三叠系蒸发岩的特征是明显的厚度变化和塑性流动。

铁山构造由一个逆冲褶皱和一个突破滑脱褶皱组成，在两套蒸发岩之间存在两个向前逆冲断层和三个向后逆冲断层，其中一条在志留系页岩上方生成以适应位移的变化。东部的逆冲断层传递至二叠系，但未传递到顶部蒸发岩，因为该位移已被褶皱作用调节并终止。

这两个构造，底部滑脱层控制着它们的形成和发育，源自底部滑脱层的位移传递到了顶部和中间滑脱层。逆冲断层的方向不唯一，是随机变化的。逆冲褶皱和突破滑脱褶皱是由于构造进一步缩短而形成的。

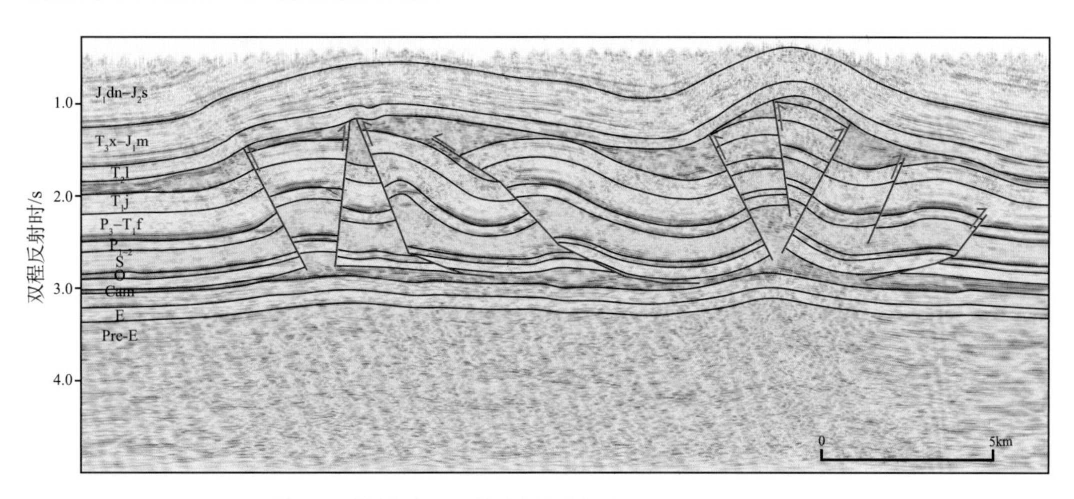

图 7.7 横剖面 C-D 构造解释图（据 Gu et al.，2020）

横剖面 C-D 为叠前时间偏移三维地震剖面，位于四川盆地东部薄皮褶皱-逆冲带的西边界，包括地表的华蓥山背斜和铁山背斜（图 7.1、图 7.2）。底部和顶部蒸发岩是不同构造域的边界，在两套蒸发岩之间形成了薄皮褶皱-逆冲带。由于蒸发岩的塑性流动，底部寒武系蒸发岩从向斜运移至背斜。由于页岩的塑性流动，志留系页岩在背斜的核部变厚。顶部三叠系蒸发岩接受源自寒武系蒸发岩的位移。逆冲断层的特征是双向发育，无明显逆冲方向。三叠系蒸发岩上方的平行褶皱与两组蒸发岩之间的断层滑脱褶皱不一致

（三）横剖面 E-F

横剖面 E-F 是新采集的长偏移距叠前深度偏移二维地震剖面，位于川东中部位置。剖面长 72km，由蒲包山、七里峡、大天池、南门场和黄泥塘等背斜组成（图 7.8）。剖面清楚显示蒸发岩从向斜向背斜的迁移，寒武系蒸发岩在背斜核部变厚，在向斜变薄。

寒武系蒸发岩比之前横剖面 A-B 和 C-D 要厚得多，仍为底部滑脱层和构造变形边界。寒武系蒸发岩之下未见明显的构造变形，褶皱-逆冲带发育在寒武系蒸发岩之上。

该剖面的特征是发育双向逆冲断层（向前逆冲断层和向后逆冲断层）滑脱褶皱。向后逆冲断层位移比向前逆冲断层位移大，并且向后逆冲断层断穿所有上覆地层，并传递到地表，而向前逆冲断层仅传递到三叠系蒸发岩，并未断穿三叠系蒸发岩之上的上覆地层。三叠系蒸发岩在向斜处明显增厚，在背斜处变薄。地震剖面还显示志留系页岩具有明显的厚度变化，以适应变形过程中的位移和应变。该剖面较为特殊的是七里峡背斜，它仅发育向后逆冲断层而不发育向前逆冲断层，这可能意味着向后逆冲断层先形成，而后形成向前逆冲断层（图 7.8）。

该剖面还显示逆冲断层的形成是由于滑脱褶皱的前翼和/或后翼的突破，而这些突破是在滑脱褶皱形成之后发生的。因此，这些褶皱-逆冲带可能展示出如下的构造变形演化序列：①由于地层缩短，在寒武系蒸发岩之上形成了滑脱褶皱；②随着滑动距离的增加，形成与滑脱褶皱前翼突破相关的向后逆冲断层；③向前逆冲断层形成与伴随递进变形的滑脱褶皱的后翼突破有关。

（四）横剖面 G-H

横剖面 G-H 是叠前时间偏移处理的二维地震剖面，地表构造包括大池干井背斜（图 7.9）。该地震剖面显示了与横剖面 E-F 类似的变形样式。寒武系蒸发岩相比之前的构造要厚得多，形成了底部滑脱层和变形边界，其下发育一条平缓褶皱，未见断层。横剖面的特征是在底部寒武系和顶部三叠系蒸发岩之间发育两条向前逆冲断层和一条向后逆冲断层相关的滑脱褶皱。滑脱褶皱显示出对称的几何形状，但是向后逆冲断层的位移比两条向前逆冲断层的位移大得多。底部寒武系蒸发岩产生的位移传递至三叠系蒸发岩（图 7.9）。

剖面还显示了断层滑脱褶皱的构造演化序列：①由于构造缩短作用，首先形成滑脱褶皱；②滑脱褶皱东翼被突破，向后逆冲断层形成；③滑脱褶皱西翼也被突破，向前逆冲断层形成。但从地震剖面看，所有逆冲断层都没有断穿三叠系蒸发岩之上的上覆地层，两条主要逆冲断层终止于三叠系蒸发岩。

（五）横剖面 I-J

横剖面 I-J 是叠前时间偏移处理的二维地震剖面，地表过方斗山背斜（图 7.10）。地震剖面显示出一个与之前地震剖面相似但变形更为强烈的构造。两套蒸发岩厚度变化明显，并具有互补关系，即寒武系蒸发岩的减薄与三叠系蒸发岩的增厚相对应。

该剖面的特征是发育向前逆冲断层、向后逆冲断层和两条顶板逆冲断层的相关滑脱褶皱。滑脱褶皱在底部寒武系蒸发岩之上发育，寒武系蒸发岩的位移传递到顶部三叠系蒸发岩。向前逆冲断层和向后逆冲断层均被限制在底部和顶部蒸发岩之间。相比向前逆冲断层，向后逆冲断层的位移距离要大。寒武系蒸发岩上方的两条小型向前逆冲断层和志留系页岩上方的一条小型向前逆冲断层为调节断层。与其他构造的一个明显区别是，在三叠系蒸发岩之上产生了两个共轭顶板逆断层的紧闭褶皱（图 7.10）。

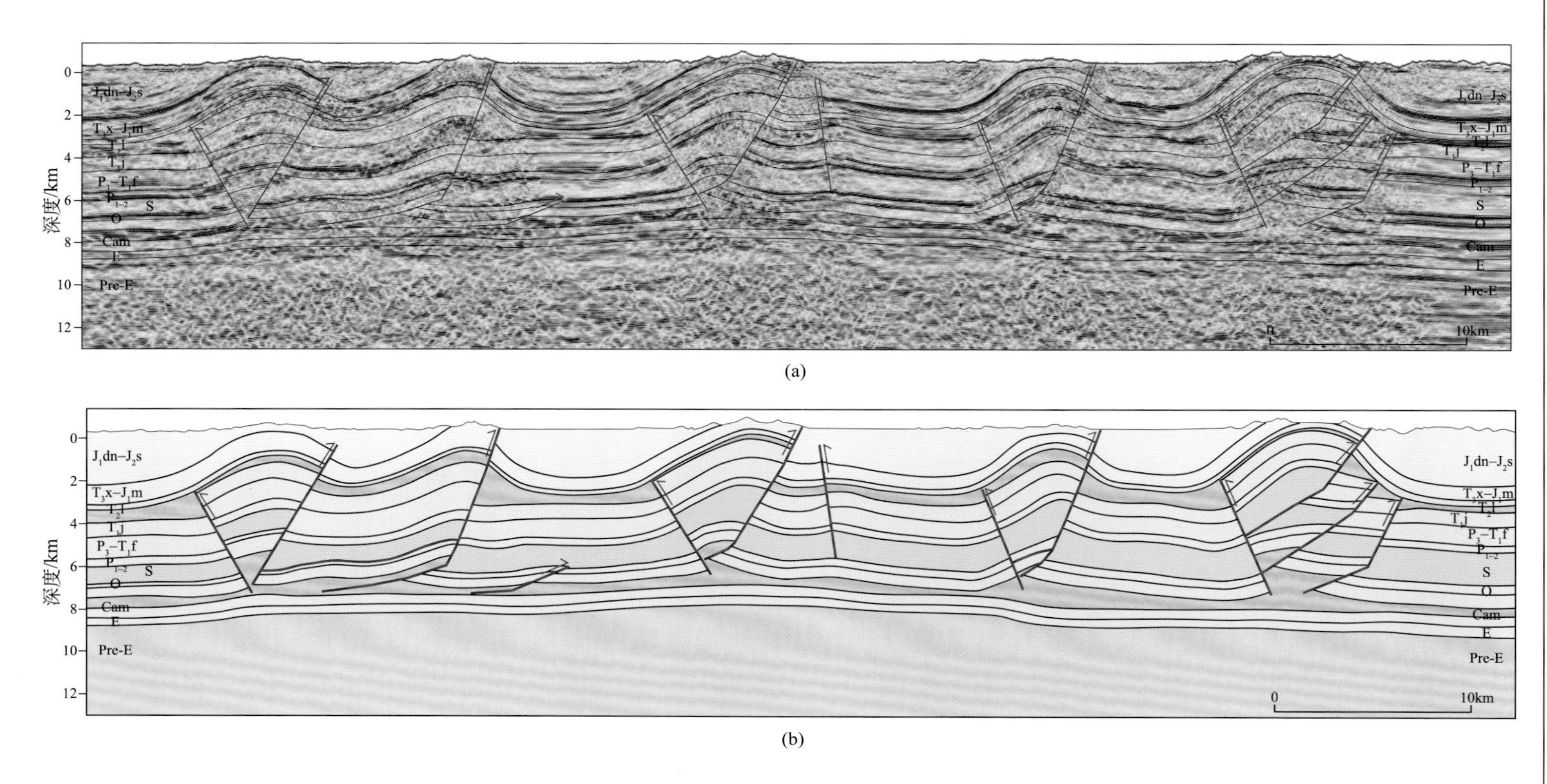

图 7.8　地震横剖面 E-F 及构造解释图（据 Gu et al.，2020）

（a）长偏移距叠前深度偏移二维横剖面 E-F，位于川东中部（图 7.1～图 7.3），自西向东发育七里峡、蒲包山、大天池、南门场和黄泥塘背斜。（b）横剖面 E-F 填色解释。寒武系蒸发岩之上形成的薄皮褶皱-逆冲带，该构造特征是发育向前、向后逆冲突破滑脱褶皱。向后逆冲穿过上覆地层到地表，而向前逆冲仅传递至三叠系蒸发岩，并未突破上覆地层。这可能揭示向前逆冲断层形成晚于向后逆冲断层

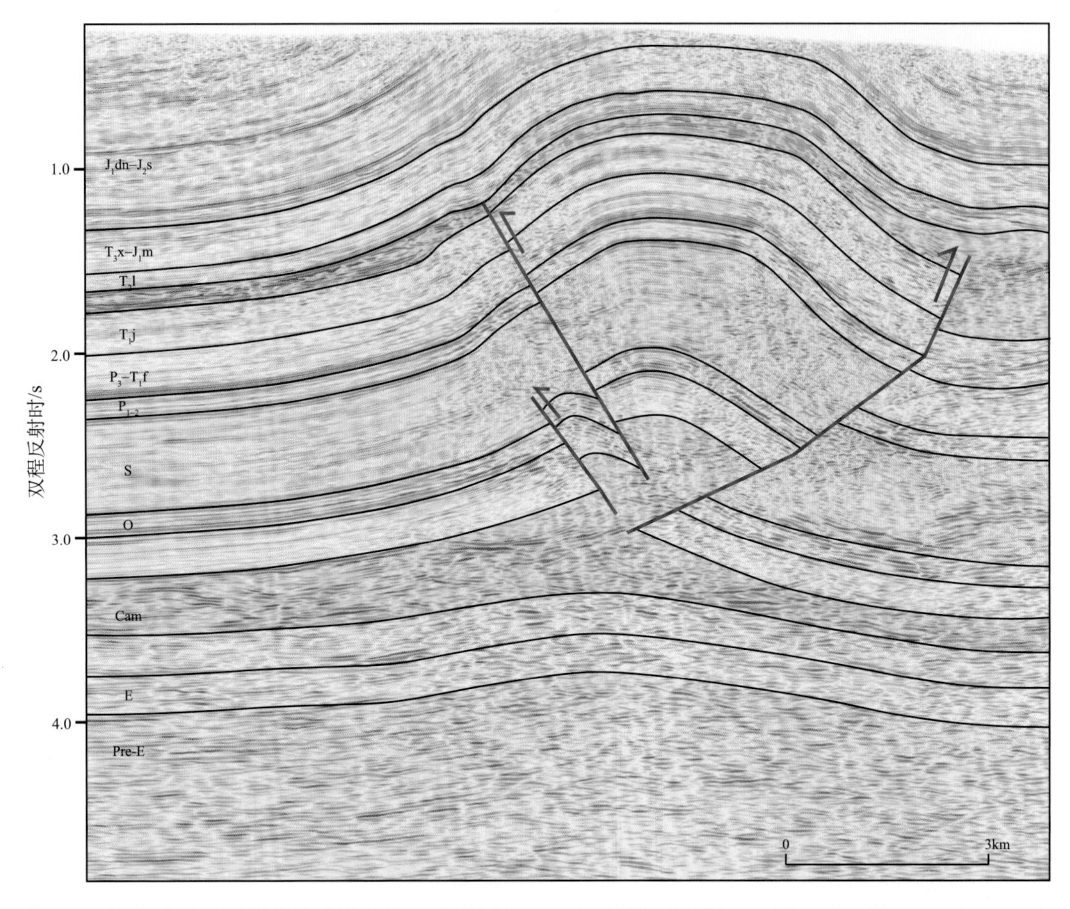

图 7.9　过大池干井背斜叠前时间偏移二维横剖面 G-H（平面位置见图 7.1、图 7.2）（据 Gu et al.，2020）

突破滑脱褶皱产生于寒武系蒸发岩之上，在地表呈近似对称的几何形状。向前、向后逆冲断层将寒武系和三叠系蒸发岩联结在一起，但未突破上覆地层。向后逆冲断层位移比向前逆冲断层大。在寒武系蒸发岩之上产生一条较小的调节逆冲断层，是由于构造缩短量增加，扩展进入志留系页岩

剖面还显示出与之前剖面相似的构造演化：①滑脱褶皱首先在寒武系蒸发岩之上形成；②由于地层强烈缩短，在寒武系蒸发岩之上形成向后逆冲断层；③随着地层缩短量增加，形成向前逆冲断层。由于发育两条顶板逆冲断层，所有逆冲断层都未突破上覆地层，三叠系蒸发岩在地表出露。

（六）横剖面 K-L

横剖面 K-L 是叠后时间偏移处理的二维地震剖面，位于四川盆地东部边界，过齐岳山背斜与上扬子地块薄皮和厚皮褶皱-逆冲带的边界（图 7.11）。据此可识别出三套滑脱层，包括寒武系蒸发岩、志留系页岩和三叠系蒸发岩。该构造与之前构造的明显区别是发育基底卷入构造变形。陡逆冲断层沿着向斜轴面或通过褶皱前翼向上扩展，在齐岳山背斜上覆地层中产生褶皱作用，形成基底卷入型断层传播褶皱。逆冲断层最终传递至三叠系蒸发岩，于三叠系蒸发岩中断层位移终止。此外，一些小型反向逆冲断层从基底产

生，并扩展到寒武系蒸发岩和/或志留系页岩中（图 7.11）。因此，该地震剖面表明该构造属于基底卷入变形，是薄皮和厚皮褶皱-逆冲带的边界。由该构造向东以基底卷入厚皮构造变形为主。

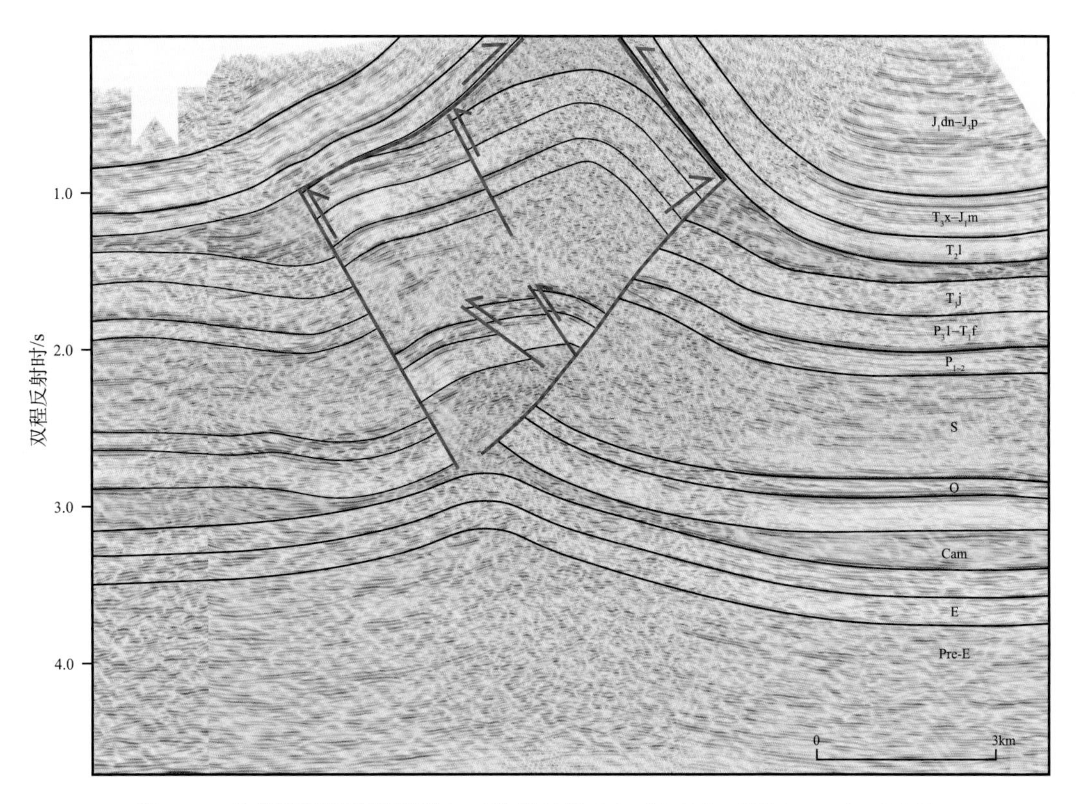

图 7.10　叠前时间偏移横剖面 I-J（位置见图 7.1、图 7.2）（据 Gu et al.，2020）

突破滑脱褶皱产生于寒武系蒸发岩之上，发育一条向前逆冲断层和一条向后逆冲断层，连接底部和顶部滑脱层，但未突破上覆地层。向后逆冲断层的位移比向前逆冲断层大。寒武系蒸发岩上方的两条小型前冲断层和志留系页岩上方的一条小型前冲断层为调节断层。在三叠系蒸发岩上方形成了两条共轭顶板冲断层，以调节因地层逐步缩短而产生的位移

基底卷入型褶皱的特征是沉积盖层内的变形吸收了明显的断层位移，以及缓倾的前翼和后翼（Mitra and Mount，1998）。基底中的断层滑移通常由前翼之上呈三角形且向上变宽的变形带转移到盖层之中。基底卷入型构造代表了很多造山带中常见的一种构造样式。可通过一个广泛应用的模型来解释构造的几何形态，其涉及三角形变形带内断层位移的消失，它也被称为上覆于基底的沉积单元的三角剪切带（Mitra and Miller，2013）。

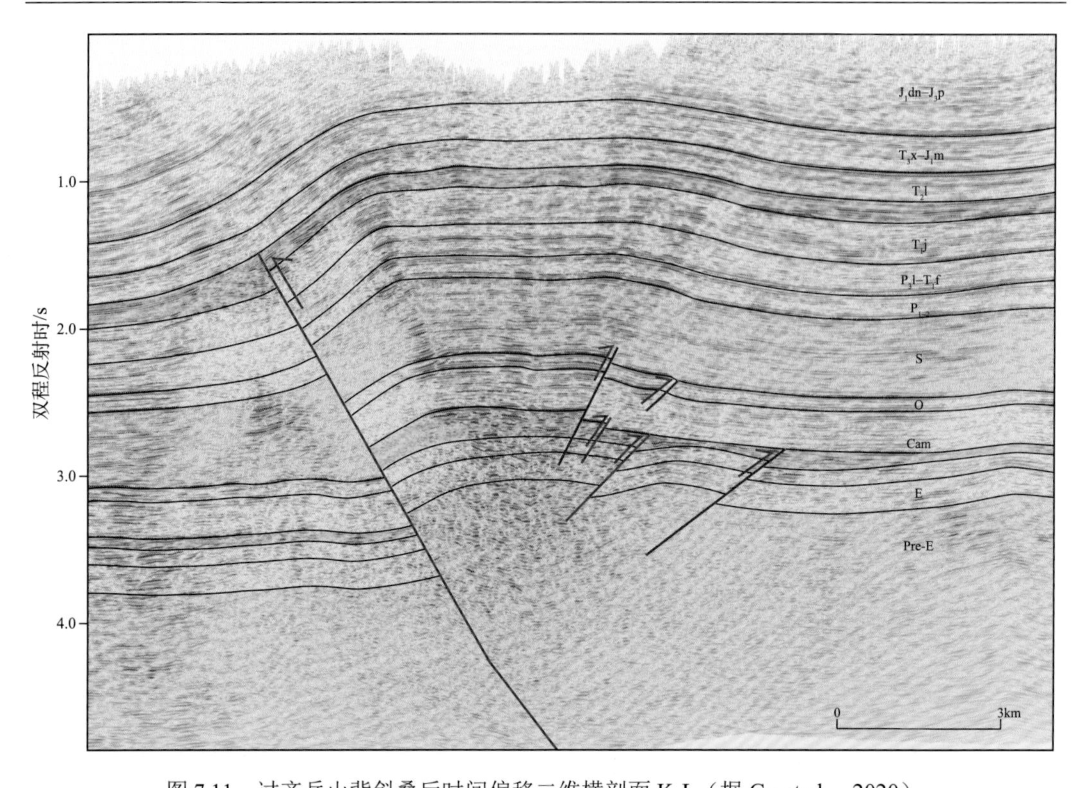

图 7.11　过齐岳山背斜叠后时间偏移二维横剖面 K-L（据 Gu et al.，2020）

构造变形的特征是基底卷入型断层传播褶皱。前冲断层切穿基底，扩展进入三叠系蒸发岩。通过褶皱作用调节位移。当共轭剪切断层扩展到寒武系蒸发岩或志留系页岩时，则形成一些小型后冲断层

第四节　平 衡 恢 复

一、平衡恢复方法

横剖面的平衡恢复已成为验证构造解释和分析构造演化应用广泛且有力的工具（Dahlstrom，1969；Hossack，1979；Cooper，1983；Mitra and Namson，1989；Suppe et al.，1997；Novoa et al.，2000）。恢复是构造变形的逆过程，无论是一步恢复至未变形状态，还是以多个增量显示构造的渐进演化（Rowan and Ratliff，2012）。横剖面的恢复通常依据一个基本假设：横剖面因平面应变而变形，即与外界没有物质交换（Hossack，1979；Rowan and Ratliff，2012）。平衡恢复有两种主要方法，即等线长法和等面积法（Mitra and Namson，1989）。等线长法假定在变形过程中横剖面所有单元的线长均保持不变（Mitra and Namson，1989）。等面积法特别适用于体积恒定的构造，构造变形导致每层厚度和长度发生变化（Mitra and Namson，1989）。

为了验证构造样式并对四川盆地东部薄皮褶皱-逆冲带的演化进行解释，对区域横剖面进行了精细恢复。四川盆地东部的地层序列由三个主要非能干层分隔的能干层组成，非能干层在变形过程中厚度变化明显。寒武系和三叠系蒸发岩的特征是塑性流动和运移，

导致明显的厚度变化。渗透变形和弯流，使得志留系页岩增厚或减薄。因此，区域横剖面的恢复可分为两类并基于两个基本假设：①在弯曲滑动机制下，碳酸盐岩和砂岩能干层的长度和厚度守恒；②寒武系、三叠系蒸发岩和志留系页岩非能干层的面积守恒。除了这两个基本假设外，能干层中的平行层面缩短或平行层面应变可以忽略不计，即所有的收缩都由褶皱作用和逆冲断层来调节。

平衡恢复从三叠系蒸发岩和埃迪卡拉系之间未变形区域剖面左端的端点开始，并向右延伸。恢复过程分别对由三个滑脱层分隔的不同变形域进行，然后再将其组合在一起。首先确定由滑脱层和断层为边界以弯曲滑动为主的不同部分，将其恢复至未变形状态，随后将其组合在一起。寒武系和三叠系蒸发岩的长度取决于能干层，厚度是通过计算蒸发岩的面积除以其长度得到的。对于志留系部分，其中一些剖面遵循线长守恒原理，而一些剖面则是通过“面积守恒”进行恢复的。

二、平衡恢复结果

基于上述方法，将区域横剖面恢复至原始未变形状态。已恢复的剖面未考虑任何可能源自内部变形的地层缩短情况，因此计算的缩短量应视为最小值。

恢复后的平衡剖面表明，被寒武系和三叠系蒸发岩所分隔不同构造域的长度不等。变形后的区域剖面长度约196km，寒武系蒸发岩之下的剖面经恢复之后的长度为198km。位于两组蒸发岩之间的剖面经恢复后长222km，三叠系蒸发岩上方的剖面长212km[图7.4（b）、（c）]。剖面恢复后长度的差异可能与寒武系和三叠系蒸发岩分布范围不同有关，三叠系蒸发岩之上的变形与两套蒸发岩之间的变形不一致。三叠系蒸发岩上方发生缩短可能源于沿三叠系蒸发岩的位移以及向川中地区的运移。

平衡剖面恢复具有非常重要的意义，因为它们可用于计算褶皱-逆冲带中的体积缩小量（Cooper，1983）。整个剖面恢复显示在两套蒸发岩之间产生约26km的缩短量，如果将端线置于寒武系蒸发岩的边界，则对应的缩短率为12.4%；如果将端线置于华蓥山构造的左端，则缩短率为18.6%[图7.4（b）、（c）]。

已恢复的剖面表明两套蒸发岩之间的剖面具有高角度和双向共轭逆冲断层（前冲和后冲）的特征。在主逆冲断层之间发育一些小型调节断层，以消除变形过程中的位移。共轭逆冲断层具有相似的几何形状和约18km间距。逆冲断层的高角度特征意味着变形是从膝折带开始的，已恢复的剖面进一步揭示了突破滑脱褶皱的形成经历了膝折带至滑脱褶皱，再到滑脱褶皱前翼和后翼突破的演化。寒武系蒸发岩之上齐岳山构造的基底卷入型逆冲断层与位于寒武系蒸发岩之下的断层纵向不一致，这意味着基底卷入型逆冲断层是在变形的最后阶段形成的。

第五节　运动学演化

一、南门场构造分析

随着断层位移的增加，褶皱通常沿着走向从平缓褶皱转变为紧闭褶皱（Mitra，1990）。褶皱沿走向的几何变化反映褶皱随着时间的变化特征，这揭示许多褶皱最初是平缓褶皱，随着断层位移的增加而成为紧闭褶皱（Mitra，1990）。为了对四川盆地东部薄皮褶皱-逆冲带的构造演化做出相关解释，本书选择了南门场构造来进行运动学演化分析。南门场构造走向为北东-南西向，并逐渐向南西方向终止，因此位移向南西方向逐渐减小。应用从褶皱末端（南西部）到中部（北东端）新采集的三个长偏移距叠前深度偏移处理的二维地震剖面来揭示运动学演化过程。

横剖面 M-N 位于南门场构造的南西端，因此可以用来展示南门场褶皱的早期发育[图 7.12（a）]。地震剖面显示寒武系蒸发岩之上有一条向后逆冲断层，并扩展进入三叠系蒸发岩，但没有突破上覆地层。褶皱作用和逆冲作用吸收了地层缩短量。志留系页岩在褶皱核部增厚表明页岩的弯流作用。三叠系蒸发岩是吸收位移的另一个重要滑脱层。但是，寒武系蒸发岩之上未发育向前逆冲断层。由此可以进一步推断，首先产生的是滑脱褶皱，其前翼突破后形成向后逆冲断层。

横剖面 O-P 位于横剖面 M-N 北东约 6km，相比后者显示出更多的紧闭构造[图 7.12（b）]，且底部滑脱层的向后逆冲断层的位移更大。重要的区别是形成了一条连接底部寒武系蒸发岩和顶部三叠系蒸发岩的向前逆冲断层。因此，该剖面表明随着缩短量的增加，向前逆冲断层形成于向后逆冲断层之后。

横剖面 Q-R 位于构造中部附近，它显示了比之前两个地震剖面更为复杂的构造[图 7.12（c）]。向前逆冲断层和向后逆冲断层位移更大，并且向后逆冲断层突破上覆地层。此外，地震剖面还显示了南门场构造的最终演化结果。

总之，对南门场构造的分析表明，突破滑脱褶皱的演化序列是滑脱褶皱首先形成，其后是滑脱褶皱的前翼和后翼的突破。综合区域横剖面的解释和平衡恢复，可以推断出褶皱-逆冲带的运动学演化如下：①由于构造挤压，膝折带首先在寒武系蒸发岩之上形成；②随着递进变形，膝折带演化为滑脱褶皱；③由于构造进一步缩短，滑脱褶皱的前翼演化为逆冲断层；④由于地层缩短量增加，滑脱褶皱的后翼演化为逆冲断层。这些逆冲断层最初形成于褶皱-逆冲带的最底部地层中，随后扩展到这些构造的地表。滑脱褶皱的逆冲断层的扩展方向与地层缩短方向不一致。在演化过程中，志留系页岩也能起到滑脱层的作用，以调节来自底部滑脱层的位移，并在页岩上方形成逆冲断层。此外，三叠系蒸发岩也发挥着顶部滑脱层的作用，以调节地层缩短和其下地层的位移。综上所述，多套滑脱层控制了薄皮褶皱-逆冲带的形成和发育，其演化经历了膝折带、滑脱褶皱和滑脱褶皱前、后翼的突破。

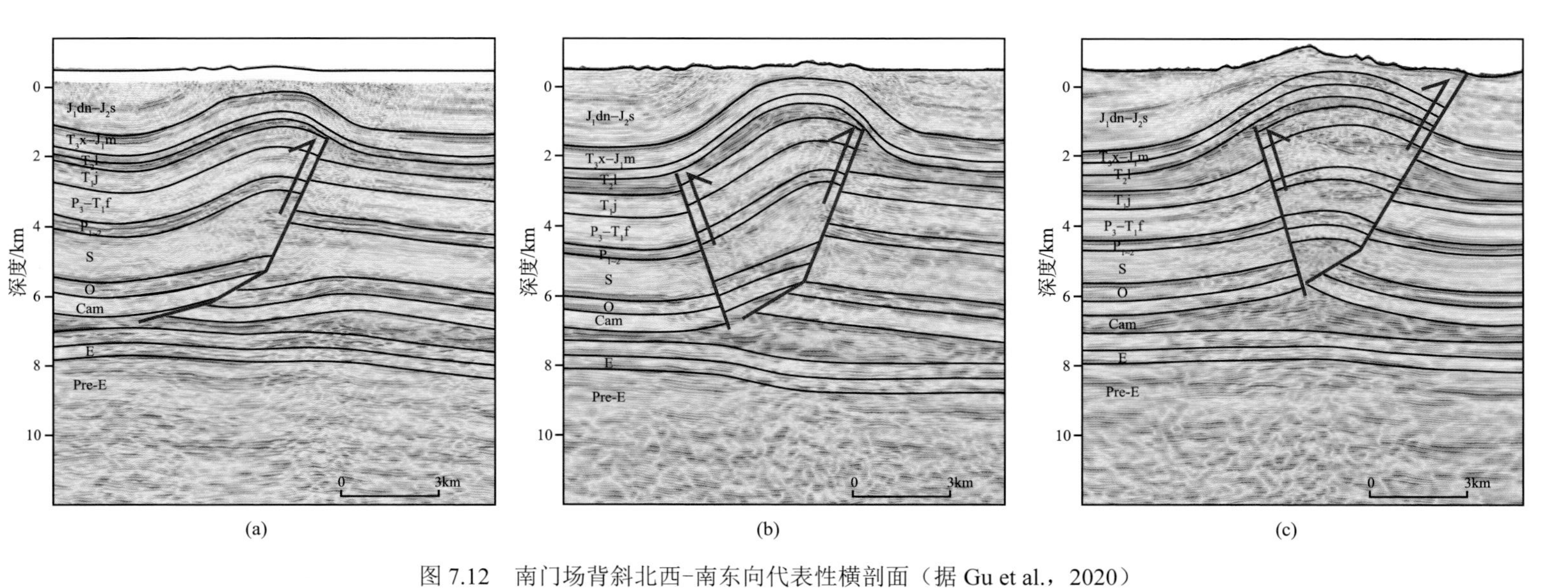

图 7.12 南门场背斜北西-南东向代表性横剖面（据 Gu et al.，2020）

（a）长偏移距叠前深度偏移处理的二维横断面 M-N，位于南门场背斜南西端（平面位置见图 7.1、图 7.2）。在寒武系蒸发岩之上发育一个突破滑脱褶皱，后冲断层延伸到三叠系蒸发岩。志留系页岩在背斜核部增厚。（b）长偏移距叠前深度偏移处理的二维横剖面 O-P，位于 M-N 段北东约 6km 处（平面位置见图 7.1、图 7.2）。该段后冲断层位移比 M-N 段大，在寒武系蒸发岩之上形成一条前冲断层。这两条断层均传递进入三叠系蒸发岩，但未突破上覆地层。（c）长偏移距叠前深度偏移处理的二维横剖面 Q-R，位于南门场背斜中心（平面位置见图 7.1、图 7.2）。与前两个横剖面相比，前冲断层和后冲断层的位移距离大，其中后冲断层断穿了上覆地层。根据三个横剖面可以推断出，突破滑脱褶皱的演化序列依次为滑脱褶皱、滑脱褶皱的后冲断层和前冲断层

二、不同滑脱层的作用

滑脱层在薄皮褶皱-逆冲带中非常常见，前人已对其作用开展了长期的研究（Davis and Engelder，1985；Konstantinovskaya and Malavieille，2011），认识到薄皮褶皱-逆冲带的构造演化及其最终几何形态主要取决于底部滑脱层的力学性质，底部滑脱层在控制薄皮褶皱-逆冲带变形方面起着重要作用（Davis and Engelder，1985；Butler，1987；Velaj et al. 1999；Costa and Vendeville，2002；Bahroudi and Koyi，2003；Bonini，2003；Smit et al.，2003；Massoli et al.，2006；Vidal-Royo et al.，2009；Simpson，2009）。弱滑脱材料和夹层对薄皮褶皱-逆冲带的构造样式具有很大影响（Verschuren et al.，1996）。蒸发岩通常是非常好的滑脱层，极大程度地影响着薄皮褶皱-逆冲带的演化过程（Santolaria et al.，2015）。

四川盆地东部发育三套主要滑脱层，它们在薄皮褶皱-逆冲带的形成中发挥着至关重要的作用。底部滑脱层（寒武系蒸发岩）控制着薄皮褶皱-逆冲带的形成。该滑脱层是构造域边界，其上下地层形成了不同特征的构造样式。在该滑脱层之下，由于岩石圈挠曲，形成了一个平缓褶皱，无断层发育，但其上形成了分布于整个四川盆地东部的褶皱-逆冲带。逆冲断层从寒武系蒸发岩中形成，并消失其中，而并未穿透寒武系蒸发岩。因此，寒武系滑脱层是四川盆地东部薄皮褶皱-逆冲带形成的首要控制因素。

此外，中部滑脱层（志留系页岩）在薄皮褶皱-逆冲带的形成中也起着至关重要的作用。随着构造缩短量增加，在该滑脱层上方会产生一些逆冲断层来调节位移。志留系页岩的另一个关键作用是连接下部和上部褶皱-逆冲带的位移。从地震剖面中看出页岩的厚度变化是由变形期间的弯流作用引起的，并进行位移传递。

顶部滑脱层（三叠系蒸发岩）在变形过程中发挥着不同的作用，是不同构造域的另一个边界。滑脱层的一个主要作用是调节来自下方地层的位移，其结果是大多数逆冲断层由于其良好的流动特征而终止于该滑脱层中。底部滑脱层的另一个作用，在其上方产生平行褶皱，形成地表薄皮褶皱-逆冲带。

因此，力学属性的差异决定了它们在薄皮褶皱-逆冲带形成中所起的作用。蒸发岩比页岩软得多且更具弹性，因此它们对于外力的响应比页岩明显，导致构造变形。而且，底部和顶部蒸发岩成为不同构造域的底部和顶部边界，薄皮褶皱-逆冲带主要在这两套蒸发岩之间产生。

三、形 成 机 制

层状岩石序列受到平行层面挤压缩短作用，可能产生褶皱或断层（Erickson，1996）。有几个参数可以决定薄皮褶皱-逆冲带中是否发育褶皱或断层，但控制构造演化的主要参数是底部滑脱层及其厚度（Stewart et al.，1996；Stewart，1999；Pichot and Nalpas，2009）。厚层滑脱层是褶皱形成的主要控制因素，一般在断层形成之前先形成滑脱褶皱（Verschuren et al.，1996；Pichot and Nalpas，2009）。褶皱变形的样式取决于地层序列中能干层和非能干层的力学特征和分布，如不同地层的强度和厚度（Williams，1961；Woodward and Rutherford 1989；Dahlstrom，1990；Erickson，1996；Mitra，2003）。在能干和非能干互层地层中，当发生褶皱作用时，前者的相对运动使非能干层受到剪切应力作用，而剪应力被认为在变形中起着重要的作用（Williams，1961）。非能干层主要起到润滑剂的作用，整体变形与剪切变形类似（Biot，1965）。在能干层挠曲过程中，其厚度在垂直层面方向大致保持不变，一般认为任何互层的非能干物质的力学行为或多或少是被动的，以调整自身适应空间变化。非能干层的永久变形被认为是塑性流动所导致的结果，其中物质并不破裂（Williams，1961）。数学分析和实验分析表明，地层序列中一个或多个较强的主导层对构造的大小起决定性作用，并且褶皱波长与主导层的物理属性之间存在一定的函数关系（Biot et al.，1961；Currie et al.，1962）。

四川盆地东部的薄皮褶皱-逆冲带的特征是发育向前和向后逆冲断层滑脱褶皱，这使得褶皱和逆冲断层的演化让人难以理解。褶皱和逆冲断层如何形成和发育是关键问题。这主要取决于卷入变形的力学地层，如能干性对比以及能干和非能干单元的厚度。

通过对南门场构造的分析，可以推断褶皱先于逆冲断层形成，即首先形成滑脱褶皱，而在变形的后期形成逆冲断层。滑脱褶皱可能由带有圆形枢纽、不连续的共轭膝折带演变而来（Lauhscher，1976）。Willis 于 1893 年提出，先于断裂作用，通过褶皱作用形成与断层有关的褶皱为突破断层褶皱（Fischer et al. 1992；Morley，1994；Mercier et al.，1997；Woodward，1997；Mitra，2002，2003）。Mitra（2002）将在这种机制下形成的构造称为突破滑脱褶皱。通过滑脱褶皱作用逐步向断层过渡和扩展而形成断层滑脱褶皱。根据该模型，滑脱褶皱随后因逆冲断层突破前翼而变形。该模型尤其适用于不同单元能干性变化很大的构造。褶皱作用是主要机制，逆冲断层扩展是调节与褶皱作用相关位移的次要过程（Mitra，2002）。

由于地层缩短，滑脱褶皱通常形成于逆冲层之上，以及能干性对比强烈的沉积单元。底部层通常是非能干单元（如页岩或岩盐），上覆厚层能干单元（如碳酸盐岩或砂岩）。最终的几何形状和演化在很大程度上取决于力学地层，包括能干性对比、厚度和延展性（Currie et al.，1962；Davis and Engelder，1985；Jamison，1987；Homza and Wallace，1997；Mitra，2003；Hayes and Hanks，2008）。滑脱褶皱比薄皮褶皱-逆冲带中的其他褶皱形式更具对称性，尤其是在演化的早期阶段。滑脱褶皱通常沿褶皱走向显示相反的倾向，断裂作用通常是次生的，主要是为了适应由构造和地层位移引起的应变变化（Mitra，2003）。

本书的目的是介绍一般的构造样式和运动学演化过程。但是，不同褶皱-逆冲带经历不同的演化过程，这主要取决于寒武系蒸发岩的厚度。因此，将来需要仔细研究具体的褶皱-逆冲带的形成和发育。

第八章　天然气成藏条件与勘探方向

油气勘探目的层由中浅层向深层、超深层延伸已成为必然趋势（邹才能等，2014），目前全球深层、超深层勘探已获得许多重要发现（孙龙德等，2013）；盐下油气资源丰富，勘探潜力巨大，是油气勘探的重要接替领域，目前全球盐下油气勘探也取得了许多重要发现（金之钧等，2006）。寒武系含盐盆地在全球广泛分布（Alvaro et al.，2000；Kovalevych et al.，2006；Smith，2012；Wang et al.，2013），东西伯利亚台地与阿曼南部含盐盆地寒武系蒸发岩之下发现了全球最古老的含油气系统（Grishina et al.，1998；Petrychenko et al.，2005；Schoenherr et al.，2007；Schroder et al.，2003；Kukla et al.，2011），中国塔里木盆地寒武系盐下也展现了良好的油气勘探前景（吕修祥等，2009）。

第一节　成藏系统划分

成藏系统的划分是一个地区勘探、区带评价的重要依据，川东地区埃迪卡拉系—寒武系发育多套烃源岩与多套储层，发育多套含气系统，因此需要开展该区成藏系统的划分与分别评价。

一、成藏系统划分依据

成藏系统的划分一般根据一个地区主力烃源岩的纵横向分布而进行划分，川东地区埃迪卡拉系—寒武系主要发育三套烃源岩与多套储层。除了这三套烃源岩外，川东还发育志留系一套区域性展布的优质烃源岩。如前所述，川东地区一个典型的特征是寒武系膏盐岩的广泛分布，膏盐岩是非常好的隔层与盖层。因此，对川东地区成藏系统的划分需要综合考虑烃源岩与膏盐岩这两个重要因素。

目前川东腹地有 7 口井（池 7 井、五科 1 井、座 3 井、建深 1 井、太和 1 井、五探 1 井和楼探 1 井）钻揭埃迪卡拉系—寒武系，钻井揭示川东寒武系发育区域展布的膏盐岩层，如座 3 井在寒武系石龙洞组钻遇近 60m 的膏盐岩层，建深 1 井在寒武系覃家庙组钻遇逾 600m 的膏盐岩层，太和 1 井在寒武系覃家庙组也钻遇厚层膏盐岩层，五科 1 井钻至覃家庙组膏盐岩层完钻。

通过对川东地区 44610km^2 范围内二维和三维地震资料进行整体连片构造解释，其中包括 1510 条二维地震测线（总长约 38000km）和 11 块三维地震（总面积约 6500km^2），编制了四川盆地川东地区寒武系含膏盐岩层厚度图，揭示川东地区寒武系膏盐岩具区域性展布特征。这套膏盐岩层将川东地区的埃迪卡拉系、寒武系与志留系烃源岩完全分隔开来，因此，川东区域性展布的寒武系膏盐岩层将川东地区划分为寒武系盐下与盐上两套含气系统。

二、川东成藏系统划分

寒武系盐下含气系统以埃迪卡拉系陡山沱组、寒武系水井沱组为主要烃源岩，灯二段、灯四段微生物纹层白云岩与石龙洞组颗粒滩为主要储集层，寒武系膏盐岩为区域性盖层（图 8.1）。盐下含气系统整体构造较为平缓，并不发育大型褶皱构造及与断层相关的构造圈闭，主要是因为强烈的构造变形主要发生于寒武系膏盐岩之上。

寒武系盐上含气系统以下志留统龙马溪组为主要烃源岩，以洗象池组颗粒滩相岩溶白云岩为主要储层，而志留系页岩也是区域性盖层，探索洗象池组储层与下志留统烃源岩侧向对接的成藏类型（图 8.1）。盐上含气系统发育强烈的褶皱及与断层相关的构造圈闭，但需要烃源岩与储层形成侧向上良好的对接关系。

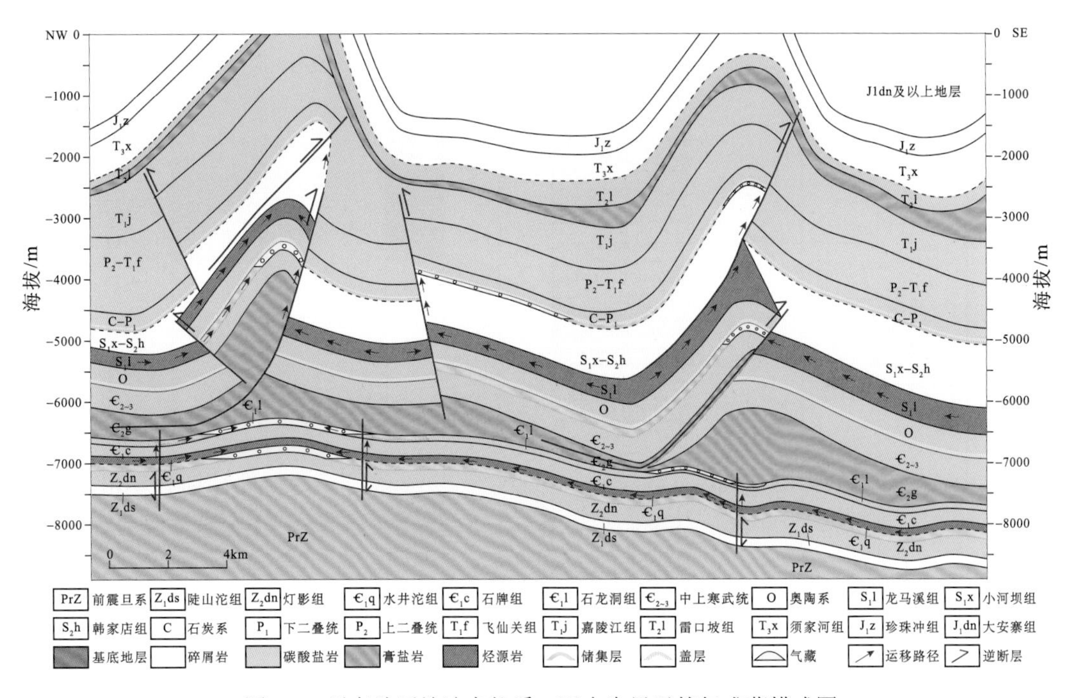

图 8.1　川东地区埃迪卡拉系—下古生界天然气成藏模式图

第二节　盐下成藏条件与勘探方向

川东盐下埃迪卡拉系—寒武系具备有利的天然气成藏条件（图 8.2），自下而上发育三套烃源岩，分别为陡山沱组、灯三段、水井沱组；发育三套储集层，分别为灯四段、灯二段、石龙洞组；发育一套区域性盖层，为寒武系膏盐岩；处于有利的构造位置，处于宣汉-开江隆起及其斜坡区。

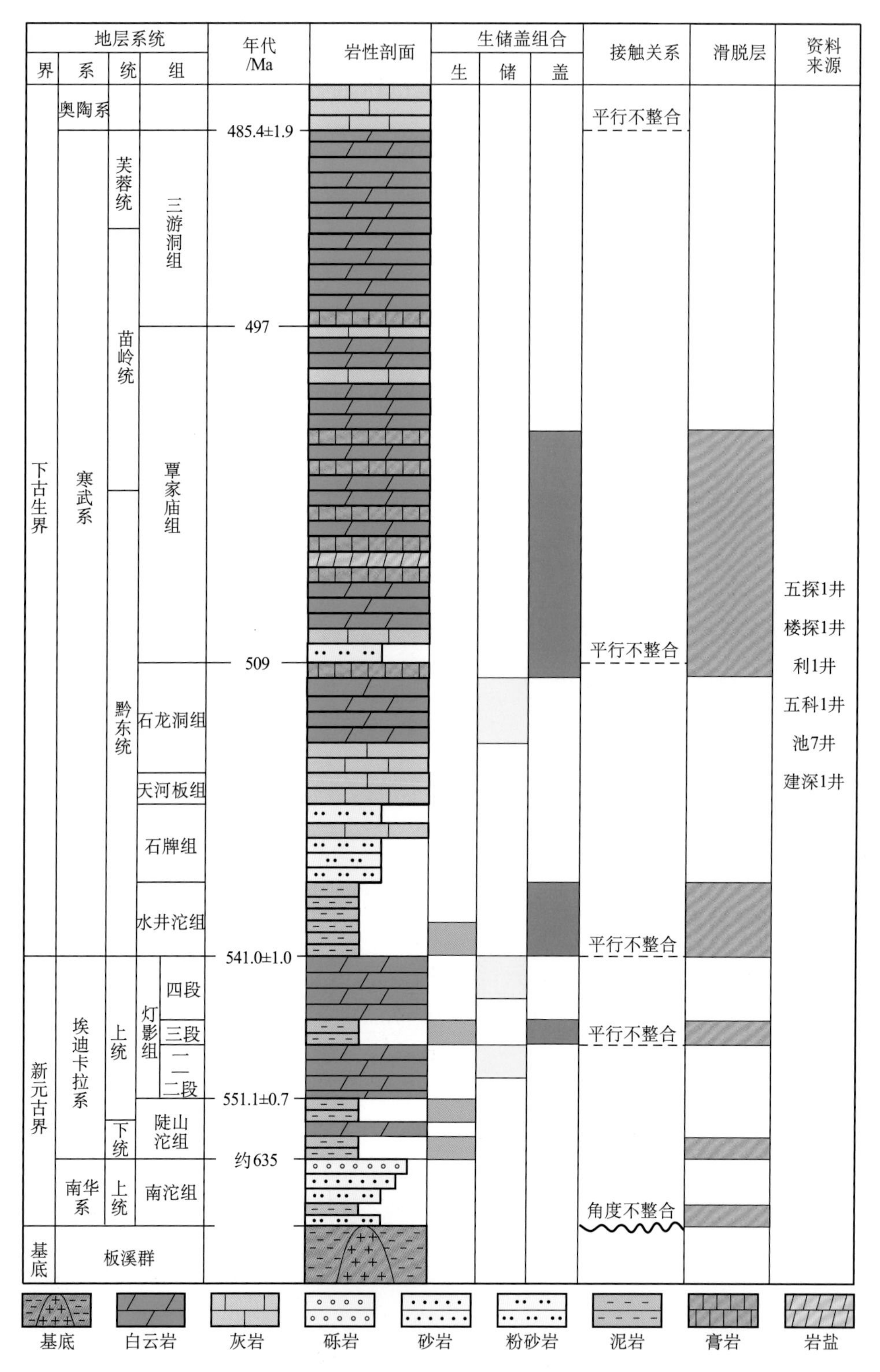

图 8.2　川东地区生储盖组合关系图（据谷志东等，2015，略修改）

一、烃源岩发育特征

基于四川盆地东部及周缘野外露头、钻井资料与岩相古地理的综合分析，认为川东及周缘主要发育三套烃源岩，分别为陡山沱组、灯三段与水井沱组的黑色页岩。受宣汉-开江隆起发育影响，在隆起核部区域，三套烃源岩厚度薄或缺失，而由隆起向周缘厚度逐渐增大。该三套烃源岩的地球化学指标较为接近，但水井沱组分布范围广、厚度大，是该区最为重要的烃源岩。

（一）陡山沱组烃源岩

1. 烃源岩分布

陡山沱组沉积期，宣汉-开江隆起露出水面而没有接受沉积，由宣汉-开江隆起向周缘沉积水体逐渐加深，沉积环境逐渐由潮坪相变为陆棚相、盆地相，非常有利于黑色页岩烃源岩的发育。

通过对大巴山地区万源、城口与遵义松林、六井等地区野外露头观察，发现陡山沱组烃源岩厚度较大，主要分布在大巴山与川东南斜坡-盆地相沉积环境，其中以大巴山一带最为发育，烃源岩厚度为 50～300m，而遵义地区烃源岩厚度为 10～60m（图 8.3）。

大巴山地区由万源大竹河至城口明月、高燕、修齐弧形带之北主要为盆地相，为一套黑色页岩夹薄层碳酸盐岩沉积，烃源岩非常发育，如城口高燕、明月、龙田等地区沉积一套厚达 300 余米的黑色碳质页岩、灰黑色粉砂质页岩夹薄层含锰页岩（图 8.4）。

2. 烃源岩地球化学指标

由于陡山沱组烃源岩处于高-过成熟阶段，生烃潜量（S_1+S_2）等指标已失去原始地质指示意义，因此用残余有机碳含量表征高-过成熟烃源岩的有机质丰度。由城口县城—明月乡公路旁陡山沱组下部黑色页岩厚约 25m，8 个样品总有机碳含量（TOC）为 1.23%～3.58%，平均为 1.94%[图 8.5（a）]，为好烃源岩。烃源岩干酪根有机碳同位素（$\delta^{13}C$）是判断烃源岩母质类型常用方法，梁狄刚等（2009）提出用 $\delta^{13}C$ 为－26‰、－29‰作为区分海相Ⅲ、Ⅱ、Ⅰ型干酪根的两个指标界限；万源大竹与城口高燕地区 4 个样品的 $\delta^{13}C$ 值为－33.326‰～－31.447‰，平均为－32.093‰（表 8.1），为Ⅰ型干酪根，其母质主要来源于海洋浮游生物（黄汝昌，1997）。城口县城—明月乡公路旁陡山沱组黑色页岩 8 个样品最高热解温度（T_{max}）为 559～593 ℃，平均为 576 ℃[图 8.5（a）]；万源大竹与城口高燕地区 4 个样品的等效镜质体反射率（R^o）为 1.740%～4.032%，平均为 3.126%（表 8.1），处于高-过成熟阶段，以生气为主。综上，川东地区陡山沱组发育一套厚度大、有机碳含量高、Ⅰ型干酪根、处于高-过成熟生气阶段的烃源岩（谷志东等，2015）。

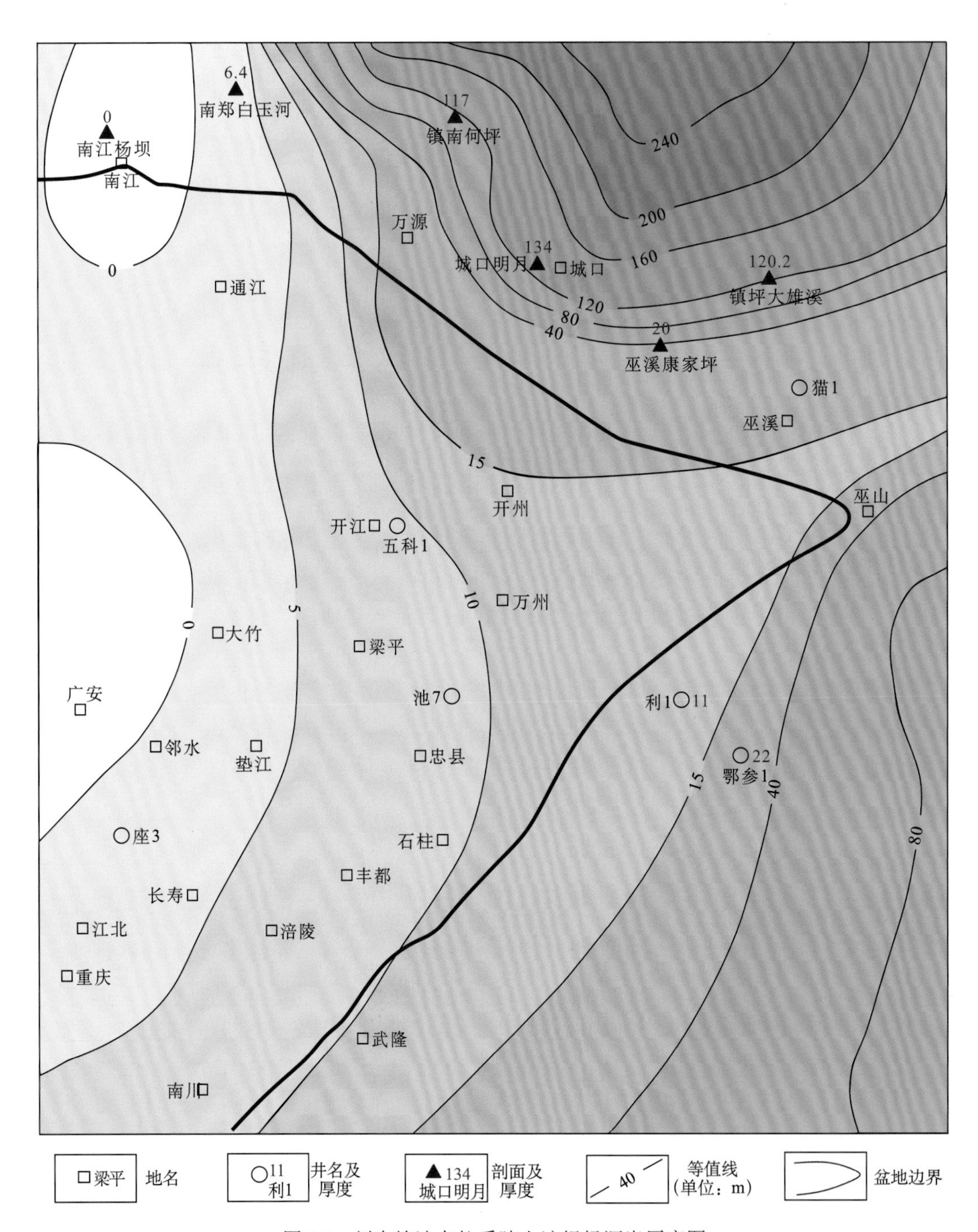

图 8.3　川东埃迪卡拉系陡山沱组烃源岩厚度图

图 8.4　陡山沱组发育厚层烃源岩

（a）城口高燕黑色薄层页岩，厚约 300m，受风化淋滤影响表面呈灰白色；（b）城口明月陡山沱组黑色页岩，厚约 200m；（c）城口龙田陡山沱组黑色页岩，厚约 350m；（d）城口广贤垭隧道陡山沱组黑色页岩，厚约 200m

表 8.1　川东地区埃迪卡拉系—寒武系烃源岩有机地球化学特征

样品编号	剖面位置	层位	岩性	TOC/%	T_{max}/℃	δ^{13}C(PDB)/‰	R^o/%
GPS151	城口龙田	水井沱组	黑色页岩	5.41	450	–30.4	2.3
GPS357				2.082	398	–30.424	1.221
GPS358				5.368	567	–32.012	2.82
GPS359				7.509	550	–31.228	3.54
GPS424	城口明月	水井沱组	黑色页岩	1.281	567	–34.1	3.901
GPS367	城口高燕	灯三段	黑色页岩	1.804	491	–36.847	3.412
GPS523				—	—	–36.6	2.74
GPS348	万源大竹	陡山沱组	黑色页岩	1.466	461	–32.059	1.74
GPS351				1.603	488	–33.326	3.611
GPS366-2	城口高燕	陡山沱组	黑色页岩	1.183	572	–31.447	4.032
GPS366-3				3.924	557	–31.54	3.119

（二）灯三段烃源岩

1. 烃源岩分布

灯三段发育于灯二段平行不整合之上，伴随着新一轮的海侵事件广泛超覆于整个上扬子地台，宣汉-开江隆起核心区露出水面而没有灯三段沉积，而在宣汉-开江隆起周缘斜坡区、宣汉-开江隆起与汉南古陆之间广泛发育灯三段沉积，沉积相由河流-滨岸相逐渐变为斜坡-盆地相沉积，而斜坡与盆地相区所发育的黑色页岩是非常有效的烃源岩。

灯三段厚度在川东变化较大，由厘米级至百余米；灯三段的黑色页岩分布主要集中于大巴山地区与宣汉-开江隆起、汉南古陆之间的过渡区域，其厚度为 2～10m，如大巴山城口高燕与修齐野外露头及川中高科 1 井岩心的灯三段都发现了黑色泥岩沉积（图 8.6）。

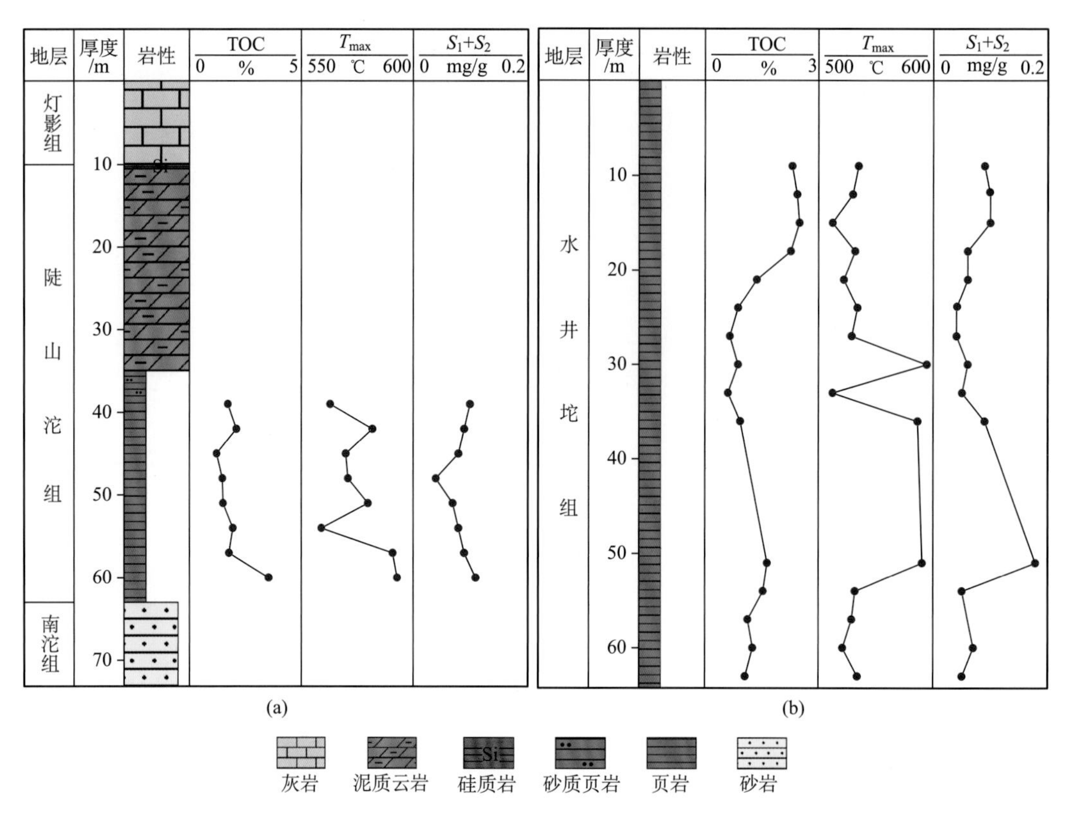

图 8.5　川东地区陡山沱组—水井沱组地球化学柱状图（据谷志东等，2015）

（a）城口县城—明月乡公路旁陡山沱组；（b）城口高观镇—修齐石溪河公路旁水井沱组中部

2. 烃源岩地球化学指标

灯三段在城口高燕、修齐地区沉积了一套蓝灰色及黑色薄层泥岩，厚约 6m［图 8.5（b）］，TOC 值达 1.8%，为好烃源岩；城口高燕 2 个样品的干酪根有机碳同位素为−36.847‰、−36.600‰，为Ⅰ型干酪根，其母质主要来源于海洋自养菌（黄汝昌，1997）；烃源岩热解最高温度达 491℃，城口高燕 2 个样品的 R^o 值分别为 3.412%和 2.740%，处于高-过成熟阶段，以生气为主（表 8.1）。综上，川东地区灯三段发育一套厚度薄、有机碳含量高、Ⅰ型干酪根、处于高-过成熟生气阶段的烃源岩。

根据取自单井及野外露头的样品分析可以看出（图 8.6），灯三段烃源岩 TOC 含量一般大于 1.0%，R^o 平均值达到了 2.12%，已经达到过成熟阶段。

图 8.6　灯三段黑色页岩烃源岩

（a）～（c）城口高燕灯三段黑色页岩，厚约 3m；（d）城口修齐灯三段黑色页岩，厚约 2m

（三）水井沱组烃源岩

1. 烃源岩分布

寒武系水井沱组发育于区域拉张背景下海侵沉积，川东水井沱组为陆棚、盆地相沉积。大巴山城口、巫溪地区野外露头揭示水井沱组烃源岩主要发育于水井沱组底部，为一套黑灰色硅岩夹黑色薄层页岩（图 8.7）。水井沱组烃源岩平面分布广、面积大，纵向上厚度大。在宣汉-开江隆起核部水井沱组烃源岩厚度较薄，为 10～40m，由古隆起向周缘的斜坡区该套烃源岩的厚度增加，为 40～160m，而在大巴山地区斜坡-盆地相区烃源岩的厚度为 160～300m（图 8.7）。因此，在宣汉-开江隆起附近发育一定规模的烃源岩。

(a)　(b)

图 8.7　川东北城口、巫溪与黔北遵义地区水井沱组烃源岩

（a）城口明月乡水井沱组黑色页岩；（b）城口龙田乡水井沱组黑色页岩

2. 烃源岩地球化学指标

寒武系烃源岩是四川盆地区域性烃源岩（刘安等，2013），其分布面积广、厚度大、有机碳含量高，以腐泥型为主，热演化达过成熟阶段。

城口高观镇—修齐石溪河公路旁一背斜核部水井沱组下部未出露，背斜西南翼出露水井沱组中部黑色泥岩，之上与石牌组相接触。该剖面出露水井沱组黑色泥岩厚约 60m，16 个样品有机碳含量为 0.60%～2.51%，平均为 1.43%，为好烃源岩（图 8.5）；城口龙田与明月地区 5 个样品的干酪根有机碳同位素为－34.10‰～－30.40‰，平均为－31.63‰（表 8.1），为Ⅰ型干酪根，其母质主要来源于海洋浮游生物（黄汝昌，1997）。城口高观镇—修齐石溪河公路旁水井沱组黑色泥岩 16 个样品最高热解温度为 512～595℃，平均为 540℃；城口龙田与明月地区 5 个样品的 R^{o} 值为 1.221%～3.901%，平均为 2.756%，处于高-过成熟阶段，以生气为主（表 8.1）。综上，川东地区水井沱组发育一套厚度大（图 8.8）、有机碳含量高、Ⅰ型干酪根、处于高-过成熟生气阶段的优质烃源岩。

二、储层发育特征

结合川东及其周缘钻井与野外露头资料，认为川东寒武系盐下发育灯二段、灯四段与石龙洞组 3 套主要储层，灯二段、灯四段主要发育微生物礁、颗粒滩及风化壳、层间岩溶储集层，石龙洞组发育颗粒滩与风化壳岩溶储集层。

（一）灯影组储集层

灯三段的“碎屑岩层”将灯影组纵向划分为灯二段与灯四段两套储层。灯影组储层岩性主要为叠层石、层纹石、凝块石与核形石等所组成的微生物白云岩，以及砂砾屑、粉屑等颗粒白云岩，其有利沉积相带为台地丘、滩相复合体；灯影组风化壳岩溶储集层的形成受晚埃迪卡拉世—早寒武世早期 3 期区域抬升运动的控制（谷志东等，2014）。

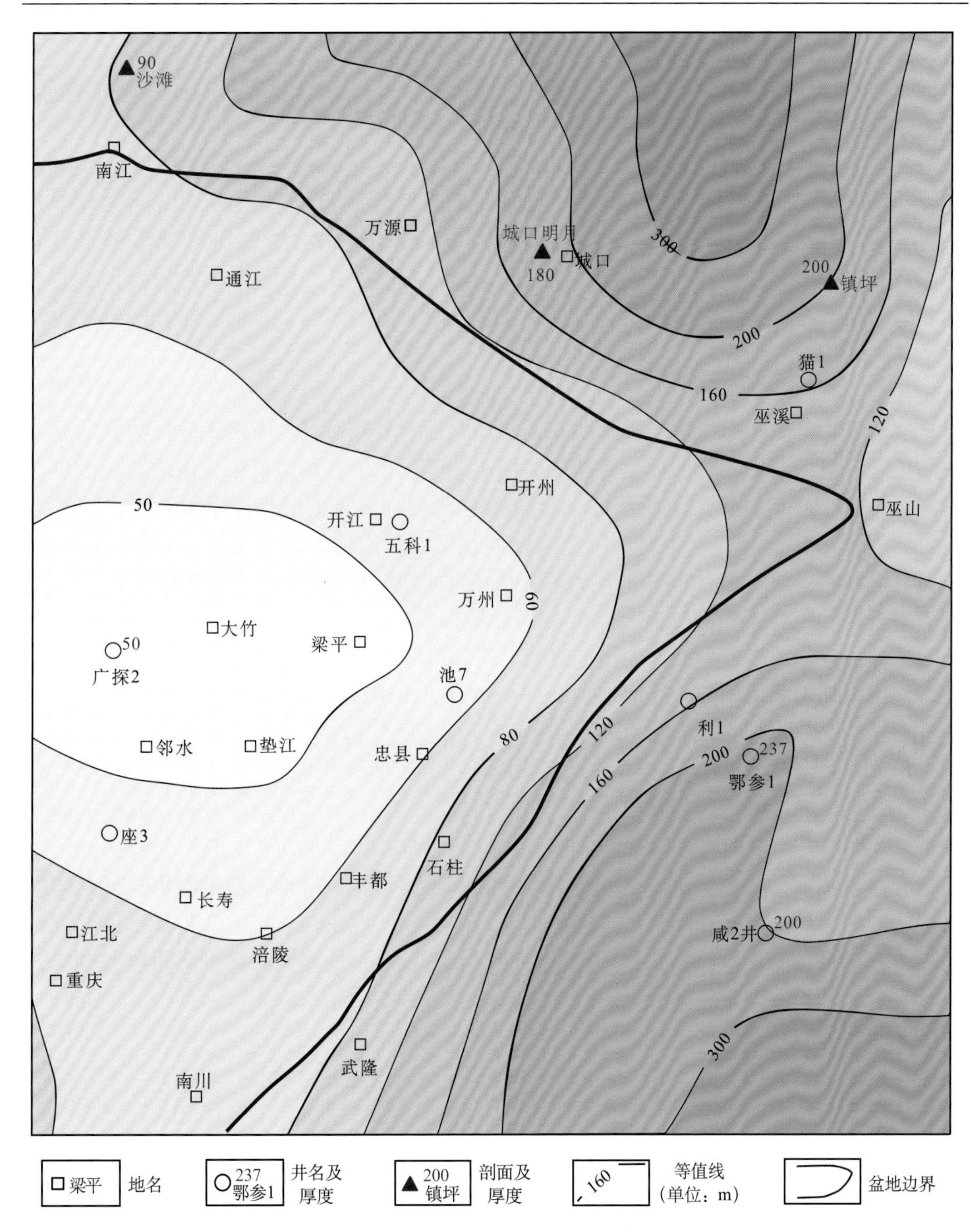

图 8.8　川东水井沱组烃源岩厚度图

1. 微生物礁、丘储层

在灯影组碳酸盐岩台地至台地边缘相带中，在古地貌高带广泛发育微生物礁、丘相储层，以叠层石丘、微生物纹层白云岩等为主。

2. 颗粒滩储层

川东地区灯影组颗粒滩储层发育，如镇巴渔渡灯四段微生物丘上发育高能颗粒滩体，灯四段见凝块石、层纹石与叠层石云岩（图 8.9）；彭水廖家槽灯影组厚约 500m（未见底），见层纹石云岩、葡萄花边云岩；关公梁剖面灯四段上部见层纹石云岩，溶蚀孔洞与沥青发育，厚约 20m，镜下可见溶蚀孔洞，部分被沥青充填（图 8.10）。南郑挂宝岩剖面灯四段见厚层颗粒云岩与微生物纹层云岩，针孔、晶间孔与溶蚀孔等均发育，是非常优质的储层（图 8.11）；巴山县龙洞河剖面灯影组镜下见粒间孔，孔隙度约 4%（图 8.12）。

3. 风化壳岩溶储层

埃迪卡拉纪末、梅树村组沉积期末，四川盆地及其周缘发生了两期区域抬升运动，有利于灯四段顶部形成岩溶风化壳型储集层；如巫溪土城灯影组属于台地边缘相沉积，灯二段为微生物云岩，之上沉积灯三段灰绿色泥岩，再之上沉积灯四段白云岩，灯二段上部受区域抬升运动影响发育风化壳岩溶储层。紫阳落人洞剖面灯二段与灯三段之间发育区域抬升运动。如利 1 井在灯四段发育 3 层厚 39m 的风化壳岩溶储集层，溶蚀孔洞发育。

此外，灯影组沉积期间，海平面频繁升降运动使灯影组暴露于大气环境之下，也有利于层间岩溶储集层发育，渔渡坝剖面灯二段内部短期风化暴露形成渗流豆（图 8.13）。

（二）石龙洞组储集层

川东地区石龙洞组为深灰色中-厚层状白云岩、灰黑色中-厚层状灰岩，具似豹皮状白云岩花斑特征，纵向上可划分为 5 个沉积旋回（孙玉娴等，1985），每一旋回的高位域均发育颗粒滩体。川东地区石龙洞组处于浅水潮下缓坡沉积环境，缓坡带内局部凹陷区形成浅水蒸发岩盆，形成典型的浅水（水下）蒸发岩（王剑，1990），这与地震资料刻画的石龙洞组膏盐岩大面积分布相一致。一般蒸发膏盐盆周缘颗粒滩体发育，石龙洞组膏盐盆周缘有利于高能颗粒滩体发育，易于形成颗粒滩型储集层。

四川盆地石龙洞组发育颗粒滩与岩溶两种类型储层。

1. 颗粒滩储层

川东北地区寒武系石龙洞组以颗粒滩亚相沉积为主，局部发育膏质潟湖，储层比较发育。如捞旗河村剖面石龙洞组发育颗粒滩与岩溶叠加储层（图 8.14），颗粒滩储层厚约 25m，17 层为中厚层鲕粒云岩，强烈风化呈砂糖状，丘滩体发育，厚 8.4m；24 层为中厚层鲕粒云岩，晶间孔内残留沥青，厚 2.7m；25 层为厚层鲕粒云岩，发育蠕虫铸模溶孔，厚 2.7m；28～29 层为厚层鲕粒云岩，发育蠕虫铸模溶孔；29 层为厚层鲕粒云岩，发育白云石晶间孔与鲕粒间溶孔；30 层为厚层鲕粒云岩，发育蠕虫铸模溶孔。该剖面孔隙度较高，为 2.37%～15.85%，平均为 6.7%，渗透率为 0.0162×10^{-3}～$15.2\times0^{-3}\mu m^2$，平均为 $2.8\times10^{-3}\mu m^2$（表 8.2）。

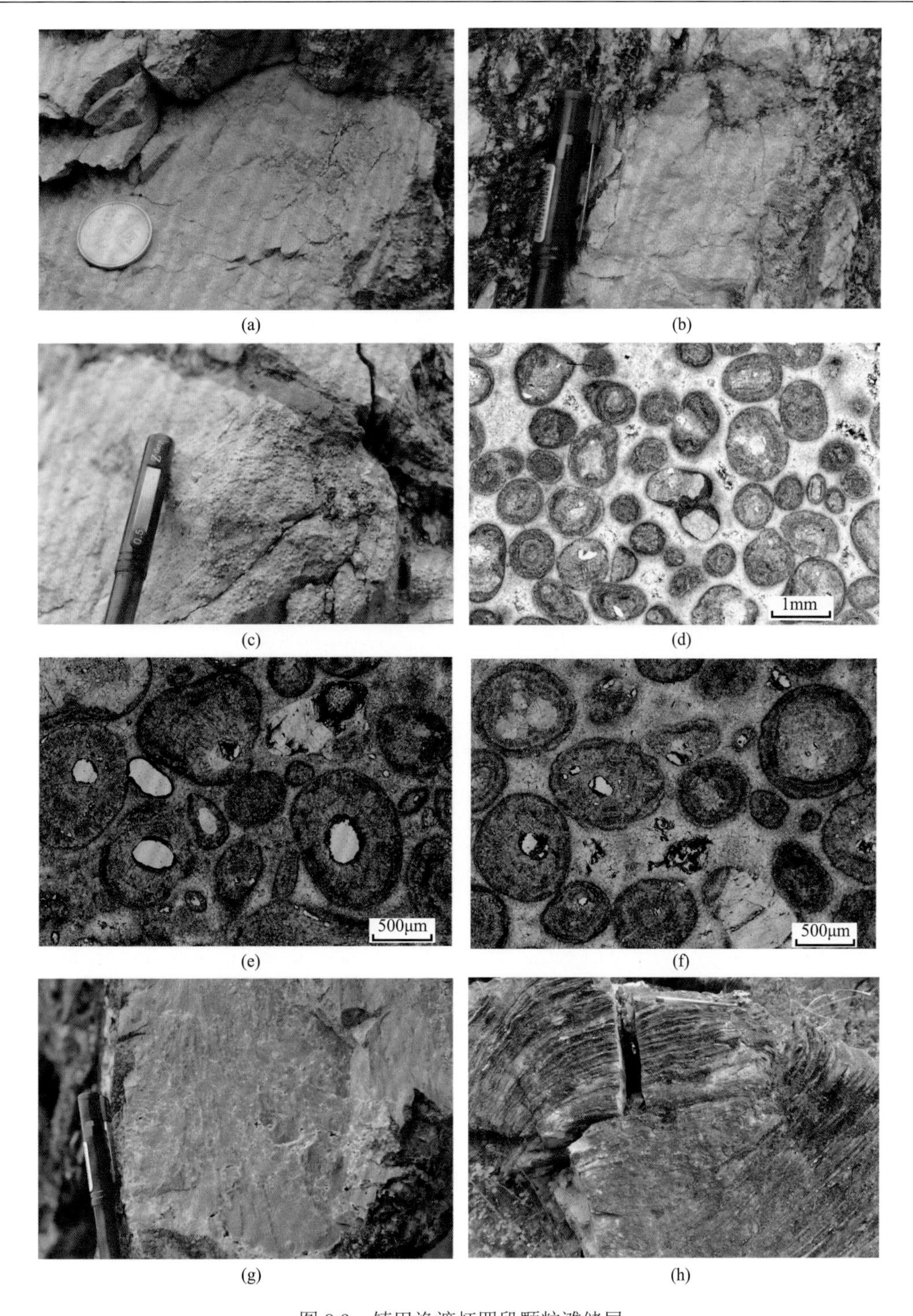

图 8.9　镇巴渔渡灯四段颗粒滩储层

（a）～（c）鲕粒白云岩；（d）～（f）亮晶鲕粒白云岩，4×10 倍，单偏光，粒内溶孔发育；（g）凝块石云岩，肉眼见晶间孔；（h）微生物叠层石丘

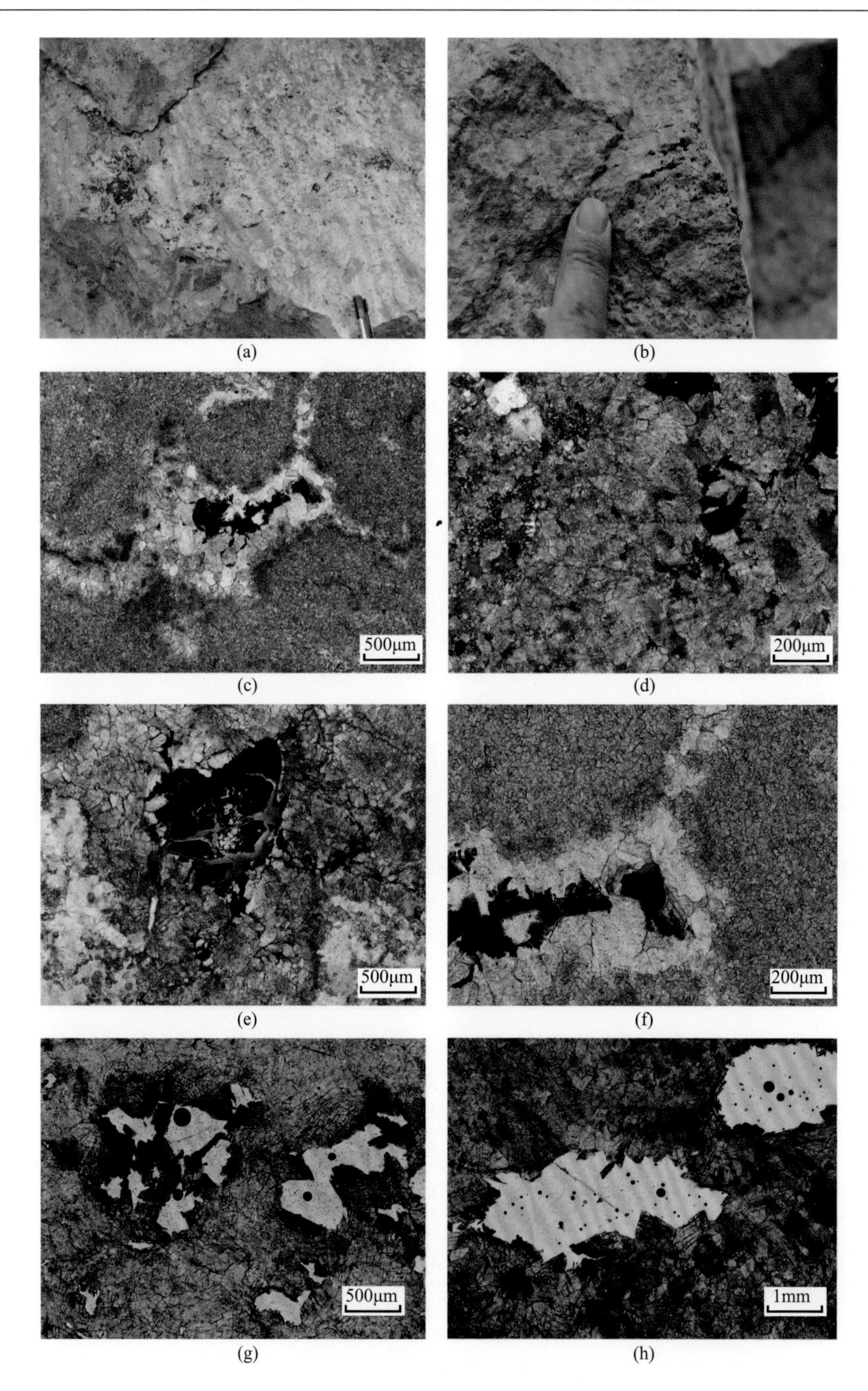

图 8.10　镇巴关公梁灯影组储层

（a）和（b）微生物纹层云岩野外露头照片；（c）亮晶颗粒白云岩，颗粒主要为泥晶白云岩砂屑，4×10 倍，蓝色铸体薄片，单偏光；（d）细晶白云岩，晶间溶孔发育，10×10 倍，蓝色铸体薄片，正交偏光；（e）残余颗粒粉晶白云岩，4×10 倍，蓝色铸体薄片，单偏光；（f）亮晶颗粒白云岩，颗粒主要为泥晶白云岩砂屑，4×10 倍，蓝色铸体薄片，单偏光；（g）和（h）细晶白云岩，晶间溶孔发育，分别为 4×10 倍和 2×10 倍，单偏光

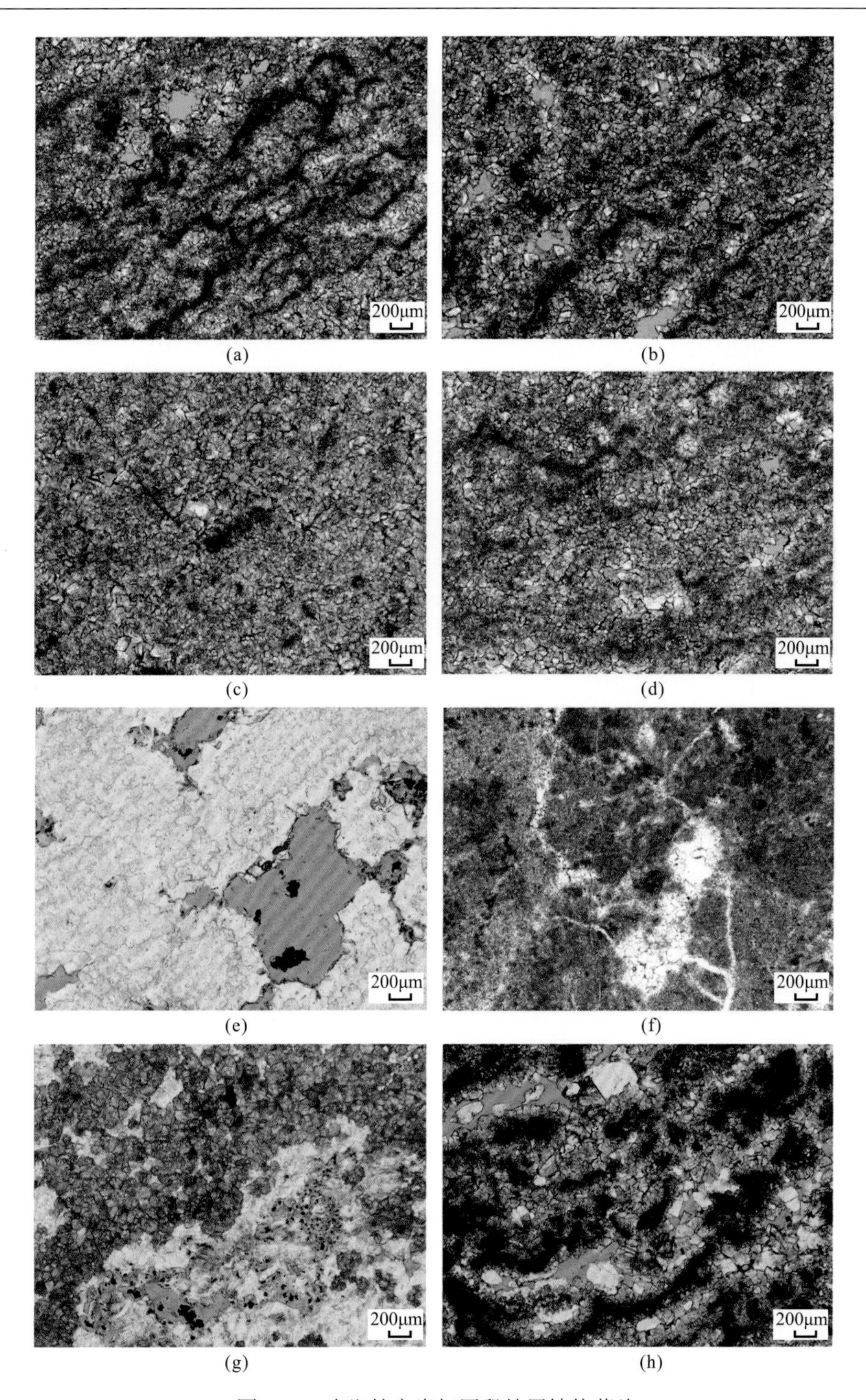

图 8.11　南郑挂宝岩灯四段储层铸体薄片

（a）和（b）样品 16GPS488-8，微生物纹层云岩，晶间孔发育，单偏光；（c）样品 16GPS488-9，微晶颗粒云岩，针孔发育，单偏光；（d）样品 16GPS488-10，微晶颗粒云岩，针孔发育，单偏光；（e）样品 16GPS488-11，微晶颗粒云岩，溶孔发育，单偏光；（f）样品 16GPS488-12，微晶颗粒云岩，微裂缝发育，单偏光；（g）样品 16GPS488-13，微晶颗粒云岩，溶孔发育，单偏光；（h）微生物纹层云岩，晶间孔发育，单偏光

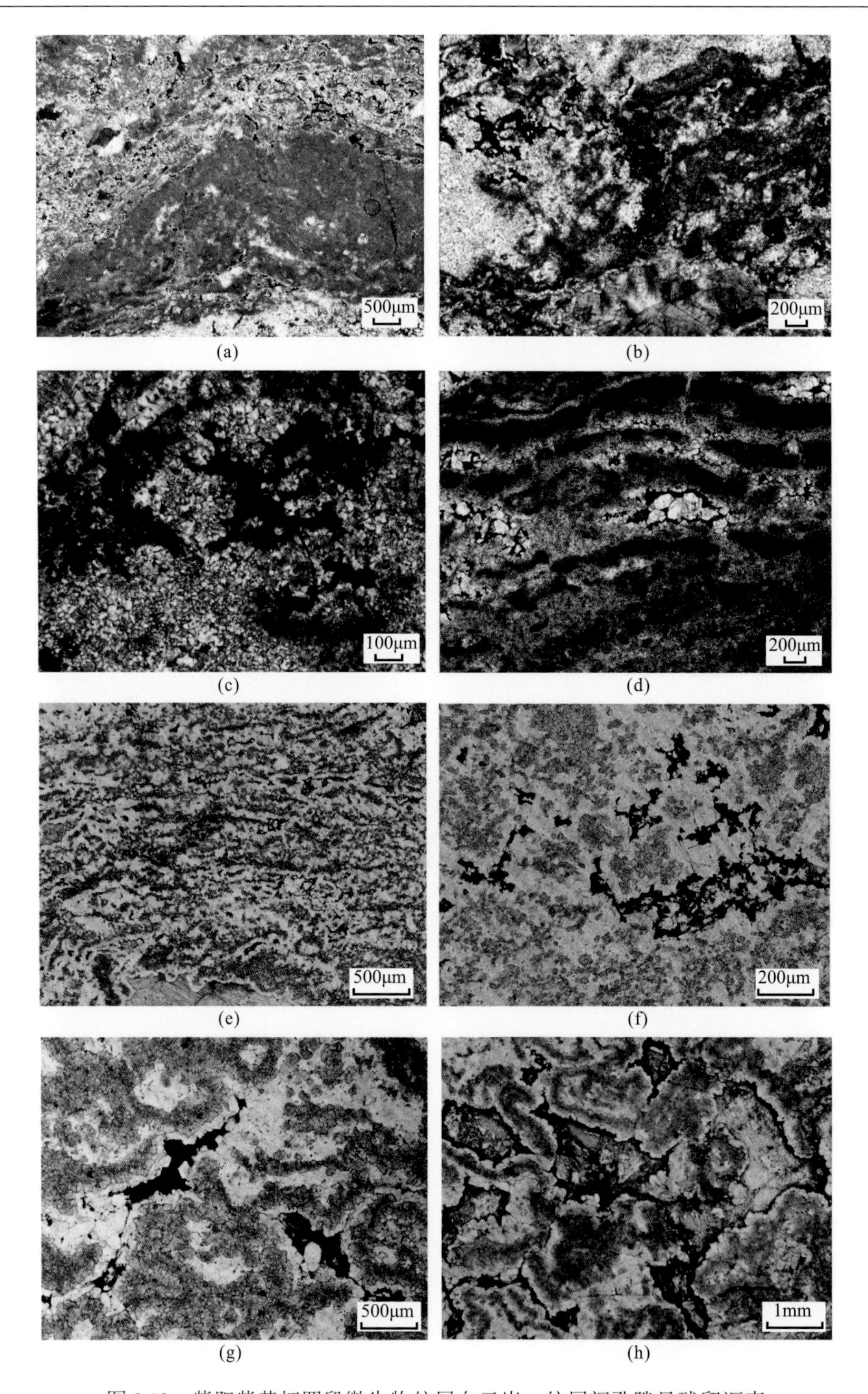

图 8.12　紫阳紫黄灯四段微生物纹层白云岩，纹层间孔隙见残留沥青

（a）～（c）样品 17GPS617-25，正交偏光；（d）样品 17GPS617-30，正交偏光；（e）和（f）样品 GPS244-9，硅化泥晶云岩，微生物纹层发育，单偏光；（g）和（h）样品 GPS244-14，硅化泥晶云岩，微生物纹层发育，单偏光

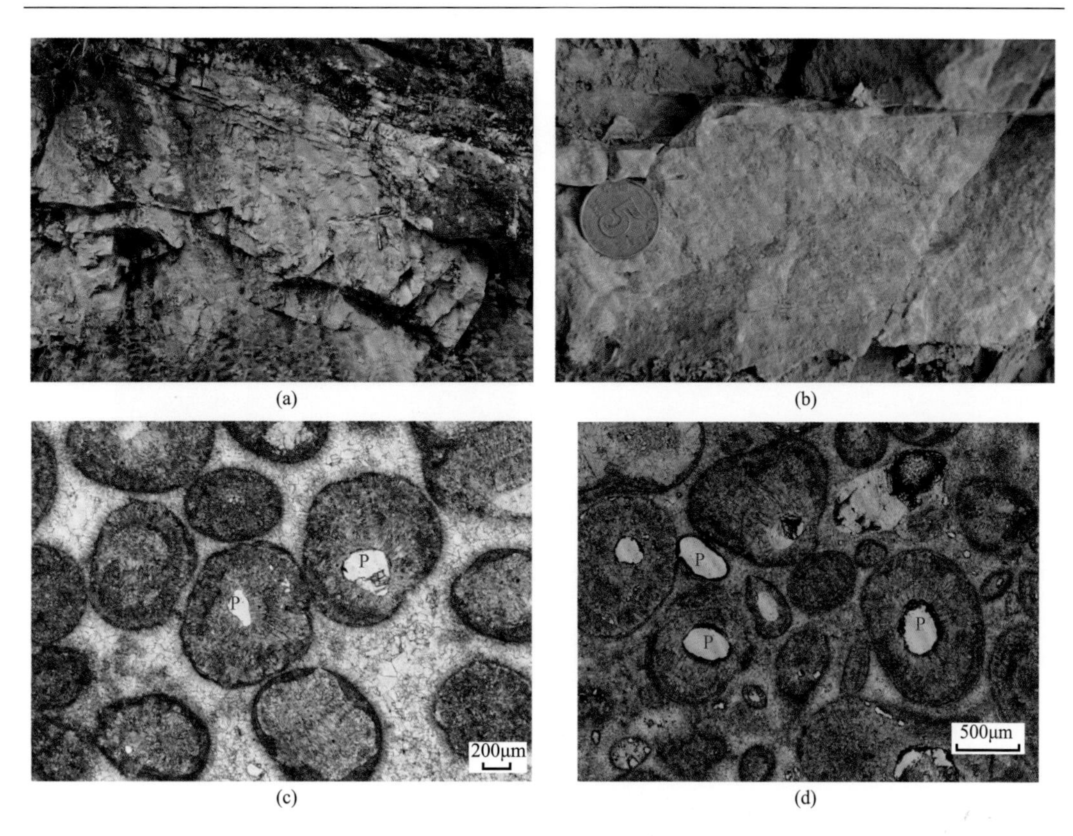

图 8.13　镇巴渔渡灯二段鲕粒滩储层

（a）和（b）灯二段渗流豆野外照片；（c）亮晶鲕粒白云岩镜下照片，10×10 倍，普通薄片，单偏光；（d）亮晶鲕粒白云岩镜下照片，4×10 倍，普通薄片，单偏光

表 8.2　捞旗河村剖面石龙洞组物性数据表

序号	样品编号	岩性	岩石密度/（g/cm^3）	孔隙度/%	渗透率/$10^{-3}\mu m^2$
1	LZ-17-1	鲕粒云岩	2.76	2.69	0.0162
2	LZ-17-2	砂糖云岩	2.40	13.06	0.355
3	LZ-17-3	砂糖云岩	2.31	15.85	3.68
4	LZ-28-1	鲕粒云岩	2.64	6.85	0.582
5	LZ-28-2	鲕粒云岩	2.73	3.45	0.0250
6	LZ-28-3	鲕粒云岩	2.72	3.65	0.0294
7	LZ-29-1	鲕粒云岩	2.47	13.38	16.4
8	LZ-29-2	鲕粒云岩	2.69	4.73	0.0531
9	LZ-29-3	鲕粒云岩	2.66	6.24	0.954
10	LZ-30-1	鲕粒云岩	2.76	2.70	0.0435
11	LZ-30-2	鲕粒云岩	2.77	2.37	0.0267
12	LZ-30-3	鲕粒云岩	2.77	2.56	0.0702
13	LZ-30-4	鲕粒云岩	2.56	10.05	15.2

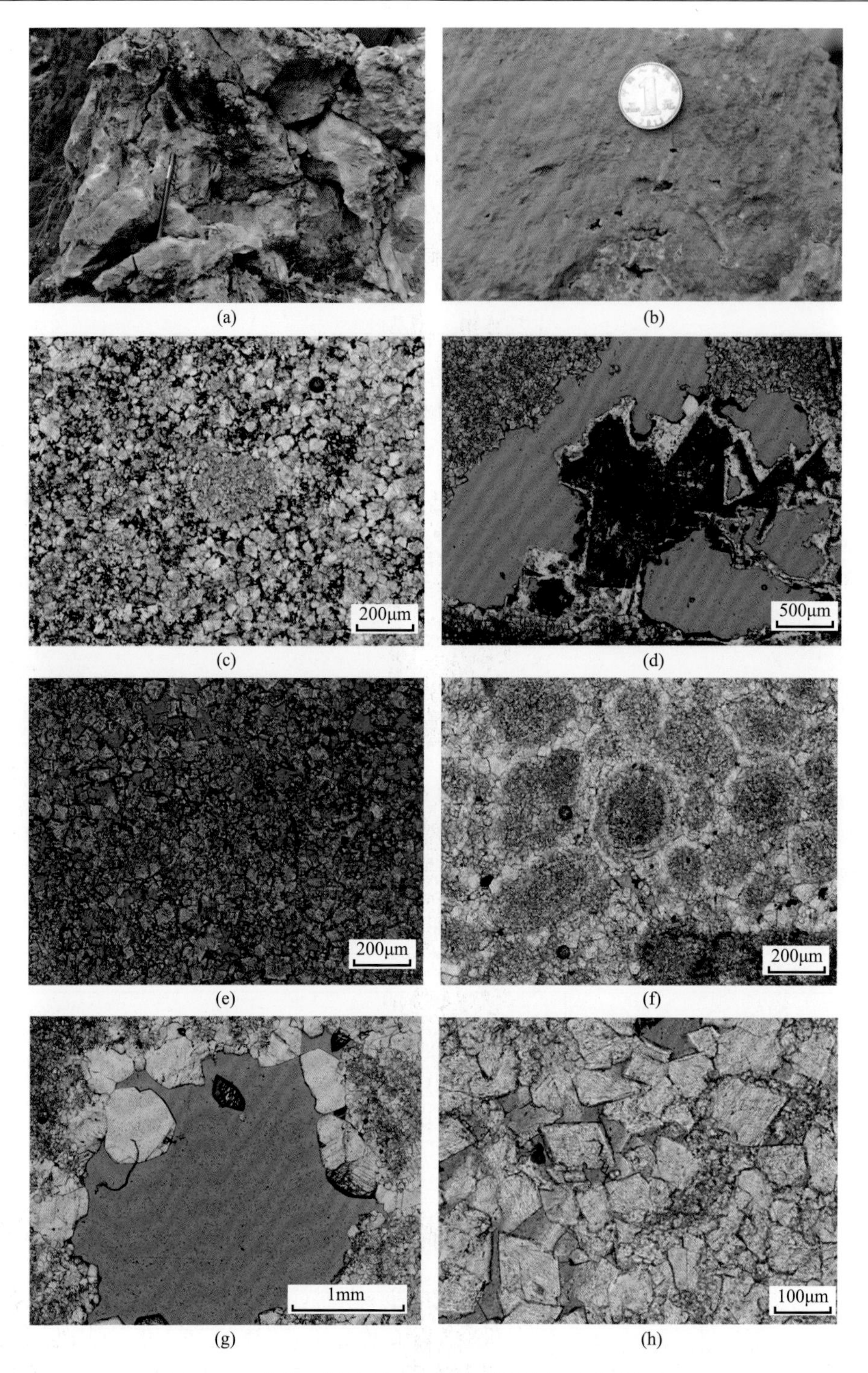

图 8.14　捞旗河村剖面石龙洞组颗粒滩与岩溶叠加储层

（a）和（b）露头照片；（c）残余颗粒粉晶白云岩，晶间孔内充填沥青，10×10 倍，蓝色铸体薄片，单偏光；（d）残余颗粒粉晶白云岩，溶洞发育，4×10 倍，蓝色铸体薄片，单偏光；（e）残余颗粒粉晶白云岩，10×10 倍，蓝色铸体薄片，单偏光；（f）残余鲕粒白云岩，蓝色铸体薄片，单偏光；（g）残余颗粒粉晶白云岩，溶洞发育，4×10 倍，蓝色铸体薄片，单偏光；（h）残余颗粒粉晶白云岩，晶间溶孔发育，20×10 倍，蓝色铸体薄片，单偏光

2. 岩溶储层

川东寒武系石龙洞组沉积后发生区域抬升运动，石龙洞组与覃家庙组之间发生沉积间断，两者之间呈平行不整合接触（梅冥相等，2007；郑剑，2013），有利于石龙洞组岩溶风化壳型储层发育，石龙洞组顶部白云岩中常见鸟眼、晶洞、膏盐假晶等暴露沉积构造。重庆石柱双流坝、彭水牌坊乡在石龙洞组顶部岩溶洞穴发育，洞穴高2～3m，内部堆积岩溶角砾岩。

利1井石龙洞组取心发现洞穴角砾岩（图8.15），钻井发生三次地层渗漏，解释水层17m/4层（图8.16），可能由顶部风化剥蚀引起。利1井钻探证实，石龙洞组风化壳岩溶储层发育，储层以高孔高渗为特征，累计厚度达30m，单层厚度一般为5～8m。平均孔隙度达到了15%，渗透率达到100×10^{-3}μm^2（图8.17）。

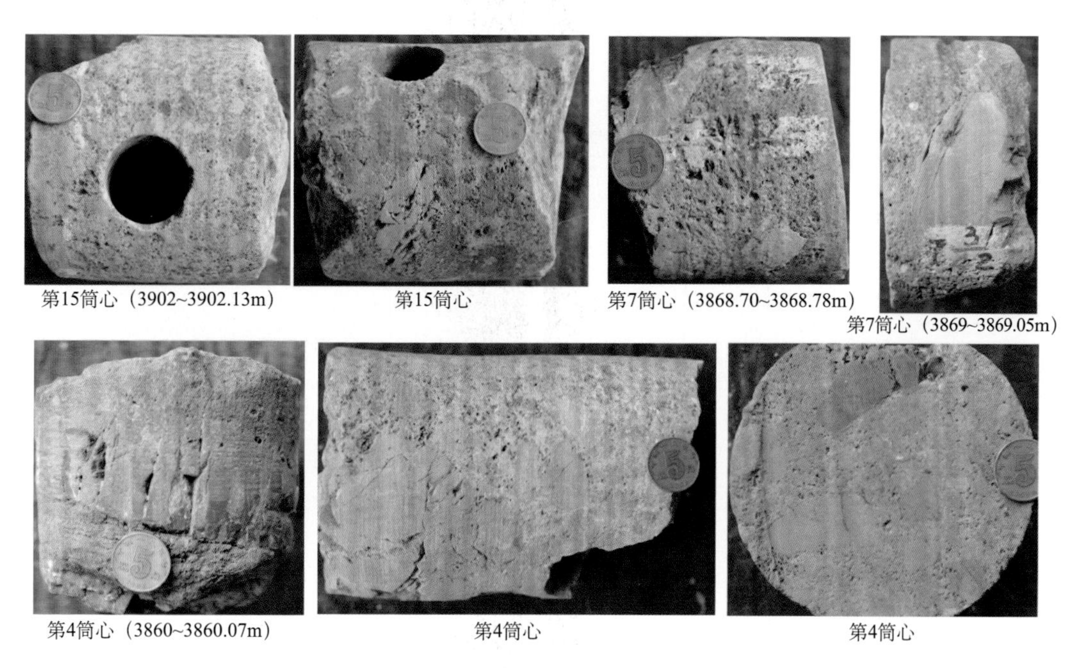

图8.15　利1井石龙洞组岩心

三、生储盖组合

川东深层盐下埃迪卡拉系—寒武系发育两套区域性盖层与一套局部盖层，两套区域性盖层分别为水井沱组厚层泥页岩与石龙洞组—覃家庙组厚层膏盐岩层，局部盖层为灯三段“碎屑岩层”。水井沱组泥页岩是川东深层盐下良好的区域性盖层，其在川东逾4×10^4km^2范围内大面积连续分布，厚度由川中向湘鄂西、川东北逐渐增加，如川中广探2井厚120m，湘鄂西鄂参1井、川东北城口地区厚度超过200m。石龙洞组—覃家庙组发育的厚层膏盐岩是川东深层盐下最好的区域性盖层，如前所述，其在川东区域性展布，且厚度由川中向川东逐渐增加，由几十米增厚至千余米。灯三段“碎屑岩层”是一套局部性盖层，厚度较薄且变化较大，由几十厘米至几十米不等，不同地区岩性分别为泥岩、粉砂岩、泥质白云岩与硅质岩等。

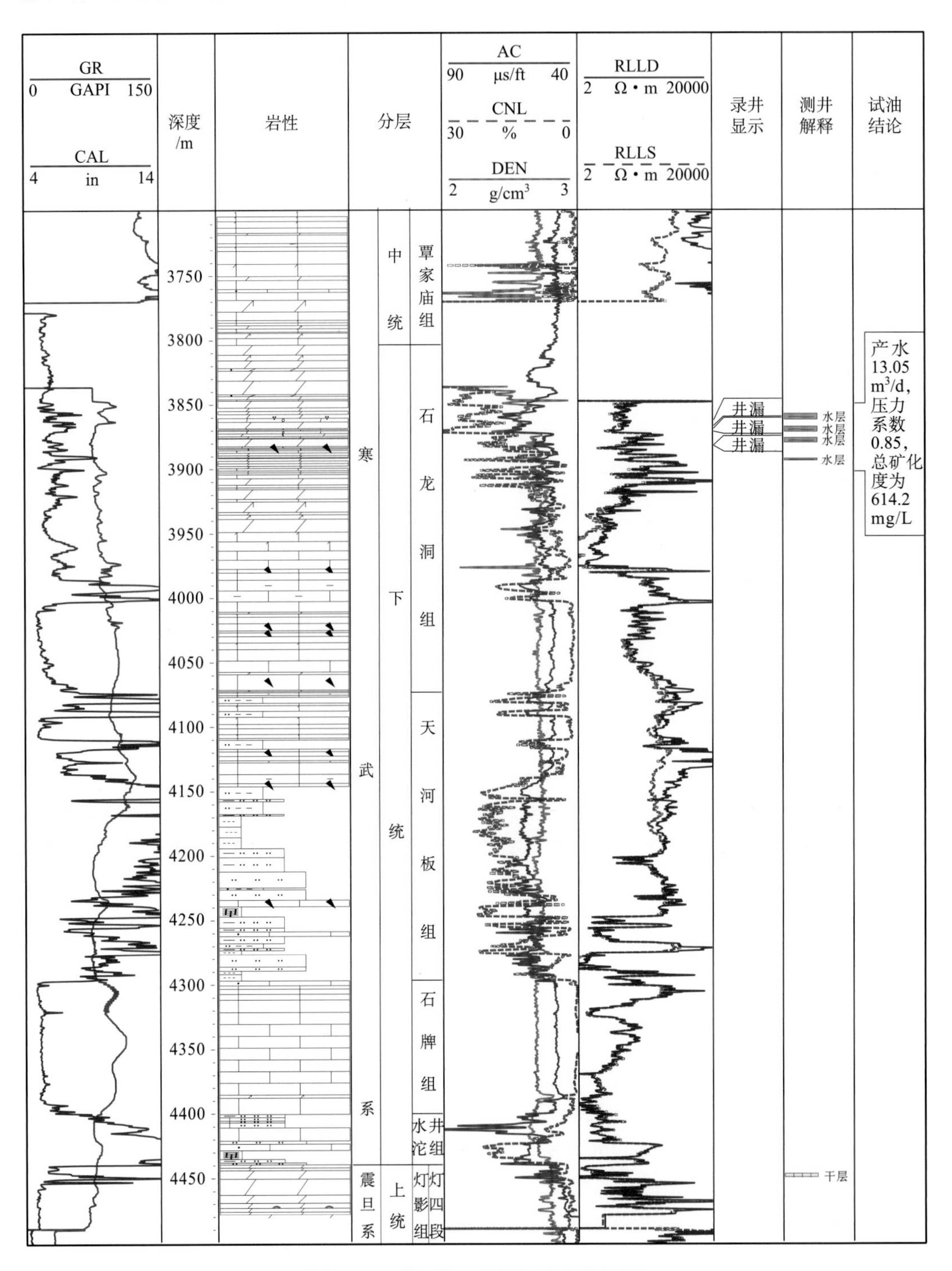

图 8.16　利 1 井石龙洞组综合柱状图

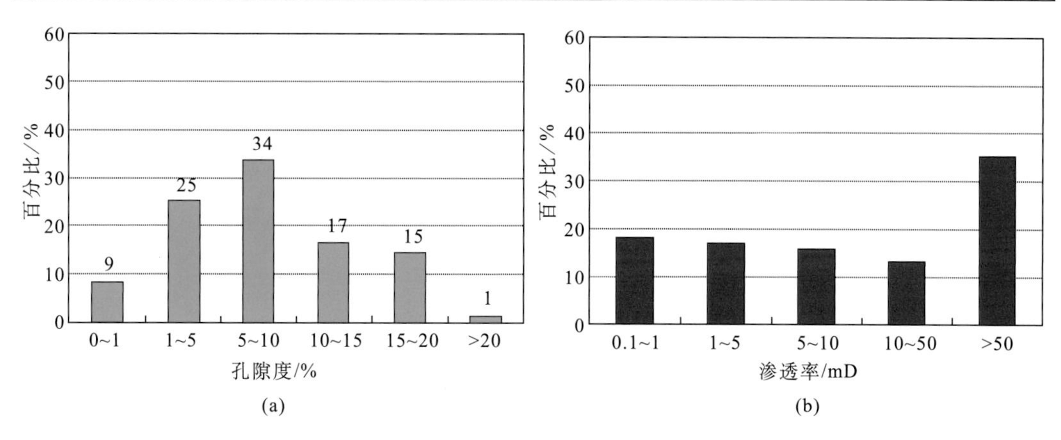

图 8.17　利 1 井石龙洞组孔隙度、渗透率直方图

（a）孔隙度分布直方图；（b）渗透率分布直方图

川东深层盐下具备良好的生储盖配置，纵向自下而上发育三套生储盖组合。

第一套生储盖组合，陡山沱组与灯三段泥页岩为烃源岩，灯二段风化壳与层间岩溶为储层，灯三段泥页岩为直接盖层；陡山沱组自下向上为灯二段储层提供烃源，而灯三段泥页岩与灯二段岩溶风化壳储层呈“填平补齐”式镶嵌接触，向其侧向及高部位提供烃源，灯三段泥页岩是上覆直接盖层，因此该套生储盖组合具有“下生上储”与“上生下储”的特征。

第二套生储盖组合，水井沱组泥页岩为烃源岩与区域性盖层，灯四段风化壳与层间岩溶为储层；水井沱组泥页岩与灯四段风化壳岩溶储层呈镶嵌接触，向其侧向及高部位提供烃源，而水井沱组泥页岩是良好盖层，该套生储盖组合具有“上生下储”的特征。

第三套生储盖组合，水井沱组泥页岩为烃源岩，石龙洞组风化壳岩溶与颗粒滩为储集层，中下寒武统膏盐岩为区域性盖层，具有“下生上储”的特征。

寒武系区域展布的膏盐岩层将盐下、盐上分隔成相对独立的含油气系统，它阻碍盐下生成的油气向盐上运移成藏，川东多口井钻探揭示寒武系储层发育，但以产水为主，应该是受这套区域性膏盐岩盖层的封堵影响。水井沱组泥页岩是川东深层盐下的主力烃源岩，与该套烃源岩密切相关的第二、三套生储盖组合优于第一套生储盖组合。灯四段风化壳岩溶储层在四川盆地大面积广泛分布，而川东石龙洞组颗粒滩相储层受膏盐岩影响发育变差，因此第二套生储盖组合优于第三套生储盖组合。

四、盐下勘探方向

全球深层盐下勘探获得了许多重大发现，川东深层盐下埃迪卡拉系—寒武系发育三套烃源岩、三套储层、两套区域性盖层和三套生储盖组合，同时又发育宣汉-开江隆起，具备了有利的天然气成藏条件。川东深层盐下自西向东发育 6～7 排大面积构造圈闭，具备了大气区形成的有利条件，是四川盆地近期重要的战略接替勘探领域，但近期的勘探方向还需要深入思考。

从天然气成藏条件与生储盖组合分析，水井沱组泥页岩是川东深层盐下最为重要的烃源岩，与该套烃源岩密切相关的灯四段风化壳与层间岩溶、石龙洞组颗粒滩与风化壳岩溶是重要的储层，但由于石龙洞组上部发育膏盐岩层，其储层尤其是颗粒滩相储层的发育规模可能比灯四段差，因此川东深层盐下应首选古隆起及其斜坡部位的灯四段储层和石龙洞组滩体作为勘探首选目的层，其次为灯二段储层。即首选第二套生储盖组合，其次选择第三套、第一套生储盖组合。

从三套储层平面发育规模分析，受晚埃迪卡拉世—寒武纪早期 3 期区域抬升运动影响，灯四段、灯二段风化壳与层间岩溶储层在川东大面积广泛分布；受川东寒武系膏盐岩由川中向川东逐渐增厚影响，石龙洞组颗粒滩型储层由川中向川东逐渐变差。因此，紧邻川中地区的座 3 井-梁平-开江以西地区不仅灯二段、灯四段储层发育，而且石龙洞组颗粒滩型储层也相对较好，是川东最有利的勘探地区。

从构造圈闭发育规模与埋深分析，川东自西向东发育的 6～7 排构造圈闭面积均较大，但构造圈闭的埋深具有向东南、东北方向逐渐加深的趋势。如以勘探目的层为灯四段、进入灯影组 200m 完钻计算，川东紧邻川中地区的头 3 排构造钻探深度为 6600～6900m，而向东南、东北方向钻探深度将逐渐增加到 7500m 左右。因此，从钻探深度考虑也应首选川东西部地区构造圈闭进行勘探。

从天然气藏后期保存条件分析，盆地边缘由于后期构造活动性强，保存条件较差，勘探选区选带应当慎重。如盆地边缘的利 1 井、丁山 1 与宁 1 井等均产水，说明印支运动、燕山运动和喜马拉雅运动等对盆地边缘早期形成的天然气藏产生了明显的破坏作用。

川东盐下主要包括三类有利区带：①宣汉-开江隆起及其斜坡区，其有利因素是颗粒滩与岩溶风化壳储层大面积发育，寒武系膏盐岩盖层区域性展布，构造圈闭大且成排成带展布，不利因素是距离烃源岩中心较远。②大巴山前缘冲断-褶皱带，其有利因素是邻近烃源中心，处于古隆起斜坡区，靠近台缘，滩体发育。不利因素是地震资料品质差，构造样式复杂，圈闭面积小，保存条件差。③齐岳山前缘冲断-褶皱带，有利因素是邻近烃源中心，处于古隆起斜坡区，靠近台缘，滩体发育。不利因素是地震资料品质差，构造样式复杂，保存条件差。

通过对川东地区不同年度二维、三维地震资料的构造综合解释以及盐下寒武系石龙洞组顶界和埃迪卡拉系灯影组顶界构造整体成图表明：川东地区发育 7 排北东-南西向延伸的高陡构造，表现为较为典型的薄皮褶皱-逆冲带，其中中西部地区构造位置相对较高，北部地区构造位置最低，南部地区构造位置相对较低。综合分析认为，中西部地区自西向东发育的前 5 排大构造是下一步盐下埃迪卡拉系—寒武系勘探的有利目标区带。

自西向东第一排有利勘探区带为华蓥山北-红花店-四海山构造带，第二排有利勘探区带为凉水井-蒲包山-七里峡构造带，第三排有利勘探区带为明月峡-大天池构造带，第四排有利勘探区带为南门场构造带，第五排有利勘探区带为云安厂构造带。

上述 5 排有利勘探区带的构造整体上都呈现为北东-南西向延伸，以构造规模、埋藏深度、圈闭落实程度和保持条件等作为评价依据，可以将这 5 排构造区带评价为两类有利勘探区。Ⅰ类有利勘探区带包括：第一排的华蓥山北-红花店-四海山构带，第二排的凉水井-蒲包山-七里峡构造带、温泉井构造带，第三排的大天池构造带，这些构造带上的构造圈闭规模大，埋藏相对较浅，圈闭落实程度较高，保持条件较好，因此整体评价为Ⅰ类有利勘探区带。Ⅱ类有利勘探区带包括：第四排的南门场构造带，第五排的云安厂构造带，这些构造带上的构造圈闭规模大，埋藏深度相对较深，圈闭落实程度较高，保持条件较好，因此整体评价为Ⅱ类有利勘探区带。以上构造带中尤以大天池构造带为最优，一方面其处于宣汉-开江隆起的核部和斜坡区，另一方面其处于盆地中部，保存条件相对较好，而且其埋藏深度比较适中。

第三节　盐上成藏条件与勘探方向

盐上含气系统主要勘探目的层以寒武系洗象池组为主，通过断层的作用，洗象池组储层与志留系优质烃源岩层直接发生侧向对接，从而形成油气聚集，本节将重点讨论盐上含气系统的成藏条件与勘探方向。

一、盐上成藏条件

盐上含气系统主要为洗象池组储层逆冲于志留系烃源岩之上，而形成“侧向对接”成藏类型，这类成藏系统要求志留系烃源岩与洗象池组储层侧向紧密接触，并有良好的盖层进行封盖。

（一）烃源岩发育特征

四川盆地志留系发育下志留统龙马溪组、石牛栏组和韩家店组，其中最为发育的是下志留统龙马溪组。志留系在盆地边部出露于川东南、大巴山、米仓山、龙门山及康滇古陆东侧。由于晚奥陶世—志留纪期间，乐山-龙女寺古隆起形成演化影响，川中地区古隆起核部缺失志留系沉积，志留系厚度由川中地区向川东地区逐渐增厚。基于川中地区地震资料精细解释，川东地区志留系厚度可达 2000 余米，整体呈北东-南西向延伸（图 8.18）。

志留系烃源岩主要分布在志留系底部的龙马溪组，为灰黑色、黑色薄-厚层状碳质页岩、粉砂岩夹条带状、透镜状泥质泥晶灰岩，向上砂质含量增多，下部的黑色碳质页岩，发育丰富笔石化石，有机质丰富。与志留系厚度展布相一致，龙马溪组烃源岩的厚度也由川中地区向川东地区逐渐增加，至川东地区最厚可达 500～700m（图 8.19）。

通过对 38 口单井资料及 20 个露头资料的详细观察及厘定，并结合地震资料对四川盆地龙马溪组烃源岩进行了刻画，发现四川盆地内部志留系存在两个生烃中心：一是以开州-石柱为中心的川东生烃凹陷，另一生烃中心则分布于自贡-泸州宜宾一带，即川南生烃中心。

川东志留系烃源岩的厚度最厚可达 700m（图 8.20），生烃凹陷的生烃强度达 $250\times10^8m^3/km^2$。川东五科 1 井志留系烃源岩 TOC 为 3.70%，川东北城口-云阳一带志留系烃源岩 TOC 大于 5.0%，渝东石柱漆辽志留系烃源岩的 TOC 高达 5.88%，均值为 2.51%，秀山野外地表剖面志留系烃源岩 TOC 为 2.15%。由此可见，川东、川东北、鄂西渝东区志留系烃源岩的 TOC 都较高，属于良好的烃源岩。

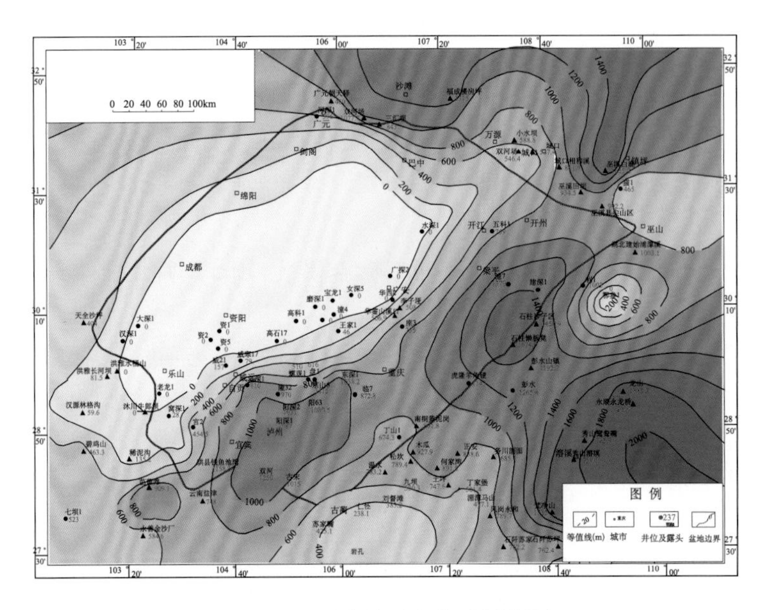

图 8.18　川东地区志留系厚度图

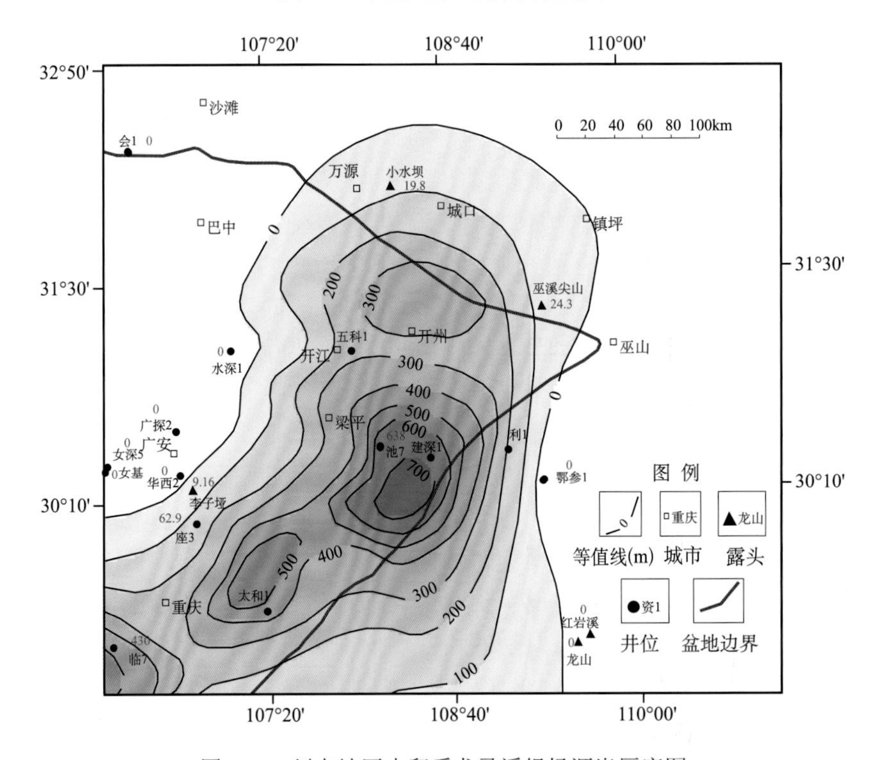

图 8.19　川东地区志留系龙马溪组烃源岩厚度图

（二）储层发育特征

在寒武系阎王碥组沉积期，受四川盆地西缘隆升影响，洗象池组在川东地区发育厚度逐渐增多，可达2000多米。洗象池组沉积期，水体较浅，以局限台地相及台地边缘相为主，颗粒滩发育，为优质储层。台地边缘相基本沿房县-城口断裂分布，以颗粒云岩为主，厚度较大。台地边缘相西侧为局限台地相云坪亚相，颗粒滩发育。台地边缘相环绕着局限台地相分布，局限台地相内部颗粒滩广泛分布。

基于五科1井、池7井、广探2井与南川三汇露头等资料分析，川东洗象池组主要发育台地相沉积，台地颗粒滩及后期岩溶储层发育，是盐上主要储层。

五科1井，录井显示洗象池组5622～5632m，厚10m，井漏；5908～5917m、5920～5922m、5938～5945m，厚18m，井涌、气测异常；洗象池组发现四套主要储层段：①5622～5632m，水层；②5845～5847.5m，含水层；③5908～5917m、5920～5922m、5938～5945m，储层；④6042.4～6044.8m，含水层；另外岩心上可以见到细晶针孔云岩，厚约5m，见到溶孔云岩，厚约8m，另外裂缝和溶扩缝普遍发育；镜下可见岩性为残余砂屑粉晶云岩，残余少量粒间孔。五科1井洗象池组录井以气测异常、井涌、井漏为主，测井解释储层13m，中测产水36.83m^3/d，岩心观察显示洗象池组发育残余鲕粒细晶云岩与溶孔储层，揭示沉积期颗粒滩体发育，并叠加后期岩溶改造（图8.20）。

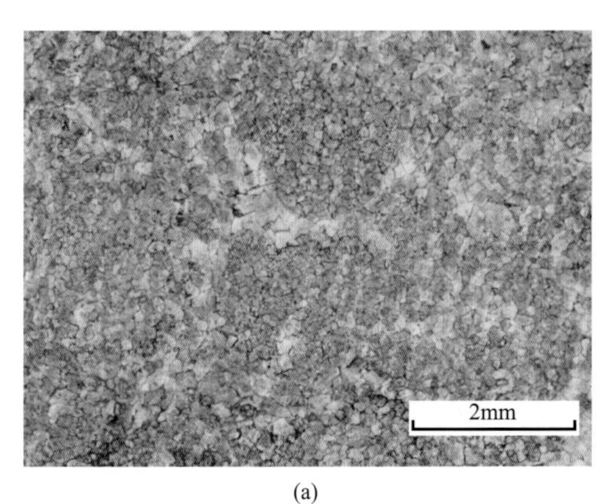

(a)

(b)

图8.20　五科1井洗象池组岩心与薄片照片

（a）残余鲕粒细晶云岩（5630m）；（b）溶孔云岩（5915m）

川中广探2井洗象池组录井以气测异常、气浸为主，累计解释储层60.5m/8层，测试产水110m^3/d，岩心观察显示洗象池组发育粉晶砂屑云岩与溶孔储层，揭示沉积期颗粒滩体发育，并叠加后期岩溶改造（图8.21）。

池7井钻探证实洗象池组颗粒滩储层发育，录井显示洗象池组5188～5198m，厚10m，盐水浸；5218～5234m，厚16m，盐水浸；测井解释洗象池组5188～5198m，厚10m，水层；5218～5234.54m，储层。池7井岩心上见到溶孔云岩，厚约7m，裂缝及溶扩缝发育，且缝内部分充填沥青。

(a)　　(b)

图 8.21　广探 2 井洗象池组岩心与薄片照片

（a）岩心照片，显示顺层溶孔发育（5343.57～5343.54m）；（b）薄片照片，粉晶砂屑云岩（5343.50m）

重庆三汇剖面洗象池组见 15m 厚溶孔云岩储层（图 8.22），镜下可见岩性为粉晶-细晶云岩，见裂缝（图 8.23）。

(a)　(b)　(c)　(d)

图 8.22　重庆三汇剖面洗象池组溶孔云岩

（a）洗象池组储层宏观照片，厚约 15m；（b）～（d）颗粒白云岩顺层发育溶蚀孔洞

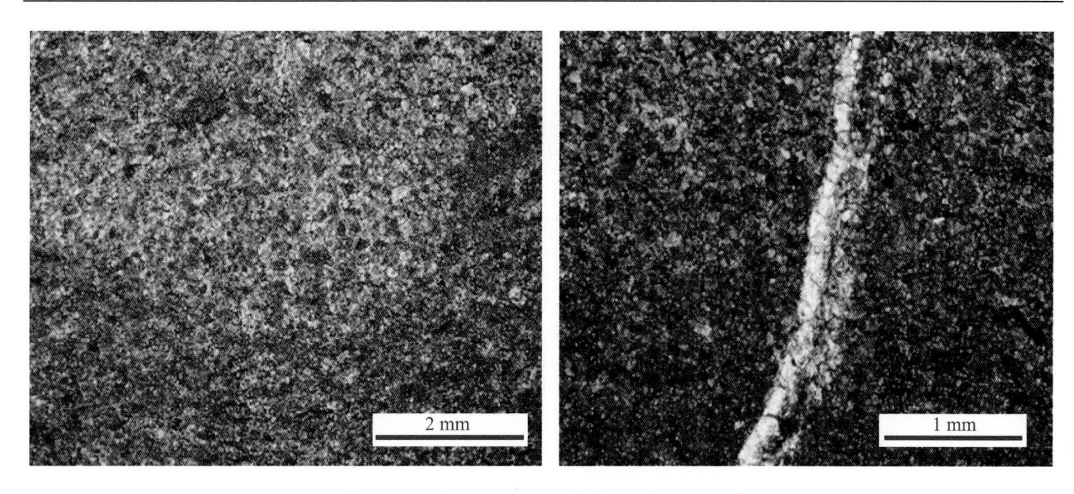

图 8.23　重庆三汇剖面洗象池组细晶云岩

（三）生储盖组合

盐上生储盖组合主要为一套以龙马溪组为烃源岩、洗象池组为储层，上覆龙马溪组为区域性盖层，通过断层对接供烃的上生下储侧向对接组合。

目前对于盐上这套组合研究较少，但该组合的存在是比较明确的。为上生下储型，天然气成藏的主控因素与断层的疏导有关。洗象池组储层发育，以溶孔粉细晶云岩为主，裂缝发育；龙马溪组在川东地区发育，为公认的优质烃源岩；川东地区高陡构造发育，构造高部位洗象池组储层与构造低部位龙马溪组烃源岩直接对接，通过断层疏导成藏。该类型在川东地区发育广泛，是新的成藏类型，值得进一步研究。

二、盐上勘探方向

盐上含气系统主要勘探目的层以寒武系洗象池组为主，通过断层的作用，洗象池组储层与志留系优质烃源岩层直接发生侧向对接，从而形成油气聚集，下面将重点讨论盐上含气系统的有利勘探方向与勘探区带。

川东地区自西向东发育 6 排构造带，发育多个满足断层侧向对接关系的盐上构造圈闭。第一排构造带包括宝和场、福成寨和铁山构造；第二排构造带包括相国寺、铜锣峡、九峰寺、凉水井、蒲包山、雷音铺、七里峡和温泉井构造；第三排构造带包括明月峡和大天池构造；第四排构造带包括南门场和丰盛场构造；第五排构造带包括云安厂、黄泥塘、长寿和苟家场构造；第六排构造带包括大池干井构造（图 8.24）。

对川东地区符合侧向对接盐上油气成藏模式的 6 排构造进行优选评价，优选出云安厂、大天池、南门场和温泉井共 4 个构造带作为盐上有利勘探区带。有利勘探区带优选的依据主要遵循以下 4 个方面：①洗象池组地层与志留系烃源岩充分对接；②构造圈闭完整并且规模较大；③断层断距适度，没有过分断到地表，保存条件较好；④地震资料品质较好，构造落实，埋藏深度适中。

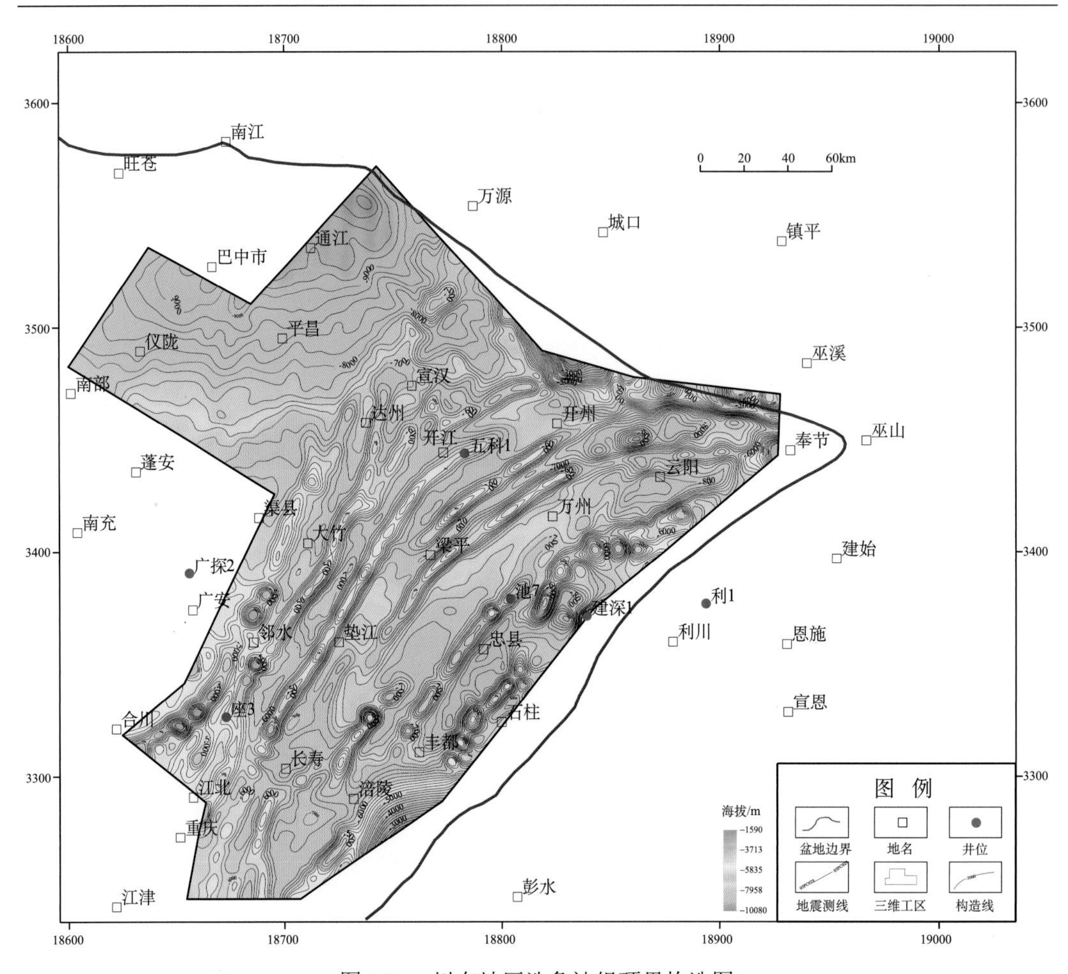

图 8.24　川东地区洗象池组顶界构造图

（一）南门场构造带

南门场构造带位于川东有利构造区带的中东部，构造主体呈北东-南西向展布，是研究区自西向东第四排构造带。南门场构造带西起梁平的北部，东至开州的南部，表现为一狭长的长轴背斜构造，发育 2～3 个构造高点。

南门场构造带在寒武系洗象池组顶界构造图上发育规模很大的构造圈闭，表现为北东-南西向延伸的长轴背斜，构造完整。圈闭埋藏相对较浅，洗象池组顶界构造高点海拔 –3080m，是较为理想的 I 类有利勘探目标区。另外，南门场构造带地震资料品质较好，地震反射波组特征较为清楚，圈闭落实，是实施盐上勘探较为理想的目标区带。

（二）云安厂构造带

云安厂构造带位于川东有利构造区带的中东部，构造主体呈北东-南西向展布，是研究区自西向东第五排构造带。该构造带西南部为黄泥塘构造，东北部为云安厂构造，西起垫江的东南部，东至开州的东南部，有 3～4 个构造高点。

云安厂构造带在寒武系洗象池组顶界构造图上发育规模较大的多个构造圈闭，表现为北东-南西向延伸的长轴背斜形态，构造非常完整。圈闭埋藏深度与南门场构造带相差不多，洗象池组顶界构造高点海拔–3280m，也是较为理想的有利勘探区带。

（三）大天池构造带

大天池构造带位于川东有利构造区带的中部，是研究区第三排构造带，构造主体呈北东-南西向展布，构造带南段为明月峡构造，中间主体为大天池构造，北段向右扭转的部分属于五百梯构造带单元，盐上有利勘探目标区优选的是大天池构造主体的东段部分。

大天池构造带在寒武系洗象池组顶界构造图上发育规模较大的多个构造圈闭，表现为北东-南西向延伸的长轴背斜，有3～4个构造高点，其中中间的大天池构造规模最大。圈闭埋藏深度较浅，洗象池组顶界构造高点海拔–2770m，也是较为理想的盐上有利勘探目标区。

（四）温泉井构造带

温泉井构造带位于川东有利构造区带的中北部，构造主体呈北东-南西向展布，位于川东第二排构造带的东部，该构造带平面分布上长轴相对较短。

温泉井构造带在寒武系洗象池组顶界构造图上发育规模较大的构造圈闭，表现为北东-南西向延伸的短轴背斜。圈闭埋藏深度较大，洗象池组顶界构造高点海拔–4190m。综合来看，温泉井构造带虽然在寒武系洗象池组顶界发育规模较大的断背斜圈闭，但其圈闭埋深比云安厂构造、南门场构造和大天池构造都要深，因此将温泉井构造带评价为盐上有利勘探目标区。

参 考 文 献

安作相. 1996. 泸州古隆起与川南油气. 石油实验地质, 18(3): 267-273

陈润业. 1989. 大巴山西段寒武纪的三叶虫分带. 地层学杂志, 13(1): 59-63

陈润业, 张福有. 1987. 陕西南郑、西乡一带的寒武纪地层. 西北大学学报, 17(2): 63-75

陈旭, 徐均涛, 成汉钧, 等. 1990. 论汉南古陆及大巴山隆起. 地层学杂志地, 14(2): 81-116

成汉钧, 高启标, 王中文, 等. 1980. 陕西西乡的寒武纪地层层序并论地层单位“组”“阶”的关系. 地层学杂志, 4(3): 214-220

成汉钧, 汪明洲, 陈祥荣, 等. 1992. 论大巴山隆起的镇巴上升. 地层学杂志, 16(3): 196-199

邓昆, 张哨楠, 周立发, 等. 2011. 鄂尔多斯盆地古生代中央古隆起形成演化与油气勘探. 大地构造与成矿学, 35(2): 190-197

邓胜徽, 樊茹, 李鑫, 等. 2015. 四川盆地及周缘地区震旦(埃迪卡拉)系划分与对比. 地层学杂志, 39(3): 239-254

丁莲芳, 李勇, 安国勤. 1983. 论陕南震旦系—寒武系界线. 西安地质学院学报, (2): 9-23

丁莲芳, 张录易, 李勇, 等. 1992. 扬子地台北缘晚震旦世—早寒武世早期生物群研究. 北京: 科学技术文献出版社

董树文, 施炜, 张岳桥, 等. 2010. 大巴山晚中生代陆内造山构造应力场. 地球学报, 31(6): 769-780

董有浦, 沈中延, 肖安成, 等. 2011. 南大巴山冲断褶皱带区域构造大剖面的构建和结构分析. 岩石学报, 27(3): 689-698

杜金虎, 汪泽成, 邹才能, 等. 2015. 古老碳酸盐岩大气田地质理论与勘探实践. 北京: 石油工业出版社

杜金虎, 张宝民, 汪泽成, 等. 2016. 四川盆地下寒武统龙王庙组碳酸盐缓坡双颗粒滩沉积模式及储层成因. 天然气工业, 36(6): 1-10

辜学达, 刘啸虎. 1997. 四川省岩石地层-全国地层多重划分对比研究(51). 武汉: 中国地质大学出版社

谷志东, 李宗银, 袁苗, 等. 2014. 四川盆地及其周缘晚震旦世—早寒武世早期区域抬升运动对岩溶储层发育的影响. 天然气工业, 34(8): 37-45

谷志东, 殷积峰, 袁苗, 等. 2015. 四川盆地东部深层盐下震旦系—寒武系天然气成藏条件与勘探方向. 石油勘探与开发, 42(2): 137-149

谷志东, 殷积峰, 姜华, 等. 2016. 四川盆地宣汉-开江古隆起的发现及意义. 石油勘探与开发, 43(6): 893-904

郭正吾, 韩永辉. 1989. 上扬子地区深层地质结构及其对盆地演化的控制意义. 四川地质学报, 10(2): 1-8

郭正吾, 邓康龄, 韩永辉. 1996. 四川盆地形成与演化. 北京: 地质出版社

韩克猷. 1995. 川东开江古隆起大中型气田的形成及勘探目标. 天然气工业, 15(4): 1-5

韩培光. 1988. 湖北震旦系. 北京: 中国地质大学出版社

何登发, 周新源, 杨海军, 等. 2008. 塔里木盆地克拉通内古隆起的成因机制与构造类型. 地学前缘, 15(2): 207-221

胡光灿, 谢姚祥. 1997. 中国四川东部高陡构造石炭系气田. 北京: 石油工业出版社

黄继钧. 1991. 川东北雷音铺背斜内部北西向构造及其力学成因分析. 成都地质学院学报, 18(2): 32-39
黄建国. 1993. 上扬子区(四川盆地)寒武系的含盐性地质背景. 岩相古地理, 13(5): 44-56
黄汝昌. 1997. 中国低热油及凝析气藏形成与分析规律. 北京: 石油工业出版社
黄始琪, 董树文, 黄德志, 等. 2014. 大巴山燕山期陆内造山地质流体活动特征. 地球学报, 35(1): 49-58
蒋炳铨. 1984. 川东一带隔挡、隔槽式褶皱形成力学机制. 四川地质学报, 5: 1-12
蒋勇, 徐世荣, 徐和筌. 1982. 川东亭子铺“反背”构造的分析. 石油地球物理勘探, 27(2): 56-65
金之钧, 龙胜祥, 周雁, 等. 2006. 中国南方膏盐岩分布特征. 石油与天然气地质, 27(5): 571-583, 593
金之钧, 周雁, 云金表, 等. 2010. 我国海相地层膏盐岩盖层分布与近期油气勘探方向. 石油与天然气地质, 31(6): 715-724
乐光禹. 1998. 大巴山造山带及其前陆盆地的构造特征和构造演化. 矿物岩石, 18(增刊): 8-15
李国祥. 2004. 陕南镇巴早寒武世似软舌螺化石一新种——*Torellella bisulcata* sp. nov. 古生物学报, 43(4): 571-578
李秋生, 高锐, 王海燕, 等. 2011. 川东北-大巴山盆山体系岩石圈结构及浅深变形耦合. 岩石学报, 27(3): 612-620
李善姬. 1980. 西南地区地层总结——寒武系. 成都: 地质部成都地质矿产研究所
李四光. 1973. 地质力学概论. 北京: 科学出版社
李耀西, 宋礼生, 周志强, 等. 1975. 大巴山西段早古生代地层志. 北京: 地质出版社
梁狄刚, 郭彤楼, 陈建平, 等. 2009. 中国南方海相生烃成藏研究的若干新进展(二): 南方四套区域性海相烃源岩的地球化学特征. 海相油气地质, 14(1): 1-15
林畅松, 杨海军, 刘景彦, 等. 2009. 塔里木盆地古生代中央隆起带古构造地貌及其对沉积相发育分布的制约. 中国科学(D 辑: 地球科学), 39(3): 306-316
林良彪, 陈洪德, 淡永, 等. 2012. 四川盆地中寒武统膏盐岩特征与成因分析. 吉林大学学报(地球科学版), 42(增刊 2): 95-103
林耀庭. 2009. 四川盆地寒武系盐卤沉积特征及找钾前景. 盐湖研究, 17(2): 13-20
刘安, 李旭兵, 王传尚, 等. 2013. 湘鄂西寒武系烃源岩地球化学特征与沉积环境分析. 沉积学报, 31(6): 1122-1132
刘宝珺, 许效松. 1994. 中国南方岩相古地理图集: 震旦纪—三叠纪. 北京: 科学出版社
刘仿韩, 苏春乾, 杨友运, 等. 1987. 米仓山南坡寒武系沉积相分析. 西安地质学院学报, 9(4): 1-12
刘鸿允. 1955. 中国古地理图. 北京: 科学出版社
刘鸿允, 沙庆安. 1963. 长江峡东区震旦系新见. 地质科学, 4: 177-187
刘鸿允, 董榕生, 李建林, 等. 1980. 论震旦系划分与对比问题. 地质科学,(4): 307-321
刘鸿允, 等. 1991. 中国震旦系. 北京: 科学出版社
刘鹏举, 尹崇玉, 陈寿铭, 等. 2012. 华南峡东地区埃迪卡拉(震旦)纪年代地层划分初探. 地质学报, 86(6): 849-866
刘鹏举, 尹崇玉, 唐烽. 2016. 华南埃迪卡拉纪(震旦纪)生物地层学研究进展//孙枢, 王铁冠. 中国东部中-新元古界地质学与油气资源. 北京: 科学出版社: 89-103.
罗冰, 周刚, 罗文军, 等. 2015. 川中古隆起下古生界—震旦系勘探发现与天然气富集规律. 中国石油勘探, 20(2): 18-29
罗惠麟. 1984. 滇东南寒武系的划分与对比. 地质学报,(2): 87-96
罗平, 王石, 李朋威, 等. 2013. 微生物碳酸盐岩油气储层研究现状与展望. 沉积学报, 31(5): 807-823

罗志立. 1998. 四川盆地基底结构的新认识. 成都理工学院学报, 25(2): 191-200
雒昆利. 2006. 北大巴山区鲁家坪组的厘定. 地层学杂志, 30(2): 149-156
吕修祥, 白忠凯, 付辉. 2009. 从东西伯利亚看塔里木盆地寒武系盐下碳酸盐岩勘探前景. 新疆石油地质, 30(2): 157-162
马腾, 谭秀成, 李凌, 等. 2016. 四川盆地早寒武世龙王庙期沉积特征与古地理. 沉积学报, 34(1): 33-48
梅冥相, 马永生, 张海, 等. 2007. 上扬子区寒武系的层序地层格架: 寒武纪生物多样性事件形成背景的思考. 地层学杂志, 31(1): 68-78
门玉澎, 许效松, 牟传龙, 等. 2010. 中上扬子寒武系蒸发岩岩相古地理. 沉积与特提斯地质, 30(3): 58-64
牟传龙, 梁薇, 周恳恳, 等. 2012. 中上扬子地区早寒武世(纽芬兰世—第二世)岩相古地理. 沉积与特提斯地质, 31(3): 41-53
彭善池. 2008. 华南寒武系年代地层系统的修订及相关问题. 地层学杂志, 32(3): 239-245
彭善池. 2009. 华南新的寒武纪生物地层序列和年代地层系统. 科学通报, 54(18): 2691-2698
彭善池. 2011. 全球寒武系江山阶及其"金钉子"在我国正式确立. 地层学杂志, 35(4): 393-396
彭善池, 赵元龙. 2018. 全球寒武系第三统和第五阶"金钉子"正式落户我国. 地层学杂志, 42(3): 325-327
彭善池, 汪啸风, 肖书海, 等. 2012. 建议在我国统一使用全球通用的正式年代地层单位——埃迪卡拉系(纪). 地层学杂志, 36(1): 55-59
彭勇民, 高波, 张荣强, 等. 2011. 四川盆地南缘寒武系膏溶角砾岩的识别标志及勘探意义. 石油实验地质, 33(1): 22-27
彭勇民, 张荣强, 陈霞, 等. 2012. 四川盆地南部中下寒武统石膏岩的发现与油气勘探. 成都理工大学学报(自然科学版), 39(1): 63- 69
蒲心纯, 等. 1993. 中国南方寒武纪岩相古地理与成矿作用. 北京: 地质出版社
钱逸. 1999. 中国小壳化石分类学与生物地层学. 北京: 科学出版社
钱逸, 解永顺, 何廷贵. 2001. 陕南地区下寒武统筇竹寺阶软舌螺化石. 古生物学报, 40(1): 31-43
邱中建, 张一伟, 李国玉, 等. 1998. 田吉兹、尤罗勃钦碳酸盐油气田石油地质考察及对塔里木盆地寻找大油气田的启示和建议. 海相油气地质, 3(1): 49-56
全国地层委员会. 1983. 《晚前寒武纪地层分类命名会议》纪要. 地层学杂志, 7: 28-29
全国地层委员会. 2001. 中国区域年代地层(地质年代)表(1). 地层学杂志, 25(增刊): 359
全国地层委员会. 2002. 中国区域年代地层(地质年代)表说明书. 北京: 地质出版社
全国地层委员会. 2014. 中国地层表. 北京: 地质出版社
全国地层委员会. 2018. 中国地层表(2014)说明书. 北京: 地质出版社
冉启贵, 陈发景, 张光亚. 1997. 中国克拉通盆地古隆起的形成、演化及与油气的关系. 现代地质, 11(4): 478-487
陕西省地质矿产局. 1989. 陕西省区域地质志. 北京: 地质出版社
陕西省区域地层表编写组. 1985. 西北地区区域地层表（陕西省分册）. 北京: 地质出版社
沈骋, 谭秀成, 周博, 等. 2016. 川北旺苍唐家河剖面仙女洞组灰泥丘沉积特征及造丘环境分析. 地质论评, 62(1): 202-214
沈传波, 梅廉夫, 徐振平, 等. 2007. 大巴山中-新生代隆升的裂变径迹证据. 岩石学报, 23(11): 2901-2910

四川省地质矿产局. 1991. 四川省区域地质志. 北京: 地质出版社
四川省区域地层表编写组. 1978. 西南地区区域地层表(四川省分册). 北京: 地质出版社
宋金民, 刘树根, 赵异华, 等. 2016. 川中地区中下寒武统风暴岩特征及沉积地质意义. 石油学报, 37(1): 30-42
宋文海. 1996. 乐山-龙女寺古隆起大中型气田成藏条件研究. 天然气工业, 16(S1): 13-26
孙龙德, 邹才能, 朱如凯, 等. 2013. 中国深层油气形成、分布与潜力分析. 石油勘探与开发, 40(6): 641-649
孙玉娴, 林文球, 周振冬. 1985. 湖南花垣早寒武世清虚洞期的藻化石、沉积环境与成矿的关系. 成都地质学院学报, 26(1): 52-60
汤显明, 惠斌耀. 1993. 鄂尔多斯盆地中央古隆起与天然气聚集. 石油与天然气地质, 14(1): 64-71
汪明洲, 许安东. 1987. 陕南镇巴地区早寒武世地层—火烧店组的建立及其地层学意义. 长春地质学院学报, 17(3): 249-264
汪明洲, 成汉钧, 陈祥荣, 等. 1989. 大巴山区寒武系的研究. 西安地质学院学报, 11(4): 1-9
汪啸风, 李华芹, 陈孝红. 1999. 关于中国上震旦统岩石、层序和年代地层的划分问题. 现代地质——中国地质大学研究生院学报,(2): 196-197
汪啸风, 陈孝红, 王传尚, 等. 2001. 震旦系底界及内部年代地层划分. 地层学杂志, 25(增刊): 370-376
王崇武, 朱隆光, 阙竟成, 等. 1985. 扬子西区早寒武世磷块岩矿床形成的地质背景. 云南地质, 4(1): 33-58
王剑. 1990. 缓坡及其构造背景: 以中国南方早寒武世龙王庙期扬子碳酸盐缓坡为例. 岩相古地理, 10(5): 13-22
王平, 刘少峰, 郜瑭珺, 等. 2012. 川东弧形带三维构造扩展的 AFT 记录. 地球物理学报, 55(5): 1662-1673
王淑丽, 郑绵平, 焦建, 等. 2012. 上扬子区寒武系蒸发岩沉积相及成钾潜力分析. 地质与勘探, 48(5): 947-958
王相人. 2012. 湖北峡东地区寒武系水井沱组古杯化石研究. 西安: 西北大学
王新强, 史晓颖. 2010. 华南伊迪卡拉纪碳同位素时空变化及其对生物演化的影响. 中国科学(D 辑: 地球科学), 40(1): 18-27
王自强, 尹崇玉, 高林志, 等. 2002. 湖北宜昌峡东地区震旦系层型剖面化学地层特征及其国际对比. 地质论评, 48(4): 408-415
魏国齐, 杨威, 杜金虎, 等. 2015. 四川盆地高石梯-磨溪古隆起构造特征及对特大型气田形成的控制作用. 石油勘探与开发, 42(3): 257-265
吴凤鸣. 2009. “震旦”一词的溯源及其在地质学中的应用. 中国科技术语,(6): 56-58
项礼文, 朱兆玲, 李善姬, 等. 1999. 中国地层典 • 寒武系. 北京: 地质出版社
解永顺. 1988. 陕西镇巴下寒武统筇竹寺阶小壳动物及有关问题的讨论. 成都地质学院学报, 15(4): 21-29
邢裕盛, 尹崇玉, 高林志. 1999. 震旦系的范畴、时限及内部划分. 现代地质——中国地质大学研究生院学报,(2): 202-204
徐美娥, 张荣强, 彭勇民, 等. 2013. 四川盆地东南部中、下寒武统膏岩盖层分布特征及封盖有效性. 石油与天然气地质, 34(3): 301-306
徐政语, 李大成, 卢文忠, 等. 2004. 渝东构造样式分析与成因解析. 大地构造与成矿学, 28(1): 1522

薛耀松, 周传明. 2006. 扬子区早寒武世早期磷质小壳化石的再沉积和地层对比问题. 地层学杂志, 30(1): 64-74
杨爱华, 袁克兴. 2012. 古杯动物化石的研究现状. 古生物学报, 1(2): 222-237
杨慧宁, 毛颖颜, 潘兵, 等. 2016. 陕南寒武纪早期仙女洞组生物礁灰岩微相序列. 微体古生物学报, 33(1): 75-86
杨暹和, 何延贵. 1984. 四川南江地区下寒武统梅树村阶小壳化石新属种. 地层古生物论文集(第十三辑): 35-47
杨雨, 黄先平, 张健, 等. 2014. 四川盆地寒武系沉积前震旦系顶界岩溶地貌特征及其地质意义. 天然气工业, 34(3): 38-43
杨跃明, 文龙, 罗冰, 等. 2016. 四川盆地乐山-龙女寺古隆起震旦系天然气成藏特征. 石油勘探与开发, 43(2): 1-10
翟光明, 何文渊. 2005. 从区域构造背景看我国油气勘探方向. 中国石油勘探, 2: 1-8
张宝民, 单秀琴, 张静, 等. 2017. 中国海相碳酸盐岩储层地质与成因. 北京: 科学出版社
张廷山, 兰光志, 沈昭国, 等. 2005. 大巴山、米仓山南缘早寒武世礁滩发育特征. 天然气地球科学, 16(6): 710-714
张文堂, 李积金, 钱义元, 等. 1957. 湖北峡东寒武纪及奥陶纪地层. 科学通报,(5): 145-146
张文堂, 袁克兴, 周志毅, 等. 1979. 西南地区的寒武系//中国科学院南京地质古生物研究所. 西南地区碳酸盐生物地层. 北京: 科学出版社: 35-107
张岳桥, 施炜, 李建华, 等. 2010. 大巴山前陆弧形构造带形成机理分析. 地质学报, 84(9): 1300-1315
张长俊, 陶晓风, 刘跃. 1982. 湖北省早寒武世水井沱期构造岩相带与矿产的关系. 成都地质学院学报, 5(1), 33-44
赵从俊, 杨日畅, 田晓燕. 1989. 川东构造应力场与油气富集规律探讨. 石油学报, 10(2): 19-30
赵靖舟, 王清华, 时保宏, 等. 2007. 塔里木古生界克拉通盆地海相油气富集规律与古隆起控油气论. 石油与天然气地质, 28(6): 703-712
赵文智, 张光亚, 何海清, 等. 2002. 中国海相石油地质与叠合含油气盆地. 北京: 地质出版社
赵元龙, 彭进, 杨兴莲, 等. 2018. 全球寒武系苗岭统及乌溜阶"金钉子"的确立. 贵州大学学报(自然科学版), 35(4): 14-16
郑剑. 2013. 川东南地区寒武系层序地层厘定及其地质意义. 四川地质学报, 33(1): 3-6
中国科学院南京地质古生物研究所. 1974. 西南地区地层古生物手册. 北京: 科学出版社
周传明, 袁训来, 肖书海, 等. 2019. 中国埃迪卡拉纪综合地层和时间框架. 中国科学(D 辑: 地球科学), 49(1): 7-25
朱茂炎, 张俊明, 杨爱华, 等. 2016. 华南新元古代地层、生-储-盖层发育与沉积环境//孙枢, 王铁冠. 中国东部中-新元古界地质学与油气资源. 北京: 科学出版社: 107-135
朱日祥, 李献华, 侯先光, 等. 2009. 梅树村剖面离子探针锆石 U-Pb 年代学: 对前寒武纪—寒武纪界线的年代制约. 中国科学(D 辑: 地球科学), 39(8): 1105-1111
邹才能, 杜金虎, 徐春春, 等. 2014. 四川盆地震旦系—寒武系特大型气田形成分布、资源潜力及勘探发现. 石油勘探与开发, 41(3): 278-293
左景勋, 彭善池, 祁玉平, 等. 2008. 全球寒武系第三统第七阶 GSSP 候选剖面的碳同位素地层. 地层学杂志, 32(2): 137-145
Adams J E, Rhodes M L. 1960. Dolomitization by seepage refluxion. AAPG Bulletin, 44(1): 1912-1960

Alvaro J J, Rouchy J M, Bechstadt T, et al. 2000. Evaporitic constraints on the southward drifting of the western Gondwana margin during Early Cambrian times. Palaeogeography, Palaeoclimatology, Palaeoecology, 160: 105-122

Amthor J E, Grotzinger J P, Schroder S, et al. 2003. Extinction of *Cloudina* and *Namacalathus* at the Precambrian-Cambrian boundary in Oman. Geology, 31(5): 431-434

Armitage J J, Allen P A. 2010. Cratonic basins and the long-term subsidence history of continental interiors. Journal of the Geological Society, 167(1): 61-70

Atkinson P K, Wallace W K. 2003. Competent unit thickness variation in detachment folds in the Northeastern Brooks Range, Alaska: geometric analysis and a conceptual model. Journal of Structural Geology, 25: 1751-1771

Bahroudi A, Koyi H A. 2003. Effect of spatial distribution of Hormuz salt on deformation style in the Zagros fold and thrust belt: an analogue modelling approach. Journal of the Geological Society of London, 160: 719-733

Bao C, Yang X J, Pan Z F, et al. 1990. Making a breakthrough at exploring high and steep structural gas fields in East Sichuan. Natural Gas Industry, 10: 1-6

Bertrand-Sarfati J, Moussine-Pouchkine A. 1983. Platform-to-basin facies evolution: the carbonates of Late Proterozoic (Vendian) Gourma (West Africa). Journal of Sedimentary Petrology, 53(1): 275-293

Beukes N J. 1987. Facies relations, depositional environments and diagenesis in a major early Proterozoic stromatolitic carbonate platform to basinal sequence, Campbellrand Subgroup, Transvaal Supergroup, Southern Africa. Sedimentary Geology, 54(1-2): 1-5

Biot M A. 1965. Theory of similar folding of the first and second kink. Geological Society of America Bulletin, 76: 251-258

Biot M A, Ode H, Roever W L. 1961. Experimental verification of the theory of folding of stratified viscoelastic media. Geological Society of America Bulletin, 72: 1595-1632

Blay P, Cosgrove J W, Summers J M. 1977. An experimental investigation of the development of structures in multilayers under the influence of gravity. Journal of the Geological Society of London, 133: 329-342

Bonini M. 2003. Detachment folding, fold amplification, and diapirism in thrust wedge experiments. Tectonics, 22(6): 1065-1093

Bonini M. 2007. Deformation patterns and structural vergence in brittle-ductile wedges: an additional analogue modelling perspective. Journal of Structural Geology, 29: 141-158

Borchert H. 1959. Ozeane Salzlagerstatten. Berlin-Nikolassee: Borntraeger

Bosellini A, Hardie L A. 1973. Depositional theme of a marginal marine evaporate. Sedimentology, 20(1): 5-28

Brandes C, Tanner D C. 2014. Fault-related folding: a review of kinematic models and their application. Earth-Science Reviews, 138: 352-370

Branson E B. 1915. Origin of thick gypsum and salt deposits. AAPG Bulletin, 26: 231-242

Briggs S E, Davies R J, Cartwright J A, et al. 2006. Multiple detachment levels and their control on fold styles in the compressional domain of the deepwater west Niger Delta. Basin Research, 18: 435-450

Buiter S J H. 2012. A review of brittle compressional wedge models. Tectonophysics, 530-531: 1-17

Burne R V, Mcore L S. 1987. Microbialites: organosedimeutary deposils of benthic microbial communities.

Palaios, 2: 241-254

Burns S J, Matter A. 1993. Carbon isotopic record of the latest Proterozoic from Oman. Eclogae Geologicae Helvetiae, 86: 595-607

Butler R W H. 1987. Thrust sequences. Journal of the Geological Society of London, 144: 619-634

Cadell H M. 1888. Experimental researches in mountain building. Transactions of the Royal Society of Edinburgh, 35: 337-357

Carter N L, Hansen F D. 1983. Creep of rocksalt. Tectonophysics, 92: 275-333

Cawood P A, Buchan C. 2007. Linking accretionary orogenesis with supercontinent assembly. Earth-Science Reviews, 82: 217-256

Cawood P A, Wang Y J, Xu Y J, et al. 2013. Locating South China in Rodinia and Gondwana: a fragment of greater India lithosphere? Geology, 41: 903-906

Cawood P A, Zhao G C, Yao J L, et al. 2018. Reconstructing South China in Phanerozoic and Precambrian supercontinents. Earth-Science Reviews, 186: 173-194

Chamberlin R T, Shepard F P. 1923. Some experiments in folding. Journal of Geology, 18: 228-251

Chang W T. 1953. Some Lower Cambrian trilobites from western Hupei. 古生物学报, 1: 137-149

Chapman J B, McCarty R. 2013. Detachment levels in the Marathon fold and thrust belt, west Texas. Journal of Structural Geology, 49: 23-34

Chapman J B, Chamberlin R T, Shepard F P. 1923. Some experiments in folding. Journal of Geology, 18: 228-251

Chapple W M. 1978. Mechanics of thin-skinned thrust and fold belts. Geological Society of America Bulletin, 89: 1189-1198

Charvet J. 2013. The Neoproterozoic-Early Paleozoic tectonic evolution of the South China Block: an overview. Journal of Asian Earth Sciences. Journal of Asian Earth Sciences, 74: 198-209

Chen Q, Sun M, Long X P, et al. 2018. Provenance study for the Paleozoic sedimentary rocks from the west Yangtze Block: constraint on possible link of South China to the Gondwana supercontinent reconstruction. Precambrian Research, 309: 271-289

Chen W, Shi Z J, Lu H F. 1992. Forward balanced cross section of the Dachigan structure of East Sichuan. Experimental Petroleum Geology, 14: 443-453

Cocks L R M, Torsvik T H. 2002. Earth geography from 500 to 400 million years ago: a faunal and palaeomagnetic review. Journal of the Geological Society of London, 159: 631-644

Cocks L R M, Torsvik T H. 2013. The dynamic evolution of the Palaeozoic geography of eastern Asia. Earth-Science Review, 117: 40-79

Collins, A S, Pisarevsky S A. 2005. Amalgamating eastern Gondwana: the evolution of the Circum-Indian Orogens. Earth-Science Reviews, 71: 229-270

Condon D, Zhu M Y, Bowring S, et al. 2005. U-Pb Ages from the Neoproterozoic Doushantuo Formation, China. Science, 308: 95-98

Cooper M A. 1983. The calculation of bulk strain in oblique and inclined balanced sections. Journal of Structural Geology, 5: 161-165

Corks L R M, Torsvik T H. 2013. The dynamic evolution of the Palaeozoic geography of eastern Asia. Earth-Science Reviews, 117: 40-79

Corredor F, Shaw J H, Bilotti F. 2005. Structural styles in the deep-water fold and thrust belts of the Niger Delta. AAPG Bulletin, 89: 753-780

Costa E, Vendeville B C. 2002. Experimental insights on the geometry and kinematics of fold-thrust belts above weak, viscous evaporitic decollement. Journal of Structural Geology, 24: 1729-1739

Couzens B A, Wiltschko D V. 1996. The control of mechanical stratigraphy on the formation of triangle zones. Bulletin of Canadian Petroleum Geology, 44: 165-179

Couzens-Schultz B A, Vendeville, B C, Wiltschko, D V. 2003. Duplex style and triangle zone formation: insights from physical modeling. Journal of Structural Geology, 25: 1623-1644

Cozzi A, Grotzinger J P, Allen P A. 2004. Evolution of a terminal Neoproterozoic carbonate ramp system (Buah Formation, Sultanate of Oman): effects of basement paleotopography. Geological Society of America Bulletin, 116: 1367-1384

Currie J B, Patnode H W, Trump R P. 1962. Developments of folds in sedimentary strata. Geological Society of America Bulletin, 73: 655-674

Dahlstrom C D A. 1969. Balanced cross section. Canadian Journal of Earth Sciences, 6: 743-757

Dahlstrom C D A. 1990. Geometric constraints derived from the law of conservation of volume and applied to evolutionary models of detachment folding. AAPG Bulletin, 74: 336-344

Dalziel I W D. 1997. Neoproterozoic-Paleozoic geography and tectonics: review, hypothesis, environmental speculation. GSA Bulletin, 109(1): 16-42

Davis D M, Engelder T. 1985. The role of salt in fold-and-thrust belts. Tectonophysics, 119: 67-88

Davis D M, Suppe J, Dahlen F A. 1983. Mechanics of fold-and-thrust belts and accretionary wedges. Journal of Geophysical Research, 88: 1153-1172

Dean S L, Morgan J K L, Fournier T. 2013. Geometries of frontal fold and thrust belts: insights from discrete element simulations. Journal of Structural Geology, 53: 43-53

Dellwig L F. 1955. Origin of the Salina salt of Michigan. Journal of Sedimentary Petrology, 25: 83-110

Dickinson W R. 1974. Plate tectonics and sedimentation. Society of Economic Paleontologists and Mineralogists, 22: 1-27

Ding D G, Guo T L, Zhai C B, et al. 2005. Kind structure in the west Hubei and east Chongqing. Petroleum Geology and Experiment, 27(3): 205-210

Domeier M, Torsvik T H. 2014. Plate tectonics in the later Paleozoic. Geoscience Frontiers, 5: 303-350

Duan L, Meng Q R, Zhang C L, et al. 2011. Tracing the position of the South China block in Gondwana: U-Pb ages and Hf isotopes of Devonian detrital zircons. Gondwana Research, 19: 141-149

Erickson S G. 1996. Influence of mechanical stratigraphy on folding vs faulting. Journal of Structural Geology, 18: 443-450

Erlich R N, Barrett S F, Guo B J. 1990. Seismic and geologic characteristics of drowning events on carbonate platforms. The American Association of Petroleum Geologists Bulletin, 74(10): 1523-1537

Feng L, Bartholomew M J, Choi E. 2015. Spatial arrangement of décollements as a control on the development of thrust faults. Journal of Structural Geology, 75: 49-59

Fischer M P , Woodward N B, Mitchell M M. 1992. The kinematics of break-thrust folds. Journal of Structural Geology, 14: 451-460

Fuller J G C M, Porter J W. 1969. Evaporite formations with petroleum reservoirs in Devonian and

Mississippian of Alberta, Saskatchewan, and North Dakota. AAPG Bulletin, 53: 909-926

Grabau A W. 1922. The Sinian System. Bulletin of the Geological Society of China, 1: 44-88

Graveleau F, Malavieille F, Dominguez F. 2012. Experimental modelling of orogenic wedges: a review. Tectonophysics, 538-540: 1-66

Grishina S, Pironon J, Mazurov M, et al. 1998. Organic inclusions in salt. Part 3. Oil and gas inclusions in Cambrian evaporite deposit from East Siberia: a contribution to the understanding of nitrogen generation in evaporites. Organic Geochemistry, 28(5): 297-310

Grotzinger J P. 1986. Evolution of Early Proterozoic passive-margin carbonate platform, Rocknest Formation, Wormay Orogen, Northwest Territories, Canada. Journal of Sedimentary Petrology, 56(6): 831-847

Grotzinger J P. 1989. Facies and evolution of precambrian carbonate depositional systems: emergence of the modern platform archetype. The Society of Economic Paleontologists and Mineralogists, Controls on Carbonate Platform and Basin Development, SEPM Special Publication,(44): 79-106

Grotzinger J P, Bowring S A, Saylor B Z, et al. 1995. Biostratigraphic and geochronologic constraints on early animal evolution. Science, 270(5236): 598-604

Gu Z D, Yin J F, Yuan M, et al. 2015. Accumulation conditions and exploration directions of natural gas in deep subsalt Sinian-Cambrian System in the eastern Sichuan Basin, SW China. Petroleum Exploration and Development, 42(2): 152-166

Gu Z D, Yin J F, Jiang H, et al. 2016. Discovery of Xuanhan-Kaijiang paleouplift and its significance in the Sichuan Basin, SW China. Petroleum Exploration and Development, 43(6): 976-987

Gu Z D, Wang X, Nunns A, et al. 2020. Structural styles and evolution of a thin-skinned fold-and-thrust belts with multiple detachments in the eastern Sichuan Basin, South China. Journal of Structural Geology, 142: 104191

Hall J. 1815. On the vertical position and convolutions of certain strata and their relation with granite. Transactions of the Royal Society of Edinburgh, 7: 79-108

Halverson G P, Hoffman P F, Schrag D P, et al. 2005. Toward a Neoproterozoic composite carbon-isotope record. Geological Society of America Bulletin, 117: 1181-1207

Handford C R, Loucks R G. 1993. Carbonate depositional sequences and systems tracts: responses of carbonate platforms to relative sea-level changes//Sarg J F. Carbonate Sequence Stratigraphy. Recent Developments and Applications, American Association of Petroleum Geologists, Memoir, 57: 3-41

Hardie L A, Eugster H P. 1971. The depositional environment of marine evaporites: a case for shallow, clastic accumulation. Sedimentology, 16: 187-220

Hayes M, Hanks C L. 2008. Evolving mechanical stratigraphy during detachment folding. Journal of Structural Geology, 30: 548-564

Hoffman P. 1974. Shallow and deepwater stromatolites in Lower Proterozoic platform-to-basin facies change, Great Slave Lake, Canada. The American Association of Petroleum Geologists Bulletin, 58: 856-867

Hoffman P F. 1991. Did the breakout of Laurentia turn Gondwanaland inside-out? Science, 252: 1409-141

Hoffman P F, Li Z X. 2009. A palaeogeographic context for Neoproterozoic glaciation. Palaeogeography, Palaeoclimatology, Palaeoecology, 277: 158-172

Homza T X, Wallace W K. 1995. Geometric and kinematic models for detachment folds with fixed and variable detachment depths. Journal of Structural Geology, 17: 575-588

Homza T X, Wallace W K. 1997. Detachment folds with fixed hinges and variable detachment depth, northeastern Brooks Range, Alaska. Journal of Structural Geology, 19: 337-354

Hossack J R. 1979. The use of balanced cross-sections in the calculation of orogenic contraction: a review. Journal of the Geological Society of London, 136: 705-711

Hsü K J. 1972. Origin of Saline Giants: a Critical Review after the Discovery ot the Mediterranean Evaporit. Earth-Science Reviews, 8(4): 371-396

Hsu K J, Li J L, Chen H H, et al. 1990. Tectonics of South China: key to understanding West Pacific geology. Tectonophysics, 183: 9-39

Hsü K J, Sun S, Li J L, et al. 1988. Mesozoic over thrust tectonics in south China. Geology, 6: 418- 421

Hu W S, Zeng T, Zhou Y L, et al. 2011. Applying balanced-restoring technique with detachment horizon profile to study the tectonic evolution of Northeastern Sichuan. Geoscience, 25: 896-901

Jamison W R. 1987. Geometric analysis of fold development in overthrust terranes. Journal of Structural Geology, 9: 207-219

Jaquet Y, Bauville A, Schmalholz S M. 2014. Viscous overthrusting versus folding: 2-D quantitative modeling and its application to the Helvetic and Jura fold and thrust belts. Journal of Structural Geology, 62: 25-37

Jiang G Q, Sohl L E, Christie-Blick N. 2003a. Neoproterozoic stratigraphic comparison of the Lesser Himalaya(India)and Yangtze block (South China): paleogeographic implications. Geology, 31(10): 917-920

Jiang G Q, Christie-Blick N, Kaufman A J, et al. 2003b. Carbonate platform growth and cyclicity at a terminal Proterozoic passive margin, Infra Krol Formation and Krol Group, Lesser Himalaya, India. Sedimentology, 50(5): 921-952

Jiang G Q, Shi X Y, Zhang S H, et al. 2011. Stratigraphy and paleogeography of the Ediacaran Doushantuo Formation(ca. 635-551 Ma)in South China. Gondwana Research, 19: 831-849

Jing X Q, Yang Z Y, Tong Y B, et al. 2015. A revised paleomagnetic pole from the mid-Neoproterozoic Liantuo Formation in the Yangtze block and its paleogeographic implications. Precambrian Research, 268: 194-211

Kao C S, Hsiung H Y, Kao P. 1934. Preliminary notes on Sinian stratigraphy of North China. Acta Geologica Sinica, 13(1): 243-288.

Kendall A C. 1992. Evaporites//Walker R G, James N P. Facies Models: response to Sea-level Change. Ontario: Geological Association of Canada: 375-409

Kendall A C, Harwood G M. 1996. Marine evaporites: arid shorelines and basins//Reading H G. Sedimentary Environments: Processes, Facies and Stratigraphy. Oxford: Blackwell Science: 281-324

King R H. 1947. Sedimentation in the Permiaa Castile sea. AAPG Bulletin, 31: 470-477

Kinsman D J J. 1969. Modes of formation, sedimentary associations, and diagnostic features of shallow-water and supratidal evaporates. AAPG Bulletin, 53: 830-840

Knoll A H, Walter M R, Narbonne G M, et al. 2004. A new period for the geologic time scale. Science, 305: 621

Knoll A H, Walter M R, Narbonne G M, et al. 2006. The Ediacaran Period: A new addition to the geologic time scale. Lethaia, 39: 13-30

Konstantinovskaya E, Malavieille J. 2011. Thrust wedges with décollement levels and syntectonic erosion: a view from analog models. Tectonophysics, 502: 336-350

Kovalevych V M, Zang W L, Perty T M, et al. 2006. Deposition and chemical composition of Early Cambrian salt in the eastern Officer Basin, South Australia. Australian Journal of Earth Sciences, 53: 577-593

Kukla P A, Reuning L, Becker S, et al. 2011. Distribution and mechanisms of overpressure generation and deflation in the late Neoproterozoic to early Cambrian South Oman Salt Basin. Geofluids, 11: 349-361

Lang X G, Chen J T, Cui H, et al. 2018. Cyclic cold climate during the Nantuo Glaciation: evidence from the Cryogenian Nantuo Formation in the Yangtze Block, South China. Precambrian Research, 310: 243-255

Lauhscher H P. 1976. Fold development in the Jura. Tectonophysics, 37: 337-362

Lauhscher H P. 1977. Geometrical adjustments during rotation of a Jura fold limb. Tectonophysics, 36: 347-365

Lee J S, Chao Y T. 1924. Geology of the Gorge district of the Yangtze from Ichang to Tzekuei with special reference to development of the Gorges. Bulletin of the Geological Society of China, 3(3/4): 351-392

Leighton M W, Kolata D R, Oltz D F, et al. 1990. Interior Cratonic Basins. Tulsa: AAPG

Li B L, Sun Y, Chen W. 1998. Layer-gliding systems in eastern Sichuan and their significance for petroleum geology. Oil and Gas Geology, 16: 244-247

Li C X, He D F, Sun Y P, et al. 2015. Structural characteristic and origin of intra-continental fold belt in the eastern Sichuan basin, South China Block. Journal of Asian Earth Sciences, 111: 206-221

Li J, Yin H W, Zhang J, et al. 2007. Trishear model and its application to interpretation of Dachigan structure in the eastern Sichuan Province. Acta Petrolei Sinica, 28: 68-72

Li S Z, Santosh M, Zhao G C, et al. 2012. Intracontinental deformation in a frontier of super-convergence: a perspective on the tectonic milieu of the South China Block. Journal of Asian Earth Sciences, 49: 313-329

Li Z X, Li X H. 2007. Formation of the 1300km-wide intracontinental orogen and postorogenic magmatic province in Mesozoic South China: a flat-slab subduction model. Geology, 35(2): 179-182

Li Z X, Powell C M. 2001. An outline of the Palaeogeographic evolution of the Australasian region since the beginning of the Neoproterozoic. Earth-Science Review, 53: 237-277

Li Z X, Zhang L H, Powell C M A. 1995. South China in Rodinia: Part of the missing link between Australia-East Antarctica and Laurentia? Geology, 23: 407-410

Li Z X, Li X H, Zhou H, et al. 2002. Grenvillian continental collision in South China: new SHRIMP U-Pb zircon results and implications for the configuration of Rodinia. Geology, 30: 163-166

Li Z X, Bogdanova S V, Collins A S, et al. 2008. Assembly, configuration, and break-up history of Rodinia: a synthesis. Precambrian Research, 160: 179-210

Ling W L, Gao S, Zhang B R, et al. 2003. Neoproterozoic tectonic evolution of the northwestern Yangtze craton, South China: implications for amalgamation and break-up of the Rodinia Supercontinent. Precambrian Research, 122: 111-140

Liu C, Zhang Y, Shi B. 2009a. Geometric and kinematic modeling of detachment folds with growth strata based on Bezier curves. Journal of Structural Geology, 31(3): 260-269

Liu C, Zhang Y, Wang Y. 2009b. Analysis of complete fold shape based on quadratic Bezier curves. Journal of Structural Geology, 31(6): 575-581

Liu H Y, Li Y J, Hao J. 1996. On the Banxi Group and its related tectonic problems in South China. Journal of Southeast Asian Earth Sciences, 13: 191-196

Liu P, Yin C, Gao L, et al. 2009. New material of microfossils from the Ediacaran Doushantuo Formation in the Zhangcunping area, Yichang, Hubei Province and its zircon SHRIMP U-Pb age. Chinese Science Bulletin, 54: 1058-1064

Liu Y P, Zhang J, Yin H W. 2008. The regional detachment of Dachigan thrust belt, Eastern Sichuan: results from geological section restoration based on area-depth technique. Geotectonica et Metallogenia, 32: 410-417

Logan B W. 1987. The Lake MacLeod Evaporite Basin, Western Australia. American Association of Petroleum Geologists, Memoir, 44: 140

Lotze F W. 1957, Steinsalz und Kalisalz, 2nd ed. Berlin: Gebrüder Borntraeger

Macouin M, Besse J, Ader M, et al. 2004. Combined paleomagnetic and isotopic data from the Doushantuo carbonates, South China: implications for the "snowball Earth" hypothesis. Earth Planet Science Letters, 224: 387-398

Massoli D, Koyi H A, Barchi M R. 2006. Structural evolution of a fold and thrust belt generated by multiple décollements: analogue models and natural examples from the Northern Apennines (Italy). Journal of Structural Geology, 28(2): 185-199

McClay K , Shaw J H, Suppe J. 2011. Thrust fault-related folding. AAPG Memoir, 94: 1-19

Meert J G, Lieberman B S. 2008. The Neoproterozoic assembly of Gondwana and its relationship to the Ediacaran-Cambrian radiation. Gondwana Research, 14: 5-21

Mei L F, Liu Z Q, Tang J G, 2010. Mesozoic intra-continental progressive deformation in Western Hunan-Hubei-Eastern Sichuan Provinces of China: evidence from apatite fission track and balanced cross-section. Earth Science-Journal of China University of Geosciences, 35: 161-174

Mercier E, Outtani F, Frizon de Lamotte D. 1997. Late-stage evolution of fault-propagation folds: principles and example. Journal of Structural Geology 19: 185-193

Merdith A S, Collins A S, Williams S E, et al. 2017. A full-plate global reconstruction of the Neoproterozoic. Gondwana Research, 50: 84-134

Mitra S. 1990. Fault-propagation folds: geometry, kinematics, and hydrocarbon traps. AAPG Bulletin, 74: 921-945

Mitra S. 2002. Structural models of faulted detachment folds. AAPG Bulletin, 86: 1673-1694

Mitra S. 2003. A unified kinematic model for the evolution of detachment folds. Journal of Structural Geology, 25: 1659-1673

Mitra S, Miller J F. 2013. Strain variation with progressive deformation in basement-involved trishear structures. Journal of Structural Geology, 53: 70-79

Mitra S, Mount V S. 1998. Foreland basement structures. AAPG Bulletin, 82: 70-109

Mitra S, Namson J. 1989. Equal-area balancing. American Journal of Science, 289: 563-599

Morley C K. 1986. A classification of thrust fronts. AAPG Bulletin, 78: 12-25

Morley C K. 1994. Fold-generated imbricates: examples from the Caledonides of Southern Norway. Journal of Structural Geology 16: 619-631

Mount V S. 2014. Structural style of the Appalachian Plateau fold belt, north-central Pennsylvania. Journal of

Structural Geology, 69: 284-303

Najafi M, Yassaghi A, Bahroudi A, et al. 2014. Impact of the Late Triassic Dashtak intermediate detachment horizon on anticline geometry in the Central Frontal Fars, SE Zagros fold belt, Iran. Marine and Petroleum Geology, 54: 23-36

Narbonne G M, Xiao S, Shields G A. 2012. The Ediacaran Period (Chapter 18)// Gradstein F M, Ogg J G, Schmitz M, et al. The Geologic Time Scale 2012. Amsterdam: Elsevier

Nichols G. 2009. Sedimentology and stratigraphy (Second edition). Oxford: Wiley-Blackwell

Novoa E, Suppe J, Shaw J H. 2000. Inclined-shear restoration of growth folds. AAPG Bulletin, 84: 787-804

Ochsenius C. 1877. Die Bildung der Steinsalzlager und ihrer Mutterlaugensalze. Halle: Pfeffer

Peng S, Babcock L E, Cooper R A. 2012. The Cambrian Period (Chapter 19)//Gradstein F M, Ogg J G, Schmitz M, et al. The Geologic Time Scale. Amsterdam: Elsevier

Petrychenko O Y, Peryt T M, Chechel E I. 2005. Early Cambrian seawater chemistry from fluid inclusions in halite from Siberian evaporites. Chemical Geology, 219: 149-161

Petters S W. 1979. West African cratonic stratigraphic sequences. Geology, 7(11): 528-531

Pichot T, Nalpas T. 2009. Influence of synkinematic sedimentation in a thrust system with two decollement levels; analogue modeling. Tectonophysics, 473: 466-475

Pierce W G. 1966. Jura tectonics as a decollement. Geological Society of America Bulletin, 77: 1265-1276

Poblet J, Lisle R J. 2011. Kinematic evolution and structural styles of fold-and-thrust Belts. Geological Society, London, Special Publications, 349: 1-24

Poblet J, McClay K. 1996. Geometry and kinematics of single-layer detachment folds. AAPG Bulletin, 80: 1085-1109

Powell C M, Li Z X, McElhinny M W, et al. 1993. Paleomagnetic constraints on timing of the Neoproterozoic breakup of Rodinia and the Cambrian formation of Gondwana. Geology, 21: 889-892

Read J F. 1982. Carbonate platforms of passive (extensional) continental margins: types, characteristics and evolution. Tectonophysics, 81: 195-212

Read J F. 1985. Carbonate platform facies models. The American Association of Petroleum Geologists Bulletin, 69(1): 1-21

Rich J L. 1934. Mechanics of low-angle overthrust faulting as illustrated by Cumberland thrust block, Virginia, Kentucky, Tennessee. AAPG Bulletin, 18: 1584-1596

Rodgers J. 1991. Fold-and-thrust belts in sedimentary rocks. Part 2: other examples, especially variants. American Journal of Science, 291: 825-886

Rowan M G , Ratliff R A. 2012. Cross-section restoration of salt-related deformation: best practices and potential pitfalls. Journal of Structural Geology, 41: 24-37

Salvini F, Storti F, McClay K. 2001. Self-determining numerical modeling of compressional fault-bend folding. Geology, 29: 839-842

Sami T T, James N P. 1994. Peritidal carbonate platform growth and cyclicity in an Early Proterozoic foreland basin, Upper Pethei Group, Northwest Canada. Journal of Sedimentary Research, 64(2): 111-131

Santolaria P, Vendeville B C, Graveleau F, et al. 2015. Double evaporitic décollements: influence of pinch-out overlapping in experimental thrust wedges. Journal of Structural Geology, 76: 35-51

Saylor B Z. 2003. Sequence stratigraphy and carbonate-siliciclastic mixing in a Terminal Proterozoic foreland basin, Urusis Formation, Nama Group, Namibia. Journal of Sedimentary Research, 73(2): 264-279

Schlager W. 1981. The paradox of drowned reefs and carbonate platforms. Geological Society of America Bulletin, 92: 197-211

Schlager W. 1989. Drowning unconformities on carbonate platforms. The Society of Economic Paleontologists and Mineralogists, SEPM Special Publication, 44: 15-25

Schlager W, Camber O. 1986. Submarine slope angles, drowning unconformities, and self-erosion of limestone escarpments. Geology, 14: 762-765

Schmalz R F. 1969. Deep-water evaporite deposition: a genetic model. AAPG Bulletin, 53: 798-823

Schoenherr J, Littke R, Urai J L, et al. 2007. Polyphase thermal evolution in the Infra-Cambrian Ara Group (South Oman Salt Basin) as deduced by maturity of solid reservoir bitumen. Organic Geochemistry, 38: 1293-1318

Schori M, Mosar J, Schreurs G. 2015. Multiple detachments during thin-skinned deformation of the Swiss Central Jura: a kinematic model across the Chasseral. Swiss J Geosci, 108: 327-343

Schreiber B C, El Tabakh M. 2000. Deposition and early alteration of evaporites. Sedimentology, 47(S1): 215-238

Schroder S, Grotzinger J P. 2007. Evidence for anoxia at the Ediacaran–Cambrian boundary: the record of redox-sensitive trace elements and rare earth elements in Oman. Journal of the Geological Society, London, 164: 175-187

Schroder S, Schreiber B C, Amthor J E, et al. 2003. A depositional model for the terminal Neoproterozoic-Early Cambrian Ara Group evaporites in south Oman. Sedimentology, 50: 879-898

Schroder S, Grotzinger J P, Amthor J E, et al. 2005. Carbonate deposition and hydrocarbon reservoir development at the Precambrian-Cambrian boundary: the Ara Group in South Oman. Sedimentary Geology, 180: 1-28

Scruton P C. 1953. Deposition of evaporites. AAPG Bulletin, 37: 2498-2512

Shen C B, Mei L F, Xu S H. 2009. Fission track dating of Mesozoic sandstones and its tectonic significance in the Eastern Sichuan Basin, China. Radiation Measurements, 44: 945-949

Sherkatia S, Molinaroc M, Lamottec D F, et al. 2005. Detachment folding in the Central and Eastern Zagros fold-belt(Iran): salt mobility, multiple detachments and late basement control. Journal of Structural Geology, 27: 1680-1696

Shi H C, Shi X B, Glasmacher U A, et al. 2016. The evolution of eastern Sichuan basin, Yangtze block since Cretaceous: Constraints from low temperature thermochronology. Journal of Asian Earth Sciences, 116: 208-221

Simpson G D H. 2009. Mechanical modelling of folding versus faulting in brittle-ductile wedges. Journal of Structural Geology, 31: 369-381

Sloss L L. 1963. Sequences in the cratonic interior of North America. Geological Society of America Bulletin, 74(2): 93-114

Sloss L L. 1988. Forty years of sequence stratigraphy. Geological Society of America Bulletin, 100(11): 1661-1665

Sloss L L, Speed R C. 1974. Relationships of cratonic and continental-margin tectonic episodes. Special Publications, 22: 98-119

Smit J H W, Brun J P, Sokoutis D. 2003. Deformation of brittle-ductile thrust wedges in experiments and nature. Journal of Geophysical Research, 108: 2480-2498

Smith A G. 2012. A review of the Ediacaran to Early Cambrian (Infra-Cambrian) evaporites and associated sediments of the Middle East//Bhat G M, Craig J, Thurow J W, et al. Geology and hydrocarbon potential of Neoproterozoic-Cambrian Basins in Asia. London: Geological Society: 229-250

Smith D B. 1971. Possible displacive halite in the Permian Upper Evaporite Group of northeast Yorkshire. Sedimentology, 17: 221-232

Smith D L. 1977. Transition from deep to shallow-water carbonates, Paine member, Ledgepole formation, Central Montana//Cook H E, Enos P. Deep-water Carbonate Environments. Society of Economic Paleontologists and Mineralogists Special Publication, 25: 187-201

Stewart S A. 1999. Geometry of thin-skinned tectonic systems in relation to detachment layer thickness in sedimentary basins. Tectonics, 18: 719-732

Stewart S A, Harvey M J, Otto S C, et al. 1996. Influence of salt on fault geometry: examples from the UK salt basins//Alsop G I, Blundell D J, Davison I. Salt Tectonics. Geological Society Special Publication, 100: 175-202

Storti F, Salvini F, McClay K. 1997. Fault-related folding in sandbox analogue models of thrust wedges. Journal of Structural Geology, 19: 583-602

Sun S L, Dong H G, Lu H F. 1989. Stepped thrusts and microstructural features of ductile-brittle transition deformation in Eastern Sichuan. Geotectonica et Metallogenia, 13: 176-186

Suppe J. 1983. Geometry and kinematics of fault-bend folding. American Journal of Science, 283: 684-721

Suppe J. 1985. Principles of Structural Geology. New Jersey: Prentice Hall

Suppe J, Sabat F, Munoz J A, et al. 1997. Bed-by-bed fault growth by kink-band migration: Saint L lorenc de Morunys, eastern Pyrenees. Journal of Structural Geology, 19: 443-461

Torsvik T H, Cocks L R M. 2017. Earth History and Palaeogeography. Cambridge: Cambridge University Press

Tucker M E. 2001. Sedimentary Petrology. Blackwell: Blackwell Science

Velaj T , Davison I, Serjani A, et al. 1999. Thrust Tectonics and the Role of Evaporites in the Ionian Zone of the Albanides. AAPG Bulletin, 83: 1408-1425

Verges J, Goodarzi M G H, Emami H, et al. 2011. Multiple detachment folding in Pushte Kuh arc, Zagros: role of mechanical stratigraphy// McClay K, Shaw J, Suppe J. Thrust fault related folding. AAPG Memoir, 94: 69-94

Vernhet E, Heubeck C, Zhu M Y, et al. 2006. Large-scale slope instability at the southern margin of the Ediacaran Yangtze platform (Hunan province, central China). Precambrian Research, 148: 32-44

Verschuren M, Mieuwland D, Gast J. 1996. Multiple detachment levels in thrust tectonics: sandbox experiments and palinspastic reconstruction//Buchanan E G, Nieuwland D A. Modern Developments in Structural Interpretation, Validation and Modelling. Geological Society Special Publication, 99: 227-234

Vidal-Royo O, Koyi H A, Munoz J A. 2009. Formation of orogen-perpendicular thrusts due to mechanical contrasts in the basal decollement in the Central External Sierras (Southern Pyrenees, Spain). Journal of Structural Geology, 31: 523-539

Wang S L, Zheng M P, Liu X F, et al. 2013. Distribution of Cambrian salt-bearing basins in China and its significance for halite and potash finding. Journal of Earth Science, 24(2): 212-233

Wang W, Zhou C, Yuan X L, et al. 2012. A pronounced negative δ13C excursion in an Ediacaran succession of western Yangtze Platform: a possible equivalent to the Shuram event and its implication for chemostratigraphic correlation in South China. Gondwana Research, 22: 1091-1101

Wang Y J, Fan W M, Zhang G W, et al. 2007. Phanerozoic tectonics of the South China Block: key observations and controversies. Gondwana Research, 23: 1273-1305

Wang Y J, Zhang F F, Fan W M, et al. 2010. Tectonic setting of the South China Block in the early Paleozoic: resolving intracontinental and ocean closure models from detrital zircon U-Pb geochronology. Tectonics, 29: TC6020

Wang Z X, Zhang J, Li T, et al. 2010. Structural analysis of the multi-layer detachment folding in Eastern Sichuan Province. Acta Geologica Sinica (English Edition), 84(3): 497-514

Warren J K. 1999. Evaporites: Their Evolution and Economics. Blackwell: Blackwell Science

Wegener A. 1912. Die Entstehung der Kontinente. Geologische Vereinigung, S13-S17: 277-292

Wilkerson M S, Smaltz M S, Bowman D R, et al. 2007. 2-D and 3-D modeling of detachment folds with hinterland inflation: a natural example from the Monterrey Salient, northeastern Mexico. Journal of Structural Geology, 29: 73-85

Williams E. 1961. The deformation of confined, incompetent layers in folding. Geological Magazine, 98: 317-323

Wilson J L. 1975. Carbonate Facies in Geologic History. New York: Springer-Vcrlag

Wiltschko D V, Chapple W M. 1977. Flow of weak rocks in Appalachian Plateau folds. AAPG Bulletin, 61: 653-670

Woodward N B. 1997. Low-amplitude evolution of break-thrust folding. Journal of Structural Geology, 19: 293-301

Woodward N B, Rutherford E. 1989. Structural lithic units in external orogenic zones. Tectonophysics, 158: 241-261

Wright V P, Burchette T P. 1998. Carbonate ramps: an introduction. Geological Society London Special Publications, Special Publications, 149: 1-5

Wu L, Jia D, Li H B, et al. 2010. Provenance of detrital zircons from the late Neoproterozoic to Ordovician sandstones of South China: implications for its continental affinity. Geological Magazine, 147(6): 974-980

Xiao S, Narbonne G M, Zhou C, et al. 2016. Towards an Ediacaran Time Scale: problems, protocols, and prospects. Episodes, 39: 540-555

Xie G A, Zhang Q L, Wu X J. 2013. Physical modeling of the Jura-type folds in Eastern Sichuan. Acta Geologica Sinica, 87: 773-788

Xu Y J, Cawood P A, Du Y S, et al. 2013. Linking south China to northern Australia and India on the margin of Gondwana: constraints from detrital zircon U-Pb and Hf isotopes in Cambrian strata. Tectonics, 32: 1547-1558

Xu Y J, Cawood P A, Du Y S. 2014a. Early Paleozoic orogenesis along Gondwana's northern margin constrained by provenance data from South China. Tectonophysics, 636: 40-51

Xu Y J, Cawood P A, Du Y S. 2014b. Terminal suturing of Gondwana along the southern margin of South

China Craton: evidence from detrital zircon U-Pb ages and Hf isotopes in Cambrian and Ordovician strata, Hainan Island. Tectonics, 33: 2490-2504

Xu Z Y, Zhang Y H , Wu Y D. 1981. Seismic interpretation of complex structures in the eastern Sichuan Basin, China. Natural Gas Industry, 2: 21-32

Yan D P, Zhou M F, Song H L, et al. 2003. Origin and tectonic significance of a Mesozoic multi-layer over-thrust system within the Yangtze Block (South China). Tectonophysics, 361: 239-254

Yan D P, Zhang B, Zhou M F, et al. 2009. Constraints on the depth, geometry and kinematics of blind detachment faults provided by fault-propagation folds: an example from the Mesozoic fold belt of South China. Journal of Structural Geology, 31: 150-162

Yang Z, Sun Z, Yang T, et al. 2004. A long connection (750-380Ma) between South China and Australia: paleomagnetic constraints. Earth Planet Science Letters, 220: 423-434

Yao W H, Li Z X, Li W X, et al. 2014. From Rodinia to Gondwana-land: a tale of detrital zircon provenance analyses from the southern Nanhua Basin, South China. American Journal of Science, 314: 278-313

Yu J H, O'Reilly S Y, Wang L J, et al. 2008. Where was South China in the Rodinia supercontinent? Evidence from U-Pb geochronology and Hf isotopes of detrital zircons. Precambrian Research, 164: 1-15

Yuan M, Gu Z D, Yin J F, et al. 2014. Structural styles associated with multiple detachment levels in the eastern Sichuan Basin, South China. GSA Abstracts with Programs, 46: 789

Zhang B L, Zhu G, Jiang D Z, et al. 2009. Numerical modeling and formation mechanism of the Eastern Sichuan Jura-type folds. Geological Review, 55: 701-711

Zhang G W, Meng Q R, Yu Z P, et al. 1996. Orogenesis and dynamics of the Qinling orogen. Science in China, Series D: Earth Sciences, 39: 225-234

Zhang P, Hua H, Liu W G. 2015. Isotopic and REE evidence for the paleoenvironmental evolution of the late Ediacaran Dengying Section, Ningqiang of Shaanxi Province, China. Precambrian Research, 242: 96-111

Zhang Q R, Piper J D A. 1997. Palaeomagnetic study of Neoproterozoic glacial rocksof the Yangzi Block: palaeolatitude and configuration of South China in the lateProterozoic Supercontinent. Precambrian Research, 85(3-4): 173-199

Zhang S H, Jiang G Q, Zhang J M, et al. 2005. U-Pb sensitive high-resolution ion microprobe ages from the Doushantuo Formation in South China: constraints on late Neoproterozoic glaciations. Geology, 33(6): 473-476

Zhang S H, Evans D A D, Li H Y, et al. 2013. Paleomagnetism of the late Cryogenian Nantuo Formation and paleogeographic implications for the South China Block. Journal of Asian Earth Sciences, 72: 164-177

Zhang S H, Li H Y, Jiang G Q, et al. 2015. New paleomagnetic results from the Ediacaran Doushantuo Formation in South China and their paleogeographic implications. Precambrian Research, 259: 130-142

Zhao G C, Cawood P A. 2012. Precambrian geology of China. Precambrian Research, 222-223: 13-54

Zhao J H, Li, Q W, Liu H, et al. 2018. Neoproterozoic magmatism in the western and northern margins of the Yangtze Block (South China) controlled by slab subduction and subduction-transform-edge- propagator. Earth-Science Reviews, 187: 1-18

Zhao Z, Xing Y, Ding Q, et al. 1988. The Sinian System of Hubei. Wuhan: China University of Geosciences Press

Zharkov M A. 1984. Paleozoic Salt Bearing Formations of the World. Berlin: Springer

Zhu B, Becker H, Jiang S Y, et al. 2013. Re-Os geochronology of black shales from the Neoproterozoic Doushantuo Formation, Yangtze platform, South China. Precambrian Research, 225: 67-76

Zhu M, Zhang J, Yang A. 2007. Integrated Ediacaran(Sinian)chronostratigraphy of South China. Palaeogeography, Palaeoclimatology, Palaeoecology, 254: 7-61

Zhu Z C. 1983. On Jura-type fold (S. China) and its mechanism. Earth Science-Journal of Wuhan College of Geology, 3: 43-51